Python

办公自动化从入门到精通

李挺 ◎ 编著

人民邮电出版社
北京

图书在版编目（CIP）数据

Python办公自动化从入门到精通 / 李挺编著. -- 北京 : 人民邮电出版社, 2023.11
ISBN 978-7-115-61268-7

Ⅰ. ①P… Ⅱ. ①李… Ⅲ. ①软件工具—程序设计②办公自动化—应用软件 Ⅳ. ①TP311.561②TP317.1

中国国家版本馆CIP数据核字(2023)第079274号

内 容 提 要

本书讲解如何使用 Python 技术实现自动化办公。

本书内容分为两大部分，共 19 章。第 1 部分为基础语法，即从基础入门开始介绍 Python 语言的基础语法知识，内容对应第 1 章～第 6 章，包括初识 Python、Python 语法元素、程序控制语句、组合数据类型、函数、类。第 2 部分为高阶办公，即使用 Python 语言实现办公操作，内容对应第 7 章～第 19 章，包括操作文件、库、操作文件夹、操作 Excel 文件、操作 Word 文件、操作 PPT 文件、操作 PDF 文件、操作 HTML 网页、网络爬虫、自动收发邮件、聊天机器人和二维码、控制鼠标和键盘、批量处理视频。除第 1 章外，每一章都包含项目案例，并且在项目案例中详细分析代码的设计思路和编写过程。

本书适用人群为需要入门 Python 编程的学生和需要提高办公效率的工作人员、网络信息技术人员、视频剪辑技术人员等。

◆ 编　　著　李　挺
责任编辑　王　冉
责任印制　马振武
◆ 人民邮电出版社出版发行　　北京市丰台区成寿寺路 11 号
邮编　100164　　电子邮件　315@ptpress.com.cn
网址　https://www.ptpress.com.cn
大厂回族自治县聚鑫印刷有限责任公司印刷
◆ 开本：775×1092　1/16　　彩插：2
印张：28.5　　2023 年 11 月第 1 版
字数：906 千字　　2023 年 11 月河北第 1 次印刷

定价：109.80 元

读者服务热线：(010)81055410　印装质量热线：(010)81055316
反盗版热线：(010)81055315
广告经营许可证：京东市监广登字 20170147 号

前言

Python办公自动化是利用Python编程语言提高办公效率的一门技术，例如实现批量操作Excel表格数据、Word文件格式转换、自动收发邮件、批量剪辑视频等。在众多编程语言中，Python更容易上手，并且Python中包含丰富的可以驱动各种办公软件实现不同操作的库，因此读者在学习本书时不用担心编程是否太难、是否学不会等问题。

读者在学习之前必须要了解如何学会本书的内容。Python办公自动化是一门实践性非常强的技术，在这里我给出3点建议。第1点，在学习过程中一定要多动手编写代码，然后在计算机中运行，这样有利于读者真正掌握代码的使用方法。第2点，代码出现异常时切勿放弃，可以尝试在网络上搜索与异常相关的原因。几乎所有的问题都可以通过网络找到相关解决方法，而搜索问题和解决问题也是读者需要掌握的技能。第3点，遇到英文时可以使用翻译软件进行翻译，切勿因为不懂英文就忽视。希望这些建议对读者的学习有所帮助。

本书的编写历经一年的时间，我为此更换了3套键盘。写书于我而言是一件幸福的事情，在写书过程中我感到十分兴奋。尽管付出了大量的精力，但在一次次地排查本书内容后，仍然可能会存在疏漏，欢迎读者勘误，我会非常感谢您的纠错。

在编写本书的过程中，首先要感谢我夫人对我无微不至的照顾。每当熬夜写书时，夫人总是默默地陪伴着我，关心我的写书进度，还取消了本该属于她的户外活动来保证我写书的时间足够充裕。同时在这段时间里我们的第一个小孩出生了，在欣喜之余，夫人总是辛劳地带着孩子，起夜时的艰难历历在目，在这里需要好好地感谢夫人的辛苦付出和对我工作的支持与包容。其次要感谢我父母的默默关心，他们对我嘘寒问暖，并不断地鼓励我，让我有勇气继续坚持下去。每当看着他们慢慢地变老，我却没有足够的时间陪伴他们，内心总是充满难过和不舍。最后要感谢一直帮助我的助教，他在工作之余帮助我打理教学的任务，让我有足够的时间来编写本书和修正内容，同时他还给予了我很多关于本书的建议，希望他能一直坚持学习，未来可期。

李挺
2023年5月

“数艺设”教程分享

本书由“数艺设”出品，“数艺设”社区平台（www.shuyishe.com）为您提供后续服务。

“数艺设”社区平台，为艺术设计从业者提供专业的教育产品。

与我们联系

我们的联系邮箱是 szys@ptpress.com.cn。如果您对本书有任何疑问或建议，请您发邮件给我们，并请在邮件标题中注明本书书名及ISBN，以便我们更高效地做出反馈。

如果您有兴趣出版图书、录制教学课程，或者参与技术审校等工作，可以发邮件给我们。如果学校、培训机构或企业想批量购买本书或“数艺设”出版的其他图书，也可以发邮件联系我们。

关于“数艺设”

人民邮电出版社有限公司旗下品牌“数艺设”，专注于专业艺术设计类图书出版，为艺术设计从业者提供专业的图书、视频电子书、课程等教育产品。出版领域涉及平面、三维、影视、摄影与后期等数字艺术门类，字体设计、品牌设计、色彩设计等设计理论与应用门类，UI 设计、电商设计、新媒体设计、游戏设计、交互设计、原型设计等互联网设计门类，环艺设计手绘、插画设计手绘、工业设计手绘等设计手绘门类。更多服务请访问“数艺设”社区平台 www.shuyishe.com。我们将提供及时、准确、专业的学习服务。

目录

第1章

初识 Python

本章将引领读者走进Python的世界，让读者了解Python语言的发展，并在计算机中搭建Python开发环境。针对不同的操作系统，Python的安装方式略有不同，本章将先演示Windows系统和macOS系统的Python开发环境搭建步骤。接着通过hello world程序带领读者熟悉Python开发环境IDLE，实现程序的编写和运行。当操作过程中出现无法执行或异常的情况时，读者该如何处理？对此本章也将列举出几个常见的异常问题及其解决办法。

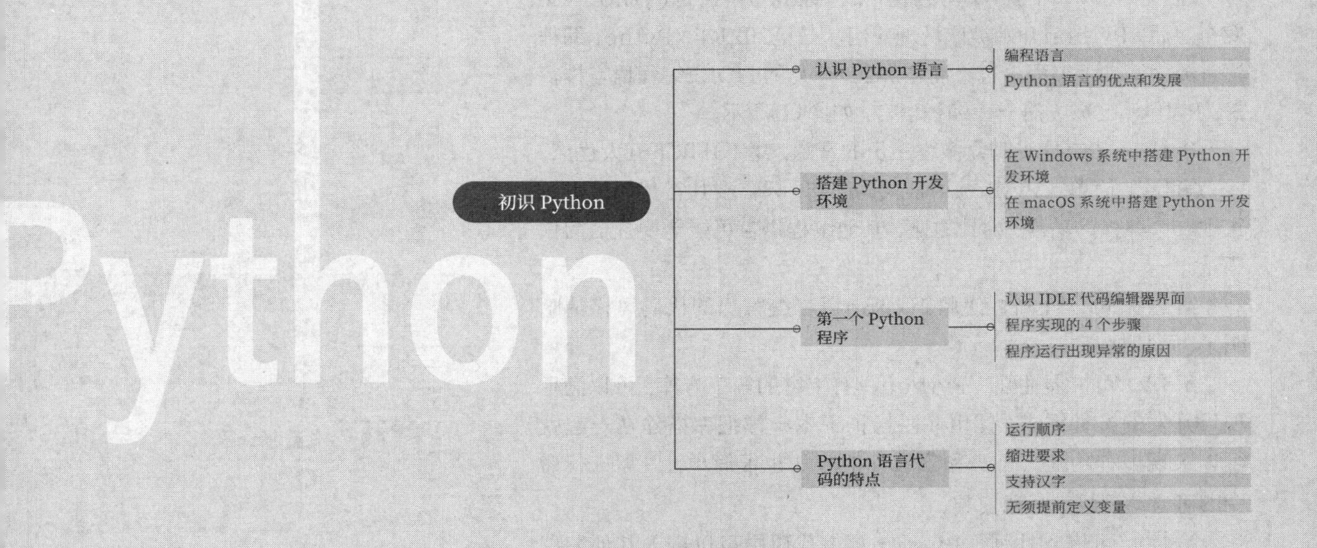

1.1 认识 Python 语言

很多读者会认为编程语言很难学，这其实是一个误区。就笔者而言，Python是一门易上手、功能丰富的编程语言，仅用几行代码就可以实现大部分办公需要的功能。在讲解Python语言之前，我们首先需要了解什么是编程语言。

1.1.1 编程语言概述

由于计算机不能识别人类语言，因此用户（人）与计算机的交互往往是通过操作程序来实现的。程序是计算机理解用户操作意图的途径，而程序是由编程语言来实现编写的，即使用编程语言规范地编写代码以实现特定的功能，让计算机按照代码来执行相应的操作。因此编程语言是人与计算机相互沟通的基础。

从计算机诞生到目前大约出现过数千种编程语言，其中常用的有C语言、C++、Java语言、Python语言等几十种。类似于不同的外语（例如英语和法语）有不同的语法结构和单词，不同的编程语言也有各自的语法结构和函数，因此想要顺利地使用某一种编程语言，首先需要学习该编程语言的语法结构和函数。

快速掌握编程语言的唯一方法是多实践。针对本书中涉及的所有代码，笔者希望读者能按照相应步骤在计算机上独自完成编写和实践。只有在实践的过程中才能真正掌握编程的思想，体会编程带来的快乐。

1.1.2 Python 语言概述

Python语言由荷兰计算机程序员Guido van Rossum（吉多 · 范 · 罗苏姆）于1989年设计开发，到2000年10月Python 2.0发布之后，Python开始被广泛地应用。截至2021年，Python编程语言成为第二大编程语言。而在2022年8月的TIOBE编程语言排行榜，Python已成为第一大编程语言，如图1-1所示。

Aug 2022	Aug 2021	Change	Programming Language	Ratings	Change
1	2		Python	15.42%	+3.56%
2	1		C	14.59%	+2.03%
3	3		Java	12.40%	+1.96%
4	4		C++	10.17%	+2.81%
5	5		C#	5.59%	+0.45%
6	6		Visual Basic	4.99%	+0.33%
7	7		JavaScript	2.33%	-0.61%
8	9		Assembly language	2.17%	+0.14%
9	10		SQL	1.70%	+0.23%
10	8		PHP	1.39%	-0.80%
11	16		Swift	1.27%	+0.30%
12	12		Classic Visual Basic	1.27%	+0.04%
13	22		Delphi/Object Pascal	1.22%	+0.60%
14	23		Objective-C	1.22%	+0.61%
15	18		Go	0.98%	+0.08%
16	14		R	0.92%	-0.13%
17	17		MATLAB	0.90%	-0.08%
18	15		Ruby	0.82%	-0.18%
19	13		Fortran	0.81%	-0.32%
20	20		Perl	0.72%	-0.06%

图 1-1

Python语言能受到众多程序员的青睐，离不开以下五大优点。

第1点，简单。Python语言代码简洁，只需要几行代码就可以实现一个具体的功能，对比之下，其他编程语言可能需要几倍的代码量。

第2点，可读性高。使用Python语言编写出的代码风格清晰明了、可读性高。

第3点，可扩展性强。Python具有丰富的第三方库，可以满足项目开发的多种需求，使用库时像搭积木一样把库搭建在一起就可以实现多种功能。下载和安装库的方法也很简单，只需一行命令即可自动完成下载和安装。

第4点，可嵌入性强。Python语言代码中可以嵌入其他编程语言代码，例如在Python语言代码中嵌入C语言代码。由于C语言代码的执行速度非常快，因此当程序项目对执行速度有要求时，可以在Python语言代码中嵌入C语言代码。还可以将Python语言嵌入其他软件，实现软件的灵活操作。

第5点，数据处理能力强。Python语言中包含大量用于数据处理的函数和库，不仅可以轻松处理大量数据，其计算速度也非常快。

Python语言的优点不仅仅限于以上5点，读者可通过后续学习或查阅网络资料去具体了解。

1.1.3 Python 语言的发展

Python语言经过多个版本的更新迭代，目前市场上使用率较高的是Python 2.x和Python 3.x系列（这里的x指0, 1, 2, 3……9，例如Python 2.6、Python 3.7）。2000年Python 2.0发布，2010年Python 2.7发布，而这也是Python 2.x系列中的最后一个版本。2008年Python 3.0发布，此版本在语法结构上做出了重大改变，导致Python 3.x系列无法和Python 2.x系列兼容。Python 2.x系列的所有版本在2020年已停止维护。截至完稿时Python 3.x系列已经更新至Python 3.11。

在本书中推荐读者使用Python 3.7进行学习，而不是使用更新的Python 3.11，主要是因为新版本的Python关联的第三方库内容十分庞大，无法在短时间内及时更新到最新的版本。而Python 3.7关联的第三方库较为成熟、稳定。

1.2 搭建 Python 开发环境

想要在计算机中实现Python代码的编写，首先需要在计算机中搭建Python开发环境，开发环境包含解释器和编辑器两部分。解释器是计算机识别代码的工具（相当于翻译官），可以将用户编写的代码转换为计算机可识别的指令。编辑器是用于编写代码的工具。而Python开发环境将解释器和编辑器合并打包为一个整体，读者只需要安装Python 3.7.9即可获得开发环境。

读者可登录Python官方网站https://www.python.org/downloads/进行下载，该网页的前部分会显示Python最新版本的下载路径，但读者需要下载旧版本的Python，因此在网页中下翻到如图1-2所示的旧版本Python的下载位置，在列表中找到Python 3.7.9，单击“Download”进入下载页。

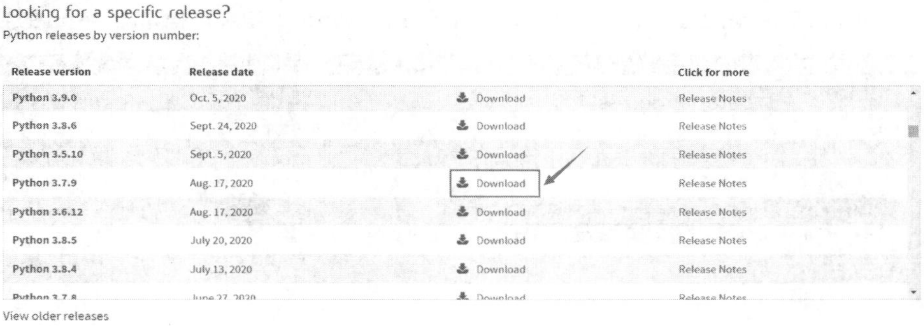

Looking for a specific release?

Python releases by version number:

Release version	Release date		Click for more
Python 3.9.0	Oct. 5, 2020	Download	Release Notes
Python 3.8.6	Sept. 24, 2020	Download	Release Notes
Python 3.5.10	Sept. 5, 2020	Download	Release Notes
Python 3.7.9	Aug. 17, 2020	Download	Release Notes
Python 3.6.12	Aug. 17, 2020	Download	Release Notes
Python 3.8.5	July 20, 2020	Download	Release Notes
Python 3.8.4	July 13, 2020	Download	Release Notes
Python 3.7.8	June 27, 2020	Download	Release Notes

View older releases

图 1-2

下载页的前部分为Python 3.7.9的介绍，下翻到页面后部分便能找到不同操作系统的Python安装文件，如图1-3所示。目前主流的操作系统有Windows系统、macOS系统和Linux系统，读者要先找到自己使用的计算机操作系统，再选择与之匹配的Python安装文件并进行下载。

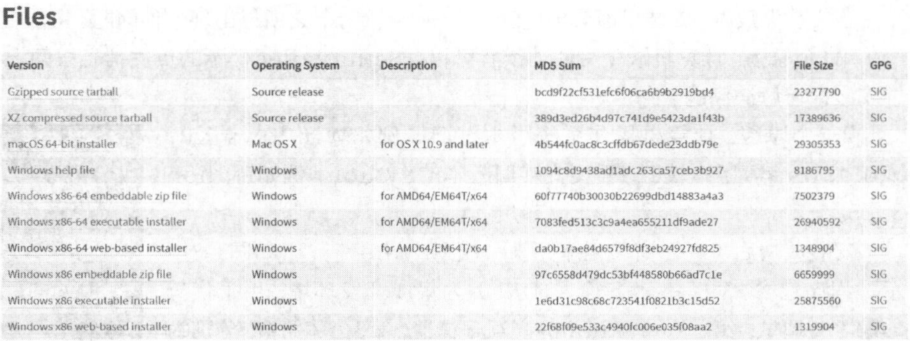

Files

Version	Operating System	Description	MD5 Sum	File Size	GPG
Gzipped source tarball	Source release		bcd9f22cf531efc6f06ca6b9b2919bd4	23277790	SIG
XZ compressed source tarball	Source release		389d3ed26b4d97c741d9e5423da1f43b	17389636	SIG
macOS 64-bit installer	Mac OS X	for OS X 10.9 and later	4b544fc0ac8c3cffdb67dede23ddb79e	29305353	SIG
Windows help file	Windows		1094c8d9438ad1adc263ca57ceb3b927	8186795	SIG
Windows x86-64 embeddable zip file	Windows	for AMD64/EM64T/x64	60f77740b30030b22699dbd14883a4a3	7502379	SIG
Windows x86-64 executable installer	Windows	for AMD64/EM64T/x64	7083fed513c3c9a4ea655211df9ade27	26940592	SIG
Windows x86-64 web-based installer	Windows	for AMD64/EM64T/x64	da0b17ae84d6579f8df3eb24927fd825	1348904	SIG
Windows x86 embeddable zip file	Windows		97c6558d479dc53bf448580b66ad7c1e	6659999	SIG
Windows x86 executable installer	Windows		1e6d31c98c68c723541f0821b3c15d52	25875560	SIG
Windows x86 web-based installer	Windows		22f68f09e533c4940fc006e035f08aa2	1319904	SIG

图 1-3

在图1-3所示的列表中，Operating System列指明了Python支持的操作系统，Description列指明了计算机硬件平台。读者可根据自己的计算机系统来下载对应的安装文件，例如对于macOS 10.9或更高版本的操作系统单击“macOS 64-bit installer”，对于Windows 64位操作系统单击“Windows x86-64 executable installer”，对于Windows 32位操作系统单击“Windows x86 executable installer”。单击对应系统的安装文件，即可将Python 3.7.9下载到计算机磁盘中。后续安装步骤见1.2.1小节。

1.2.1 在 Windows 系统中搭建开发环境

在计算机磁盘中找到下载好的Python 3.7.9，选择Python 3.7.9安装文件并单击鼠标右键，在弹出来的快捷菜单中单击“以管理员身份运行”，如图1-4所示。在弹出来的安装界面中勾选“Add Python 3.7 to PATH”，如图1-5所示，将Python的安装路径自动添加到系统环境变量。这能为后面第三方库的安装和在命令提示符窗口中运行代码文件提供便利（这涉及第8章的内容）。

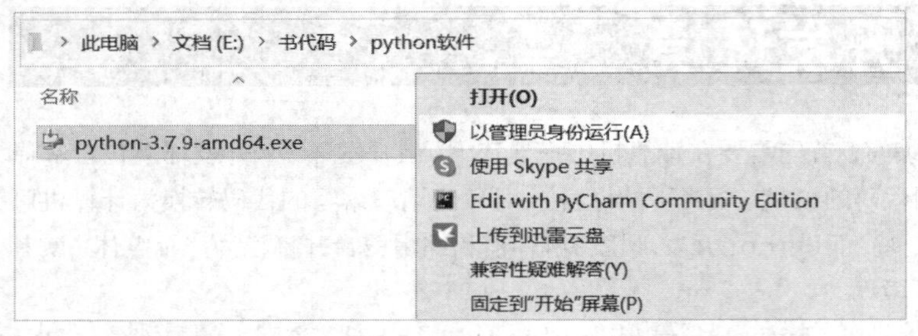

图 1-4

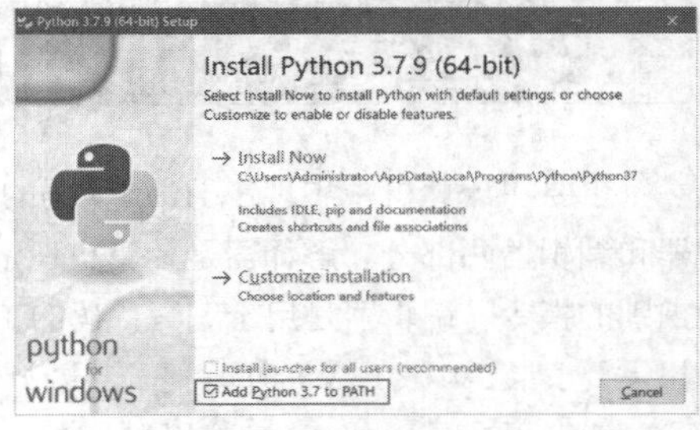

图 1-5

单击“Install Now”，选择默认路径开始安装Python，安装过程如图1-6和图1-7所示。

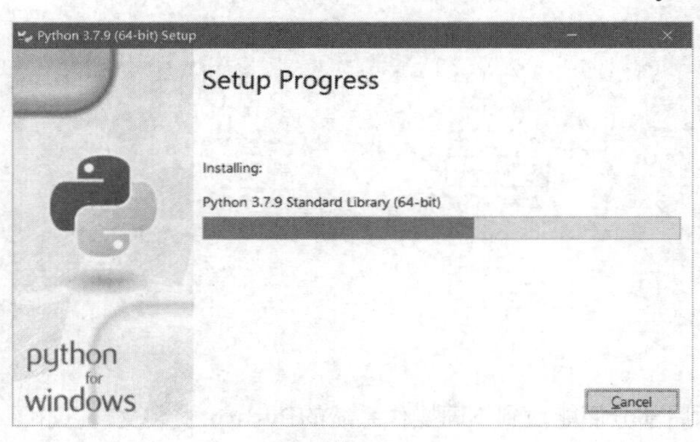

图 1-6

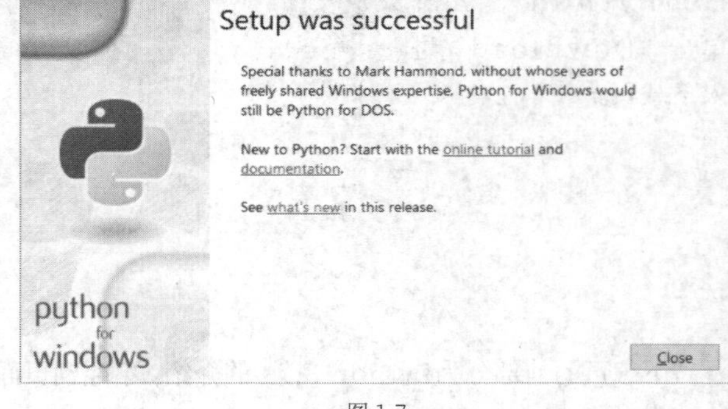

图 1-7

当安装失败时，安装界面会出现Setup failed提示，之所以出现这种问题，可能有以下两个原因。

第1个原因，计算机缺少文件。读者可根据Setup failed提示的英文信息去网上搜索，找到缺少的对应文件并安装即可解决问题。

第2个原因，计算机操作系统版本过旧。例如Windows XP、Windows 7等版本较旧，需要安装旧版本的Python，例如Python 3.3.5。

安装成功后可在已安装程序列表中找到Python 3.7，如图1-8所示。程序包含4个模块，第1个（IDLE）为集成开发环境，用于代码的编写与调试，第2个为Python的交互解释器，第3个和第4个分别为Python使用手册和模块文档。

图 1-8

1.2.2 在 macOS 系统中搭建开发环境

在macOS系统中默认已经安装了Python 2.7，这是因为macOS操作系统需要Python 2.7的支持。需要注意的是，此版本已经停止维护，因此读者仍需要安装Python 3.7，但切记不要将Python 2.7卸载，否则整个计算机操作系统将会出现异常。

打开下载好的Python安装文件，会出现如图1-9所示的安装界面，单击“继续”，后续步骤默认单击“继续”或“安装”即可。完成安装后，会出现“安装成功”提示信息和安装后的工具界面，如图1-10和图1-11所示。工具界面里的IDLE为集成开发环境，用于代码的编写和调试。读者也可以在macOS系统的Launchpad中启动IDLE。

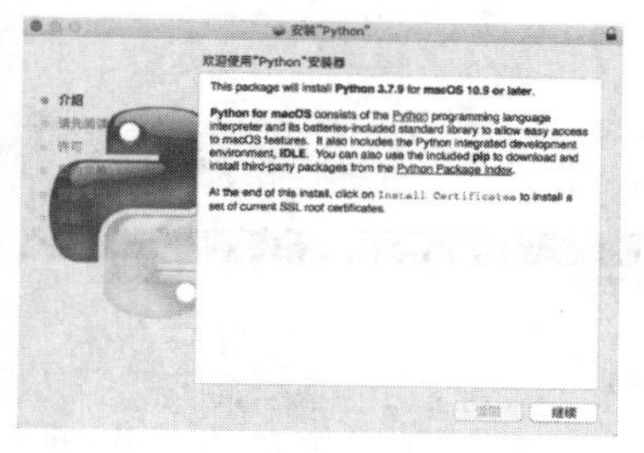

图 1-9

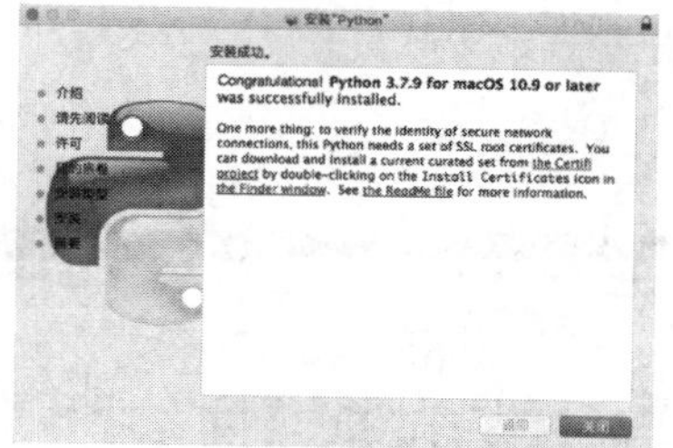

图 1-10

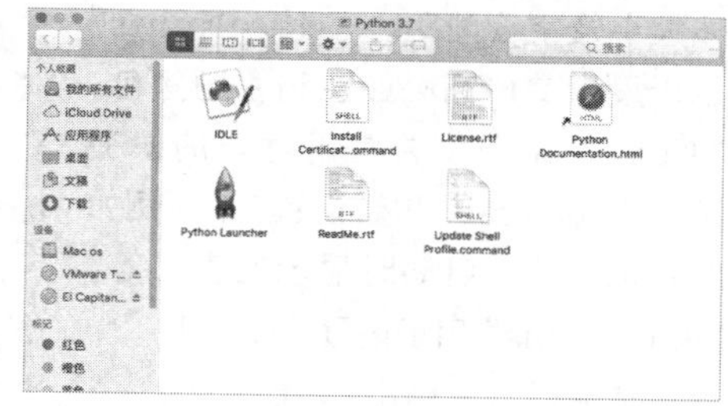

图 1-11

1.3 第一个 Python 程序

在程序员群体中流传着一个“传说”，当开始学习一门新的编程语言时，第一个需要实现的程序是在计算机屏幕中输出“hello world”，实现这个程序将会给程序员们带来好运气，本节将详细展示此程序的实现步骤。程序代码的编写需要使用IDLE，下面开始介绍IDLE和如何在IDLE中编写代码。

1.3.1 认识 IDLE

IDLE是Python自带的集成开发环境，其主要功能是编写代码。除了IDLE外，可以编写Python代码的工具还有很多，例如Vim、Eclipse、Visual Studio、Geany、PyCharm等。建议初学者使用Python自带的IDLE，IDLE界面简洁且不需要额外的安装或配置。

在计算机中启动IDLE后，将弹出如图1-12所示的IDLE交互式界面（简称Shell界面）。在Shell界面中单击菜单栏的“File”并在下拉菜单中单击“New File”即可新建一个代码文件，接着会弹出代码编辑器界面，如图1-13和图1-14所示。本书所涉及的代码均在代码编辑器界面中编写。

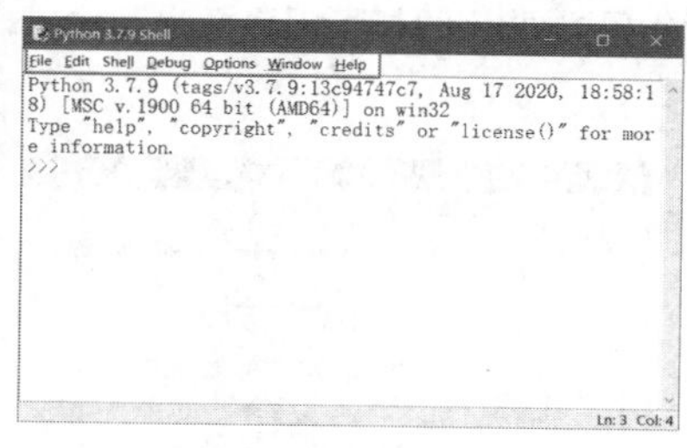

图 1-12

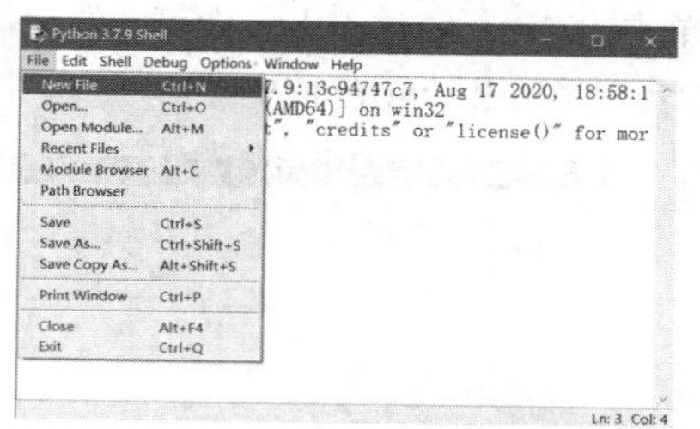

图 1-13

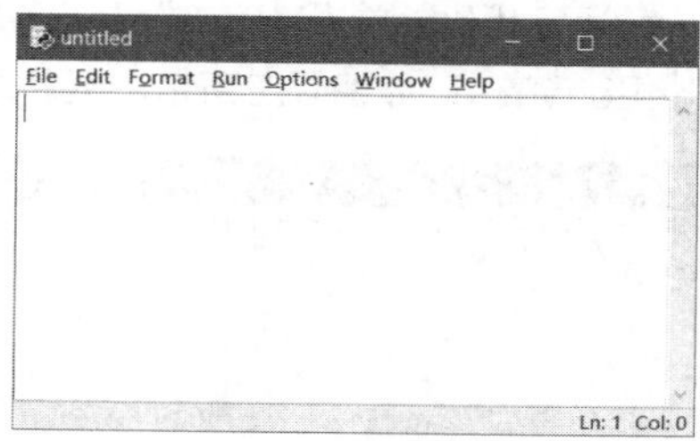

图 1-14

接下来介绍代码编辑器界面中的常用功能。

新建文件：单击“File”下拉菜单中的“New File”选项，如图1-15所示的①处，即可新建一个代码文件。

打开文件：单击“File”下拉菜单中的“Open”选项，如图1-15所示的②处，即可打开已存在的代码文件。

保存文件：单击“File”下拉菜单中的“Save”选项，如图1-15所示的③处，即可保存当前代码文件。

运行代码：单击“Run”下拉菜单中的“Run Module”选项，如图1-16所示的标注框处，即可运行代码。

代码编辑器设置：单击“Options”下拉菜单中的“Configure IDLE”选项，如图1-17所示的①处，即可对代码编辑器进行设置。弹出的设置窗口中包含5个设置选项卡，如图1-18所示。“Fonts/Tabs”用于设置字体、字体大小及字符间距。“Highlights”用于设置字体高亮颜色和主题颜色。“Keys”用于设置常用功能的快捷键。“General”用于设置窗口，例如窗口的大小、启动时显示的窗口等。“Extensions”用于设置扩展功能。

显示行号：单击“Options”下拉菜单中的“Show Line Numbers”选项，如图1-17所示的②处，即可显示代码的行号。例如图1-19所示的代码，每一行代码的最左边都显示了行号。

图1-15　图1-16　图1-17

图1-18　图1-19

1.3.2 实现hello world程序

程序的实现分为4个步骤，分别为打开代码编辑器、编写代码、保存文件、运行代码。打开代码编辑器的步骤在1.3.1小节中已有详细介绍，接下来介绍如何编写代码、保存文件和运行代码。

编写代码：即在代码编辑器界面输入代码。例如输入如图1-20所示的代码。

注意

代码中的符号为英文格式且字母为小写。

保存文件：输入完代码后单击“File”下拉菜单中的“Save”，弹出如图1-21所示的“另存为”界面，在标注框①处选择代码文件的保存位置，在标注框②处输入代码文件的名称，文件扩展名为.py（.py表示用Python语言编写的代码文件），单击“保存”后系统会自动关闭该界面并在设定的位置处创建一个Python代码文件。

运行代码：单击“Run”下拉菜单中的“Run Module”即可开始运行代码文件，此时Shell界面自动输出hello world，如图1-22所示。至此即实现了hello world程序。

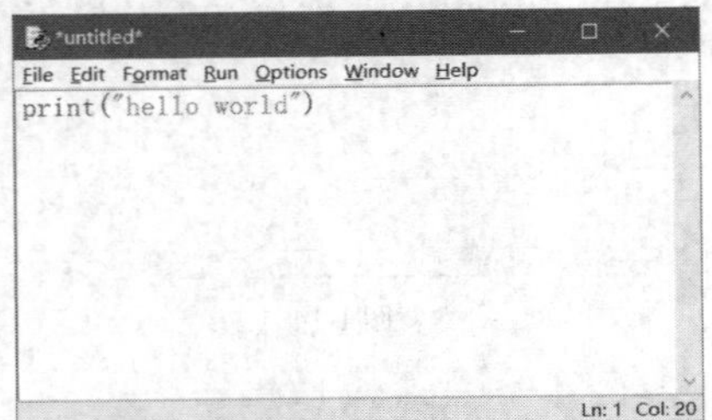

图1-20

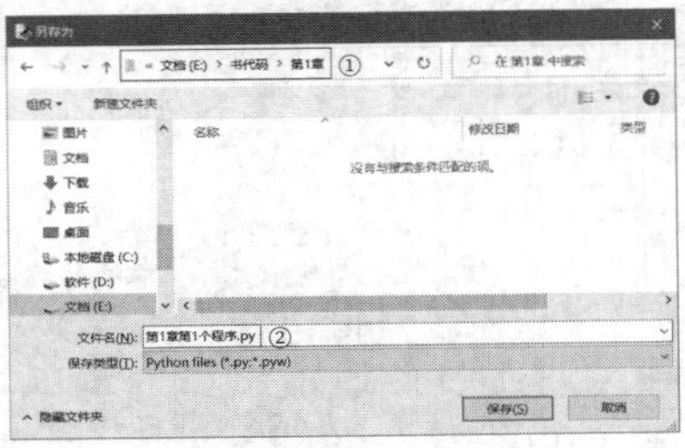

图1-21

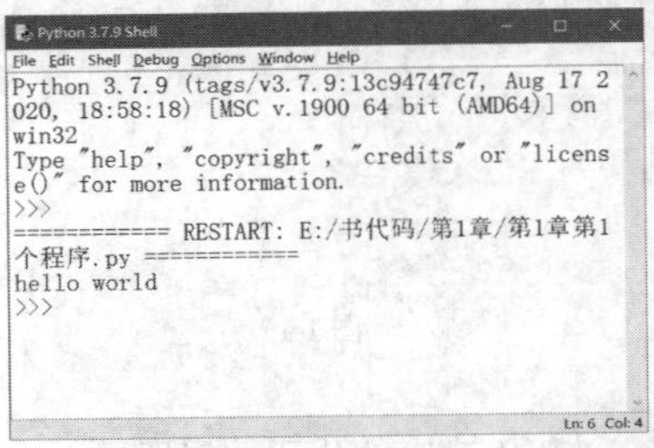

图1-22

1.3.3 程序运行出现异常

有时运行代码会出现一些异常问题，下面汇总了一些在代码执行过程中的常见异常问题，主要分为IDLE工具和代码书写这两方面的问题。

第1方面，IDLE工具问题。

IDLE安装失败：读者可查阅1.2节并重新按步骤进行安装。

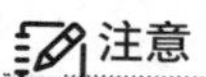

注意

在重新安装前需要将前期安装失败的IDLE卸载干净，避免安装时出现其他问题。

运行代码前没有保存文件：一般会弹出提醒保存文件的对话框，此时单击“确定”即可，如图1-23所示。

图 1-23

第2方面，代码书写问题。

代码没有靠左顶格书写：例如图1-24所示的代码，由于代码print()没有顶格书写，因此运行代码后弹出了SyntaxError（语法错误）对话框，并提示缩进异常，如图1-25所示。Python要求代码缩进格式必须统一，统一的缩进格式能让Python代码更清晰明了，增强代码的可读性。没有特殊要求的代码统一顶格书写，在后面章节中将介绍新的语法结构，会存在代码前面有固定数目空格的情况。

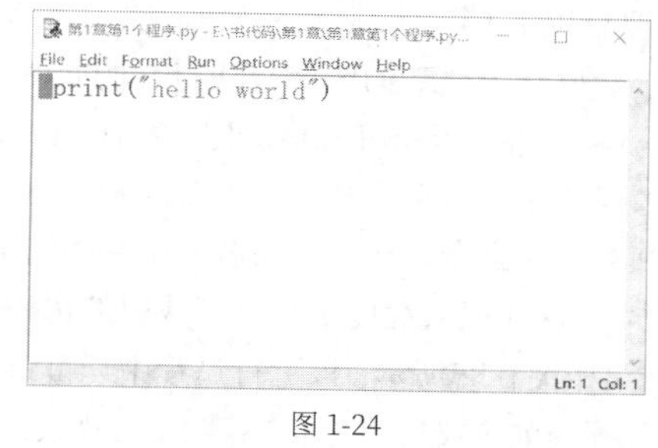

图 1-24

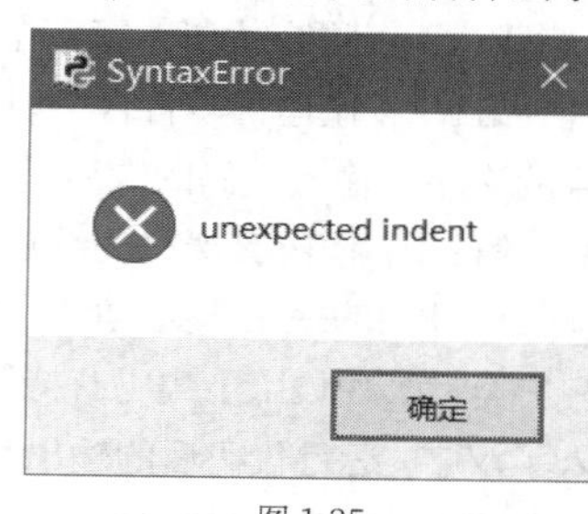

图 1-25

符号、字母不是英文格式：例如图1-26所示的代码，代码中的引号错误地使用了中文格式，运行代码后弹出了语法错误对话框，并提示字符特征无法识别，如图1-27所示。

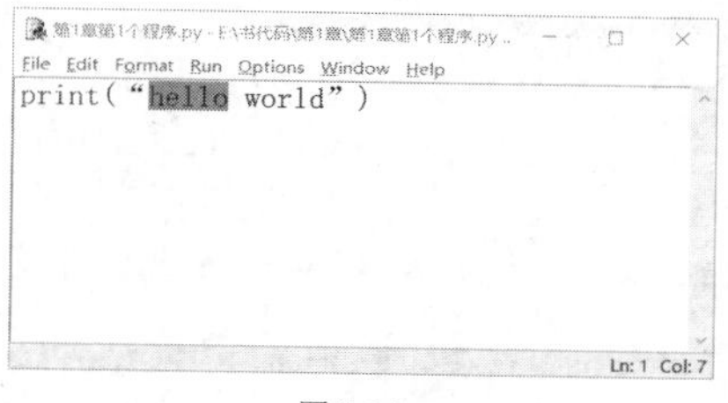

图 1-26

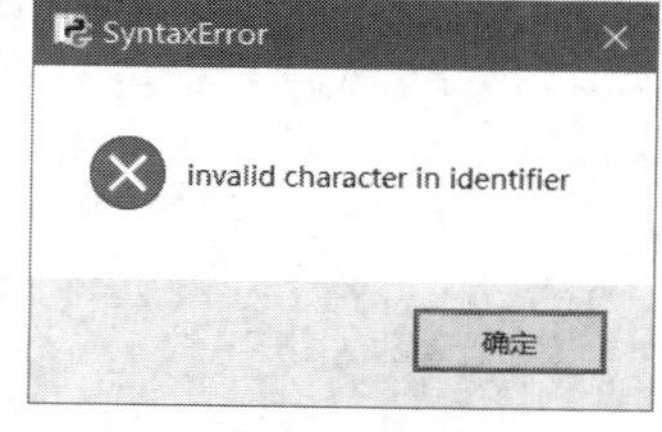

图 1-27

在编写代码时，可通过代码的字体颜色判断输入的格式是否正确，因为IDLE会自动为具有不同含义的代码添加颜色。函数的字体颜色为紫色，例如图1-20所示代码中的print()。print()具有输出信息的特定功能，属于函数，因此其字体颜色为紫色。变量名、符号的字体颜色通常为黑色，例如图1-20所示代码中的括号。字符串的字体颜色为绿色，例如图1-20所示代码中的"hello world"。在后面的章节中将会详细介绍以上所提及的概念。

代码中存在非法信息：例如图1-28所示的代码，代码中存在错误信息“&”，运行代码后弹出了语法错误对话框，并提示当前语法为无效语法，如图1-29所示。在代码中，每个字符都有特定的意义，因此不能随意增加额外的字符信息。

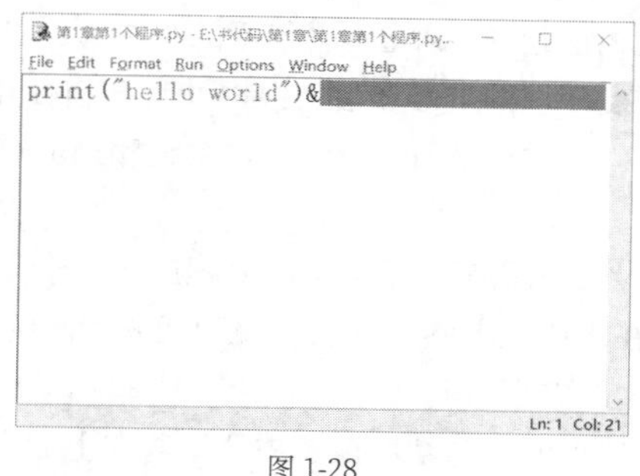

图 1-28

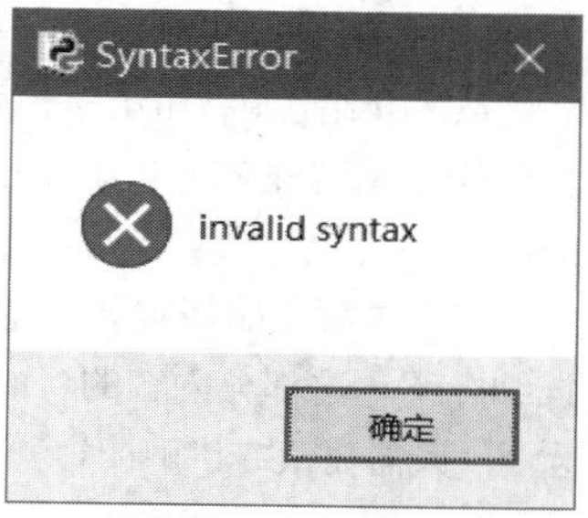

图 1-29

没有区分字母的大小写：例如Print和print各自代表的含义是不同的，例如图1-30所示的代码，运行该代码后会输出NameError，提示无法识别Print的信息。该错误提示会直接显示在Shell界面中，而不会以对话框的形式显示，如图1-31所示。

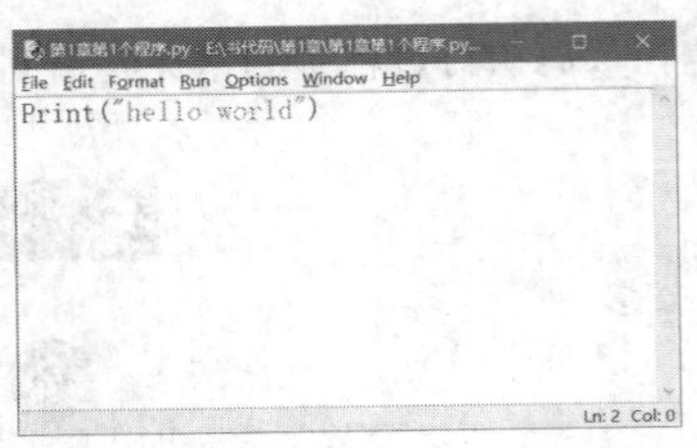

图 1-30

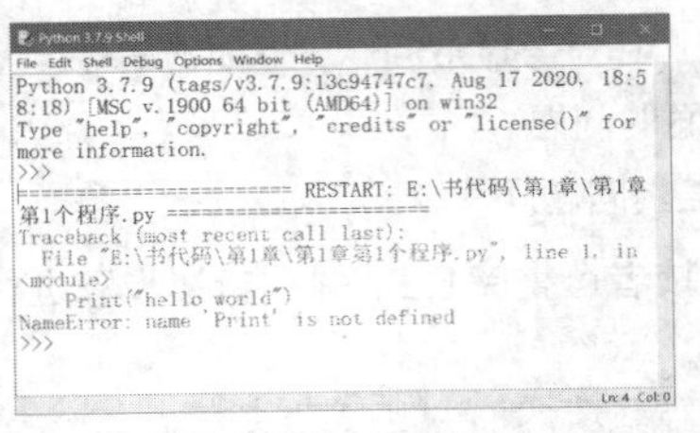

图 1-31

1.4 Python 语言代码的特点

Python语言代码的特点主要有以下4个。

第1个，在运行多行代码时，会以从上往下的顺序来执行。例如输入图1-32所示的代码，运行代码后输出内容的次序同输入代码的次序是一致的，依次为hello world、Python、happy，如图1-33所示。

第2个，代码有严格的缩进要求，主要表现为代码开头的空格个数。1.3.3小节提及代码需要靠左顶格书写，即代码开头的空格个数为0（后续章节还会介绍代码开头有多个空格的情况）。

第3个，Python代码支持汉字，这在很大程度上提高了代码的可读性。例如图1-34所示的代码，该代码中加入了汉字，运行代码后的输出结果如图1-35所示，该运行过程中无报错，说明Python可以识别汉字。

第4个，变量在使用过程中无须提前定义。该内容在第2章会涉及，因此这里不做过多介绍。

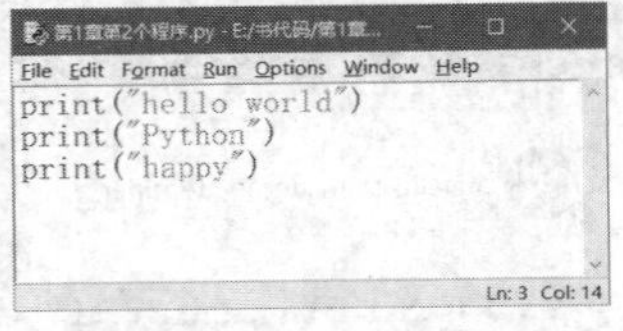

图 1-32

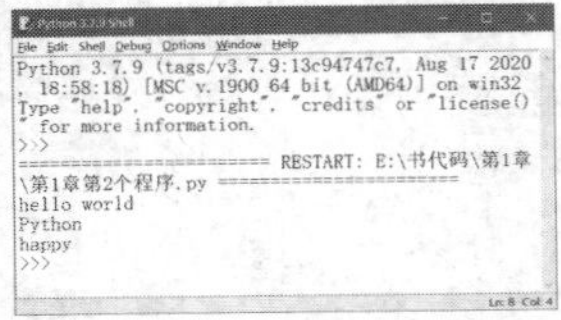

图 1-33

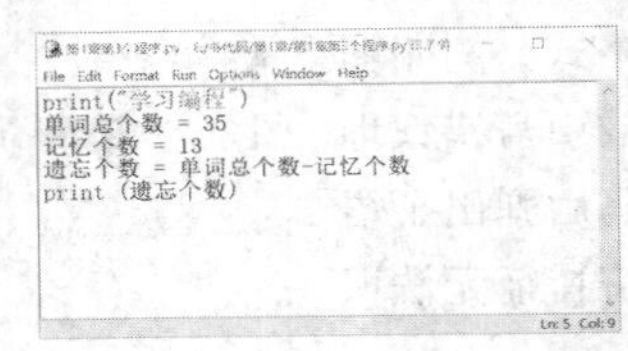

图 1-34

图 1-35

总结

本章内容的讲解首先从编程语言的角度出发，介绍了Python语言及其发展，目的是让读者认识到Python 2.x系列和Python 3.x系列存在语法差异，确定本书使用的版本为Python 3.7。

然后介绍了Python语言开发环境的安装步骤，根据读者各自使用的计算机的不同操作系统，选择下载与相应操作系统兼容的Python 3.7，并就Windows操作系统和macOS操作系统进行了安装和搭建开发环境的演示。

接着讲解了如何实现创建Python语言的第一个代码程序，并对代码程序在执行过程中出现的异常问题做了详细介绍。这部分内容的目的在于让读者熟悉开发环境和代码程序的实现过程，因此读者无须了解代码的具体含义，只需要跟着讲解内容一步步实现即可。

最后对Python语言代码的特点做了总结。读者需要跟着书上的内容在计算机中一一实践来感受这些特点，从而提高对编写代码的熟悉度。

第 2 章 Python 语法元素

本章将介绍如何把信息输出到计算机屏幕中，代码程序在执行过程中需要处理的数据类型有哪些。在本章中主要介绍数值数据类型和字符串数据类型，以及各数据类型所对应的函数和方法（这里的“方法”不是传统意义上的“方法”，可以将其理解为一种特殊函数）的使用形式。最后本章还将介绍用于获取用户输入信息的方法，以及Python为函数和方法在无法使用的情况下所提供的帮助功能。

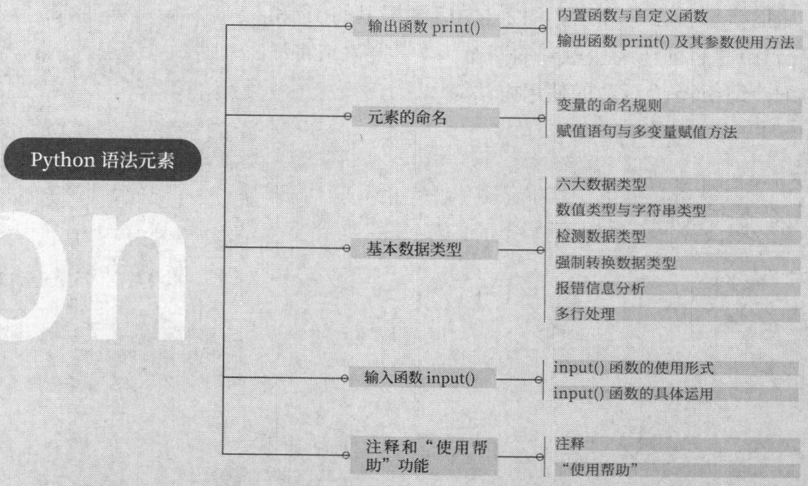

Python 语法元素

- 输出函数 print()
  - 内置函数与自定义函数
  - 输出函数 print() 及其参数使用方法
- 元素的命名
  - 变量的命名规则
  - 赋值语句与多变量赋值方法
- 基本数据类型
  - 六大数据类型
  - 数值类型与字符串类型
  - 检测数据类型
  - 强制转换数据类型
  - 报错信息分析
  - 多行处理
- 输入函数 input()
  - input() 函数的使用形式
  - input() 函数的具体运用
- 注释和“使用帮助”功能
  - 注释
  - “使用帮助”

Python

2.1 输出函数print()

本节介绍如何使用输出函数print()实现将信息输出到计算机屏幕中。

2.1.1 函数

在编程语言中，函数是指可以实现某种特定功能的代码块。更为通俗的说法是具有特定功能的类似于英语单词的代码即为函数。给具有特定功能的代码块指定的名字，即为函数名。要使用这些具有特定功能的代码块，需要借助函数名来实现，具体形式由函数名、括号组成，例如用于输出程序信息的print()函数、用于测量数据长度的len()函数、用于获取最大数据值的max()函数等。

函数分为内置函数和自定义函数。内置函数是指编程语言内部编写好的具有特定功能的函数，这些内置函数可以直接通过函数名调用。自定义函数是用户自己使用代码创建的新函数，通常是为了补充内置函数不具有的功能（自定义函数将在第5章进行介绍）。

不同编程语言都有各自的函数，在Python语言中可以通过如下代码获取Python的全部内置函数名。

```
print(dir(__builtins__))
```

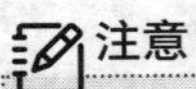注意

builtins的前后各有两个下画线，一共4个下画线。

执行代码后的输出结果如图2-1所示，即Python的全部内置函数名，部分函数在本书的后面章节中会有介绍。图2-1中标注框里的dir和print是目前已经接触到的两个函数，接下来将详细介绍print()函数的使用方法。

图 2-1

2.1.2 print() 函数

函数有统一的使用形式，一般是在函数名后面加上英文格式的括号。括号中可以填入参数，当输入不同的参数时，执行函数后将获得（返回）不同的结果。函数的使用形式如下：

```
函数名(参数)
```

print()函数的功能是输出参数的内容。在print()函数中，可以填入不同的参数来满足输出的不同情况，接下来列举6种常见的参数使用方法。

第1种，参数为字符串。当print()函数中的参数为字符串（字符串是用引号引起来的信息，单引号或双引号均可）时，例如图2-2所示的代码，执行后将会在Shell界面中输出字符串的内容。

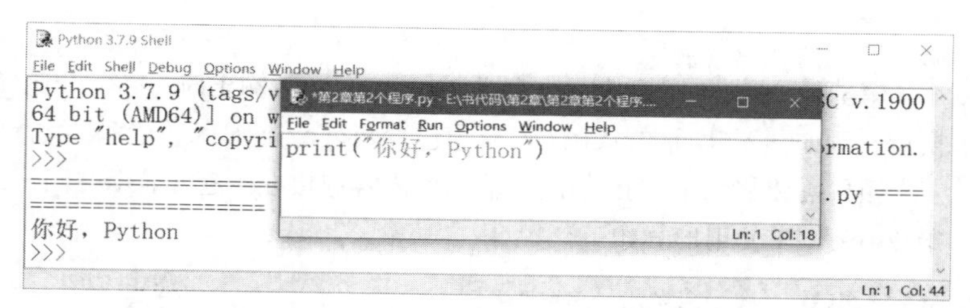

图 2-2

注意

代码中的符号必须为英文格式。

第2种，参数为变量。当print()函数中的参数为变量时（这里“变量”的概念与数学中“变量”的概念相似），例如图2-3所示的代码，第1～3行代码分别定义了a、b、c这3个变量，其中c为a+b的值，第4行代码通过使用print()函数输出了变量c的内容。由于c是一个变量而不是字符串，因此运行代码后会输出变量c对应的结果，即执行代码后输出的18。

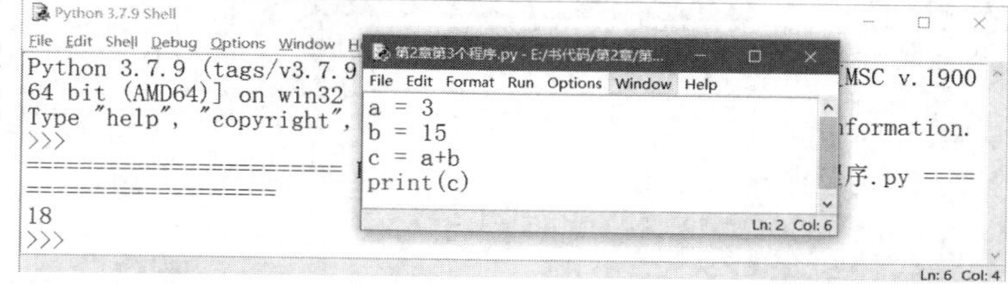

图 2-3

第3种，参数为表达式。print()函数中的参数可以直接是表达式，代码会先计算出表达式的结果，再将结果输出。例如图2-4所示的代码，第1～2行代码分别定义变量a和b的值为3和15。第3行代码中print()函数的括号里是一个表达式a+b-7，程序会先计算出表达式a+b-7的值为11，再通过print()函数将11输出到Shell界面。

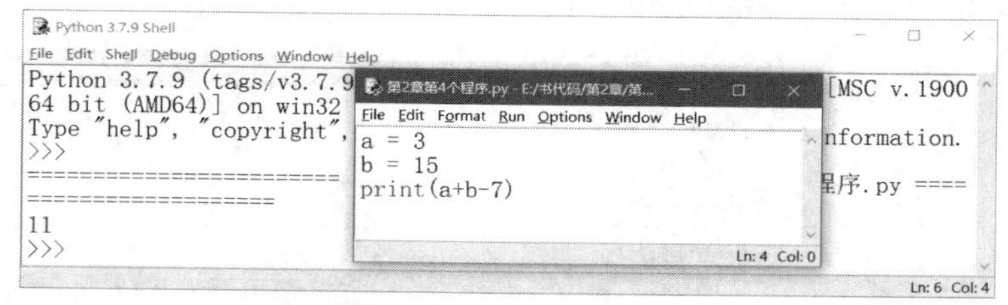

图 2-4

第4种，参数为多个参数。print()函数中还可以包含多个参数。其使用形式如下：

```
print(参数1,参数2,...,参数n)
```

当需要将多个内容输出时，便可使用此形式。每个参数之间要使用英文格式的逗号分隔，每个参数可以是不同的形式，例如参数1为变量、参数2为字符串。

例如图2-5所示的代码，第1～2行代码分别对变量a和b进行赋值。第3行代码的print()函数中包含两个参数，分别是'计算结果为：'和表达式a+b。代码程序会先计算出表达式的结果，再通过print()函数按照顺序依次将内容输出，输出结果如图2-5所示的Shell界面中的内容。

注意

两个参数之间要使用英文格式的逗号分隔，在输出时逗号会变成空格以区分两个参数的内容，因此在输出的18前面会出现一个空格。

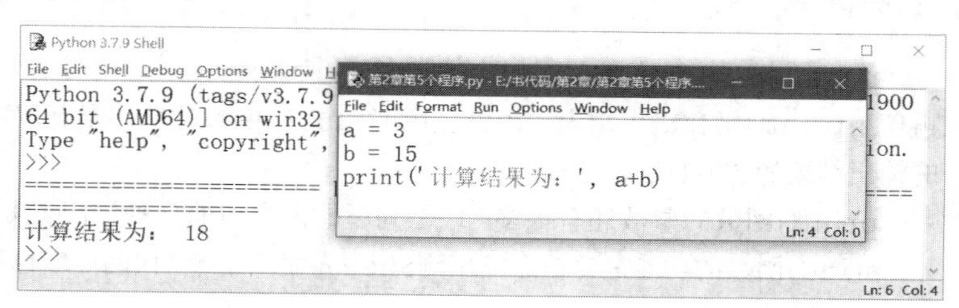

图 2-5

第5种，输出末尾设置。当有多个print()函数输出时，每个print()函数在执行后都会默认在输出内容末尾换行。例如图2-6所示的代码，代码中包含两行print()函数代码，执行代码后的输出结果也是两行。

如果需要将两个print()函数输出的内容连接在一起（显示在同一行），可以在第1个print()函数中增加一个参数end。其使用形式如下：

```
print(参数1,...,参数n,end="")
```

其中“参数1,...,参数n”与前面的使用方法相同，参数end表示在参数输出后的末尾设置附加信息。end后面的引号""表示字符串，中间可以插入信息，例如"##"，运行输出后便会附带一个##结尾，并覆盖先前的默认换行。

代码执行结果如图2-7所示，输出时会在“人生苦短”的后面增加##，并覆盖"人生苦短"末尾的换行，自动将“人生苦短”与下一个print()函数输出的结果连接在一起。

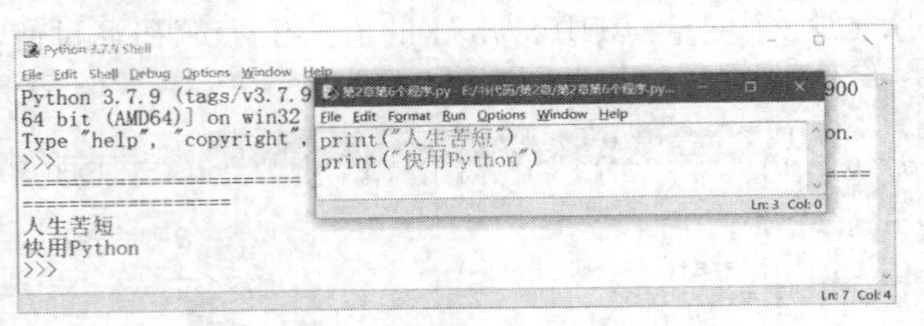

图 2-6

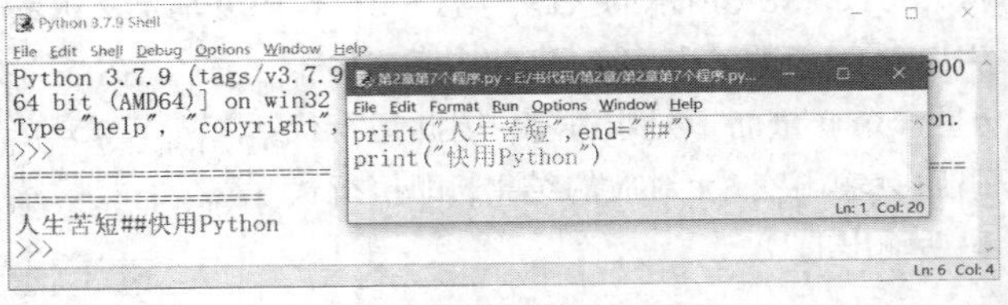

图 2-7

当""中间不输入任何内容时，表示空字符，此时print()函数输出结果的末尾不会添加任何信息，但下一个print()函数输出的结果也会显示在同一行，如图2-8所示。

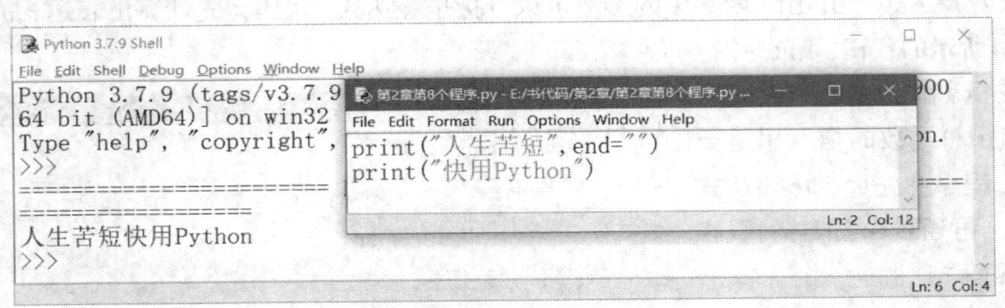

图 2-8

当没有加入参数end时，print()函数默认的end参数值为\n，即end="\n"，这里的\n为转义字符，表示换行（转义字符将会在2.3.1小节的字符串类型中介绍），因此在没有加入end参数时，print()函数输出的内容都会单独占据一行。而将\n改变为其他信息时，print()函数输出的内容末尾也会加上该信息，并且下一个print()函数会继续在本行输出内容。

第6种，参数为函数。当print()函数中的参数为函数时，代码程序会先计算出此函数的结果，再使用print()函数将结果输出。

示例代码：

```
print(dir(__builtins__))
```

print()括号中的参数是另一个函数dir(__builtins__)，此时需要先计算出dir(__builtins__)函数的结果，再使用print()函数输出结果。dir(__builtins__)函数的功能是获取Python中的全部内置函数名，代码执行后的输出结果如图2-1所示。

print()函数的参数还有很多，以上列举的是常用的几种情况，读者掌握以上几种情况即可。但需要注意的是，print()函数的功能是将信息输出到Shell界面，而一个代码程序也可以没有print()函数，即不输出信息。

2.2 元素的命名

本节主要介绍变量的命名规则及赋值语句。

2.2.1 变量的命名规则

元素的命名是指给数据元素设置一个名称，以方便后期使用这些数据，主要包含变量的命名、函数的命名及类的命名，这3种命名的规则基本是相同的。函数的命名和类的命名将分别在第5章和第6章具体介绍，本小节主要介绍变量的命名规则。

示例代码：

```
01 a = 3
02 b = 15
03 print('计算结果:', a+b)
```

该代码中的a和b为变量，分别存储了数值3和15。

在Python语言中，变量的名称是不能随意定义的，需要遵守以下4条规则。

第1条规则，使用大小写字母、数字、下画线、汉字及它们的组合对变量进行命名。

示例代码：

```
01 my_name = 3.1415926
02 我的name = 100019
03 _1234 = "hello"
04 my_@wi = 123
05 print(my_name,我的name,_1234,my_@wi)
```

在该代码中，给4个数据3.1415926、100019、"hello"、123分别设置变量名为my_name、我的name、_1234、my_@wi。前3个变量名均为合法的，但第4个变量名my_@wi是非法的。@并不在字母（a～z，A～Z）、数字、下画线或汉字的范围内，因此@不能用于变量名。

代码执行结果如图2-9所示，代码编辑器界面标记了当前错误所在的第4行代码位置，并弹出SyntaxError（语法错误）对话框，提示内容为无法分配的符号，表示代码中存在不能识别的符号。

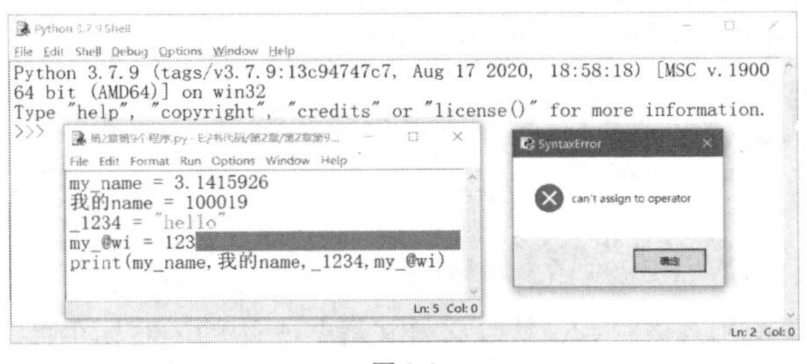

图 2-9

第2条规则，变量名不能以数字作为开头，变量名的中间不能有空格。

示例代码：

```
01 3my_name = "张三"
02 我的 name = "李四"
03 print(3my_name,我的 name)
```

第1行代码的变量名“3my_name”中的数字3位于开头，该变量名是非法的变量名。

第2行代码的变量名“我的 name”中含有空格，该变量名也是非法的变量名。运行代码后会出现语法错误提示，如图2-10所示。

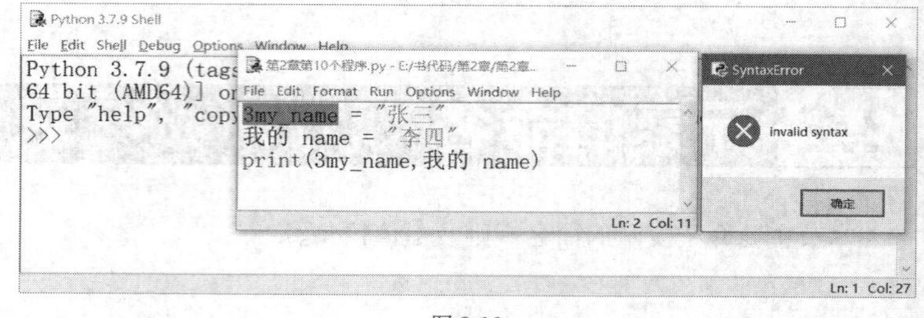

图 2-10

第3条规则，变量名不能和保留字（也称关键字）相同。

保留字是编程语言内部已被使用的具有特定功能的名称，是Python代码的基础，大部分的函数都是在保留字的基础上创建的。在Python语言中可以通过使用以下代码查询全部保留字：

```
print(help('keywords'))
```

返回的结果如图2-11所示。不同版本Python中的保留字的个数不同，Python3.7中有35个保留字。在给变量命名时，名称不能与保留字相同。例如图2-12所示的代码，该代码中存在False=10，而False是Python中的保留字，因此执行代码后会弹出语法错误对话框，并提示不能分配保留字。

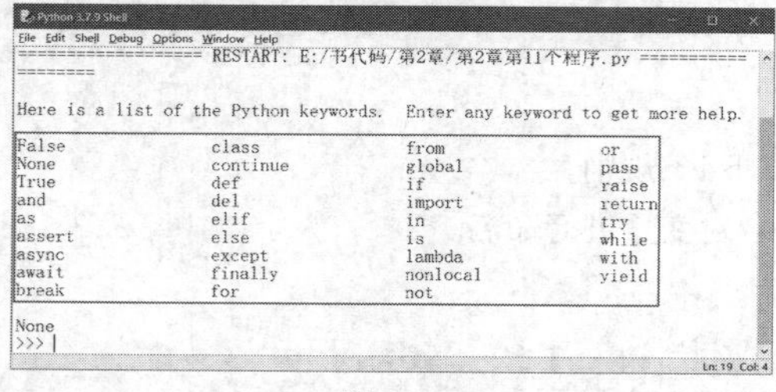
图 2-11

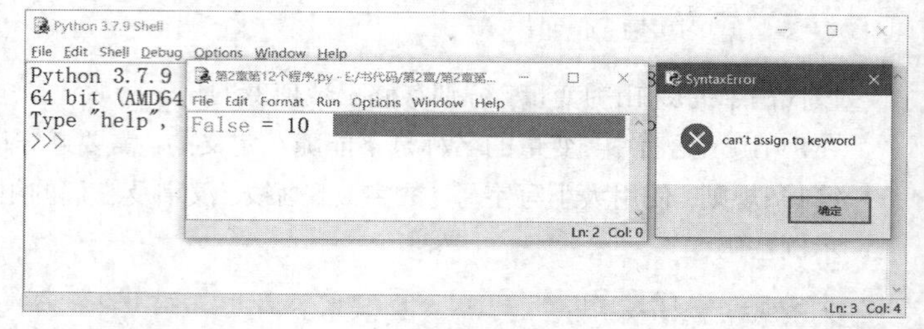

图 2-12

第4条规则，变量名尽量不要与Python的内置函数名相同。

当变量名与Python内置函数名相同时，虽然运行不会报错，但是会导致无法使用Python内置函数。例如图2-13所示的代码，第1行代码设置变量名为print，且存储了数字10。第2行代码使用print()函数输出字符串信息。执行代码后将引发报错，这是因为系统默认print是用于输出信息的函数名，当执行print=10后相当于创建了一个变量名print，从而占用了系统默认的print()函数名，此时print()函数名被覆盖了，因此无法使用print()输出信息的功能。

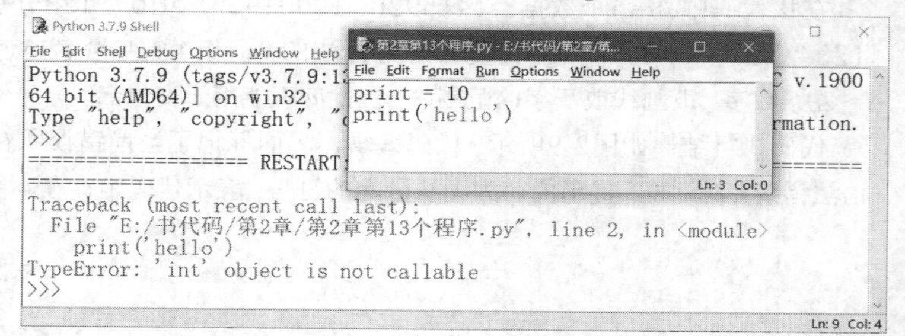

图 2-13

2.2.2 赋值语句

在代码中给一个变量赋值使用等号（=），其含义是将等号右边的内容赋值给左边的变量，让等号左边的变量存储等号右边的内容。

示例代码：

```
01 Else = "我虽然和保留字else相同，但是我的首字母是大写的"
02 print(Else)
```

第1行代码将等号右边的内容"我虽然和保留字else相同，但是我的首字母是大写的"赋值给等号左边的变量Else，在之后的代码中就可以使用Else来表示此内容。

但如果后续再次对变量Else进行新的赋值，例如图2-14所示的代码，前面第1～2行代码与上述示例代码相同，会输出如图2-14所示的Shell界面中输出的第1行内容。而第3行代码对Else进行了新的赋值，解释器执行到第3行代码后，变量Else将丢弃第1行的"我虽然和保留字else相同，但是我的首字母是大写的"信息，重新赋值为"我是新的内容"，因此执行第4行代码后输出的内容为“我是新的内容”。

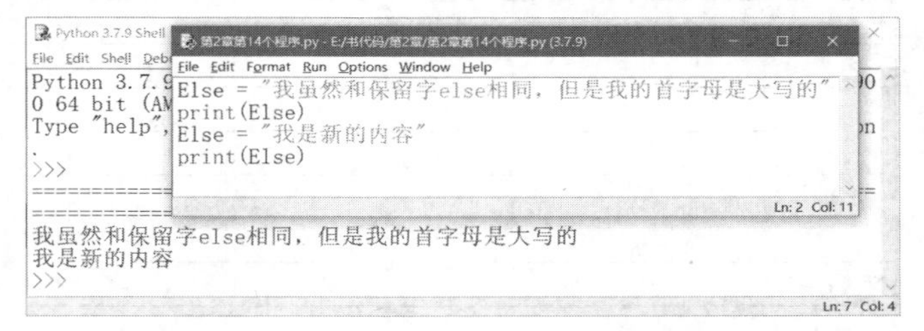

图 2-14

当需要同时对多个变量赋值时，可以使用如下形式。

```
变量1,变量2,... = 数据1,数据2,...
```

每个变量之间使用逗号分隔，用于赋值的数据之间也要使用逗号分隔，且数据的个数与变量的个数要相同，否则代码会报错。例如图2-15所示的代码，第1行代码同时为变量a、b、c、d分别赋值10、12、13、15，第2行代码使用print()函数分别输出变量a、b、c、d的结果，执行结果如图2-15所示的Shell界面的结果。

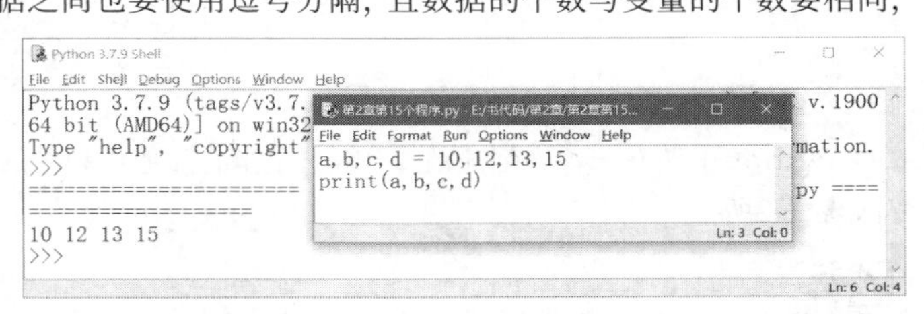

图 2-15

2.3 基本数据类型

本节主要介绍数据的类型，不同的数据可能具有不同的类型，在处理数据之前读者需要先弄清楚待处理的数据是哪一种类型的，再针对不同类型的数据进行处理。

2.3.1 数据类型的介绍

数据类型是指数据的属性。例如“中国梦”是一段文本信息，在Python语言中，文本信息是字符串类型的数据。数学中的数字12是数值类型的数据，而一个学生的学号“20210101”却不是。数值可以进行加、减、乘、除运算，而文本信息不能进行运算，这里的学号是无法进行运算的，因此它属于文本信息。在生活中存在很多不可用于运算的信息，例如手机号码、身份证号码、地区邮编等，它们都属于文本信息。

Python语言提供的数据类型有数值类型、字符串类型、元组类型、集合类型、列表类型和字典类型等。本小节主要介绍数值类型和字符串类型，元组类型、列表类型和字典类型将在第4章进行介绍。用户也可以构造自己的数据类型，这部分内容将在第6章进行介绍。

- **数值类型**

Python中提供的数值类型包含整数类型、浮点数（对应数学中的小数）类型和复数类型。数值类型较为简单，与数学中的概念相似。数值类型的数据可以进行运算，数据之间的运算符称为操作符，在Python中，操作符的表示形式和描述如表2-1所示。

表 2-1

操作符	描述
+	加号
–	减号
*	乘号
/	除号
//	整除，表示两个数值相除后的值不包含小数
%	求余数（整除后的余数）
**	求次幂（次方）

例如图2-16所示，该代码分别演示了数值的多种运算，其运算方法与数学中的运算方法基本一致。执行结果如图2-16中Shell界面的内容。

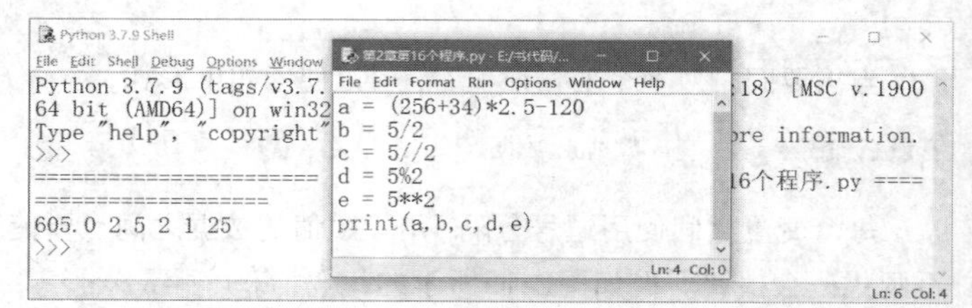

图 2-16

Python中还有一种增强赋值操作符，是指将赋值语句中的等号和操作符结合在一起。常见的增强赋值操作符如表2-2所示。

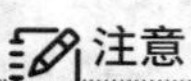

注意

增强赋值操作符中间没有空格，操作符需要和等号连在一起。

表 2-2

增强赋值操作符	描述（如果 a=2）
+=	a += 3 等价于 a = a+3，结果为 5
–=	a –= 3 等价于 a = a-3，结果为 -1
*=	a *= 3 等价于 a = a*3，结果为 6
/=	a /= 3 等价于 a = a/3，结果为 0.66666…
//=	a //= 3 等价于 a = a//3，结果为 0
%=	a %= 3 等价于 a = a%3，结果为 2
**=	a **= 3 等价于 a = a**3，结果为 8

例如图2-17所示的代码，第1行代码对变量a赋值为数值2，第2行代码中**=的左边是变量a，右边为数值3，等价于a=a**3，此时计算顺序为先计算出等号右边的表达式a**3，结果为8，再将8赋值给变量a，因此变量a获取了新的数值8，最后输出的结果为8。+=、–=、*=、/=、//=、%=和**=的使用效果相似，只需将增强赋值操作符转换为通用操作运算形式即可。但需要注意的是，当等号左右两边都有相同变量时，先计算等号右边的表达式，再将表达式的结果赋值给等号左边的变量。

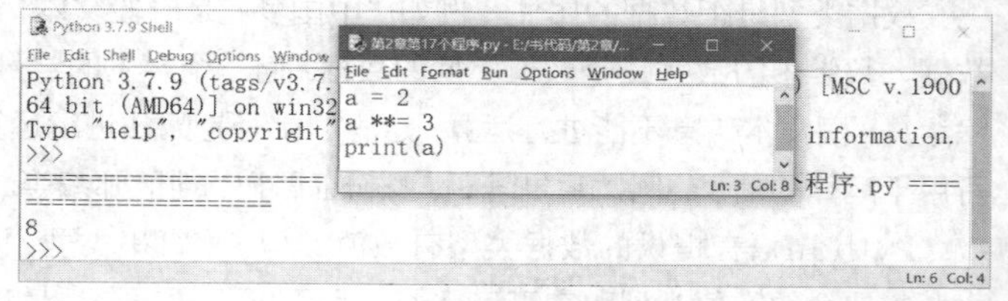

图 2-17

除了使用操作符对数值进行运算，Python语言还为数值类型提供了许多函数功能，例如round()函数、max()函数和min()函数。

round()函数用于对数值进行四舍五入运算。其使用形式如下：

```
round(参数1,参数2)
```

功能：对参数1的数值进行四舍五入，并且保留的小数位数由参数2决定。

参数1：表示需要进行四舍五入的数值。

参数2：表示四舍五入后保留的小数位数。参数2可以不填入，当不填入参数2时，默认保留0位小数。

例如图2-18所示的代码，第1行代码对数值3.1415926进行四舍五入，并保留1位小数，代码执行结果为3.1。

max()函数用于获取括号中最大的数值，括号中可以包含多个数值，每个数值之间使用逗号分隔。

例如图2-19所示的代码，代码执行后将会返回2、6、4、7、3、5中的最大值，代码执行结果为7。

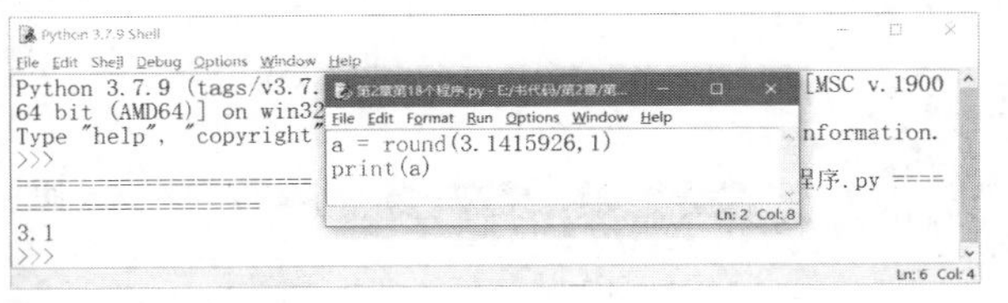

图 2-18

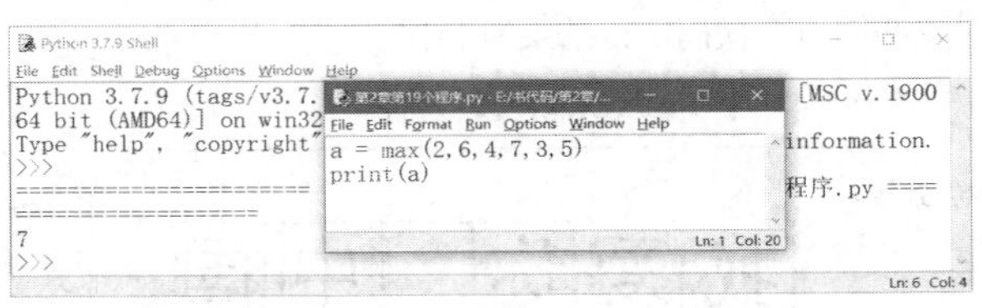

图 2-19

min()函数用于获取括号中最小的数值，其使用方法与max()函数类似。

例如图2-20所示的代码，代码执行后将会返回2、6、4、7、3、5中的最小值，代码执行结果为2。

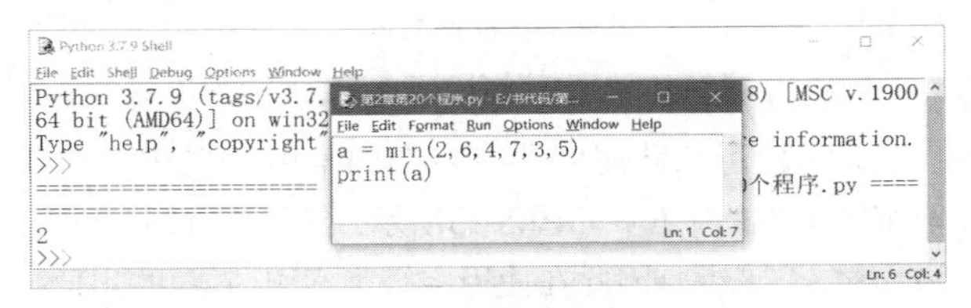

图 2-20

- **字符串类型**

在计算机中需要处理的字符串信息（即文本信息）非常多，在Python语言中，字符串信息要用引号引起来，可以使用单引号，也可以使用双引号。

例如图2-21所示的代码，第1行代码中的文本信息使用了双引号，第2行代码中的文本信息使用了单引号，但执行结果均是正确的。

注意

如果数据为字符串类型的，一定要用引号引起来，否则会导致Python解释器错误地将文本信息识别为变量名。

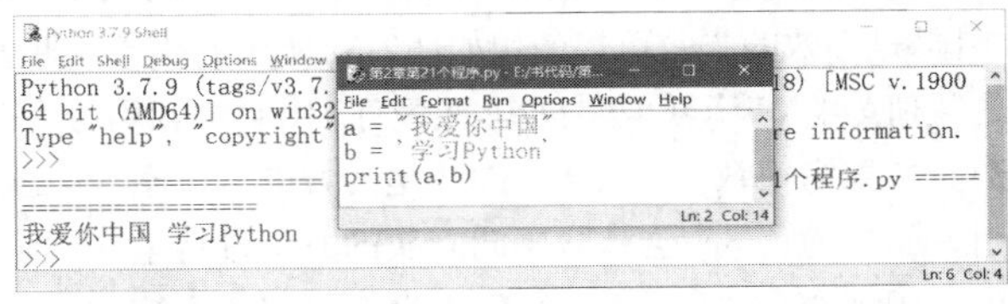

图 2-21

例如图2-22所示的代码，第1行代码中引号内的“我爱你中国”为字符串类型数据，而第2行代码中的“我爱你中国”并没有使用引号，因此它并不是字符串类型数据，Python解释器将其理解成了一个变量名且对应的值为字符串"中国梦"。代码执行结果为图2-22中Shell界面的显示结果。注意，`"我爱你中国" = "中国梦"`是错误的代码，因为变量名中不能出现引号。

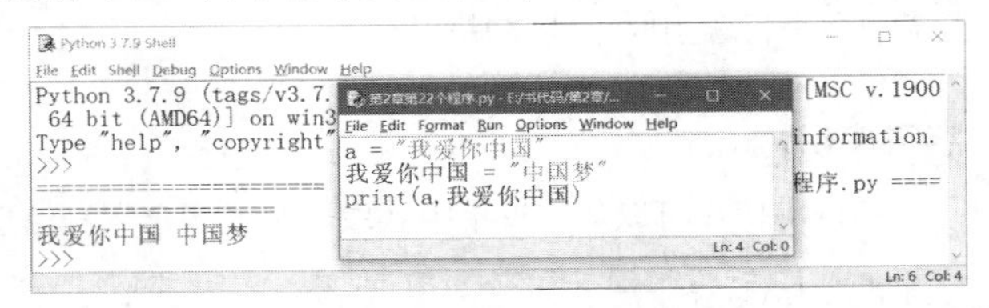

图 2-22

由于字符串类型数据和数值类型数据的属性不同，因此字符串没有数值类型数据中可用于运算的操作符，但字符串可进行截取部分内容、将多个字符串连接一起、改变字符串的大小写等操作。

字符串索引

字符串索引和字符串切片都可用于获取字符串中的部分内容。字符串索引是指获取字符串中的一个字符，而切片是指获取字符串中的一个或多个字符。字符串索引的使用形式如下：

```
字符串[索引号]
```

在了解索引之前，需要先了解字符串的存储方式，字符串存储在内存中时，其中的每个字符都有自己的索引号，类似于排队，队头的人站在第1个位置且编号为0，则从队头向队尾依次编号为0、1、2、3……。如果将队尾的人编号为-1，则从队尾向队头依次编号为-1、-2、-3、-4……。

例如图2-23所展示的是字符串"我爱你 中国"存储在内存中的索引号。如果使用从队头到队尾方向的索引号去获取字符串"我爱你 中国"中的“中”字，可以通过`"我爱你 中国"[4]`实现，即在方括号里加入“中”字的索引号，代码如图2-24所示，代码执行结果为“中”。

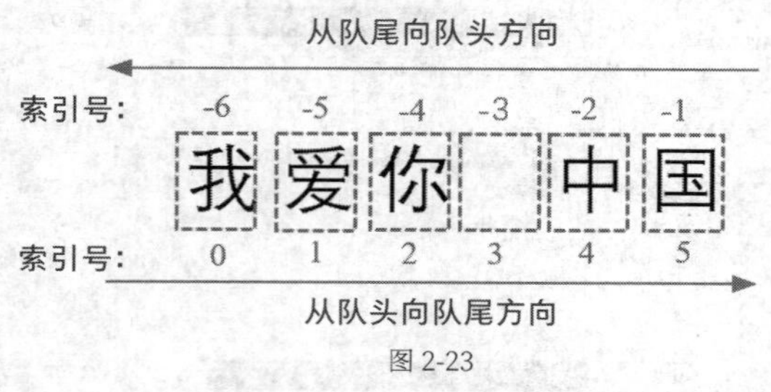

图 2-23

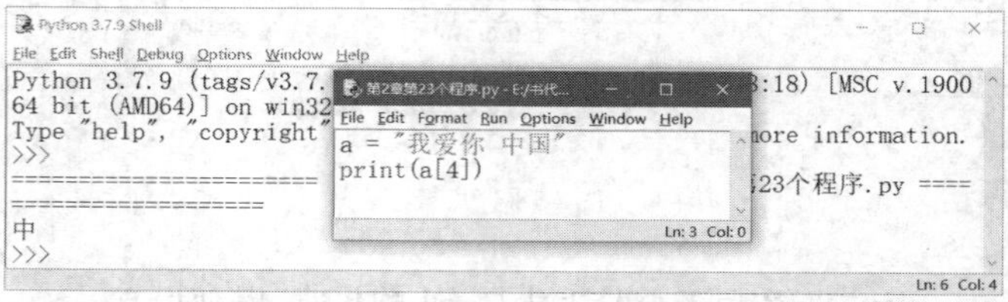

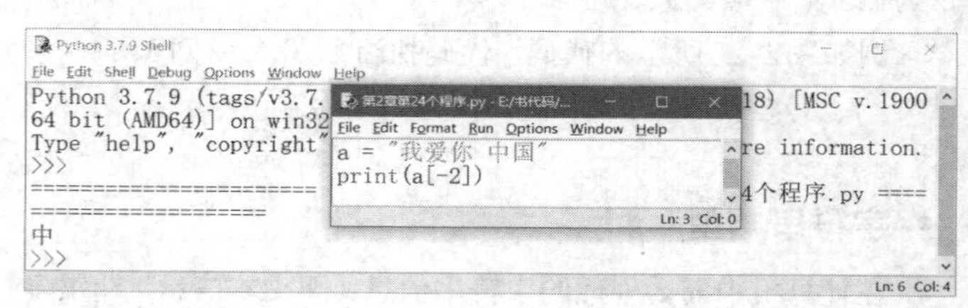

图 2-24

如果使用从队尾向队头方向的索引号去获取字符串中的字符，如图2-25所示，代码执行结果仍然是“中”。因此在使用字符串索引时既可以按队头向队尾的方向，也可以按队尾向队头的方向，但不同方向的索引号是不同的。

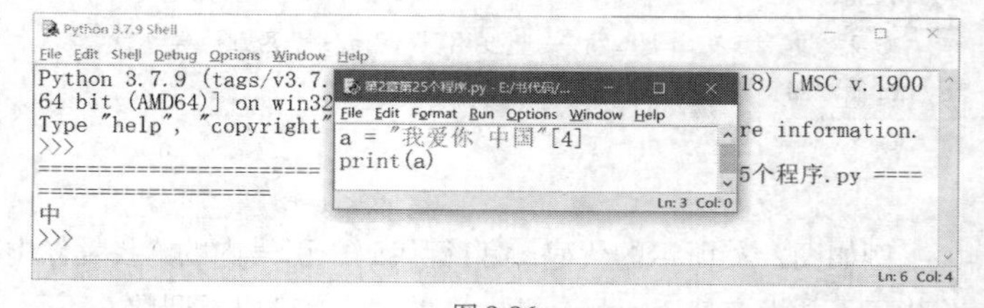

图 2-25

以上代码使用在变量a后面加上一个方括号的形式，由于变量a存储了字符串信息，因此a和字符串"我爱你 中国"是等效的。也可以使用如图2-26所示的代码，即直接在字符串"我爱你 中国"后面加上方括号，且方括号内的数值为4，表示获取字符串"我爱你 中国"中索引号为4的字符。系统会自动判断方括号里的数值是正数还是负数。如果为正数，会从队头向队尾的方向进行索引。如果为负数，会从队尾向队头的方向进行索引。因此变量a此时存储的信息为索引到的字符“中”，而不再是字符串"我爱你 中国"。

需要注意的是，上述代码中的空格也为一个字符，在进行索引时不能将其忽略。

图 2-26

字符串切片

字符串切片可以从字符串中获取一个或多个字符信息。其使用形式如下：

```
字符串[下标1:下标2]
```

方括号中有两个参数“下标1”和“下标2”，表示获取字符串中索引号为“下标1”到“下标2”的字符串信息（不包含索引号为“下标2”的字符），其中“下标1”和“下标2”之间使用冒号隔开。

例如图2-27所示的代码，代码中的[3:8]表示从字符串"我爱你中国 中国梦"中获取索引号为3～8范围内的字符串（不包含索引号为8的字符），代码执行结果为“中国 中国”。

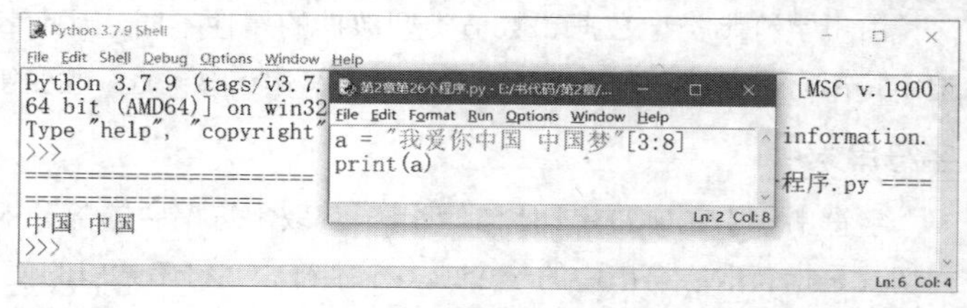

图 2-27

以上代码从队头到队尾的方向进行切片，也可以从队尾向队头方向进行切片。例如图2-28所示的代码就从队尾向队头方向进行切片，而代码执行结果仍然是“中国 中国”。

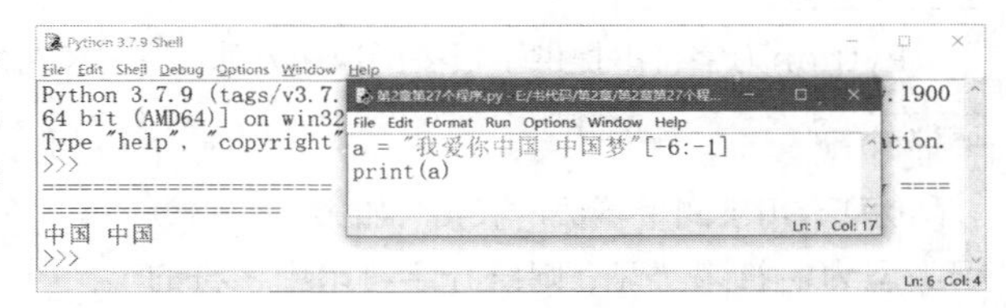

图 2-28

字符串切片还有一种使用形式，即步长切片，步长切片是指跨步截取字符信息。其使用形式如下：

```
[下标1:下标2:步长]
```

方括号里第3个参数“步长”是指在索引号为“下标1”到“下标2”的字符串中，每间隔“步长”个位置就截取一个字符信息。

例如图2-29所示的代码，代码中的[1:8:2]表示从"我爱你中国 中国梦"中截取索引号为1～8的字符串"爱你中国 中国"，并在该字符串中每间隔两个字符截取一个字符，首先截取的字符是“爱”，间隔两个字符后截取的是“中”，再次间隔两个字符后截取的是“ ”（即空格），再次间隔两个字符后截取的是“国”，此时该字符串截取完毕，代码执行结果为“爱中 国”。

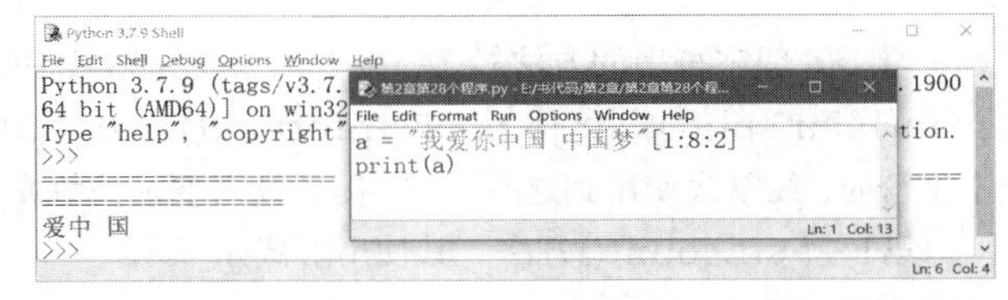

图 2-29

步长的值可以为正数，也可以为负数，如果为负数表示从队尾到队头的方向截取字符串。例如图2-30所示的代码，代码中的[-1:-8:-2]表示在索引号为-1～-8的字符串中，以步长-2（从队尾向队头的方向）进行截取，代码执行结果为“梦中国你”。

注意

当步长值为正数时，“下标1”的值必须小于“下标2”的值，否则无法截取到字符信息。因为正数表示从队头到队尾的方向截取字符信息，如果“下标1”大于“下标2”，则“下标1”位于“下标2”的后面，所以从方向上是无法截取到字符信息的。当步长为负数时，“下标1”的值必须大于“下标2”的值（例如-1大于-8），否则也会因为方向的原因无法截取到字符信息。

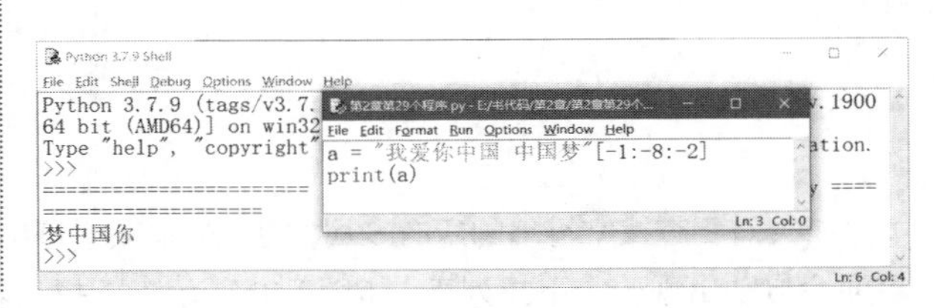

图 2-30

字符串的连接

将多个字符串连接在一起，可以使用加号（+）来操作。例如图2-31所示的代码，第1行代码中的+将字符串"Python"和"人工智能"连接在一起，代码执行结果为“Python人工智能”。

将字符串复制多次，可以使用*来操作。例如图2-32所示的代码，第1行代码中的*将前面的字符串"Python"复制3遍，代码执行结果为PythonPythonPython。

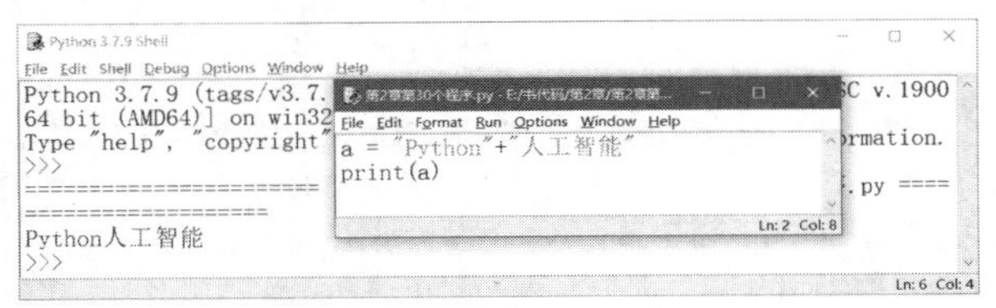

图 2-31

图 2-32

字符串函数

Python为字符串提供了很多函数和方法，接下来先介绍len()函数。其使用形式如下：

```
len(参数)
```

功能：用于测量参数的长度，如果参数的数据类型为字符串类型，则统计字符串中字符的个数。

例如图2-33所示的代码，其中len()函数会检测括号中字符串的字符个数，输出结果为11。

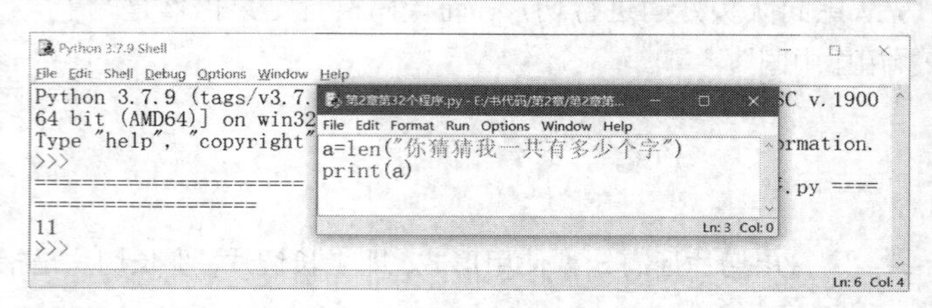

图 2-33

字符串方法

字符串方法是指专属于字符串类型数据的方法，只能对字符串类型数据进行操作。其使用形式如下：

```
数据.方法名(参数)
```

用于处理字符串的方法较多，接下来主要介绍其中6种常用方法，分别是str.count()、str.replace()、str.strip()、str.split()、str.join()和str.format()方法，其中str表示字符串类型数据。在办公自动化领域中处理文本字符时，经常会使用到这些方法，因此读者要能熟练掌握这些方法。

第1种，str.count()方法。其使用形式如下：

```
str.count(参数)
```

功能：统计字符串str中参数出现的次数。

例如图2-34所示的代码，字符串为"张三工资3500李四工资3800王五工资3500赵六工资3500"，对此字符串进行count("3500")操作，即查找字符串中"3500"的个数。运行代码后返回值为3，表示有3个人的工资为3500。

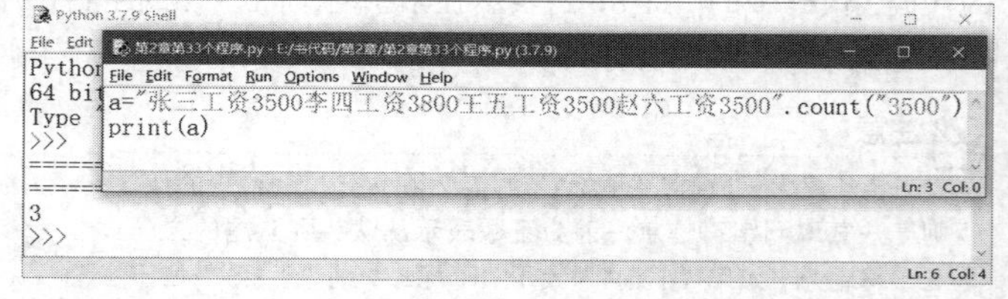

图 2-34

如果需要查找字符串的所有专属方法，先输入字符串，再输入一个“.”，接着按键盘上的Tab键，此时Shell界面会自动出现一个下拉列表，如图2-35所示。下拉列表中显示了字符串的全部可执行方法，当前介绍的str.count()、str.replace()、str.strip()、str.split()、str.join()、str.format()方法均能在下拉列表中找到。后面将要学习的其他数据类型也可采用这种方式来获取全部的方法。例如第4章的列表数据类型，获取列表数据类型的全部方法如图2-36所示，首先输入一个列表类型的数据（数据类型为列表类型即可），再输入一个“.”，最后按Tab键会显示列表数据类型的全部方法。

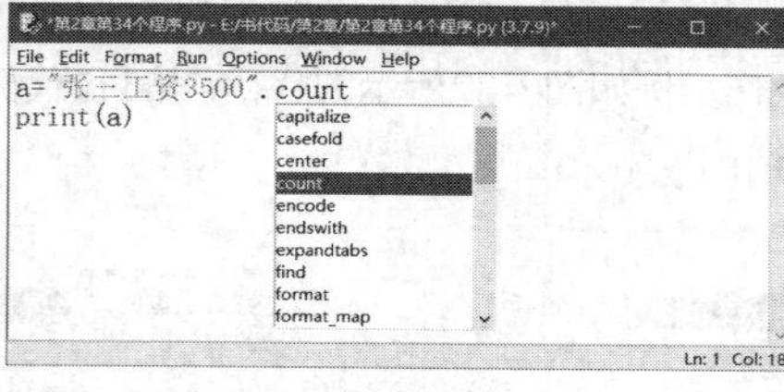

图 2-35

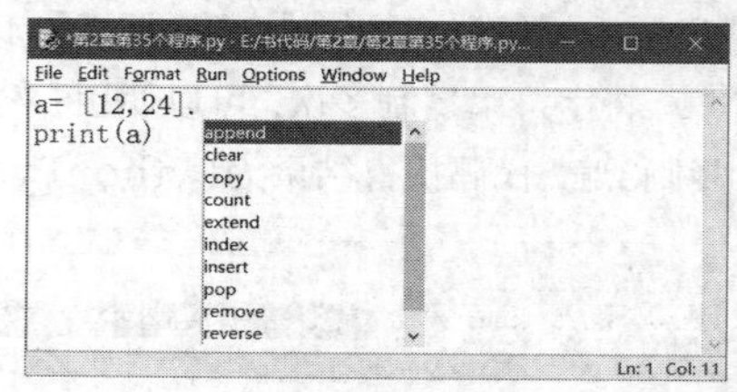

图 2-36

第2种，str.replace()方法。其使用形式如下：

```
str.replace(参数1,参数2)
```

功能：将字符串str中的参数1替换为参数2。

例如图2-37所示的代码，replace()将字符串"张三工资3500李四工资3800王五工资3500"中的3500全部替换为3600，因此输出的结果为“张三工资3600李四工资3800王五工资3600”。

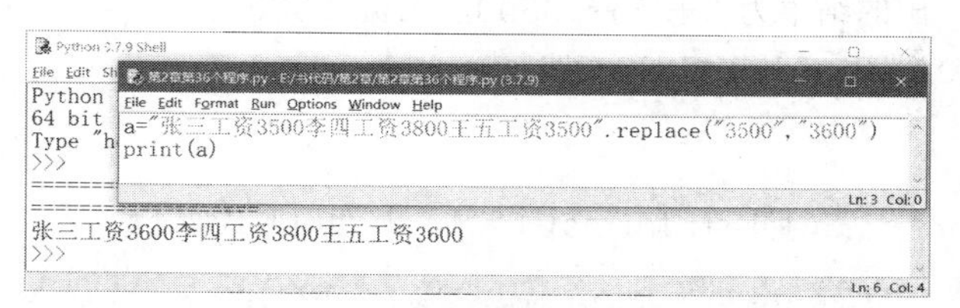

图 2-37

注意

str.repalce()方法在执行后返回的是新的值，而不是直接修改原来的str值。例如图2-38所示的代码，该代码中存在两个变量a和b，执行a.replace()方法之后，a变量的值是不会改变的，因此代码执行后输出的a和b的值也是不同的。

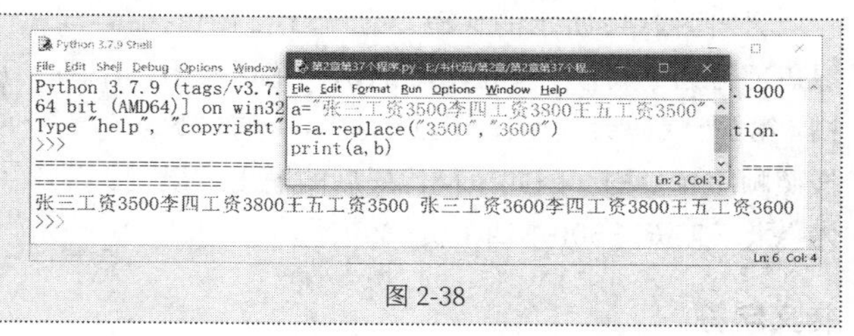

图 2-38

第3种，str.strip()方法。其使用形式如下：

```
str.strip(参数)
```

功能：判断字符串str中开头和结尾的字符是否与参数相同，若相同则删除与参数相同的字符。

例如图2-39所示的代码，其中字符串a="#张三工资3500李四工资3800王五工资3500##"的开头和结尾都有字符#，开头一个，结尾两个。执行`a.strip("#")`后会将字符串a开头的#和结尾的#全部删除。因此输出结果为“张三工资3500李四工资3800王五工资3500”。

注意

如果结尾为#2#，则`a.strip("#")`只会删除最后的一个#，而不会删除前一个#。

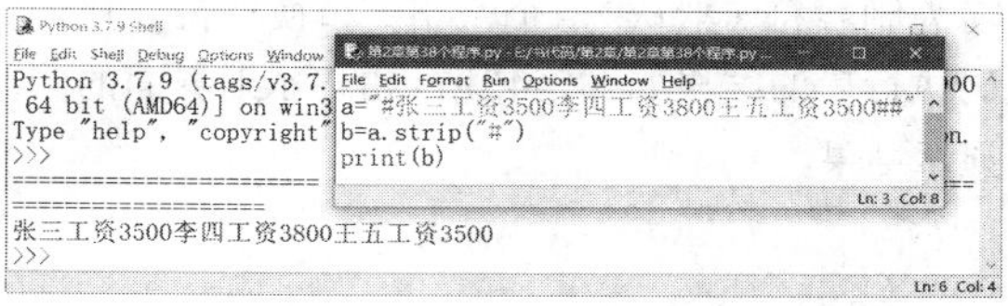

图 2-39

第4种，str.split()方法。其使用形式如下：

```
str.split(参数)
```

功能：将字符串str在参数所指位置处进行分隔并组成一个列表（关于列表的知识将在第4章中介绍）。

例如图2-40所示，在代码中字符串a有3个#，而方法`a.split("#")`会使得字符串在#处分隔开，并且将分隔后的内容保存在列表（列表由方括号括起来的0个、1个或多个数据信息组成，详见第4章）中，因此输出结果为['张三工资3500', '李四工资3800', '王五工资3500']。

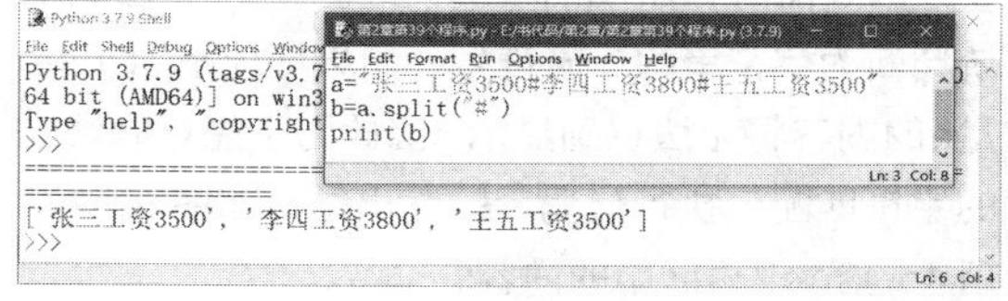

图 2-40

第5种，str.join()方法。其使用形式如下：

```
str.join(参数)
```

功能：在参数的每两个字符之间加入字符串str。

例如图2-41所示的代码，代码中的`a.join("王李张孙钱")`将在参数"王李张孙钱"的每两个字符之间加入字符串"工资:3500"，因此输出的结果为“王工资:3500李工资:3500张工资:3500孙工资:3500钱”。

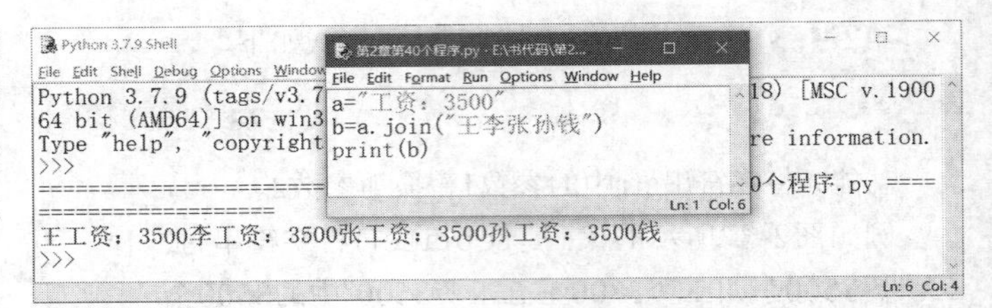

图 2-41

第6种，str.format()方法。其使用形式如下：

```
"字符{}字符{}...".format(参数1, 参数2)
```

功能：字符串中的{}表示槽，槽用于替换format()的括号中的参数（槽的个数要与参数的个数相匹配）。

例如图2-42所示的代码，第1行代码中的绿色部分为字符串，字符串中的两个花括号为槽，第1行代码会使用format()括号中的参数按照顺序替换槽。因此执行代码后的输出结果为“张三工资:3500李四工资:3800”。

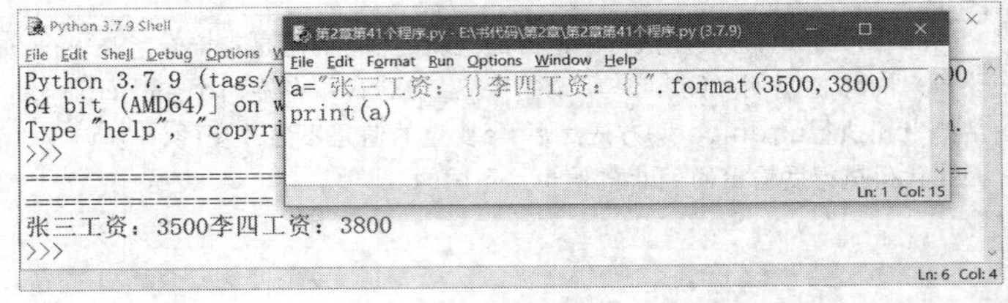

图 2-42

转义字符

在一段字符信息中，除了普通字符外，还有一类特殊字符，例如制表符、换行符、换页符、引号（Python语言默认引号是字符串的标志，因此无法在字符串中直接使用引号）等。但这些特殊字符在生活中也常常被使用。而这些具有特殊功能的字符信息无法直接通过字符来表示，因此在程序中使用`\字符`的形式来表示特殊字符。例如\n表示换行符（通过\将字符n原本的含义转换为换行），\t表示制表符（水平制表符，等效于按Tab键）。

例如图2-43所示的代码，字符串中存在转义字符\t和\n，因此在输出时会分别将t和n转换为制表符（默认为4个空格）和换行符。代码执行后的结果如图2-43所示的Shell界面的显示结果。

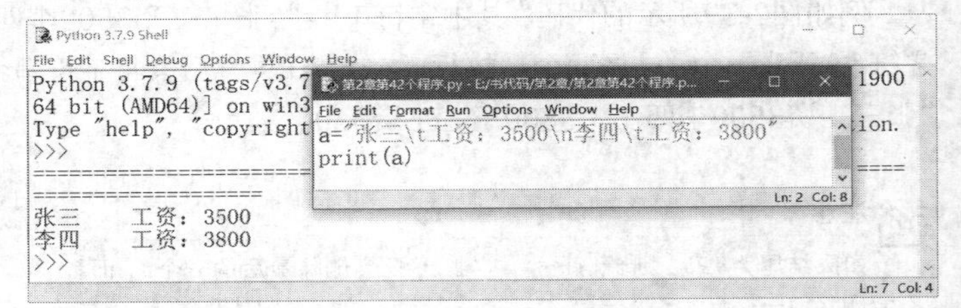

图 2-43

在字符串中只要存在\，系统便可能会判断此处为转义字符，默认与\的后一个字符进行匹配并判断其是否为转义字符。Python语言中存在多种转义字符，本部分内容中所列举的均为办公自动化领域中常用的转义字符。

由于\会被转义为特殊字符，因此如果需要在字符串中显示\，可以使用\\表示\。Python语言默认引号引起来的内容为字符串，因此字符串中无法直接使用引号，这时可以使用\'表示一个单引号，使用\"表示一个双引号。

例如图2-44所示的代码，变量a的内容里既有单引号又有双引号，但\'是转义字符，即一个'，因此'不会被系统判断为字符串的标志符号。如果地址是C:\user\program\Python，则系统会判断\u、\p、\P为转义字符，变量a的内容将无法正确显示，因此为了能正确地在字符串中显示\，需要使用\\，系统会将\\转换为\且不会和后面的字符匹配。执行代码后的输出结果如图2-44所示的Shell界面中的内容。

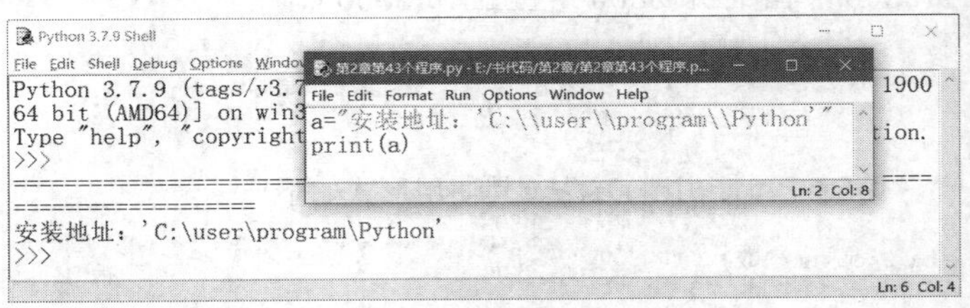

图 2-44

如果读者不使用转义字符，例如图2-45所示的代码，Python会默认将\u识别为转义字符，这会导致无法直接输出\u。且\p和\P都有可能被识别为转义字符，为了避免这种情况，通常需要将\替换为\\、/或//。

当字符串被双引号引起来时，字符串内部的引号需要使用单引号。

示例代码：

```
a="安装地址:'C:\\user\\program\\Python'"
```

执行代码后的输出结果与图2-44所示的结果相同。因此当字符串的引号和其内容的引号不同时，字符串是可以正确显示与输出的。但如果引号是相同的，例如图2-45所示的代码，由于字符串使用了单引号，其内部信息也使用了单引号，此时系统会默认第1个单引号和第2个单引号之间（即'安装地址:'）为字符串内容，而后面的内容无法被识别为字符串，因此执行代码后会引发异常错误。

图 2-45

但不是所有的\都可以和下一个字符匹配为转义字符。例如图2-46所示的代码，其中\g、\h和\j都不是转义字符，因此在执行该代码程序时不会将其转换为其他含义的字符，会直接输出a的内容。

注意

虽然\g、\h和\j并不是转义字符，但读者在编写代码的过程中为了避免字符被转义，字符\尽量使用\\、/或//来替换。

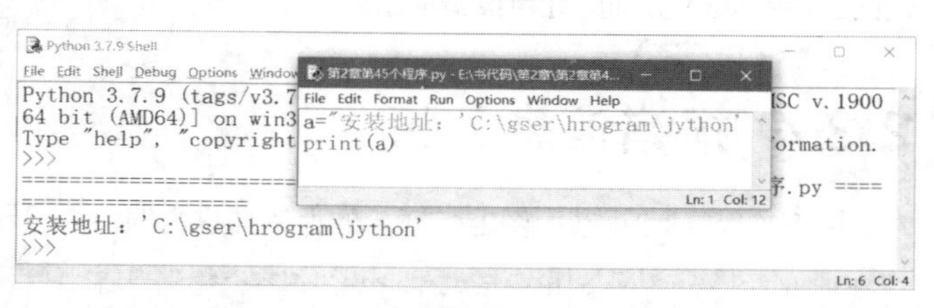

图 2-46

2.3.2 检测数据类型

不同的数据都有各自的类型，可通过函数type(数据)来检测数据的类型。例如图2-47所示的代码，其中a为字符串类型数据，b为整数类型数值，c为小数类型（编程中的小数类型通常被称为浮点数类型）数值，d为列表类型数据，代码执行结果为<class 'str'> <class 'int'> <class 'float'> <class 'list'>。

结果中的class表示类（详见第6章），str表示字符串类型，因此变量a中存储的数据"Python"为字符串类型数据。<class 'int'>中的int表示整数类型，因此变量b中存储的数据10为整数类型数据。<class 'float'>中的float表示浮点数类型，因此变量c中存储的数据3.1415为浮点数类型数据。<class 'list'>中的list表示列表类型，因此变量d中存储的数据[12,34,'hi']为列表类型数据。

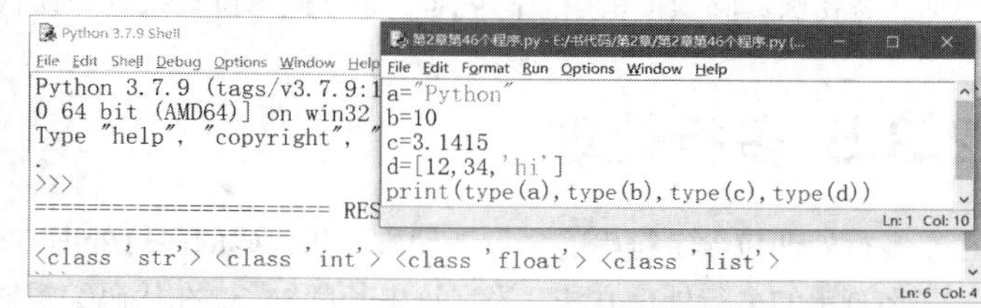

图 2-47

2.3.3 强制转换数据类型

不同类型的数据之间可以通过一些函数进行类型的强制转换，例如将参数的类型强制转换为整数类型的int()、将参数的类型强制转换为浮点数类型的float()、将参数的类型强制转换为字符串类型的str()。

例如图2-48所示的代码，其中a是一个由引号引起来的字符串类型数据31415，经过函数int(a)将a转换为一个整数类型数值并赋值给变量b。c是一个浮点数类型的数值1.717，经过函数str(c)将c转换为字符串类型数据并赋值给变量d。因此输出结果为`<class 'str'> <class 'int'> <class 'float'> <class 'str'>`。

注意

使用函数转换数据类型不是改变原始数据的数据类型，而是将数据复制一份后再将其类型转换为新的数据类型，并赋值给对应变量。例如图2-48所示的a仍然是字符串，c仍然是浮点数。

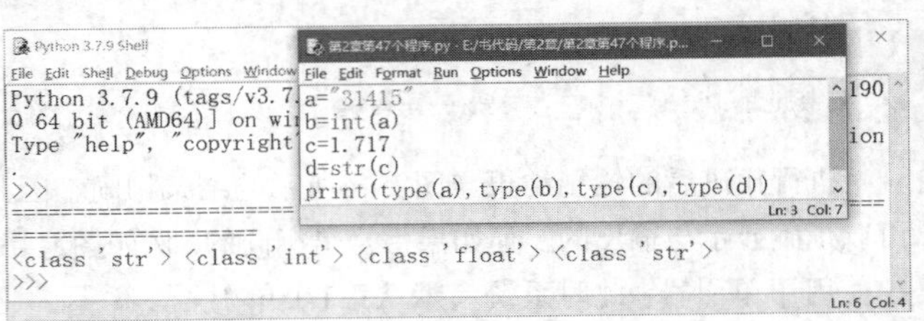

图 2-48

当a的内容不是可转换为整数的数据时，使用int(a)强制转换数据类型将出现异常错误，导致转换失败。例如图2-49所示的代码，变量a的内容是字符串"3.1415"，可以将其转换为浮点数类型数值，但不能将其转换为整数类型数值，因此运行int(a)后会出现图2-49中Shell界面的红色报错信息。

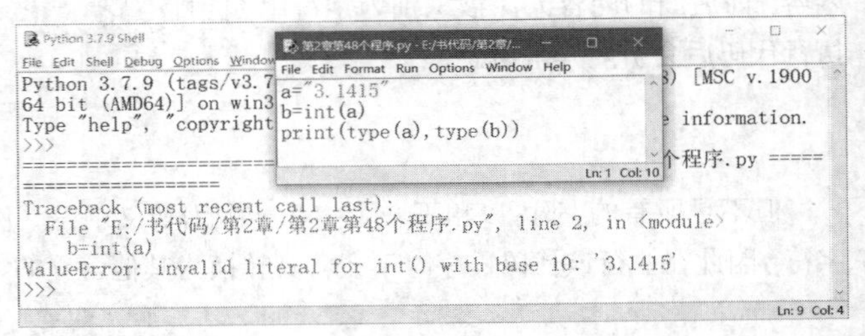

图 2-49

2.3.4 报错信息分析

接下来以2.3.3小节中图2-49所示的报错信息为例。

```
Traceback (most recent call last):
  File "E:\书代码\第2章第1个程序.py", line 203, in <module>
    b=int(a)
ValueError: invalid literal for int() with base 10: '3.1415'
```

第1行信息中的Traceback表示错误追溯。第2行信息表明错误代码在“E:\书代码\第2章第1个程序.py”文件的第203行。第3行信息列出错误代码为b=int(a)。最后一行信息指出错误原因是3.1415无法转换为整数类型数据，ValueError表示函数值错误，即int(a)中a的值是错误的。

常见的报错信息还有NameError（名字错误，在图1-31中有相关的报错信息）、IndentationError（缩进错误）、SyntaxError（语法错误）、TypeError（类型错误）等。读者需要具备分析错误的能力，在遇到报错信息时，需要认真阅读报错信息的内容，通过提示位置找到错误代码，并根据最后一行的信息纠正错误代码。

2.3.5 多行处理

多行处理包含字符串的多行处理方法和代码的多行处理方法，具体如下。

字符串的多行处理方法：当字符串长度较长，在代码编辑器中无法在一行内完整显示时，可以用一对三引号将多行字符串引起来。

例如图2-50所示的代码为一段关于数据类型转换的描述性字符串，现使用一对三引号将其引起来，在输出结果中可以看到，输出的结果没有显示在同一行。

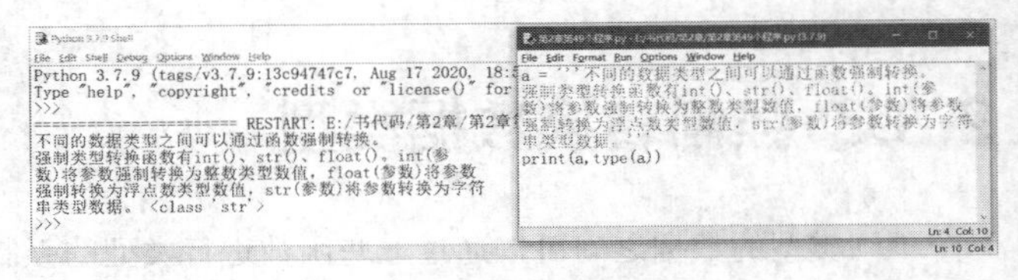

图 2-50

代码的多行处理方法：当代码由于长度太长而无法在同一行内完整显示时，为了方便阅读，需要将一行代码写成多行，可以在需要换行的代码末尾添加一个\。

例如图2-51所示的代码，print()函数中需要填写的内容较多，代码编辑器无法在同一行中展示所有的代码，为了合理展示代码和方便读者阅读，现将print()函数中的参数分为多行书写，即在需要换行的代码后面加上一个\，程序会自动将当前行代码和下一行代码连接在一起。第1行代码是赋值语句中的多个变量一起赋值，即将等号右边的数据按顺序依次赋值给左边的变量。第2～5行代码等效为以下代码：

```
print('a的结果:',a,'b的结果:',b,'c的结果:',c,'d的结果:',d)
```

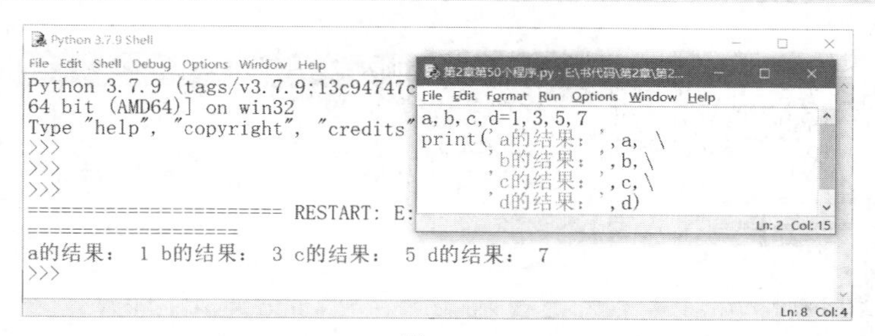

图 2-51

2.4 输入函数 input()

程序可以通过print()函数输出信息，也可以通过键盘输入信息到程序，使程序接收用户的信息并做出下一步处理。在Python语言中可以使用input()函数实现接收用户的信息。input()函数的使用形式如下：

```
input(提示信息)
```

其中提示信息为函数的参数，数据类型为字符串类型。在执行代码后会首先将提示信息输出，用于提醒用户输入数据，接着等待用户通过键盘输入信息。用户输入完信息后按Enter键即可将信息传递给代码程序以继续执行。

如图2-52所示的代码，在运行此代码时，会先输出input()括号中的提示信息"请在此处输入一个账单号："，此时程序会暂停运行以等待用户输入信息，用户需要通过键盘在此信息后面输入内容，例如输入1314python8。输入信息后需要按Enter键提交信息，此时程序会将1314python8作为字符串类型数据提交给变量a，接着执行最后一行代码，最终输出的内容如图2-53所示。

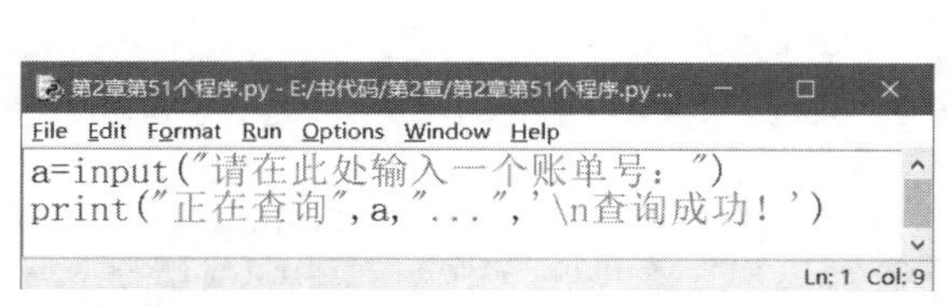

图 2-52

```
Python 3.7.9 (tags/v3.7.9:13c94747c7, Aug 17 2020
, 18:58:18) [MSC v.1900 64 bit (AMD64)] on win32
Type "help", "copyright", "credits" or "license()
" for more information.
>>>
====================== RESTART: E:/书代码/第2章/
第2章第51个程序.py ======================
请在此处输入一个账单号：1314python8
正在查询 1314python8 ...
查询成功！
>>>
```

图 2-53

注意

通过输入函数input()获取的信息为字符串类型数据，因此当程序需要接收数值类型数据时，需要借助强制转换数据类型函数int()或float()。

例如图2-54所示的代码，在运行此代码后会先输出第1行代码的提示信息"请输入一个整数："，在此信息之后输入一个整数26并按Enter键提交信息，此时a会接收到该字符串类型数据。接着继续运行第2行代码，即输出input()函数中的提示信息"请再输入一个整数："，在此信息之后输入一个整数17并按Enter键，将该字符串类型的数据提交给变量b。最后开始执行第3行代码，print()函数中包含两个参数，其中第2个参数int(a)*int(b)表示将字符串类型数据a和b转换为整数类型数据，并进行乘法运算。如果不将a和b转换为整数类型数据，将无法对数据继续进行乘法运算，因为字符串与字符串之间不能进行运算。代码执行结果如图2-54所示的Shell界面内容。

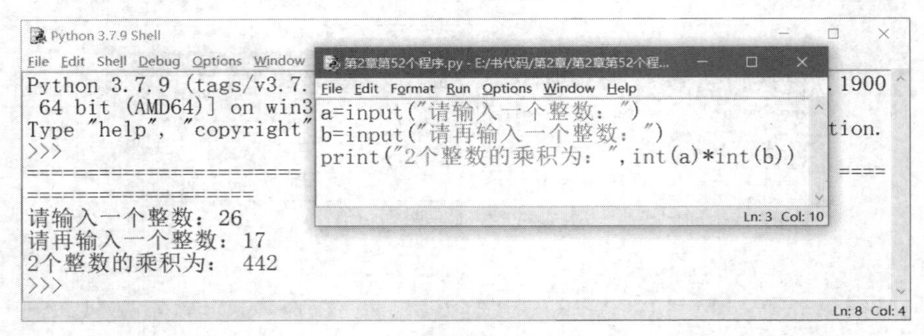

图 2-54

2.5 注释和“使用帮助”功能

本节主要介绍在编写代码时用到的注释功能和“使用帮助”功能。

2.5.1 注释功能

一个完整的程序项目往往是由多个成员协同编写的，因此为了保证其他成员能更轻松地读懂自己编写的代码，一般需要给代码标注合理的解释说明，但代码文件需要被计算机运行，为了让计算机不执行解释说明部分，只执行代码部分，编程语言提供了代码注释功能。Python语言中的代码注释使用#来表示，#后面的内容不会被运行。

例如图2-55所示的代码，第1行代码中的“这部分不会运行”信息前有一个#，因此该部分信息将会被解释器忽略且不会被执行。代码执行结果如图2-55所示的Shell界面中的内容。

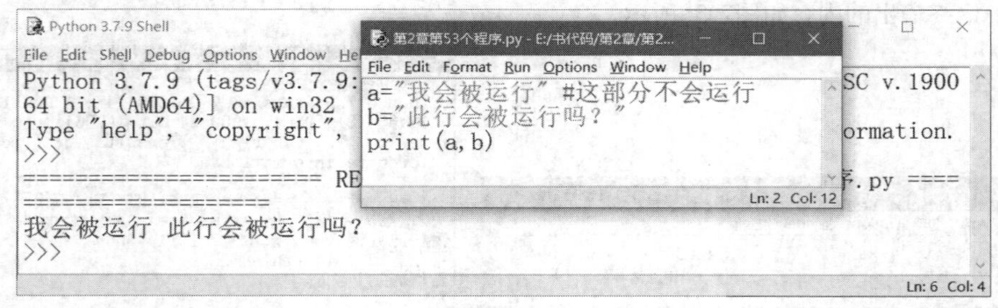

图 2-55

2.5.2 “使用帮助”功能

Python语言中提供了帮助函数help()，其使用形式为`help(参数)`，只需要在参数位置输入函数名称或对应方法的名称，即可查询该函数或方法的“使用帮助”。

例如图2-56所示的代码，help(len)用于获取len()函数的“使用帮助”，print()再将len()函数的“使用帮助”信息输出到Shell界面中，即图2-56所示的Shell界面中的内容。

输出结果中的标注①处表示这是内置函数len()的“使用帮助”，标注②处是len()函数的使用形式，标注③处描述了len()函数的功能。读者可以参考该代码查看前面学习到的其他函数的“使用帮助”，例如print(help(print))、print(help(input))等。

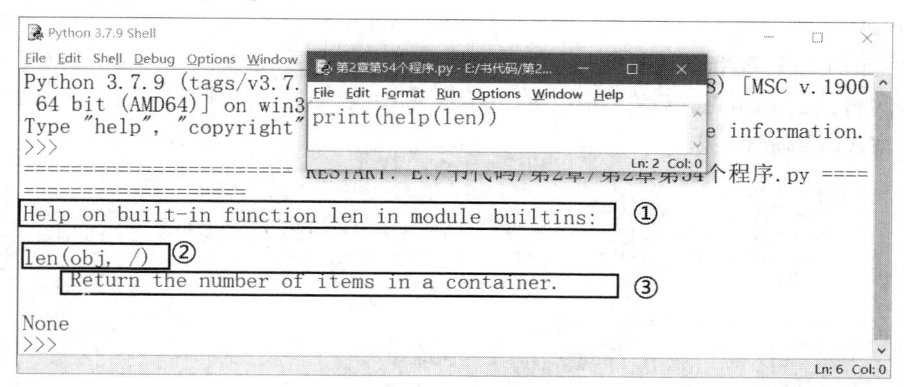

图 2-56

查询数据方法的“使用帮助”，例如查询字符串中join()方法的“使用帮助”，可使用如图2-57所示的代码。

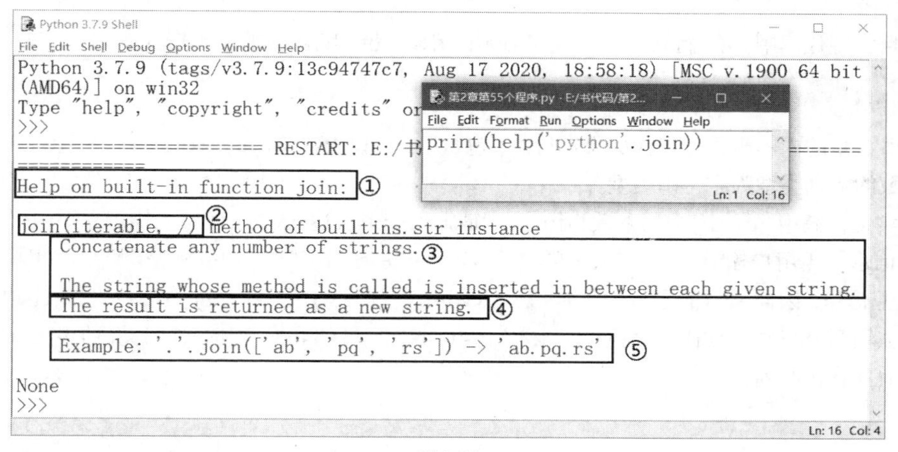

图 2-57

运行代码后将输出如图2-57所示的Shell界面中的内容，即join()方法的“使用帮助”。其中标注①处表明这是join()方法的“使用帮助”，标注②处是join()方法的使用形式，标注③处描述了join()方法的功能，标注④处为执行join()方法后返回的信息，标注⑤处为join()方法的一个示例代码。读者在使用一些新函数或方法时，可以通过帮助函数help()来获取相应函数或方法的“使用帮助”。

注意

在查询函数或方法的“使用帮助”时，需要有确定的数据。例如help(join)是错误的查询方式，系统会把join默认为函数名来进行处理，而函数名中并没有join。join是字符串中的方法名，因此需要使用数据.join的形式来进行查询。

示例代码：

```
print(help([1,2,3].append))
```

其中[1,2,3]为列表类型的数据（详见第4章），append是列表中的方法名。执行该代码后即可查询到列表中append()方法的“使用帮助”。

项目案例 实现计算器

项目任务

实现用Python语言设计一个计算器代码程序，通过输入计算表达式即可返回计算结果。

项目实现代码

如图2-58所示的代码，运行此代码后，需要先在字符串"请输入一个表达式："后输入计算表达式，例如输入(34+12)*3+34*7，按Enter键之后将输出结果376。读者可以按照此方法自由地输入任何计算表达式，并在Shell界面中观察代码的输出结果。

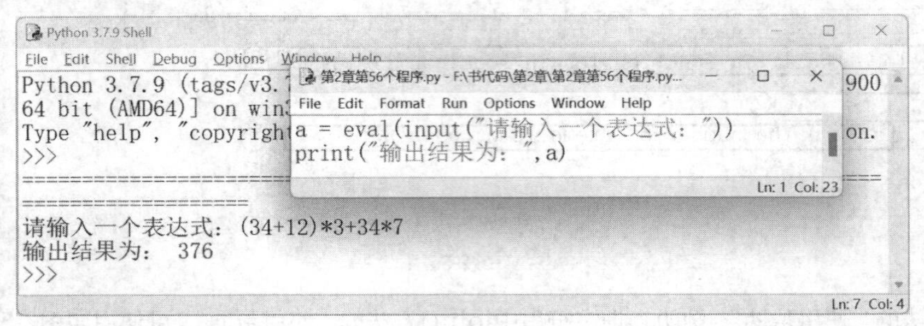

图 2-58

在以上项目实现代码中，第1行代码使用到了eval()函数。eval()函数的使用形式如下：

```
eval(参数)
```

功能：将参数中的内容当作一行代码来运行，不包含引号，仅将字符串的内容当作代码运行。

参数：参数的数据类型为字符串类型。

在该项目实现代码中，eval()中的参数为input("请输入一个表达式：")，程序先执行完input()部分后，需要等待用户输入信息。当用户输入(34+12)*3+34*7并按Enter键后，由于input()函数会默认将用户输入的信息存储为字符串类型信息，因此eval的参数为"(34+12)*3+34*7"，即eval("(34+12)*3+34*7")。此时程序会将参数中的内容（除去引号）当作一行代码来执行，等效为a=(34+12)*3+34*7，表达式的计算结果会保存在变量a中，最后通过print()输出a的内容。

总结

本章主要介绍了不同的数据类型和输入函数、输出函数。在办公自动化领域中会涉及多种不同的数据类型，读者需要具备区分数据类型的能力，在了解数据类型的基础上再进行数据处理。不同数据类型有不同的方法，读者需要掌握其中的几种常见方法。

第3章

程序控制语句

程序代码除了从第1行代码开始依次往下运行外，还存在多种不同走向的运行方式。本章将讲解3种不同语句的运行方式，这些语句分别是条件判断语句、循环语句和异常处理语句。

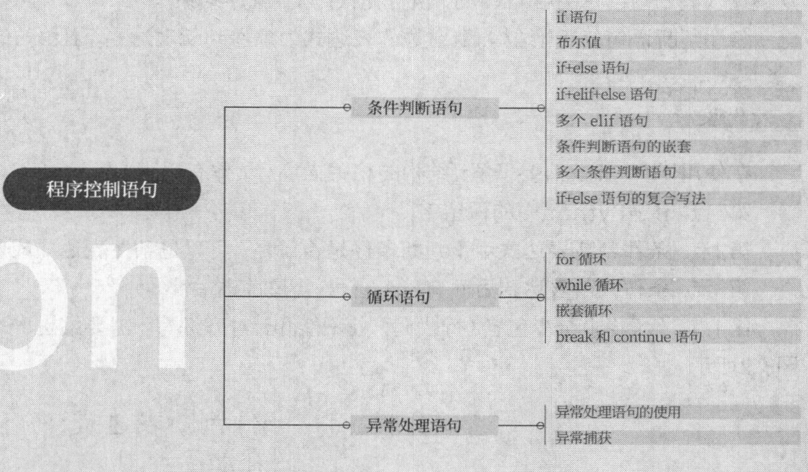

- 程序控制语句
  - 条件判断语句
    - if 语句
    - 布尔值
    - if+else 语句
    - if+elif+else 语句
    - 多个 elif 语句
    - 条件判断语句的嵌套
    - 多个条件判断语句
    - if+else 语句的复合写法
  - 循环语句
    - for 循环
    - while 循环
    - 嵌套循环
    - break 和 continue 语句
  - 异常处理语句
    - 异常处理语句的使用
    - 异常捕获

Python

3.1 条件判断语句

在条件判断语句中，代码运行的走向是指根据条件来决定运行哪行代码，一共涉及3种语句，分别为if语句、if+else语句和if+elif+else语句。

3.1.1 if 语句

if语句代码执行的走向会存在两种情况，如图3-1所示。

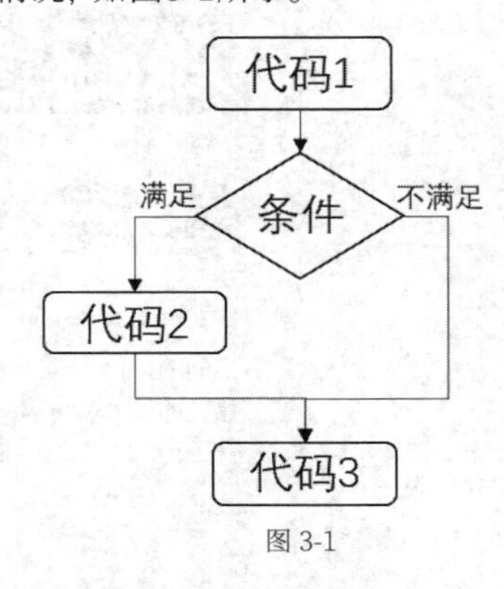

图 3-1

第1种情况，程序按顺序开始执行代码1，遇到条件表达式，开始判断该表达式是否满足条件，若满足条件则开始执行代码2，执行完代码2后开始执行代码3，执行完代码3后程序结束。

第2种情况，程序按顺序开始执行代码1，遇到条件表达式，开始判断该表达式是否满足条件，若不满足条件则跳过代码2直接开始执行代码3，执行完代码3后程序结束。

条件判断语句使用if结构，if右边的表达式为条件判断表达式。if语句的使用形式如下：

```
if 条件判断表达式:
    代码2
```

在使用if语句前，需要了解if结构的相关描述，具体有以下4点。

第1点，if是Python中的保留字。

第2点，条件判断表达式用于判断条件是否满足，可以是条件表达式或判断语句。

第3点，条件判断表达式后面有一个冒号，切勿忽略。

第4点，代码2中至少包含1行代码，且不能和if对齐编写，需要缩进一个级别，默认一个级别为4个空格，如图3-2所示。

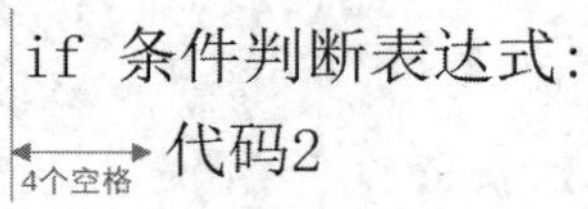

```
if 条件判断表达式:
    代码2
```

4个空格

图 3-2

当条件满足时执行代码2，条件判断语句有以下7种情况（A和B分别表示代码中的数据）。

第1种，A==B。如果A的值和B的值完全相等则满足条件，A==B执行后返回True（真）。如果不相等则不满足条件，返回False（假）。这里A和B可以是任何数据类型的数据，其中==表示判断是否相等，而不是将B的数据存储到A，存储和==的含义是不同的。

第2种，A>B。如果A的值大于B的值则满足条件，返回True。如果A的值不大于B的值则不满足条件，返回False。

第3种，A>=B。如果A的值大于或等于B的值则满足条件，返回True。如果A的值不大于或等于B的值则不满足条件，返回False。

第4种，A<B。如果A的值小于B的值则满足条件，返回True。如果A的值不小于B的值则不满足条件，返回False。

第5种，A<=B。如果A的值小于或等于B的值则满足条件，返回True。如果A的值不小于或等于B的值则不满足条件，返回False。

第6种，A!=B。如果A的值和B的值不相等则满足条件，返回True。如果A的值与B的值相等则不满足条件，返回False。

第7种，表达式。如果条件判断语句是一个表达式，则先计算出该表达式的值是否为0，如果计算结果不为0则满足条件并返回True。如果计算结果为0则不满足条件并返回False。

例如图3-3所示，第2行代码使用if条件判断语句判断3是否等于4，由于3不等于4，因此条件不满足，第3行代码将不会执行，此时if语句整体（即第2行的if条件判断语句和第3行的代码块）运行结束，程序将继续按顺序执行第4行代码。代码执行结果如图3-3中Shell界面的显示结果。

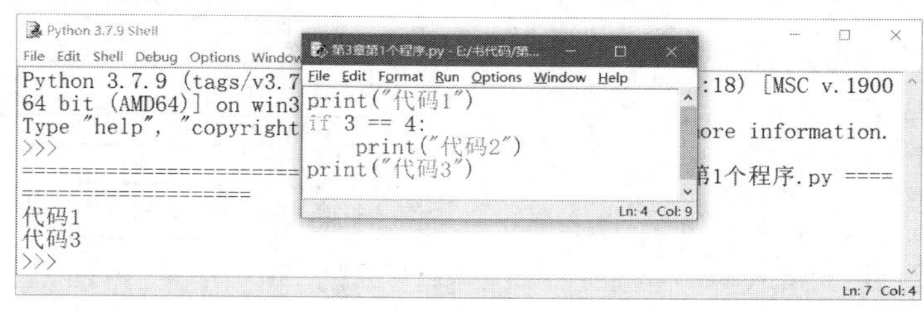

图 3-3

注意

在该程序中，if条件判断语句后有一个冒号，第3行代码是if结构内的代码，条件满足则运行该行代码，条件不满足则不运行该行代码，因此第3行代码前需要进行缩进。缩进的空格个数没有严格要求，只要保证代码文件中每缩进一次的空格个数是相同的即可，一般默认缩进4个空格，即一个制表符。

例如图3-4所示的代码，其中if条件判断语句为表达式3+2<4*2，因此需要先计算出判断符<左右的运算结果，得5<8，条件满足则返回True。第3、4行代码前都缩进了相同的空格数，表示这两行代码都隶属于if语句。因此条件满足，将执行第3、4行代码。当第3、4行代码执行结束后表示if结构的全部语句都执行结束，程序继续向下执行第5行代码。最终输出结果如图3-4所示。

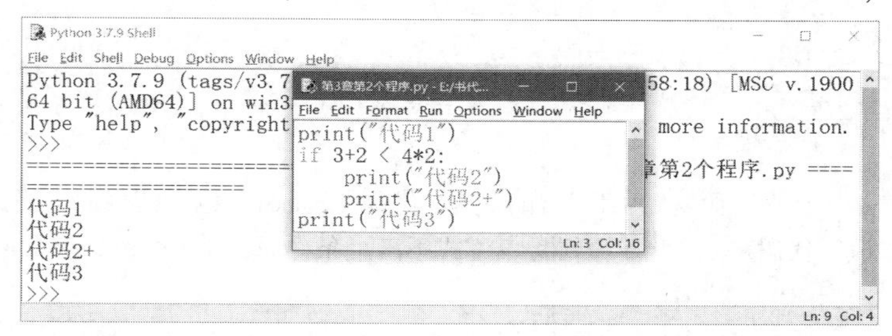

图 3-4

3.1.2 布尔值

布尔值类型也是一种数据类型，不同于其他数据类型，例如整数类型数据从负整数到正整数可以无限取值，但布尔值类型数据只有True和False两个值。而条件判断表达式执行后的结果只有两种情况，即满足和不满足，因此可以使用布尔值来表示条件判断表达式的结果。

例如图3-5所示的代码，该代码中的3+2<4*2是条件判断表达式，由于该条件判断表达式前并没有if，因此它并不是if语句，只是一个条件判断表达式，即判断3+2的结果是否小于4*2。由于运算结果5<8为真，因此执行print(3+2<4*2)后的输出结果为True。

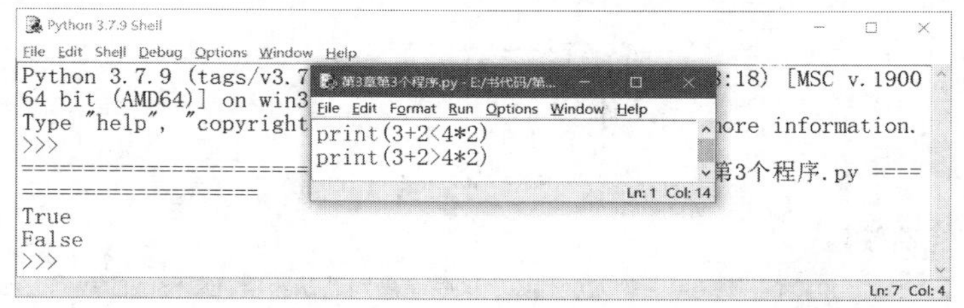

图 3-5

布尔值类型的数据往往用于表示条件判断的结果，或事物只有两种结果的情况。可以直接将布尔值赋值给变量，例如`flag = True`，表示变量flag中存储了数据True。

3.1.3 if+else 语句

if+else语句是在if语句基础上的扩充，其代码执行的走向会存在两种情况，如图3-6所示。

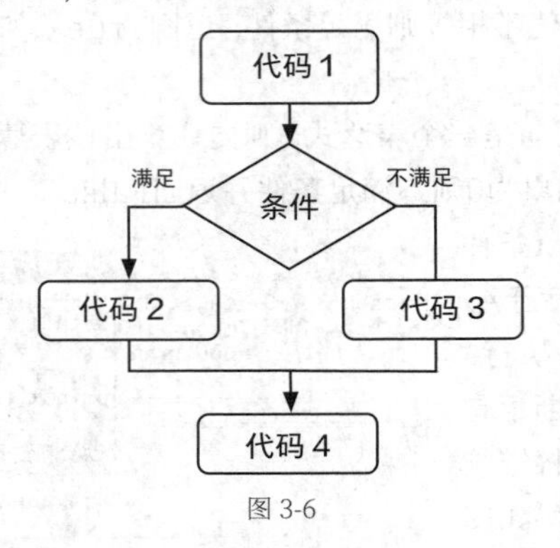

图 3-6

第1种情况，程序开始执行代码1，接下来判断条件是否满足，若条件满足则执行代码2，接着执行代码4。

第2种情况，程序开始执行代码1，接下来判断条件是否满足，若条件不满足则执行代码3，接着执行代码4。

与if语句的区别在于当条件不满足时，if+else语句会执行代码3，而单独的if语句不考虑条件不满足的情况。else是Python语言中的保留字，表示当条件不满足时，执行else所包含的代码块（这与人类语言中的“如果……，就……”和“否则……，就……”结构的本质相同）。

if+else语句的使用形式如下：

```
if 条件判断表达式:
    代码块2
else:
    代码块3
```

其中代码块2为if包含的代码，代码块3是else包含的代码。当if后面的条件判断表达式满足条件时，则开始执行代码块2。当条件判断表达式不满足条件时，则执行else包含的代码块3。在if+else语句中总是会执行代码块2和代码块3中的一个。

例如图3-7所示，首先执行第1行代码，执行后会输出“请在0～9中猜一个数字”，并等待用户输入一个数字，当用户输入数字并按Enter键后，输入的数字将被赋值给变量a。接下来开始执行第2行代码，判断a是否为3，如果变量a是字符3则满足条件，开始执行if包含的代码块，即输出“恭喜，猜对了！”；如果变量a不是字符3则不满足条件，开始执行else包含的代码块，即输出“猜错了！”。例如用户输入一个数字5，输出结果如图3-7所示的Shell界面中的内容。读者也可以多尝试输入其他数字并观察返回的结果。

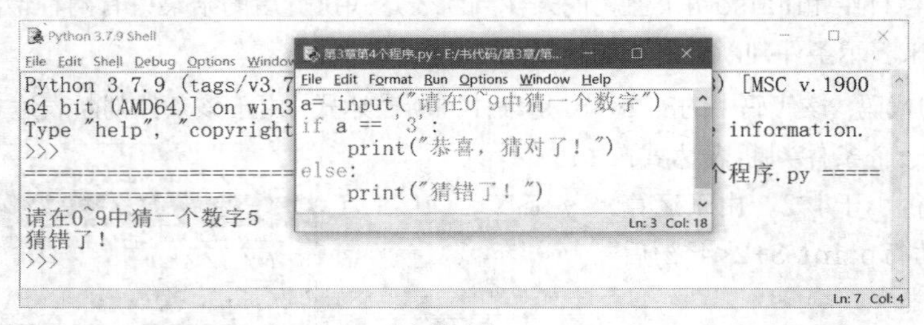

图 3-7

注意

input()用于获取用户输入的信息，这些信息均默认为字符串类型的数据，因此if条件判断语句中的3需要加引号。

3.1.4 if+elif+else 语句

if+elif+else语句是在if+else语句基础上的扩充，其代码执行的走向存在3种情况，如图3-8所示。

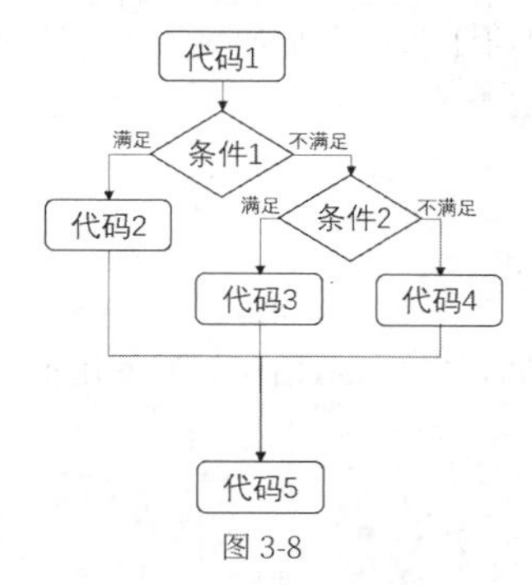

图 3-8

第1种情况，程序开始执行代码1，接着判断条件1是否满足，如果满足则执行代码2，最后执行代码5。

第2种情况，程序开始执行代码1，接着判断条件1是否满足，如果不满足则继续判断条件2是否满足，如果满足则执行代码3，最后执行代码5。

第3种情况，程序开始执行代码1，接着判断条件1是否满足，如果不满足则继续判断条件2是否满足，如果不满足则执行代码4，最后执行代码5。

与if+else语句的区别在于当条件不满足时，if+elif+else语句可以继续判断是否满足另一个条件。elif是Python语言中的保留字，表示当if右边的条件不满足时，继续判断elif右边的条件是否满足。

if+elif+else语句的使用形式如下：

```
if 条件判断表达式1:
    代码块2
elif 条件判断表达式2:
    代码块3
else:
    代码块4
```

代码块2为if包含的代码，代码块3为elif包含的代码，代码块4为else包含的代码。当条件判断表达式1满足时，则执行代码块2；否则继续判断条件判断表达式2是否满足，如果满足则执行代码块3，否则执行代码块4。在if+elif+else语句中总是会执行代码块2、代码块3、代码块4中的一个，不存在两个及以上的代码块被执行的情况。

例如图3-9所示的代码用于判断用户的年龄属于哪个阶段。

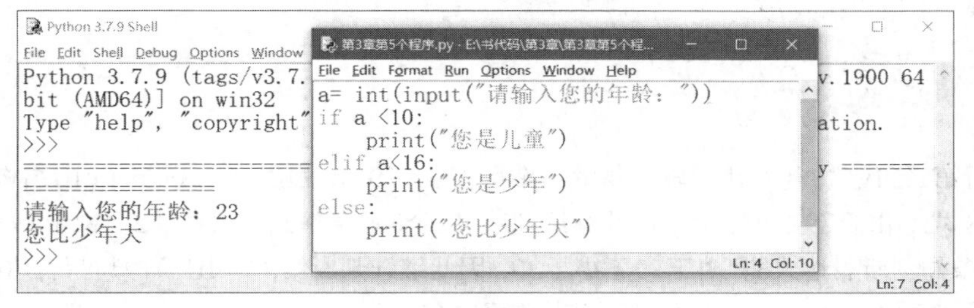

图 3-9

程序首先执行第1行代码，执行后会输出信息“请输入您的年龄:”，并等待用户输入。当用户输入数字并按Enter键后，输入的数字将被强制转换为整数并赋值给变量a。

接下来开始执行if语句的条件判断表达式1，判断a是否小于10，当用户输入的数字小于10时则满足条件，开始执行if语句包含的代码块，即输出“您是儿童”，整个if+elif+else语句全部执行结束。但当用户输入的数字不小于

10时则不满足条件，开始执行elif语句的条件判断表达式2，判断a是否小于16，当用户输入的数字小于16，但不小于10时则满足条件，开始执行elif语句包含的代码块，即输出“您是少年”，整个if+elif+else语句全部执行结束。但当用户输入的数字不小于16时则不执行第5行代码，而是执行else语句包含的代码块，即输出“您比少年大”。

例如当用户输入数字23时，a此时不小于16，因此输出结果为“您比少年大”，如图3-9所示的Shell界面中的内容。

3.1.5 多个 elif 语句

当需要对多个条件进行判断时，可以插入多个elif语句。其使用形式如下：

```
if 条件判断表达式1:
    代码块2
elif 条件判断表达式2:
    代码块3
elif 条件判断表达式3
    代码块4
...
else:
    代码块n
```

对于多个elif语句，需要按照顺序依次判断elif条件判断表达式是否满足。当条件判断表达式满足时，则执行相应的代码块。当所有的条件判断表达式都不满足时，则执行else部分的代码块。

示例代码（实现更精细地判断用户的年龄阶段）：

```
01 a= int(input("请输入您的年龄:"))
02 if a<10:
03     print("您是儿童")
04 elif a<16:
05     print("您是少年")
06 elif a<30:
07     print("您是青年")
08 elif a<59:
09     print("您是中年人")
10 else:
11     print("您是老年人")
```

该代码在3.1.4小节的基础上进行了修改，增加了两个elif语句，使程序能更加精细地判断用户的年龄属于哪个阶段。

代码执行结果（当用户输入79）：

```
请输入您的年龄:79
您是老年人
```

程序首先执行第1行代码，等待用户输入年龄，当用户输入79后，程序进入if+多个elif结构中，开始判断第1个if条件判断表达式1，由于79不小于10，因此继续判断第1个elif条件判断表达式2。由于79不小于16，因此继续判断第2个elif条件判断表达式3。由于79不小于30，因此继续判断第3个elif条件判断表达式4。由于79不小于59，因此执行else语句中包含的代码块，即输出“您是老年人”。

3.1.6 条件判断语句的嵌套

条件判断语句中的代码块也可以包含一个或多个条件判断语句。

示例代码:

```
01 a= int(input("请输入您的年龄:"))
02 if a<10:
03     if a<1:
04         print("您是婴儿")
05     else:
06         print("您是儿童")
07 elif a<16:
08     print("您是少年")
09 else:
10     print("您比少年大")
```

在该代码中，if的代码块是一个if+else语句，因此当程序执行到第2行代码的if条件判断语句时，若条件满足，则继续执行第2行代码中if语句包含的代码块，而第3～6行代码相对于第2行的if语句都缩进了，因此它们是隶属于第2行if语句的代码块。本质上第3～6行代码采用if+else结构，是一个整体。因此当第2行的if条件满足时，开始执行第3行if条件判断语句，若a的值小于1，则输出“您是婴儿”；若a的值不小于1，则执行else部分的代码块，即输出“您是儿童”。

注意

由于if语句中又嵌套了一个if语句，因此嵌套语句的代码块需要整体缩进，每个代码块都基于自己本身隶属的if语句缩进一个制表符。这里第4行和第6行的代码块都缩进了两个制表符，因为第4行的代码块隶属于第3行的if语句，所以相对于第3行的if语句需要缩进一个制表符。而第3行的if语句又是第2行if语句的代码块，因此相对于第2行的if语句也需要缩进一个制表符。

3.1.7 多个条件判断语句

当一次需要判断多个条件时，可以使用保留字and和or。其使用形式如下:

```
条件A and 条件B...
条件A or 条件B...
```

当需要判断满足条件A的同时还满足条件B时，可以使用and语句将条件A和条件B连接起来。当需要判断满足条件A和条件B中的一个条件时，可以使用or语句将条件A和条件B连接起来。

示例代码:

```
01 a= input("请在0～9中猜一个数字:")
02 if a>'3' and a<'8':
03     print(a,'的值在3～8的范围内')
04 if a>'3' or a<'8':
05     print(a,'的值比3大或者比8小')
```

第2行和第4行代码中都是if条件判断表达式，区别在于第2行的if语句中的两个条件使用了and连接，表示只有输入的值是大于3并且小于8的才会满足条件，并继续执行if包含的代码块，即第3行的print()语句。而第4行的if语句使用or链接两个条件，表示只要输入的值是大于3或者小于8的就满足条件，并继续执行后面的代码。

代码执行结果（用户输入数字1）:

```
请在0～9中猜一个数字:1
1 的值比3大或者比8小
```

代码执行结果（用户输入数字5）:

```
请在0～9中猜一个数字:5
5 的值在3～8的范围内
5 的值比3大或者比8小
```

当用户输入数字1时，由于1不大于3，因此不满足第1个条件判断表达式。但1小于8，只要有一个条件满足，第2个if条件判断表达式都是满足的。当用户输入数字5时，由于5大于3并且小于8，因此第1个if条件判断表达式满足，第2个if条件判断表达式也满足。

当一个条件判断表达式中需要判断多种条件时，可以使用多个and或者or来连接。

示例代码：

```
01 a= input("请在0～9中猜一个数字:")
02 if a<'3' or (a<'9' and a>'5'):
03     print(a,'的值小于3或者在5～9的范围内')
```

第2行代码使用了or和and的组合形式，其中用括号括起来的部分为一个整体，因此当判断该条件语句时需要先判断括号中的and语句，得出括号中的判断结果之后再判断or语句。因此该代码中的if判断语句的本意为判断用户输入的值是否小于3或者在5～9的范围内。

3.1.8 if+else 语句的复合写法

if+else语句的复合写法如下：

```
表达式1 if 条件判断语句 else 表达式2
```

表示若条件判断语句满足，则执行表达式1，否则执行表达式2。

例如图3-10所示的代码，第1、2行代码使用input()函数等待用户输入数字，并通过int()函数将字符串转换为数值。第3行代码为if+else语句的复合写法，表达式1为a+b，表达式2为b-a，条件判断语句为a>b。当用户输入9和5时，如图3-10所示的Shell界面中的内容，此时满足条件a大于b，因此执行表达式1，此时代码`a+b if a>b else b-a`的结果为14，将14通过等号赋值给变量c。最终的输出结果如图3-10所示。

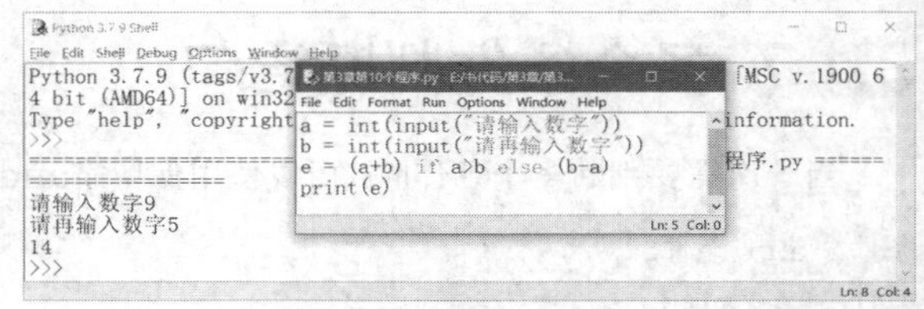

图 3-10

注意

在if+else语句的复合写法中，表达式1和表达式2不能为赋值语句。

例如图3-11展示的就是if+else语句复合写法的错误示范，出现无效语法（invalid syntax）的原因是赋值语句不能作为表达式，因此读者在使用if+else语句的复合写法时需要注意此问题。

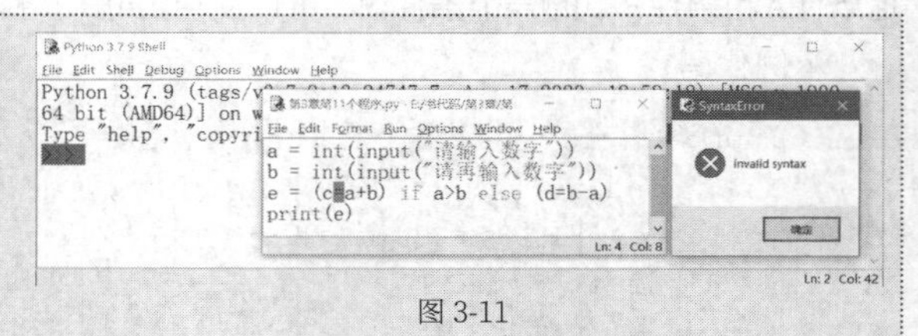

图 3-11

3.2 循环语句

3.1节中介绍了根据条件来执行不同走向代码的语句，本节将介绍一种执行新走向代码的语句，即可以让部分代码块执行多次的循环语句。循环语句包含两种类型，分别为for循环和while循环。

3.2.1 for 循环

for循环的使用形式如下，其中代码块会被执行多次，执行的次数由循环内容决定。

```
for 变量 in 循环内容:
    代码块
```

其中for和in是Python语言中的保留字，循环内容可以是字符串、列表、字典、文件（将在第7章介绍）等可迭代的数据。在每一次循环时，会依次将循环内容赋值给变量，且每赋值一次会执行一次代码块。本小节主要介绍循环内容为字符串时的for循环的使用方法。

示例代码（当循环内容为字符串时）：

```
01 for a in "Python":
02     print(a)
03 print("程序要结束啦！")
```

注意

for循环的循环内容后面必须要有冒号，for循环包含的代码块必须要缩进，即相对于for语句缩进一个制表符。

该代码的执行步骤和循环流程如图3-12所示，其中a是一个变量，循环内容为字符串"Python"。

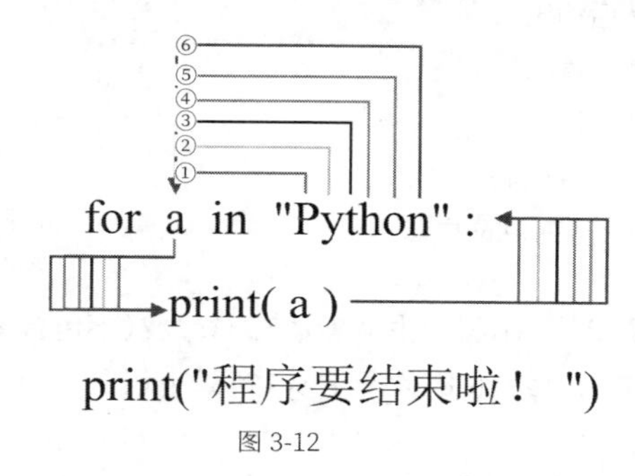

图 3-12

第1次循环对应图中①号箭头执行方向，将"Python"中的P赋值给变量a，然后执行一次for语句包含的print(a)语句，因此会输出一个P。接下来代码不会执行结束，而是继续进入第2次循环。

第2次循环对应图中②号箭头执行方向，将"Python"中的y赋值给变量a，然后执行一次for语句包含的print(a)语句，因此会输出一个y。接下来代码不会执行结束，而是继续进入第3次循环。

第3次循环对应图中③号箭头执行方向，将"Python"中的t赋值给变量a，然后执行一次for语句包含的print(a)语句，因此会输出一个t。接下来代码不会执行结束，而是继续进入第4次循环。

第4次循环对应图中④号箭头执行方向，将"Python"中的h赋值给变量a，然后执行一次for语句包含的print(a)语句，因此会输出一个h。接下来代码不会执行结束，而是继续进入第5次循环。

第5次循环对应图中⑤号箭头执行方向，将"Python"中的o赋值给变量a，然后执行一次for语句包含的print(a)语句，因此会输出一个o。接下来代码不会执行结束，而是继续进入第6次循环。

第6次循环对应图中⑥号箭头执行方向，将"Python"中的n赋值给变量a，然后执行一次for语句包含的print(a)语句，因此会输出一个n。至此整个字符串全部赋值完毕，也称遍历结束。

对应for循环的全部语句也执行结束，接下来将继续执行第3行代码，即输出“程序要结束啦！”。代码执行结果如图3-13所示的Shell界面中的内容。

图 3-13

- **range() 函数**

当for语句中的循环内容为数字时，由于数字与字符串不同，字符串由多个字符组合而成，而数字表示一个数值的大小，因此需要借用函数range()生成多个数字。range()函数的功能为产生一组可迭代的数字，使得for语句在每一次循环时，相关变量都可以获取一个数字。range()函数的使用形式如下：

```
range(参数1,参数2,参数3)
```

range()函数中一共包含3个参数（都为整数），根据参数的使用个数分为以下3种情况。

第1种情况，只使用参数1，表示将产生从0到参数1（不包含参数1）的所有整数。

例如图3-14所示的代码，其中range(5)会产生从0到5（不包含5）的所有整数。运行代码后的循环流程具体如下。

第1次循环会将0赋值给变量i，然后运行for循环体内的代码块输出i的值，即输出0。

第2次循环将1赋值给变量i，然后输出1。

第3次循环将2赋值给变量i，然后输出2。

第4次循环将3赋值给变量i，然后输出3。

第5次循环将4赋值给变量i，然后输出4。

代码执行结果如图3-14所示的Shell界面中的内容。

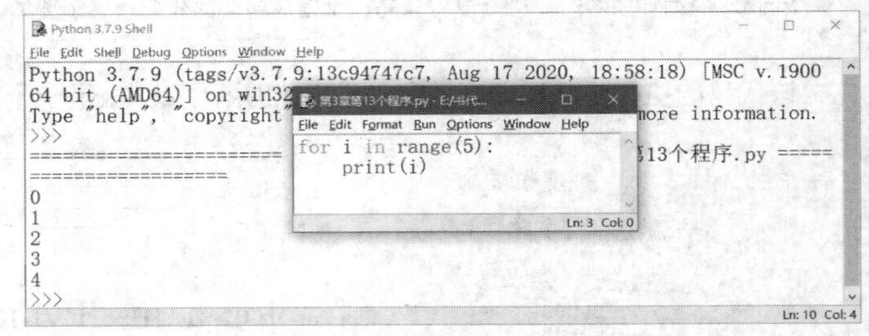

图 3-14

第2种情况，使用参数1和参数2，表示将产生从参数1到参数2（不包含参数2）的所有整数。

例如图3-15所示的代码，其中range(4,8)会产生从4到8（不包含8）的所有整数。运行代码后的循环流程具体如下。

第1次循环将4赋值给变量i，然后运行for循环体内的代码输出i的值，即输出4。

第2次循环将5赋值给变量i，然后输出5。

第3次循环将6赋值给变量i，然后输出6。

第4次循环将7赋值给变量i，然后输出7。

代码执行结果如图3-15所示的Shell界面中的内容。

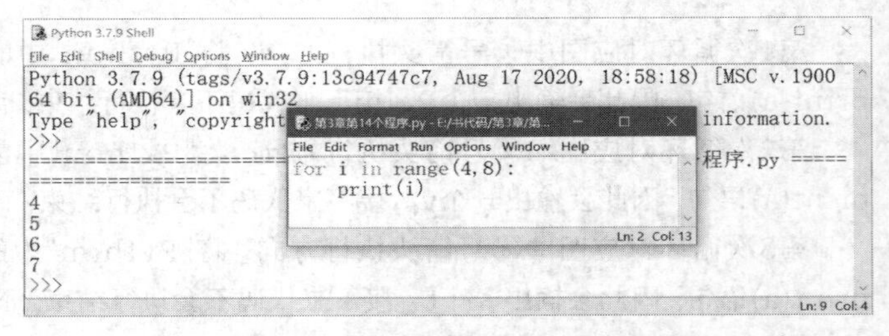

图 3-15

第3种情况，使用3个参数，表示将产生在参数1到参数2（不包含参数2）内步长为参数3的所有整数。

例如图3-16所示的代码，其中range(4,8,2)会产生在4到8（不包含8）内步长为2（从4开始，每两个数值选取一个值）的所有整数。运行代码后的循环流程与上文中的基本相同。

代码执行结果如图3-16所示的Shell界面中的内容。

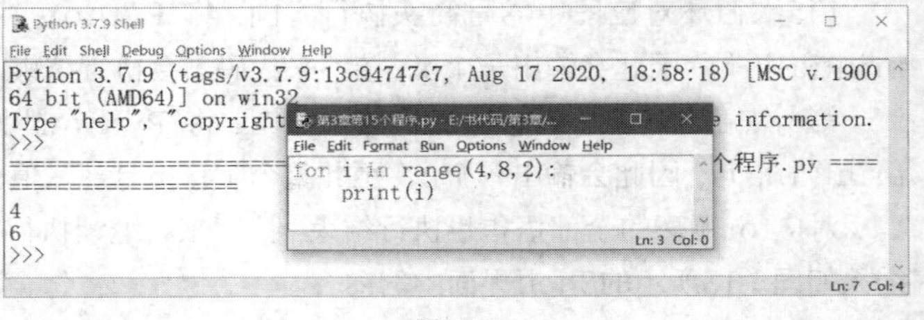

图 3-16

- **for 循环的复合写法**

for循环的复合写法如下：

```
[表达式 for 变量 in 循环内容]
```

在使用for循环的复合写法前，需要了解其结构的相关描述，具体有以下3点。

第1点，最外层的方括号表示执行代码后输出的数据为列表（详见第4章）。

第2点，表达式不能是赋值语句。

第3点，其他部分与本小节中for循环的使用形式相同。

在使用for循环的复合写法时，每循环一次就将循环内容中的一个元素依次赋值给变量，并且执行一次表达式的内容。将表达式计算后的结果组合起来作为最终的列表。

例如图3-17所示的代码，通过range()函数产生的循环内容为0、1、2、3、4。第1次循环将0赋值给变量a，并执行一次表达式a*2，将表达式计算后的值0存储到列表中。第2次循环时将1赋值给变量a，并执行一次表达式a*2，将表达式计算后的值2存储到列表中。如此循环3次，依次将2、3、4赋值给变量a，并且依次执行表达式a*2，将表达式计算后的结果存储到列表中。代码执行结果如图3-17所示的Shell界面中的内容。

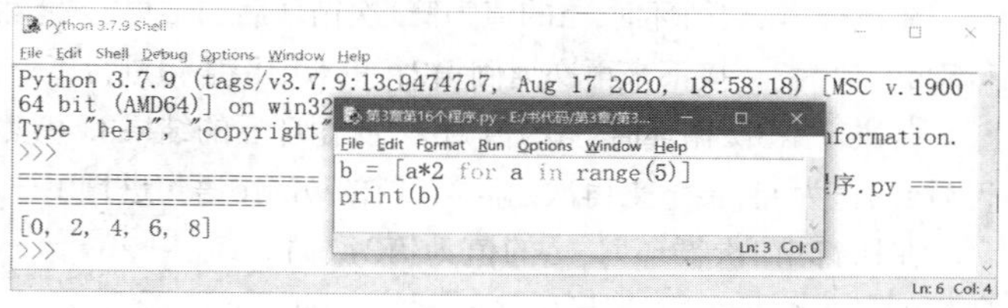

图 3-17

3.2.2 while 循环

while循环与for循环有一定的区别，主要表现在循环次数由谁来决定。for循环的次数由循环内容决定，而while循环由条件判断表达式的结果决定。while循环的使用形式如下。

```
while 条件判断表达式:
    代码块
```

在使用while循环前，需要了解while循环的相关描述，具体有以下3点。

第1点，while是Python语言中的保留字。

第2点，while右边的条件判断表达式和if语句中的条件判断表达式相同，且最右边有一个冒号。

第3点，代码块是属于循环体的代码，至少包含1行代码。且代码块相对于while语句需要缩进一个级别。

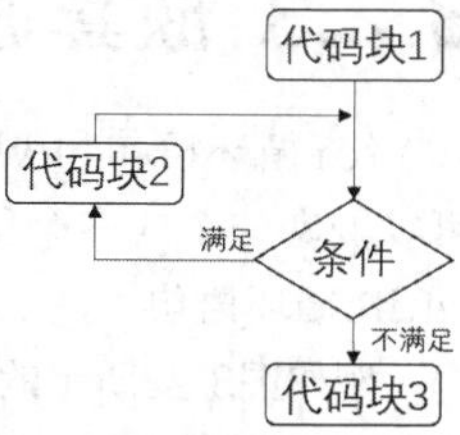

图 3-18

while循环的过程如图3-18所示。首先判断while语句中的条件判断表达式是否满足，如果满足则执行代码块2，代码块2执行结束之后继续返回条件判断表达式再次进行判断，若条件依旧满足，则继续执行代码块2。只有当条件判断表达式不满足时，整个while循环体才会执行结束，不再执行代码块2的内容，而是继续往下执行while循环外的代码块3。

例如图3-19所示的代码，while右边的条件判断表达式为4>=3，由于结果是满足的，因此会执行while包含的代码块，即第2行代码输出“正在运行...”，接下来将继续返回while右边的条件判断表达式进行判断（即返回第1行代码），由于条件判断表达式4>=3依旧是满足的，因此再次执行第2行代码，并依次循环下去。运行代码后，Shell界面将会不断输出“正在运行...”，而程序一直不会停止，这种状态称为死循环。可以通过Shell界面菜单栏中“Shell”下拉菜单的“Interrupt Execution”来终止程序的死循环状态，如图3-20所示。

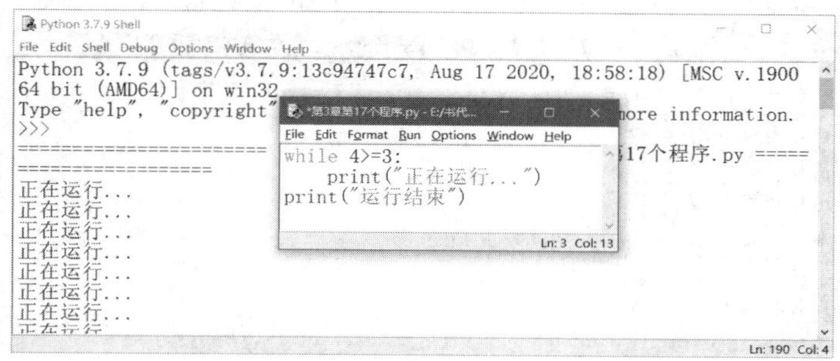

图 3-19

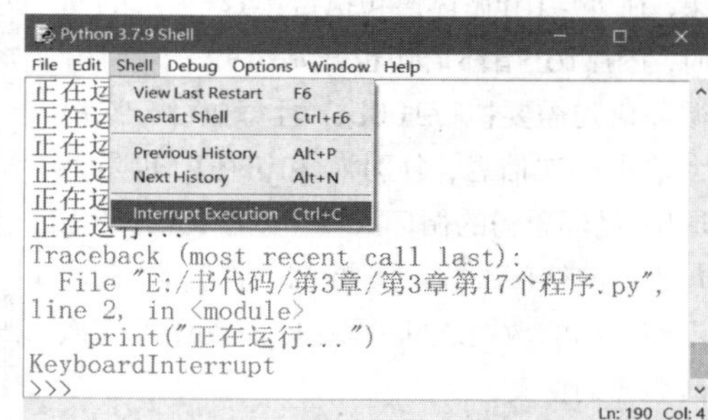

图 3-20

程序一直处于死循环状态显然不是我们想看到的结果，除了上述方法，还可以在代码块中修改判断语句的值来避免出现死循环的情况。

例如图3-21所示的代码，第2～4行代码为while循环的整体代码。在执行第1次循环时，由于a为1，且while判断语句1<=3的结果为真（满足条件），因此可以继续往下执行代码。在执行第3行代码时，首先计算出等号右边的a+1，再将计算结果2赋值给变量a。第4行代码输出a的值。接下来将继续返回第2行的while语句进行下一次的循环。

在执行第2次循环时，a的值为第1次循环后的结果2，仍然满足条件a<=3，因此可再次执行第3、4行代码，执行后a的值为3。接下来再次返回第2行的while语句进行下一次循环。

在执行第3次循环时，a的值为第2次循环后的结果3，仍然满足条件a<=3，因此可再次执行第3、4行代码，执行后a的值为4。接下来再次返回第2行的while语句进行下一次循环。

在执行第4次循环时，a的值为第3次循环后的结果4，此时不满足条件a<=3。至此while循环的整体代码（即第2～4行代码）全部执行结束。

接下来执行while循环外的第5行代码，即输出“运行结束”。执行代码后的输出结果如图3-21所示的Shell界面中的内容。

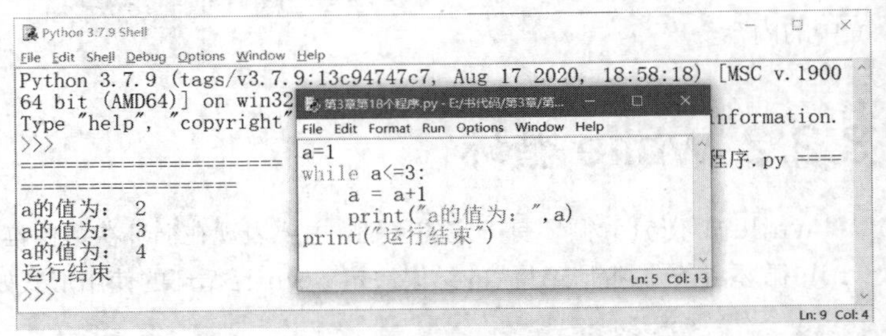

图 3-21

3.2.3 嵌套循环

for循环语句和while循环语句中的代码块都可以嵌套一个或多个循环语句的代码。例如for循环语句中可以嵌套一个或多个for循环语句或while循环语句，while循环语句中也可以嵌套一个或多个for循环语句或while循环语句。

例如图3-22所示的代码，第1行和第4行代码的功能是设置代码每隔0.01秒运行一次（详见第8章）。第2行到第5行代码是一个for循环语句，循环内容为数字0～59，因此会循环60次，每一次循环后i的值分别为0～59。通过观察缩进可以发现for循环语句包含的代码块为第3～5行代码，而第3行代码又是一个for循环语句，循环内容为数字0～99，因此每一次循环后j的值分别为0～99，通过观察缩进可以发现该for循环语句包含的代码块为第4、5行代码。

由于最外层的for循环语句（即第2行到第5行代码的for循环语句）包含第3行到第5行的for循环语句，因此最外层的for循环语句每循环一次，要等到代码块（即内层的for循环语句）全部执行结束后才能返回最外层的for循环语句继续执行第2次循环。最外层的for循环语句再次执行时，会再次运行外层for循环语句包含的代码块，即再次执行内层for循环语句的全部代码块。内层for循环语句的代码块（第4、5行代码）一共需要执行60×100=3600次。读者可以自行执行图3-22中的代码并观察Shell界面中的输出内容。

本代码实现的效果类似秒表的计时效果，在外层for循环语句执行第1次循环的同时，内层for循环语句也开始执行，内层for循环语句需要执行100次，且每执行一次都会输出一次信息，分别为i和j的值，也是外层for循环语句的循环次数和内层for循环语句当前的循环次数。读者可以在运行代码后观察输出的数据之间的规律，有助于理解嵌套循环的含义。

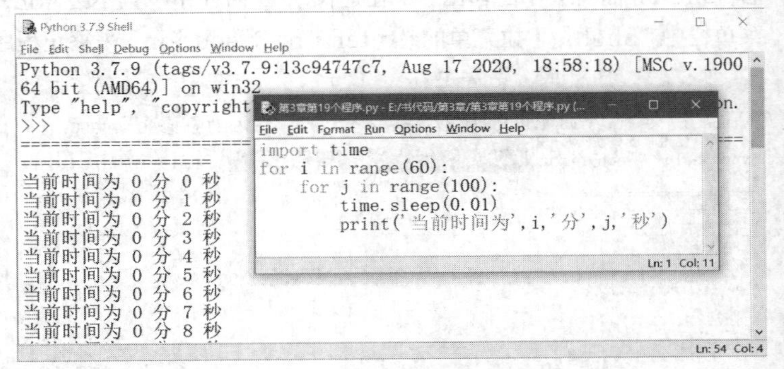

图 3-22

除了for循环与for循环的嵌套，还有for循环与while循环的嵌套，以及while循环与while循环的嵌套，读者需要掌握嵌套的规律，即内层循环的代码块全部循环执行结束后即执行完一次外层循环的代码块，接着继续外层的又一次循环，外层再次循环时需要再次执行内层的循环体代码块。也就是说，循环体内的代码块（不管是不是循环结构）需要按顺序执行，且必须保证代码块全部执行结束再进行下一次循环。

例如图3-23所示的代码的结构为while循环中嵌套for循环。

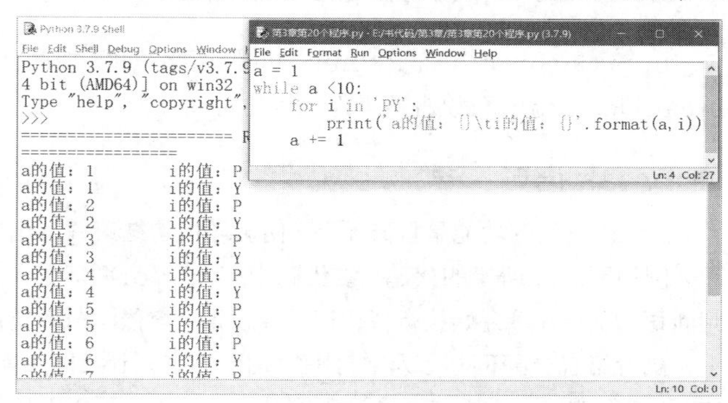

图 3-23

开始执行该代码时，a=1，接下来进入while循环。

执行第1次while循环时，由于a=1满足条件a<10，因此开始执行第3～5行的代码块。代码块中包含一个for循环和一个a+=1语句。接下来开始按顺序执行for循环语句。

执行第1次for循环时，将P赋值给变量i，并执行第4行代码输出a和i的值。执行第2次for循环时，将Y赋值给变量i，并执行第4行代码输出a和i的值。此时for循环语句执行完毕。接下来继续往下执行a+=1，计算后a=2。

至此，while循环体内的代码块全部执行完毕，接下来继续返回while条件开始执行第2次while循环。

执行第2次while循环时，由于a=2满足条件a<10，因此再次执行第3～5行的代码块。代码块中包含一个for循环和一个a+=1语句。接下来开始按顺序执行for循环语句。

执行第1次for循环时，将P赋值给变量i，并执行第4行代码输出a和i的值。执行第2次for循环时，将Y赋值给变量i，并执行第4行代码输出a和i的值。此时for循环语句执行完毕。接下来继续往下执行a+=1，计算后a=3。

至此，while循环体内的代码块全部执行完毕，接下来继续返回while条件开始执行第3次while循环。

执行第3次while循环时，由于a=3满足条件a<10，因此开始执行第3～5行的代码块。代码块中包含一个for循环和一个a+=1语句。接下来开始按顺序执行for循环语句。

执行第1次for循环时，将P赋值给变量i，并执行第4行代码输出a和i的值。执行第2次for循环时，将Y赋值给变量i，并执行第4行代码输出a和i的值。此时for循环语句执行完毕。接下来继续往下执行a+=1，计算后a=4。

至此，while循环体内的代码块全部执行完毕，接下来继续返回while条件开始执行第4次while循环。执行完第4次while循环之后，依次执行第5次、第6次……第10次while循环。

执行第10次while循环时，由于a=10不满足条件a<10，此时整个while循环全部执行结束，因此可以继续向下执行，而后面没有代码了，至此整个代码文件全部执行结束。

if语句也可以和while循环或for循环相互嵌套。例如图3-24所示的代码，该代码中包含一个if+else语句，其中if语句包含的代码块中嵌套了一个for循环。因此代码在执行时会判断a的值是否大于2，若大于2，则执行第3、4行包含for循环的代码块及第5行代码。否则执行第7行else包含的代码块。当输入的数值为3时执行for循环的状态和当输入的数值为1时不执行for循环的状态，如图3-24所示的Shell界面中的内容。

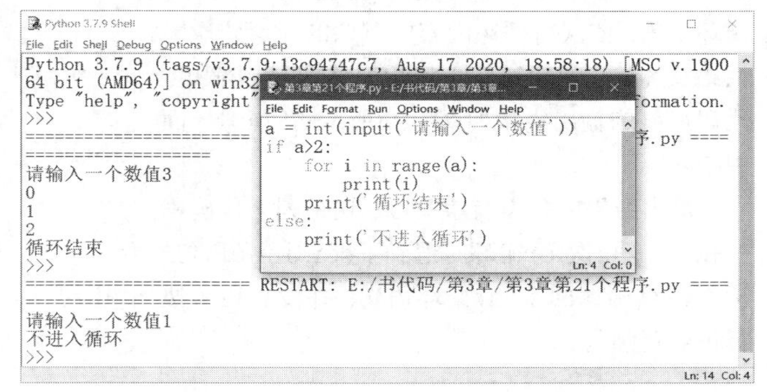

图 3-24

3.2.4 break和continue语句

break和continue是Python中的保留字，用于控制循环语句的循环次数，一般配合if条件判断语句使用。break和continue可以直接当作一行语句。

- **break语句**

break语句的功能是打破循环，使循环语句结束并退出当前循环。

例如图3-25所示的代码，该代码中有一个for循环语句，for循环体内包含3行代码，其中还含有一个if条件判断语句a=='o'。开始执行代码时，将循环内容依次赋值给变量a。

执行第1次循环时，a为字符'H'，由于不满足if条件判断表达式a=='o'，因此不执行if语句的代码块，即不会执行第3行的break语句。通过观察缩进的个数，可以看出第4行代码是for循环的代码块内容，因此执行完if语句后会继续执行第4行代码，即输出a的内容。接下来返回for循环将循环内容的第2个元素H赋值给a。

执行第2次循环时，a为字符'H'，由于不满足if条件判断语句a=='o'，因此不执行if语句的代码块，继续往下执行第4行代码，即输出a的内容。接下来返回for循环将循环内容的第3个元素o赋值给a。

执行第3次循环时，由于a为字符'o'，满足if条件判断语句a=='o'，因此执行第3行代码break，即打破循环并使循环结束，执行完毕后，for循环的整体语句全部结束，不再循环。

接下来会继续执行for循环之后的下一行（第5行）代码。代码执行结果如图3-25所示的Shell界面中的内容。

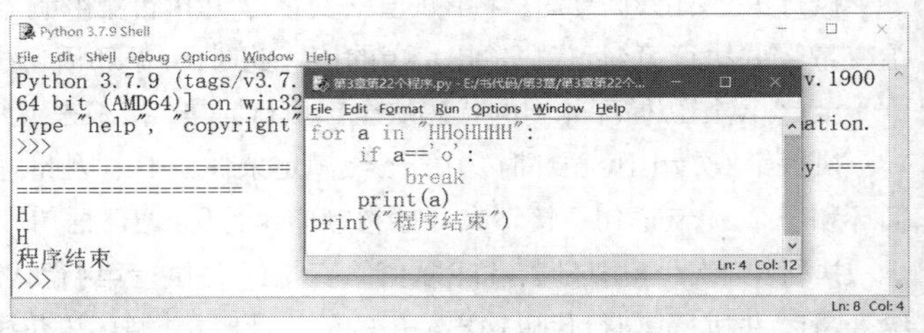

图 3-25

- **continue语句**

continue语句的功能是跳过当前循环语句中代码块剩下的语句，直接返回for循环语句（或while循环语句）继续循环。若在for循环内，则返回for语句继续下一个元素的赋值；若在while循环内，则返回while语句进行条件判断。

例如图3-26所示的代码，该代码中含有continue语句。

代码执行时，在第1次循环和第2次循环时分别将循环内容"HHoHHHH"中的第1个和第2个'H'赋值给了变量a，由于不满足if判断条件，因此往下执行第4行代码，即输出a的内容。但在第3次循环时，由于a的内容为'o'，满足if条件判断表达式a=='o'，因此接着执行continue语句，即跳过剩余的代码块进入第4次循环，直接返回for语句继续下一个元素的赋值，也就是直接将下一次循环的字符'H'赋值给变量a，接着继续按原方法执行for循环体内的代码块，由于不满足if条件判断表达式a=='o'，因此执行第4行代码，即输出a的内容。接着继续循环下去，依次将循环内容中剩余的元素依次赋值给变量a并判断if条件判断表达式是否满足。代码最终的输出结果如图3-26所示的Shell界面中的内容。

输出结果中并没有字符'o'，这是因为代码程序在执行第3次for循环时遇到了continue语句，接着便直接返回了for循环语句，并没有继续执行第4行代码。

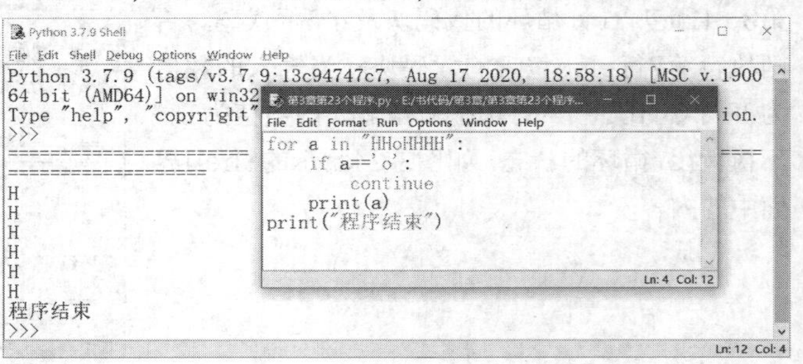

图 3-26

3.3 异常处理语句

代码出现了异常会导致程序直接退出，本节将介绍如何使用异常处理语句处理因代码异常而导致的程序崩溃并退出的状况，包括异常处理语句的使用和异常捕获。

3.3.1 异常处理语句的使用

如图3-27所示的代码，第1行代码用于实现从键盘获取一个数值，并将其转换为整数类型，第2行代码输出对应变量n的内容。当运行代码时用户需要在Shell界面中输入数值，例如输入123，但如果不小心输入的是12e，由于12e无法转换为整数，因此第2、3、4行代码无法运行，导致整个代码程序运行失败。代码执行结果如图3-27所示的Shell界面中的内容。

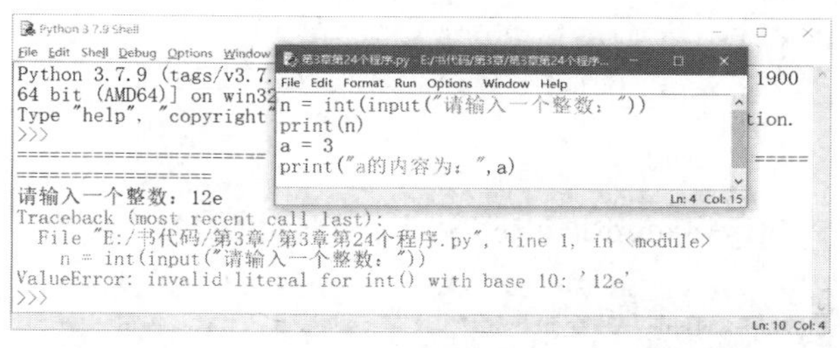

图 3-27

为了保证代码程序的稳定运行，不会因为用户输入错误的信息而导致整个程序直接运行失败（通常一个成熟的程序具有多种功能，例如购物平台App不会因为用户在文本框中输入错误的信息而崩溃），可借助异常处理语句try+except。try+except语句的使用形式如下：

```
try:
    代码块1
except:
    代码块2
```

当执行try包含的代码块1后出现异常报错时，代码程序将转向运行except所包含的代码块2，从而避免程序直接崩溃并退出。当执行代码块1后没有出现异常报错时，则不会运行except包含的代码块2。

因此可以将图3-27所示的代码改进为try+except形式，如图3-28所示。改进后的代码前5行是一个try+except语句，第2、3行代码为try包含的代码块，这是代码中容易出现错误的部分。第5行代码为except包含的代码块，通常为出错后给用户的提示或解决错误的方法。第6、7行代码不属于try+except语句。

当执行代码后程序从try包含的代码块开始执行，如果用户仍然输入错误的信息，例如用户输入12e，由于12e无法转换为整数类型，因此执行代码后将出现ValueError（值错误），接着转向执行except包含的代码块，即输出print()函数中的信息，提示用户输入的信息有异常。try+except语句代码全部执行结束后，会按顺序继续向下执行第6、7行代码，因此报错的代码并不会影响到其他代码的正常执行。代码执行结果如图3-28所示的Shell界面中的内容。

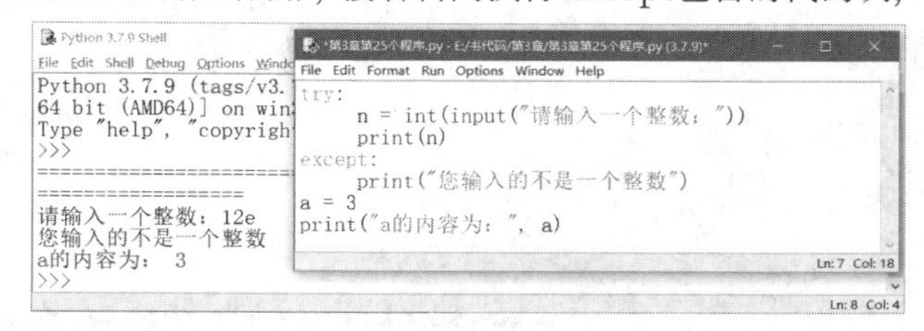

图 3-28

3.3.2 异常捕获

一个代码中出现的错误可能不止一种，例如图3-29所示的代码，该代码用于获取一个数字，并用10除以该数字。

开始执行代码后，用户输入12e会出现ValueError，如图3-29所示的Shell界面中的内容，这是因为int()无法将12e转换为整数。

当用户输入数字0时依然出现了报错，因为10/n的分母n是不能为0的，而这里的分母n为0，因此程序会出现ZeroDivisionError（零除错误），如图3-29所示的Shell界面中的内容。

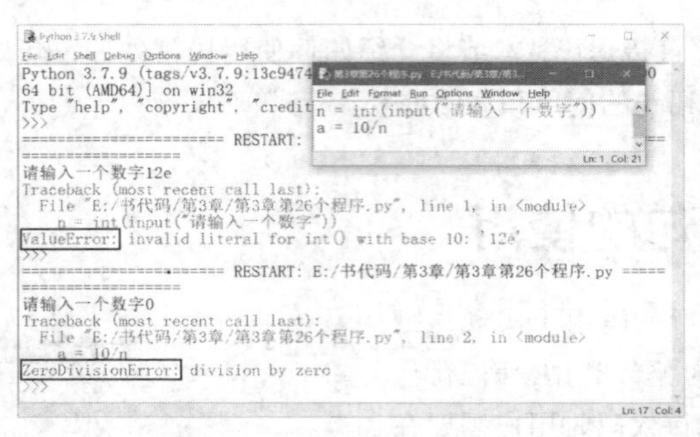

图 3-29

try+except语句还可用于捕获指定的异常错误类型。其使用形式如下：

```
try:
    代码块1
except 异常错误类型1:
    代码块2
except 异常错误类型2:
    代码块3
...
```

当代码块1中的代码在执行过程中出现异常错误，且异常错误类型为其下except指定的异常错误类型之一时，则执行对应except包含的代码块，否则代码仍然会出现异常报错。

例如图3-30所示的代码，该代码有一个try语句和两个except语句的组合，当try语句中的代码出现异常错误时，将会在两个except语句中查找是否存在对应的异常错误类型。例如Shell界面中的代码执行结果，当用户输入数字0时，会出现ZeroDivisionError，此时将运行except ZeroDivisionError包含的代码块。当用户输入12e时，会出现ValueError，此时将运行except ValueError包含的代码块。代码执行结果如图3-30所示。

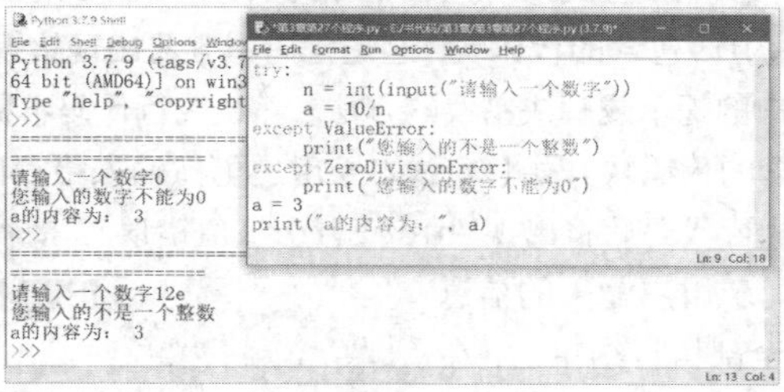

图 3-30

项目案例 实现模拟超市收银系统

项目描述

某超市的白菜标价为2.5元/千克，根据顾客购买量的不同有不同的折扣。如果顾客的购买量小于2千克，则打9折；如果顾客的购买量为2～4（不包括4）千克，则打8折；如果顾客的购买量为4～10（不包括10）千克，则打6折；如果顾客的购买量大于等于10千克，则打4折。

项目任务

现需要设计一个代码程序，用于实现在营业员输入白菜重量之后自动计算出顾客需要支付的金额。

项目实现代码

```
01 while True:
02     try:
03         weight = float(input("请输入白菜的重量:"))
04         break
05     except:
06         print("输入错误，重新输入,",end='')
07 if weight < 2.0:
08     print("请付款:",weight*2.5*0.9,'元')
09 elif weight <4.0:
10     print("请付款:",weight*2.5*0.8,'元')
11 elif weight <10.0:
12     print("请付款:",weight*2.5*0.6,'元')
13 else:
14     print("请付款:",weight*2.5*0.4,'元')
```

前6行代码是一个while循环，while循环的条件为True，表示循环体内的代码块将会一直循环执行。循环体代码块是一个try+except语句，try包含的代码块用于获取营业员输入的数字并将其转换为一个浮点数（整数也可以转换为浮点数）。如果营业员输入的重量不正确，则执行except的代码块，即输出信息提示。try+except语句在执行结束之后会继续返回while循环语句，由于条件判断语句为True，因此会再次执行try+except语句。此时再次输入重量，当输入的重量正确时，执行break语句，跳出while循环。即while循环体中的代码块的功能是确保营业员输入一个正确的重量，如果输入的重量不正确将会继续让营业员重新输入，直到输入正确为止。

第7行～第14行代码采用一个if+多个elif的多条件判断结构，根据营业员输入的重量，先判断满足哪一个elif条件，接着执行相应条件中的代码块，最后输出顾客需要支付的金额。

项目实现结果（分别输入白菜的重量为7.q和7.1）

```
请输入白菜的重量:7.q
输入错误，重新输入，请输入白菜的重量:7.1
请付款：10.65 元
```

以上代码只能实现计算一位顾客需要支付的金额，每成功计算出一位顾客需要支付的金额后，程序会自动结束。基于此我们还可以将代码进行改进，以实现在计算完一位顾客需要支付的金额后会继续计算下一位顾客需要支付的金额。改进后的代码如下：

```
01 while True:
02     try:
03         weight = float(input("请输入白菜的重量:"))
04         if weight < 2.0:
05             print("请付款:",weight*2.5*0.9,'元')
06         elif weight <4.0:
07             print("请付款:",weight*2.5*0.8,'元')
08         elif weight <10.0:
09             print("请付款:",weight*2.5*0.6,'元')
10         else:
11             print("请付款:",weight*2.5*0.4,'元')
12         print("下一位顾客...",end='')
13     except:
14         print("输入错误，重新输入,",end='')
```

改进后的代码程序更满足实际的使用需求，这是因为改进后的代码将条件判断语句加入了while循环语句的try代码块中，因此代码会一直循环执行下去。改进后的代码的执行结果如图3-31所示，在程序中输入白菜的重量后即可获取需要支付的金额，并且自动进入下一轮，等待营业员输入新的白菜重量。

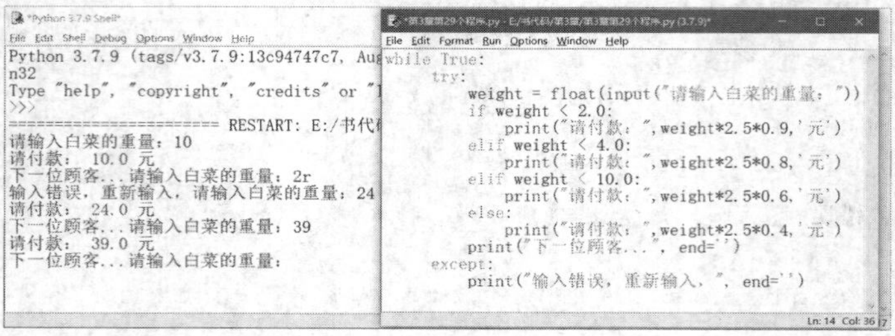

图 3-31

总结

本章主要讲解不同结构的程序控制语句，这些语句让代码可以按照不同的走向来执行。具体来说，分别介绍了条件判断语句、循环语句和异常处理语句这三大语句。

条件判断语句用于根据不同条件，选择执行其中一部分代码，条件判断语句包含if语句、if+else语句、if+elif+else语句、多个elif语句及它们的嵌套语句。其中对于嵌套语句，读者需要根据缩进的位置来区分各嵌套语句的包含关系。循环语句主要包含for循环和while循环这两大类，其中for循环根据循环内容来依次执行代码块；而while循环根据条件是否满足来执行代码块，只要条件满足，将会一直执行代码块。因此while循环更适用于要将代码程序一直执行下去的情况，而for循环更适用于对数据内容的访问。for循环和while循环之间可以相互嵌套。异常处理语句try+except主要用于当循环语句可能会出现异常时，保证后续代码可以顺利地执行下去。读者也可以将try+except语句和条件判断语句、循环语句相互结合，并根据实际需求灵活运用。

第 4 章

组合数据类型

在第2章中介绍了数值、字符串类型，它们都是单一的数据类型，即数值类型数据是由若干个数字组合而成的，字符串类型数据是由若干个字符组合而成的。但在现实生活中程序需要处理的数据十分丰富，本章介绍的组合数据类型是由多种不同数据类型组合在一起的新数据类型，例如列表类型、元组类型和字典类型。

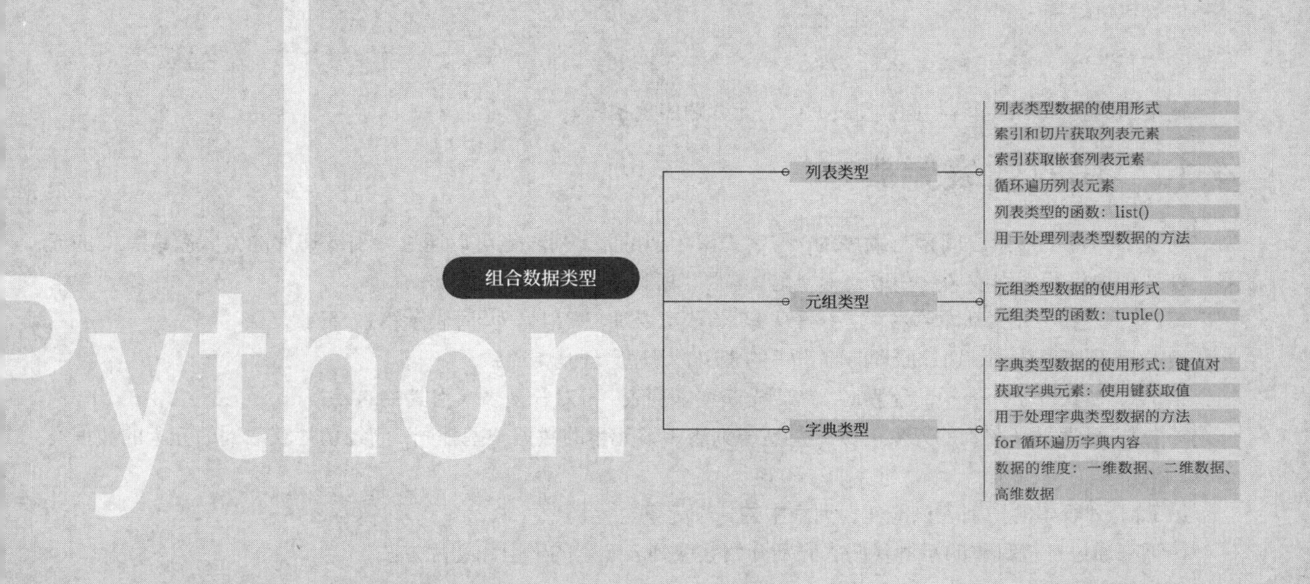

4.1 列表类型

本节开始介绍列表类型的数据，包含列表类型数据的使用和相关函数、方法的使用。

4.1.1 列表类型的介绍

在办公自动化领域中，列表类型是使用率较高的一种数据类型，列表类型数据可将多种类型的元素按照顺序依次组合在一起。列表类型数据的使用形式如下：

```
[元素1,元素2,元素3,...]
```

列表要用方括号括起来，方括号里面包含0个、1个或多个数据，每一个数据称为一个元素，每个元素可以是任何一种数据类型的，例如数值、字符串、列表、元组和字典类型。列表中每个元素之间要使用英文逗号分隔，并按照顺序依次存放。当列表ls中又包含一个列表时，该列表被称为ls的子列表。

示例代码：

```
01 ls = [1,2,'Python']
02 print(ls)
```

第1行代码创建了一个列表类型的数据，数据最外层由一个方括号括起来，里面包含数值类型的数据1和2、字符串类型的数据'Python'，并将列表数据赋值给变量ls。

第2行代码使用print()语句将数据变量ls输出。

代码执行结果：

```
[1, 2, 'Python']
```

输出的内容和ls的内容相同，且数据中的元素顺序也相同。

4.1.2 获取列表元素

列表中的每个元素之间是有顺序的，与字符串相似的是，列表也可以通过索引或切片的方式获取其中的元素。在对列表进行索引或切片获取元素之前，需要了解以下5点相关描述。

第1点，列表中元素从左到右，索引号从0开始依次增加，索引号为0时表示第1个元素。

第2点，列表的索引、切片原理与字符串的索引、切片原理基本一致。

第3点，在获取子列表中的元素时，需要先获取子列表，再对子列表索引其中的元素。

第4点，经索引获取到的元素的数据类型与列表中该元素的数据类型相同，而经切片获取到的元素的数据类型为列表类型。

第5点，列表中的子列表只能作为列表中的一个元素。

接下来通过一些具体的示例代码来分别介绍获取列表元素的索引和切片方法。

- **索引获取列表元素**

示例代码：

```
01 a='学习'
02 ls=[12,'12',['p','t'],a]
03 print(ls[0],ls[2], ls[-3])
```

第2行代码创建了一个列表类型数据ls，其中包含数值类型数据12、字符串类型数据'12'、列表类型数据['p','t']、内容为字符串的变量a，即ls等效为[12,'12',['p','t'],'学习']。

第3行代码输出列表ls中索引号为0、2和-3的元素。列表中的索引号和字符串中的相同，从队头向队尾的方向依次为0、1、2、3，从队尾向队头的方向依次为-1、-2、-3、-4，如图4-1所示。

代码执行结果：

```
12 ['p', 't'] 12
```

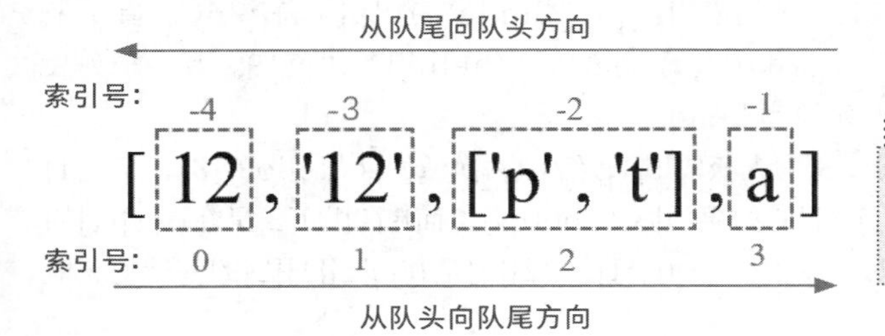

图 4-1

注意

字符串输出时是不会输出引号的，因此输出的第1个12是列表ls中的第1个元素，即数值12。输出的第2个12是列表ls中从队尾向队头方向的第3个元素，即字符串'12'。

当列表ls中还包含一个子列表时，获取子列表中元素的方法如下。

示例代码：

```
01 ls = [['t','f'],[12,34,7],'Python']
02 print(ls[0][1],ls[1][2],ls[2][4])
```

第1行代码中的列表ls包含3个元素，分别为子列表['t','f']、[12,34,7]和字符串'Python'。

第2行代码分别获取列表ls中的多个元素。ls[0][1]表示先获取索引号为0的子列表['t','f']，再获取子列表['t','f']中索引号为1的元素，即字符'f'。ls[1][2]表示先获取索引号为1的子列表[12,34,7]，再获取子列表[12,34,7]中索引号为2的元素，即数字7。ls[2][4]表示先获取索引号为2的字符串'Python'，再获取字符串'Python'中索引号为4的字符，即字符'o'。

代码执行结果：

```
f 7 o
```

- **切片获取列表元素**

示例代码：

```
01 a='学习'
02 ls=[12,'12',['p','t'],a]
03 print(ls[0:2],ls[-3:-1])
```

第3行代码分别输出列表ls中的两个切片内容。ls[0:2]表示获取列表ls中索引号为0～2的元素，且不包含索引号为2的元素，即[12, '12']。ls[-3:-1]表示获取列表ls中索引号为-3～-1的元素，且不包含索引号为-1的元素，即['12', ['p', 't']]。

代码执行结果：

```
[12, '12'] ['12', ['p', 't']]
```

由于切片后的内容仍然为一个列表，因此输出结果的外层都有一个方括号。

4.1.3 嵌套列表的索引方法

当列表ls中包含子列表，且子列表中又包含子列表时，获取子列表中的子列表的元素的方法为`ls[索引号][索引号][索引号]`。因此当列表中包含多层子列表时，获取最内层子列表中的元素的方法为`ls[索引号][索引号][索引号]...`。

示例代码：

```
01 ls = [12,['le',[3,4,'hello'],19],'py']
02 print(ls[1][1][2][2])
```

第1行代码中的列表ls包含3个元素，分别为数值12、子列表['le',[3,4,'hello'],19]和字符串'py'。其中子列表['le',[3,4,'hello'],19]中还包含3个元素，分别为字符串'le'、子列表[3,4,'hello']和数值19。其中子列表[3,4,'hello']中又包含3个元素，分别为数值3、数值4和字符串'hello'。

第2行代码获取ls[1][1][2][2]表示的元素，执行的步骤为先获取ls[1]元素，为['le',[3,4,'hello'],19]。而ls[1][1]是在ls[1]的基础上获取索引号为1的元素，因此ls[1][1]的结果为[3,4,'hello']。而ls[1][1][2]是在ls[1][1]的基础上获取索引号为2的元素，因此ls[1][1][2]的结果为'hello'。而ls[1][1][2][2]是在ls[1][1][2]的基础上获取索引号为2的元素，因此ls[1][1][2][2]的结果为l。

代码执行结果：

```
l
```

4.1.4 循环访问列表的元素

在第3章中介绍的for循环可以依次遍历循环内容中的元素信息，循环内容可以为数字和字符串。其实列表也可以作为循环内容，在每一次循环时将列表中的元素依次赋值给变量。

示例代码：

```
01 ls = [['t','f'],[12,34,7],'Python']
02 for i in ls:
03     print(i)
```

第2、3行代码为for循环，其中循环内容为列表ls。第1次循环时将列表中的第1个元素（即子列表['t','f']）赋值给变量i，因此输出['t','f']。第2次循环时将列表中第2个元素（即子列表[12,34,7]）赋值给变量i，因此输出[12,34,7]。第3次循环时将列表中第3个元素（即字符串'Python'）赋值给变量i，因此输出'Python'。

代码执行结果：

```
['t', 'f']
[12, 34, 7]
Python
```

Python中的len()函数可用于测量列表的长度。

示例代码：

```
01 ls = [['t','f'],[12,34,7],'Python']
02 print(len(ls))
```

由于列表ls中一共包含3个元素，因此使用len()函数测量出的列表ls的长度也为3，并不会继续统计子列表中的元素个数。

4.1.5 列表类型的函数

列表数据类型用list表示，可以通过type()函数查询到对应列表的数据类型，而其他数据类型可以通过list()函数强制转换为列表类型。

示例代码：

```
01 a = "你好，办公自动化"
02 b = 12
03 print(list(a))
04 print(list(b))
```

第1行代码中的变量a是字符串类型数据，第2行代码中的变量b是数值类型数据。

第3行代码使用list()函数将变量a转换为列表。在转换时会将字符串"你好，办公自动化"中的每个字符当作一个元素存入列表，因此转换后的结果为['你', '好', '，', '办', '公', '自', '动', '化']。

第4行代码使用list()函数将变量b转换为列表。字符串和列表都可以通过索引或切片获取其中的信息，但是由于数值没有顺序属性，因此这里的数值12不能转换为列表。执行第4行代码时会出现程序异常。

代码执行结果：

```
['你', '好', '，', '办', '公', '自', '动', '化']
Traceback (most recent call last):
  File "E:/书代码/第4章第4个程序.py", line 4, in <module>
    print(list(b))
TypeError: 'int' object is not iterable
```

4.1.6 列表类型的方法

Python中为列表类型数据提供的方法比较多，可以满足对列表元素进行多种操作的需求。读者可通过以下代码获取列表类型数据的全部可用方法：

```
print(dir(list))
```

其中参数list表示列表类型数据，dir()函数用于获取参数list的所有可用方法，print()函数用于输出信息，执行代码后输出参数list可用的方法有append()、clear()、copy()、count()、extend()、index()、insert()、pop()、remove()、reverse()、sort()等。查询append()方法的“使用帮助”可使用`print(help(list.append))`。

下面对其中10个常用的方法进行介绍。

- **append(参数) 方法**

功能：在列表的最后增加一个元素。

示例代码：

```
01 ls = ['奶茶','大盘鸡']
02 ls.append('冰淇淋')
03 print(ls)
```

第1行代码定义一个包含两个元素的列表ls，第2行代码对列表ls使用了append()方法，表示在列表ls的最后插入新元素'冰淇淋'。

代码执行结果：

```
['奶茶', '大盘鸡', '冰淇淋']
```

- **clear() 方法**

功能：清除列表中的所有元素，括号中无须填入参数。

示例代码：

```
01 ls = ['奶茶','大盘鸡']
02 ls.clear()
03 print(ls)
```

第2行代码将清除列表ls中的所有元素信息，空列表由一个空的方括号表示。

代码执行结果：

```
[]
```

- **copy() 方法**

功能：复制一个新的列表。

示例代码：

```
01 ls = ['奶茶','大盘鸡']
02 ls_new1 = ls.copy()
03 ls_new2 = ls
04 ls.clear()
05 print(ls,ls_new1,ls_new2)
```

第2行代码根据ls复制出一个新的列表并赋值给变量ls_new1，第3行代码将ls的内容赋值给变量ls_new2。第4行代码使用clear()方法清除了列表ls的内容。由于ls_new1是通过copy()方法复制ls所得的列表，因此删除ls的内容不会影响到ls_new1，但ls_new2是通过等号直接由ls赋值所得的列表，它们共享同一个内存空间，因此删除ls的内容后，ls_new2的内容也会被删除。

代码执行结果：

```
[] ['奶茶', '大盘鸡'] []
```

- **count(参数) 方法**

功能：统计参数在列表中的个数。

示例代码：

```
01 ls = ['奶茶','大盘鸡','大盘鸡','奶茶','奶茶']
02 ls_count = ls.count('奶茶')
03 print(ls_count)
```

第2行代码获取字符串'奶茶'在列表ls中的个数。

代码执行结果：

```
3
```

- **index(参数) 方法**

功能：获取参数在列表中的索引号。

示例代码：

```
01 ls = ['奶茶','大盘鸡','冰淇淋','榴梿']
02 ls_index = ls.index('冰淇淋')
03 print(ls_index)
```

第2行代码获取列表ls中'冰淇淋'的索引号，执行代码后输出2。

当列表中有多个相同元素时，例如`ls = ['奶茶','大盘鸡','冰淇淋','榴梿','冰淇淋']`，该列表中有两个'冰淇淋'元素，使用ls.index('冰淇淋')返回的将是列表中第1个'冰淇淋'的索引号，而不是第2个'冰淇淋'的索引号。

- **insert(参数 1, 参数 2) 方法**

功能：在列表索引号为参数1的位置处插入一个元素，插入的元素内容为参数2。

示例代码：

```
01 ls = ['奶茶','大盘鸡','冰淇淋','榴梿']
02 ls.insert(2,'蛋糕')
03 print(ls)
```

第2行代码使用insert()方法在列表ls中索引号为2的位置处增加一个新元素，内容为字符串'蛋糕'。插入新元素后，原索引号大于或等于2的元素向右移动一个位置，即'冰淇淋'和'榴梿'的索引号加1。

代码执行结果：

```
['奶茶', '大盘鸡', '蛋糕', '冰淇淋', '榴梿']
```

- **pop(参数) 方法**

功能：删除列表中索引号为参数的元素。

示例代码：

```
01 ls = ['奶茶','大盘鸡','冰淇淋','榴梿']
02 ls_pop = ls.pop(2)
03 print(ls_pop,ls)
```

第2行代码表示从列表ls中删除索引号为2的元素，删除掉的元素将被赋值给变量ls_pop。

代码执行结果：

```
冰淇淋 ['奶茶', '大盘鸡', '榴梿']
```

- **remove(参数) 方法**

功能：删除列表中第1次出现的参数元素。

示例代码：

```
01 ls = ['奶茶','大盘鸡','冰淇淋','榴梿']
02 ls_remove = ls.remove('大盘鸡')
03 print(ls_remove,ls)
```

第2行代码中的ls.remove('大盘鸡')表示删除列表ls中第1次出现的'大盘鸡'元素，即使列表中存在多个'大盘鸡'元素，也只会删除第1个'大盘鸡'元素。执行remove()方法后不会返回信息。

代码执行结果：

```
None ['奶茶', '冰淇淋', '榴梿']
```

其中None表示空，表示第2行代码中的remove()执行后并没有返回信息给变量ls_remove。

- **reverse() 方法**

功能：翻转列表。

示例代码：

```
01 ls = ['奶茶','大盘鸡','冰淇淋','榴梿']
02 ls_reverse = ls.reverse()
03 print(ls_reverse,ls)
```

第2行代码将列表的内容进行翻转，且不会返回信息给变量ls_reverse。

代码执行结果：

```
None ['榴梿', '冰淇淋', '大盘鸡', '奶茶']
```

- **sort(参数)方法**

功能：对列表进行排序。如果不填入参数，则默认按递增的顺序排序。如果填入参数为reverse=True，则按递减的顺序排序。如果列表中的内容是英文，则按字母顺序排序。如果列表中的内容是汉字，则按汉字的Unicode编码（每个字符都有一个对应的数字编号，详见7.1.3节）大小排序。如果列表中的内容是数字，则按数字大小顺序排序。

示例代码：

```
01 ls_1 = ['奶茶','大盘鸡','冰淇淋','榴梿']
02 ls_2 = [3,2,6,7,3,1]
03 ls_sort_1 = ls_1.sort()
04 ls_2.sort(reverse = True)
05 print(ls_sort_1,ls_1,ls_2)
```

该代码中存在两个列表ls_1和ls_2，其中ls_1中的元素为汉字，ls_2中的元素为数字。第3行代码以递增的顺序对ls_1中的元素进行排序，第4行代码按照递减的顺序对ls_2中的元素进行排序。

代码执行结果：

```
None ['冰淇淋', '大盘鸡', '奶茶', '榴梿'] [7, 6, 3, 3, 2, 1]
```

sort()方法会直接修改原列表的顺序，但不会产生新的内容，因此ls_sort_1的值为None，而列表ls_1和ls_2的内容都进行了重新排序，因此直接输出了排序后的内容。

4.2 元组类型

元组类型的数据与列表类型的相似，其中每一个元素都可以是不同数据类型的。元组要使用圆括号（()）将数据元素括起来。元组与列表的主要区别是元组不能进行删除元素、添加元素、反转元素等修改操作。元组类型数据的使用形式如下：

```
(元素1,元素2,元素3, ...)
```

由于不能对元组进行修改，因此元组中可用的函数和方法较少。若要直接删除整个元组数据，可以使用保留字del实现。del也可用于整体删除列表类型、字典类型的数据。

示例代码：

```
01 tp = ('冰淇淋', '大盘鸡', '奶茶', '榴梿')
02 del tp
03 print(tp)
```

第1行代码创建了一个元组，并将元组赋值给变量tp。第2行代码使用保留字del删除了元组tp，即直接将tp从计算机内存中清除了，此时计算机中将不会再存在tp这个变量名及与之相关的数据，因此执行第3行代码后将输出报错信息。

代码执行结果：

```
Traceback (most recent call last):
  File "E:/书代码/第4章第6个程序.py", line 3, in <module>
    print(tp)
NameError: name 'tp' is not defined
```

最后一行的报错信息提示名字为tp的变量是没有被定义的，即表明不存在变量tp。

元组数据类型用tuple表示，可以使用tuple()创建一个空的元组数据，或者使用`tuple(参数)`的形式，将参数强制转换为元组。

示例代码：

```
01 a = tuple()
02 b = tuple('Python')
03 print(a,b)
```

第1行代码通过tuple()函数创建一个空的元组数据并赋值给变量a，第2行代码通过tuple()函数将字符串'Python'强制转换为元组。

代码执行结果：

```
() ('P', 'y', 't', 'h', 'o', 'n')
```

由于不能操作元组内部的元素，元组类型的数据安全性较高，一旦创建便不能随意篡改或删除元组里的元素，只能遍历读取其中的元素信息，因此元组往往用于对安全性要求较高的代码中。

4.3 字典类型

本节开始介绍字典类型的数据，包含字典类型数据的使用和相关函数及方法的使用。

4.3.1 字典类型的介绍

字典类型的数据与列表类型的相似，可以在字典类型数据中存入多个不同类型的元素，且每个元素都是由键值对组成的。字典类型数据的使用形式如下：

```
{键1:值1, 键2:值2, 键3:值3,...}
```

字典中的每个元素都包含一个键和一个值，其中键是值的唯一标识。例如为了区分一个班级中的每个学生，一般会使用学号（例如202319）作为每个学生的唯一标识，从而避免难以区分相同姓名学生的情况。在字典中每个键和值之间要使用冒号分隔开。一个键与一个值相互配对即一个键值对，一个键值对为一个元素，每个键值对之间要使用逗号分隔开。字典的最外层使用花括号（{}）将所有键值对括起来。字典中的键必须是独一无二的，值可以是相同的数据。键可以是数值、字符串、元组类型的数据（不能是列表和字典类型的数据，因为键必须保证独一无二且不能随意修改，而列表和字典类型的数据可以通过代码增减元素内容，无法保证键的唯一性），值的数据类型可以是任意一种，例如数值、字符串、列表、元组、字典类型等。

示例代码：

```
01 d = {202101:'张三',202102:'李四',202103:'王五'}
02 print(d,len(d),type(d))
```

第1行代码创建字典类型的数据d，其中包含3个键值对，即3个数据元素。第2行代码输出字典d的内容，并且使用len()函数测量d的数据元素个数，使用type()函数测量d的数据类型（字典数据类型用dict表示）。

代码执行结果：

```
{202101: '张三', 202102: '李四', 202103: '王五'} 3 <class 'dict'>
```

不仅可以用dict表示字典类型，还可以使用dict()函数创建一个空的字典类型数据。

示例代码：

```
01 a=dict()
02 a[202104]="赵六"
03 print(a)
```

第1行代码通过dict()函数创建一个变量名为a的空字典，第2行代码直接将一个字符串赋值给a[202104]，功能为向字典a中添加一个键值对，其中键为202104，值为'赵六'。因此执行代码后将输出一个字典，且字典中包含一个键值对。

代码执行结果：

```
{202104: '赵六'}
```

向字典中添加数据，不需要借助字典的方法，直接通过赋值语句即可实现。

4.3.2 获取字典元素

当要获取字典中的元素时，不能使用索引或切片的方法，而需要使用键来获取，因为键是字典中元素的唯一标识，每个值都有唯一的键。

示例代码：

```
01 d = {202101:'张三',202102:'李四',202103:'王五'}
02 print(d[202102])
```

第2行代码通过在字典d后面加上方括号，并在方括号中输入字典中的键来获取对应键的值，因此执行代码后将输出“李四”。字典中的键是无法通过值来获取的，例如`print(d['张三'])`，运行代码后会出现KeyError。

4.3.3 字典类型的方法

Python中为字典类型数据提供的方法可以通过以下代码进行查询：

```
print(dir(dict))
```

查询到的方法有clear()、copy()、fromkeys()、get()、items()、keys()、pop()、popitem()、setdefault()、update()、values()等，接下来介绍其中几种常见的方法。

- **clear() 方法**

功能：清除字典中的数据元素。其使用效果与清除列表的效果基本一致，字典内容被清除之后便是一个空字典。如果需要删除整个字典，可以使用保留字del。

- **get(参数 1, 参数 2) 方法**

功能：查找参数1是否为字典中的键。如果是字典中的键，则返回键对应的值。如果不是字典中的键，则返回参数2的信息。如果参数2没有填入内容，则返回None。

示例代码：

```
01 d = {202101:'张三',202102:'李四',202103:'王五'}
02 print(d.get(202102))
03 print(d.get(202104))
04 print(d.get(202104,'查询不到'))
```

第2行代码查找字典d中键为202102的值，由于字典d中存在键202102，因此将返回对应键的值。第3行代码查找字典d中键为202104的值，但字典d中不存在键202104，因此将返回None。第4行代码查找字典d中键为202104的值，字典d中不存在键202104，但get()方法中存在参数2，因此将返回get()方法中参数2的信息。

代码执行结果:

```
李四
None
查询不到
```

• keys() 方法

功能：获取字典中的全部键信息。

示例代码:

```
01 d = {202101:'张三',202102:'李四',202103:'王五'}
02 print(d.keys())
```

第2行代码中的d.keys()表示获取字典d中的全部键信息。返回的全部键信息是以Python内部的数据类型dict_keys来表示的，这种数据类型是在Python内部使用的，并不提供给用户使用，因此我们无法通过编写代码使用这种数据类型。

代码执行结果:

```
dict_keys([202101, 202102, 202103])
```

如果需要使用键信息，可以使用强制转换数据类型函数list()将返回的信息转换为列表类型数据。

示例代码:

```
01 d = {202101:'张三',202102:'李四',202103:'王五'}
02 print(list(d.keys()))
```

第2行代码使用list()函数将d.keys()方法返回的信息进行强制转换，因此输出结果会是一个列表类型数据。

代码执行结果:

```
[202101, 202102, 202103]
```

注意

当在函数中嵌入函数或方法时，例如函数1(函数2())，执行的顺序是先执行函数2()，并将其执行后的结果作为函数1()的参数，然后执行函数1()。如果函数中嵌入了多层函数，例如函数1(函数2(数据.方法名()))，执行的顺序是先执行数据.方法名()，并将其执行后的结果作为函数2()的参数，接着执行函数2()，并将函数2()执行后的结果作为函数1()的参数，然后执行函数1()。

示例代码中的print(list(d.keys()))是在函数print()中嵌入了函数list()，又在函数list()中嵌入了方法d.keys()。因此执行的顺序为先执行d.keys()，将d.keys()的结果作为函数list()的参数，接着执行list()函数，并将list()函数执行后的结果作为print()函数中的参数，最后输出结果。

• values() 方法

功能：获取字典中的所有值，与keys()方法的功能相似。

示例代码:

```
01 d = {202101:'张三',202102:'李四',202103:'王五'}
02 print(d.values())
```

代码执行结果:

```
dict_values(['张三', '李四', '王五'])
```

values()方法返回的结果是以Python内部的数据类型dict_values来表示的，虽然用户无法直接使用此数据类型，但可以使用list()函数将返回的信息强制转换为列表类型数据。

- **items() 方法**

功能：获取字典中的所有键值对信息。items()方法的功能是keys()方法的功能和values()方法的功能的组合。

示例代码：

```
01 d = {202101:'张三',202102:'李四',202103:'王五'}
02 print(d.items())
```

代码执行结果：

```
dict_items([(202101, '张三'), (202102, '李四'), (202103, '王五')])
```

items()方法返回的结果是以Python内部的数据类型dict_items来表示的，用户无法直接使用此数据类型，但可以使用list()函数将返回的信息强制转换为列表类型数据。

- **pop(参数) 方法**

功能：删除字典中的数据，当参数是字典中的键时，使用该方法将删除字典中的相应键值对。

示例代码：

```
01 d = {202101:'张三',202102:'李四',202103:'王五'}
02 a = d.pop(202102)
03 print(d,a)
```

第2行代码使用d.pop(202102)删除字典中键为202102的键值对数据，由于字典d中存在键202102，因此会从字典d中删除该键值对。pop()方法在执行后会返回被删除的值，即d.pop(202102)会返回'李四'到变量a。

代码执行结果：

```
{202101: '张三', 202103: '王五'} 李四
```

输出结果中字典d删除了键为202102的键值对，a为被pop()方法删除掉的键202102所对应的值。

4.3.4 字典的遍历

如果需要访问字典中的所有内容，可以使用for循环来对字典进行遍历。

示例代码：

```
01 d = {202101:'张三',202102:'李四',202103:'王五'}
02 for a in d:
03     print(a)
```

该代码中for语句的循环内容为字典d，由于字典d中的每个数据都包含键和值，因此循环时只能遍历到对应的键，而无法获取值的信息。

代码执行结果：

```
202101
202102
202103
```

如果需要获取字典中键对应的值，可以在print()中加入d[a]，代码如下：

```
01 d = {202101:'张三',202102:'李四',202103:'王五'}
02 for a in d:
03     print(a,d[a])
```

代码执行结果:

```
202101  张三
202102  李四
202103  王五
```

如果需要同时获取字典中的键信息和值信息，可以使用以下代码:

```
01 d = {202101:'张三',202102:'李四',202103:'王五'}
02 for a in d.items():
03     print(a)
```

该代码中的循环内容为d.items()，d.items()用于获取字典d中的所有键值对信息，因此循环时a可以获取d中的每一个键值对，并将每个键值对信息以元组的形式返回。

代码执行结果:

```
(202101, '张三')
(202102, '李四')
(202103, '王五')
```

如果要对字典中的值进行遍历，可以将循环内容设置为d.values()，运行代码后即可获取字典中的值信息，读者可以自行尝试。

4.3.5 数据的维度

在Python中可以使用列表和字典表示不同维度的数据。其中列表可以用于表示一维数据和二维数据，字典可以表示高维数据（高维数据指维度超过二维的数据）。

一维数据可以是一行数据。例如用列表表示一维数据34、67、89，代码如下:

```
ls = [34, 67, 89]
```

二维数据通常为一个表格。例如用列表表示图4-2所示的二维数据，代码如下，其中列表ls一共包含5个元素，分别对应表格中的每一行内容。

```
ls = [['日期','芯片','手机','智能设备'],\
      ['1日', 4556.448898, 1412.691145, 1070.940706],\
      ['2日', 5857.880571, 1103.11709, 742.1934921],\
      ['3日', 1435.169954, 672.2047677, 74.65002242],\
      ['4日', 1448.831392, 437.9865427, 10.04904148]]
```

注意

代码中的\表示将下一行代码连接起来组合为一行代码，这是为了避免因代码太长而无法在同一行中完整显示的情况。

如果需要获取该二维数据中的某个元素，可以使用以下代码:

```
ls[1][2]
```

该代码用于获取表格第2行第3列（即C2单元格）的元素1412.691145，如图4-2所示，即子列表['1日', 4556.448898, 1412.691145, 1070.940706]中索引号为2的1412.691145。

日期	芯片	手机	智能设备
1日	4556.448898	1412.691145	1070.940706
2日	5857.880571	1103.11709	742.1934921
3日	1435.169954	672.2047677	74.65002242
4日	1448.831392	437.9865427	10.04904148

图 4-2

高维数据使用字典来表示。例如在一个Excel文件中可以创建多个工作表，每个工作表中都包含一个表格，而表格为二维数据，因此组合起来的整个Excel文件为高维数据。

如图4-3所示，这是一个含有4个工作表的Excel文件，每个工作表中都有5行4列的二维数据信息，现用字典来表示这个高维数据。其代码如下：

```
d = {'北京总部营收': [['日期','芯片','手机','智能设备'],\
                    ['1日',5982.271554,667.7449328,681.8992432],\
                    ['2日',947.6723447,1342.564086,624.4761491],\
                    ['3日',1972.280153,196.8478844,407.7039686],\
                    ['4日',5689.629183,88.42776056,868.5242993]],\
     '上海中部营收': [['日期','芯片','手机','智能设备'],\
                    ['1日',2560.440986,642.8313724,506.758806],\
                    ['2日',2030.521018,551.9430133,1348.007136],\
                    ['3日',2783.338123,1361.787513,144.9933128],\
                    ['4日',5889.517584,401.0775644,363.2010706]],\
     '深圳南部营收': [['日期','芯片','手机','智能设备'],\
                    ['1日',4556.448898,1412.691145,1070.940706],\
                    ['2日',5857.880571,1103.11709,742.1934921],\
                    ['3日',1435.169954,672.2047677,74.65002242],\
                    ['4日',1448.831392,437.9865427,10.04904148]],\
     '四川西部营收': [['日期','芯片','手机','智能设备'],\
                    ['1日',697.6905941,1001.156037,1297.117534],\
                    ['2日',248.3548823,1205.078142,2905.572037],\
                    ['3日',1042.229159,167.3207017,5067.674268],\
                    ['4日',1399.68792,233.1417131,1870.897907]]}
```

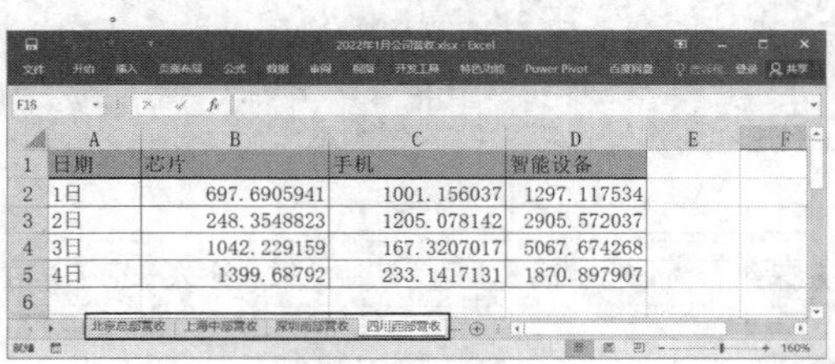

日期	芯片	手机	智能设备
1日	697.6905941	1001.156037	1297.117534
2日	248.3548823	1205.078142	2905.572037
3日	1042.229159	167.3207017	5067.674268
4日	1399.68792	233.1417131	1870.897907

图 4-3

项目案例 实现统计学生信息

项目描述

某班级要选举一名班长，由所有学生投票来决定，班长候选人有张三、李四、王五、朱七，现在需要从这4名学生中选择得票数最高的学生作为班长。现已经获取到所有学生的投票信息列表ls=['王五','张三','李四','李四','李四','朱七','李四','王五','张三','张三']。

项目任务

设计一个用于自动统计各班长候选人的总得票数的程序。

项目实现代码

```
01 D = dict()
02 ls = ['王五','张三','李四','李四','李四','朱七','李四','王五','张三','张三']
03 for vote in ls:
04     D[vote] = D.get(vote,0)+1
05 print(D)
```

第1行代码创建了一个用于保存候选人总得票数的空字典，键保存候选人的名字，值保存候选人的票数。第2行代码表示将班级所有人的投票信息保存在列表ls中。第3～4行代码是一个for循环，循环内容为列表ls，每获取一个人的投票信息就会执行一次循环。D.get(vote,0)用于获取字典D中键为vote的数据。

第1次循环时字典D是空的，即不存在键为'王五'的信息，D.get(vote,0)返回参数2，即返回0。此时D[vote]=0+1，表示向字典中添加一个元素，其中键为'王五'，值为1，至此即统计完第1轮投票。

第2次循环时vote为'张三'，由于字典D中只有一个元素{'王五':1}，不存在键信息'张三'，因此D.get(vote,0)同样返回0。此时D[vote]=0+1，表示向字典中添加一个元素，使得字典中的内容为{'王五':1, '张三':1}。

第3次循环时vote为'李四'，同样添加键信息'李四'，值信息1。此时字典的内容为{'王五':1, '张三':1, '李四':1}。

第4次循环时vote为'李四'，由于字典中存在键为'李四'的信息，因此D.get(vote,0)将返回vote对应的值，即'李四'的值1。此时D[vote]=1+1，表示向字典中添加键为'李四'、值为2的信息。由于字典中已经存在键为'李四'的信息，因此再次添加相同的键值对时会覆盖原来的键值对，使得字典中的内容变为{'王五':1, '张三':1, '李四':2}。依次循环下去，即可将所有候选人的票数添加到字典D中。

项目实现结果

```
{'王五': 2, '张三': 3, '李四': 4, '朱七': 1}
```

从统计结果可以看出李四的票数最高。

本项目主要锻炼读者对列表、字典和for循环的灵活使用，难点在于D[vote]=D.get(vote,0)+1的使用。虽然整段程序代码的难度比较大，但读者仍然需要记住这种统计方法，将来在处理Excel或Word文件中的数据时便可以使用同样的方法进行统计。

如果读者需要设计一个模拟学生投票的程序，可以对以上项目实现代码做一些修改，修改后的代码如下：

```
01 ls = []
02 while True:
03     name = input('请输入您要投票的内容:')
04     if name != '结束':
05         ls.append(name)
06     else:
07         break
08 D = dict()
09 for vote in ls:
10     D[vote] = D.get(vote,0)+1
11 print(D)
```

该程序代码在上一代码的基础上增加第2～7行的代码内容，这一部分代码主要用于自动登记学生投票的过程，将每一位学生输入的信息都自动保存到列表ls中。代码执行结果如图4-4所示。

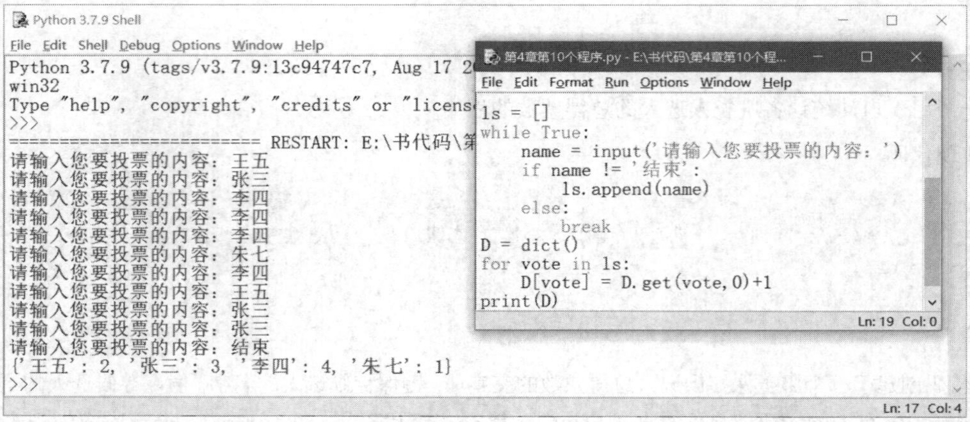

```
Python 3.7.9 Shell
File Edit Shell Debug Options Window Help
Python 3.7.9 (tags/v3.7.9:13c94747c7, Aug 17 2
win32
Type "help", "copyright", "credits" or "licens
>>>
========================= RESTART: E:\书代码\第
请输入您要投票的内容：王五
请输入您要投票的内容：张三
请输入您要投票的内容：李四
请输入您要投票的内容：李四
请输入您要投票的内容：李四
请输入您要投票的内容：朱七
请输入您要投票的内容：李四
请输入您要投票的内容：王五
请输入您要投票的内容：张三
请输入您要投票的内容：张三
请输入您要投票的内容：结束
{'王五': 2, '张三': 3, '李四': 4, '朱七': 1}
>>>
Ln: 17 Col: 4
```

```
第4章第10个程序.py - E:\书代码\第4章第10个程...
File Edit Format Run Options Window Help
ls = []
while True:
    name = input('请输入您要投票的内容：')
    if name != '结束':
        ls.append(name)
    else:
        break
D = dict()
for vote in ls:
    D[vote] = D.get(vote,0)+1
print(D)
Ln: 19 Col: 0
```

图 4-4

总结

本章主要介绍了组合数据类型，这是一种可以将不同类型的数据组合在一起的新数据类型。组合数据类型包括列表类型、元组类型、字典类型，这3种数据类型拥有通用的函数，但每种数据类型都有各自的方法，它们的方法是不能通用的。其中列表和字典类型数据的运用范围非常广，在后面的章节中涉及的数据处理往往都需要借助本章的内容。例如从Excel文件中读取每名员工当月的考勤记录、工资、奖金、员工的邮箱等，并且自动将工资明细发至每名员工的邮箱。

第 5 章

函数

当需要频繁地使用某段具备相同功能的代码块来编写项目实现代码时，有没有更为简洁的使用形式呢？这就是本章要讲解的主要内容。

使用函数来替代一个代码块，可以减少重复编写相同功能代码块的麻烦。本章的基础内容是函数的创建方法和调用方法。涉及的问题有调用函数的形参和定义函数的实参之间如何进行数据传递，以及在执行函数之后，数据如何返回给调用函数。当一个项目涉及的功能较多时，即需要在多个代码文件中实现不同的功能时，如何处理不同代码文件之间的函数调用方法也是本章需要介绍的内容。本章中带*的内容为选学内容，用于读者扩展知识点。

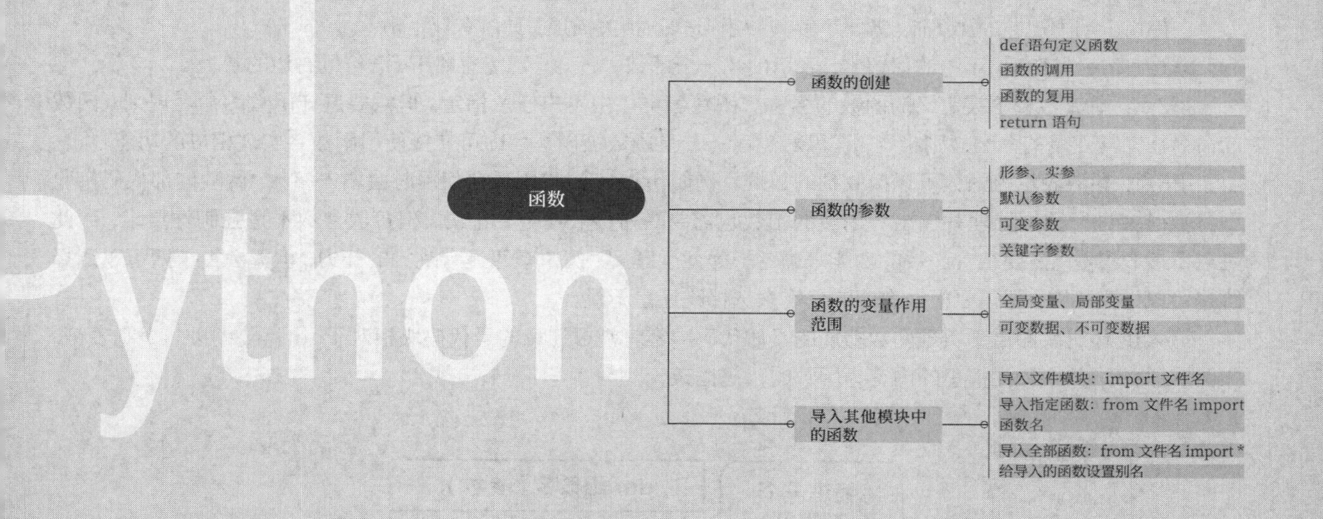

5.1 函数的创建

关于函数的概述详见2.1.1小节，本节介绍的函数主要为自定义函数，即用户自己使用代码创建的新函数。

5.1.1 函数的介绍

在Python中可以使用代码`dir(__builtins__)`获取Python中的全部函数，在前几章分别介绍了Python中的多个函数。这些函数具有特定的功能，但在实际开发中这些函数的功能不一定能完全满足项目的需求，因此Python提供了一种可以让用户自己定制函数的方法来满足项目的不同需求，并且可以直接使用函数名来替代整个代码块，大大减少了重复编写相同代码块的烦琐工作。

读者需要注意区分定义函数和调用函数，定义函数是指创建一个新的函数，调用函数是指使用这个函数。例如函数print(参数)是已经被Python创建好的一个内置函数（已经定义好的函数），前几章内容中使用到的print()函数是调用函数，print是该函数的名称（即函数名）。

5.1.2 函数的定义

创建一个新函数即定义函数。其使用形式如下：

```
def 函数名(参数):
    代码块
    return 返回值
```

在使用def语句定义函数前，需要了解其使用形式的相关描述，具体有以下5点。

第1点，def是Python中的保留字，表示创建一个函数。注意，不能忽略def语句最右边的冒号。

第2点，函数名表示被定义的函数的名称。函数名可以由用户任意指定，但需要遵守函数的命名规则（函数的命名规则与变量的命名规则相同，详见2.2节）。一旦函数被创建后即可直接使用函数名实现相应的功能。

第3点，参数表示该函数可以接收到的数据。例如print(参数)函数在使用时会填入参数，函数内部代码接收到参数时会进行数据处理并输出。创建的函数也需要具备接收参数的能力，但接收参数不是强制性要求，因此可以不接收参数，需要结合函数的功能来确定。为便于理解，例如李四具有跳舞的能力，但舞会上李四可以选择跳也可以选择不跳，即需要根据李四的状态来选择跳还是不跳。

第4点，代码块即用于实现函数功能的具体代码内容。需要注意的是代码块相对于def行要缩进一个制表符，如图5-1所示，其中标注框里的内容为函数的代码框架。

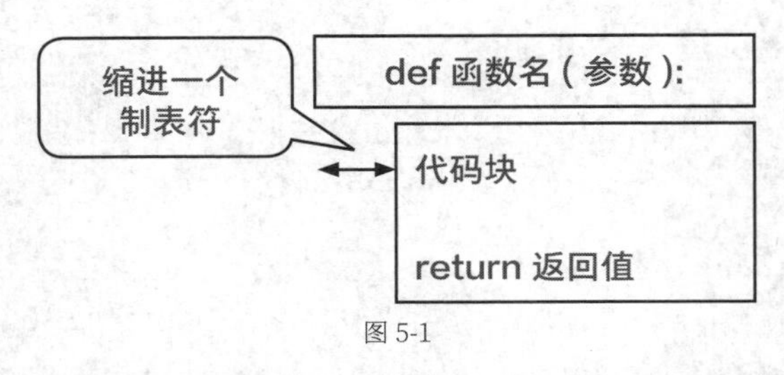

图 5-1

第5点，return用于将函数执行后的数据返回给调用函数。如果不需要将数据返回给调用函数，则不必使用return语句。return本质上也属于代码块。

示例代码（创建一个简单的函数）：

```
01 def fun1():
02     for i in range(10):
03         print(i,end='')
```

第1行代码使用保留字def创建了一个名为fun1的函数。fun1右边的空括号表示函数无须接收参数。

第2、3行代码是一个for循环，用于输出数字0～9。由于for语句中包含的代码块需要相对于for语句缩进一个制表符，因此第3行代码需要相对于第1行代码缩进两个制表符。

该代码创建的函数fun1()的功能是输出数字0～9，并且该函数没有使用return语句（详见5.1.5小节）。运行该代码后并不会输出任何信息，如图5-2和图5-3所示，表明函数中的代码并没有被执行。这是因为定义函数仅仅是指创建一个具有某种功能的函数，并不是使用该函数来处理操作。所以函数被定义后不会被执行，只有在被调用时才会被执行。

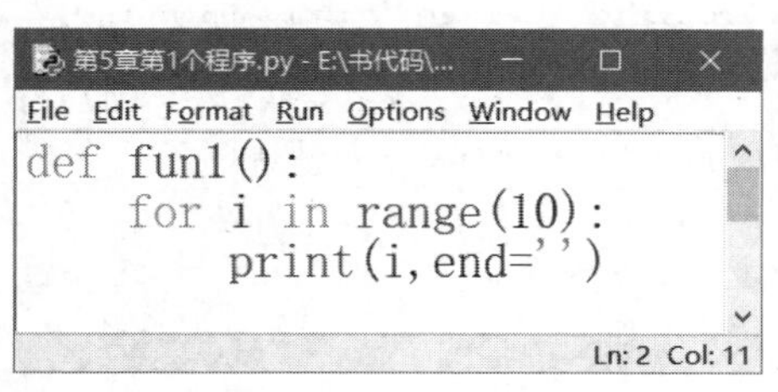

图 5-2

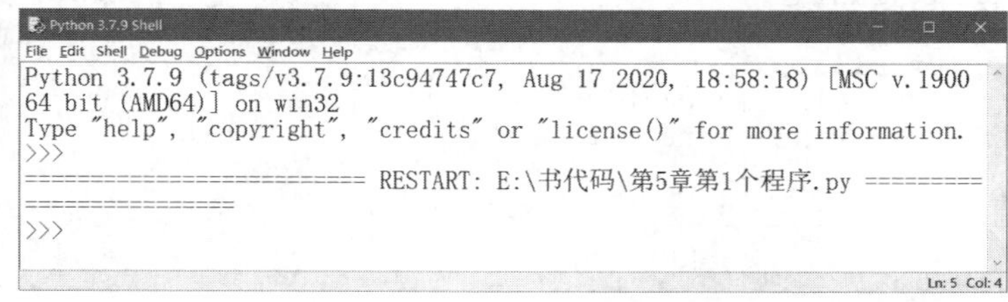

图 5-3

5.1.3 函数的调用

创建好函数之后就可以开始使用该函数，使用该函数的过程即函数的调用。其使用形式如下：

```
函数名(参数)
```

函数名为定义的函数的名称，参数为需要传递给函数的实际数据。当创建的函数无须接收参数时，调用该函数时可以不用传递参数。

例如5.1.2小节创建的函数fun1()无须接收参数，因此调用该函数的方法如下：

```
fun1()
```

调用函数后，程序开始执行fun1()函数的代码块。

代码执行结果：

```
0123456789
```

注意

创建函数的代码需要写在调用函数的代码上方，即先写创建函数的代码，再写调用函数的代码。

如果先写调用函数再写定义函数，代码程序将无法运行。因为代码程序总体上是从上向下运行，执行到定义函数时，系统会自动标记定义函数的位置，当执行到调用函数时可以通过标记找到定义函数。如果定义函数位于调用函数之后，程序在执行调用函数时将无法找到定义函数的位置。

以图5-4所示的代码为例，其执行顺序为首先从第1行代码开始执行，接着遇到def定义函数，系统做好标记后自动跳过函数的定义，从第4行代码fun1()处开始执行。而调用函数的过程是跳转（实际是将代码块的内容复制到调用函数处，为了简化可以理解为跳转）到函数定义处开始执行函数代码，即开始执行第2、3行代码。代码执行结果为0123456789。

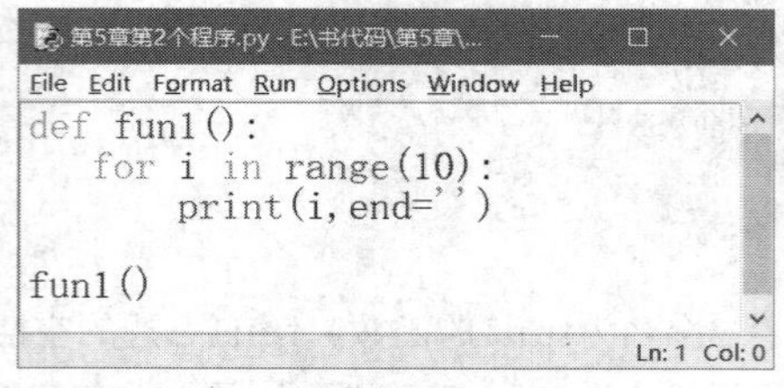

图 5-4

图5-5所示为调用函数的错误写法，定义函数写在了调用函数的后面，执行代码后出现了报错，且无法获取函数fun1()的内容，如图5-6所示。

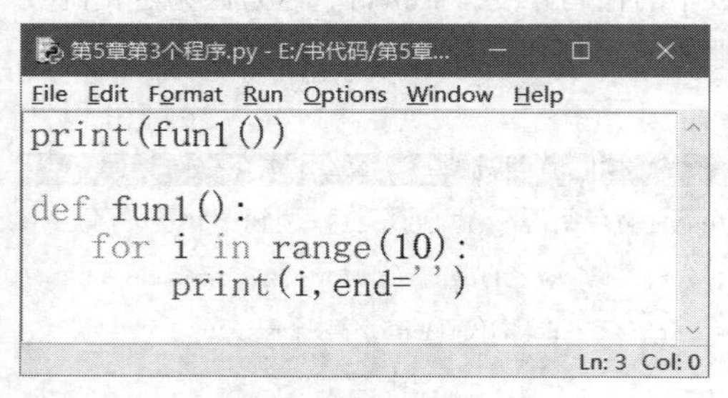

图 5-5

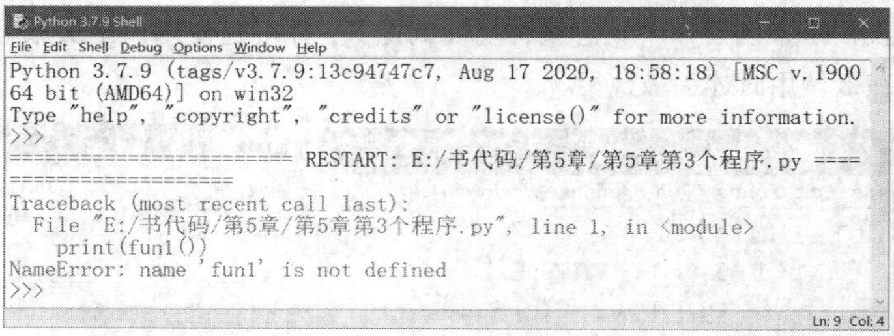

```
Python 3.7.9 Shell
File Edit Shell Debug Options Window Help
Python 3.7.9 (tags/v3.7.9:13c94747c7, Aug 17 2020, 18:58:18) [MSC v.1900
64 bit (AMD64)] on win32
Type "help", "copyright", "credits" or "license()" for more information.
>>>
======================== RESTART: E:/书代码/第5章/第5章第3个程序.py ====
====================
Traceback (most recent call last):
  File "E:/书代码/第5章/第5章第3个程序.py", line 1, in <module>
    print(fun1())
NameError: name 'fun1' is not defined
>>>
Ln: 9 Col: 4
```

图 5-6

5.1.4 函数的复用

定义函数的最大优点在于如果需要经常使用某些功能，将这些功能创建成函数，在使用时只需要调用该函数即可，不需要重复编写繁杂的代码块。

示例代码（实现计算多个数值的阶乘之和）：

```
01 def fun3(n):
02     b = 1
03     for i in range(1,n+1):
04         b = int(i)*b
05     return b
06 b = fun3(7)+fun3(8)+fun3(9)
07 print(b)
```

第1～5行代码创建了函数fun3()，其功能为计算n的阶乘。

第6行代码实现了计算7的阶乘、8的阶乘和9的阶乘之和，由于前面创建了实现阶乘功能的函数fun3()，因此实现连续3次使用阶乘功能只需要调用该函数即可，不需要重复编写阶乘功能的代码块。

代码执行结果：

```
408240
```

示例代码（计算每个学生的平均成绩）：

```
01 def fun5(name,math,computer):
02     average = (math+computer)/2
03     print(name,':\t数学成绩:',math,'\t计算机成绩:',computer,'\t平均成绩:',average)
04 fun5('张三',90,89)
05 fun5('李四',98,84)
06 fun5('王五',91,80)
```

第1～3行代码为定义函数fun5()，其中参数name、math、computer分别用于接收学生的姓名、数学成绩、计算机成绩。第2行代码用于计算数学成绩和计算机成绩的平均分。第3行代码用于输出当前学生的成绩信息。

第4～6行代码分别调用了函数fun5()，并传递了3名学生的信息。

代码执行结果：

```
张三:    数学成绩: 90    计算机成绩: 89    平均成绩: 89.5
李四:    数学成绩: 98    计算机成绩: 84    平均成绩: 91.0
王五:    数学成绩: 91    计算机成绩: 80    平均成绩: 85.5
```

仅使用1行简单的调用函数即可实现输出一名学生的信息，不仅能提高代码的编写效率，还能降低代码编写过程中的出错率。

5.1.5 return 返回值

本小节主要介绍定义函数中return语句的功能，return语句用于将函数中的数据返回给调用函数。以下是return语句的4种使用方式，即定义函数中带return语句、不带return语句、带return语句且返回多个值及return语句位于非末尾行且返回多个值。

第1种，定义函数中带return语句。return是Python中的保留字，其功能是返回数据到调用函数。

示例代码：

```
01 def fun2():
02     ls = ['张三','李四']
03     a = len(ls)
04     return a
05 print(fun2())
```

第1～4行代码创建了函数fun2()，且无须接收参数。其中第2行代码创建了一个列表ls。第3行代码计算列表ls的长度，并将长度赋值给变量a。第4行代码使用return语句将a的值返回给调用函数，如果没有调用函数，而是直接使用fun2()定义函数，程序将不会执行fun2()的代码，也不会执行return语句。

该代码的执行顺序如图5-7所示。

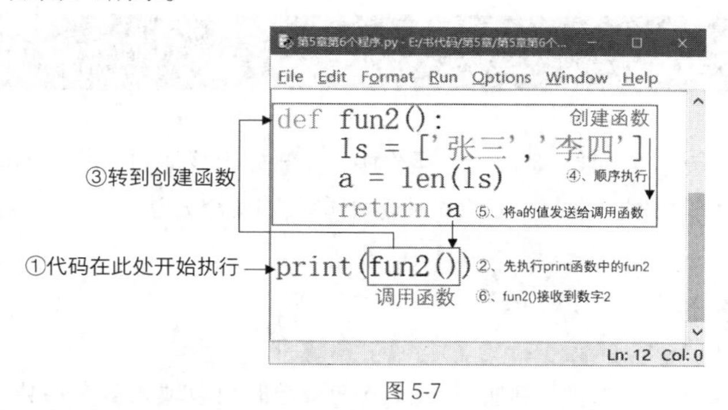

图 5-7

整个代码程序在开始执行后遇到def语句会自动跳过，即直接执行第5行代码，如图5-7所示的①处。

第5行代码是一个print()语句，要先计算出print(fun2())的参数，即调用函数fun2()，如图5-7所示的②处。

调用fun2()函数后，此时程序转到创建函数处，即开始执行第1行代码，如图5-7所示的③处。

由于函数无须接收参数，因此继续按顺序执行fun2()函数的代码块，如图5-7所示的④处。

当程序执行到第4行代码时会将a的值传递到调用函数处，如图5-7所示的⑤处。

调用函数fun2()处接收到数值2，此时调用函数fun2()全部执行结束。接着print()函数接收到数字2，即输出2，如图5-7所示的⑥处。至此，整个代码程序执行结束。

第2种，定义函数中不带return语句。当定义函数的代码块全部执行完毕后，调用函数的代码将默认接收到一个空值，即None。

例如图5-8所示的代码，其中定义函数fun1()不带return语句，执行调用函数后返回的内容为None，表示返回值为空。None前面的0123456789则是由print()语句输出的。

第3种，定义函数中带return语句且返回多个值。一般是以元组的形式返回所有的值。

例如图5-9所示的代码，其中return语句返回了变量a和b的值，调用函数在接收到返回的信息后，会以元组的形式将a和b作为元组的元素，因此运行代码后的输出结果为(2, '李四')。

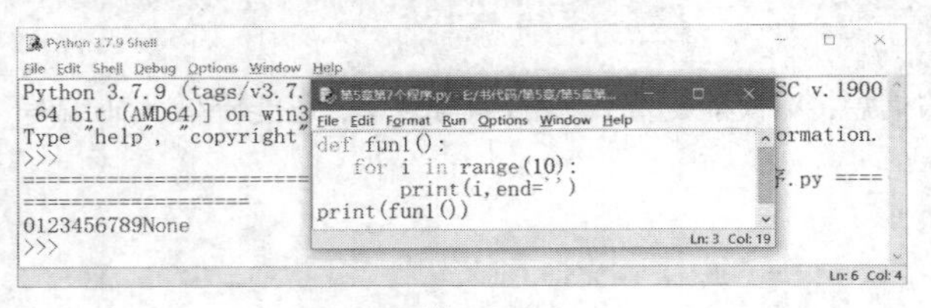

图 5-8

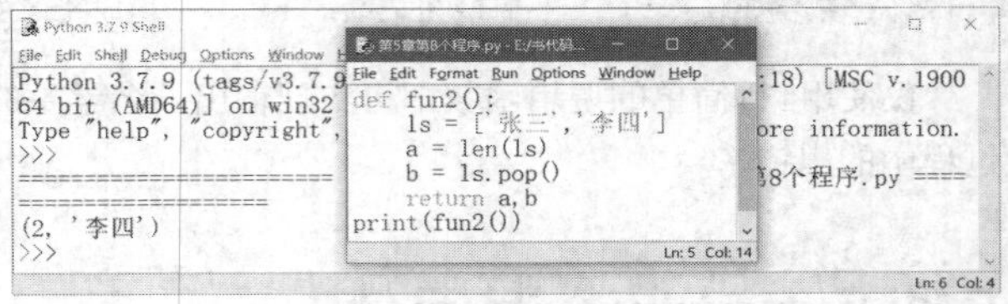

图 5-9

第4种，定义函数中return语句位于非末尾行且返回多个值。定义函数中的return语句可位于代码块的任意位置，且定义函数中可存在多个return语句。

例如图5-10所示的代码，定义函数fun2()中存在两个return语句，当if条件满足则通过return语句返回b的值，当if条件不满足则通过return语句返回a和b的值。

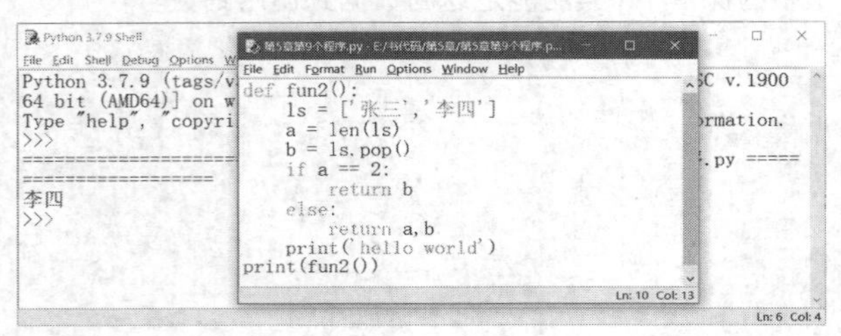

图 5-10

注意

return语句返回调用函数时表示函数已经执行结束，将不会继续执行return后面的语句，例如该代码中倒数第2行的print()语句并未输出内容。

5.2 函数的参数

5.1节中涉及的部分函数没有传递参数，但在实际操作中，大部分函数都需要根据不同的参数计算出不同的结果，从而让函数能更灵活地处理数据。本节开始介绍函数中参数的使用方法。

5.2.1 形参和实参

创建函数时可以设置函数接收多个参数，例如调用print()函数时可以填入多个参数。定义函数中的参数被称为形参（形式参数），调用函数时填入的参数被称为实参（实际参数）。形参和实参的使用形式如下：

```
def 函数名(形参1,形参2,...):
    代码块
    return 返回值
函数名(实参1,实参2,...)
```

在使用形参和实参前，需要了解其使用形式的相关描述，具体有以下5点。

第1点，形参使用变量名来接收实参传递过来的信息，因此形参1、形参2都为变量名。

第2点，在创建函数时，需要确定函数需要处理的数据有哪些，从而确保形参的个数。

第3点，当函数需要接收多个形参时，形参之间要使用逗号隔开。

第4点，调用函数中的实参为实际数据，且实参的个数要和形参的个数相同。

第5点，调用函数时会按照顺序依次将所有实参的数据复制给形参。

示例代码：

```
01 def fun3(n):
02     b = 1
03     for i in range(1,n+1):
04         b = int(i)*b
05     return b
06 a = input("请输入一个数字:")
07 print(a,'的阶乘:',fun3(int(a)))
```

第1～5行代码创建了一个名为fun3的函数，其功能为计算形参n的阶乘。

代码程序在开始运行时遇到了def语句，因此跳转到第6行代码开始执行，等待用户输入一个数字。当用户输入数字并按Enter键后，该数字将存储于变量a中。

代码程序继续执行第7行代码，计算求出print()语句中各个参数的值，第1个和第2个参数值是已知的，因此开始执行第3个参数，即调用函数fun3(int(a))，此时程序转向第1行代码开始执行。由于定义函数的形参中有一个变量n，因此需要接收一个数据，即将int(a)的值传递（此处的传递是将int(a)的结果复制给变量n，而不是直接赋值给变量n）给形参的变量n，使得变量n的值为整数类型的a（如下执行结果为数字5）。接下来程序开始执行定义函数中的代码块，计算出最终的结果变量b的值，即n的阶乘，并通过return语句将b的值返回调用函数处，即fun3(int(a))执行后的结果为int(a)的阶乘。

代码执行结果（输入数字5）：

```
请输入一个数字:5
5 的阶乘: 120
```

5.2.2 默认参数

在通常情况下，定义函数中的某些参数会填入相同的数据，这时可以给参数设置默认参数，即提前给参数设置一个数据。设置默认参数的使用形式如下：

```
def 函数名(形参1, 形参2=数据2):
    代码块
    return 语句
```

在给定义函数设置默认参数前，需要了解其使用形式的相关描述，具体有以下3点。

第1点，在定义函数的形参中，“形参2=数据2”表示将数据2（数据2为具体的一个数据值）赋值给形参2，形参2也被称为默认参数。

第2点，默认参数的功能是当调用函数没有填入实参2的数据时，形参2默认填入数据2的值。在每次调用函数时，如果填入的形参数据值都是固定的，可以将此形参设置为默认参数，而相应实参则不用再填入数据值。

第3点，当调用函数传递了实参2的数据值时，实参2的数据值将覆盖数据2的值。

示例代码：

```
01 def circle_s(r, pi=3.14):
02     return r*r*pi
03 a = circle_s(3)
04 b = circle_s(5)
05 print(a+b)
```

第1、2行代码创建了一个名为circle_s的函数，其功能为计算圆的面积。根据圆的面积公式可知，该定义函数需要两个参数，分别是圆的半径r和π的大小。π的值通常为3.14，因此参数2中pi（在编程语言中，π不能作为变量名，因此使用同音的pi替代π）默认为3.14。

由于默认pi的值为3.14，因此在调用函数时无须再填入此参数。程序会首先从第3行代码开始执行，circle_s(3)传递实参值3并将其复制给形参r，由于实参只有一个参数，默认复制给形参中的变量r，因此执行r*r*pi等效于执行3*3*3.14，运算结果将返回给变量a。

接下来程序开始执行第4行代码，即将circle_s(5)的实参5复制给形参r，参数pi默认为3.14，执行代码后返回5*5*3.14的结果给变量b。第5行代码输出两个圆的面积之和，输出结果为106.76。

在考虑π的精度时，如果需要提高计算精度，此时可以传递第2个参数以覆盖原来的默认参数值。例如调用函数circle_s(6,3.1415926)，此时pi的值被覆盖为3.1415926，而不再是3.14。

注意

当形参中有默认参数和必填参数时，需要先写必填参数，再写默认参数。其中必填参数指调用函数中必须要填入的参数，例如在以上代码中，形参r是必填参数，因此不能将形参r的位置和pi的位置互换，否则会引发语法错误。因为在调用函数时，程序会按顺序依次将填入的实参与形参进行匹配。

示例代码：

```
def fun4(a,b,c,d=10):
    代码块
```

该代码中一共包含4个形参，其中a、b、c是必填参数，d是默认参数，因此在调用函数时，fun4(2,4,7)表示将数字按顺序依次复制给形参，即将2复制给变量a、将4复制给变量b、将7复制给变量c、d默认为10。调用函数不能写为fun4(2,4)，因为必填参数有3个，在调用函数时至少需要填入3个数据。

注意

实参在传递数据时也可以使用指定形参名称的方式传递数据。

示例代码：

```
01 def circle_s(r, pi=3.14):
02     return r*r*pi
03 a = circle_s(pi=3.14159,r=3)
04 print(a)
```

第3行代码在调用函数时，实参直接使用了形参中的变量名，且传递的顺序与形参的顺序不同，而形参在接收参数时，会根据实参的变量名来进行匹配。

5.2.3 可变参数

当不确定函数中需要接收的参数个数时，可以使用可变参数。在形参前加入一个*即可将其转换为可变参数。其使用形式如下：

```
def 函数名(形参1, *形参2):
```

在使用可变参数前，需要了解其使用形式的相关描述，具体有以下3点。

第1点，可变参数的形参使用*开头。

第2点，可变参数必须位于必填参数的右边以保证必填参数先接收到数据，再将剩余的数据传递给可变参数。

第3点，可变参数以元组的形式接收数据。

示例代码：

```
01 def fun3(a,*b):
02     print(b)
03     c = 0
04     for i in b:
05         c += a*i
06     return c
07 print(fun3(3,1,2,3))
```

第1～6行代码为定义函数fun3()，其中包含两个参数a和b，参数b前的*表示此参数为可变参数，可以接收任意多个参数。代码块的内容用于遍历可变参数b的每个值的值，并将a的值分别和可变参数b的每个值相乘并累加。最后使用return返回计算后的结果。

第7行代码调用函数fun3()并按顺序依次传递参数值3、1、2、3，因此形参a接收的值为3。由于b为可变参数，可以接收任意多个参数值，因此1、2、3都传递给了参数b。

代码执行结果：

```
(1, 2, 3)
18
```

5.2.4 关键字参数

可变参数以元组的形式存储接收到的数据，而关键字参数以字典的形式存储接收到的数据。

关键字参数的使用形式如下：

```
def 函数名(形参1, **形参2):
```

在使用关键字参数前，需要了解其使用形式的相关描述，具体有以下4点。

第1点，关键字参数的形参使用**开头。

第2点，关键字参数必须位于必填参数的右边，从而保证必填参数会先接收到数据，再将剩余数据传递给关键字参数。

第3点，关键字参数以字典的形式接收数据。

第4点，传递给关键字参数的数据包含键和值，其中键和值之间使用等号连接。

示例代码：

```
01 def fun4(a,**b):
02     print(a,'课程考试成绩:')
03     print(b)
04 fun4('Python',zhangsan=90,lisi=95)
```

第1～3行代码定义了函数fun4()，其中包含1个必填参数a和1个关键字参数b。第2、3行代码分别输出参数a和b的值。第4行代码调用函数fun4()，并且按顺序将填入的数据'Python'复制给a，将zhangsan=90和lisi=95以字典的形式复制给b。

代码执行结果：

```
Python 课程考试成绩:
{'zhangsan': 90, 'lisi': 95}
```

5.3 函数的变量作用范围

根据以前对变量的认识，当变量被赋值后，在后续的代码中都可使用该变量，但在函数内部不能随意使用主代码程序中的变量。根据变量的作用范围可以将变量分为全局变量和局部变量。全局变量指变量在整个代码文件内都可以被使用，局部变量指变量只能在局部范围内被使用。函数中的形参变量和函数内部代码块中的变量都是局部变量。

示例代码：

```
01 def fun5(a,b,c=10):
02     d = a*a+b*b+c*c
03     return d
04 fun5(1,2,3)
05 print(a)
```

第1～3行代码创建了一个函数fun5()，在fun5()中有形参变量a、b、c，但a、b、c都只能在fun5()函数内部使用，因此在执行第5行代码print(a)时会出现异常错误，因为在fun5()函数外部的代码中并没有对变量a进行赋值，即没有定义变量a。

代码执行结果：

```
NameError: name 'a' is not defined
```

注意

定义函数fun5()中创建了一个变量d，变量d也属于局部变量，只能在fun5()函数内部使用。

全局变量可以在整个代码文件范围内被使用，函数内部代码也可以使用外部定义的全局变量。

示例代码：

```
01 def fun5(a,b,c=10):
02     d = a*a+b*b+c*c+e
03     return d
04 e = 100
05 print(fun5(1,2,3))
```

第4行代码将变量e赋值为100，fun5()函数内的第2行代码使用了变量e，这里的e使用的是第4行代码中的变量e。

代码执行结果：

```
114
```

5.3.1 函数中使用全局变量存在的问题

当在函数中使用全局变量且对全局变量进行了赋值时，将会重新在函数内部创建一个新的局部变量，而不是直接使用全局变量。

示例代码：

```
01 def fun7(b):
02     print('a+b的值：',a+b)
03     print('a+b的值：',a+b)
04 a = 3
05 fun7(13)
06 print('a的值：',a)
```

定义函数中的变量a并不是函数内部的变量，因为函数的外部代码对变量a进行了赋值，a属于全局变量，所以函数可以直接使用全局变量a。

代码执行结果：

```
a+b的值：16
a+b的值：16
a的值：3
```

示例代码（在函数内部对a进行新的赋值）：

```
01 def fun7(b):
02     print('a+b的值:',a+b)
03     a = 2
04     print('a+b的值:',a+b)
05 a = 3
06 fun7(13)
07 print('a的值:',a)
```

该代码在上一示例代码的基础上增加了第3行代码，即在定义函数中将变量a重新赋值为2。

代码执行结果：

```
Traceback (most recent call last):
  File "E:/书代码/第5章第1个程序.py", line 114, in <module>
    fun7(13)
  File "E:/书代码/第5章第1个程序.py", line 109, in fun7
    print('a+b的值:',a+b)
UnboundLocalError: local variable 'a' referenced before assignment
```

结果中的报错信息提示在函数中局部变量a没有分配值，这是因为在函数中对a重新赋值时，系统默认在函数中创建了一个局部变量a，a的值为2。因为第2行代码中并没有a的任何赋值信息，也不会使用到全局变量的值，所以执行代码后出现了错误。

示例代码：

```
01 def fun7(b):
02     a = 2
03     print('a+b的值:',a+b)
04 a = 3
05 fun7(13)
06 print('a的值:',a)
```

代码执行结果：

```
a+b的值：15
a的值：3
```

在函数fun7()中输出的信息显示a的值为2，但第6行代码输出的a的值为3，这表明了函数内部的变量a和函数外部的变量a并不是同一个变量，只是名称相同。类似于一年级3班有学生的名字为李强，一年级5班也有学生的名字为李强，但他们并不是同一个人。

5.3.2 global 声明全局变量

如果需要在函数外部和函数内部都使用同一个变量（不会因为在函数内部而被重新赋值），可以在函数中使用global关键字对变量进行声明。

示例代码：

```
01 def fun7(b):
02     global a
03     print('a的值：', a)
04     a = 2
05     print('a+b的值：',a+b)
06 a = 3
07 fun7(13)
08 print('a的值：',a)
```

第2行代码使用关键字global对变量a进行了声明，表示在函数中使用全局变量a，且两者为同一个数据，占用同一个内存空间（该代码的其他部分与5.3.1小节的示例代码相似）。

代码执行结果：

```
a的值：3
a+b的值：15
a的值：2
```

在该结果中，第1行为第3行代码输出的内容，表明a的值为全局变量a的值。而第4行代码对a进行了重新赋值，因此输出结果中的第2行内容表明a的值已经变为2。输出结果中的第3行内容为第8行代码执行后的结果，表明函数内部对a的修改影响到了函数外部的a，也证明了函数内部和函数外部的变量a为同一个变量。

5.3.3 * 变量为可变数据

在Python中根据是否会改变内存空间可将数据分为可变数据和不可变数据，其中可变数据是指数据变化后不会改变内存空间。在Python中任何一个变量在运行过程中都会在内存中开辟一个空间来存储变量对应的数据值，读者可以通过id()函数获取当前变量的数据值所在的内存空间编号。

示例代码（查询变量的内存空间编号）：

```
01 a = 4
02 b = [2,3]
03 print(id(a),id(b))
04 a = 5
05 b.append(5)
06 print(id(a),id(b))
```

第1、2行代码分别创建了整数数据类型的变量a和列表数据类型的变量b。

第3行代码使用id()函数获取变量a和b的内存空间编号，并通过print()语句输出。

第4、5行代码分别将变量a重新赋值为5，对变量b添加一个元素5。

第6行代码再次使用id()函数获取变量a和b的内存空间编号，并通过print()语句输出。

代码执行结果：

```
140736230030496 2506345107976
140736230030528 2506345107976
```

读者执行后的数据结果可能与以上结果不同，因为每台计算机分配给变量的内存空间都是随机的，所以内存空间编号也会各不相同，甚至每次执行后的结果都会各不相同。通过上面的输出结果可以看出在经过第4、5行代码对变量的值进行改变后，只有变量a的内存空间编号改变了，而变量b的内存空间编号依旧是2506345107976。说明了变量b在通过方法（例如append()、pop()方法）修改值后，其内存空间始终保持不变。但是当直接对变量进行赋值时，其内存空间会被改变。

示例代码：

```
01 a = 4
02 b = [2,3]
03 print(id(a),id(b))
04 a = 5
05 b = [2,3,5]
06 print(id(a),id(b))
```

第5行代码重新对列表b进行了赋值，使得b的内存空间被改变。

代码执行结果：

```
140736606731424 2771030462984
140736606731456 2771030463496
```

综上所述，对于一个可变数据，当使用方法（例如append()、remove()等方法）来修改数据时不会改变其内存空间，当对数据进行新的赋值时会改变其内存空间。

5.3.4 函数中的可变数据

当可变数据为全局变量时，在函数中对可变数据进行修改会改变全局变量。

示例代码：

```
01 def fun10():
02     a.reverse()
03     print(a)
04 a = [2,3,4]
05 fun10()
06 print(a)
```

第1～3行代码为函数fun10()的定义，由于函数中没有global声明，也没有用于改变变量a内存空间的代码，因此默认使用全局变量a。代码中的a.reverse()用于将列表进行翻转。

代码执行结果：

```
[4, 3, 2]
[4, 3, 2]
```

该结果表明函数内部输出的a和函数外部输出的a是相同的，即它们实际上是同一个变量。

示例代码（在代码中多次调用具有可变数据的函数）：

```
01 def func():
02     ls.append(1)
03     return ls
04 ls = []
05 a = func()
06 b = func()
07 print(a,b)
```

代码执行结果：

```
[1, 1] [1, 1]
```

由于代码中调用了两次func()函数，但变量a和b获取的都是ls中的内容（即同一个内存空间的内容），因此最终输出的结果不是`[1] [1,1]`。

5.4 导入其他模块中的函数

当开发一个具有多个功能的项目，且项目由多人协同开发时，往往需要在不同代码文件中实现不同的函数，最终再将代码文件组合为一个完整的项目程序。但如果不同函数的代码不在同一个文件内，将无法直接调用其他文件中的函数，例如在a.py文件中有函数fun6()，那么如何在b.py文件中调用函数fun6()呢？本节以图5-11所示的fun6()函数和图5-12所示的函数fun6()的调用为例，分别介绍4种在b.py文件中使用fun6()函数的方法。

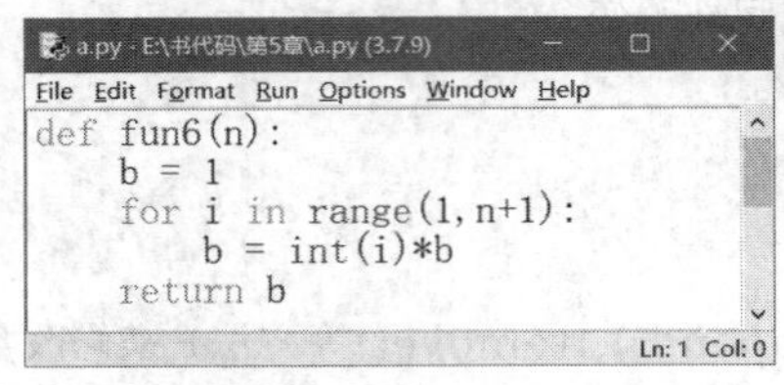

图 5-11

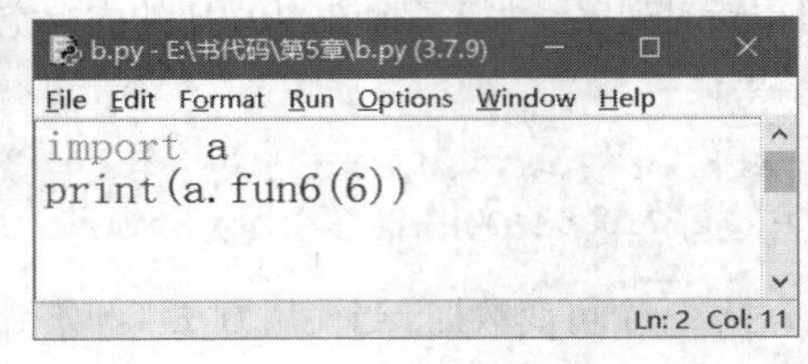

图 5-12

5.4.1 导入文件模块

import是Python中的保留字，其功能是导入当前文件夹内的文件模块（保留字import的更多功能将会在第8章介绍）。其使用形式如下：

```
import 文件名
```

导入文件模块的代码往往需要写在主代码程序的开头，方便开发者能快速了解主代码程序使用了哪些文件模块。调用文件模块中的函数的使用形式如下：

```
文件名.函数名(参数)
```

图5-11所示的a.py文件和图5-12所示的b.py文件都在笔者计算机磁盘的“E:\书代码”文件夹中，在b.py文件中导入a.py文件时不需要文件扩展名，只需要使用`import a`即可，表明将同文件夹下的a.py文件内容导入`import a`处。当执行b.py文件时，首先第1行代码会与a.py文件建立联系，将a.py文件的内容复制到当前代码文件中。但在后续使用a.py文件中的函数时，需要加上文件名，即使用`a.fun6()`的形式。第2行代码调用a.py文件中的函数fun6()，并传递实参6，此时会执行fun6()函数的代码块。执行后通过return将b的结果返回print()函数并作为参数输出结果。执行b.py代码文件后的结果如图5-13所示。

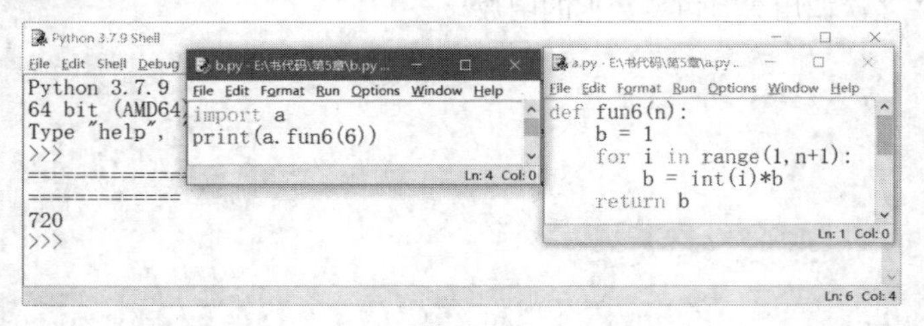

图 5-13

当需要导入多个文件模块时，可以使用逗号分隔的方式。例如同时导入a、b、c这3个模块，代码如下：

```
import a ,b ,c
```

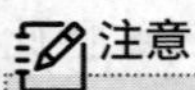
注意

导入模板是指直接将整个模板文件复制到需要导入的代码文件中。

例如图5-14所示，在执行b.py文件时，第1行代码将导入a.py文件中的所有内容，即将a.py文件中的所有代码复制到b.py文件的第1行代码处，因此需要执行a.py文件中的所有代码。此时定义函数的代码不会被执行（只有调用该函数时才会被执行），程序开始执行代码`print('hello world')`，因此输出的第1行内容为hello world。程序接着执行b.py文件中的第2行代码，输出结果与图5-13所示的代码输出结果一致，为720。

因此用import导入的模块代码都会被执行一次。若模块中只有函数的定义，函数将不会被执行。若模块中还有其他代码（非函数的定义），程序将按顺序执行。

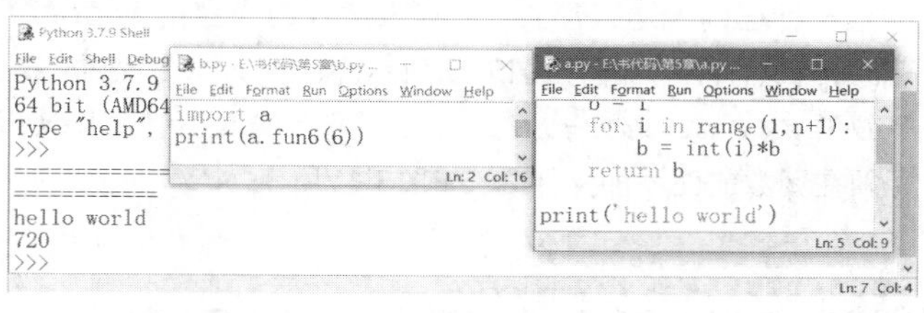

图 5-14

5.4.2 导入文件中的指定函数

在导入文件模块时，会将整个模块的全部代码（包含全部函数或非函数代码）复制到当前文件。但当文件中存在多个函数，而只需要使用其中的某个函数时，可以使用from（from是Python中的保留字）和import组合的方式导入文件中的指定函数。其使用形式如下：

```
from 文件名 import 函数名
```

调用函数的使用形式如下：

```
函数名(参数)
```

例如图5-15所示的a1.py文件中包含3个函数，每个函数实现的功能各不相同。当需要在图5-16所示的b1.py文件中调用a1.py文件中的fun6()函数时，第1行代码使用from和import组合的方式从a1.py文件中导入fun6()函数，第2行代码直接使用fun6()函数。

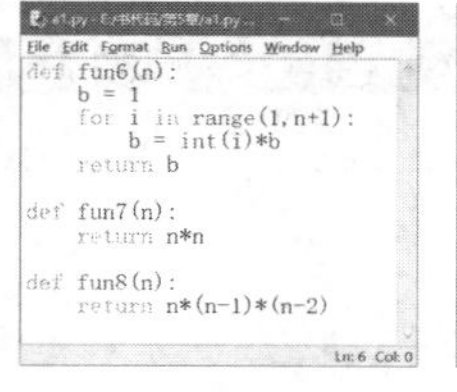

图 5-15

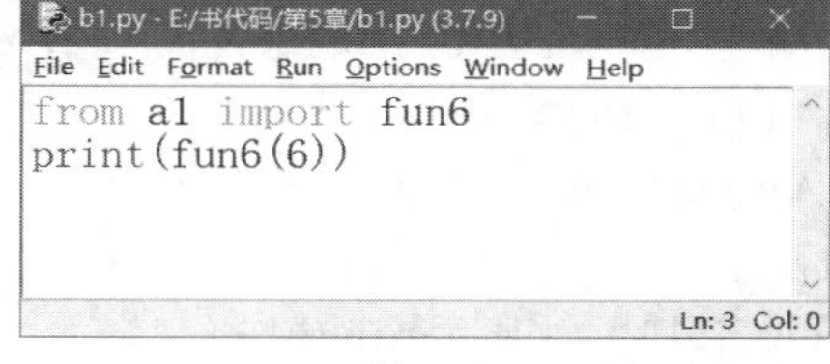

图 5-16

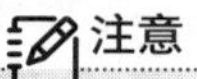注意

由于第1行代码直接导入函数，而不是导入整个文件，因此在调用函数时无须添加文件名。

当需要导入文件中的多个函数时，可以使用逗号分隔的方式。例如从a1.py文件中导入fun6()函数和fun8()函数，代码如下：

```
from a import fun6 , fun8
```

from和import组合方法的优点：当a1.py文件中存在多个函数且文件较大时，使用`import a`会将整个a1.py文件的内容复制到当前b1.py文件中，这会占用大量内存空间，使得程序运行速度降低。而使用from和import组合的方法则可以提高运行速度，节省内存空间。

from和import组合方法的缺点：当需要调用a1.py文件中的多个函数时，需要多次导入，编写较为麻烦。

5.4.3 导入文件中的全部函数

当需要导入文件中的全部函数时，可以使用保留字from并结合*。其使用形式如下：

```
from 文件名 import *
```

调用函数的使用形式如下：

```
函数名(参数)
```

这与第2种方法的区别在于用*替代文件中的全部函数名(*是一种正则表达式形式，正则表达式的内容详见第8章)。若a1.py文件中的代码如图5-15所示，则`from a1 import *`等效于`from a1 import fun6, fun7, fun8`，且调用函数时无须在函数前面添加文件名，如图5-17所示。

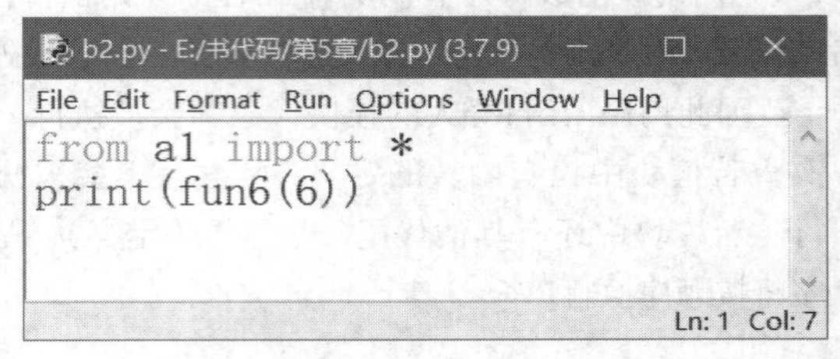

图 5-17

5.4.4 给导入的函数设置别名

当调用的模块或函数的名称比较长时，可以给模块或函数设置一个简化的别名，需要结合着from、import和as来实现，具体的使用形式如下，即分别给文件中的函数设置一个简化的别名，给文件模块设置一个简化的别名。

```
from 文件名 import 函数名 as 新的函数名
import 文件名 as 新模块名
```

调用函数的使用形式如下：

```
新的函数名(参数)
新模块名.函数名
```

例如图5-18所示的代码，在导入a.py代码文件中的fun6()函数时，给fun6()函数设置了一个别名f6，在后续代码中可以直接使用f6()来替代fun6()。图5-19所示的代码在导入a.py模块时，给a.py模块设置了一个别名t，在后续代码中可以直接使用t来表示a.py模块。

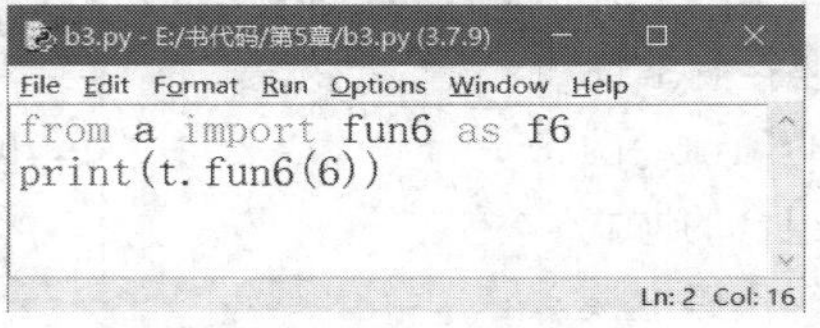

图 5-18

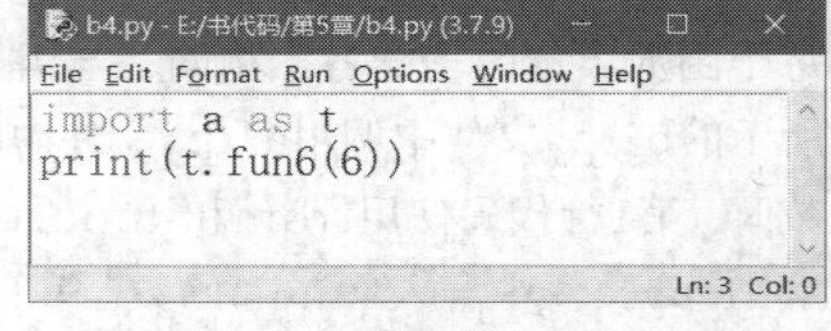

图 5-19

5.4.5 *__name__ 属性

Python中的__name__属性用于获取当前文件的名称。如果__name__位于主文件（将要执行的文件）中，则执行__name__时返回的值为“__main__”。如果__name__位于次文件（导入的文件）中，则执行__name__时返回的值为导入的文件名。

例如执行图5-20所示的b5.py代码文件，由于b5.py文件是主文件，即将要执行的主代码程序，因此第3行代码输出__name__的值为“__main__”。

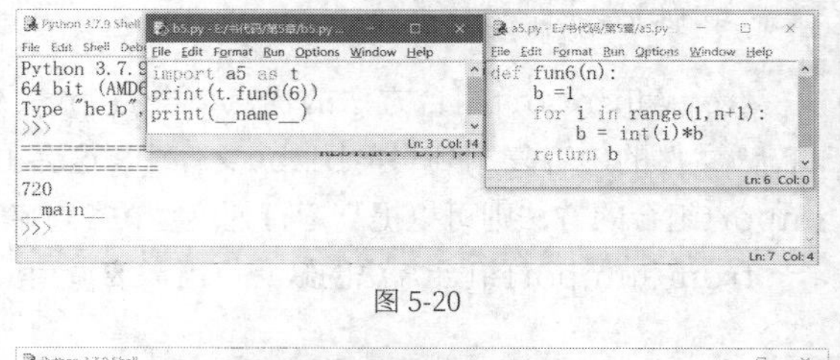

图 5-20

假如主文件仍然是b5.py，次文件仍然是a5.py，且a.py文件中的函数fun6()存在语句print(__name__)，如图5-21所示。在执行b5.py文件时，第1行代码导入a5.py文件。第2行代码执行fun6()函数，首先会执行fun6()中的print(__name__)语句，输出结果为a5(忽略文件扩展名)，表示当前执行的是次文件a5.py。接着执行fun6()函数代码块并返回和输出计算结果720。第3行代码用于获取当前主文件的名称，因此输出结果为“__main__”。

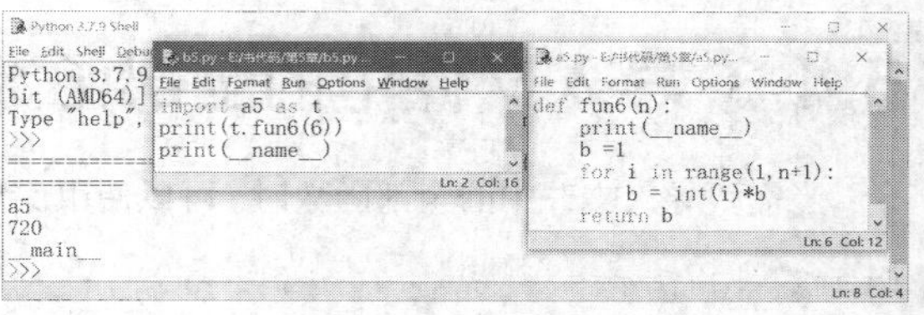

图 5-21

在实际项目中往往会利用if来判断当前文件是否为主文件，例如图5-22所示的代码，当直接执行a6.py文件（即a6.py为主文件）时，由于代码开头为定义函数，因此程序将从if处开始执行，而当前文件为主文件，因此if条件判断为真，程序继续执行if包含的代码块。此时开始调用函数fun6()，fun6()函数代码块的第1行输出当前__name__的属性值。代码执行完毕后输出5的阶乘值，输出结果如图5-22所示。

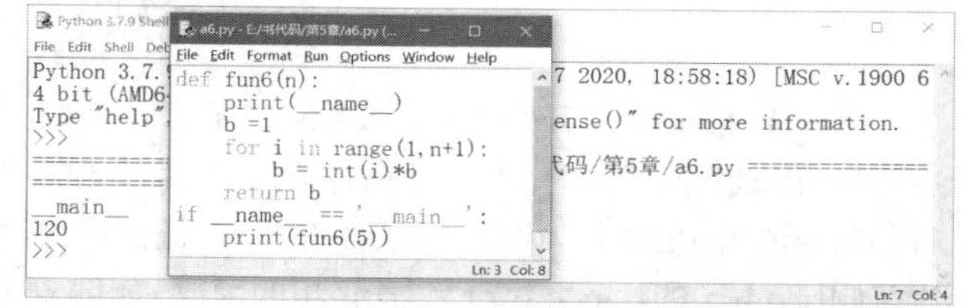

图 5-22

如图5-23所示，执行b6.py文件中的代码，此时主文件为b6.py，因此执行第1行代码，即导入a6.py文件时，会执行a6.py文件中的所有代码。但由于a6.py文件是次文件，__name__属性的值为a6，if条件判断不满足，因此程序并不会执行if包含的代码块。代码执行完毕后的结果与图5-21所示的Shell界面中的结果一致。

注意

通常开发人员编写函数代码后为了测试函数的功能完整性与可用性，往往需要在当前代码模块中调用函数进行测试，因此为了不干扰主文件代码的执行通常会加入（`if __name__ == '__main__':`）语句。

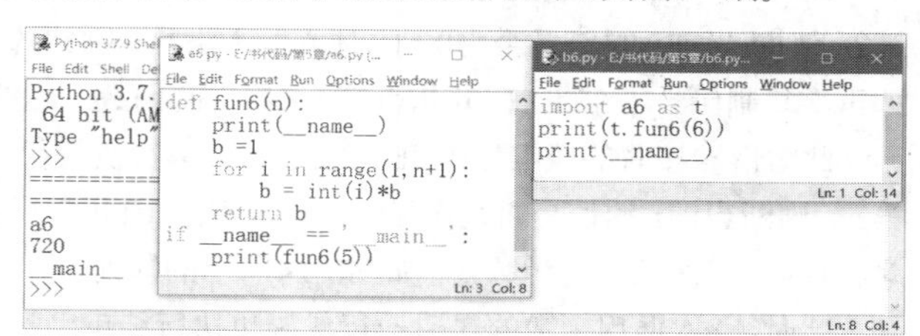

图 5-23

5.5 * 函数递归

函数的高级用法是函数调用函数自己本身，从而实现函数的递归功能。其使用形式如下：

```
def 函数名(参数):
    代码块
    函数名()
```

在使用函数递归前，需要了解其使用形式的相关描述，具体有以下两点。

第1点，定义函数的代码块中存在调用函数，而调用函数与定义函数同名，即调用函数自己本身。

第2点，调用函数本质上是复制一次调用的函数代码并执行代码块的内容。

示例代码（使用函数递归实现循环）：

```
01 def fun4(n):
02     print('n的值:',n)
03     if n == 0:
04         return
05     fun4(n-1)
06 fun4(3)
```

第1～5行代码定义了fun4()函数，其中函数代码块中的fun4(n-1)用于调用函数自己本身，传递的参数值为n-1。

代码执行结果：

```
n的值: 3
n的值: 2
n的值: 1
n的值: 0
```

该代码的执行过程如图5-24所示。

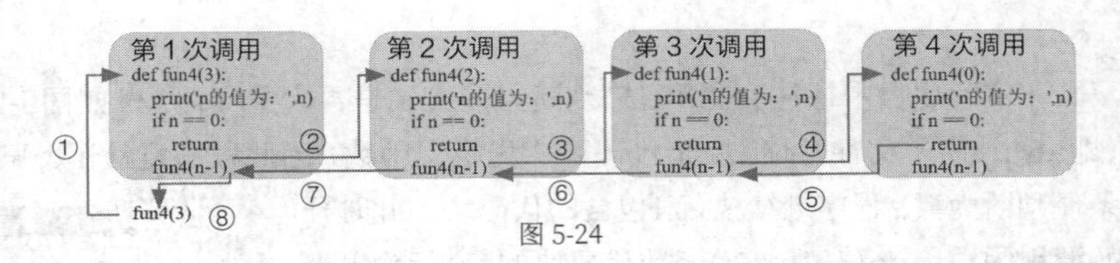

图 5-24

该程序从fun4(3)开始执行，如图5-24所示的①处，由于调用函数本质上是复制一次调用的函数代码，因此将实参3传递给函数形参，并开始执行第1次调用的函数中的代码块，代码块第1行输出"n的值：3"。代码块第2行判断当前n的值是否为0，此时条件不满足，因此执行代码块中的fun4(n-1)，即fun4(2)，再次调用函数，即再次复制fun4(n)的代码并执行第2次调用的函数，如图5-24所示的②处。

此时形参接收的数据为2，即n的值为2，再次执行代码块中的语句，代码块第1行输出"n的值：2"。代码块第2行判断当前n的值是否为0，此时条件不满足，因此执行代码块中的fun4(n-1)，即fun4(1)，再次调用函数，即再次复制fun4(n)的代码并执行第3次调用的函数，如图5-24所示的③处。

此时形参接收的数据为1，即n的值为1，再次执行代码块中的语句，代码块第1行输出"n的值：1"。代码块第2行判断当前n的值是否为0，此时条件不满足，因此执行代码块中的fun4(n-1)，即fun4(0)，再次调用函数，即再次复制fun4(n)的代码并执行第4次调用的函数，如图5-24所示的④处。

此时形参接收的数据为0，即n的值为0，再次执行代码块中的语句，代码块第1行输出"n的值：0"。代码块第2行判断当前n的值是否为0，此时条件满足，因此执行return语句。同时第4次调用的函数全部执行结束，程序将返回第3次调用的函数处，如图5-24所示的⑤处。

此时第3次调用函数的最后一行代码也执行结束，表示第3次调用的全部代码执行结束，接着返回第2次调用的函数处，如图5-24所示的⑥处。

此时第2次调用函数的最后一行代码也执行结束，表示第2次调用的全部代码执行结束，接着返回第1次调用的函数处，如图5-24所示的⑦处。

此时第1次调用函数的最后一行代码也执行结束，表示第1次调用的全部代码执行结束，接着返回最初的调用函数处，如图5-24所示的⑧处。至此，整个函数递归程序全部执行完毕。

函数的递归调用不仅仅可以实现循环的功能，更多的功能详见第9章的项目案例，读者可从中体会函数递归为工作带来的便利性。

5.6 * 匿名函数 lambda

lambda是Python的保留字之一，用于定义一些简单函数，也称为匿名函数。当需要定义的函数功能比较简单时，可以使用lambda保留字来创建函数。在实际使用中有两种情况，分别为将lambda作为函数和将lambda作为函数的参数，具体的用法如下。

第1种情况，将lambda作为函数。其使用形式如下：

```
函数名 = lambda 参数:函数内代码
```

示例代码：

```
fun1 = lambda x,y:y+x
```

该代码等效为以下代码：

```
def fun1(x,y):
    return y+x
```

当调用函数时，例如使用fun1(3,4)，以上两种定义函数的方法效果相同，都实现了求参数的值之和。需要注意的是lambda中的函数内代码默认使用return返回。当函数内需要多行代码时往往不建议使用lambda方式定义函数。

第2种情况，将lambda作为函数的参数。接下来以sorted()函数（其中的参数支持lambda语句）为例来进行介绍。

在介绍lambda作为函数的参数前，先简单介绍一下sorted()函数。其使用形式如下：

```
sorted(iterable, key=None, reverse=False)
```

参数iterable：表示可迭代的数据对象，例如字符串、列表或元组。

参数key：表示比较函数，其值可以为lambda语句。

参数reverse：指明排序顺序，若值为False表示从小到大排序，若值为True表示从大到小排序。

sorted()函数与第4章的sort()方法功能相似，都可以实现数据的排序，区别在于sort()方法只能对列表数据进行排序，而sorted()函数可以对所有可迭代的数据（例如字符串、列表、元组）进行排序。

示例代码：

```
01 a = [3,7,9,4,0,2]
02 b = 'nfweubv'
03 c = sorted(a)
04 d = sorted(a, reverse=True)
05 e = sorted(b)
06 print(c,d,e)
```

第3行代码使用sorted()函数对列表a进行排序，当数据为数值时，默认按从小到大的顺序排序。

第4行代码使用sorted()函数对列表a进行排序，设置参数reverse为True，表明将元素按从大到小的顺序排序。

第5行代码使用sorted()函数对字符串b进行排序，当数据为字符串时，默认使用字符对应的Unicode值按照从小到大的顺序排序（字母的Unicode值按照顺序依次增大，例如字母a的Unicode值小于b的Unicode值，字母b的Unicode值小于c的Unicode值）。

第6行代码分别输出排序后的列表和字符串。

代码执行结果：

```
[0, 2, 3, 4, 7, 9] [9, 7, 4, 3, 2, 0] ['b', 'e', 'f', 'n', 'u', 'v', 'w']
```

示例代码：

```
01 a = [3,7,9,4,0,2]
02 b = sorted(a,key=lambda x: abs(x-5))
03 print(b)
```

第2行代码中sorted()函数的参数key传入了lambda语句，表示先对列表a的元素执行lambda语句，再将执行后的结果进行排序，其中x表示列表a中的每一个元素，此变量名可以更换为任意合法的变量名。abs(x-5)表示计算将每一个元素减去5后的绝对值，计算结果为[2,2,4,1,5,3]。最后再对结果进行排序。

代码执行结果：

```
[4, 3, 7, 2, 9, 0]
```

表明将a列表中的元素按照lambda语句的方式排序后的结果为[4, 3, 7, 2, 9, 0]。

除了sorted()函数外，还有很多函数和方法可以使用lambda语句，例如map()、filter()及set_position()方法（set_position()方法详见19.2.8小节）。在不同的函数或方法中，lambda语句具有不同的含义，读者需要结合具体函数或方法的功能灵活使用lambda语句。

项目案例 实现复用之美

项目描述

某项目部需要实现工程预测，根据已知的第1季度华南、华北、华东地区的销售额预测明年总体销售额，预测销售额为3个地区第1季度销售额的阶乘之和。例如华南地区销售额为2万元，华北地区销售额为2万元，华东地区销售额为3万元，则预测销售额为2！+2！+3！=10万元。

项目任务

要求开发人员设计一个程序，即通过input()获取当前季度的销售额，并实现自动预测销售额。

项目实现代码

```
01 def input_int(n):
02     while True:
03         try:
04             i = int(input(n))
05             break
06         except:
07             print('您输入错误，重试...')
08     return i
09 def fact(n):
10     j = 1
11     for i in range(1,n+1):
12         j = int(i)*j
13     return j
14 a = input_int('请输入第1个整数：')
15 b = input_int('请输入第2个整数：')
16 c = input_int('请输入第3个整数：')
17 d = fact(a)+fact(b)+fact(c)
18 print('预测明年总销售额：',d)
```

该代码中创建了两个函数，分别为input_int()和fact()函数。input_int()函数的功能是让用户输入一个整数（如果数字不是正整数，则会提醒用户输入错误，并要求重新输入），并将输入的字符串类型的整数转换为整数类型的。该代码结合了第3章中的while语句和try+except语句。fact()函数的功能是计算参数的阶乘。

程序从第14行代码开始执行，第14～16行代码分别调用input_int()函数让用户输入一个正确的整数，input_int()函数能大大减少代码的体量，无须再为变量a、b、c分别编写代码。

第17行代码调用fact()函数分别计算变量a、b、c的阶乘，并将其相加之后赋值给变量d，从而获取最终的预测销售额。

本项目实现代码体现了函数的复用的优点，当需要重复利用某个功能来实现一个项目时，可以将该功能编写成函数并在项目代码中调用，从而使代码更简洁且更易于阅读。

总结

本章介绍了函数的本质、创建方法及如何调用函数。Python语言中的内置函数是Python已经编写好的代码块，无须用户创建。调用内置函数的原理和调用用户创建的函数的原理是相同的。

创建函数时函数的命名规则与变量的命名规则是相同的。函数中的形参用于接收调用函数的数据，需要额外注意当存在默认参数时，默认参数需要写在必填参数之后，形参会按照调用函数的顺序依次接收实参，且通过复制的形式将其保存在形参变量中。如果函数需要返回数据，可以通过return语句将函数内部处理的数据返回给调用函数；如果不需要返回数据，则无须使用return语句。当return语句同时返回多个数据时，将以元组的形式返回给调用函数。

当一个程序需要反复使用某个功能时，可以将该功能写成函数，并合理安排形参以增加函数的灵活性和满足不同情况下的需求。当需要使用该功能时，无须再次编写代码，调用该函数并传递实参即可实现相应的功能。

第 6 章

类

第5章中涉及的函数可用于实现特定功能，在学习第4章的组合数据类型时，我们也了解到不同的数据类型都有各自的方法，例如列表类型的append()方法等。而创建这些函数和方法需要用到“类”的知识。

本章将介绍类的相关概念、如何创建类及如何在已知类的基础上开发新方法。本章中带*的内容为选学内容，用于帮助读者扩展知识点。

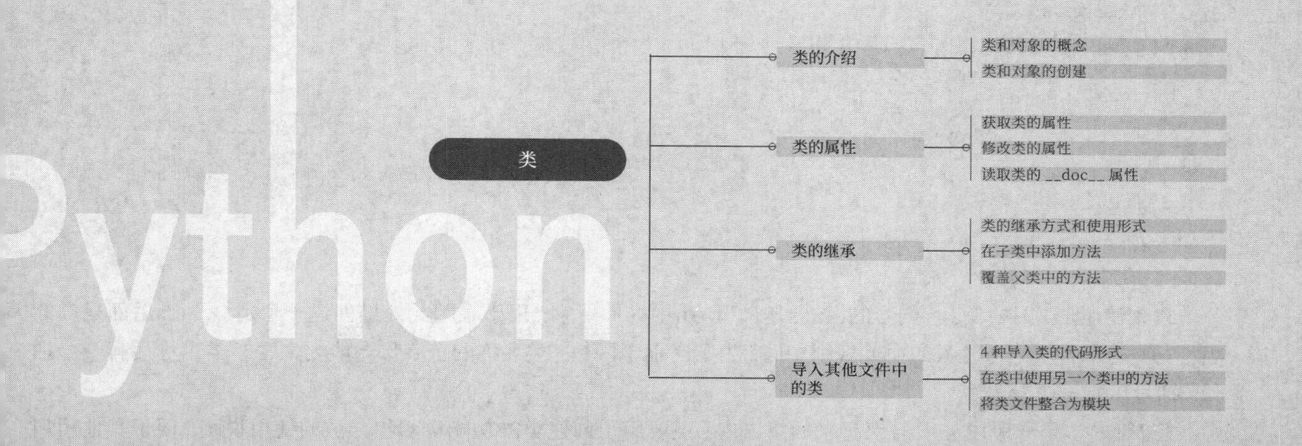

6.1 类的介绍

类是指相同事物的集合。例如整数是一个类，整数包含正整数、负整数和0，归类在一起即整数。又例如字符串也是一个类，所有的字符或字符的组合归类在一起即字符串。整数、字符串、列表、字典等都属于某一类数据。

6.1.1 对象的基本概念

对象是指类中的具体实例。例如整数中的12是整数这一类数据中的一个具体数值对象。又例如字符串'hello world'是字符串这一类数据中的一个具体对象。对字符串'hello world'进行操作即一种面向对象的处理方法，例如`'hello world'.split()`表示对字符串'hello world'对象进行split()方法操作。

前面所提及的类都是Python内部已经创建好的类。而当用户在开发中需要创建一类事物时，例如某公司专门生产"微波炉"，包含多款不同功能、不同外观设计的微波炉。首先这里的"微波炉"是一个类，它不是指特定的一台微波炉，而是指所有不同功能、不同外观设计的微波炉的集合。该公司需要给"微波炉"设计一个程序，并且要以类的形式设计不同的方法（即不同的功能，例如烤面包功能、热菜功能、自动清洁功能等）。若张三购买了该公司的微波炉，那么此微波炉为具体的一个对象。当张三用该微波炉烤面包时，即启动了"微波炉"的烤面包程序，此过程即面向对象编程的实例化过程。

6.1.2 创建类

创建类是指提前为某一类事物创建方法，例如列表这种类中具有append()、copy()、remove()、reverse()等方法。创建类的使用形式如下：

```
class 类的名称():
    ''' 类的说明文档 '''
    def  __init__(self,参数1,参数2,...):
        代码块1
    def 方法名1(参数3,参数4,...):
        代码块2
    def 方法名2(参数5,参数6,...):
        代码块3
        ...
```

在该使用形式中，第1行内容的class是Python中的保留字，用于表明此处是创建一个类，class后面是类的名称，类的命名规则与变量的命名规则相同，为了区别于函数，类名称的首字母一般要大写。类名称后有一个括号，括号后有一个冒号。

第2行内容是一段由三引号引起来的字符串，主要用于创建类的功能说明和方法的使用说明，便于其他用户使用该类。由于此字符串并没有赋值给任何变量，因此此字符串不会有其他的操作，此字符串也可以省略不写。

第3行内容是类中的一个初始化方法，是一个特殊方法，其创建方法与函数的创建方法基本相同，也使用保留字def，但类初始化方法要使用固定的方法名__init__（前后各两个下画线，共4个）来表示，且括号中的第1个形参变量名为self，self表示类自己本身，就好比人类会用"我"这个字表示自己本身。self在形参中须位于第1个。括号后面有一个冒号，表示下面缩进的内容隶属于类初始化方法，代码块1即类初始化方法的具体代码。

第5行内容是创建的类中的方法，例如列表中的append()方法。其创建方法与函数的创建方法相同，都使用保留字def创建，def后面为方法名，形参是使用该方法时所接收的参数。其中代码块2是实现该方法的具体代码。

一个类中可以创建多个方法，因此还可以继续创建方法2、方法3等。

示例代码（创建一个类Microwave）：

```
01 import time
02 class Microwave():
03     '''微波炉类的文档说明'''
04     def __init__(self,name):
05         self.name=name
06         self.time=time.strftime("%Y-%m-%d %H:%M:%S",time.localtime())
07     def print_info(self):
08         print(' 微波炉的名字:',self.name,'\n','购买时间:',self.time)
09     def bread (self,temp=3):
10         self.temp = temp
11         print(" 开始烤面包，时长:",self.temp,'分钟')
12         pass
```

第1行和第6行代码用于获取当前时间，此部分涉及第8章的内容，现阶段读者知道其功能即可。

第2行代码创建了一个名为Microwave的类。

第4行代码使用def保留字创建了类Microwave的初始化方法，并且需要接收一个参数name。

第5、6行代码中的self.name和self.time表示给类Microwave创建名字属性和时间属性（name和time等效为变量名），就好比“人”这一类中的每个“我”都有自己的名字和出生日期信息，这些信息即属于“人”这一类的属性。在Python语言中使用`self.属性名`表示类的属性。第5行代码中微波炉的名字是通过初始化类时的实参传递进来的，第6行代码中微波炉的购买时间是初始化类的那一刻的时间值。

第7行代码创建了一个方法print_info()，用于获取微波炉的属性信息，该方法中的形参为self，其作用为将初始化的self属性信息传递到print_info()方法中，因此在print_info()方法中可以继续使用self属性，这是因为函数内部的变量是局部变量，这里创建的方法的功能和函数的功能类似，如果需要在其他方法中使用self属性，也需要将self属性信息传递进方法中。

第9行代码创建了一个方法bread()，用于模拟微波炉的提醒功能。第12行代码中的pass是一个保留字，用于表明此处还有代码，但暂时没有编写（本小节主要介绍类的知识点，暂时没有编写后续启动微波炉开始烤面包的代码）。

创建好类后，如果类的定义后面没有调用该类的代码，程序将不会执行该类，这与函数的定义和调用原理相同。类本质上是多个具有不同功能的函数的集合，而这些函数是为同一类数据服务的。例如类Microwave中定义的方法本质上也是函数，这些函数都是为微波炉这一类产品提供服务的。例如在列表类型数据中定义的append()、copy()、remove()、reverse()等方法都是为列表类型数据提供服务的。

6.1.3 创建对象

在使用类和类中的方法时，需要通过调用类来创建类的对象。其使用形式如下：

```
对象 = 类名(实参)
```

其中类名要与定义的类名称相同，运行程序时括号中的实参会传递给类中的__init__()初始化方法。对象与用户自定义的变量相同，对象名也需遵守变量名的命名规则（见2.2.1节）。

创建类的对象后，就可以通过对象名使用类中的方法。其使用形式如下：

```
对象.方法名(参数)
```

使用类中的方法前必须要先通过类创建对象，例如图6-1所示的代码。

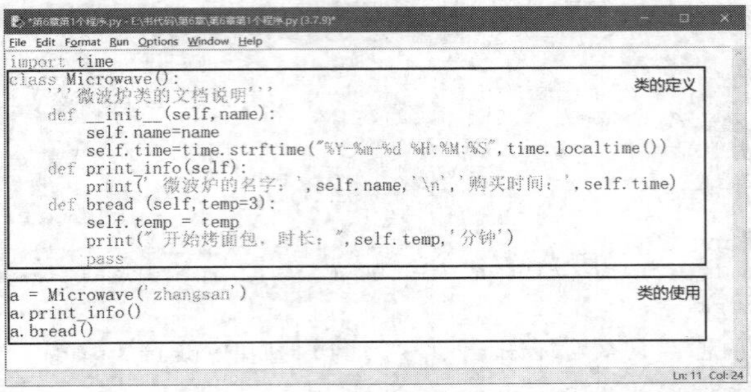

```
import time
class Microwave():
    '''微波炉类的文档说明'''
    def __init__(self,name):
        self.name=name
        self.time=time.strftime("%Y-%m-%d %H:%M:%S",time.localtime())
    def print_info(self):
        print('微波炉的名字：',self.name,'\n','购买时间：',self.time)
    def bread (self,temp=3):
        self.temp = temp
        print("开始烤面包，时长：",self.temp,'分钟')
        pass

a = Microwave('zhangsan')
a.print_info()
a.bread()
```

类的定义

类的使用

图 6-1

在“类的使用”代码部分（图6-1中第2个标注框里的代码），第1行代码使用Microwave('zhangsan')表示创建对象，当代码执行Microwave('zhangsan')时会跳转到“类的定义”（图6-1中第1个标注框里的代码），并自动开始执行类中的__init__()初始化方法，此时实参'zhangsan'将传递给初始化方法中的形参name。然后继续执行__init__()方法包含的代码块，类的属性self.name用于保存形参中的姓名，类的属性self.time用于保存购买时间（获取当前时间）。此时“类的使用”代码部分的第1行代码调用了类Microwave，传递了姓名zhangsan且获取了购买时间，这个过程是类的实例化，即通过类创建了一个对象，且将对象赋值给变量a。此过程类似于列表中的b=['zhangsan']（列表调用类是通过方括号来标识的），即创建了一个列表对象，列表中的内容为zhangsan，并将该列表对象赋值给变量b。

创建了类对象后，接下来就可以使用该类中的所有方法。“类的使用”代码部分的第2行代码中的`a.print_info()`表示对a执行print_info()方法，此时程序将跳转到类的定义中print_info()方法处，并开始执行该方法所包含的代码块。

“类的使用”代码部分的第3行代码`a.bread()`表示对a执行bread()方法，此时程序将跳转到类的定义中bread()方法处，并开始执行该方法所包含的代码块，由于括号中没有传递实参，因此形参temp使用默认数值3（与函数的参数传递原理相同）。

代码执行结果：

```
微波炉的名字： zhangsan
购买时间： 2022-11-28 15:12:03
开始烤面包，时长： 3 分钟
```

6.2 类的属性

本节主要介绍类的属性、如何使用属性及如何修改属性。

6.2.1 属性的使用

类的属性是指给每个对象赋予的标签信息。当使用类创建了对象后，会通过初始化类的属性使得每个对象都具有自己的属性信息（例如用户的微波炉的购买时间、名称等），类的属性信息可以通过对象获取（例如查看购买的微波炉的信息）。属性的使用形式如下：

```
对象.属性
```

在使用属性前需要先创建一个具体的对象，因为属性是每个具体对象的标签信息。使用属性时无须在最右边加上括号，只有方法和函数需要加上括号。

示例代码：

```
01 a = Microwave('zhangsan')
02 print(a.name,a.time)
03 print(a.temp)
```

第1行代码使用类Microwave创建对象a，此时对象a会具有执行初始化方法__init__()后的属性信息。

第2行代码输出对象a的属性name和time。

第3行代码输出对象a的属性temp，但由于属性temp在类的定义中并不属于__init__()初始化方法，它是在bread()方法中创建的，因此a.temp无法直接获取对象a的属性temp。

代码执行结果如图6-2所示，其中输出的第1行内容为对象a的属性name和time，后面的红色报错信息指出了错误类型为AttributeError（属性错误），并指出类Microwave中并没有属性temp，这是因为使用类创建对象后只会执行__init__()初始化方法，只会获取到初始化方法中的属性信息。

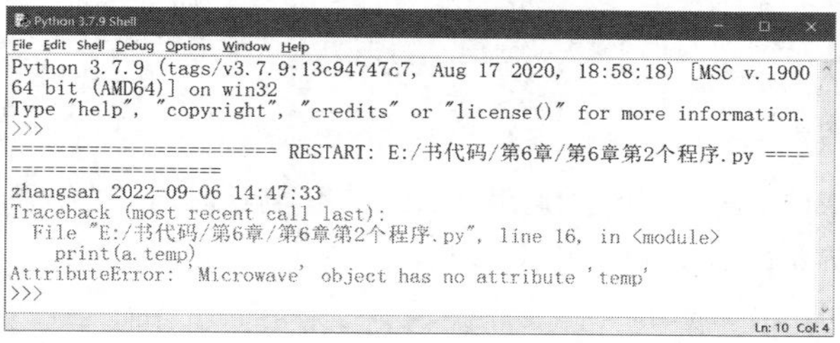

```
Python 3.7.9 Shell
File Edit Shell Debug Options Window Help
Python 3.7.9 (tags/v3.7.9:13c94747c7, Aug 17 2020, 18:58:18) [MSC v.1900
64 bit (AMD64)] on win32
Type "help", "copyright", "credits" or "license()" for more information.
>>>
======================= RESTART: E:/书代码/第6章/第6章第2个程序.py ====
===================
zhangsan 2022-09-06 14:47:33
Traceback (most recent call last):
  File "E:/书代码/第6章/第6章第2个程序.py", line 16, in <module>
    print(a.temp)
AttributeError: 'Microwave' object has no attribute 'temp'
>>>
Ln: 10 Col: 4
```

图 6-2

如果需要获取对象a的属性temp，必须要在调用了a.bread()方法之后才能获取。

示例代码：

```
01 a = Microwave('zhangsan')
02 a.bread()
03 print(a.temp)
```

代码执行结果：

```
开始烤面包，时长： 3 分钟
3
```

6.2.2 初始化其他方法

在类的定义中，__init__()初始化方法也可以调用类中定义的其他方法。

示例代码：

```
01 import time
02 class Microwave():
03     '''微波炉类的文档说明'''
04     def __init__(self,name):
05         self.name=name
06         self.time=time.strftime("%Y-%m-%d %H:%M:%S",time.localtime())
07         self.bread()
08     def print_info(self):
09         print(' 微波炉的名字:',self.name,'\n','购买时间:',self.time)
10     def bread (self,temp=3):
11         self.temp = temp
12         print(" 开始烤面包，时长:",self.temp,'分钟')
13         pass
```

类Microwave的__init__()初始化方法中的self.bread()表示执行类Microwave中的bread()方法，因此在初始化类的同时也执行了bread()方法，即可获取self.temp属性信息。

注意

类中的任意方法都可以调用类中的其他方法，不仅限于__init__()方法。类中的方法在调用类中的其他方法时的使用形式为self.方法名(参数)，其中self表示调用的方法是类自己的。

示例代码（通过类创建对象并获取属性）：

```
01 a = Microwave('zhangsan')
02 print(a.name,a.time)
03 print(a.temp)
```

由于类定义的__init__()方法中调用了bread()方法，因此第3行代码可以获取a的属性temp。

代码执行结果：

```
开始烤面包，时长：3 分钟
zhangsan 2022-09-06 15:19:00
3
```

输出的第1行内容为初始化方法__init__()调用self.bread()方法时输出的结果。

类中的方法在调用其他方法时也可以直接传递参数。

示例代码（创建一个类Microwave）：

```
01 import time
02 class Microwave():
03     '''微波炉类的文档说明'''
04     def __init__(self,name):
05         self.name=name
06         self.time=time.strftime("%Y-%m-%d %H:%M:%S",time.localtime())
07         self.bread(10)
08     def print_info(self):
09         print(' 微波炉的名字:',self.name,'\n','购买时间:',self.time)
10     def bread (self,temp=3):
11         self.temp = temp
12         print(" 开始烤面包，时长:",self.temp,'分钟')
13         pass
```

第7行代码使用self.bread(10)方法调用了类Microwave中的bread()方法，且传递了参数10。

代码执行结果：

```
开始烤面包，时长：10 分钟
zhangsan 2022-09-06 15:19:00
10
```

6.2.3 属性的修改

属性的值可以通过对象来进行修改。

示例代码：

```
01 a = Microwave('zhangsan')
02 a.name = 'lisi'
03 a.time = '2022年6月7日'
04 print(a.name,a.time)
```

第1行代码使用类Microwave创建了对象a，创建过程中通过初始化方法使得a的属性获得了相应的值。

第2、3行代码直接对属性name和time进行新的赋值，使新值覆盖原来的值，执行代码后输出a的属性值，该属性值与类Microwave定义中的属性值不同。

代码执行结果：

```
lisi 2022年6月7日
```

6.2.4 获取类的文档说明

获取类的文档说明可以使用__doc__属性实现。

示例代码：

```
a = Microwave('zhangsan')
print(a.__doc__)
```

代码执行结果：

```
微波炉类的文档说明
```

一般情况下定义类和使用类的人员不一定相同，而类的文档说明一般会描述类的使用方法，便于开发者和使用人员查阅和使用。用户在开发程序时往往使用官方团队定义的类。例如使用代码操作Excel文件，是因为openpyxl官方团队人员创建了用于操作Excel文件的类，该类中包含大量操作Excel文件的方法。用户在使用代码操作Excel文件时只需要利用openpyxl库中相应的类和方法即可，无须用户再创建类。

请读者一定要区分类的定义和类的使用，在后面的项目开发讲解中涉及最多的是类的使用。本章中讲解类的定义的知识是为了便于读者看懂官方团队创建的类，从而快速学会如何使用类。

6.3 类的继承

当创建好一个类，例如6.1.2小节中创建的类Microwave后，如果需要在类Microwave的基础上添加“增加”或“修改”功能且继续保留原来的类Microwave（不改变原来的基础类），可以使用继承的方式。继承是指在原类的基础上创建一个新类，而新类会自动获取原类中的所有属性和方法。原类称为父类，新类称为子类。

6.3.1 类的继承方式

在创建新类时，class后面的括号用于继承父类且不接收参数。新类（子类）继承父类的使用形式如下：

```
class 子类名(父类名):
    def __init__(self,子参数):
        super().__init__(父参数)
        代码块
    def 方法1()...
```

使用继承方式创建新类的形式，与直接创建新类的形式有以下两点区别。

第1点，新类中子类名后面的括号中需要写入父类名，表明该新类继承自哪个父类，且父类的代码必须要写在子类的前面，否则程序将无法找到对应的父类进行继承。

第2点，在新类初始化方法中，代码块的首行需要加入`super().__init__(父参数)`，用于表明将父类中的属性和方法与新类关联起来，且父参数是父类初始化时的形参。新类初始化方法中的子参数也需要包含父类的父参数。

若将6.1.2小节创建的类Microwave作为父类，并在父类的基础上增加一个属性，例如图6-3所示的代码表示显示启动微波炉时的灯光强度。

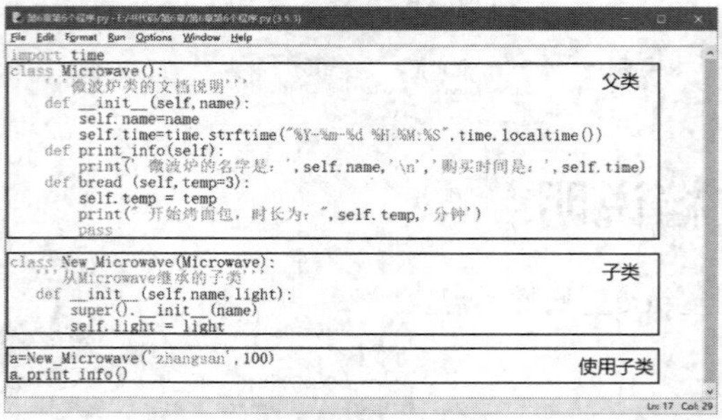

```
import time
class Microwave():
    '''微波炉类的文档说明'''
    def __init__(self,name):
        self.name=name
        self.time=time.strftime("%Y-%m-%d %H:%M:%S",time.localtime())
    def print_info(self):
        print('微波炉的名字是：',self.name,'\n','购买时间是：',self.time)
    def bread (self,temp=3):
        self.temp = temp
        print("开始烤面包，时长为：",self.temp,'分钟')
        pass

class New_Microwave(Microwave):
    '''从Microwave继承的子类'''
    def __init__(self,name,light):
        super().__init__(name)
        self.light = light

a=New_Microwave('zhangsan',100)
a.print_info()
```

父类 / 子类 / 使用子类

图 6-3

图6-3中第1个标注框中的代码为原来的类Microwave，即父类。第2个标注框中的代码为新创建的类New_Microwave，即子类。子类的第1行代码表明创建了一个名为New_Microwave的新类，且继承的父类名为Microwave。子类的第3行代码是子类的初始化方法，且有两个形参，分别为name和light。子类的第4行代码关联了父类的属性和方法，并将形参name传递给了父类。新类New_Microwave只是在初始化方法中增加了属性light，但由于它继承了父类Microwave，因此类New_Microwave也具有父类的属性和方法。

示例代码（使用子类创建对象并使用子类中的方法）：

```
01 a=New_Microwave('zhangsan',100)
02 a.print_info()
```

第3个标注框中的第1行代码使用子类New_Microwave创建对象a，且传递的实参为`'zhangsan',100`，此时代码程序会跳转到类New_Microwave中，开始执行初始化方法，将'zhansan'复制给变量name，将100复制给变量light，并执行继承自父类的属性和方法，相当于进入父类Microwave中执行父类的初始化代码并传递参数`'zhangsan'`。执行完父类的初始化代码后，程序将返回子类继续执行`self.light = light`。

第3个标注框中的第2行代码对a执行了print_info()方法，该方法属于父类Microwave，但在创建对象a时，子类New_Microwave已经继承了父类中的所有方法，因此可以直接使用。

代码执行结果：

```
微波炉的名字：zhangsan
购买时间：2022-09-06 15:33:10
```

在使用类的继承方式时需要注意以下两点。

第1点，通过子类创建的对象可以使用子类和父类中的所有属性和方法。

第2点，通过父类创建的对象只能使用父类中的属性和方法，而不能使用子类中的属性和方法。

示例代码（错误地使用类）：

```
01 a=Microwave('zhangsan')
02 print(a.light)
```

第1行代码使用父类Microwave创建了对象a，但在第2行代码中使用了子类的属性light，此时程序无法获取子类中的light属性，因此会产生报错信息。

代码执行结果：

```
Traceback (most recent call last):
  File "E:/书代码/第6章/第6章第7个程序.py", line 21, in <module>
    print(a.light)
AttributeError: 'Microwave' object has no attribute 'light'
```

6.3.2 在子类中添加方法

在6.3.1小节中实现了继承父类和在子类中添加新的属性。子类中还可以添加新的方法，但在子类中新创建的方法无法在父类中使用，而父类中创建的方法可以在子类中使用。

示例代码：

```
01 class New_Microwave(Microwave):
02     '''从Microwave继承的子类'''
03     def __init__(self,name,light):
04         super().__init__(name)
05         self.light = light
06     def set_light(self,add_light):
07         self.light=self.light+add_light
08         print("当前灯光强度:",self.light)
09         pass
```

在子类New_Microwave中，第6行代码创建了一个新的方法，在子类中创建方法的形式与在类中创建方法的形式基本相同，此处新增的set_light()方法用于实现模拟调整灯光强度，当需要增加灯光强度时会传递数据给形参add_light，并且执行set_light()方法中的代码块。set_light()方法是在子类New_Microwave中创建的，因此通过类New_Microwave创建的对象可以使用set_light()方法，而通过类Microwave创建的对象无法使用set_light()方法。

示例代码（使用类创建对象）：

```
01 a=New_Microwave('zhangsan',100)
02 a.set_light(50)
03 b = Microwave('zhangsan')
04 b.set_light(50)
```

第1、2行代码通过子类New_Microwave创建了对象a，且传递了参数`'zhangsan',100`。由于子类New_Microwave中有set_light()方法，因此第1、2行代码可以正常执行，即能实现调整微波炉灯光强度。

由于父类Microwave中并没有set_light()方法，也没有从任何地方继承此方法，因此程序在执行第4行代码时会出现异常报错。

代码执行结果：

```
当前灯光强度: 150
Traceback (most recent call last):
  File "E:/书代码/第6章/第6章第8个程序.py ", line 26, in <module>
    b.set_light(50)
AttributeError: 'Microwave' object has no attribute 'set_light'
```

6.3.3 覆盖父类中的方法

当需要对父类中的方法进行修改、调整时，可以通过子类重新编写父类中的方法。在执行子类中的方法时会自动覆盖父类中的相应方法。

示例代码（通过子类覆盖图6-1所示的父类Microwave中的print_info()方法）：

```
01 class New_Microwave(Microwave):
02     '''从Microwave继承的子类'''
03     def __init__(self,name,light):
04         super().__init__(name)
05         self.light = light
06     def print_info(self):
07         print('微波炉的名字:',self.name,'\n', '购买时间:',self.time,'\n', '当前灯光强度:',self.
light)
```

在子类New_Microwave中，第6行代码创建了一个名为print_info的方法，其代码块中增加了当前灯光强度属性。在父类Microwave中也有print_info()方法，通过子类New_Microwave创建的对象会使用子类New_Microwave中的print_info()方法代码，而通过父类Microwave创建的对象会使用父类Microwave中的print_info()方法代码。

示例代码：

```
a=New_Microwave('zhangsan',100)
a.print_info()
```

代码执行结果：

```
微波炉的名字： zhangsan
购买时间： 2022-09-06 15:43:09
当前灯光强度： 100
```

6.4 导入其他文件中的类

当用户在开发项目时，往往会发现定义类的代码和使用类的代码不在同一个文件中。本节主要介绍的内容是如何实现在一个文件中使用另一个文件中的类。

6.4.1 导入类

当需要在d.py文件使用c.py文件中的类Microwave时，其使用方法与第5章导入其他模块中的函数的方法基本一致，且必须保证两个文件处在同一个文件夹内，否则将无法导入文件中的内容。假设c.py文件和d.py文件都在“E:\书代码\第6章”文件夹中，图6-4和图6-5所示的代码为c.py文件和d.py文件中的代码。

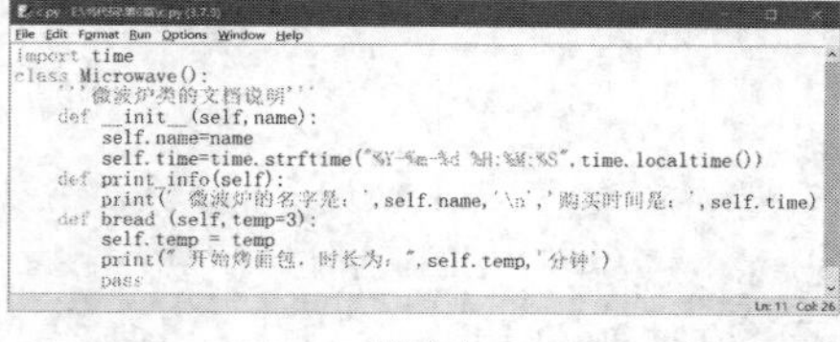

图 6-4

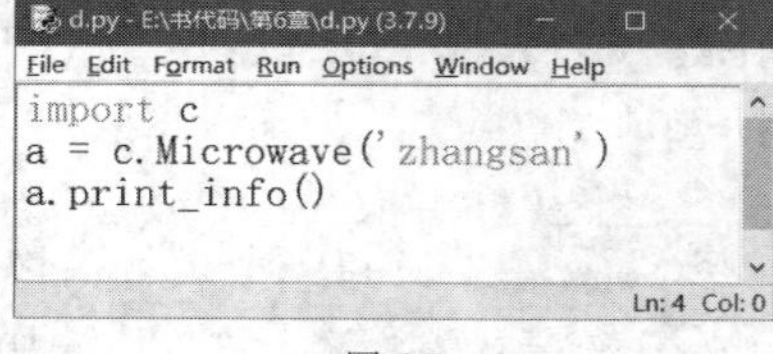

图 6-5

接下来将以这两个文件为例来介绍4种导入其他文件中的类的代码形式。

第1种，导入文件。

由于d.py代码文件中使用import导入了c.py文件，因此后面在使用类Microwave时，需要在Microwave前面加上引导符“c.”，d.py文件的代码如图6-6所示。

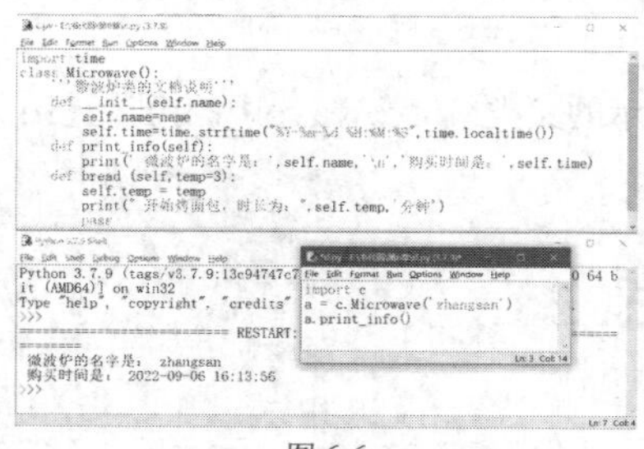

图 6-6

第2种，导入文件中的指定类，在d.py文件中的代码如下：

```
from c import Microwave
a = Microwave('zhangsan')
a.print_info()
```

注意

当文件中存在多个类时，为避免因导入的类太多而导致名称冲突，可以选择导入指定类。

第3种，导入文件中的全部类，在d.py文件中的代码如下：

```
from c import *
a = Microwave('zhangsan')
a.print_info()
```

第4种，给导入的类设置别名，在d.py文件中的代码如下：

```
from c import Microwave as Mw
a = Mw('zhangsan')
a.print_info()
```

6.4.2 在类中使用另一个类的方法

如果在定义一个类时需要使用到另一个类中的方法，可以参考前面创建类对象和使用类方法的步骤。例如在计算机的“E:/书代码/第6章”文件夹中存在3个代码文件，分别为e.py、f.py、g.py代码文件。

示例代码（e.py代码文件）：

```
01 class Bluetooth():
02     '''用于连接手机蓝牙'''
03     def __init__(self, yorn):
04         self.yorn = yorn
05     def con(self):
06         if self.yorn == 'y':
07             print('开始连接手机蓝牙')
08         elif self.yorn == 'n':
09             print('断开手机蓝牙')
10         else:
11             print('设置错误')
```

该代码定义了类Bluetooth，用于模拟连接手机蓝牙。其中第3行代码中的__init__()初始化方法需要接收一个参数yorn。第5行代码创建了con()方法，用于模拟判断当前是否需要连接手机蓝牙。

示例代码（f.py代码文件）：

```
01 import time
02 import b
03 class Microwave():
04     '''微波炉类的文档说明'''
05     def __init__(self, name):
06         self.name=name
07         self.time=time.strftime("%Y-%m-%d %H:%M:%S", time.localtime())
08     def print_info(self):
09         print(' 微波炉的名字:',self.name,'\n','购买时间:', self.time)
10     def bread (self, temp=3):
11         self.temp = temp
```

```
12          print(" 开始烤面包，时长:", self.temp,'分钟')
13          pass
14      def con_bluetooth(self, yorn):
15          bluetooth = b.Bluetooth(yorn)
16          bluetooth.con()
```

该代码定义了类Microwave，其中第2行代码使用`import e`导入了e.py代码文件。第14行代码在类Microwave中定义了con_bluetooth()方法，用于模拟手机通过蓝牙控制微波炉。而在e.py代码文件中提供了用于操作手机蓝牙的类Bluetooth，因此第15行代码通过类Bluetooth创建了蓝牙对象bluetooth。第16行代码执行了蓝牙对象中的con()操作，从而实现了模拟手机蓝牙和微波炉的连接。

示例代码（g.py代码文件）：

```
01 import f
02 a = f.Microwave('zhangsan')
03 a.print_info()
04 a.con_bluetooth('y')
```

该代码为主程序代码，其中第2行代码使用c.py代码文件中的类Microwave创建一个微波炉对象a。第3行代码使用了类Microwave中的print_info()方法。第4行代码使用了类Microwave中的con_bluetooth()方法，传递的参数为字符'y'，表示需要连接手机蓝牙。

代码执行结果：

```
微波炉的名字：zhangsan
购买时间：2022-09-06 16:36:17
开始连接手机蓝牙
```

总之，当需要在类a中使用另一个类b中的方法时，是通过在类a中创建类b的实例化对象，再调用类b实例化对象中的方法来实现的。

6.4.3 *类的文件模块化

本小节的内容主要用于帮助读者认识官方发布的类文件（如果不想深入了解可跳过此小节）。例如openpyxl库中包含大量用于操作Excel文件的类，openpyxl库的文件结构如图6-7所示。

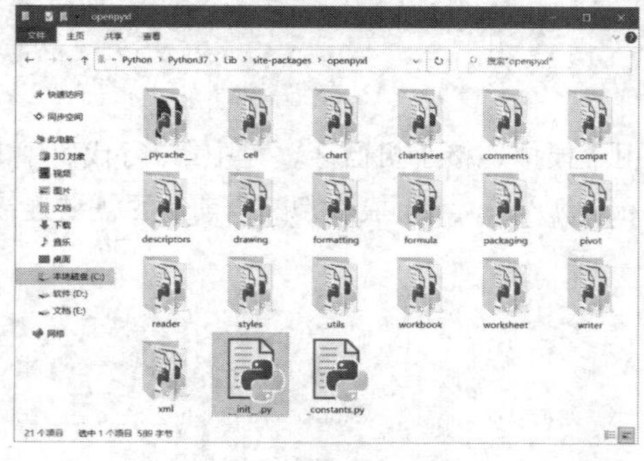

图6-7

其中每一个文件夹中都包含针对不同的功能而定义的类文件，例如cell文件夹中定义了用于操作Excel文件中的单元格的类，chart文件夹中定义了用于操作Excel文件中的图表的类。在这些庞大且复杂的类文件夹中，每个类文件之间都有可能互相调用不同类文件中的方法。如何导入这些庞大且复杂的类文件呢？

openpyxl文件夹中存在一个__init__.py文件，当Python在该文件夹下检测到__init__.py文件时，会默认将整个openpyxl文件夹下的所有文件都当作一个模块，即一个整体，而不是分散的多个文件夹和文件。因此用户在编写代码时可以直接使用`import openpyxl`导入整个库。

项目案例 实现快递机器人

项目描述

某公司需要设计一个快递机器人程序，用于实现帮助用户寄件和取件。

项目任务

模拟填单和取件时获取单号的功能。

项目实现代码

```
01 class Robot():
02     def __init__(self):
03         print('我是您的快递小助手')
04         self.bill = 20230100
05         self.postage ={'北京':15,'上海':12,'广东':13}
06         self.q_number = [100,101,104,105]
07     def send_ex(self):
08         print('请填写您的寄件信息')
09         self.addr = input('您的寄件地址：')
10         self.number = input('您的手机号码：')
11         self.name = input('您的姓名：')
12         print('您需要支付',self.postage[ self.addr[0:2] ]元)
13         self.bill +=1
14         print('账单生成中...\n您的寄件单号：',self.bill)
15     def collect_ex(self):
16         self.c_list = int(input('请输入您的取件号：'))
17         if self.c_list in self.q_number:
18             print('您的快递已找到，请扫码领取。')
19             self.q_number.pop()
20         else:
21             print('未找到您的快递')
22 a = Robot()
23 a.send_ex()
```

第1行代码创建了一个名为Robot的类。

第2行代码定义了__init__()初始化方法，在初始化方法中自动保存了机器人Robot的初始化信息。

第7行代码定义了send_ex()方法，用于提示用户需要填入的信息。

第15行代码定义了collect_ex()取件方法，用于模拟用户取件。

第22行代码开始执行代码程序，通过类Robot创建一个名为a的对象，开始执行类Robot中的初始化部分，使得机器人有了初始数据。其中属性bill表示寄件单号，每寄一份快递，寄件单号便加1；属性postage是一个字典，用于存储寄件到不同地区的邮费；属性q_number是一个列表，用于存储当前货架上的快递的取件号。

第23行代码执行a.send_ex()方法，表示用户在寄件时需要填写的寄件信息和生成的邮件账单。

项目实现结果

```
我是您的快递小助手
请填写您的寄件信息
您的寄件地址：上海闵行区
您的手机号码：1500000000000
您的姓名：zhangsan
您需要支付 12元
账单生成中...
您的寄件单号：20230101
```

由于本书篇幅有限，一个完整的快递机器人程序所需要的代码量远远超过以上代码的代码量，以上代码主要演示面向对象的编程过程。不使用类的方法也可以实现以上代码的功能，但读者需要理解面向对象的编程思想。当开发一个比较庞大的项目时，使用类开发项目往往更加灵活，更适用于多人协同开发项目的工作场景。

总结

本章主要讲解了类，即通过创建类将某类事物作为一个整体，并在该类中创建属性和方法。通过类创建出的对象具有自己的属性，并且可以使用类中的方法执行某些操作。读者在开发项目时需要从整体考虑问题，例如本章项目案例中的快递机器人是一个整体，是一类事物，那么在给快递机器人类创建属性时就要考虑多种功能，例如快递机器人能为用户提供哪些服务等。

如果需要改进某个类中的方法，可以使用继承的方式覆盖原来的父类。因为父类是对某个事物的整体描述，在开发项目时可能被多个开发人员共同使用，而其他开发人员并不需要某些方法，所以当父类不能修改时，可以使用继承方式创建一个新的子类。

要学会从面向过程（第1～5章中出现的代码均是面向过程的，面向过程是指从处理事物的过程出发编写代码，而不是从事物的整体来考虑问题）的编程思想转向面向对象的编程思想。第8章将会介绍更多的由Python官方提供的库，这些库中包含丰富的类。读者需要多阅读代码和练习代码编写，循序渐进地掌握面向对象的编程思想，掌握类与模块化的类的使用方法。

第 7 章

操作文件

办公自动化的本质是使用代码来处理文件，减少手动处理文件的工作，提高工作效率，而办公自动化领域中需要处理的文件的类型非常多，包括文本文件、Excel文件、Word文件等。本章主要讲解文件的基础操作，实现操作字符文件类型的文本。

本章的主要内容包含文件的组成、读取文件的内容、将处理的数据写入文件、多种读取和写入方式及如何处理不同类型的文件和设置文件的编码方式等。

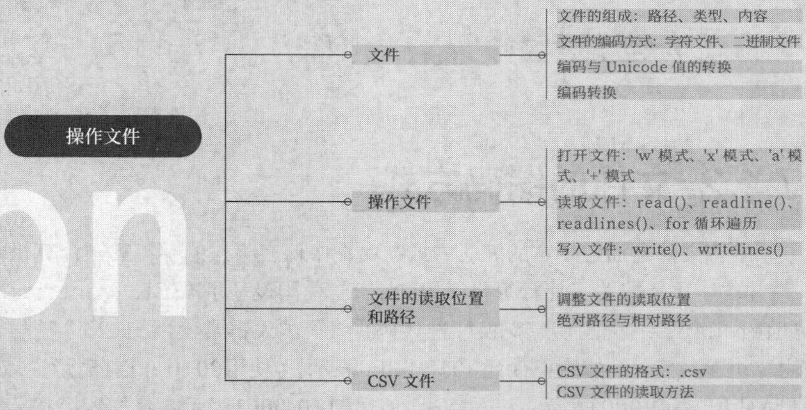

- 操作文件
  - 文件
    - 文件的组成：路径、类型、内容
    - 文件的编码方式：字符文件、二进制文件
    - 编码与 Unicode 值的转换
    - 编码转换
  - 操作文件
    - 打开文件：'w' 模式、'x' 模式、'a' 模式、'+' 模式
    - 读取文件：read()、readline()、readlines()、for 循环遍历
    - 写入文件：write()、writelines()
  - 文件的读取位置和路径
    - 调整文件的读取位置
    - 绝对路径与相对路径
  - CSV 文件
    - CSV 文件的格式：.csv
    - CSV 文件的读取方法

Python

7.1 文件

在操作文件之前先简单介绍文件的特性、文件的编码方式及编码方式之间的转换，本节的内容均用于帮助读者为学习后面的内容打下基础。

7.1.1 文件的介绍

在计算机中，一个文件由3部分组成，分别是文件保存的路径（位置）、文件类型和文件的内容。

在Windows系统中，文件路径可以在文件的“属性”对话框中查询，如图7-1所示的②处（在macOS系统中，可以通过文件的“显示简介”获取文件属性）。文件类型也可以在文件的“属性”对话框中查询，如图7-1所示的①处。文件类型一般会在文件的扩展名中显示，例如在图7-1所示的某个Python File类型文件的“属性”对话框中，可以看到该文件的扩展名是.py。在办公领域中经常会遇到的文件扩展名有.txt、.csv、.xlsx、.docx、.pdf等，分别表示文本文件、逗号分隔文件、Excel文件、Word文件和PDF文件，其文件类型图标如图7-2所示。

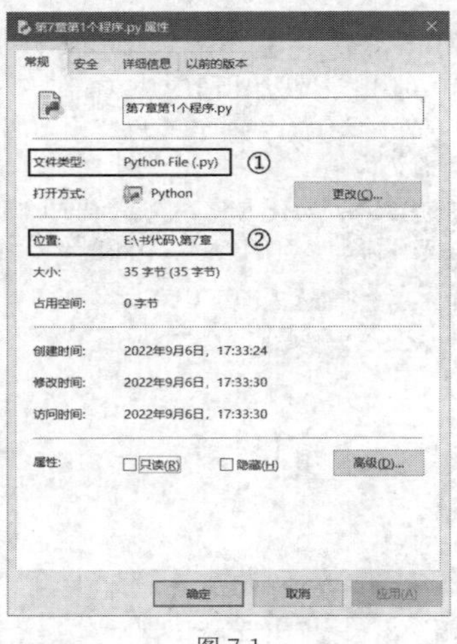

图 7-1

系统会根据文件的扩展名将文件自动保存为相应类型的文件，但不同类型文件的主要区别在于文件内的信息编码方式。文件中的内容一旦确定后不能随意修改扩展名，否则可能会导致文件无法使用。如果文件的内容使用统一的字符编码方式，则该文件属于字符文件。如果文件的内容没有使用统一的编码方式，则该文件属于二进制文件。

图 7-2

7.1.2 文件的编码方式

字符文件是通过指定的编码方式在文件中保存下来的字符集。计算机本质上只能处理0和1组成的二进制数字，很早的时候，为了让计算机能识别字母，美国设计了ASCII（American Standard Code for Information Interchange，美国信息交换标准代码）将美国人日常使用的128个符号转换为二进制数字，例如空格使用0010 0000表示、#使用0010 0011表示、大写字母A使用0100 0001表示、小写字母a使用0110 0001表示。这样即可将英文字符以二进制的形式存储在计算机硬盘中。

读取文件内容后的编码转换过程如图7-3所示，当使用计算机获取内容时通过内存提取硬盘中的二进制数字，再利用ASCII（类似于翻译类词典）将二进制数字转换为字母，最终呈现给用户的是明文。因此用户看到的内容永远都是字母，而存储在计算机硬盘中的内容是二进制数字。

显示：明文

转换

内存：提取、查询字典翻译

提取

硬盘：保存的内容0010110111...

图 7-3

世界上有汉字、日文、韩文等几百种不同的文字，而ASCII编码方式只定义了128个字符，因此为满足各国的需求，还存在多种不同类型的编码方式。而为了让计算机能够翻译多种不同类型的编码方式保存的内容，业界协会统一创建了Unicode（统一码）。Unicode为不同语言中的每个字符设定了统一且唯一的二进制编码，它可以满足跨语言、跨平台进行文本转换和处理的需求，还可以识别各个国家和地区的编码。在开发过程中，非常常见的编码方式有UTF-8、GBK。通常.txt、.csv和.py格式的文件都有自己的编码方式，如果需要查看当前TXT文件的编码方式，可先通过“另存为”操作（如图7-4所示），然后在图7-5所示的“编码”下拉列表中即可查询到当前TXT文件的编码方式。

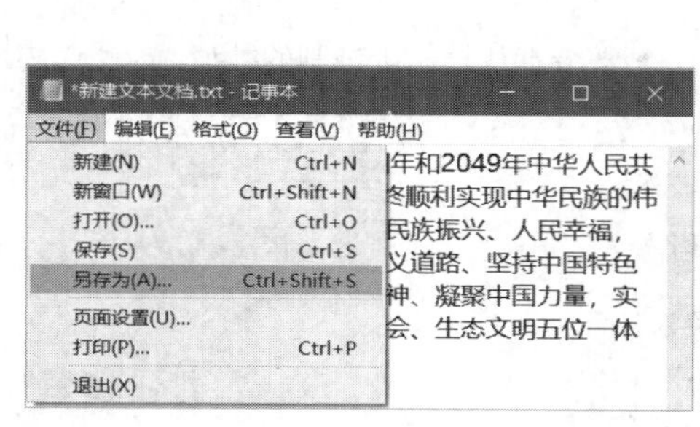

图 7-4

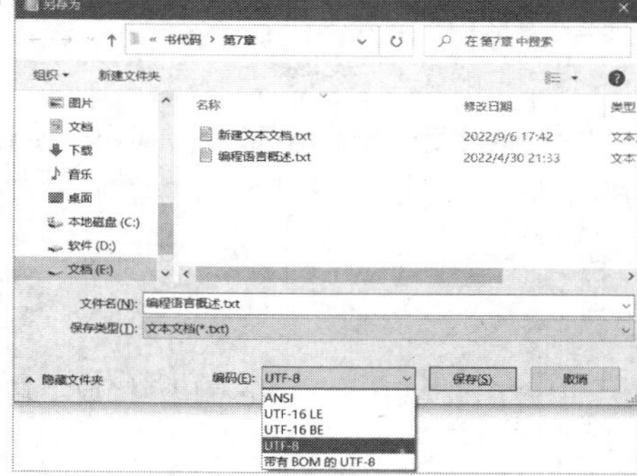

图 7-5

字符文件将字符的编码保存下来，因此字符文件只能保存字符信息，不能保存图片、字符的字体大小和颜色等信息。计算机操作系统通常自带多种编码方式，因此可以直接识别字符文件。

二进制文件是由0和1组成的，没有统一的字符编码，因此需要用指定的解析器才能解码二进制文件，且还需要指定的软件才能打开解码后的二进制文件，例如.docx格式文件要使用Word打开，.xlsx格式文件要使用Excel打开。二进制文件不仅可以保存字符信息，还可以保存图片、字体大小、字体颜色、字体格式等信息。

7.1.3 编码与 Unicode 值的转换

在Python中可以使用chr()函数和ord()函数来实现数字与单个字符间的相互转换。

- **chr() 函数**

chr()函数的使用形式如下：

```
chr(i)
```

功能：返回数字i对应的Unicode字符。

参数i：可以是二进制、十进制和十六进制的数值，在转换时都会自动转换为二进制的数值。

示例代码：

```
print(chr(35),chr(0x23),chr(0b00100011))
```

在Python中十六进制数值默认使用0x开头，二进制数值使用0b开头，十进制数值与通常写法相同。本处演示的是编码的转换过程，读者若不熟悉十六进制、二进制可忽略，关键在于理解编码的转换。

代码执行结果：

```
# # #
```

输出3个#，因为#的ASCII值为代码中的00100011，Unicode编码统一了所有编码方式中字符的数值，使得相同的字符具有相同的二进制数值，因此这里的00100011通过Unicode转换后的字符为一个#。而十进制的35和十六进制的0x23都可转换为二进制为00100011，因此输出结果为3个#。

- **ord() 函数**

ord()函数的使用形式如下：

```
ord(c)
```

功能：返回参数c的Uincode数值。

参数c：数据类型为字符串类型且表示单个字符。

示例代码：

```
print(ord('a'))
```

代码中将字符'a'转换为Unicode数值。但由于print()函数会默认输出十进制的数值，因此代码执行结果不会显示为二进制数值。

代码执行结果：

```
97
```

示例代码（将汉字转换为Unicode编码，将数字转换为Unicode字符）：

```
01 print(ord('中'))
02 print(chr(20010))
```

第1行代码将“中”转换为Unicode数值，第2行代码将数字20010转换为Unicode字符。

代码执行结果：

```
20013
个
```

7.1.4 编码转换

在Python中，encode()方法可以将字符串转换为二进制编码值，decode()方法可以将二进制数值转换为指定编码方式的字符串（不是单一的字符）。

- **encode() 方法**

encode()方法的使用形式如下：

```
字符串.encode(encoding='utf-8', errors = 'strict')
```

功能：将字符串转换为二进制编码值。

参数encoding：字符串的编码方式，默认为UTF-8编码方式，表示将字符串以UTF-8编码方式转换为二进制编码值。例如，如果想使用简体中文，可以将编码方式设置为GB2312。

参数errors：当字符串中存在不能以指定编码方式进行转换的字符（例如字符串中包含拉丁语，不能转换为GB2312编码方式的字符）时会引发错误，而errors可用于设置处理错误的方式，值可以为'strict'、'ignore'、'replace'和'xmlcharrefreplace'。'strict'表示遇到非法字符就提示异常，'ignore'表示忽略非法字符，'replace'表示用问号（?）替代非法字符，'xmlcharrefreplace'表示使用XML（Extensible Markup Language，可扩展标记语言）的字符引用。

示例代码：

```
01 s = '我正在学习Python语言'
02 a = s.encode('gbk')
03 print(a)
```

第2行代码使用字符串中的encode()方法将字符串'我正在学习Python语言'以GBK编码方式转化为二进制值，并赋值给变量a。

代码执行结果：

```
b'\xce\xd2\xd5\xfd\xd4\xda\xd1\xa7\xcf\xb0Python\xd3\xef\xd1\xd4'
```

输出结果由一个b和一个用单引号引起来的字符串组成，字符串中的\x表示以十六进制形式展示编码后的数值，b表示该字符串是二进制形式的。

- **decode() 方法**

decode()方法的使用形式如下：

```
decode(encoding='utf-8', errors='strict')
```

功能：将二进制值按照指定的编码方式转换为字符串，与encode()方法相反。

参数encoding：需要使用的编码方式，默认为UTF-8编码方式，表示将二进制数值转换为UTF-8编码方式的字符串。

参数errors：当二进制数值中存在无法转换为对应编码方式的字符的二进制值时会引发错误，而errors可用于设置处理错误的方式，值可以为'strict'、'ignore'、'replace'。'strict'表示遇到非法二进制值就提示异常，'ignore'表示忽略非法二进制值，'replace'表示用问号替代非法二进制值。

示例代码：

```
01 s = '我正在学习Python语言'
02 a = s.encode('gbk')
03 b = a.decode('gbk')
04 print(b)
```

第2行代码将s字符串的内容按照GBK编码方式转化为二进制数值，并将其赋值给变量a。

第3行代码将变量a的内容（即二进制数值）按照GBK编码方式转换为字符串。

代码执行结果：

```
我正在学习Python语言
```

7.2 操作文件

本节所操作的文件都属于字符文件，二进制文件的操作将在第9章之后介绍。文件的操作通常包含3个步骤，即打开文件、操作文件和关闭文件，在使用代码操作文件时也需要遵守此步骤。

7.2.1 打开文件

在Python中通常使用open()函数来打开一个文件。其使用形式如下：

```
open(file, mode='r', buffering=-1, encoding=None, errors=None, newline=None, closefd=True,
opener=None)
```

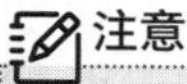注意

函数的参数较多，读者如果不理解参数功能说明可先看代码操作部分，再回头对比参数说明会更容易理解。

功能：打开一个文件。这里的打开文件与在操作系统中打开文件的概念不同，这里的打开文件是与文件建立通道并获取操作文件的权限。

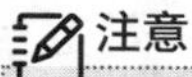注意

不能在使用代码操作文件时，还通过操作系统操作文件，否则会造成冲突。

参数file：需要打开的文件路径（包含路径和完整的文件名称），其数据类型为字符串类型。

参数mode：指明文件打开的模式，文件常见的几种打开模式如表7-1所示。

表 7-1

模式	描述
'r'	只读模式。如果计算机中此文件不存在则会出现异常错误；如果此文件存在则只允许对文件进行读取操作
'w'	覆盖写模式。只允许对文件进行写入操作，如果计算机中此文件已存在，则先清除此文件中的内容再写入；如果此文件不存在则创建一个新文件再写入
'x'	创建写模式。如果计算机中不存在此文件则创建一个新文件，如果存在此文件则返回异常错误 FileExistsError（文件存在错误）
'a'	追加写模式。只允许对文件进行写入操作，如果计算机中存在此文件，则在该文件的末尾继续写入（不删除文件原来的内容）；如果不存在此文件，则创建一个新文件再写入
'b'	二进制模式。当文件是二进制文件时，需要使用 'b' 模式
't'	文本模式。与 'b' 模式相互对应，'t' 模式为默认模式
'+'	增加模式。与 'r'、'w'、'x'、'a' 模式一同使用，可在原功能基础上增加读写功能，例如 'r+' 表示文件可读可写
'U'	通用换行模式（已弃用）

参数buffering：（不理解可跳过）用于设置缓冲区大小，即设置内存一次读取文件内容的大小，对读取性能无要求时此项参数保持默认即可。如果需要设置，该参数是一个可选的整数。值为0表示关闭缓冲（只在二进制模式下可用），值为1表示选择行缓冲（只在文本模式下可用）。如果值大于1，表示设置固定大小的块缓冲区。默认值-1表示选择默认大小的缓冲区，通常操作系统默认缓冲区大小为4096或8192字节。

参数encoding：表示需要打开文件的编码方式，在文本模式下有效。默认编码方式与平台相关，通常为' cp936'编码方式，是GBK编码方式的一种。

参数errors：（不理解可跳过）用于指定如何处理编码错误，该参数不能在二进制模式下使用。如果存在编码错误，则传递“strict”以引发Value Error异常（默认值“None”具有相同效果），或者传递“ignore”以忽略错误（请注意，忽略编码错误可能会导致数据丢失）。

参数newline：（不理解可跳过）控制通用换行符的工作方式（只适用于文本模式）。它可以是None、''、'\n'、'\r'或'\r\n'。

参数closefd：（不理解可跳过）如果该参数值为False，当关闭文件时，底层文件描述符操作系统内部利用文件描述符来访问文件，相当于操作系统和文件的通道将保持打开状态，即不关闭文件对象。如果该参数值为Ture，当给定一个文件名时，参数closefd将不起作用。

参数opener：（不理解可跳过）自定义启动器。

实现对文件的操作需要执行3个步骤，分别是打开文件、操作文件和关闭文件。其使用形式如下：

```
file = open()   #打开文件
file.方法        #操作文件
file.close()    #关闭文件
```

操作文件的方法将在后续内容中具体介绍，关闭打开的文件使用close()方法实现。当代码读取的文件数量比较多时，会逐步消耗内存，所以当文件不使用时必须用close()方法将文件关闭，释放内存空间。

例如计算机“E:\书代码\第7章”路径下有一个名为“编程语言概述.txt”的文本文件，文件中保存了关于编程语言的介绍信息，如图7-6所示。

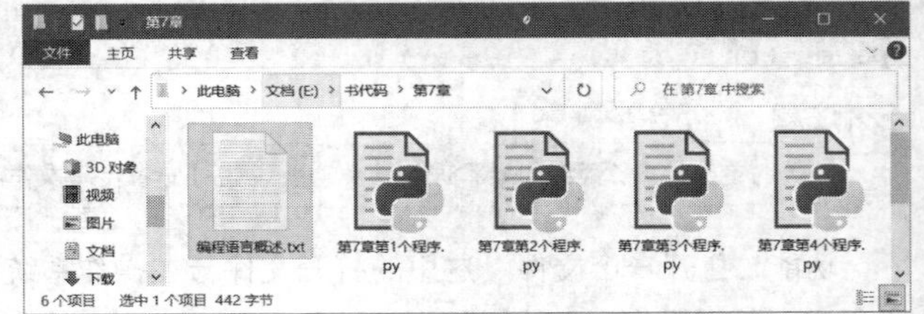

图 7-6

示例代码（使用open()函数打开“E:\书代码\第7章\编程语言概述.txt”文件）：

```
01 f = open('E:\书代码\编程语言概述.txt','r')
02 print(f)
03 f.close()
```

第1行代码使用open()函数打开“E:\书代码\第7章\编程语言概述.txt”文件，打开模式为'r'模式，表明之后的代码只有读取文件内容的权限，open()返回的结果赋值给了变量f，再通过第2行代码输出变量f。

第3行代码对变量f执行close()操作，即从内存中释放了该文件。

代码执行结果：

```
<_io.TextIOWrapper name='E:\\书代码\\第7章\\编程语言概述.txt' mode='r' encoding='cp936'>
```

输出结果并不是“编程语言概述.txt”文件中的内容，因为open()函数仅仅只打开文件，并不会读取文件内部的字符信息，这与传统计算机中基于操作系统打开文件是有区别的。在操作系统中打开一个文件包括执行文件和展示文件内容两个步骤。但在代码中使用open()函数打开文件是指和文件建立通道并创建一个文件对象io.TextIOWrapper，该对象仅与文件进行了关联，因此输出的结果是文件对象的属性信息。属性信息中指明了文件的所在路径、打开模式和编码方式。如果需要读取文件或在文件中写入信息，还需要继续对文件对象进行操作，具体可参阅7.2.2小节的内容。

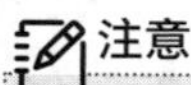
注意

文件路径中的\会和后面的字符形成转义字符，从而引发异常报错。

示例代码：

```
01 f = open('E:\书代码\第7章\n.txt','r')
02 print(f)
```

第1行代码中的文件路径为“E:\书代码\第7章\n.txt”，其中\n在字符串中为转义字符，会使得\n转换为换行符，导致程序在读取文件时找不到文件路径，执行代码后会出现OSError，如图7-7所示。

```
Python 3.7.9 (tags/v3.7.9:13c94747c7, Aug 17 2020, 18:58:18) [MSC v.1900 64 bit (AMD64)] on win32
Type "help", "copyright", "credits" or "license()" for more information.
>>>
======================= RESTART: E:/书代码/第7章/第7章第5个程序.py ========================
Traceback (most recent call last):
  File "E:/书代码/第7章/第7章第5个程序.py", line 1, in <module>
    f = open('E:\书代码\第7章\n.txt','r')
OSError: [Errno 22] Invalid argument: 'E:\\书代码\\第7章\n.txt'
>>>
```

图 7-7

在Python中如果需要避免转换字符的转义，可以使用以下3种方法。

第1种，将路径中的\使用转义字符\\表示。例如'E:\\书代码\\第7章\\n.txt'。

第2种，将路径中的\使用/表示。例如'E:/书代码/第7章/n.txt'。

第3种，在字符串前面加上r表示对字符串不进行转义。例如r'E:\书代码\第7章\n.txt'。

示例代码：

```
01 f = open(r'E:\书代码\第7章\n.txt','r')
02 print(f)
```

代码执行结果：

```
<_io.TextIOWrapper name='E:\\书代码\\第7章\\n.txt' mode='r' encoding='cp936'>
```

结果表示正确打开此文件。

- **打开模式**

open()函数的mode参数具有多个打开模式，接下来将介绍其中几个常见模式的使用效果，分别为'w'覆盖写模式、'x'创建写模式、'a'追加写模式、'+'增加模式。

'w' 覆盖写模式

'w'模式为覆盖写模式，如果文件夹中没有参数file路径中指定的文件，则会创建名为file的文件，如果文件夹中此文件已存在，则删除此文件中的内容，重新写入新的内容。

示例代码（批量创建文件）：

```
01 for i in range(1,101):
02     path = 'E:\\书代码\\数据2\\数据'+str(i)+'.txt'
03     f = open(path,'w')
04     f.close()
```

第1行代码使用for语句循环100次，第2行代码创建需要操作的文本路径。第3行代码使用'w'模式创建文件。执行代码后将会创建100个文件，效果如图7-8所示。

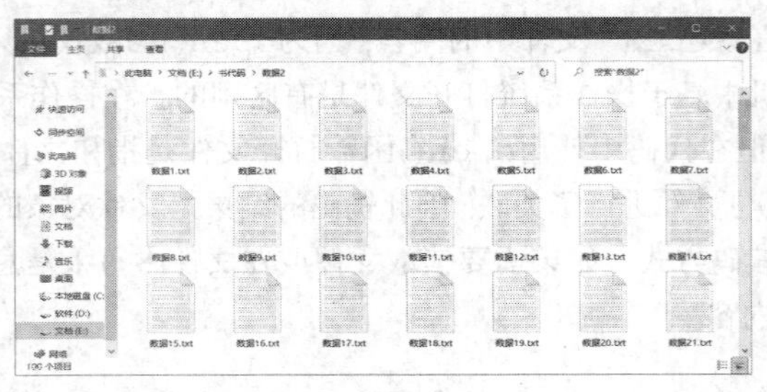

图 7-8

'x' 创建写模式

'x'模式为创建写模式，在使用'x'模式时，会创建一个新文件，并给定新文件写入权限。如果计算机中已存在与参数file同名的文件，则会出现异常错误，因此需要确保创建的文件在计算机中并不存在。

示例代码：

```
01 for i in range(1,101):
02     path = 'E:\\书代码\\数据2\\数据'+str(i)+'.txt'
03     f = open(path,'x')
04     f.close()
```

代码执行结果：

```
Traceback (most recent call last):
  File "E:\书代码\第7章\第7章第7个程序.py", line 3, in <module>
    f = open(path,'x')
FileExistsError: [Errno 17] File exists: 'E:\\书代码\\数据2\\数据1.txt'
```

由于上一个示例代码已经创建了相同名称的文件，因此执行代码后会出现报错，'x'模式与'w'模式的区别在于'x'模式需要确保文件不存在，否则会引发报错。修改后的新代码如下：

```
01 for i in range(1,101):
02     path = 'E:\\书代码\\数据2\\新数据'+str(i)+'.txt'
03     f = open(path,'x')
04     f.close()
```

第2行代码将路径中的文件名改为“新数据×.txt”，其中×为1～100的数值。执行代码后将会创建100个文件，效果如图7-9所示。

图 7-9

'a' 追加写模式

'a'模式为追加写模式，使用此模式时，会保留原有的文件内容，并在文件的末尾继续追加写入新内容。如果文件不存在，则会创建一个新文件，新文件具备写入权限。

示例代码（在a.txt文件中追加内容“提高办公效率”）：

```
01 f = open(r'E:\书代码\第7章\a.txt', 'a', encoding = 'utf-8')
02 f.write('提高办公效率')
03 f.close()
```

第1行代码中的open()函数使用'a'模式打开文件“E:\书代码\第7章\a.txt”，第2行代码写入的内容会追加到原文件内容之后。a.txt文件的原内容如图7-10所示，执行代码后的效果如图7-11所示。

图 7-10

图 7-11

'+' 增加模式

'+'模式为增加模式，此模式需要与'r'、'w'、'x'、'a'模式中的一种结合使用，表示在原有模式基础上增加读写权限。

示例代码：

```
01 f = open(r'E:\书代码\第7章\a.txt','r+',encoding='utf-8')
02 print(f.read())
03 f.write('。每日学习一个新技能')
04 f.close()
```

第1行代码使用'r+'模式打开“E:\书代码\第7章\a.txt”文件，可以对文件实现读取和写入操作。

第2行代码使用read()方法读取文件中的所有内容，如图7-11所示。

第3行代码使用write()方法向文件中写入内容“。每日学习一个新技能”。

执行代码后的效果如图7-12所示，程序在文件原内容的基础上写入了新的内容。

> **注意**
>
> 模式决定了文件的操作权限，如果越权执行其他代码操作，将会出现报错。

图 7-12

示例代码：

```
01 f = open(r'E:\书代码\第7章\a.txt' , 'r', encoding = 'utf-8')
02 print(f.read())
03 f.write('。每日学习一个新技能')
04 f.close()
```

该代码与上一个示例代码的区别仅在于open()函数中的模式为'r'，这限制了之后的代码只能对文件进行读取操作。因此第3行代码在执行write()方法写入内容时便会引发异常错误。执行代码后将会显现io.UnsupportedOperation错误，如图7-13所示。

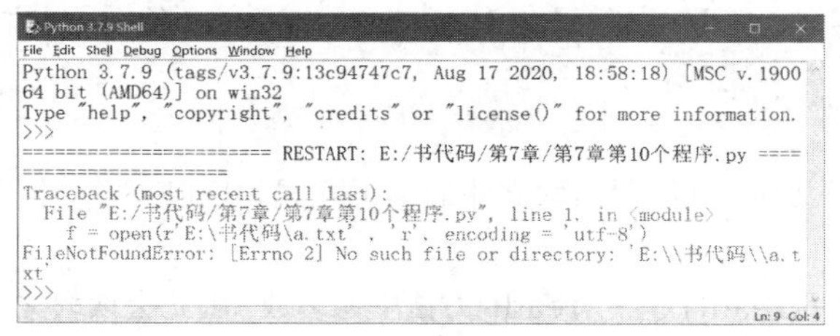

图 7-13

- **open() 函数的复合写法**

open()函数还有一种复合写法，可以避免用户因忘记使用close()方法关闭文件而导致的程序异常等问题。其使用形式如下：

```
with open(参数) as 变量名:
```

with：是Python中的保留字，是一种上下文管理器，可以自动管理文件，无须再使用close()方法来进行文件的关闭操作。

as：是Python中的保留字，与with结合使用。

open()函数的使用形式与之前介绍的一致。变量名即文件打开后的赋值变量名，与以上示例代码中变量f的含义相同。需要注意的是，在复合写法的最后有一个“:”，且对文件进行操作的代码都需要缩进（缩进要求与if语句、for循环的代码块缩进要求类似）。

示例代码（读取文件“E:\书代码\第7章\编程语言概述.txt”的内容）：

```
01 with open(r'E:\书代码\第7章\编程语言概述.txt' , 'r' , encoding = 'utf-8') as f:
02     print(f.read())
```

第1行代码使用复合写法读取文件“E:\书代码\第7章\编程语言概述.txt”，第2行代码缩进一个制表符，并输出文件中的全部内容。

执行代码后的输出结果如图7-14所示。

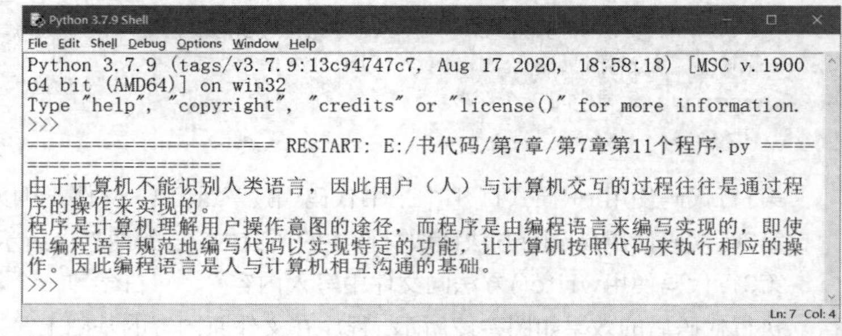

图 7-14

7.2.2 读取文件

读取文件内容前需要确定文件的打开模式是否为只读模式（'r'模式），如果是，则可以使用文件对象中的read()、readline()、readlines()方法读取文件内的信息。

- **read() 方法**

read()方法的使用形式如下：

```
文件对象.read(size=-1)
```

功能：从文件中读取内容。

参数size：从文件中读取size个字符的内容，默认读取全部内容。

返回值：读取内容，是字符串类型的。

示例代码（读取文件中的全部内容）：

```
01 f = open(r'E:\书代码\第7章\编程语言概述.txt' , 'r' , encoding = 'utf-8')
02 print(f.read())
03 f.close()
```

第1行代码以'r'模式打开文件，且设置读取文件的编码方式为UTF-8（大小写均可，有中文时需要设置为UTF-8），返回文件对象f。

第2行代码对文件对象f使用read()方法，read()方法中无参数，因此会读取文件中的全部内容。

执行代码后的输出结果如图7-15所示。

```
Python 3.7.9 (tags/v3.7.9:13c94747c7, Aug 17 2020, 18:58:18) [MSC v.1900 64 bit (AMD64)] on win32
Type "help", "copyright", "credits" or "license()" for more information.
>>>
====================== RESTART: E:/书代码/第7章/第7章第12个程序.py ======================
由于计算机不能识别人类语言，因此用户（人）与计算机交互的过程往往是通过程序的操作来实现的。
程序是计算机理解用户操作意图的途径，而程序是由编程语言来编写实现的，即使用编程语言规范地编写代码以实现特定的功能，让计算机按照代码来执行相应的操作。因此编程语言是人与计算机相互沟通的基础。
>>>
```

图 7-15

示例代码（读取文件中的前10个字符）：

```
01 f = open(r'E:\书代码\第7章\编程语言概述.txt','r',encoding='utf-8')
02 a = f.read(10)
03 print(a,type(a))
04 f.close()
```

代码执行结果：

```
由于计算机不能识别人 <class 'str'>
```

如果open()中第4个参数没有指定，系统会默认编码方式为GBK编码方式，由于文件“E:\书代码\第7章\编程语言概述.txt”中存在中文字符，而GBK编码方式无法解析中文字符，因此使用read()读取内容时会引发编码错误。

示例代码：

```
01 f = open(r'E:\书代码\第7章\编程语言概述.txt','r')
02 print(f.read())
03 f.close()
```

执行代码后会出现图7-16所示的异常报错，通过红色报错信息的第2行内容可知错误代码在第20行的print(f.read())语句中。报错信息的最后一行内容`UnicodeDecodeError: 'gbk' codec can't decode byte 0xb0 in position 2: illegal multibyte sequence`提示GBK编码器不能解码文件内容。读者在编写代码时，如果遇到UTF-8编码器不能解码文件内容，可以尝试将编码方式更换为GBK（UTF-8和GBK是较为主流的两种编码方式）。

注意

编码器是用于将磁盘中的二进制内容提取为明文的工具。编码方式是指字符串的编码格式，表示该字符串可以使用哪种编码器读取。

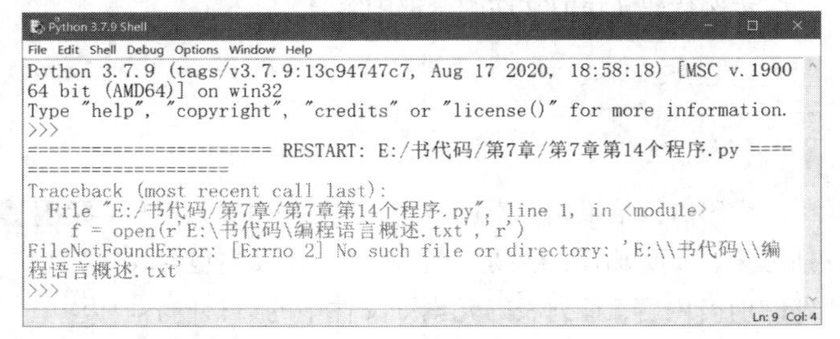

图 7-16

- **readline() 方法**

readline()方法的使用形式如下：

```
readline(size = -1)
```

功能：从文件中读取一行内容。

参数size：默认从文件中读取一行内容，如果size为其他数值，则读取该行前size个字符。

返回值：读取内容，是字符串类型的。

示例代码：

```
01 f = open(r'E:\书代码\第7章\编程语言概述.txt', 'r', encoding='utf-8')
02 print(f.readline())
03 f.close()
```

执行代码后只会输出“编程语言概述.txt”文件中的一行内容，输出结果如图7-17所示。

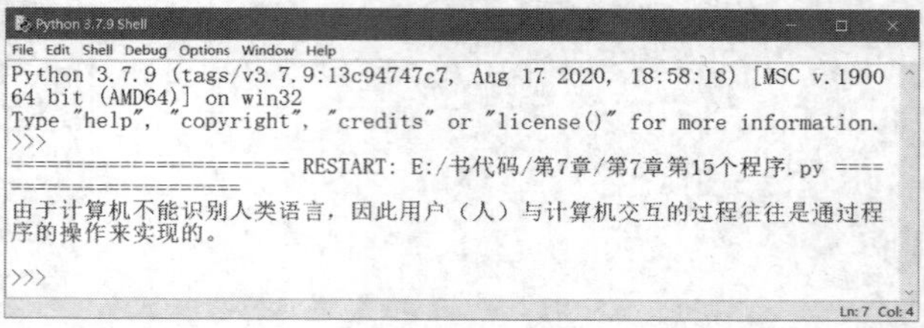

```
Python 3.7.9 Shell
File Edit Shell Debug Options Window Help
Python 3.7.9 (tags/v3.7.9:13c94747c7, Aug 17 2020, 18:58:18) [MSC v.1900 64 bit (AMD64)] on win32
Type "help", "copyright", "credits" or "license()" for more information.
>>>
====================== RESTART: E:/书代码/第7章/第7章第15个程序.py ======================
由于计算机不能识别人类语言，因此用户（人）与计算机交互的过程往往是通过程序的操作来实现的。

>>>
Ln: 7 Col: 4
```

图 7-17

如果往readline()中填入参数6，则表示读取当前行内容中的前6个字符，代码如下：

```
01 f = open('E:\书代码\第7章\编程语言概述.txt','r',encoding='utf-8')
02 print(f.readline(6))
03 f.close()
```

代码执行结果：

```
由于计算机不
```

- **readlines() 方法**

readlines()方法的使用形式如下：

```
readlines(hint=-1)
```

功能：从文件中读取所有行的内容，以列表形式返回，每行内容为列表中的一个元素。

参数hint：获取所在行内容的hint个字符。例如第1行有5个字符，hint=5，就只读取第1行内容（hint≤5时都只会读取第1行的内容）。第2行如果有5个字符，hint=6，会读取第1行和第2行内容（5≤hint≤11时会读取前两行的内容）。

返回值：包含文件内容的列表。

示例代码（获取文件的全部内容）：

```
01 f = open('E:\书代码\第7章\编程语言概述.txt','r',encoding='utf-8')
02 print(f.readlines())
03 f.close()
```

代码执行结果如图7-18所示，外层使用了方括号括起来，表明输出结果是一个列表。列表中包含文件的所有内容，且列表的元素即文件中的一行内容。可以看到输出结果中存在两个\n，表明输出结果中有两个换行符。

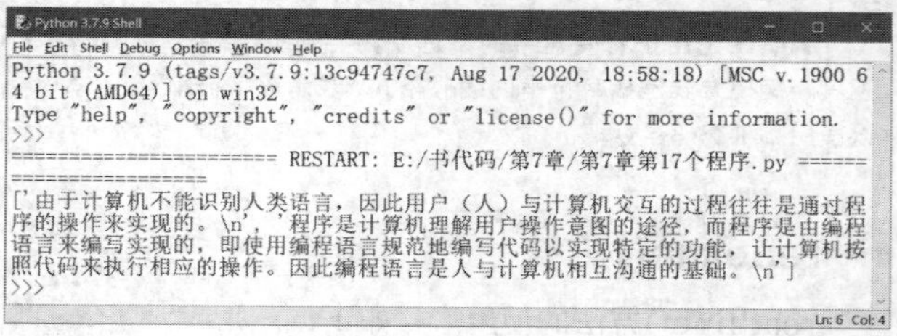

```
Python 3.7.9 Shell
File Edit Shell Debug Options Window Help
Python 3.7.9 (tags/v3.7.9:13c94747c7, Aug 17 2020, 18:58:18) [MSC v.1900 64 bit (AMD64)] on win32
Type "help", "copyright", "credits" or "license()" for more information.
>>>
====================== RESTART: E:/书代码/第7章/第7章第17个程序.py ======================
['由于计算机不能识别人类语言，因此用户（人）与计算机交互的过程往往是通过程序的操作来实现的。\n', '程序是计算机理解用户操作意图的途径，而程序是由编程语言来编写实现的，即使用编程语言规范地编写代码以实现特定的功能，让计算机按照代码来执行相应的操作。因此编程语言是人与计算机相互沟通的基础。\n']
>>>
Ln: 6 Col: 4
```

图 7-18

这3种方法有各自的适用场景，read()方法适用于文件不大的情况，因为当文件比较大，例如文件大小为300MB时，使用read()方法会一次性将整个文件的内容全部读取到内存中，容易导致计算机出现卡顿甚至宕机。所以当文件较大时，建议读者使用readline()或readlines()方法，这两种方法会一行行地读取内容，能减少计算机卡顿或宕机的状况。

- **for 循环遍历**

读取文件内容还可以通过for循环遍历的方式来实现。

示例代码:

```
01 f = open(r'E:\书代码\第7章\编程语言概述.txt','r',encoding='utf-8')
02 for line in f:
03     print(line)
04 f.close()
```

第1行代码以'r'模式打开“E:\书代码\第7章\编程语言概述.txt”文件，且将编码方式设置为UTF-8。

第2行代码是一个for循环语句，循环内容为文件对象f，此方法可以将f对象中的内容一行行地赋值给变量line。

执行代码后的输出结果如图7-19所示。

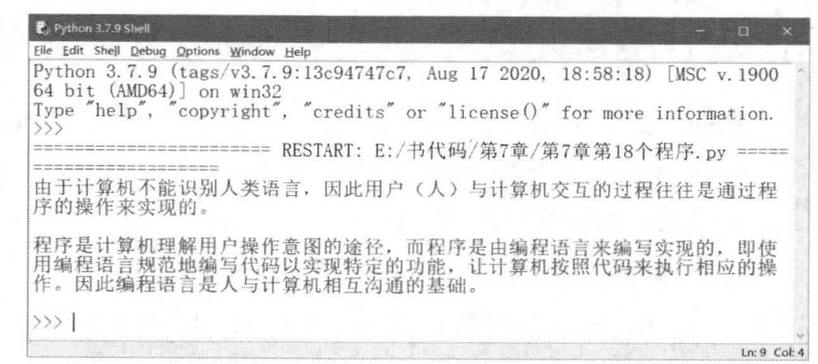

图 7-19

由图7-19中的输出结果可以看出每行内容存在两次换行，这是因为print()函数在每次执行后都会在末尾输出一个换行符，而文件内容中也有换行。这种情况下可以通过`print(line, end='')`设置print()不换行的形式使输出结果和文件内容保持一致。

for循环遍历文件的方法更方便灵活，且无须使用read()、readline()或readlines()读取方法。遍历读取文件会一行一行地读取，因此不用担心文件过大而导致系统卡顿或宕机。

7.2.3 写入文件

7.2.2小节实现了读取文件的操作，本小节主要实现把内容写入文件，因此需要使用到写入的方法，写入的方法有write(参数)和writelines(参数)。

- **write() 方法**

write()方法的使用形式如下:

```
write(text)
```

功能：把字符串text写入文件。

参数text：表示需要写入的信息，其数据类型为字符串类型。

返回值：返回写入的字符数（字符串的长度）。

示例代码（往文件中写入内容）:

```
01 f = open(r'E:\书代码\第7章\编程语言概述.txt','w',encoding='utf-8')
02 print(f.write('我正在学习Python'))
03 f.close()
```

第1行代码表示打开“E:\书代码\编程语言概述.txt”文件，由于使用了'w'模式，因此会将原有“编程语言概述.txt”文件的内容全部清除。

第2行代码将字符串'我正在学习Python'通过write()方法写入“编程语言概述.txt”文件。

第3行代码使用close()方法关闭文件，第2行代码写入的内容只有在关闭文件时才能保存下来。如果读者忘记在代码最后使用close()可能会导致写入的内容无法被保存到文件中。

代码执行后的输出结果为11，表示写入的字符串长度为11，打开“编程语言概述.txt”文件后的显示效果如图7-20所示。

图 7-20

- **writelines() 方法**

writelines()方法的使用形式如下：

```
writelines(lines)
```

功能：把字符串列表（列表中的元素均为字符串）写入文件，且不添加换行符。

参数lines：字符串列表。

返回值：返回None，表示空。

示例代码（将字符串列表的内容写入文件）：

```
01 f = open('E:\书代码\第7章\a7.txt','w',encoding='utf-8')
02 ls = ['zhangsan','lisi','wangwu']
03 print(f.writelines(ls))
04 f.close()
```

执行代码后会出现异常错误，这是因为字符串中的路径地址是非法的，系统会将'E:\书代码\第7章\a7.txt'中的\a默认为转义字符，因此在书写地址时要用\\替代\。修改后的新代码如下：

```
01 f = open('E:\\书代码\\第7章\\a7.txt','w',encoding='utf-8')
02 ls = ['zhangsan','lisi','wangwu']
03 print(f.writelines(ls))
04 f.close()
```

在第1行代码中，由于文件夹“E:\\书代码\\第7章”中并没有a7.txt文件，因此程序会在文件夹“E:\\书代码\\第7章”中创建一个名为“a7.txt”的新文件。第3行代码将列表ls写入文件对象f中，由于writelines()方法并不返回内容，因此输出结果为None。

7.3 文件的读取位置和路径

当对文件进行操作时，不管是读取文件还是写入文件，其执行顺序都是从文件开头依次向下，且内存会记录读取文件和写入文件的位置，再次执行时会从记录中最近的执行位置处继续执行。例如使用readline()方法读取文件的第1行内容后，再次使用readline()会继续读取第2行内容，写入文件操作与此相似。

7.3.1 调整文件的读取位置

当读取到文件末尾，需要跳转到文件开头重新读取时；或当写入到文件末尾，需要重新在文件开头写入内容时，可以使用seek()方法。其使用形式如下：

```
seek(cookie, whence=0)
```

功能：把文件指针（用于指明文件读取的位置）移动到新的位置。

参数cookie：表示相对于whence位置的偏移量，如果为正数表示向右偏移，如果是负数表示向左偏移。一个汉字的偏移量是3。

参数whence：表示文件指针设定的位置，默认值为0，表示从文件开头处开始计算，值为1表示从当前位置开始计算，值为2表示从文件结尾处开始计算。

示例代码（实现多次读取文件内容）：

```
01 f = open(r'E:\书代码\第7章\编程语言概述.txt','r',encoding='utf-8')
02 print(f.readline(),end='')
03 print(f.readline(),end='')
04 f.seek(9,0)
05 print(f.readline(),end='')
06 f.close()
```

第2、3行代码会按顺序依次读取“编程语言概述.txt”（已恢复为最初内容）文件中第1行和第2行的内容并输出。

第4行代码中的f.seek(9,0)表示将文件读取位置移动到文件开头，因此再次使用f.readline()读取“编程语言概述.txt”文件时，会读取文件中的第1行内容，并且向右偏移9个位置。

代码执行结果如图7-21所示，输出内容中的第5行开头的“由于计”没有显示，即该部分的内容为9个偏移量。

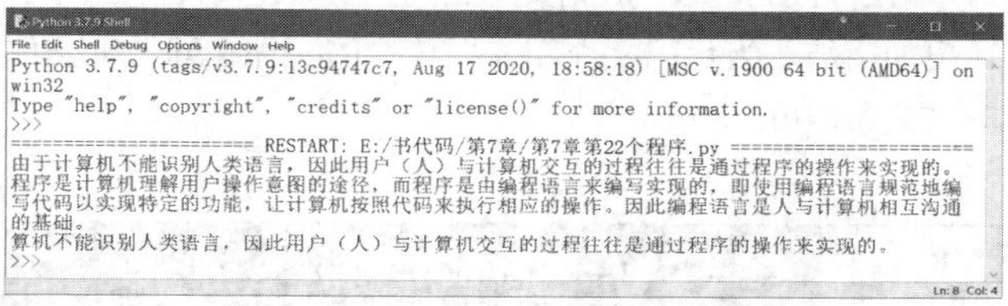

图 7-21

如果读取完毕后需要再次读取前面的内容，而没有使用seek()方法设置文件读取位置，会出现无法读取到内容的问题。修改后的新代码如下：

```
01 f = open(r'E:\书代码\第7章\编程语言概述.txt','r',encoding='utf-8')
02 print(f.read())
03 print(f.readline())
```

第2行代码中的f.read()将文件中的所有内容全部读取完毕，使得文件读取位置指向了文件末尾，导致下一行的读取操作要从文件末尾开始，而文件末尾并没有内容，因此第3行代码中的print()语句输出的f.readline()并没有实际内容。执行代码后的输出结果如图7-22所示。

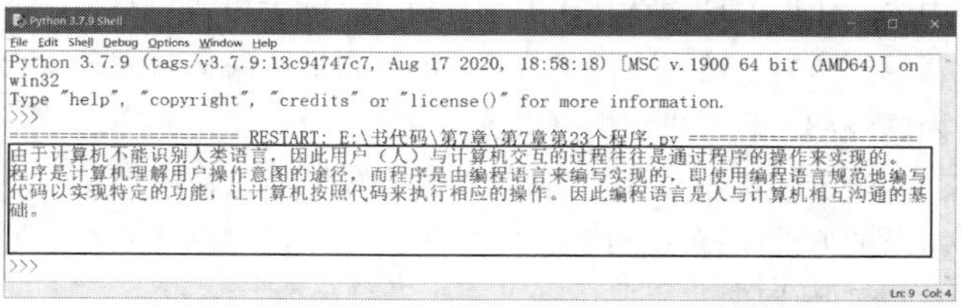

图 7-22

7.3.2 绝对路径和相对路径

在使用open()函数读取文件时，第1个参数用于表明文件的路径和名称，其中文件路径的表示方法有两种，分别为绝对路径和相对路径。7.3.1小节中涉及的文件路径都是绝对路径。

绝对路径表示从磁盘的根目录开始到目标文件的路径。相对路径表示相对于当前文件的位置到目标文件的位置。例如代码文件的绝对路径为“E:\书代码\第7章\第7章第24个程序.py”，而需要读取的目标文件的绝对路径是“E:\书代码\第7章\project_1\readme.txt”。如果需要在“第7章第24个程序.py”代码文件中读取readme.txt文件，使用从代码文件到readme.txt文件的相对路径即可。readme.txt文件的相对路径如下：

```
./project_1/readme.txt
```

开头的“.”表示从当前路径出发，即在“第7章第24个程序.py”中读取readme.txt文件中的内容，代码如下：

```
01 f = open('./project_1/readme.txt', 'a' , encoding='utf-8')
02 print(f.write('我正在学习中...'))
03 f.close()
```

第1行代码中的open()函数使用了'a'追加写模式，因此使用f.write()方法可以在readme.txt文件的末尾继续追加写入内容“我正在学习中...”。如果需要将内容追加写入文件开头，同样可以使用seek()方法来设置文件读取位置。

相对路径中的“..”表示父目录，即上一级目录，例如在E盘下有一个文件a.txt，而代码文件当前路径为“E:\书代码\第7章”，如果需要进入E盘中读取文件，可以使用“..”。

示例代码：

```
01 f = open('../a.txt','r',encoding='utf-8')
02 print(f.read())
03 f.close()
```

第2行代码在表示路径时使用了“..”进入父目录，从而获取父目录中的a.txt文件。相对路径与绝对路径相比更加简洁。当代码文件和需要读取的文件在同一个文件夹中时，直接在open()的第1个参数中填入需要读取的文件名即可。

7.4 CSV 文件

CSV文件是一种逗号分隔式字符文件，可以被大部分的软件直接识别，例如记事本或Excel均可直接打开CSV文件。

CSV文件的特点是每个数据之间使用逗号分隔开。例如图7-23所示为一个在记事本中打开的CSV文件，里面的每个数据之间都使用了逗号（英文格式）分隔。当使用Excel打开该CSV文件时，每个数据占据一个单元格，每个数据所在单元格的位置由逗号决定，因此在Excel中不显示数据之间的逗号，如图7-24所示。如果使用Excel打开CSV文件后发现里面的数据是乱码，这是因为Excel默认的编码方式不是UTF-8，读者可以自行设置编码方式，在网上搜索“将Excel的默认编码方式改为UTF-8”即可找到相关设置方法。

由于CSV文件属于字符文件，因此可以直接使用本章的方法来操作CSV文件。

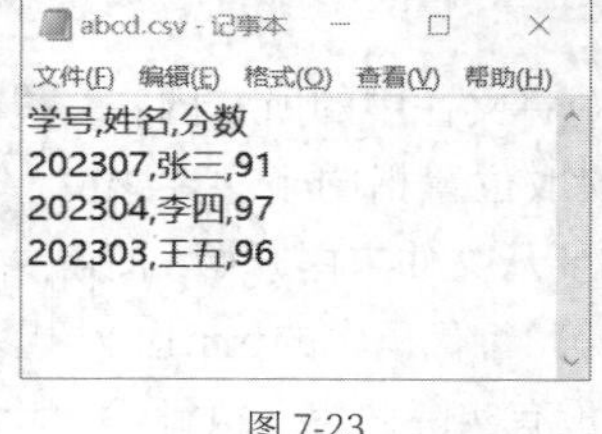

图 7-23

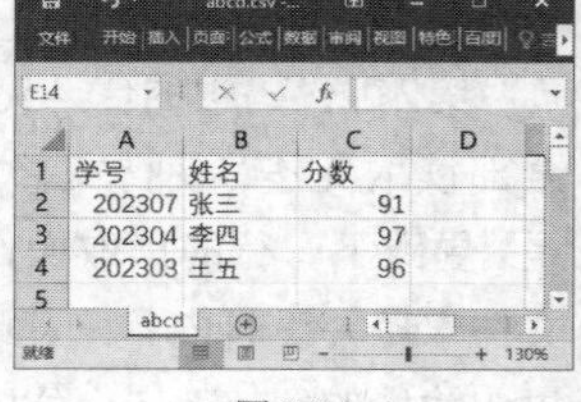

图 7-24

示例代码：

```
01 f = open('abcd.csv','r')
02 print(f.read())
03 f.close()
```

代码执行结果：

```
学号,姓名,分数
202307,张三,91
202304,李四,97
202303,王五,96
```

注意

只有文件中每个数据之间使用英文格式的逗号隔开，并且文件的扩展名为.csv，该文件才是标准的CSV文件，才可以被Excel打开。

除TXT文件、CSV文件外，open()函数还可读取其他类型的字符文件，例如HTML文件、Python代码文件等。

项目案例 1 实现读取“中国十二时辰 .csv”文件

项目描述

在“E:\书代码\第7章”文件夹中存在一个“中国十二时辰.csv”文件，该文件中存储了中国十二时辰的介绍信息，具体内容如图7-25所示。

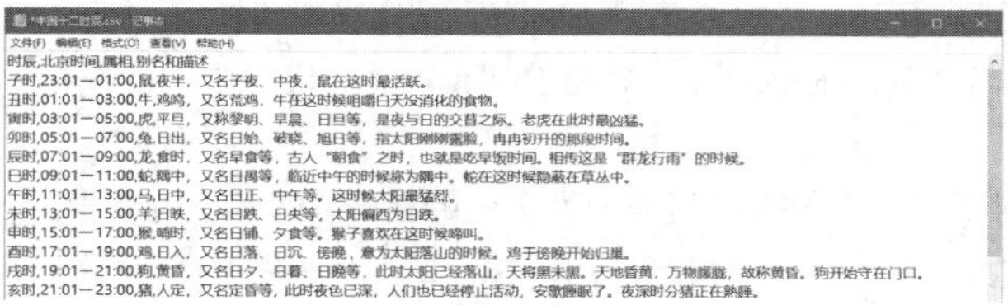

```
文件(F) 编辑(E) 格式(O) 查看(V) 帮助(H)
时辰,北京时间,属相,别名和描述
子时,23:01—01:00,鼠,夜半，又名子夜、中夜，鼠在这时最活跃。
丑时,01:01—03:00,牛,鸡鸣，又名荒鸡，牛在这时候咀嚼白天没消化的食物。
寅时,03:01—05:00,虎,平旦，又称黎明、早晨、日旦等，是夜与日的交替之际。老虎在此时最凶猛。
卯时,05:01—07:00,兔,日出，又名日始、破晓、旭日等，指太阳刚刚露脸，冉冉初升的那段时间。
辰时,07:01—09:00,龙,食时，又名早食等，古人“朝食”之时，也就是吃早饭时间。相传这是“群龙行雨”的时候。
巳时,09:01—11:00,蛇,隅中，又名日禺等，临近中午的时候称为隅中。蛇在这时候隐藏在草丛中。
午时,11:01—13:00,马,日中，又名日正、中午等。这时候太阳最猛烈。
未时,13:01—15:00,羊,日昳，又名日跌、日央等，太阳偏西为日跌。
申时,15:01—17:00,猴,晡时，又名日铺、夕食等。猴子喜欢在这时候啼叫。
酉时,17:01—19:00,鸡,日入，又名日落、日沉、傍晚，意为太阳落山的时候。鸡于傍晚开始归巢。
戌时,19:01—21:00,狗,黄昏，又名日夕、日暮、日晚等，此时太阳已经落山，天将黑未黑。天地昏黄，万物朦胧，故称黄昏。狗开始守在门口。
亥时,21:01—23:00,猪,人定，又名定昏等，此时夜色已深，人们也已经停止活动，安歇睡眠了。夜深时分猪正在熟睡。
```

图 7-25

第1行内容为表头，分别说明对应时辰的名字、对应北京时间、对应属相及对应时辰的别名和描述。表头下面的12行内容均为对应时辰的数据和相关描述。

项目任务

任务1：用户输入时间后，系统自动分析输出对应时间的时辰名、属相、别名和描述。

任务2：在任务1的基础之上，实现用户可以循环输入信息，并加入对输入时间的格式处理操作，当输入时间的格式不正确时，程序将输出“输入时间格式错误”。输入时间格式不正确的情况有小时数和分钟数超出范围，或者传递的不是数值。

项目实现步骤

根据项目任务要求，首先需要读取“中国十二时辰.csv”文件内容。接着为了识别每一行中各个元素，需要将元素信息存入一个列表，方便根据用户输入的信息来读取文件信息。

项目实现代码

```
01 fo = open("中国十二时辰.csv" ,"r",encoding = 'utf-8')
02 ls = []
03 for line in fo :
04     line = line.replace("\n","")    #取消每一行的换行符
05     ls.append(line.split(","))
06 while True:
07     time_num = input("请输入时间:")
08     try :
09         if(24<int(time_num[0:2]) or int(time_num[0:2])<0 or 60 < int(time_num[3:]) or 
int(time_num[3:]) <0):
10             print("输入时间格式错误")
11             continue
12     except:
13         print("输入时间格式错误")
14         continue
15     time_fen = int(time_num[0:2])*60 + int(time_num[3:])
16     for line in ls[1:] :
17         time_first = int(line[1][0:2])*60 + int(line[1][3:5])
18         time_last = int(line[1][6:8])*60 + int(line[1][9:])
19         if  time_first <= time_fen <= time_last :
20             print('时辰:',line[0],'\n属相:',line[2],'\n别名和描述:',line[3])
21         elif  (23*60 < time_fen <= 24*60)  or (0 <= time_fen <= 1*60):
22             print('时辰:',ls[1][0],'\n属相:',ls[1][2],'\n别名和描述:',ls[1][3])
23             break
24 fo.close()
```

第1行代码使用open()函数读取“中国十二时辰.csv”文件。

第2行代码定义列表ls用于后面保存文件中每一行的内容。

第3行代码使用for循环遍历“中国十二时辰.csv”文件。

第4行代码使用replace()函数将文件每一行内容中的换行符删除，便于后期获取数据不受换行干扰。

第5行代码将每一行的内容通过split()方法分隔为一个列表，并将分隔后的列表通过append()方法添加到列表ls中，因此列表ls为二维列表，读者可使用print()语句观察输出后的效果。

第6行代码使用while无限循环的方法，实现用户可以无限次输入时间获取信息的功能。

第7行代码使用input()等待用户输入时间，并结合第8～14行代码中的try+except语句（详见3.3节）确保用户格式输入正确。

第9行代码使用if条件判断用户输入的时间是否为正确的格式，确保小时数为0～24，分钟数为0～60。

第15行代码将小时数转换为分钟数，即将当前用户输入的时间转换为分钟数，便于后面比较时间的大小。

第16行代码开始遍历列表ls中的内容，用于将用户输入的时间和列表ls中存储的时间进行对比。

第17、18行代码使用二维数据索引的方式获取文件中每一种时辰的时间，并将开始的时间和结束的时间都转换为分钟数，以方便和用户输入的时间进行比较。

第19行代码使用if语句将用户输入的时间分别与文件中的时辰一一比较，判断是否属于某一时辰的时间区间内，如果条件满足，则表示找到用户输入的时间所隶属的时辰。接着通过第20行代码输出当前时辰所对应的信息。

第21行代码用于判断用户输入的时间是否正好处于23点～1点，由于此时间段的大小匹配与其他时间段的有区别（并不是后面的时间都大于前面的时间），因此需要进行额外处理。

执行代码后的输出结果如图7-26所示，当用户输入时间“11:48”后，程序将直接输出对应的时辰和相关描述信息。

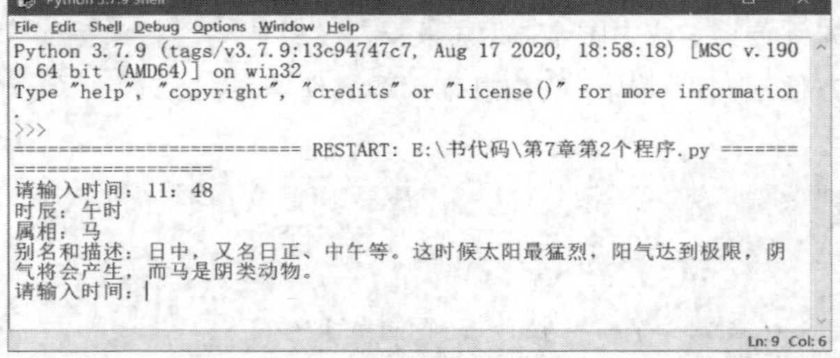

图 7-26

本项目涉及数据之间的处理，使用了前几章的众多知识点，例如使用for循环语句遍历CSV文件并处理每一行数据，将每一行的数据进行一次处理后再添加到列表中；使用while循环语句结合input()函数循环判断用户输入的时间；使用try+except语句在用户输入非法数据时进行提示并让用户重新输入时间；使用for循环结合if+elif语句将输入的时间转换为中国十二时辰。

本项目是一个较为经典的办公数据处理项目，读者将来在办公领域中需要处理的大部分数据的难度与本项目相当。读者需要将之前章节的知识点进行吸收再应用到具体项目的实践处理中，还要多阅读和练习。

项目案例 2 实现整理 HTML 网页内容

项目描述

笔者计算机中存在一个名为“中国城市名称大全.html”的文件，该文件来源于笔者利用爬虫工具（详见第15章，本项目不涉及爬虫的具体内容，读者了解一下名词即可）在网络上爬取的关于中国城市名称大全的网页文件，可以使用浏览器打开该文件进入相关网页，也可以使用记事本打开并读取网页代码，如图7-27和图7-28所示。

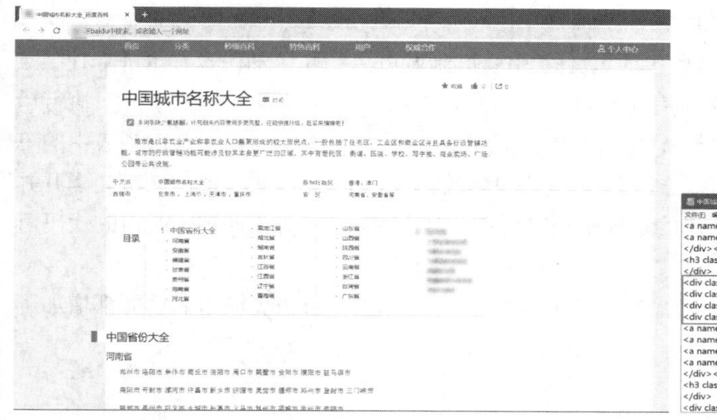

图 7-27

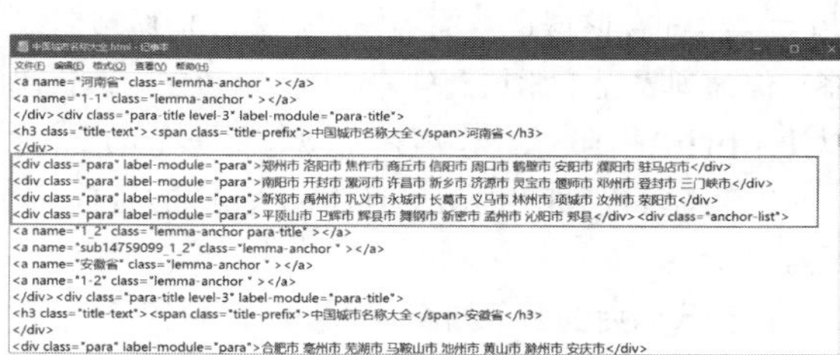

图 7-28

项目任务

任务1：将中国的所有城市名称写入“城市大全.csv”文件，城市名称之间使用逗号分隔，使用记事本和Excel打开该文件后的效果如图7-29和图7-30所示。

任务2：将每个城市名自动写入Excel表格的第1行作为表头，以便于后期继续进行深入操作。

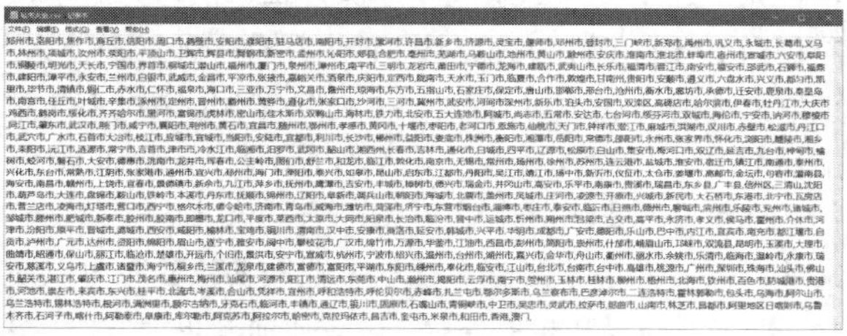

图 7-29

图 7-30

注意

从图7-28中可知“中国城市名称大全.html”文件中的城市名称分别分布在不同的位置，因此需要使用代码从文件中提取出各个城市名。读者打开文件可以观察到每行城市名的前后都有相同的标签，如图7-28所示，每行城市名的前面都有相同的<div class="para" label-module="para">，因此只要当程序循环遍历至此部分的内容时，就可按照索引的方式找到后面的城市名。

项目实现代码

```
01 f1 = open('中国城市名称大全.html' , 'r' , encoding = 'utf-8')
02 f2 = open('城市大全.csv' , 'w')
03 a = []
04 for line in f1:
05     if '<div class="para" label-module="para">' in line:
06         a += line.split('>')[1].split('<')[0].split(' ')
07 for i in a:
08     f2.write(i+',')
09 f1.close()
10 f2.close()
```

第1行代码使用open()函数打开“中国城市名称大全.html”文件，设置为只读模式。

第2行代码打开文件“城市大全.csv”文件，用于保存城市名称，设置为覆盖写模式。

第3行代码定义一个空列表a用于保存所有的城市名称。

第4行代码开始遍历读取“中国城市名称大全.html”文件中的内容。line表示文件中的每行内容。

第5行代码用于判断当前行是否有字符串'<div class="para" label-module="para">'，如果有，则表示找到带有城市名信息的行。

第6行代码首先执行split()方法，将行的内容通过字符'>'分隔为列表。分隔后的效果如`['<div`

class="para" label-module="para"', '长沙市 郴州市 益阳市 娄底市 株洲市 衡阳市 湘潭市</div>', '\n']。可以发现列表中城市名位于索引号1处，因此可通过[1]索引获取到城市名，即字符串'长沙市 郴州市 益阳市 娄底市 株洲市 衡阳市 湘潭市</div'。再次使用split()方法，将行的内容通过字符'<'分隔为列表，执行后的结果为['长沙市 郴州市 益阳市 娄底市 株洲市 衡阳市 湘潭市', '/div']。再次通过[0]索引获取列表中的第1个元素，即存储城市名的字符串信息。但城市名都连接在一起，因此继续使用split()方法将每个城市名隔开并将其作为列表元素添加到列表a中。读者在阅读代码的过程中一定要在计算机中实现一下，遇到不明白的代码可以使用print()函数输出数据值，观察数据值的变化。

第7、8行代码使用for循环将列表a中的所有城市名写入“城市大全.csv”文件，且每个城市名后面都增加了逗号。

执行代码后的效果如图7-29和图7-30所示。

总结

本章主要介绍了文件（以文本文件为主）的操作方法。首先阐述了文件的组成及编码方式。然后介绍了操作文件的步骤，包括打开文件、读取文件和写入文件。通常使用open()函数打开文件，且文件有多种打开模式，打开模式决定了创建的文件对象是否可以被读取或写入。读取文件的方法主要有3种，在文件较小的情况下使用read()方法。文件较大时则使用一行一行读取的方式，包括readline()方法、readlines()方法及for循环遍历。写入文件的方法有两种，即write()方法和writelines()方法，两者的主要区别在于write()方法会将内容以字符串的形式写入文件，而writelines()会将字符串列表写入文件。接着介绍了当文件读取位置需要改变时可以使用seek()方法来调整读取位置。涉及代码文件中的两种路径，即绝对路径和相对路径，后者比前者更为方便、灵活，在使用相对路径时只需要考虑当前代码所在文件与目标文件的路径。最后特别介绍了.csv格式，它是一种通用的且相对简单的文件格式，被用于多个工作领域中，很多编辑器软件都可以识别CSV文件。

处理文件是办公领域较为重要的一部分，本章内容是文件操作的基础，其中的项目案例充分展示了办公领域中的数据该如何处理。读者在学习文件操作时，比如在学习后面的Excel文件操作和Word文件操作时，不仅要学会获取文件中的内容，还要明白处理文件内容才是办公领域的核心。处理文件内容涉及第2～4章的基础知识，读者需要不断练习编写代码，加强对基础知识的灵活使用。

第 8 章

库

本章主要介绍库的知识，库相当于Python的仓库，在代码中使用库中的工具可以实现更多的功能。Python库分为标准库和第三方库，其中标准库是Python自带的库，在安装Python时会自动将标准库安装到计算机中。第三方库是由第三方机构开发的库，并不是Python官方提供的库，因此用户在使用前需要自行下载。

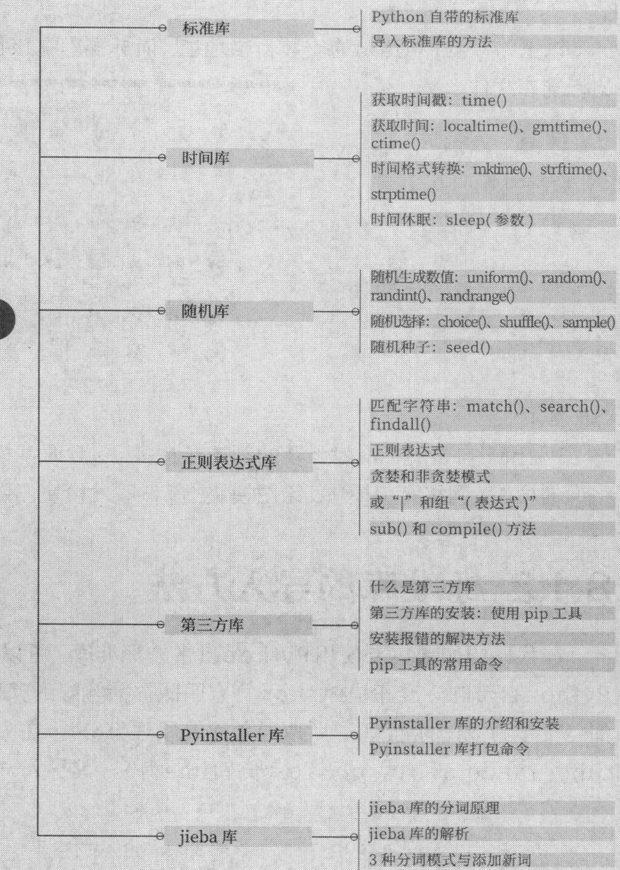

8.1 标准库

Python提供了大量的标准库以便用户开发项目，本节主要介绍标准库及其使用方法。在使用标准库前需要将标准库导入代码文件。

8.1.1 标准库的介绍

标准库是Python自带的库，无须下载，可直接使用。标准库的目录地址可以通过以下代码（代码的含义详见9.5.1小节）获取：

```
import sys
print(sys.exec_prefix)
```

该代码中的sys.exec_prefix可用于获取当前Python的安装目录地址。

代码执行结果：

```
C:\Users\Administrator\AppData\Local\Programs\Python\Python37
```

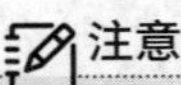注意

不同操作系统的Python的安装目录地址是不同的，这里展示的是笔者计算机上的Python的安装目录地址。

以上路径为Python的安装目录地址，而标准库在该目录地址下的Lib文件夹中，图8-1所示为Python自带的标准库文件。

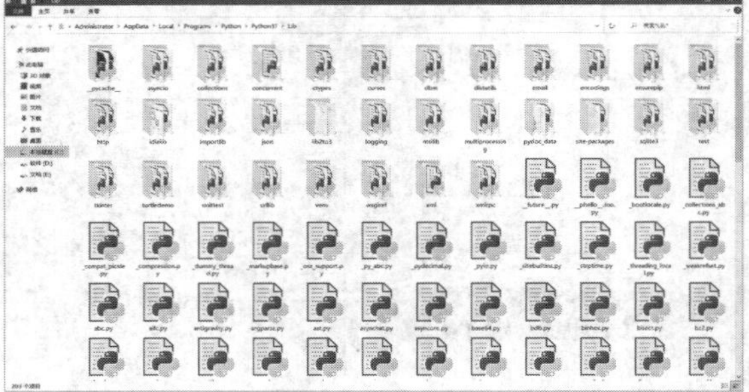

图 8-1

Python自带的标准库涉及的领域非常多，包含时间模块、随机库模块、正则表达式模块、图形界面模块、网络通信模块、网络爬虫模块、绘图模块、邮件收发模块、网页设计模块等。

8.1.2 标准库的导入方法

在代码中如果需要使用Python自带的标准库，可以使用保留字from和import导入相应的标准库。因为Python自带的标准库是Python官方团队提前写好的代码文件或文件夹（例如图8-1中的大部分文件或文件夹都是一个独立的标准库），所以导入库的原理与6.4节在文件中导入类的原理相同。8.2～8.4节将会介绍标准库time、random和re。这里以标准库time为例，其导入方法如下：

```
import time                    #导入整个time库
from time import sleep         #导入time库中的sleep()函数
from time import *             #导入time库中的全部函数
import time as t               #导入整个time库，并且定义别名为t
```

6.4节中的from和import组合方法可导入代码所在文件夹中的文件内的函数。若导入标准库时也使用该方

法，但标准库并不在代码所在的文件夹中，又该如何导入呢？

针对这个问题，Python内部设置了3个优先搜索路径。当使用import时，例如`import water`，Python会自动按照以下步骤进行搜索。

步骤1，优先在代码所在文件夹中搜索是否存在名为water.py的代码文件。如果不存在则执行下一个搜索步骤。

步骤2，搜索Python安装路径下的Lib目录（含标准库）中是否存在名为water.py的代码文件。如果不存在则执行下一个搜索步骤。

步骤3，搜索Python安装路径下的Lib目录中的site-packages目录（即第三方库目录）中是否存在名为water.py的代码文件。如果搜索到对应的代码文件，则可以继续使用代码文件中的函数或类方法。如果仍然搜索不到文件则会出现如下报错信息，表明没有找到名为water的模块。

```
Traceback (most recent call last):
  File "E:/书代码/第8章第1个程序.py", line 4, in <module>
    import water
ModuleNotFoundError: No module named 'water'
```

注意

读者在创建代码文件时，文件名不要与标准库中的文件名或第三方库名相同。例如标准库中存在名为random.py的文件，读者不能使用与该文件名相同的代码文件名，否则将无法使用标准库中的随机函数。

8.2 时间库

Python标准库中的time库主要用于获取当前时间和设置时间的格式。在使用time库之前需要使用import将time库导入代码文件。

8.2.1 获取时间戳

时间戳表示当前时间与1970年1月1日0时0分0秒的时间差（以秒为单位）。

示例代码：

```
01 import time
02 a = time.time()
03 print(a)
```

第1行代码使用import导入time库，第2行代码使用time库中的time()函数获取时间戳。

代码执行结果：

```
1622874693.6661327
```

注意

读者执行代码后的输出结果会与该结果有差异，原因在于time.time()获取的是当前时间与1970年1月1日0时0分0秒的时间差，读者执行代码的时间与笔者编写本书的时间是不一致的。

一个程序是否优良可以通过其运行的稳定性和运行速度来判定，time()方法不仅可以检测程序代码在何时被执行，还可以测量程序的运行速度。

示例代码：

```
01 import time
02 start = time.time()
```

```
03 i = 1
04 while i<100000000:
05     i += 1
06 end = time.time()
07 print('代码启动时间:',start, '\n停止时间:',end,'\n执行时间:',end-start)
```

第2行代码中的time.time()函数用于获取当前的时间戳，即从1970年1月1日0时0分0秒到当前第2行代码运行时的时间差。

第3～5行代码表示执行while循环100000000次，主要用于模拟代码运行消耗的时间。

第6行代码再次使用time.time()函数获取当前时间戳，即从1970年1月1日0时0分0秒到当前第6行代码运行时的时间。由于中间部分的while语句执行了100000000次，计算机会花费一些时间执行代码，因此start变量获取的时间戳和end变量获取的时间戳是不同的。

代码执行结果：

```
代码启动时间：1622875428.4123268
停止时间：1622875436.47678
执行时间：8.064453125
```

从结果可以看出此程序执行100000000次while循环语句一共耗时8秒多，执行速度非常快。如果在while循环中加入print()输出语句，执行时间则会大大增加，因为print()语句在输出信息时需要CPU（Central Processing Unit，中央处理器）进行I/O（Input/Output，输入输出）操作，需要耗费的时间就会增多。

示例代码：

```
01 import time
02 start = time.time()
03 i = 1
04 while i<100000000:
05    i += 1
06    print(i)
07 end = time.time()
08 print('代码启动时间:',start, '\n停止时间:',end,'\n执行时间:',end-start)
```

第6行代码加入了print()语句，执行代码后耗费时间为1068.2438850402832秒。时间消耗非常大，因此当读者在处理大量的数据时，为了观察数据，笔者建议读者将该行的print()语句改为写入文本语句。修改后的代码如下：

```
01 import time
02 with open('o.txt','w') as f:
03     start = time.time()
04     i = 1
05     while i<100000000:
06         i += 1
07         f.write(str(i))
08     end = time.time()
09 print('代码启动时间:',start, '\n停止时间:',end,'\n执行时间:',end-start)
```

第2行代码创建了一个o.txt文件用于保存循环过程中写入的数据，执行代码后所耗费的时间为68.09210014343262秒，相比使用print()语句消耗的时间减少约93.6%。

8.2.2 获取时间

获取时间可以使用time库中localtime()、gmtime()、ctime()函数实现，但它们获取的时间各不相同。

- **localtime() 函数**

localtime()函数用于获取本地当前时间。其使用形式如下:

```
localtime(seconds=None)
```

参数seconds: 值可以为None或时间戳值。如果为None表示获取本地当前时间, 如果为时间戳值表示将时间戳seconds转换为本地当前时间。

返回值: struct_time数据对象。struct_time数据对象是Python内置数据类型, 其形式类似于元组, 具体可见以下示例代码的输出结果, 其中元素tm_year表示年份、tm_mon表示月份、tm_mday表示日期、tm_hour表示小时、tm_min表示分钟、tm_sec表示秒、tm_wday表示星期(0表示星期一, 1表示星期二, 以此类推)、tm_yday表示这一年的第几天、tm_isdst表示时间是否为夏令时(0表示非夏令时, 1表示夏令时)。

示例代码:

```
01 import time
02 a = time.localtime()
03 print(a)
04 print(list(a))
05 b = time.localtime(1622874693.6661327)
06 print(b)
```

第2行代码使用localtime()函数获取本地当前时间。不同国家和地区有各自的时区。

第5行代码使用localtime()函数将时间戳1622874693.6661327(8.2.1小节第1个示例代码获取的时间戳)转换为本地当前时间。

代码执行结果:

```
time.struct_time(tm_year=2021, tm_mon=9, tm_mday=29, tm_hour=23, tm_min=42, tm_sec=2, tm_wday=2, tm_yday=272, tm_isdst=0)
[2021, 9, 29, 23, 42, 2, 2, 272, 0]
time.struct_time(tm_year=2021, tm_mon=6, tm_mday=5, tm_hour=14, tm_min=31, tm_sec=33, tm_wday=5, tm_yday=156, tm_isdst=0)
```

该结果为笔者计算机上的输出结果, 其中第1行为获取的本地当前时间struct_time数据值, 如果需要获取到本地当前时间中的数值, 可以使用list()将struct_time数据值强制转换为列表, 见输出结果中的第2行内容, 如此便可通过列表索引的方式获取其中的时间值。输出结果中的第3行为时间戳1622874693.6661327所对应的本地当前时间。

- **gmtime() 函数**

gmtime()函数用于获取UTC(Universal Time Coordinated, 世界协调时, 又称世界标准时间。中国的时间与世界标准时间相差8个小时)时间。其使用形式如下:

```
def gmtime(seconds=None)
```

参数seconds: 值可以为None或时间戳值。如果为None表示获取当前UTC时区(0时区)的时间, 如果为时间戳值表示将时间戳转换为UTC时区(0时区)的时间。

返回值: struct_time数据对象。

示例代码:

```
01 import time
02 a = time.gmtime()
03 print(a)
```

第2行代码使用gmtime()函数获取当前UTC时区（0时区）的时间。

代码执行结果：

```
time.struct_time(tm_year=2021, tm_mon=9, tm_mday=29, tm_hour=15, tm_min=43, tm_sec=12, tm_wday=2, tm_yday=272, tm_isdst=0)
```

将该结果与上一示例代码输出的本地当前时间进行对比，tm_hour的值相差8。

- **ctime() 函数**

ctime()函数用于获取字符串形式的时间。其使用形式如下：

```
ctime(seconds=None)
```

参数seconds：值可以为None或时间戳值。如果为None表示获取字符串形式的当前时间，如果为时间戳值表示将时间戳转换为字符串形式的时间。

返回值：字符串，形式为`星期 月份 日期 小时:分钟:秒 年份`，值均用英文和数字表示。

示例代码：

```
01 import time
02 a = time.ctime()
03 print(a)
```

第2行代码使用ctime()获取字符串形式的当前时间。

代码执行结果：

```
Wed Sep 29 23:45:47 2021
```

此种表达形式为外国人常常使用的形式，顺序依次为星期、月份、日期、小时（后加冒号）、分钟（后加冒号）、秒、年份。

8.2.3 时间格式转换

时间格式转换涉及time库中的mktime()、strftime()及strptime()函数，可以实现将不同格式的时间表示进行转换，其中strftime()的使用率相对较高。时间格式化在办公过程中可用于通过代码自动获取指定格式的时间，便于将其写入指定文件，例如实现在Excel或Word文件中写入时间。

- **mktime() 函数**

mktime()函数用于将struct_time对象变量转化为时间戳。其使用形式如下：

```
mktime(p_tuple)
```

参数p_tuple：为struct_time对象，参数必须给出，否则会抛出错误。

示例代码：

```
01 import time
02 print(time.mktime(time.localtime()))
```

第2行代码使用mktime()函数将本地当前时间struct_time对象转换为时间戳，与time.time()效果相同。struct_time对象是Python内部的数据类型，用户无法构建。

- **strftime() 函数**

strftime()函数用于将struct_time对象变量转换为格式化的字符串（与字符串中的format()方法类似）。其使用形式如下：

```
strftime(format, p_tuple=None)
```

参数format：根据format格式定义输出时间。表8-1所示的内容为strftime()中的format格式化字符串，format格式化字符使用第1列中的格式化字符串表示，表格第2列和第3列分别为对应格式化字符串的解释、值范围和实例。

表 8-1

格式化字符串	解释	值范围和实例
%Y	年份	0001～9999，例如 1900
%m	月份	01～12，例如 10
%B	月名	January～December，例如 April
%b	月名缩写	Jan～Dec，例如 Apr
%d	日期	01～31，例如 25
%A	星期	Monday～Sunday，例如 Wednesday
%a	星期缩写	Mon～Sun，例如 Wed
%H	小时（24 小时制）	00～23，例如 12
%I	小时（12 小时制）	01～12，例如 7
%p	上午 / 下午	AM、PM，例如 PM
%M	分钟	00～59，例如 26
%S	秒	00～59，例如 26

参数p_tuple：为struct_time对象，函数根据format参数将struct_time对象转换为对应的格式化字符串。如果p_tuple未指定则默认传入time.localtime()。如果p_tuple中的任何一个元素越界，代码程序将会抛出ValueError。

示例代码：

```
01 import time
02 a = time.localtime()
03 b = time.strftime('%Y-%m-%d-%H:%M:%S',a)
04 print(a,'\n',b)
```

第3行代码使用strftime()将本地当前时间a转换为'%Y-%m-%d-%H:%M:%S'格式。其中%Y对应struct_time中的年份值、%m对应月份值、%d对应日期值、%H对应小时值、%M对应分钟值、%S对应秒值。

代码执行结果：

```
time.struct_time(tm_year=2022, tm_mon=9, tm_mday=7, tm_hour=16, tm_min=12, tm_sec=15, tm_wday=2, tm_yday=250, tm_isdst=0)
2022-09-07-16:12:15
```

输出结果为2022-09-07-16:12:15，这种展示效果更便于阅读。输出结果中的“-”可以更换为其他内容。

示例代码：

```
01 import time
02 b = time.strftime('%Y年-%m月-%d日-%H时:%M分:%S秒')
03 print(b)
```

代码执行结果：

```
2022年-09月-07日-16时:12分:15秒
```

注意

请读者使用Python自带的IDLE编写以上代码，若使用其他集成开发环境编写以上代码，可能会出现编码错误的情况。

- **strptime() 函数**

strptime()函数用于把一个格式化时间字符串转化为struct_time数据对象（与strftime()互为逆操作）。其使用形式如下：

```
strptime(string, format)
```

参数string：为字符串，与strftime()函数输出的字符串相同，例如'2021-09-30-12:36:19'。

参数format：生成参数string时所需的格式，与strftime()函数中的format参数相同。

示例代码：

```
01 import time
02 a = time.strptime('2021-09-30','%Y-%m-%d')
03 print(a)
```

第2行代码中格式化后的内容'2021-09-30'是通过'%Y-%m-%d'格式获取的。

代码执行结果：

```
time.struct_time(tm_year=2021, tm_mon=9, tm_mday=30, tm_hour=0, tm_min=0, tm_sec=0, tm_wday=3, tm_yday=273, tm_isdst=-1)
```

由于格式化字符串中缺少时间，因此输出结果中关于时间的参数均为0。

8.2.4 时间休眠

当要让代码程序在执行前等待一段时间，可以使用sleep(参数)来实现，其中参数为程序休眠的时长，其值可以是小数或整数，单位为秒。

示例代码：

```
01 import time
02 time.sleep(10)
03 print('此消息10秒后输出')
```

第2行代码设置程序休眠10秒钟，即在10秒后才开始执行第3行代码，读者可自行尝试并观察运行效果。

time库中还有很多其他的方法，读者可以使用dir(time)来获取time库中的所有方法，还可以使用`help(time.方法)`的形式获取相应方法的说明。

8.3 随机库

随机库可用于产生随机数据，例如抽奖游戏中，从用户选择“开始抽奖”起，系统会随机抽取“奖盘”中的一个奖项。要想实现使用代码生成随机数据，可以使用标准库random，在使用前需要通过`import random`导入random库。

8.3.1 随机生成数值

在random库中可以随机生成数值的方法有uniform()、random()、randint()、randrange()等，下面将依次介绍。

- **uniform() 方法**

uniform(参数1,参数2)方法用于生成参数1到参数2之间的随机小数，其中参数的类型都为数值类型。

示例代码：

```
01 import random
02 a = random.uniform(1,5)
03 print(a)
```

执行代码后的输出结果为2.2913853063272107，因为是随机输出的数值，所以每次运行结果都可能不同。

- **random() 方法**

random()方法用于生成0～1（不包含1）的随机小数，无须填入参数。

示例代码：

```
01 import random
02 a = random.random()
03 print(a)
```

执行代码后的输出结果为0.6109992072802352，因为是随机输出的数值，所以每次运行结果都可能不同。

- **randint() 方法**

randint(参数1,参数2)方法用于生成参数1到参数2之间的整数。

示例代码：

```
01 import random
02 a = random.randint(2,9)
03 print(a)
```

第2行代码表示在执行代码后将输出一个2～9的整数，结果为5。

- **randrange() 方法**

randrange(参数1,参数2,参数3)方法用于生成在参数1到参数2之间且步长为参数3的随机整数。

示例代码：

```
01 import random
02 a = random.randrange(0,20,5)
03 print(a)
```

第2行代码表示从0～20的范围内且步长为5的数值（0、5、10、15）中随机选取一个数值，执行代码后的输出结果为15。

8.3.2 随机选择

random库中的choice()、shuffle()、sample()函数可以实现从一些数据中随机选择一个或多个元素，下面将依次介绍。

- **choice() 函数**

choice(参数)用于从参数中随机选择一个元素，参数通常是序列类型（可以通过索引的方式获取元素）数据，例如列表、字符串。

示例代码:

```
01 import random
02 ls = ['一等奖','二等奖','三等奖','谢谢惠顾']
03 a = random.choice(ls)
04 print(a)
```

第3行代码从列表ls中随机选取一个元素，与抽奖活动的程序代码相似。笔者执行代码后的输出结果为“谢谢惠顾”。由于是随机从ls中选择一个元素，因此每次运行的结果都可能不同。

- **shuffle() 函数**

shuffle(参数)用于将参数中的元素随机打乱，参数是序列类型数据。

示例代码:

```
01 import random
02 ls = ['一等奖','二等奖','三等奖','谢谢惠顾']
03 random.shuffle(ls)
04 print(ls)
```

第3行代码使用shuffle()将列表ls中的元素顺序随机打乱。

代码执行结果:

```
['一等奖', '三等奖', '谢谢惠顾', '二等奖']
```

- **sample() 函数**

sample(参数1,参数2)用于从参数1中随机选取参数2个元素，其中参数1为序列类型数据，参数2为整数。

示例代码:

```
01 import random
02 ls = ['一等奖','二等奖','三等奖','谢谢惠顾']
03 a = random.sample(ls,2)
04 print(a)
```

第3行代码表示从ls列表中随机选择2个元素。

代码执行结果:

```
['一等奖', '谢谢惠顾']
```

8.3.3 随机种子

在某些场景下并不希望用户每次运行代码后的结果都不相同，例如小王抽奖为“二等奖”，王五抽奖为“谢谢惠顾”，每人只能抽取一种结果，且每次运行结果都相同，这时需要用到随机种子seed()函数。其使用形式如下:

```
seed(种子)
```

功能：在随机数中设置一个随机种子，下一次随机获取的值必须由该随机种子发出。

参数种子：可以是任何数据类型的，例如整数类型或字符串类型。

示例代码:

```
01 import random
02 ls = ['一等奖','二等奖','三等奖','谢谢惠顾']
03 random.seed('张三')
04 print(random.choice(ls))
```

```
05 random.seed('王五')
06 print(random.choice(ls))
```

第3行代码使用seed()函数，设置了随机种子为'张三'，下一次生成随机数据为第4行代码，使用choice()从列表ls中随机获取一个元素。

第5行代码使用seed()函数，设置了随机种子为'王五'，下一次生成随机数据为第6行代码，使用choice()从列表ls中随机获取一个元素。

代码执行结果：

```
二等奖
谢谢惠顾
```

注意

由于设置了随机种子，因此每次执行代码后的输出结果都是相同的，且不受运行的限制。读者可以多运行几次并观察输出结果。

8.4 正则表达式库

正则表达式是一种表达式语句，用于对字符串类型数据进行操作，包含从字符串中筛选出满足表达式条件的信息、将字符串中的内容进行替换等功能。在Python语言中正则表达式使用re库实现，在使用re库之前需要通过import导入。

8.4.1 匹配字符串

匹配字符串表示从字符串中筛选出满足条件的信息，这里的条件要使用一种特殊的表达式，即正则表达式表示。本小节主要介绍3种匹配字符串的方法，分别是re库中的match()函数、search()函数和findall()函数。

- **match() 函数**

match()函数的使用形式如下：

```
match(参数1,参数2)
```

功能：表示从参数2（字符串类型数据）中查找满足参数1（正则表达式）的内容，如果参数2起始位置匹配不成功的话，就返回none；如果起始位置匹配成功，就返回匹配的内容。

示例代码：

```
01 import re
02 message = '张三、李四、王五、赵六'
03 result = re.match('张三',message)
04 print(result)
```

第3行代码表示从message字符串中匹配'张三'，这里参数2并没有用到正则表达式（正则表达式会在8.4.2小节介绍）。由于message中'张三'位于开头，因此可以正确地匹配到。

代码执行结果：

```
<re.Match object; span=(0, 2), match='张三'>
```

返回的结果以正则的类型输出，其中span=(0,2)指明匹配的位置，表示在字符串索引号为0～2的位置匹配成功，匹配的内容为'张三'。现将以上代码进行修改，修改后的代码如下：

```
01 import re
02 message = '张三、李四、王五、赵六'
03 result = re.match('三',message)
04 print(result)
```

执行代码后将返回None，虽然字符'三'在message中，但并不位于message的开头，所以匹配不成功。

- **search() 函数**

search()函数的使用形式如下：

```
search(参数1,参数2)
```

功能：表示从参数2（字符串类型数据）中查找满足参数1（正则表达式）的内容，如果匹配了多个参数1，则只返回第1个匹配成功的信息。

示例代码：

```
01 import re
02 message = '张三、李四、王五、赵六、王五'
03 result = re.search('王五',message)
04 print(result)
```

第3行代码使用search()函数从message中匹配字符串'王五'，由于message中存在两个'王五'，因此执行代码后会输出第1个'王五'所在的位置及内容。

代码执行结果：

```
<re.Match object; span=(6, 8), match='王五'>
```

- **findall() 函数**

findall()函数的使用形式如下：

```
findall(参数1,参数2)
```

功能：表示从参数2（字符串类型数据）中查找满足参数1（正则表达式）的内容，如果匹配了多个参数1，则返回匹配成功的全部信息。

示例代码：

```
01 import re
02 message = '张三、李四、王五、赵六、王五'
03 result = re.findall('王五',message)
04 print(result)
```

findall()并不返回匹配的位置，只返回匹配的全部内容。

代码执行结果：

```
['王五', '王五']
```

8.4.2 正则表达式

8.4.1小节介绍的match()、search()、findall()函数中，参数1均是字符串，并没有涉及正则表达式。正则表达式是一种使用特殊符号表示字符串的规则。本小节将分别从字符范围、字符出现的次数及同一类字符这3个方向来介绍正则表达式。

- **表示字符范围**

[xyz]：字符集合，即匹配所包含的任意一个字符。例如[abc]可以匹配plain中的a。

[a-z]：字符范围，即匹配指定范围内的任意字符。例如[a-z]可以匹配a到z范围内的任意小写字母。

示例代码：

```
01 import re
02 message = 'Python93,C87,Java63,C++88'
03 result_1 = re.search('[cn]',message)
04 result_2 = re.findall('[0-9]',message)
05 result_3 = re.findall('[cn][0-9]',message)
06 print(result_1,result_2,result_3)
```

第3行代码表示从message中匹配字符c或n，只要message中包含c或n，执行代码后就会输出匹配到的第1个字符。需要注意的是大写的C是不能匹配的。

第4行代码表示从message中匹配0～9的任何一个数字，即匹配全部数字，由于使用了findall()函数，因此程序会将message中的全部数字输出。

第5行代码中的正则表达式包含[cn][0-9]，表示需要匹配两个字符，且第1个字符是c或n、第2个字符是数字。

代码执行结果：

```
<re.Match object; span=(5, 6), match='n'> ['9', '3', '8', '7', '6', '3', '8', '8'] ['n9']
```

- **表示字符出现的次数**

*：匹配前面的子表达式任意次（大于等于0次）。例如zo*能匹配"z"、"zo"和"zoo"，*等价于{0,}。

+：匹配前面的子表达式一次或多次。例如"zo+"能匹配"zo"和"zoo"，但不能匹配"z"，+等价于{1,}。

?：匹配前面的子表达式0次或一次。例如"do(es)?"可以匹配"do"或"does"，?等价于{0,1}。

^：匹配输入行首。

$：匹配输入行尾。

{n}：匹配n次，n为非负整数。例如"o{2}"不能匹配"Bob"中的"o"，但是能匹配"food"中的两个"o"。

{n,}：至少匹配n次，n为非负整数。例如"o{2,}"不能匹配"Bob"中的"o"，但能匹配"foooood"中的所有"o"。"o{1,}"等价于"o+"，"o{0,}"则等价于"o*"。

{n,m}：最少匹配n次且最多匹配m次，m和n均为非负整数且n≤m。例如"o{1,3}"将匹配"fooooood"中的前3个"o"和后3个"o"。"o{0,1}"等价于"o?"。请注意，逗号和两个数之间不能有空格。

示例代码：

```
01 import re
02 message = 'da2a7ddbre77yifed777t3fefd7777b'
03 result = re.findall('[a-z]*[0-9][a-z]',message)
04 print(result)
```

第3行代码的正则表达式中*的前面为[a-z]，表示匹配a～z范围内的任意字符，[a-z]*表示*前面的表达式范围内的字符可以出现任意多次，[a-z]*[0-9][a-z]表示匹配的最后一个字符是a～z的字母，倒数第2个字符是一个数字。

代码执行结果：

```
['da2a', '7d', '7y', '7t', '3f', '7b']
```

示例代码（验证手机号码的正确性）：

```
01 import re
02 phone_num = input("请输入您的手机号码:")
03 result = re.findall('^1[0-9]{10}$',phone_num)
04 print(result)
```

手机号码以1开头且一共有11位数字。在第3行代码中，正则表达式^1[0-9]{10}$中的^1表示输入的字符串开头必须是1（当使用match()时，可以不需要^）。[0-9]{10}表示匹配10个字符，且必须是数字。$表示匹配到行尾，表示匹配了前面的11个数字后就必须结束。当用户输入的内容超过11位或不足11位时，则不满足手机号码的要求，与正则表达式不匹配，程序将返回[]。例如输入错误的手机号码1377772，验证结果如下：

```
请输入您的手机号码:1377772
[]
```

当用户输入的手机号码与正则表达式相匹配时，代码程序将输出匹配的内容。例如输入正确的手机号码15155555555，验证结果如下：

```
请输入您的手机号码:15155555555
['15155555555']
```

示例代码（验证QQ号码是否合规）：

```
01 import re
02 QQ_number = input("请输入您的QQ号:")
03 result = re.match('[1-9][0-9]{4,10}$',QQ_number)
04 print(result)
```

QQ号码的位数为5～11位，且第1个数字不能为0。第3行代码使用了match（），需要从输入的首字符开始匹配，因此匹配的正则表达式可以省略^，[1-9]表示匹配的第1个数字只能为1～9，不能为0。[0-9]{4,10}表示可以匹配4～10个数字，$表示必须要匹配到最后一个字符。如果输入的内容与正则表达式匹配，则会输出匹配的内容；如果匹配失败则会输出None。

示例代码（验证网站用户名的正确性）：

```
01 import re
02 user_name = input("请输入您的用户名:")
03 result = re.findall('^[A-Za-z_][A-Za-z0-9_]{7,}$',user_name)
04 print(result)
```

网站用户名由字母（大小写均可）、数字和下画线组成，数字不能用作开头，且用户名长度要大于8。第3行代码中正则表达式^[A-Za-z_]表示输入的内容首字母必须是A～Z、a～z或_，[A-Za-z0-9_]{7,}表示至少匹配7个范围是A～Z、a～z、0～9或_的字符。$表示一直匹配到结尾，结尾的字符也要满足范围是A～Z、a～z、0～9或_。

- **表示同一类字符**

\d：匹配一个数字类字符，等价于[0-9]。

\D：匹配一个非数字类字符，等价于[^0-9]。^在方括号中表示非，即不匹配输入字符的首位字符。

\s：匹配任何不可见字符，包括空格、制表符、分页符等，等价于[\f\n\r\t\v]。

\S：匹配任何可见字符，等价于[^\f\n\r\t\v]。

\w：匹配包括下画线的任何单词字符，等价于"[A-Za-z0-9_]"。

\W：匹配任何不包括下画线的非单词字符，等价于"[^A-Za-z0-9_]"。

\b：匹配一个单词的边界，即单词中与空格邻接的字符。

\B：匹配非单词边界。例如"er\B"能匹配"verb"中的"er"，但不能匹配"never"中的"er"，因为"er"是"never"的单词边界。

\f：匹配一个分页符。

\n：匹配一个换行符。

\r：匹配一个回车符。

\t：匹配一个制表符。

\v：匹配一个垂直制表符。

.：匹配除"\n"和"\r"之外的任何单个字符。

示例代码（验证用户名的正确性）：

```
01 import re
02 user_name = input("请输入您的用户名:")
03 result = re.findall('^[A-Za-z_]\w{7,}$',user_name)
04 print(result)
```

第3行代码中使用正则表达式\w替换了上一示例代码中的[A-Za-z0-9_]，效果与上一示例代码的效果相同。

代码执行结果1(输入正确的用户名)：

```
请输入您的用户名:chaoxiang1234
['chaoxiang1234']
```

代码执行结果2(输入错误的用户名)：

```
请输入您的用户名:chaoxiang1234#
[]
```

示例代码（匹配非单词边界）：

```
01 import re
02 message = 'verb very never every'
03 result = re.findall(r'\w+er\B',message)   #\b是转义字符
04 print(result)
```

在第3行代码中，正则表达式r'\w+er\B'中的第一个r表示取消转义字符，因此不需要使用\\的形式。'\w+er\B'中\w+表示从message中匹配出开头部分有一个或多个单词的部分，er\B表示在message中匹配出er不是单词的边界的部分。

代码执行结果：

```
['ver', 'ver', 'ever']
```

由于verb中的er并不是单词的边界，且er的前面有一个单词v，因此此字符串将会被匹配上。very中的ver也能被匹配上。由于never中的er是单词的边界，因此不会被匹配上。every中的er不是单词的边界，且er的前面有单词ev，因此匹配的内容是ever。

示例代码：

```
01 import re
02 message = 'verb very never every'
03 result = re.findall('.e',message)
04 print(result)
```

第3行代码中的正则表达式为'.e'，表示从message中匹配两个字符，第1个字符是除"\n"和"\r"之外的任何单个字符，第2个字符是e。

代码执行结果：

```
['ve', 've', 'ne', 've', ' e', 've']
```

其中第1个've'从'verb'中匹配获取；第2个've'从'very'中匹配获取；第3个'ne'从'never'中匹配获取；第4个've'从'never'中获取；第5个'e'从'every'中的e和前面的空格匹配获取，由于'.'可以匹配除"\n"和"\r"之外的任何单个字符，因此'.e'可以匹配空格和'e'；第6个've'从'every'中匹配获取。

8.4.3 贪婪和非贪婪模式

贪婪和非贪婪模式指是否匹配更多内容，具体使用如下。

贪婪模式：默认匹配模式都是贪婪模式，匹配形式是尝试匹配尽可能多的字符，只要满足正则表达式要求就会匹配最多的字符。

示例代码（默认匹配模式为贪婪模式）：

```
01 import re
02 message = 'ccc739134792hd'
03 result = re.findall('ccc\d+',message)
04 print(result)
```

第3行代码表示从message中匹配前3个字符为'ccc'的字符，其中\d表示匹配一个数字字符，+表示匹配前面的子表达式一次或多次，即表示匹配一次或多次数字。由于默认匹配模式是贪婪模式，因此会尽可能多地匹配数字。当从'ccc739134792hd'中匹配到了'ccc7'之后还会继续匹配尽可能多的数字。

代码执行结果：

```
['ccc739134792']
```

非贪婪模式：匹配形式是尝试匹配尽可能少的字符，一旦满足正则表达式要求就不再继续匹配。在次数限制操作符后面加上“?”可以将匹配模式转换为非贪婪模式。

示例代码（将匹配模式转换为非贪婪模式）：

```
01 import re
02 message = 'ccc739134792hd'
03 result = re.findall('ccc\d+?',message)
04 print(result)
```

该代码与上一个示例代码的区别在于第3行的正则表达式部分最后增加了一个“?”，表示使用非贪婪模式匹配，只要匹配到'ccc'且后面有一个数字就不会再继续往后匹配。

代码执行结果：

```
['ccc7']
```

8.4.4 或和组

如果需要筛选出组合条件下的字符数据，可以使用或。如果需要筛选后的某部分内容，可以使用组。

或：用“|”表示，表示将两个匹配条件进行逻辑“或”（or）运算。

示例代码（匹配表达式中两个匹配条件中的一个匹配条件）：

```
01 import re
02 message = 'verb very never every'
03 result = re.findall('\w+ev|\w+ry',message)
04 print(result)
```

第3行代码使用|表示从message中匹配满足'\w+ev'条件或者满足'\w+ry'条件的内容。'\w+ev'表示匹配一个或多个单词字符，且后面的字符为ev。'\w+ry'表示匹配一个或多个单词字符，且后面的字符为ry。

代码执行结果：

```
['very', 'nev', 'every']
```

组：用“(表达式)”表示，表示将()中的表达式定义为组，并且将匹配这个表达式的字符保存到一个临时区域（一个正则表达式中最多可以保存9个组）。

示例代码（使用组的形式获取组中的内容）：

```
01 import re
02 message = 'verb very never every'
03 result = re.findall("e(.+)(.)r",message)
04 print(result)
```

第3行代码使用了组的形式，表示从'verb very never every'中匹配满足"e(.+)(.)r"条件的内容。因此匹配的内容第1个字符是e，第1个组匹配一个或多个除"\n"和"\r"之外的任何单个字符（包含空格），默认使用贪婪模式进行匹配，该模式会尽可能多地匹配内容。第2个组匹配除“\n”和“\r”之外的任何单个字符（包含空格）。即从字符串的第1个字符e开始，可以一直匹配到最后一个字符r，因此匹配的内容是'erb very never ever'。但输出时只会输出组中的内容，并不会将所有匹配的内容输出，由于有两个组，因此会输出这两个组中的内容。

代码执行结果：

```
[('rb very never ev', 'e')]
```

8.4.5 sub() 和 compile() 方法

sub()和compile()方法分别用于将字符进行替换和将字符串转换为正则表达式。

sub()方法的使用形式如下，即将字符串参数3中所有与参数1匹配的字符替换为参数2。

```
sub(参数1,参数2,参数3)
```

示例代码：

```
01 import re
02 content ='dh932hf9f934hfnf39d'
03 content = re.sub('\d','0',content)
04 print(content)
```

第3行代码将字符串content中满足正则表达式\d的内容全部替换为0。

代码执行结果：

```
dh000hf0f000hfnf00d
```

compile()方法用于创建一个正则表达式对象，可以直接使用正则表达式对象的方法匹配其他内容。

示例代码：

```
01 import re
02 content1 ='2020 12 15 12:00'
03 pattern = re.compile('\d{2}:\d{2}')
04 print(pattern.findall(content1))
```

第3行代码通过compile()方法创建了一个正则表达式对象pattern，正则表达式的内容为'\d{2}:\d{2}'，接下来可以直接使用pattern对象匹配其他内容。第4行代码直接使用pattern.方法的形式，匹配content1中满足pattern正则表达式对象的信息。

代码执行结果：

```
['12:00']
```

8.5 第三方库

本节主要介绍Python语言的第三方库，不同应用领域的项目开发涉及不同的第三方库。本节主要通过介绍第三方库的总体框架，让读者对不同领域的项目开发有一些认识。

8.5.1 第三方库的介绍

第三方库是Python官方以外的机构基于Python语言创建的具有特定功能的模块（代码文件）。由于项目开发在不同领域有不同的需求，例如Python语言可应用于数据分析领域、图形用户界面领域、游戏领域、机器学习领域、办公领域、数据可视化领域等，Python官方提供的库无法满足各个领域的全部需求。因此需要众多的第三方组织机构（可以是任何一家公司或个人团队）开发出具有有效功能的代码文件（在某个领域可以运用的具有特定功能的代码文件，例如处理Excel表格的代码文件有由Eric Gazoni（埃里克·加索尼）、Charlie Clark（查利·克拉克）开发的openpyxl库，里面包含处理Excel表格文件的大量功能代码），并使该代码文件开源共享使用。

8.5.2 不同领域的第三方库

从不同的领域出发可以将第三方库划分为多种库。接下来将从不同领域出发介绍可使用的第三方库。

图形用户界面领域的第三方库有PyQt5、PyGTK、wxPython、Kivy、Dabo等。其中PyQt5库是非常成熟的图形用户界面开发库，可以跨平台（Windows、Linux、macOS）使用，是基于Qt库结合Python语言实现的一种库。Qt库同时支持Python、C++语言。

办公领域的第三方库有openpyxl、python-docx、PyPDF2、pdfminer、python-pptx等。其中openpyxl库用于处理Excel文件。python-docx库用于处理Word文件。PyPDF2库和pdfminer库都用于处理PDF文件。python-pptx库用于处理PPT文件。

网络爬虫领域的第三方库有requests、scrapy、selenium、Beautiful Soup等。requests库用于爬取网络资源。scrapy库是一种高级Web爬虫框架，可以批量爬取大量资源。selenium库用于模拟浏览器访问网络资源。Beautiful Soup库用于解析HTML网页信息。

数据分析领域的第三方库有numpy、scipy、pandas等。numpy库擅长处理数组，虽然Python语言中自带了处理数组的功能，但numpy库在处理大量数组时速度更快，大大提高了科学计算能力。scipy库基于numpy库，增加了丰富的常用数学库函数。pandas库也基于numpy库，用于高效处理大量数据。

游戏领域的第三方库有PyWeek、pygame、Panda3D、Cocos2d、PySoy等。

数据可视化领域的第三方库有Matplotlib、seaborn、HoloViews、Plotly等。其中Matplotlib库是使用较为广泛的数据可视化库，使用几行代码即可实现曲线图、条形图、散点图等的绘制。

机器学习领域的第三方库有scikit-learn、Theano、TensorFlow等。其中TensorFlow库可用于实现神经网络和深度学习算法。

Web网页领域的第三方库有Django、Pyramid和Flask。其中Django库是用于创建Web应用框架的第三方库，该库的功能较为成熟且使用方便。

更多领域的第三方库本书不再一一列举，本书主要从办公领域出发介绍如何利用代码提高办公效率，因此用于办公领域的部分第三方库，本书后期会详细介绍。如果读者想从事Python项目开发，却不知该选择哪个领域，可以关注一下机器学习领域（人工智能）、数据分析领域（通常包含数据可视化领域）、游戏领域、网络爬虫领域、办公领域、图形用户界面领域、Web网页领域，其中机器学习领域、数据分析领域往往对数学的要求较高，需要有一定的数学基础的人才。目前市场需求较大的领域为图形用户界面领域和Web网页领域，且对数学的要求不高，接收跨专业人才。想要完成一个完整的项目并不是仅仅掌握其中某一个领域的知识即可，例如开发一个类似淘宝的电商购物App，至少需要掌握Web网页领域、数据分析领域和图形用户界面领域的知识。

8.5.3 第三方库的安装

第三方库的安装方法有3种，分别是pip工具安装方法、自定义安装方法和文件安装方法。其中pip工具安装方法最为简单，只需要一行命令即可实现第三方库的下载和安装。pip是Python自带的工具，在安装Python时，pip工具也被自动安装到计算机中。本书中所有的第三方库均可通过pip工具进行安装，因此本小节主要演示如何使用pip工具安装第三方库，其他的安装方法在后面的章节中遇到时再详细介绍。读者需要掌握本小节介绍的pip工具安装方法。

在使用pip工具前需要启动计算机中的命令提示符窗口，Windows系统用户启动命令提示符窗口，macOS系统用户启动终端窗口，如图8-2和图8-3所示。

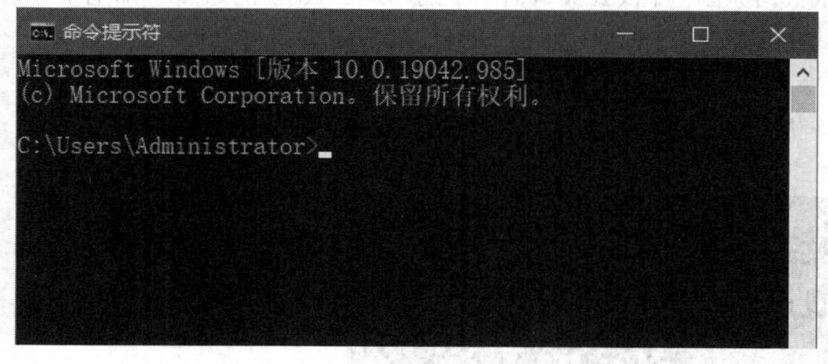

图 8-2

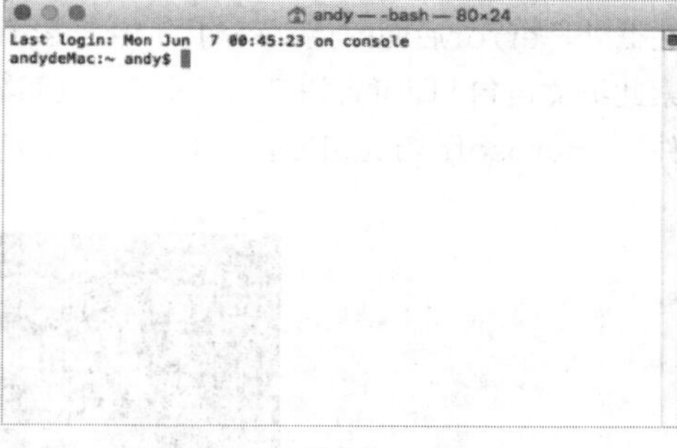

图 8-3

在命令提示符窗口或终端窗口中安装库所使用的命令形式如下：

```
pip3 install 库名
```

这里的pip3表示使用的是Python 3的pip工具。如果计算机中安装了其他版本的Python，例如macOS系统默认安装了Python 2，因此为了表明安装的库是基于Python3的，安装时需要使用pip3命令。如果Windows系统中没有安装其他版本的Python，则直接使用pip即可。

例如接下来演示安装jieba库，jieba库的作用是中文分词，能将一段话分为若干个词。在命令提示符窗口中输入以下命令并按Enter键即可下载并安装jieba库：

```
pip3 install jieba
```

使用pip install 库名命令时，pip工具首先会根据库名自动查找库的官方下载地址，找到下载地址后开始下载库文件，下载完成后再自动进行安装。jieba库安装成功的界面如图8-4所示。

图 8-4

安装失败时会出现大量红色英文，且输出的信息中没有successfully单词。若最后一行红色英文中存在RuntimeError，则表明安装时间出现问题。一般是因为库的官方下载地址是境外网站，其服务器并不在用户当前所在区域，因此通过境内访问境外服务器下载库时会出现下载不稳定的情况，从而导致下载中断，要解决该问题可以参考8.5.4小节的内容。

8.5.4 安装报错的解决方法

若读者安装时出现报错，且下载进度条全部显示为100%，此时考虑以下3种可能造成报错的原因。

第1种原因，操作系统缺失支撑软件。

第2种原因，计算机的操作系统版本和第三方库的版本之间存在不兼容的情况。

第3种原因，pip工具版本过低。

解决办法是首先从报错的英文信息中查找报错原因，即找到报错信息中的单词error，例如图8-6所示的标注框处。error后面的英文语句“Microsoft Visual C++ 14.0 is required.”即报错原因。读者在浏览器中搜索此英文语句，即可查找到有关资料，表明缺少了软件Microsoft Visual C++ 14.0，因此需要下载并安装此软件。Microsoft Visual C++ 14.0属于操作系统的支撑软件，因此图8-5所示的错误是由第1种原因引发的。

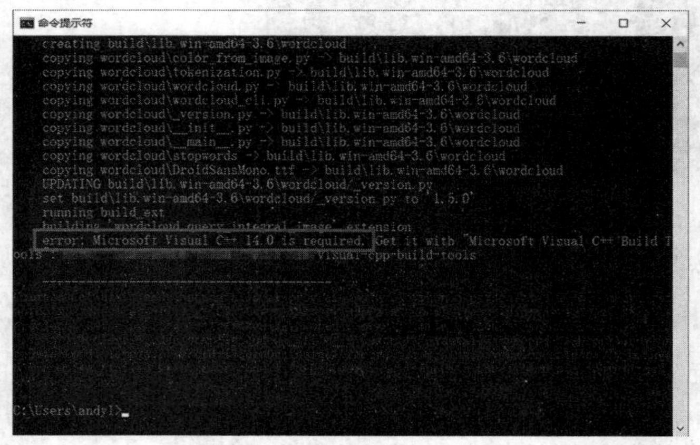

图 8-5

如果通过搜索报错的英文语句后确定是由第2种原因引发的，可以尝试更换其他版本的第三方库，在pip工具中可以使用如下命令形式：

```
pip install 库名==版本号
```

在如图8-6所示的命令提示符窗口中输入命令`pip install jieba==0.39`并按Enter键即可下载指定版本的jieba库。需要注意的是库名和版本号之间为两个等号，其中0.39为jieba库的版本号，版本号可以输入其官网网址获取（第三方库的官网网址可通过`pip show 库名`的命令形式获取，详见8.5.5小节）。

```
C:\Users\Administrator>pip install jieba==0.39
Collecting jieba==0.39
  Downloading                          pypi/web/packages/71/46/c6f9179f73b818d5827202ad1c
4a94e371a29473b7f043b736b4dab6b8cd/jieba-0.39.zip (7.3MB)
    100% |████████████████████████████████| 7.3MB 136kB/s
Installing collected packages: jieba
  Running setup.py install for jieba ... done
Successfully installed jieba-0.39
You are using pip version 9.0.1, however version 21.1.2 is available.
You should consider upgrading via the 'python -m pip install --upgrade pip' command.

C:\Users\Administrator>
```

图 8-6

如果报错原因无法找到，且报错信息中有类似以下的提示信息：

```
You are using pip version 9.0.1; however, version 21.2.4 is available.
You should consider upgrading via the 'c:\users\administrator\appdata\local\programs\python\
python37\python.exe -m pip install --upgrade pip' command.
```

此时考虑可能是第3种原因，即pip工具版本过低。解决的方法是可以通过命令`python -m pip install --upgrade pip`更新当前的pip工具。如图8-7所示，更新完pip工具后即可继续安装第三方库。

```
C:\Users\Administrator>python -m pip install --upgrade pip
Collecting pip
  Downloading pip-21.2.4-py3-none-any.whl (1.6 MB)
     |████████████████████████████████| 1.6 MB 384 kB/s
Installing collected packages: pip
  Attempting uninstall: pip
    Found existing installation: pip 20.1.1
    Uninstalling pip-20.1.1:
      Successfully uninstalled pip-20.1.1
Successfully installed pip-21.2.4

C:\Users\Administrator>
```

图 8-7

8.5.5 pip 工具的常用命令

pip工具除了8.5.3～8.5.4小节介绍的命令外，还有以下的一些常用命令：

```
pip uninstall 库名            #卸载第三方库
pip list                      #展示已安装的全部第三方库
pip show 库名                 #展示指定库的详细信息
pip download 库名             #下载第三方库安装包但不安装
pip -h                        #获取pip使用帮助
```

例如图8-8所示，在命令提示符窗口中执行命令`pip uninstall jieba`即可卸载jieba库。

```
Microsoft Windows [版本 10.0.19042.1237]
(c) Microsoft Corporation。保留所有权利。

C:\Users\Administrator>pip uninstall jieba
Found existing installation: jieba 0.42.1
Uninstalling jieba-0.42.1:
  Would remove:
    c:\users\administrator\appdata\local\programs\python\python37\lib\site-packages\jieba-
0.42.1-py3.7.egg-info
    c:\users\administrator\appdata\local\programs\python\python37\lib\site-packages\jieba\
*
Proceed (Y/n)? y
  Successfully uninstalled jieba-0.42.1

C:\Users\Administrator>
```

图 8-8

注意

在卸载库时pip工具会提醒用户确认是否卸载，即图8-8所示的第2个标注框处的`Proceed (Y/n)?`。如果确定要卸载该库，则在该语句的后面输入一个y。如果不需要卸载该库，则在该语句的后面输入一个n。

`pip list`命令用于查询当前计算机中已安装的全部第三方库。图8-9所示的内容为笔者计算机中已安装的所有第三方库，由于篇幅有限，本小节仅截取其中的部分内容。图8-10中左边为第三方库名称，右边为对应库的版本号。

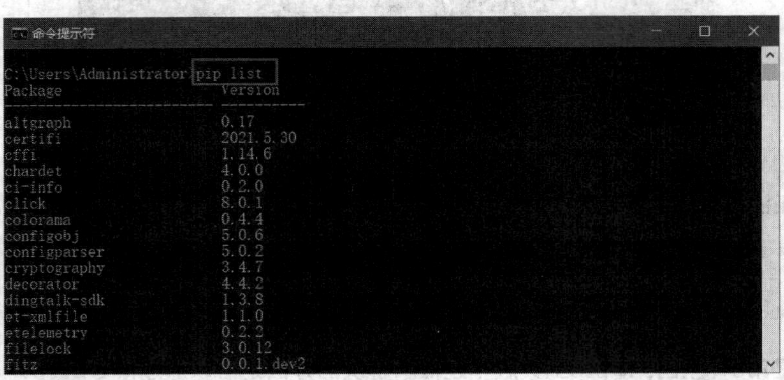

```
C:\Users\Administrator>pip list
Package                  Version
------------------------ ----------
altgraph                 0.17
certifi                  2021.5.30
cffi                     1.14.6
chardet                  4.0.0
ci-info                  0.2.0
click                    8.0.1
colorama                 0.4.4
configobj                5.0.6
configparser             5.0.2
cryptography             3.4.7
decorator                4.4.2
dingtalk-sdk             1.3.8
et-xmlfile               1.1.0
etelemetry               0.2.2
filelock                 3.0.12
fitz                     0.0.1.dev2
```

图 8-9

如果需要获取指定库的详细信息可以使用`pip show 库名`命令，如图8-10所示，执行命令`pip show requests`获取requests库的详细信息，返回的信息中各个标志的含义如下。

Name：表示库名字。

Version：表示当前安装的库的版本号。

Summary：表示库的简介。

Home-page：表示该库的主页，即库的官网（读者可进入官网查阅更多的描述信息）。

Author：表示库的开发作者。

Author-email：表示开发作者的邮箱。

License：表示开发许可协议。

Location：表示该库安装在本计算机中的位置，读者可以尝试在计算机中打开这个文件夹浏览并熟悉库。

Requires：表示该库需要依赖的其他库，一个第三方库可能是基于另一个库或其他几个库开发而成的，因此在安装一个第三方库时，会自动将其依赖的库同时安装到计算机中。

Required-by：表示依赖于requests库的第三方库。例如第19章中的moviepy库需要依赖于requests库。

```
C:\Users\Administrator>pip show requests
Name: requests
Version: 2.25.1
Summary: Python HTTP for Humans.
Home-page: https://requests.readthedocs.io
Author: Kenneth Reitz
Author-email: me@kennethreitz.org
License: Apache 2.0
Location: c:\users\administrator\appdata\local\programs\python\python37\lib\site-packages
Requires: urllib3, certifi, idna, chardet
Required-by: wxpy, pyxnat, moviepy, itchat, etelemetry, dingtalk-sdk

C:\Users\Administrator>
```

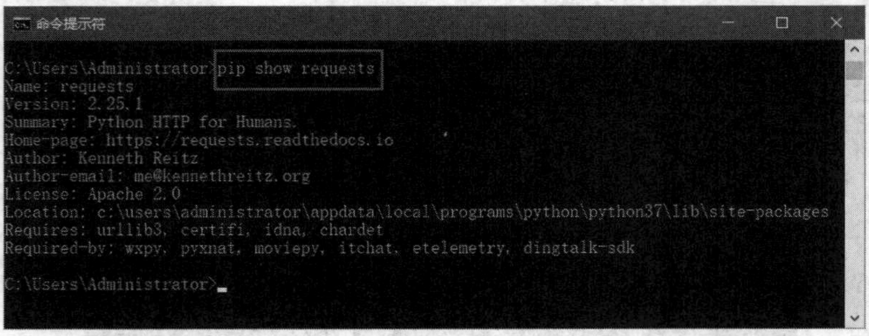

图 8-10

8.6 Pyinstaller 库

本节介绍如何通过第三方库Pyinstaller将一个源代码文件打包为可执行程序软件，且将软件发送给其他用户后，使其在无须安装Python解释器的情况下仍然可以正常使用该软件。

8.6.1 Pyinstaller 库的介绍和安装

Pyinstaller库是用于将用Python编写的源代码转换为可执行程序软件（例如Windows系统扩展名为.exe的文件，macOS系统扩展名为.pkg的文件）的第三方库。由于Python是脚本编程语言，用其编写的代码可以在含有Python解释器的计算机中直接运行，但使用Python编写的代码会展示给所有用户，用户可以轻松地修改代码，不利于数据的安全和软件的稳定。因此当一个程序开发完成后，需要将Python源代码文件转换为可执行文件。

将源代码转换为可执行文件的过程即打包，使用Pyinstaller库打包的可执行文件只能在与打包计算机所用操作系统版本相同的操作系统上运行。例如Windows 7 64位操作系统上通过Pyinstaller库打包生成的可执行文件，只能在Windows 7 64位操作系统上运行，不能在Windows XP系统或macOS系统中运行。如果需要将打包后的文件在macOS系统上运行，可以将Python源代码在macOS系统中再次打包。

在命令提示符窗口中输入以下命令并按Enter键即可下载并安装Pyinstaller库，如图8-11所示（如果安装失败可以查阅8.5.5小节中的解决方法）。

```
pip install Pyinstaller
```

图 8-11

8.6.2 Pyinstaller 库的使用

Pyinstaller库是本书中安装并开始使用的第一个第三方库，其使用方法是在命令提示符窗口或终端中执行命令，以实现相应操作或功能。其使用形式如下：

```
Pyinstaller 代码文件路径+代码文件名
```

以“E:\书代码\第8章\第8章第3个程序.py”为例，代码如下：

```
import time
a = input('请输入一个数字：')
print('您输入的信息：',a)
time.sleep(3)
```

现在需要将此代码文件打包为可执行程序，在命令提示符窗口中输入命令`Pyinstaller E:\书代码\第8章\第8章第3个程序.py`并按Enter键，如图8-12所示。在命令提示符窗口或终端中使用Pyinstaller工具打包文件，会自动生成大量的提示性文字，如图8-13所示。当执行打包结束后如果在最后几行信息中看到successfully则表示打包成功。

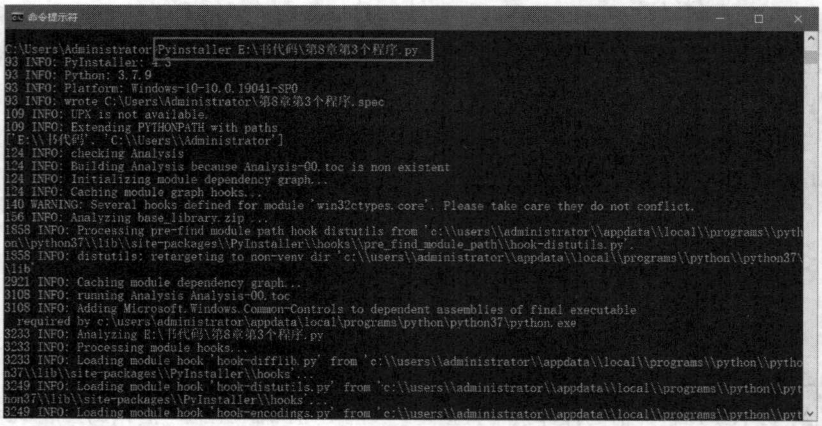

```
命令提示符
C:\Users\Administrator>Pyinstaller E:\书代码\第8章第3个程序.py
93 INFO: PyInstaller: 4.3
93 INFO: Python: 3.7.9
93 INFO: Platform: Windows-10-10.0.19041-SP0
93 INFO: wrote C:\Users\Administrator\第8章第3个程序.spec
109 INFO: UPX is not available.
109 INFO: Extending PYTHONPATH with paths
['E:\\书代码', 'C:\\Users\\Administrator']
124 INFO: checking Analysis
124 INFO: Building Analysis because Analysis-00.toc is non existent
124 INFO: Initializing module dependency graph...
124 INFO: Caching module graph hooks...
140 WARNING: Several hooks defined for module 'win32ctypes.core'. Please take care they do not conflict.
156 INFO: Analyzing base_library.zip ...
1858 INFO: Processing pre-find module path hook distutils from 'c:\\users\\administrator\\appdata\\local\\programs\\pyth
on\\python37\\lib\\site-packages\\PyInstaller\\hooks\\pre_find_module_path\\hook-distutils.py'.
1858 INFO: distutils: retargeting to non-venv dir 'c:\\users\\administrator\\appdata\\local\\programs\\python\\python37\
\lib'
2921 INFO: Caching module dependency graph...
3108 INFO: running Analysis Analysis-00.toc
3108 INFO: Adding Microsoft.Windows.Common-Controls to dependent assemblies of final executable
  required by c:\users\administrator\appdata\local\programs\python\python37\python.exe
3233 INFO: Analyzing E:\书代码\第8章第3个程序.py
3233 INFO: Processing module hooks...
3233 INFO: Loading module hook 'hook-difflib.py' from 'c:\\users\\administrator\\appdata\\local\\programs\\python\\pytho
n37\\lib\\site-packages\\PyInstaller\\hooks'...
3249 INFO: Loading module hook 'hook-distutils.py' from 'c:\\users\\administrator\\appdata\\local\\programs\\python\\pyt
hon37\\lib\\site-packages\\PyInstaller\\hooks'...
3249 INFO: Loading module hook 'hook-encodings.py' from 'c:\\users\\administrator\\appdata\\local\\programs\\python\\pyt
```

图 8-12

打包后的文件在图8-13所示的标注框中的地址处，在计算机中打开此地址，其中存在两个文件夹，分别是“dist”和“build”，如图8-14所示。其中包含很多临时文件，而打包完成的可执行文件在“dist”文件夹中，且与源代码文件同名，为“第8章第3个程序.exe”，如图8-15所示，可以将此文件复制到其他使用相同操作系统的计算机中，不需要安装Python解释器也可以运行。

```
命令提示符
C:\Users\Administrator>Pyinstaller E:\书代码\第8章第3个程序.py
93 INFO: PyInstaller: 4.3
93 INFO: Python: 3.7.9
93 INFO: Platform: Windows-10-10.0.19041-SP0
93 INFO: wrote C:\Users\Administrator\第8章第3个程序.spec
109 INFO: UPX is not available.
109 INFO: Extending PYTHONPATH with paths
['E:\\书代码', 'C:\\Users\\Administrator']
124 INFO: checking Analysis
124 INFO: Building Analysis because Analysis-00.toc is non existent
124 INFO: Initializing module dependency graph...
124 INFO: Caching module graph hooks...
140 WARNING: Several hooks defined for module 'win32ctypes.core'. Please take care they do not conflict.
156 INFO: Analyzing base_library.zip ...
1858 INFO: Processing pre-find module path hook distutils from 'c:\\users\\administrator\\appdata\\local\\programs\\pyth
on\\python37\\lib\\site-packages\\PyInstaller\\hooks\\pre_find_module_path\\hook-distutils.py'.
1858 INFO: distutils: retargeting to non-venv dir 'c:\\users\\administrator\\appdata\\local\\programs\\python\\python37\
\lib'
2921 INFO: Caching module dependency graph...
3108 INFO: running Analysis Analysis-00.toc
3108 INFO: Adding Microsoft.Windows.Common-Controls to dependent assemblies of final executable
  required by c:\users\administrator\appdata\local\programs\python\python37\python.exe
3233 INFO: Analyzing E:\书代码\第8章第3个程序.py
3233 INFO: Processing module hooks...
3233 INFO: Loading module hook 'hook-difflib.py' from 'c:\\users\\administrator\\appdata\\local\\programs\\python\\pytho
n37\\lib\\site-packages\\PyInstaller\\hooks'...
3249 INFO: Loading module hook 'hook-distutils.py' from 'c:\\users\\administrator\\appdata\\local\\programs\\python\\pyt
hon37\\lib\\site-packages\\PyInstaller\\hooks'...
3249 INFO: Loading module hook 'hook-encodings.py' from 'c:\\users\\administrator\\appdata\\local\\programs\\python\\pyt
```

图 8-13

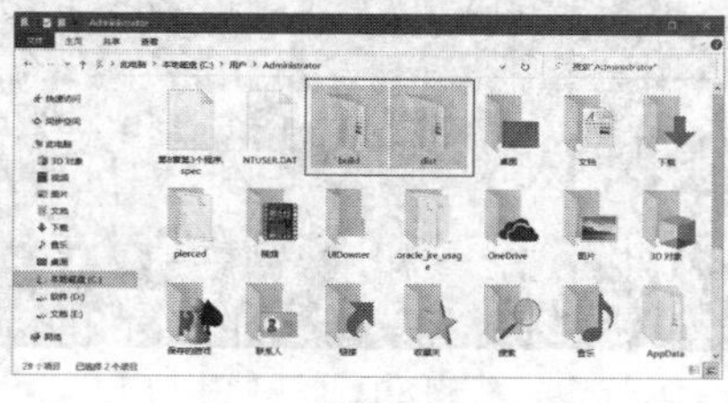

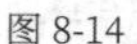

图 8-14

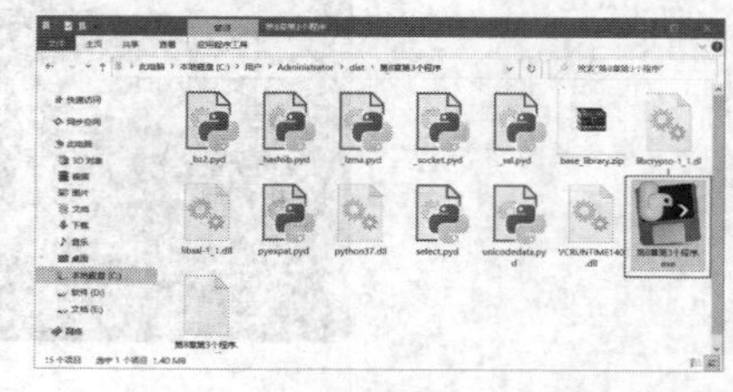

图 8-15

直接双击“第8章第3个程序.exe”文件即可运行该程序，如果计算机中安装了杀毒软件，需要提前关闭杀毒软件，以防止软件误判该文件为异常文件而直接删除。运行程序后会自动弹出一个窗口，由于程序并没有使用图形化窗口代码来设计，因此默认是程序窗口，如图8-16所示。当在冒号右边输入数字并按Enter键，程序会输出刚刚输入的信息，并且等待3秒（代码最后一行调用了时间函数休眠3秒）之后程序会自动关闭。

注意

不同于Shell界面，该程序运行结束后会自动关闭窗口而不会将其一直展示给用户。因此读者需要处理好打包后的文件执行结束时的动作，可以设置长时间的休眠来给予用户充足的时间阅读窗口内容。

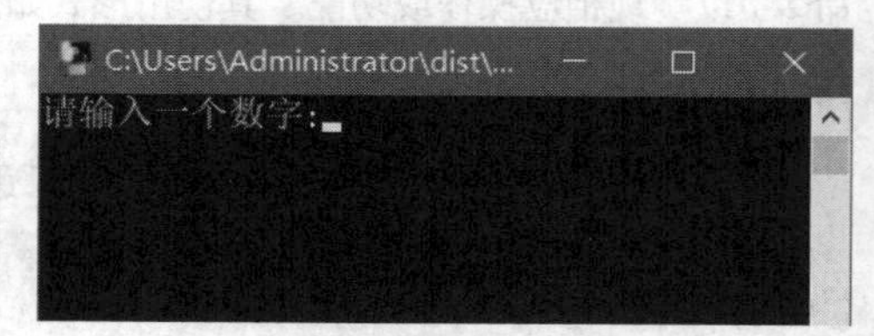

图 8-16

8.6.3 其他 Pyinstaller 命令

使用8.6.2小节中的打包命令会产生大量的临时文件，而如果在Pyinstaller命令后加入一个参数-F，可以使打包后只产生一个dist文件夹，且文件夹中只存在一个打包后的可执行文件，命令的具体形式如下：

```
Pyinstaller -F 代码文件路径+代码文件名
```

Pyinstaller命令后还可以加入其他参数，例如在命令提示符窗口中使用命令`Pyinstaller -h`返回Pyinstaller库的全部帮助信息，如图8-17所示。

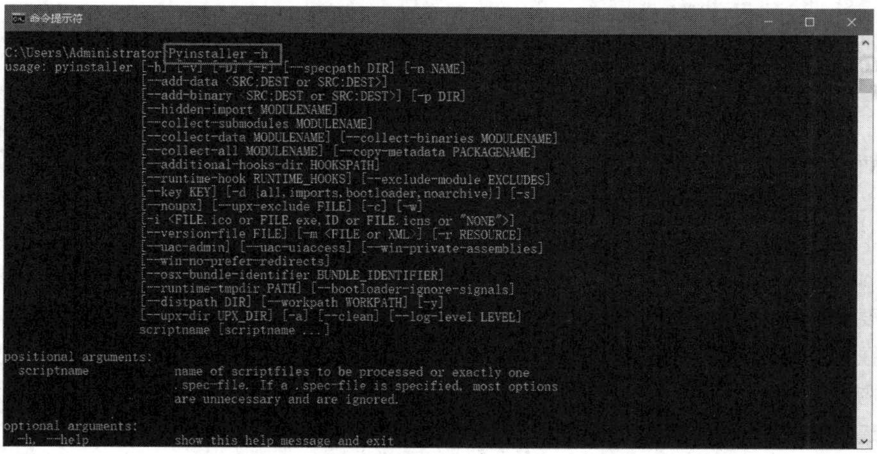

图 8-17

如果需要在程序窗口中添加图标，可以使用以下命令形式：

```
Pyinstaller -i 图标文件地址+图标文件名称 -F 代码文件路径+代码文件名
```

需要注意的是图标的格式一般为.ico格式，在使用其他格式的图片时需要先将其格式转换为.ico格式（网络上有很多将图片格式转换为.ico格式的在线工具，读者可以自行搜索）。如图8-18所示的命令即在程序窗口中添加了一个图标。

图 8-18

打包成功后，打开该可执行程序，在程序窗口的左上角会出现一个图标，如图8-19所示。由于图标的展示空间有限，因此不建议读者使用大小超过2KB的图标。

图 8-19

8.7 jieba库

本节以jieba库为例介绍如何分析库、如何快速掌握库的使用方法。请读者在学习之后的内容前务必要掌握本节中对库的分析思路。

8.7.1 jieba库的原理分析

jieba库可用于将中文的一段语句分解为单词，通常用于解析中文语句的含义。例如外国人需要学习中文，而中文语句是一直连续的文字组合。例如“我们在学习Python办公自动化”这句话，外国人在理解这句话的含义时，首先需要将这句话正确地分解为一个个单词，即“我们”“在”“学习”“Python”“办公”“自动化”，如果单词分解错误就无法理解这句话的含义，例如“我”“们在”。

将一段文字分解为一个个单词的原理是库中已经建立了“词典”，“词典”收集了汉语中的所有词语，当需要对一段文字进行分词时，会将文字的所有内容和词典进行匹配，当匹配成功时即得到一个单词。但还是会存在有歧义的问题，例如“路上行人行路上”，代码可能会将其分词为“路上”“行”“人行路”“上”，但实际的分词应该为“路上”“行人”“行”“路上”，而jieba库会使用概率最大化来决定选择哪个词。因此在建立“词典”时还需对每个词设置使用概率，概率最大的词表示使用率最高。由于一段文字中每个词的概率不同，因此jieba库中还设置了最优化算法，即选择一段文字中概率最大的词。

综上所述，jieba库分词不能保证所有的分词都是正确的，读者在后面的学习过程中可能会发现分词错误的情况。关于jieba库的安装已经在8.5.3小节进行了演示，读者可按照如图8-4所示的命令进行安装。

8.7.2 jieba库的解析

在8.6节介绍的Pyinstaller库是使用命令的形式来运行代码的，但是并没有使用代码，在jieba库中将使用代码的形式实现分词功能。

接下来对jieba库做一个简单的分析。使用pip工具下载、安装完jieba库后，打开jieba库安装目录（可通过命令`pip show jieba`返回的Location获取到安装目录地址）后，其文件分布如图8-20所示。

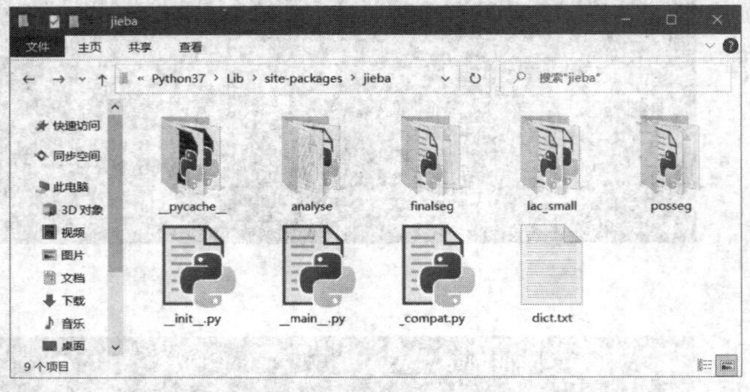

图 8-20

其中最为关键的是__init__.py文件，包含用于创建分词对象的类Tokenizer，类Tokenizer包含大量与分词相关的方法。analyse文件夹中是用于设计算法以实现分析词语的相关代码。finalseg文件夹中是用于分词完成后处理的相关代码。lac_small文件夹中是用于创建词法分析模型和模型数据读取器的相关代码。__main__.py文件可以实现使用命令的形式运行jieba库中函数的功能（与Pyinstaller库的使用方法相同）。dict.txt文件是jieba库中的词典，用于保存所有的词语。

__init__.py文件中的类Tokenizer包含处理分词的方法。本书第6章详细介绍了__init__.py文件的组成和原理，读者需要进入此文件中观察代码文件的组成，获取关键函数和类。

类Tokenizer的简洁定义：

```
class Tokenizer(object):    #位于库jieba\__init__.py中
    def __init__(self, dictionary=DEFAULT_DICT): ...#初始化类
    def gen_pfdict(f): ...
    def initialize(self, dictionary=None): ...#检查初始化
    def check_initialized(self): ...
    def calc(self, sentence, DAG, route): ...#计算分词
    def get_DAG(self, sentence): ...
    def cut(self, sentence, cut_all=False, HMM=True, use_paddle=False): ...
    #精确模式分词，返回一个分词对象
    def cut_for_search(self, sentence, HMM=True): ...#搜索引擎模式分词，返回一个分词对象
    def lcut(self, *args, **kwargs): ...#精确模式分词，返回一个列表
    def lcut_for_search(self, *args, **kwargs): ...#搜索引擎模式分词，返回一个列表
    def get_dict_file(self): ...#获取词典
    def load_userdict(self, f): ...#加载个性化词典，提高分词正确率
    def add_word(self, word, freq=None, tag=None): ...#向词典中添加单词
    def del_word(self, word): ...#删除一个单词
    def suggest_freq(self, segment, tune=False): ...#调节单词的频率
    def tokenize(self, unicode_sentence, mode="default", HMM=True): ...
    #对一个句子进行标记并生成元组
    def set_dictionary(self, dictionary_path): ...#设置分词依赖的词典
```

这里仅列举类名和方法名，以便于读者快速掌握类Tokenizer的使用方法，而对于方法的代码实现，读者并不需要过于关心，在此后的所有章节中均按照该形式列举类的定义。

8.7.3 jieba 库的使用

jieba库中提供了3种分词模式，即精确模式、全模式和搜索引擎模式。

- **精确模式**

精确模式指对句子进行精确的切分，是文本分析中较为常用的一种模式。其使用形式如下：

```
cut(sentence, cut_all=False, HMM=True, use_paddle=False)
```

参数sentence：需要分词的中文句子，值的数据类型为字符串类型。

参数cut_all：参数值的数据类型为布尔值类型，值为False表示使用精确模式，值为True表示使用全模式。

参数HMM：是否使用隐马尔可夫模型（一种优化模型算法）。

示例代码：

```
01 import jieba
02 s = '我们在学习Python办公自动化'
03 jb_a = jieba.Tokenizer()
04 result = jb_a.cut(sentence = s)
05 print(result,list(result))
```

第3行代码使用jieba库中的类Tokenizer初始化一个分词对象jb_a。

第4行代码使用了分词对象中的cut()方法，并对第2行代码中的字符串内容进行了精确模式分词。

第5行代码输出结果，由于cut()方法分词后会返回一种Python内部数据，因此可以使用list()函数将该数据转换为列表类型数据。

执行代码后的输出结果如图8-21所示，标注框中的红色字为分词过程所产生的信息，用于告诉当前用户执行分词的状态、消耗的时间（寻找最优化分词的过程需要消耗大量的时间，因此通过消耗时间可以对比不同的最优化算法的性能）等。蓝色字为分词后的内容，转换为列表数据后表明jieba库将'我们在学习Python办公自动化'分词为了'我们' '在' '学习' 'Python' '办公自动化'。

```
Python 3.7.9 Shell
File Edit Shell Debug Options Window Help
Python 3.7.9 (tags/v3.7.9:13c94747c7, Aug 17 2020, 18:58:18) [MSC v.1900
 64 bit (AMD64)] on win32
Type "help", "copyright", "credits" or "license()" for more information.
>>>
========================= RESTART: E:\书代码\第8章第1个程序.py ========
=================
Building prefix dict from the default dictionary ...
Loading model from cache C:\Users\ADMINI~1\AppData\Local\Temp\jieba.cach
e
Loading model cost 0.857 seconds.
Prefix dict has been built successfully.
<generator object Tokenizer.cut at 0x000001DCB74A8A48> ['我们', '在', '
学习', 'Python', '办公自动化']
>>>
Ln: 10 Col: 4
```

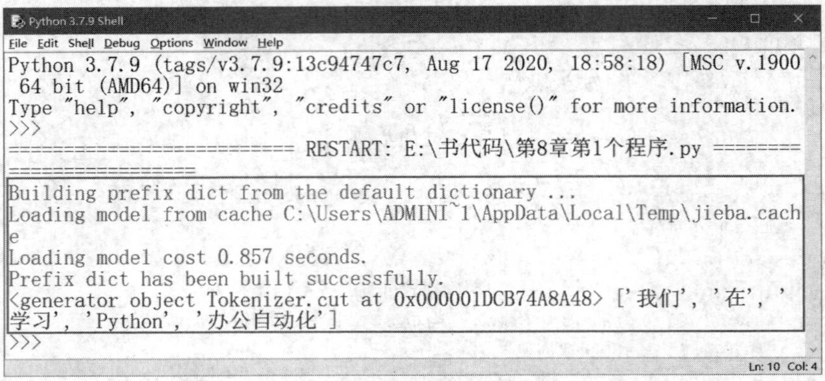

图 8-21

• 全模式

全模式指把句子中所有可以成词的词语都扫描出来，这种分词模式虽然速度快，但不能解决歧义问题。将cut()方法中的参数cut_all的值设置为True即可使用全模式。

示例代码：

```
01 import jieba
02 s = '我们在学习Python办公自动化'
03 jb_a = jieba.Tokenizer()
04 result = jb_a.cut(sentence = s,cut_all = True)
05 print(list(result))
```

代码执行结果：

```
['我们', '在', '学习', 'Python', '办公', '办公自动化', '自动', '自动化']
```

结果中每个可以作为一个单词的文字都将展示出来。

• 搜索引擎模式

搜索引擎模式指在精确模式基础上，对长词再次切分，适用于搜索引擎分词。其使用形式如下：

```
cut_for_search(sentence, HMM=True)
```

参数sentence：需要分词的中文句子，值的数据类型为字符串类型。

参数HMM：是否使用隐马尔可夫模型。

示例代码：

```
01 import jieba
02 s = '我们在学习Python办公自动化'
03 jb_a = jieba.Tokenizer()
04 result = jb_a.cut_for_search(sentence = s)
05 print(list(result))
```

第4行代码使用cut_for_search()对第2行代码中的文字进行搜索引擎模式分词，分词后的结果如下，表明在精确模式的基础上再次对“办公自动化”进行分词。

```
['我们', '在', '学习', 'Python', '办公', '自动', '自动化', '办公自动化']
```

- **添加新词**

除了以上3种分词模式，由于社会还会不断地创造出新的词语，因此为了满足当前社会对分词的需求，还可以使用add_word()方法向词典中添加新词（添加的词语不是永久的，仅当前代码中有效）。其使用形式如下：

```
add_word(word, freq=None, tag=None)
```

参数word：需要添加到词典中的词语。

示例代码：

```
01 import jieba
02 s = '我们在学习Python办公自动化'
03 jb_a = jieba.Tokenizer()
04 jb_a.add_word('Python办公自动化')
05 result = jb_a.cut(sentence = s)
06 print(list(result))
```

第4行代码使用add_word()方法将单词“Python办公自动化”添加到词典中。

第5行代码使用cut()方法进行精确模式分词。

执行代码后的输出结果如下，可以看出“Python办公自动化”并没有分开，而是作为一个词。

```
['我们', '在', '学习', 'Python办公自动化']
```

在__init__.py文件中对类Tokenizer的使用进行简化，并重新对该类中的方法进行赋值，代码如下：

```
dt = Tokenizer()
get_FREQ = lambda k, d=None: dt.FREQ.get(k, d)
add_word = dt.add_word
cut = dt.cut
lcut = dt.lcut
cut_for_search = dt.cut_for_search
lcut_for_search = dt.lcut_for_search
del_word = dt.del_word
get_dict_file = dt.get_dict_file
```

也可以直接使用jieba.cut()、jieba.cut_for_search()和jieba.add_word()实现以上介绍的4个功能（8.7.4小节的代码中有此种用法）。

8.7.4 小项目案例：实现判断评论为好评或差评

项目描述

为了自动识别例如抖音的某个视频、微博的某个文案、淘宝的某个商品的评论为好评或差评，需要设计一个可以自动判断用户评论好坏的代码程序。

项目任务

任务1：使用jieba库将用户的评论分词为一个个单词，并建立一套好评、差评词库，例如在以下代码中，列表good中为好评词语，列表bad中为差评词语。

任务2：将用户评论分词后的单词分别与列表good、bad进行匹配，并统计好评词语和差评词语的个数。

项目实现代码

```
01 import jieba
02 good = ['好评','好看']
```

```
03 bad = ['差评','垃圾']
04 s_1 = '衣服好看，显得皮肤白'
05 s_2 = '尺寸不差评分必须高'
06 s_3 = '差评买过最垃圾的东西'
07 def get_value(s):
08     good_value = bad_value = 0
09     result = list(jieba.cut(sentence=s))
10     print(result)
11     for r in result:
12         if r in good:
13             good_value += 1
14         if r in bad:
15             bad_value += 1
16     print('好评词语个数：',good_value,'差评词语个数：',bad_value)
17     if good_value > bad_value:
18         print('此条评论为好评')
19     elif good_value == bad_value:
20         print('此条评论暂无法判断')
21     else:
22         print('此条评论为差评')
23 get_value(s_1)
24 get_value(s_2)
25 get_value(s_3)
```

注意

第5行代码s_2 = '尺寸不差评分必须高'中虽然存在“差评”两个字，但其实际含义为“尺寸不差，评分必须高”，并非差评。因此需要使用jieba库对评论文字进行分词，最大概率地确保评论中的词语没有歧义。

第2、3行代码中的good和bad分别保存好评词语和差评词语。在实际开发中的词语可能会远远多于以上代码中的词语，读者在实际开发中可以自行增加。

第4～6行代码中为3条待分析的评论。

第7～22行代码创建了一个用于分析评论的函数get_value()。其中第8行代码中的good_value和 bad_value用于统计好评词语和差评词语的个数。第9行代码使用jieba.cut()方法将评论解析为单词。第11～16行代码使用for循环依次判断解析后的词语中是否有好评词语或差评词语，如果有好评词语则good_value值加1，如果有差评词语则bad_value值加1。第17～22行代码用于判断good_value和bad_value的大小，如果好评词语的个数大于差评词语的个数，则表明评论为好评；如果个数相同则暂时无法判断评论是好评还是差评；如果好评词语的个数小于差评词语的个数，则表明评论为差评。

执行代码后的输出结果如图8-22所示，解析后的第1条评论为好评、第2条评论暂时无法判断、第3条评论为差评，解析后的结果基本是正确。本小节的代码仅用于演示效果，对于实际中广泛的、真实的评论来说，需要完全分辨出好评或差评是一件较为困难的事情，目前的常用方法是结合人工智能深度学习算法并解析每条评论的语义，但仍然只能是尽可能提高识别的正确率。

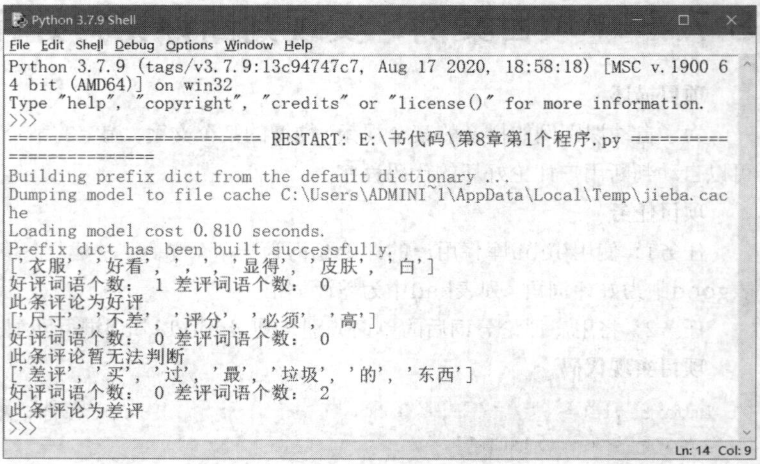

```
Python 3.7.9 Shell
File Edit Shell Debug Options Window Help
Python 3.7.9 (tags/v3.7.9:13c94747c7, Aug 17 2020, 18:58:18) [MSC v.1900 64 bit (AMD64)] on win32
Type "help", "copyright", "credits" or "license()" for more information.
>>>
========================== RESTART: E:\书代码\第8章第1个程序.py ==========================
Building prefix dict from the default dictionary ...
Dumping model to file cache C:\Users\ADMINI~1\AppData\Local\Temp\jieba.cache
Loading model cost 0.810 seconds.
Prefix dict has been built successfully.
['衣服', '好看', '，', '显得', '皮肤', '白']
好评词语个数： 1 差评词语个数： 0
此条评论为好评
['尺寸', '不差', '评分', '必须', '高']
好评词语个数： 0 差评词语个数： 0
此条评论暂无法判断
['差评', '买', '过', '最', '垃圾', '的', '东西']
好评词语个数： 0 差评词语个数： 2
此条评论为差评
>>>
Ln: 14 Col: 9
```

图8-22

项目案例 实现打包游戏

项目任务

将以下猜数字游戏的代码打包成可执行文件。

项目实现代码

```
01 import random
02 import time
03 a = random.randint(0,10)
04 while True:
05     try:
06         b = int(input('请输入一个数字:'))
07     except:
08         print('输入格式不正确，重新输入')
09     if a == b:
10         print('恭喜猜对啦')
11         a = random.randint(0,10)
12         time.sleep(0.5)
13         c = input('需要进行下一轮吗? y/n:')
14         if c == 'y':
15             continue
16         elif c == 'n':
17             break
18         else:
19             print('输入不正确，罚你再玩一局')
20             continue
21     elif a > b:
22         print('小啦，请重猜...')
23         time.sleep(0.5)
24         continue
25     else:
26         print('大啦，请重猜...')
27         time.sleep(0.5)
28         continue
29 time.sleep(1)
30 print('程序结束，下次再来玩吧！拜拜')
```

该代码结合了本章的random库，用于实现计算机自动随机选取0～10的数字，让用户来猜测该数字。如果用户猜测的数字大于或小于代码程序随机选取的数字，则提醒用户数字过大或小，需要重新猜测，直到用户猜对数字为止。为防止数据展示过快，该代码还使用了time库中的时间休眠函数，能带给用户一种程序正在运行的感觉。

使用Pyinstaller命令打包该代码文件，命令如下：

```
Pyinstaller -F E:\书代码\第8章\第8章第4个程序.py
```

打包后找到dist文件夹中的可执行文件，执行程序后的结果如图8-23所示。

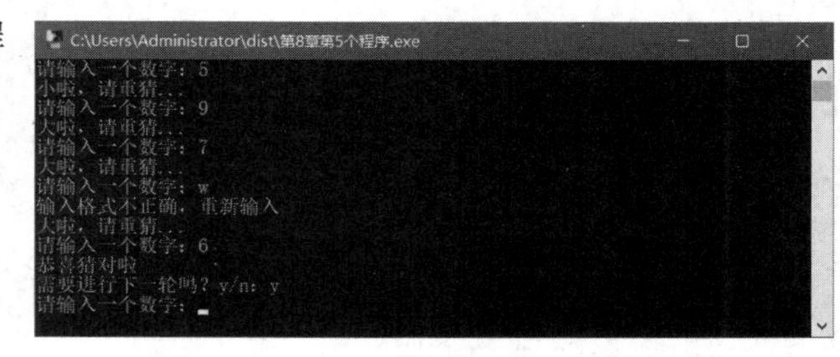

图 8-23

总结

本章主要讲解Python自带的标准库和第三方库，并单独介绍了3个标准库（时间库time、随机库random、正则表达式库re）和2个第三方库（Pyinstaller库和jieba库）。

时间库可以用于获取当前时间、测量程序运行时间、让程序休眠一段时间等。随机库可以随机产生数值，或者从一些数据中随机选择其中一个元素或多个元素。正则表达式库是办公自动化领域中使用率较高的一个标准库，主要涉及从文件中读取到数据后，如何处理文件中的内容，例如截取文件中的手机号码、QQ号、姓名等，读者在实际运用时首先要找到数据之间的规律，例如手机号码是11位数字且以1开头。

Pyinstaller库用于将Python编写的源代码打包成可执行程序，方便传输、复制给其他计算机，且无须安装Pyhton解释器就能直接使用打包好的可执行程序，但需要注意的是不同操作系统打包的文件不能互相通用。Jieba库用于将中文语句解析为单词。

在学习库时，读者需要学会分析库中的不同文件以掌握库的使用方法，进入库的源代码后，首先从__init__.py文件中阅读其构成和文件中的函数及类。源代码中通常会有大量的英文提示，读者需要认真阅读这些提示信息。在开始阅读库的源代码文件时可能会比较困难，但读者一定要耐心地、循序渐进地阅读和分析，多阅读库的源代码对掌握库的使用方法有很大的帮助。

第 9 章

操作文件夹

用户在办公过程中往往需要和计算机中的文件夹进行交互，例如创建多个文件夹、获取文件夹中的全部文件、对文件夹中的文件进行压缩或解压等操作。

本章主要介绍文件夹的操作方法，将结合Python标准库中的os库进行深入分析，主要涉及管理文件夹及文件（包含创建、删除、获取文件名称等）和统计文件夹中的全部文件（包含子文件夹及文件的全部名称等）。此外还将介绍用于启动程序的命令和用于压缩与解压文件的zipfile库。本章大部分内容是为后面章节中使用代码自动处理文件夹中的文件等操作做铺垫。本章中带*的内容为选学内容，用于读者扩展知识点。

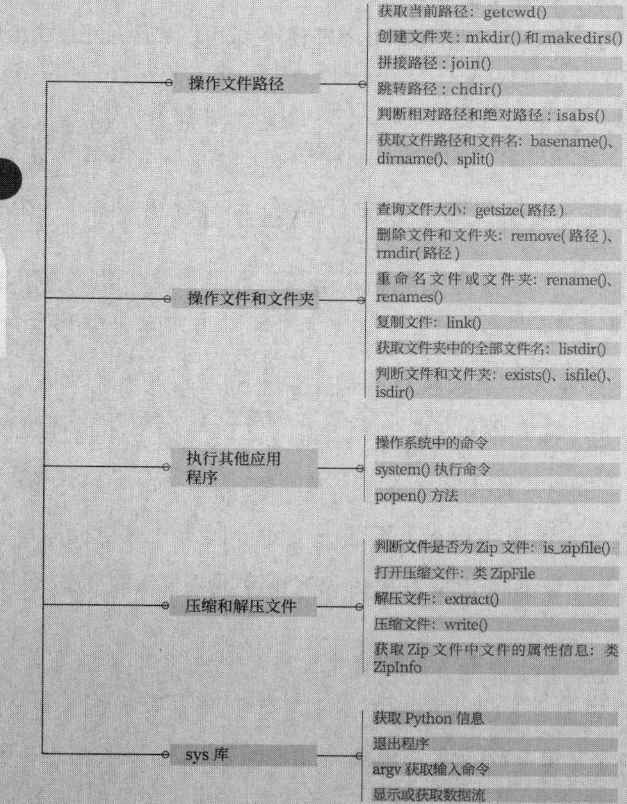

9.1 操作文件路径

Python标准库提供了os库来管理操作系统相关功能，无须下载、安装，os库包含丰富的操作文件的方法，可以通过`import os`导入库之后使用dir(os)查询获取。本节主要介绍办公领域中常用的几种文件路径操作方法。

9.1.1 获取当前路径

os库中的getcwd()函数可用于获取当前代码所在文件夹的绝对路径（不包含代码文件名）。

示例代码：

```
01 import os
02 print(os.getcwd())
```

第1行代码导入os库，第2行代码使用库中的getcwd()函数获取当前代码所在文件夹的绝对路径。

代码执行结果：

```
E:\书代码\第9章
```

9.1.2 创建文件夹

os库中有两种用于创建文件夹的函数，分别为mkdir()函数和makedirs()函数。

- **mkdir() 函数**

在os库中使用mkdir(路径)函数可以实现在路径中创建一个新的文件夹。

示例代码：

```
01 import os
02 os.mkdir(r'E:\书代码\第9章\数据1')
```

第2行代码在“E:\书代码\第9章”路径中创建了一个名为“数据1”的新文件夹。

注意

必须保证“E:\书代码\第9章”这个路径是正确的，否则会无法创建新文件夹。例如将以上代码第2行中的路径修改为“E:\书代码1\第9章\数据1”，由于并不存在“书代码1”这个文件夹，因此无法在“书代码1”文件夹中创建新的文件夹，执行代码后将输出如下报错信息：

```
Traceback (most recent call last):
  File "E:/书代码/第9章/第9章第1个程序.py", line 4, in <module>
    os.mkdir(r'E:\书代码1\数据1')
FileNotFoundError: [WinError 3] 系统找不到指定的路径。: 'E:\\书代码1\\数据1'
```

- **makedirs() 函数**

在os库中makedirs(路径)函数是根据参数来递归创建文件夹，递归表示根据路径创建包含的全部文件夹。

示例代码：

```
01 import os
02 os.makedirs(r'E:\书代码1\数据1\内容b')
```

第2行代码使用makedirs()函数创建了文件夹，由于笔者E盘下并没有文件夹“书代码1”，因此代码执行之后会在E盘中连续创建3个文件夹，其中“书代码1”文件夹包含“数据1”文件夹，“数据1”文件夹包含“内容b”文件夹。

因此mkdir()函数和makedirs()函数的区别在于是否可以递归创建文件夹。

示例代码（批量创建200个文件夹）：

```
01 import os
02 for i in range(1,201):
03     file_name = '文件夹'+str(i)
04     file_path = os.getcwd()+'\\数据1\\' + file_name
05     os.mkdir(file_path)
```

第2行代码使用for循环遍历200次，每次都执行循环体中用于创建文件夹的3行代码。

第3、4行代码分别用字符串连接成需要创建的文件夹的名称和整个文件夹的完整路径。

第5行代码用mkdir()函数创建文件夹，执行代码后的效果如图9-1所示。

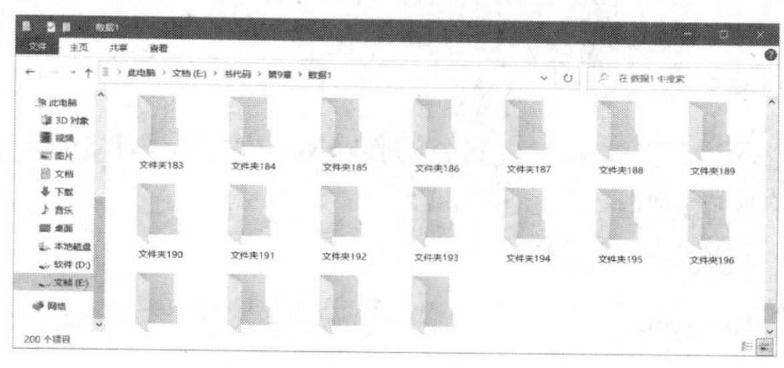

图 9-1

9.1.3 拼接路径

使用os.path.join()方法可以实现将参数拼接为目录路径，从而方便且快速地获取文件地址。

示例代码：

```
01 import os
02 dir_new = os.path.join(os.getcwd(), '数据2','内容c')
03 print(dir_new,type(dir_new))
```

第2行代码中的os.getcwd()函数用于获取当前代码所在文件夹的路径，os.path.join()方法将当前路径、'数据2'和'内容c'以路径的形式进行拼接（无须考虑构成路径的转义字符等问题）。

代码执行结果：

```
E:\书代码\第9章\数据2\内容c  <class 'str'>
```

9.1.4 跳转路径

如果需要在程序中实现从当前代码所在文件夹路径跳转到其他路径，可以使用os库中的chdir(路径)函数，但要注意路径必须是已经存在的，否则运行代码后会出现报错。

示例代码：

```
01 import os
02 print(os.getcwd())
03 os.chdir('E:\书代码\第9章\数据2')
04 print(os.getcwd())
```

第2行代码输出当前工作路径。

第3行代码使用os.chdir()将当前工作路径修改为“E:\书代码\第9章\数据1”，即改变了当前工作路径必须是代码文件所在路径的唯一性。修改当前工作路径是为了便于后期可以使用相对路径操作新路径下的文件。

代码执行结果：

```
E:\书代码\第9章
E:\书代码\第9章\数据1
```

9.1.5 判断相对路径和绝对路径

使用os.path.isabs(path)方法可以判断当前路径是相对路径还是绝对路径。

示例代码：

```
01 import os
02 a=os.path.isabs('数据2\内容c')
03 b=os.path.isabs('E:\书代码')
04 print(a,b)
```

第2行和第3行代码分别判断路径是绝对路径还是相对路径，如果是绝对路径将返回True，如果是相对路径将返回False。

代码执行结果：

```
False True
```

9.1.6 获取文件路径和文件名

os库的path模块下的basename(path)方法可用于获取路径中的文件名，dirname(路径)方法可用于获取路径中的文件夹路径，split(路径)方法可用于将获取的文件夹路径和文件名以元组的形式返回。

示例代码：

```
01 import os
02 path = r'E:\书代码\数据2\内容c\Python程序代码1.txt'
03 file_name = os.path.basename(path)
04 dir_name = os.path.dirname(path)
05 file_dir_name = os.path.split(path)
06 print(file_name,'\n',dir_name,'\n',file_dir_name)
```

第3行代码获取路径中的文件名，第4行代码获取文件夹路径，第5行代码获取文件夹路径和文件名并以元组的形式返回。

代码执行结果：

```
Python程序代码1.txt
 E:\书代码\数据2\内容c
 ('E:\\书代码\\数据2\\内容c', 'Python程序代码1.txt')
```

9.2 操作文件和文件夹

本节主要介绍使用os库中的方法实现查询文件大小、删除文件或文件夹、重命名文件或文件夹等操作。

9.2.1 查询文件大小

使用os库的path模块下的getsize(path)方法可以获取路径中的文件所占用内存的大小，单位为字节。

示例代码：

```
01 import os
02 path = r'E:\书代码\数据2\内容c\Python程序代码1.txt'
03 print(os.path.getsize(path))
```

该代码用于获取Python程序代码1.txt文件的大小，执行代码后的输出结果为962，单位为字节（1024个字节为1KB）。

9.2.2 删除文件和文件夹

os库中的remove(path)方法可用于删除path中的文件。

示例代码：

```
01 import os
02 os.remove(r'E:\书代码1\数据1\内容b\dwed.txt')
```

如果在文件夹“E:\书代码1\数据1\内容b”中存在一个dwed.txt文件，执行第2行代码后，该文件将会被删除。

os库中的rmdir(path)方法可用于删除path中的最后一层文件夹，不能递归删除整个path的全部文件夹。

示例代码：

```
01 import os
02 os.rmdir('数据3\内层1 ')
```

执行该代码后将会删除“内层1”文件夹。

注意

如果读者使用其他编辑器（例如PyCharm、Spyder）来执行代码可能会出现PermissionError: [WinError 5]（拒绝访问），这是因为编辑器占用了文件导致访问冲突，建议读者在学习初期使用Python自带的IDLE来运行代码。

9.2.3 重命名文件或文件夹

使用os库中的rename()和renames()函数即可实现对文件或文件夹进行重命名。其使用形式如下：

```
os.rename(src, dst)
os.renames(src, dst)
```

功能：rename()函数修改指定文件夹或文件的名称，renames()函数递归修改文件夹或文件的名称。

参数src：表示要修改的文件夹路径或文件路径。

参数dst：表示修改后的文件夹路径或文件路径。

示例代码（将图9-1所示的所有文件夹名序号增大200）：

```
01 import os
02 for i in range(1,201):
03     old = 'E:/书代码/第9章/数据1/文件夹'+str(i)
04     new = 'E:/书代码/第9章/数据1/文件夹'+str(i+200)
05     os.rename(old,new)#对文件或文件夹进行重命名
06 os.renames('E:/书代码/第9章/数据1/文件夹201','E:/书代码/第9章/数据2/文件夹201')
```

第2～5行代码使用for循环200次，分别获取要修改的路径old和修改后的路径new，并使用rename()函数修改文件夹名称。

第6行代码使用renmaes()函数将前面第2～5行代码执行后得到的文件夹“E:/书代码/第9章/数据1/文件夹201”递归修改为“E:/书代码/第9章/数据2/文件夹201”，从而间接实现了文件的移动功能。

执行代码后的效果如图9-2和图9-3所示。

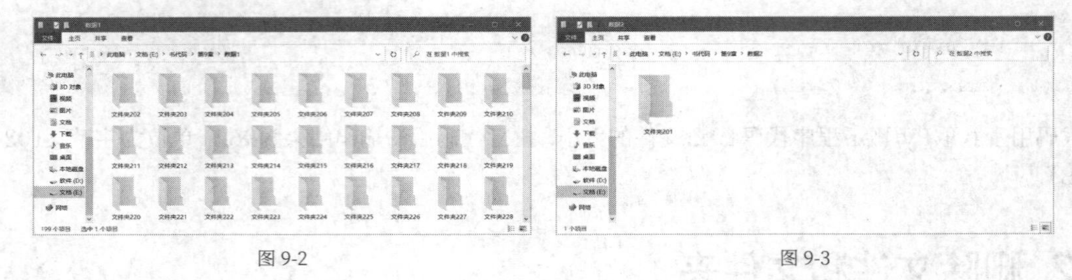

图 9-2　　图 9-3

9.2.4 复制文件

os库中的os.link()函数可用于创建硬链接以实现复制文件。其使用形式如下：

```
os.link(src, dst)
```

参数src：表示要修改的文件夹路径或文件路径。

参数dst：表示修改后的文件夹路径或文件路径。

示例代码（将文件复制到另一个路径中）：

```
01 import os
02 os.link('E:/书代码/报告合集.pdf','E:/书代码/数据1/报告合集.pdf')
```

执行代码后即可将“报告合集.pdf”文件复制到“E:/书代码/数据1”路径中。

9.2.5 获取文件夹中的全部文件名

使用os库中的listdir(路径)方法即可获取文件夹中的全部文件名（包含文件和文件夹的名称）。

示例代码：

```
01 import os
02 print('相对路径中有:',os.listdir('.'))
```

代码执行结果：

```
相对路径中有:['数据1', '数据2', '第9章第1个程序.py', '第9章第3个程序.py', '第9章第5个程序.py']
```

代码结果是以列表的形式输出的路径中的全部内容，其中数据1、数据2和数据3是文件夹，其余内容均为文件。

在办公领域中，获取文件夹中的全部文件是较为常见的操作，当需要对一系列的文件进行操作时，可以先将这一系列的文件存放在同一个文件夹中，然后通过os.list()方法遍历并获取文件，再对文件进行操作。

示例代码（统计当前文件夹中所有文件占用空间的大小）：

```
01 import os
02 file_total_size = 0
03 for file_name in os.listdir('.'):
04     file_dir = os.path.join(os.getcwd(), file_name)
05     file_total_size += os.path.getsize(file_dir)
06 print(file_total_size/1024)
```

第2行代码使用file_total_size来统计所有文件占用的空间，初始时为0。

第3行代码使用os.listdir('.')获取文件夹内所有文件的名称，并以列表的形式返回作为循环内容，依次赋值给变量file_name。

第4行代码构建每个文件的完整路径，包含路径和文件名。

第5行代码通过getsize()方法获取文件的大小，并将其累加到file_total_size变量中。循环结束后输出file_total_size/1024的值，输出的值的单位为KB。

代码执行结果：

```
45.3408203125
```

结果表明此文件夹一共约占45KB的内存。

9.2.6 判断文件和文件夹

os库中提供了以下3种用于判断path是文件还是文件夹的方法。

第1种，`os.path.exists(path)`。判断path所指的文件或文件夹是否存在，如果存在则返回True，否则返回False。

第2种，`os.path.isfile(path)`。判断path是否为文件，如果是文件则返回True，否则返回False。

第3种，`os.path.isdir(path)`。判断path是否为文件夹，如果是文件夹则返回True，否则返回False。

示例代码：

```
01 import os
02 path = r'E:\书代码\数据2\内容c\Python程序代码1.txt'
03 print(os.path.exists(path) ,end='\t')
04 print(os.path.isfile(path) ,end='\t')
05 print(os.path.isdir(path) ,end='\t')
```

该代码分别使用了这3种方法来判断变量path表示的路径。

代码执行结果：

```
True True False
```

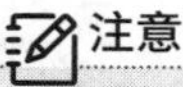
注意

当文件夹存在但文件夹中的文件不存在时，执行3种方法后都会返回False。

9.3 执行其他应用程序

本节主要介绍通过os库中的system()方法实现调用其他代码文件，使得当前代码程序既可执行其他代码文件，又可获取执行后的结果。

9.3.1 命令提示符窗口或终端

在Windows系统和macOS系统中分别具有命令提示符（cmd）工具和终端工具，其功能是实现在无图形界面的情况下操作计算机。在计算机最初的发展阶段中，计算机并没有带图形界面的操作系统，只能通过命令提示符窗口或终端来启动程序或创建文件。本小节以命令提示符窗口为例来展开介绍如何使用命令。macOS系统终端中使用的命令与命令提示符窗口中使用的相似，读者可以在网络上查阅相关资料。

例如图9-4所示，启动命令提示符窗口后，默认进入的文件路径为C:\Users\Administrator。由于Windows系统采用多磁盘格局，因此当需要进入其他路径时，例如进入E盘，使用命令`E:`即可。当需要进入E盘中的“书代码”文件夹时，使用命令`cd 书代码`即可，如图9-5所示。

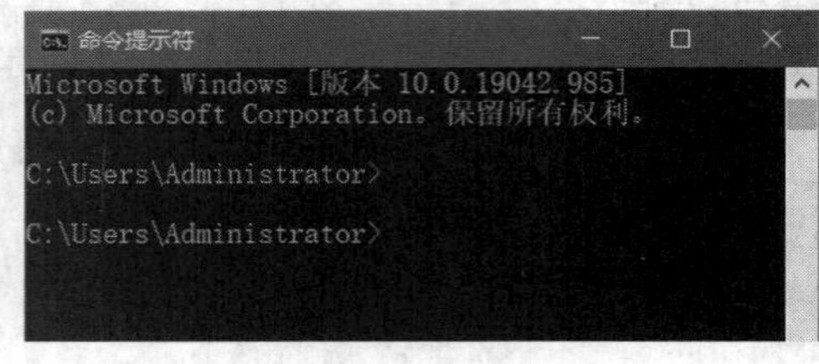

图 9-4

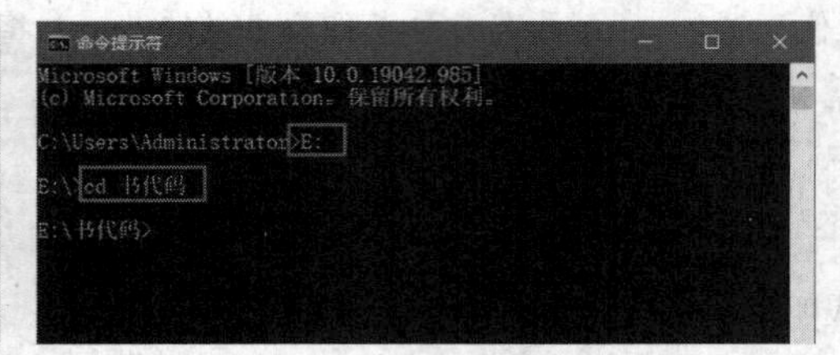

图 9-5

如果要在“书代码”文件夹中再创建一个文件夹，可以执行以下命令：

```
md 新目录
```

该命令中的md表示创建文件夹，执行该命令后将创建一个名为“新目录”的新文件夹。

在命令提示符窗口中也可以启动应用程序，例如要启动计算机中的微信程序，只需要在命令提示符窗口中输入微信程序的安装地址再按Enter键即可。读者通过右击微信程序图标并选择快捷菜单中的“属性”选项，在弹出来的“微信 属性”对话框中选择“快捷方式”选项卡，即可在“目标”中找到微信程序的安装地址，图9-6所示的标注框中的内容为笔者计算机上的微信程序的安装地址。

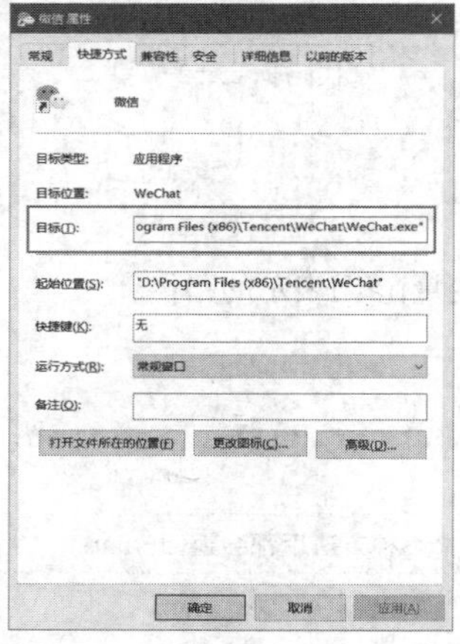

图 9-6

在命令提示符窗口中输入以下内容并按Enter键，即可自动启动微信程序。

```
D:\Program Files (x86)\Tencent\WeChat\WeChat.exe
```

在命令提示符窗口中含有多种可以控制计算机的大部分功能的命令，例如自动重启计算机、定时关机、启动网络、打开应用程序、磁盘操作等。表9-1所示的内容为命令提示符窗口中的部分命令。

表 9-1

命令	功能描述
appwiz.cpl	启动程序和功能
calc	启动计算器
control	启动控制面板
shutdown	自动关机
mspaint	启动画图程序
rstrui	系统还原
md	创建目录

（续）

命令	功能描述
regedit.exe	启动注册表
mstsc	远程桌面连接
osk	启动屏幕键盘
copy	复制文件
netstat	查看网络端口
ping	测试网络连接
ftp	上传文件

有了以上对命令提示符窗口和终端的讲解，接下来就可以使用os库中的函数实现与以上命令相同的效果。

9.3.2 system() 方法

os库中的system(命令)方法可用于实现命令提示符窗口的命令或终端的命令。

示例代码：

```
01 import os
02 os.system('calc')
03 os.system('"D:\Program Files (x86)\Tencent\WeChat\WeChat.exe"')
```

执行该代码后程序将自动启动计算机中的计算器和微信应用程序。

如果需要在该代码中执行另一个代码文件，例如在“E:\书代码”文件夹中存在一个代码文件“第9章第3个程序.py”，代码如下：

```
a = 0
i = 0
while a<1000:
    i += 1
    a += i
print(i)
```

该代码中i的值每循环一次都会增加1，a每循环一次都会增加i，因此a的值为从0开始依次+1+2+3……，一直到a超过1000时输出a的值。当在新的代码文件中运行该代码文件（指直接运行“第9章第3个程序.py”代码文件，而不是将其作为函数来进行调用），可以使用以下代码：

```
import os
a = os.system(r"E:\书代码\第9章\第9章第3个程序.py")
print(a)
```

第2行代码使用system()方法执行“第9章第3个程序.py”代码文件，执行后会调用程序窗口运行该代码。

读者可以编写一个Python代码文件，用于每天打开计算机后启动一些需要使用的软件，从而提高工作效率。

示例代码：

```
01 import os
02 os.system("D:\Program Files (x86)\Tencent\WeChat\WeChat.exe")
03 os.system('E:\工作\工作报表.xlsx')
```

将该代码文件放在计算机桌面，每天开机后双击该代码文件即可自动启动微信和打开Excel工作文件。结合本书第18章的内容，不仅可以实现自动启动软件，还可以驱动软件自动完成一些机械性操作，从而实现真正的办公自动化。

如果要灵活调度操作系统中的功能，读者可单独学习命令提示符窗口和终端中的命令，本章将不做详细介绍。

9.3.3 popen() 方法

os库中的popen()方法可用于获取执行命令后的结果，获取结果的方法与读取文件的方法类似。

示例代码：

```
01 import os
02 a = os.popen(r"E:\书代码\第9章\第9章第3个程序.py",'r')
03 print(a.read())
```

第2行代码表示执行“E:\书代码\第9章”路径中的“第9章第3个程序.py”代码文件，popen()与system()方法类似，但system()方法不能获取执行“第9章第3个程序.py”代码文件后的输出结果。而popen()方法可以获取执行代码文件后返回的结果，并且采用类似于open()读取文件的方法获取内容。参数'r'表示以只读模式打开该文件。

第3行代码使用read()读取a的内容。

代码执行结果：

```
45
```

注意

需要确保Python代码文件默认打开方式为运行，即双击代码文件后会自动运行代码。若读者安装了其他编辑器（例如PyCharm），可能会导致双击代码文件后默认启动编辑器，而不是直接运行代码。

9.4 压缩和解压文件

Python标准库中的zipfile库可用于处理压缩文件，.zip是一种常用的压缩文件格式。zipfile库中包含用于查看Zip文件、解压Zip文件、将文件压缩为Zip文件等的方法。需要注意的是，在使用zipfile库前需要使用import导入zipfile库。

9.4.1 判断文件是否为 Zip 文件

zipfile库中提供了用于判断文件是否为Zip文件的is_zipfile()函数。其使用形式如下：

```
is_zipfile(filename)
```

参数filename：表示需要判断的文件的路径。

返回值：如果为Zip文件则返回True，否则返回False。

示例代码：

```
01 import zipfile
02 print(zipfile.is_zipfile('数据3\书代码.zip'))
```

第2行代码使用is_zipfile()函数判断相对路径的“数据3\书代码.zip”文件是否为Zip文件。执行代码后的输出结果为True。

注意

将非压缩文件的扩展名修改为.zip会被判断为False。

9.4.2 打开压缩文件

打开压缩文件可以使用zipfile库中的类ZipFile实现，该类中包含打开、读取、写入、关闭和列出Zip文件的方法。类ZipFile的使用形式如下：

```
ZipFile(file, mode="r", compression=ZIP_STORED, allowZip64=True, compresslevel=None)
```

参数file：表示需要打开的压缩文件路径和文件名。

参数mode：表示打开文件的模式，与open()函数的模式相似，此处打开压缩文件并不是直接解压压缩文件，而是与压缩文件建立联系。

注意

mode分别有'r'、'w'和'a'这3种值。

第1种，默认情况下mode为'r'，表示对压缩文件有读取权限。

第2种，当mode为'w'时，表示对压缩文件有写入权限。当文件不存在时，会创建一个空的压缩文件；当文件存在时，写入的内容会覆盖原来的压缩文件内容。

第3种，当mode为'a'时，表示对压缩文件有写入权限。当文件不存在时，会创建一个空的压缩文件；当文件存在时，会在压缩文件内追加内容，而不会覆盖原来的压缩文件内容。

参数compression：选择对文件进行压缩的压缩方法，值可以为ZIP_STORED、ZIP_DEFLATED、ZIP_BZIP2、ZIP_LZMA等。

参数allowZip64：当参数值为True时，类ZipFile将在必要时创建带有.zip64扩展名的文件。

参数compresslevel：表示压缩级别。当使用ZIP_STORED或ZIP_LZMA压缩方法时，此参数没有作用。当使用ZIP_DEFLATED时，0～9是可以作为参数值的。当使用ZIP_BZIP2时，整数1～9是可以作为参数值的。

例如在笔者计算机的“数据1”文件夹中存在一个名为“书代码.zip”的压缩文件，其中包含4个代码文件，如图9-7所示。

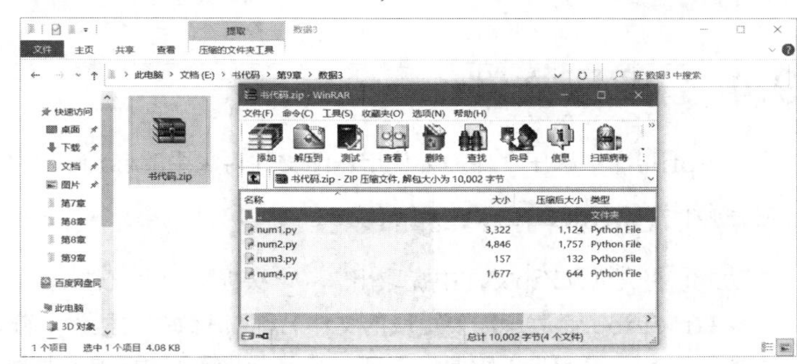

图 9-7

当需要读取压缩文件中所包含的文件名称时，可以使用namelist()方法。

示例代码：

```
01 import zipfile
02 z = zipfile.ZipFile('数据3\书代码.zip','r')
03 print(z.namelist())
```

第2行代码使用类ZipFile读取当前路径下的“数据3\书代码.zip”文件，且以'r'模式读取。返回一个压缩文件对象并赋值给变量z该对象，与使用open()函数打开文件后创建的文件对象相似。

第3行代码使用namelist()方法，可以获取压缩文件对象z中的所有文件名称，并以列表的形式返回。

代码执行结果：

```
['num1.py', 'num2.py', 'num3.py', 'num4.py']
```

类ZipFile的简洁定义：

```
class ZipFile:    #位于zipfile.py文件中
    def __init__(file, mode="r", compression=ZIP_STORED, allowZip64=True, compresslevel=None):
    ...#初始化
    def namelist(self):...#返回压缩文件中的所有文件名
    def infolist(self): ...#返回压缩文件的类ZipInfo实例列表
    def printdir(self, file=None): ...#输出Zip文件的目录
    def testzip(self): ...#获取所有文件并检查CRC(循环冗余校验) 值
    def getinfo(self, name): ...#获取名为name的文件信息
    def setpassword(self, pwd): ...#设置文件的密码
    def comment(self): ...#获取与Zip文件关联的注释文本
    def comment(self, comment): ...#设置与Zip文件关联的注释文本
    def read(self, name, pwd=None): ...#返回名字为name的文件的字节数据
    def open(self, name, mode="r", pwd=None, *, force_zip64=False): ...
    #获取压缩文件中的name文件对象
    def extract(self, member, path=None, pwd=None): ...#将文件从压缩文件中解压到当前工作目录
    def extractall(self, path=None, members=None, pwd=None): ...
    #将所有文件从压缩文件中解压到当前工作目录
    def write(self, filename, arcname=None, compress_type=None, compresslevel=None): ...
    #将filename中的字节数据写入存档文件中
    def writestr(self, zinfo_or_arcname, data, compress_type=None, compresslevel=None): ...
    #将一个文件写入存档文件
    def close(self): ...#关闭文件，对于模式'w'、'x'和'a'，写入结束记录
```

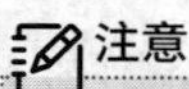注意

简洁定义中仅展示类和方法名，不显示方法的具体构成。

9.4.3 解压文件

在zipfile库中解压文件需要使用压缩文件对象中的extract()方法。其使用形式如下：

```
压缩文件对象.extract(member, path=None, pwd=None)
```

功能：将文件从Zip文件中提取出来（一次提取一个文件）。

参数member：表示需要提取的文件名称，其数据类型为字符串类型。

参数path：表示是否需要提取到path指定的路径中，其数据类型为字符串类型。

参数pwd：若存在密码，则该参数值为密码。

示例代码（将“数据1\书代码.zip”文件解压到当前工作目录下）：

```
01 import zipfile
02 z = zipfile.ZipFile('数据3\书代码.zip')
03 for f in z.namelist():
04     z.extract(f,r'数据3')
```

第2行代码创建了压缩文件对象z，其中第2个参数没有填入，默认为'r'模式。

第3行代码循环遍历Zip文件中的文件名，循环内容为提取的压缩文件中的文件名。

第4行代码使用extract()方法依次提取压缩文件中的文件，并将其存入当前工作路径下的“数据3”文件夹。

执行代码后的效果如图9-8所示。

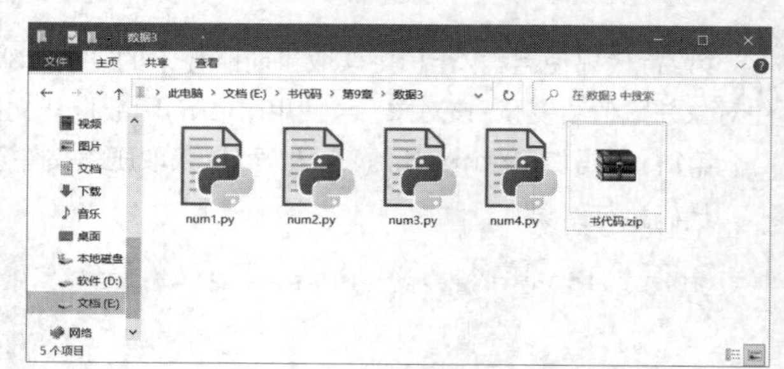

图 9-8

9.4.4 压缩文件

将文件进行压缩时需要先创建一个压缩文件对象，再依次将需要压缩的文件添加到压缩文件对象中，可使用write()方法来实现。其使用形式如下：

```
压缩文件对象.write(filename, arcname=None, compress_type=None, compresslevel=None)
```

参数filename：表示需要添加到压缩文件中的文件名称。

参数arcname：表示在压缩文件中的文件名称（默认情况下与filename相同）。

参数compress_type：表示压缩类型（ZIP_STORED、ZIP_DEFLATED、ZIP_BZIP2、ZIP_LZMA）。

参数compresslevel：表示压缩级别。当使用ZIP_STORED或ZIP_LZMA时，此参数没有作用。当使用ZIP_DEFLATED时，0～9是可以作为参数值的。当使用ZIP_BZIP2时，整数1～9是可以作为参数值的。

注意

使用write()方法添加完文件后，必须使用close()方法关闭压缩文件，否则文件无法完成压缩。

示例代码（将两个文件压缩为Zip文件）：

```
01 import zipfile
02 z = zipfile.ZipFile('数据3\书代码新.zip','w')
03 z.write(r'数据3\num1.py')
04 z.write(r'数据3\num2.py')
05 z.close()
```

第2行代码以'w'模式创建了一个压缩文件对象z，且压缩文件名为“书代码新.zip”。

第3行代码使用write()方法将“数据3\num1.py”文件添加到压缩文件“书代码新.zip”中。

第4行代码将“数据3\num2.py”也添加到压缩文件“书代码新.zip”中。

第5行代码使用close()方法关闭压缩文件。至此，整个压缩过程完成。

执行代码后的效果如图9-9所示。

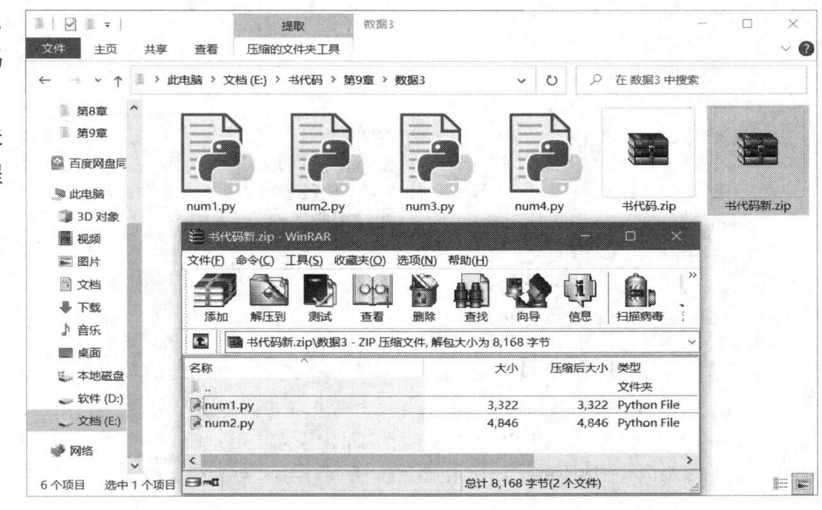

图 9-9

如果读者需要将整个文件夹中的所有文件都进行压缩，可结合os库中的listdir()方法获取全部文件名，并使用for循环依次将文件添加到压缩文件夹中。

示例代码：

```
01 import os,zipfile
02 z = zipfile.ZipFile('数据3\压缩全.zip','w')
03 for file_name in os.listdir('.\数据3'):
04     if file_name != '压缩全.zip':
05         z.write('./数据3/'+file_name)
06 z.close()
```

执行代码后的效果如图9-10所示。

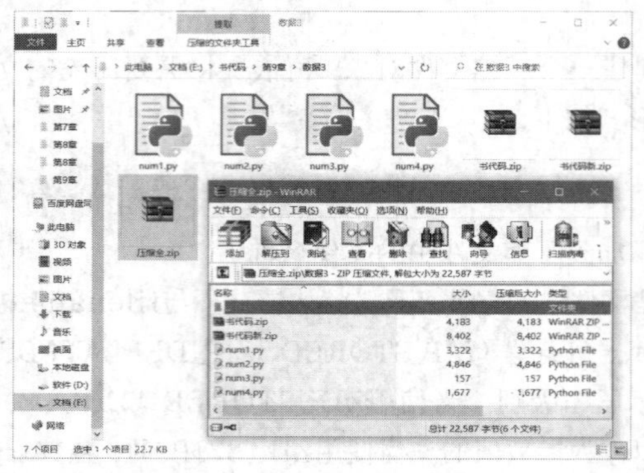

图 9-10

9.4.5 获取 Zip 文件中文件的属性信息

如需获取Zip文件中文件的属性，可以通过infolist()函数来实现，其功能为返回Zip文件中每个文件的属性列表。属性信息由类ZipInfo提供。

类ZipInfo的简洁定义：

```
class ZipInfo (object):
    orig_filename, ...#原文件名
    filename, ...#文件名
    date_time, ...#文件最后被修改的时间
    compress_type, ... #文件压缩类型
    _compresslevel, ...#文件压缩级别
    comment, ...#文件的注释
    extra, ...#文件的额外数据
    create_system, ...#创建zip文件的系统
    create_version, ...       #创建zip文件的版本
    extract_version, ...#提取文件时需要的版本
    reserved, ...#保留
    flag_bits, ...#标志位
    volume, ...#文件头的编号
    internal_attr, ...#内部属性
    external_attr, ...#外部属性
    header_offset, ...#到文件头的字节偏移量
    CRC, ...#循环冗余校验值，用于验证压缩后的数据的正确性
    compress_size, ... #压缩后文件的大小
    file_size, ...#压缩前文件的大小
```

示例代码（获取Zip文件中文件的属性信息）：

```
01 import zipfile
02 z = zipfile.ZipFile('数据3\书代码.zip','r')
03 for f in z.infolist():
04     print('文件名:',f.filename,end='\t')
05     print('修改时间:',f.date_time,end='\t')
06     print('CRC值:',f.CRC,end='\n\t')
07     print('压缩后大小:',f.compress_size,end='\t')
08     print('压缩前大小:',f.file_size)
```

第3行代码使用infolist()函数获取Zip文件中每个文件的属性列表，并分别循环遍历每个文件的属性。

第4～8行代码分别用于获取每个文件的filename、date_time、CRC、compress_size和file_size值。其中CRC值是通过算法计算出来的数值，对于不同长度、不同内容的文件，计算出的CRC值各不相同，因此CRC值可以用于验证压缩和解压后的文件数据是否完整，保证压缩前的文件和解压后的文件是相同的。

代码执行结果如下，其中的信息与图9-11中的属性值相同（图中CRC值以十六进制显示，而代码中print语句默认以十进制输出）。

```
文件名：num1.py    修改时间：(2022, 9, 8, 0, 50, 36)    CRC值：2944458753
    压缩后大小：1124    压缩前大小：3322
文件名：num2.py    修改时间：(2022, 9, 8, 0, 50, 16)    CRC值：310401716
    压缩后大小：1757    压缩前大小：4846
文件名：num3.py    修改时间：(2022, 9, 7, 17, 13, 6)    CRC值：1966939407
    压缩后大小：132    压缩前大小：157
文件名：num4.py    修改时间：(2022, 9, 8, 1, 7, 8)    CRC值：1774661206
    压缩后大小：644    压缩前大小：1677
```

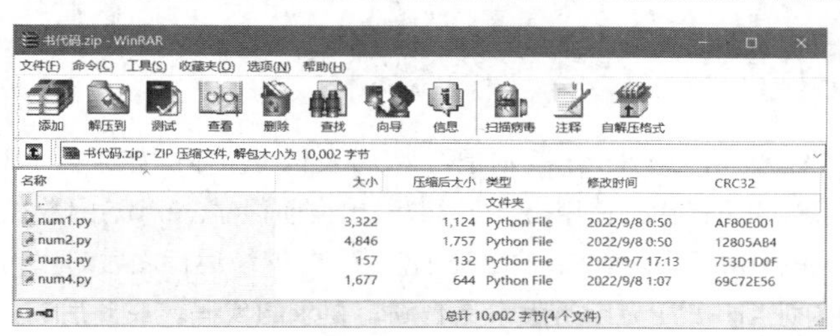

图 9-11

除了本节介绍的压缩文件库zipfile，还存在多种其他的压缩文件库，例如zlib库、gzip库、tarfile库，读者可通过网络查阅相关资料。

9.5 *sys 库

Python标准库中的sys库用于与Python解释器文件进行交互，例如获取Python的版本信息、传递信息到Python代码中等。

9.5.1 获取 Python 信息

本小节主要介绍如何使用sys库获取Python的相关信息。

- **获取 Python 的解释器版本信息**

sys库中的version用于获取当前Python的解释器版本号，version_info用于获取解释器的版本信息。

示例代码：

```
01 import sys
02 print(sys.version)
03 print(sys.version_info)
```

代码执行结果：

```
3.7.9 (tags/v3.7.9:13c94747c7, Aug 17 2020, 18:58:18) [MSC v.1900 64 bit (AMD64)]
sys.version_info(major=3, minor=7, micro=9, releaselevel='final', serial=0)
```

第1行输出内容为version返回的信息，表示当前Python的解释器版本号。

第2行输出内容为version_info返回的信息，表示当前版本的Python解释器的详细信息，并且是以元组的形式返回的，第1个元素为主版本号，第2个元素为次版本号，第3个元素为最小版本号。

该输出结果为笔者计算机上的Python 3.7.9解释器的相关信息。由于不同的用户可能安装了不同版本的Python解释器，而不同版本的Python解释器之间存在差别，例如3.7以前的字典是无序的（即输出的元素没有顺序），3.7及以后的字典均为有序的（即元素按顺序输出），因此为了确保代码的稳定性，通常在执行代码前会通知用户确保安装了正确的Python解释器。

示例代码：

```
01 import sys
02 if (sys.version_info[0]*10+sys.version_info[1])/10 < 3.7:
03     print('您的Python版本过低，请安装Python 3.7及以上版本')
04     sys.exit()
05 else:
06     print("您的Python版本正确，代码将继续运行")
07 print('hello world')
```

第2行代码使用if判断当前使用的Python版本是否为3.7及以上版本。如果低于3.7则执行第3～4行代码。

第3行代码输出提示信息，第4行代码使用exit()函数退出当前程序，exit()函数在9.5.2小节介绍。

第5、6行代码表示满足Python版本要求，输出提示信息，并继续运行之后的代码。

如此便实现了简单的验证用户的Python版本是否满足要求的代码。在此后的几章中介绍的第三方库有一定的Python版本要求，如果Python版本过低会导致无法使用某些第三方库。因此当后面的章节中对Python版本有要求时，读者可以使用此段代码对Python版本进行验证。

- **获取 Python 的其他信息**

sys库中还提供了获取Python的其他信息的方法，具体如下。

maxsize属性：获取当前Python支持的对象中包含的最大数据长度。

platform属性：获取当前计算机的操作系统。

copyright属性：获取当前Python的版权信息。

executable属性：获取当前Python解释器在计算机中的目录地址。

exec_prefix属性：获取当前Python的安装目录地址。

示例代码：

```
01 import sys
02 print(sys.maxsize)
03 print(sys.platform)
04 print(sys.copyright)
05 print(sys.executable)
```

代码执行结果：

```
9223372036854775807
win32
Copyright (c) 2001-2020 Python Software Foundation.
All Rights Reserved.
Copyright (c) 2000 BeOpen.com.
All Rights Reserved.
Copyright (c) 1995-2001 Corporation for National Research Initiatives.
All Rights Reserved.
Copyright (c) 1991-1995 Stichting Mathematisch Centrum, Amsterdam.
All Rights Reserved.
C:\Users\Administrator\AppData\Local\Programs\Python\Python37\python.exe
```

第1行输出中的9223372036854775807是maxsize的输出结果，表明Python创建的最大数据长度为9223372036854775807。第2行输出中的win32表示笔者当前计算机的操作系统。第3～10行输出为Python的版权信息。最后一行输出为Python解释器在计算机中的地址信息。

9.5.2 退出程序

当代码程序在执行过程中处于某种状态后需要退出时（例如9.5.1小节中的第2个示例代码），可以使用exit()函数。其使用形式如下：

```
exit(status=None)
```

参数status：如果值被省略或为None，则默认为0，表示成功退出。如果值为其他整数，则作为系统退出状态。如果是其他信息，则会被当作报错信息输出。

示例代码：

```
01 import sys
02 if (sys.version_info[0]*10+sys.version_info[1])/10 < 3.8:
03     sys.exit('您的Python版本过低，请安装Python 3.8及以上版本')
04 else:
05     print("您的Python版本正确，代码将继续运行")
06 print('hello world')
```

第3行代码在exit()函数中添加了非0、非整数的内容，因此程序会将exit()中的参数当作报错信息输出，从而省略了9.5.1小节中第2个示例代码中的print()语句，使程序输出的结果与报错信息相似。

执行代码后的输出结果如图9-12所示。

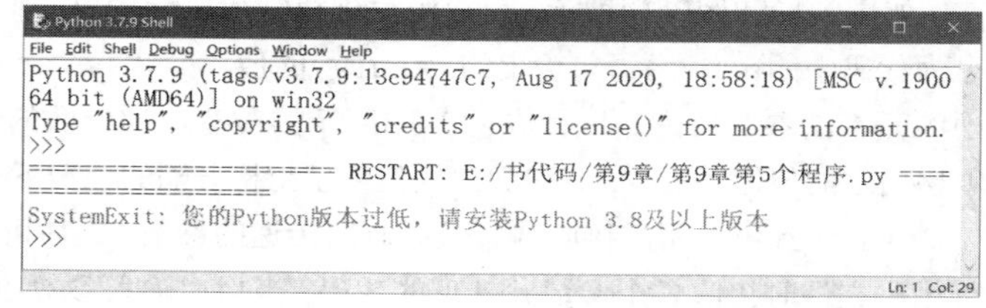

图 9-12

9.5.3 argv 获取输入命令

在讲解pip工具时，介绍了pip的多个参数，例如在命令提示符窗口中执行`pip list`可以获取当前Python中已安装的所有第三方库的列表。而pip工具本质上是一个由代码编写而来的程序，那么在使用pip时，list这个参数是如何传递给程序的呢？程序又是如何处理list这个参数的呢？

以上的问题涉及sys库中的argv函数，argv函数可用于获取用户输入的参数并以列表的形式返回，列表的索引号为0时默认返回当前代码文件所在的目录地址。

示例代码：

```
01 import sys
02 print(sys.argv)
```

代码执行结果：

```
['E:/书代码/第9章/第9章第5个程序.py']
```

向argv传递参数的方法与向pip传递参数的方法相同，需要在命令提示符窗口或终端中执行代码文件，即把Python代码文件当作一个程序直接执行，而不是在IDLE中使用菜单栏中的“Run”来执行。

在命令提示符窗口中执行代码文件的使用形式如下：

```
python 代码路径
```

例如在命令提示符窗口中执行图9-13所示的命令（如果读者的计算机使用macOS系统，则在终端中执行 `Python3 代码路径`形式的命令）。

图 9-13

在执行代码文件时添加参数的使用形式如下：

```
python 代码路径 参数
```

每个参数之间使用空格隔开，例如图9-14所示的命令在代码文件后面输入了参数-i hello。

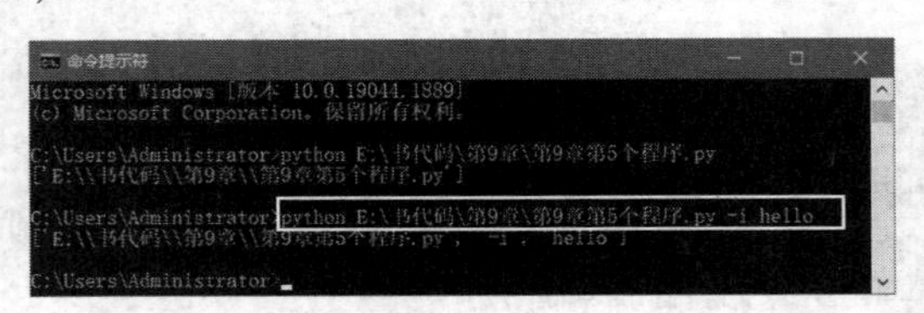

图 9-14

如图9-13和图9-14所示，可以观察到执行代码后输出的结果都为一个列表，且列表中存在元素。输出的信息为代码中的print()语句输出的sys.argv的值。默认sys.argv中索引号为0的元素为当前执行代码的路径，后面的元素由参数传递。因此在图9-13所示的没有传递参数的情况下，返回的列表中只包含一个元素。而在图9-14所示的传递了参数，且参数之间使用了空格分隔的情况下，其返回的列表中包含3个元素。

sys.argv可以用于接收执行代码时所传递的参数，之后可以通过代码对参数进行处理。例如以下为实现运行代码文件时接收各个参数并处理的代码，当用户输入参数-h时，程序输出当前代码文件的使用说明书；当用户输入参数-a时，程序输出Python的所有关键字；当用户输入参数-c时，程序输出Python安装的所有第三方库的列表。

示例代码（在运行代码文件的同时接收各个参数并处理）：

```
01 import sys
02 import os
03 for i in range(1,len(sys.argv)):
04     if sys.argv[i] == '-h':
05         print('''本代码的帮助
06             -h：用于查询帮助
07             -a：用于获取Python的所有关键字
08             -c：用于获取Python安装的所有第三方库的列表''')
09     if sys.argv[i] == '-a':
10         print('开始查询Python的所有关键字：')
11         help("keywords")
12     if sys.argv[i] == '-c':
13         print('开始查询Python安装的所有第三方库：')
14         os.system('pip list')
```

第3行代码使用for循环，循环次数由接收的参数个数决定，且由于sys.argv[0]的默认值为当前执行代码路径，因此为便于后面的代码能直接获取到用户输入的参数，循环从1开始。

第4～7行代码用于验证接收的参数是否为-h，如果条件满足则执行print()语句。

第8～10行代码用于验证接收的参数是否为-a，如果条件满足则通过help("keywords")输出所有Python关键字。

第11～13行代码用于验证接收的参数是否为-c，如果条件满足则通过os.system()函数执行`pip list`命令查询所有已经安装的第三方库。

执行代码后的输出结果如图9-15～图9-17所示。

```
Microsoft Windows [版本 10.0.19044.1889]
(c) Microsoft Corporation。保留所有权利。

C:\Users\Administrator>python E:\书代码\第9章\第9章第5个程序.py -h
本代码的帮助
            -h: 用于查询帮助
            -a: 用于获取Python的所有关键字
            -c: 用于获取Python安装的所有第三方库的列表

C:\Users\Administrator>
```

图 9-15

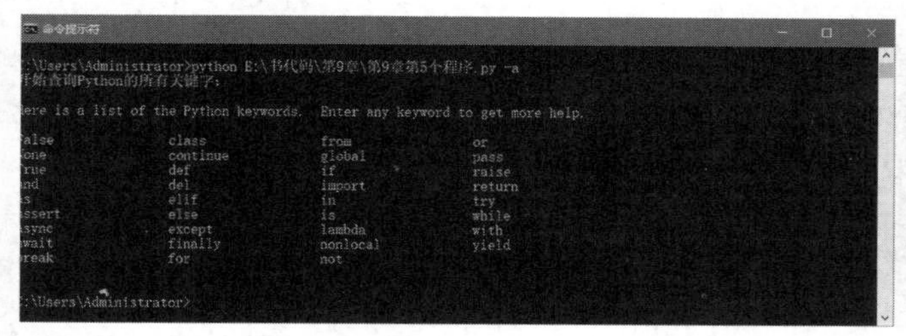

图 9-16

```
C:\Users\Administrator>python E:\书代码\第9章\第9章第5个程序.py -c
开始查询Python安装的所有第三方库:
Package            Version
------------------ ---------
about-time         3.1.1
alive-progress     2.4.1
altgraph           0.17
certifi            2021.5.30
cffi               1.14.6
chardet            4.0.0
ci-info            0.2.0
click              8.0.1
colorama           0.4.4
commonmark         0.9.1
configobj          5.0.6
```

图 9-17

9.5.4 stdout、stdin 和 stderr

sys库中的stdout、stdin和stderr用于显示或获取数据流，其功能分别如下。

sys.stdout：将信息显示到控制端，print()函数本质上是由sys.stdout封装而成的。

sys.stdin：捕获用户输入的信息，input()函数本质上是由stdin封装而成的。

sys.stderr：输出错误信息，显示效果与代码报错信息相同。

示例代码：

```
01 import sys
02 sys.stdout.write('hello')
03 a = sys.stdin.readline()
04 print(a)
05 sys.stderr.write('错误，请修改！')
```

第2行代码使用stdout中的write()方法将信息'hello'写入控制端，也可以使用writelines()方法（与7.2.3节open()函数中的write()和writelines()的功能相同）。

第3行代码使用stdin中的readline()方法表示从控制端获取一行信息，也可以使用read()或readlines()表示从控制端获取多行信息。第4行代码将获取的信息输出。

第5行代码中的stderr.write()表示将报错信息写入控制端。

执行代码后的输出结果如图9-18所示。

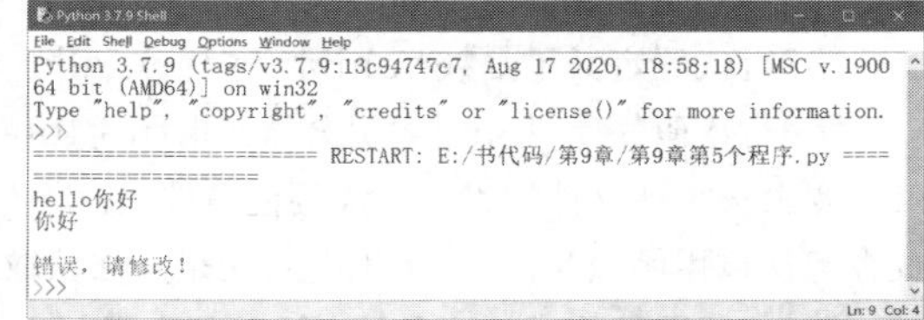

图 9-18

在该结果中，“hello”是由sys.stdout.write()实现的，但输出后并没有换行，这是因为sys.stdout与print()函数的区别在于print()函数在输出时增加了参数end='\n'，默认输出后会换行，这是在构造print()函数时就已经添加好的附属功能。

当用户输入“你好”并按下回车键时，程序将此信息传递给sys.stdin.readline()的同时，还会将用户按Enter键所触发的换行功能传递给变量a，因此使用print()函数输出变量a时会多出一个空白行。input()函数无法捕获用户按Enter键所触发的换行符，这是因为在构造input()函数时，底层代码使用字符串对象中的strip()方法删除了字符串末尾的换行符。

“错误，请修改！”显示为红色，与代码发生错误时的显示效果相同。

项目案例 实现计算文件夹的大小

项目描述

实现使用代码计算某个文件夹所占据的内存大小，输出结果应与操作系统所统计的占用内存大小基本相同，图9-19所示为由Windows系统自动统计的“E:\书代码”文件夹所占用的内存大小。

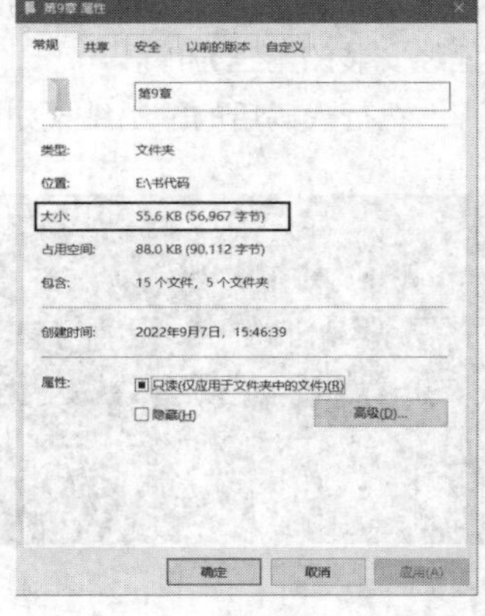

图 9-19

项目任务

在9.2.5小节中实现了统计当前文件夹中所有文件的大小，但忽略了当前文件夹中可能还存在子文件夹，子文件夹中可能还会存在文件等情况。因此本项目要求实现统计本文件夹的总大小、文件夹下所有文件的大小及所有子文件夹中的文件的大小。

注意

由于需要检索到文件夹最内层的每一个文件所占据的内存大小，因此需要使用函数的递归调用算法（详见5.5节），即函数调用自己本身。

项目实现代码

```
01 import os
02 file_total_size = 0
03 def wenjian(addr):
04     global file_total_size
05     for file_name in os.listdir(addr):
06         file_dir = os.path.join(addr, file_name)
07         print(file_dir,end='\t')
08         file_total_size += os.path.getsize(os.path.join(file_dir))
09         print(os.path.getsize(os.path.join(file_dir)),file_total_size)
10         if os.path.isdir(file_dir):
11             wenjian(file_dir)
12 wenjian('.')
13 print(file_total_size)
```

第2行代码定义了变量file_total_size用于累加统计文件的大小，后续代码在执行时，每遍历一个文件变量，file_total_size就会累加一次。第3～11行代码为函数wenjian()的定义及其相关代码块。

第3行代码定义了函数wenjian(addr)，addr表示当前需要计算文件大小的文件夹地址。

第4行代码使用global声明全局变量file_total_size，使得每次递归调用函数时仍然使用同一个file_total_size变量来统计文件的大小。需要注意的是，当不使用全局变量时，file_total_size为函数内部的局部变量，因此在每次调用函数时，file_total_size是无法获取之前文件大小所累加的结果的，而是0。

第5行代码使用os库中的listdir()获取当前文件夹中的所有文件及文件夹，并使用for循环依次遍历。

第6行代码用于获取当前遍历的文件或文件夹的路径，第7行代码用于输出当前路径。

第8行代码使用os库的path模块下的getsize()方法获取当前文件的大小，第9行代码用于输出文件大小及累加后的文件大小。

第10～11行代码判断当前遍历的是否为文件夹，如果是则递归调用函数wenjian()本身。

第12行代码调用函数wenjian()，且传递的地址为当前代码文件所在的相对地址。

执行代码后的输出结果如图9-20所示，该结果包含每一个文件的路径和大小。

接下来介绍一种更为简洁的文件夹的递归调用的使用方法。

例如目录“E:\书代码\数据1”中存在两个文件（“第8章第1个程序.py”文件和“第8章第2个程序.py”文件）和一个文件夹（压缩文件），文件夹“压缩文件”中存在一个“书代码新.zip”文件和一个文件夹“全套”，其中文件夹“全套”包含“书代码.zip”和“压缩全.zip”两个文件。如图9-21所示，通过在命令提示符窗口中的“E:\书代码\数据1>”后面执行命令`tree /f`即可获取当前路径中的所有树形结构。

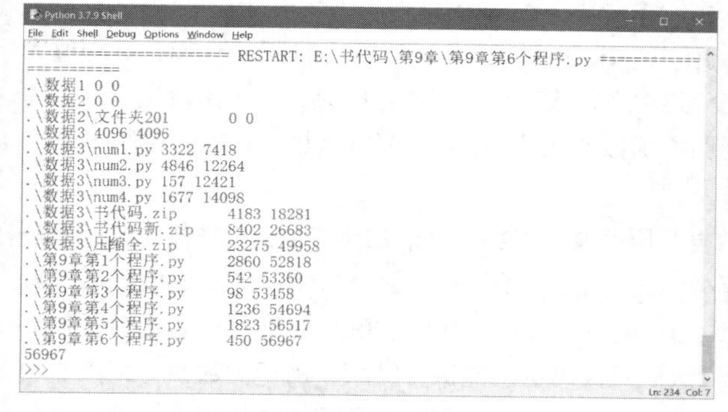

图 9-20

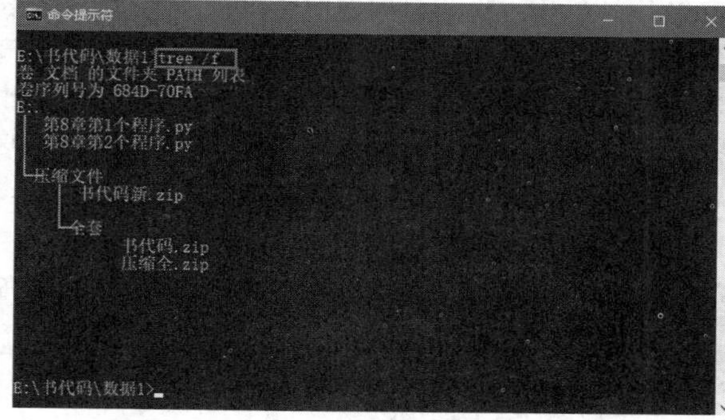

图 9-21

将以上项目实现代码用于统计“E:\书代码\数据1”路径的所有文件大小时，其运行流程如图9-22所示。

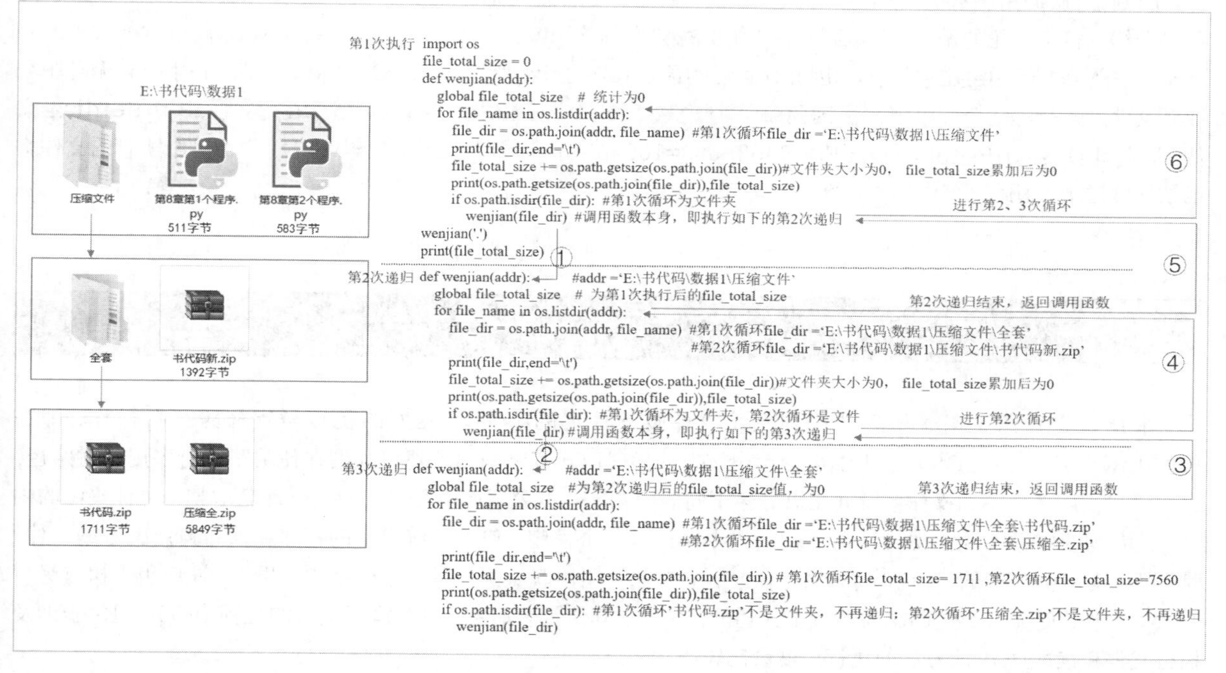

图 9-22

开始执行代码后第1次执行wenjian("E:\书代码\数据1")函数，通过os.listdir()函数第1次循环获取文件夹“压缩文件”，因此`file_dir = "E:\书代码\数据1\压缩文件"`。由于file_dir是文件夹，因此计算后的file_total_size值仍然为0。且通过if条件判断后，当前路径为文件夹，因此开始调用函数wenjian("E:\书代码\数据1\压缩文件")。

当调用函数自己本身时，相当于重新复制一个新的函数代码，见图9-22中第2次递归处的代码。此时使用`global file_total_size`，将会继续使用全局变量的file_total_size值，经过第1次执行后值仍然为0。通过函数os.listdir()循环“E:\书代码\数据1\压缩文件”内的文件，第1次循环获取到文件夹“全套”，即`file_dir = "E:\书代码\数据1\压缩文件\全套"`。由于file_dir是文件夹，因此计算后的file_total_size值仍然为0。且通过if条件判断后，当前路径为文件夹，因此开始调用函数wenjian("E:\书代码\数据1\压缩文件\全套")。

再次调用函数本身，即重新复制一个新的函数代码，见图9-22中第3次递归处的代码。此时使用`global file_total_size`，将会继续使用全局变量的file_total_size值，经过第2次递归后值仍然为0。通过函数

os.listdir()循环“E:\书代码\数据1\压缩文件\全套”内的文件，第1次循环获取到文件“书代码.zip”，即`file_dir = "E:\书代码\数据1\压缩文件\全套\书代码.zip"`。由于file_dir是文件，因此计算后的file_total_size值为1711字节。if判断当前路径为文件，因此继续返回第2次循环获取到文件“压缩全.zip”，即`file_dir = "E:\书代码\数据1\压缩文件\全套\压缩全.zip"`。由于file_dir是文件，因此计算后的file_total_size值为1711+5849=7560字节。此时文件夹循环遍历结束，整个第3次递归代码也全部执行结束。由于函数执行结束需要返回调用函数处，而第3次递归的代码是通过第2次递归中函数wenjian("E:\书代码\数据1\压缩文件\全套")调用的，因此此时将会返回第2次递归。

回到第2次递归调用的函数wenjian("E:\书代码\数据1\压缩文件\全套")处，由于“全套”文件夹已经处理完毕，此时继续进行下一轮的循环，获取到文件“书代码新.zip”，因此`file_dir = "E:\书代码\数据1\压缩文件\书代码新.zip"`。由于file_dir是文件，因此计算后的file_total_size值为7560+1392=8952字节。此时文件夹“E:\书代码\数据1\压缩文件”的循环遍历结束，整个第2次递归代码也全部执行结束。由于函数执行结束需要返回调用函数处，而第2次递归的代码是通过第1次递归代码中函数wenjian("E:\书代码\数据1\压缩文件")调用的，因此此时将会返回第1次调用函数处。

回到第1次调用函数的wenjian("E:\书代码\数据1\压缩文件")处，由于“压缩文件”文件夹已经处理完毕，此时继续进行下一轮的循环，获取到文件“第8章第1个程序.py”，因此`file_dir = "E:\书代码\数据1\第8章第1个程序.py"`。由于file_dir是文件，因此计算后的file_total_size值为8952+511=9463字节。在下一轮循环中获取到文件“第8章第2个程序.py”。因此`file_dir = "E:\书代码\数据1\第8章第2个程序.py"`。由于file_dir是文件，因此计算后的file_total_size值为9463+583=10046字节。此时“E:\书代码\数据1\”目录中所有的文件均已被处理过了，因此整个代码也全部执行结束。

总结

本章首先介绍了用于管理和操作系统文件及文件夹的os库。os库的优点是支持跨平台操作，即在Windows系统、macOS系统中都可使用os库，且代码形式基本相同。建议读者在使用路径时多用相对路径，这样可以不用考虑不同操作系统间磁盘分区不同的问题。在办公领域中经常会使用os库获取整个文件夹中的内容，读者需要掌握好此方法。当需要在代码中执行另一个程序（包含系统自带的程序和读者自己编写的文件）时，可以使用os库中的system()方法。popen()方法可用于获取执行另一个程序的结果，往往应用于执行另一个代码文件，使另一个代码文件执行某一功能，并获取其执行后的结果（与调用函数的过程类似），但由于涉及执行文件和读取I/O，此方法的执行速度会比较慢。

然后介绍了用于压缩文件和解压文件的zipfile库。一般对于多个大数据文件，为避免文件过多占用计算机内存，往往需要对文件进行压缩。在使用zipfile库时无须一次性解压压缩文件中的全部文件，可以先提取压缩文件中的一个文件进行解压，解压完毕后再提取压缩文件中的下一个文件，即按实际需求依次提取压缩文件中的文件，以提高计算机的内存空间使用率。

最后介绍了用于与Python解释器文件进行交互的sys库，可用于传递参数、退出当前程序等交互操作。sys库在办公领域的使用较少，此部分内容主要是为了便于读者在学习后面章节的内容时，能更容易理解第三方库的源代码。

第 10 章

操作 Excel 文件

在办公领域中，.txt或.csv格式文件往往无法满足工作中的复杂需求，数据的统计、处理、展示等大部分操作会依赖于Excel文件。然而当用户需要批量处理多个Excel文件时，往往会花费很多时间。当用户对Excel文件中的数据进行某种运算时，由于Excel软件所具备的数据处理能力有限，因此往往需要额外使用其他工具对数据先进行分析再将其导入Excel表格。对此，Python提供了多种专门用于处理Excel文件的库，再结合着Python简易、灵活、可重复的优点及其丰富的第三方库，只需要设计一套程序框架，就能在短时间内处理完多个Excel文件，还能实现用户需要的多种数据运算方案。

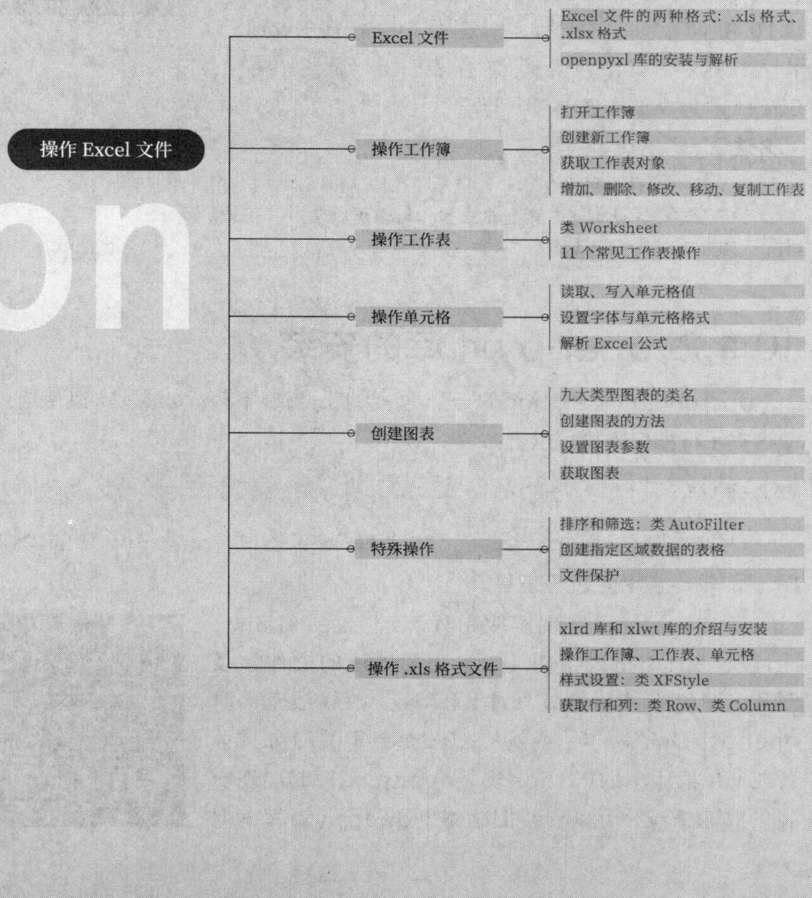

- 操作 Excel 文件
  - Excel 文件
    - Excel 文件的两种格式：.xls 格式、.xlsx 格式
    - openpyxl 库的安装与解析
  - 操作工作簿
    - 打开工作簿
    - 创建新工作簿
    - 获取工作表对象
    - 增加、删除、修改、移动、复制工作表
  - 操作工作表
    - 类 Worksheet
    - 11 个常见工作表操作
  - 操作单元格
    - 读取、写入单元格值
    - 设置字体与单元格格式
    - 解析 Excel 公式
  - 创建图表
    - 九大类型图表的类名
    - 创建图表的方法
    - 设置图表参数
    - 获取图表
  - 特殊操作
    - 排序和筛选：类 AutoFilter
    - 创建指定区域数据的表格
    - 文件保护
  - 操作 .xls 格式文件
    - xlrd 库和 xlwt 库的介绍与安装
    - 操作工作簿、工作表、单元格
    - 样式设置：类 XFStyle
    - 获取行和列：类 Row、类 Column

Python

10.1 Excel 文件

本节讲解的内容有Excel文件的构成、Python第三方库中用于操作Excel文件的openpyxl库的安装与解析。

10.1.1 Excel 文件的介绍

Excel（Microsoft Office Excel）文件一般有.xls和.xlsx两种文件格式，这两种格式的文件类型完全不同，.xls格式文件基于文档类型，.xlsx格式文件基于XML类型，图10-1和图10-2所示分别为.xls和.xlsx格式文件的图标。.xls格式可用于Excel 2003及以前的版本，在Excel 2003及之后的版本中，Excel文件默认保存为.xlsx格式。

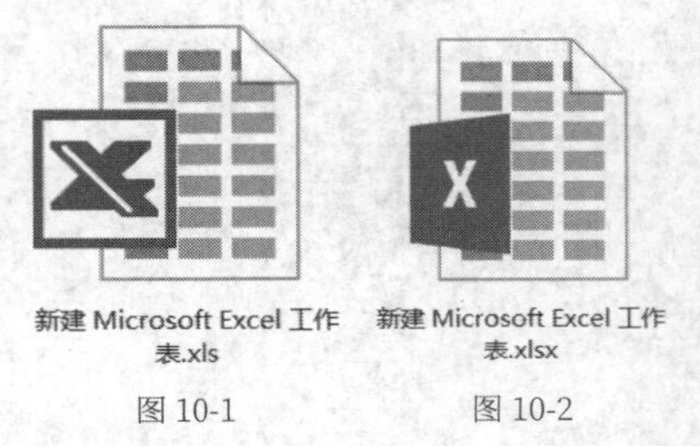

图 10-1　　图 10-2

Python提供了多种用于操作这两种格式的文件的库。以xlrd库、xlwt库、openpyxl库为例，xlrd库支持读取.xls和.xlsx两种格式的文件，但在读取.xlsx格式文件时会存在细节bug。xlwt库支持修改.xls格式文件，但不支持读写.xlsx格式文件。而openpyxl库可以对.xlsx格式文件进行读取和写入操作，加上目前.xls格式文件的使用率较低，因此接下来会着重针对openpyxl库进行介绍（关于.xls格式文件的操作在10.9节中有额外的介绍）。

一个.xlsx格式文件可分为三大结构层次，整个文件称为一个工作簿（Workbook），工作簿中存在多个工作表（Sheet），工作表由多个单元格（Cell）组成。如图10-3所示，该文件名为“新建 Microsoft Excel 工作表.xlsx”，其中包含3个工作表Sheet1、Sheet2、Sheet3，每个工作表中包含若干单元格。

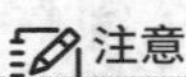**注意**

.xlsx格式文件也可用WPS软件打开和操作。WPS软件具有强大的兼容性，因此读者在跟着本书操作时也可以使用WPS软件，无须强制安装Excel软件。

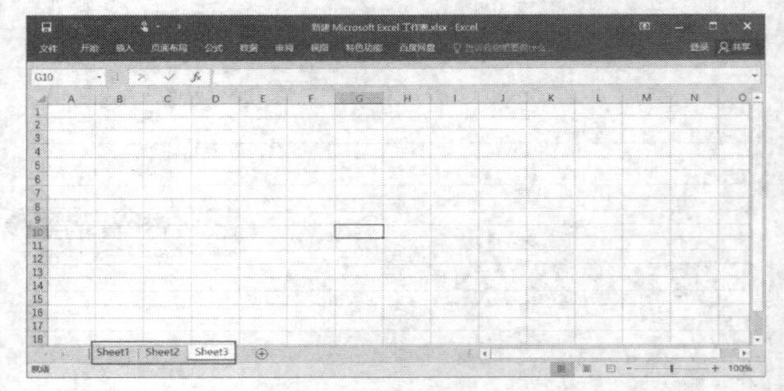

图 10-3

10.1.2 openpyxl 库的安装

openpyxl库是Python的一个第三方库，需要下载、安装才可以使用，下载和安装openpyxl库的方法为在命令提示符窗口中执行以下命令：

```
pip install openpyxl
```

安装完毕可以通过命令`pip show openpyxl`查看openpyxl库的详细信息，如图10-4所示，包含库的依赖库、版本号、安装地址等信息。

openpyxl库可实现读取和写入.xlsx、.xlsm、.xltx、.xltm格式文件（如果需要处理的文件涉及图片，建议安装图像处理库Pillow）。截至完稿时openpyxl库的版本已经从1.7.0发展到3.0.7，如果读者在使用旧版本的Python安装openpyxl库时出现安装失败的情况，可以安装旧版本的openpyxl库。但

图 10-4

由于库代码会随着Python版本的更新而不断更新，因此不同版本的openpyxl库中的函数及方法也会存在细微的差别。本书使用的openpyxl库版本是3.0.7，读者可以直接使用命令`openpyxl==3.0.7`来进行安装。关于openpyxl库的更多内容，读者可以进入openpyxl库的官方网站进行查阅。

10.1.3 openpyxl 库的解析

在openpyxl库文件夹中将不同功能模块分别整理到各自的文件夹中，如图10-5所示。

其中cell文件夹中的源代码用于管理电子表格中的单个单元格；chart文件夹中的源代码用于操作图表；chartsheet文件夹中的源代码用于操作图表工作表（整个工作表为一个图表）；comments文件夹中的源代码用于批注；compat文件夹中的源代码用于更新已弃用函数的文档字符串，使得openpyxl的兼容性更强；drawing文件夹中的源代码用于绘图设置；formatting文件夹中的源代码用于设置格式；formula文件夹中的源代码用于设置公式；styles文件夹中的源代码用于设置样式；workbook文件夹中的源代码用于操作工作簿；worksheet文件夹中的源代码用于操作工作表。

接下来将根据Excel文件的结构层次，即工作簿层次、工作表层次和单元格层次，进行详细介绍。

图 10-5

10.2 操作工作簿

本节从Excel文件的工作簿层次出发来分析工作簿的操作方法。若在计算机的“E:\书代码”路径中存在一个.xlsx格式文件，打开该文件，内容如图10-6所示，工作簿的名称为“2002年1月公司营收.xlsx”，其中包含4个工作表，分别为北京总部营收、上海中部营收、深圳南部营收、四川西部营收，每个工作表中都包含数据和图表。

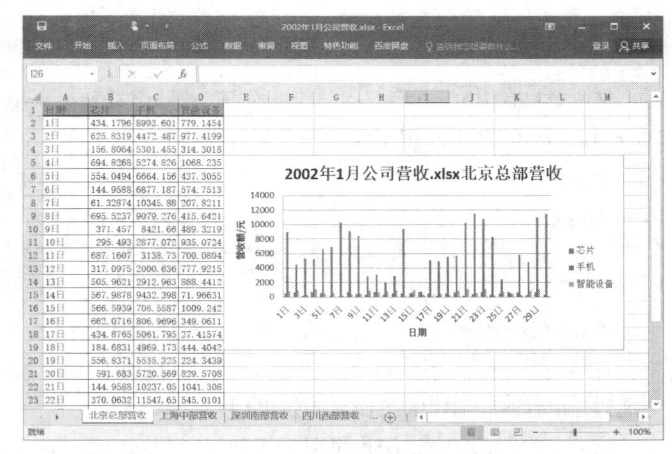

图 10-6

10.2.1 打开工作簿

使用openpyxl库打开工作簿是通过load_workbook()函数来实现的。其使用形式如下：

```
load_workbook(filename, read_only = False, keep_vba = KEEP_VBA, data_only = False, keep_links
= True):
```

功能：打开工作簿，实现与.xlsx格式文件建立联系，并创建一个工作簿对象。

参数filename：指定打开的文件的路径和名称。

参数read_only：设置文件的打开模式，其数据类型为布尔值类型。当read_only=Ture时，表示文件被设置为只读模式，此时不能对文件进行修改、写入等操作。

参数keep_vba：用于保存VBA内容。参数值为bool类型。

参数data_only：表示将带有公式的单元格存储为公式，或存储为Excel最近一次读取工作表时所存储的值，其数据类型为布尔值类型，通常默认存储为公式（详见10.4.6小节）。

参数keep_links：表明是否保留指向其他工作簿的链接，其数据类型为布尔值类型，默认值为True。

返回值：一个openpyxl.workbook.workbook.Workbook类型的工作簿数据对象（与open()函数打开的文件对象相似）。

示例代码：

```
01 import openpyxl
02 wb = openpyxl.load_workbook('2002年1月公司营收.xlsx')
03 print(wb,wb.sheetnames)
```

第2行代码打开了“2002年1月公司营收.xlsx”文件，并将返回的工作簿对象赋值给变量wb。

第3行代码输出wb和wb.sheetnames，wb.sheetnames表示当前工作簿对象中包含的全部工作表对象的名称。

代码执行结果：

```
<openpyxl.workbook.workbook.Workbook object at 0x000002910800D988> ['北京总部营收', '上海中部营收', '深圳南部营收', '四川西部营收']
```

10.2.2 创建新工作簿

当需要创建一个新的工作簿（.xlsx格式文件）时，可以使用类Workbook来实现。其使用形式如下：

```
wb = openpyxl.Workbook()         #用于创建一个工作簿对象
wb.save(工作簿名称)               #将创建的工作簿保存为文件
```

其中类Workbook将返回一个工作簿对象（与load_workbook()函数返回的数据对象类似），save()是类Workbook中的方法，用于保存一个工作簿文件。

示例代码：

```
01 import openpyxl
02 wb = openpyxl.Workbook()  #用于创建一个工作簿对象
03 wb.save('创建的新.xlsx')
```

第2行代码创建了一个工作簿对象wb，第3行代码将该工作簿保存到相对路径中的“创建的新.xlsx”文件中。在执行代码后，系统将会在当前文件夹中自动生成一个新的工作簿文件，新工作簿中默认存在3个工作表，与通过Excel软件创建的工作簿的效果相同。

`save(工作簿名称)`方法也可用于实现另存为的功能，首先打开一个已存在的文件，接着使用save()方法设置一个新的工作簿名称，运行代码后会自动将文件另存为一个新的文件。

示例代码：

```
01 import openpyxl
02 wb = openpyxl.load_workbook('2002年1月公司营收.xlsx')
03 wb.save('新2002年1月公司营收.xlsx')
```

第2行代码用于打开“2002年1月公司营收.xlsx”文件，第3行代码用于将“2002年1月公司营收.xlsx”文件另存为“新2002年1月公司营收.xlsx”文件，新文件中的内容与原文件中的内容相同。

注意

在执行save()方法前需要确定Excel已经关闭了对应的Excel文件，否则如果Excel打开了此文件，同时代码在执行保存文件，两者之间会存在冲突，将导致代码执行失败并引发报错。

代码执行结果：

```
PermissionError: [Errno 13] Permission denied: '2002年1月公司营收.xlsx'
```

类Workbook中还包含大量关于Excel文件的操作方法。

类Workbook的简洁定义：

```
class Workbook(object):     #位于库openpyxl\workbook\workbook.py中
    def read_only(self): ...#工作簿只读
    def write_only(self): ...#工作簿只写
    def active(self): ...#获取激活工作表
    def active(self, value): ...#获取工作簿中当前激活的工作表
    def create_sheet(self, title=None, index=None): ...#创建一个工作表
    def move_sheet(self, sheet, offset=0): ...#移动工作表或更改工作表名
    def remove(self, worksheet): ...#从工作簿中删除工作表
    def remove_sheet(self, worksheet): ...#从工作簿中删除工作表
    def create_chartsheet(self, title=None, index=None): ...#创建一个图表工作表
    def get_sheet_by_name(self, name): ...#按工作表名称返回工作表
    def index(self, worksheet): ...#返回工作表的索引
    def get_index(self, worksheet): ...#获取工作表的索引
    def get_sheet_names(self): ...#获取工作簿中的所有工作表名
    def worksheets(self): ...#获取工作簿中的工作表列表
    def chartsheets(self): ...#获取工作簿中的图表列表
    def sheetnames(self): ...#返回工作簿中的工作表名称列表
    def create_named_range(self, name, worksheet=None, value=None, scope=None): ...
    #给工作表创建一个命名范围，值由value决定
    def add_named_style(self, style): ...#添加命名样式
    def named_styles(self): ...#列出可用的命名样式
    def get_named_ranges(self): ...#返回所有命名范围
    def add_named_range(self, named_range): ...#添加一个命名范围
    def get_named_range(self, name): ...#返回由name指定的命名范围
    def remove_named_range(self, named_range): ...#从工作簿中删除指定的命名范围
    def mime_type(self): ...#工作簿是否为mime类型（多用于互联网邮件扩展）
    def save(self, filename): ...#保存工作簿
    def style_names(self): ...#获取工作簿中命名样式列表
    def copy_worksheet(self, from_worksheet): ...#复制当前工作簿中的现有工作表
    def close(self): ...#关闭当前工作簿
```

10.2.3 获取工作表对象

获取工作表对象的方法有3种，分别是使用`工作簿['工作表名']`获取工作表对象、使用`wb.active`属性获取工作表对象、使用`工作簿对象.worksheets()`获取工作表对象。

第1种，使用`工作簿['工作表名']`获取工作表对象。

示例代码：

```
01 import openpyxl
02 wb = openpyxl.load_workbook('2002年1月公司营收.xlsx')
03 wb_sheet=wb['深圳南部营收']
04 print(wb_sheet,wb.sheetnames)
```

第3行代码用于获取工作簿对象wb中名为“深圳南部营收”的工作表对象。第4行代码中的wb_sheet用于输出工作表对象“深圳南部营收”，wb.sheetnames用于获取wb中的全部工作表名，并以列表的形式返回。

代码执行结果：

```
<Worksheet "深圳南部营收"> ['北京总部营收', '上海中部营收', '深圳南部营收', '四川西部营收']
```

第2种，使用`wb.active`属性获取工作表对象。`wb.active`属性用于获取工作簿当前已激活的工作表，即上一次关闭工作簿之前最后访问的工作表，在启动工作簿时会默认显示该工作表（通常称该工作表处于激活状态）。

示例代码：

```
01 import openpyxl
02 wb = openpyxl.load_workbook('2002年1月公司营收.xlsx')
03 wb_sheet = wb.active
04 print(wb_sheet)
```

代码执行结果：

```
<Worksheet "四川西部营收">
```

结果表明打开“2002年1月公司营收.xlsx”工作簿时会默认打开“四川西部营收”工作表。如果在active(参数)方法中填入参数，且参数是工作表对象，则表示将该工作表设置为激活状态。例如`active(wb['深圳南部营收'])`就表示将工作表“深圳南部营收”设置为激活状态，在下一次打开wb工作簿时，系统会默认显示“深圳南部营收”工作表。

第3种，使用`工作簿对象.worksheets()`获取工作表对象。该方法能以列表形式返回工作簿中的全部工作表对象。

示例代码：

```
01 import openpyxl
02 wb = openpyxl.load_workbook('2002年1月公司营收.xlsx')
03 print(wb.worksheets)
```

代码执行结果：

```
[<Worksheet "北京总部营收">, <Worksheet "上海中部营收">, <Worksheet "深圳南部营收">, <Worksheet "四川西部营收">]
```

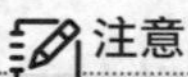
注意

如果需要获取工作簿中的某一个工作表对象，可以使用索引的方式。

10.2.4 增加、删除、修改工作表

- **增加工作表**

当需要在工作簿中增加一个工作表时可使用create_sheet()方法。其使用形式如下：

```
create_sheet(title=None, index=None)
```

参数title：指工作表名称，其数据类型为字符串类型。如果不填写此参数，则使用默认名Sheet+数字，例如Sheet1、Sheet2等。

参数index：指工作表所插入的位置，如果不填写此参数，则默认将该工作表插入所有工作表之后。

返回值：返回一个工作表对象。

示例代码：

```
01 import openpyxl
02 wb = openpyxl.load_workbook('2002年1月公司营收.xlsx')
03 a = wb.create_sheet('海外总部营收',3)
04 print(a,wb.sheetnames)
05 wb.save('新2002年1月公司营收.xlsx')
```

第3行代码用于创建一个名为"海外总部营收"的新工作表，其位置在第3个工作表后。

代码执行结果：

```
<Worksheet "海外总部营收"> ['北京总部营收','上海中部营收','深圳南部营收','海外总部营收','四川西部营收']
```

执行代码后会另存一个名为"新2002年1月公司营收.xlsx"的新工作簿，打开工作簿后的显示效果如图10-7所示，在"深圳南部营收"和"四川西部营收"工作表中间插入了名为"海外总部营收"的工作表。

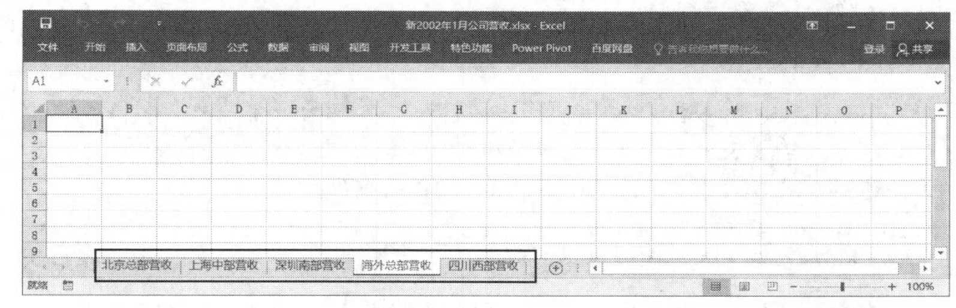

图 10-7

- **删除工作表**

当需要在工作簿中删除某一个工作表时可使用以下两种形式。

```
del wb['工作表名']
工作簿对象.remove(工作表对象)
```

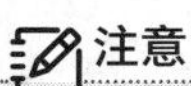注意

remove()中的参数是工作表对象，而不是工作表名。

示例代码：

```
01 import openpyxl
02 wb = openpyxl.load_workbook('2002年1月公司营收.xlsx')
03 del wb["深圳南部营收"]
04 a = wb["北京总部营收"]
05 wb.remove(a)
06 print(wb.sheetnames)
07 wb.save('新2002年1月公司营收.xlsx')
```

第3行代码使用保留字del删除名为"深圳南部营收"的工作表。第4行代码用于获取工作表对象，第5行代码使用remove()删除该工作表。第6行代码输出当前工作簿中的所有工作表。第7行代码将删除工作表后的工作簿另存为"新2002年1月公司营收.xlsx"。

代码执行结果：

```
['上海中部营收', '四川西部营收']
```

该结果表明已删除工作表"深圳南部营收"和"北京总部营收"，如图10-8所示。

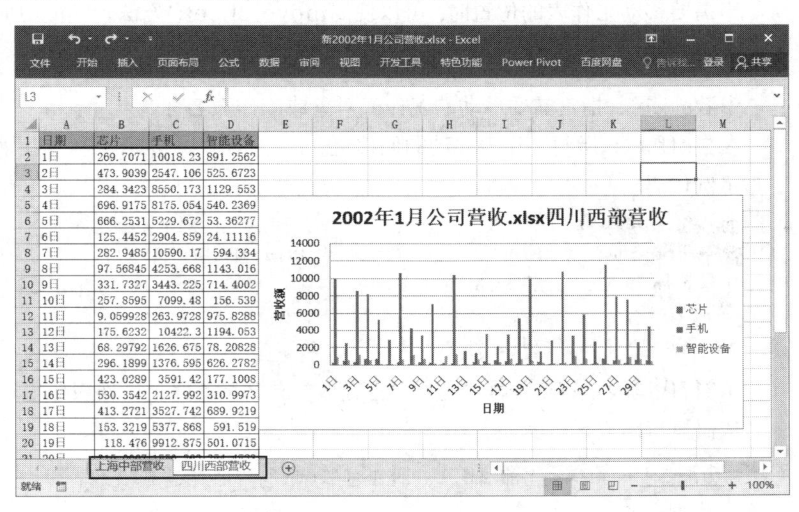

图 10-8

- **修改工作表**

当需要对工作表的名称进行修改时可使用以下形式。

```
工作表对象.title = '新工作表名'
```

示例代码：

```
01 import openpyxl
02 wb = openpyxl.load_workbook('2002年1月公司营收.xlsx')
03 wb['北京总部营收'].title = '北京总部营收新'
04 print(wb.sheetnames)
05 wb.save('新2002年1月公司营收.xlsx')
```

第3行代码表示将工作表“北京总部营收”改名为“北京总部营收新”。

代码执行结果：

```
['北京总部营收新', '上海中部营收', '深圳南部营收', '四川西部营收']
```

该结果表明已将工作表“北京总部营收”改名为“北京总部营收新”，如图10-9所示。

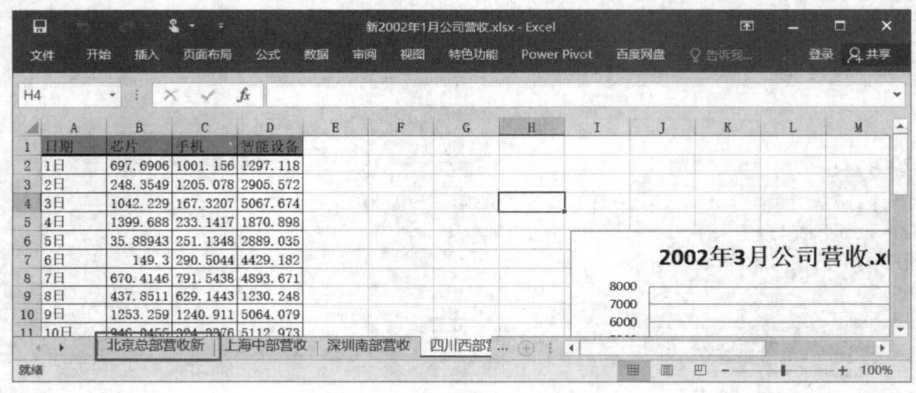

图 10-9

10.2.5 移动、复制工作表

- **移动工作表**

当需要移动工作表的位置时，可以使用move_sheet()方法。其使用形式如下：

```
工作簿对象.move_sheet(sheet, offset=0)
```

参数sheet：指定需要移动的工作表对象或工作表名称。

参数offset：指明工作表移动的偏移量。

示例代码：

```
01 import openpyxl
02 wb = openpyxl.load_workbook('2002年1月公司营收.xlsx')
03 wb.move_sheet('北京总部营收',2)
04 print(wb.sheetnames)
05 wb.save('新2002年1月公司营收.xlsx')
```

第3行代码表示将工作表“北京总部营收”向右移动两个工作表位置。

代码执行结果：

```
['上海中部营收', '深圳南部营收', '北京总部营收', '四川西部营收']
```

该结果表明已将工作表“北京总部营收”向右移动了两个工作表位置，如图10-10所示。

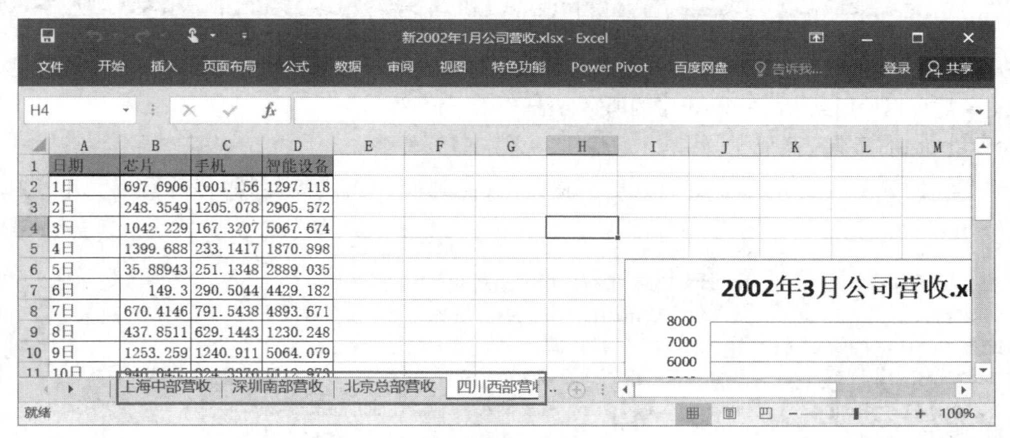

	A	B	C	D
1	日期	芯片	手机	智能设备
2	1日	697.6906	1001.156	1297.118
3	2日	248.3549	1205.078	2905.572
4	3日	1042.229	167.3207	5067.674
5	4日	1399.688	233.1417	1870.898
6	5日	35.88943	251.1348	2889.035
7	6日	149.3	290.5044	4429.182
8	7日	670.4146	791.5438	4893.671
9	8日	437.8511	629.1443	1230.248
10	9日	1253.259	1240.911	5064.079

图 10-10

• 复制工作表

当需要复制工作簿中的某一个工作表时，可以使用copy_worksheet()方法。其使用形式如下：

```
工作簿对象.copy_worksheet(from_worksheet)
```

参数from_worksheet：指定需要复制的工作表对象，其值为工作表对象。

返回值：返回一个新的工作表对象，且其工作表名为“原工作表名 Copy”。

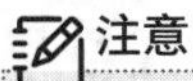注意

copy_worksheet()方法只能在同一个工作簿中复制工作表，不能把另一个工作簿中的工作表复制到本工作簿中。

示例代码：

```
01 import openpyxl
02 wb = openpyxl.load_workbook('2002年1月公司营收.xlsx')
03 a = wb.copy_worksheet(wb['上海中部营收'])
04 wb.save('新2002年1月公司营收.xlsx')
```

执行代码后将会在工作簿中创建一个名为“上海中部营收 Copy”的新工作表，该新工作表与“上海中部营收”工作表的内容一致，如图10-11所示。

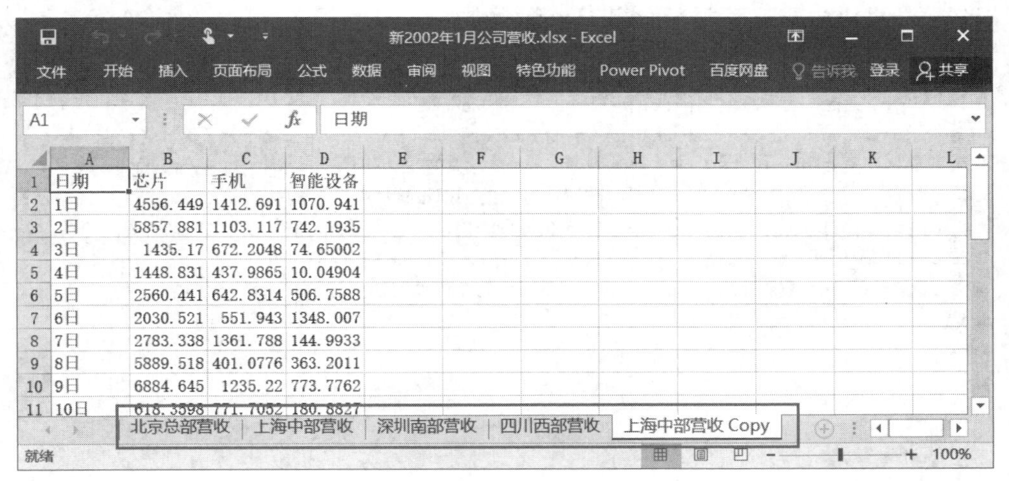

	A	B	C	D
1	日期	芯片	手机	智能设备
2	1日	4556.449	1412.691	1070.941
3	2日	5857.881	1103.117	742.1935
4	3日	1435.17	672.2048	74.65002
5	4日	1448.831	437.9865	10.04904
6	5日	2560.441	642.8314	506.7588
7	6日	2030.521	551.943	1348.007
8	7日	2783.338	1361.788	144.9933
9	8日	5889.518	401.0776	363.2011
10	9日	6884.645	1235.22	773.7762

图 10-11

10.3 操作工作表

本节从Excel文件的工作表层次出发来分析工作表的操作方法。工作表对象由类Worksheet创建，因此获取工作表对象后可以使用类Worksheet中的所有方法。

类Worksheet的简洁定义：

```
class Worksheet(_WorkbookChild):        #位于库openpyxl\worksheet\worksheet.py中，继承了父类_
WorkbookChild
    def cell(self, row, column, value=None): ...#根据给定的行号、列号返回单元格对象
    def min_row(self): ...      #包含数据的行的最小行索引
    def max_row(self): ...      #包含数据的行的最大行索引
    def min_column(self): ... #包含数据的列的最小列索引
    def max_column(self): ... #包含数据的列的最大列索引
    def calculate_dimension(self): ...#返回包含数据的所有单元格的最小边界范围
    def dimensions(self): ...           #返回包含数据的所有单元格的最小边界范围
    def iter_rows(self, min_row=None, max_row=None, min_col=None, max_col=None,
                  values_only=False): ...#从工作表中按行生成单元格
    def rows(self): ...#按行生成工作表中的所有单元格
    def values(self): ...#按行生成工作表中的所有单元格值
    def iter_cols(self, min_col=None, max_col=None, min_row=None, max_row=None,
                  values_only=False): ...#从工作表中按列生成单元格
    def columns(self): ...#按列生成工作表中的所有单元格
    def set_printer_settings(self, paper_size, orientation): ...#进行打印机设置
    def add_data_validation(self, data_validation): ...#将数据验证对象添加到工作表中
    def add_chart(self, chart, anchor=None): ...#在工作表中添加一个图表
    def add_image(self, img, anchor=None): ...  #在工作表中添加一张图片
    def add_table(self, table): ...   #添加一个子表
    def tables(self): ...             #获取子表列表
    def add_pivot(self, pivot): ...
    def merge_cells(self, range_string=None, start_row=None, start_column=None,
                    end_row=None, end_column=None): ...#合并单元格
    def merged_cell_ranges(self): ...           #合并单元格，并返回指定单元格范围内的内容
    def unmerge_cells(self, range_string=None, start_row=None, start_column=None,
                      end_row=None, end_column=None): ...#删除单元格范围上的合并
    def append(self, iterable): ...             #在当前工作表的底部追加一组值
    def insert_rows(self, idx, amount=1): ...#插入行
    def insert_cols(self, idx, amount=1): ...#插入列
    def delete_rows(self, idx, amount=1): ...#删除行
    def delete_cols(self, idx, amount=1): ...#删除列
    def move_range(self, cell_range, rows=0, cols=0, translate=False): ...
    #按行数或列数移动单元格范围
    def print_title_rows(self): ...   #获取在每页的顶部设置的要打印的行
    def print_title_rows(self, rows): ...#在每页的顶部设置的要打印的行
    def print_title_cols(self): ...   #获取每页的左边设置的要打印的栏目
    def print_title_cols(self, cols): ...#在每页的左边设置的要打印的栏目
    def print_titles(self): ...#打印标题
    def print_area(self): ...#获取工作表的打印区域
    def print_area(self, value): ...#设置工作表的打印区域
```

10.3.1 获取工作表中的内容

工作表中有多个单元格，并且每个单元格都有专属的编号，通常情况下行号使用数字标记（从1开始），列号使用字母标记（从A开始）。例如图10-12所示的单元格，其专属编号为B2，表示第2行第2列的单元格。

openpyxl库中用于获取单元格对象的方法有以下两种。其中单元格对象包含多种信息，例如字体颜色、单元格内容、字体大小等，本小节仅介绍获取单元格对象的方法。

图 10-12

第1种，以列表的形式从工作表对象中获取单元格对象。其使用形式如下：

```
工作表对象['列号行号']
```

第2种，使用cell()方法从工作表对象中获取单元格对象。其使用形式如下：

```
工作表对象.cell(row, column, value=None)
```

功能：基于填入的参数返回单元格对象。

参数row：指定行号，其数据类型为整数类型。

参数column：指定列号，其数据类型为整数类型。

参数value：表明是否将value内容写入单元格。

示例代码：

```
01 import openpyxl
02 wb = openpyxl.load_workbook('2002年1月公司营收.xlsx')
03 wb_sheet = wb.active
04 print(wb_sheet['B4'])
05 print(wb_sheet.cell(4,2))
```

第4行代码使用了第1种方法获取工作表中的B4（第2列第4行）单元格对象。

第5行代码使用了第2种方法获取工作表中第4行第2列的单元格对象，其中列号并不是Excel文件中显示的列号，Excel文件中显示的列号从字母A依次增加，这里的列号是根据字母转换出的数字，例如A转换为1，B转换为2。

执行代码后的输出结果是两个单元格对象（单元格数据类型使用Cell来表示）。

代码执行结果：

```
<Cell '四川西部营收'.B4>
<Cell '四川西部营收'.B4>
```

示例代码（向单元格中写入内容）：

```
01 import openpyxl
02 wb = openpyxl.load_workbook('2002年1月公司营收.xlsx')
03 wb_sheet = wb['北京总部营收']
04 wb_sheet.cell(2,3,'nihao')
05 print(wb_sheet['C2'].value)
06 wb.save('新2002年1月公司营收.xlsx')
```

第4行代码表示在第2行第3列的单元格中写入字符串'nihao'。第5行代码输出单元格C2的值，其中value用于获取单元格对象中的值（详见10.4节）。

执行代码后打开文件“新2002年1月公司营收.xlsx”，显示效果如图10-13所示。

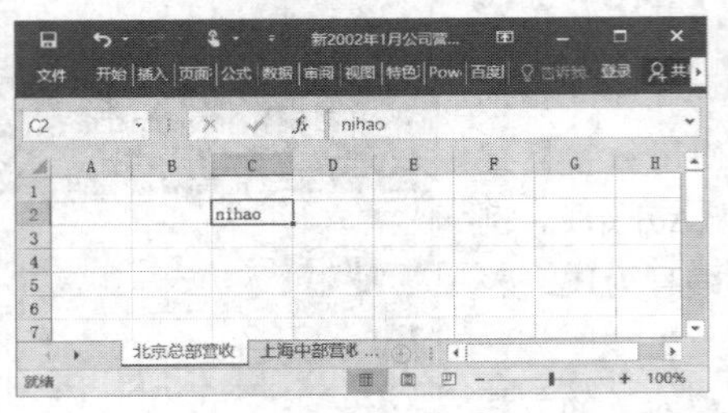

图 10-13

10.3.2 字母和数字之间的转换

在获取工作表中的某一个单元格时，可以使用`工作表对象['列号行号']`的形式，其中的列号为英文，往往不便于用户直接确定具体的列，例如对于AK4，很难确定AK指的具体是哪一列。openpyxl库提供了自动实现字母和数字进行转换的方法，具体如下：

```
openpyxl.utils.get_column_letter(数字)                    #可以将数字转换为字母
openpyxl.utils.column_index_from_string(字母)             #可以将字母转换为数字
```

示例代码（实现字母与数字之间的转换）：

```
01 import openpyxl
02 print(openpyxl.utils.get_column_letter(100),end = '')
03 print(openpyxl.utils.column_index_from_string('CV'))
```

第2行代码表示将数字100转换为字母，第3行代码表示将字母'CV'转换为数字。

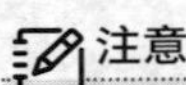注意

在工作表中，列号从A～Z、AA、AB……依次排序下去。

代码执行结果：

```
CV 100
```

10.3.3 获取区域单元格

获取某一区域的单元格可以使用以下3种方法。

第1种，如果需要获取工作表中某一个区域内的单元格，例如要获取B4到D5之间的单元格，读者可以直接在Excel软件中单击B4单元格，然后长按Shift键并单击D5单元格。在openpyxl库中可以使用切片形式`工作表对象['B4': 'D5']`来获取单元格，代码如下：

```
01 import openpyxl
02 wb = openpyxl.load_workbook('2002年1月公司营收.xlsx')
03 wb_sheet = wb.active
04 print(wb_sheet['B4':'D5'])
```

代码执行结果如下，表明获取到了单元格B4、C4、D4、B5、C5、D5对象。

```
((<Cell '四川西部营收'.B4>, <Cell '四川西部营收'.C4>, <Cell '四川西部营收'.D4>), (<Cell '四川西部营收'.B5>, <Cell '四川西部营收'.C5>, <Cell '四川西部营收'.D5>))
```

第2种，如果需要获取工作表中指定列或行的单元格，可以使用以下形式：

```
list(工作表对象.columns)[指定列号]
list(工作表对象.rows)[指定行号]
```

其中`工作表对象.columns`将返回工作表中的全部列单元格对象，但由于其数据类型为openpyxl库自定义的内部数据类型，因此无法直接获取每一个单元格对象，这时使用list()可以将全部列单元格对象转换为列表。列表中的每个数据元素为一列，因此`[指定列号]`可以索引指定列的全部内容。`工作表对象.rows`将返回工作表中的全部行单元格对象，情形与全部列单元格对象相似。

示例代码：

```
01 import openpyxl
02 wb = openpyxl.load_workbook('2002年1月公司营收.xlsx')
03 wb_sheet = wb.active
04 print(list(wb_sheet.columns)[0])
05 print(list(wb_sheet.rows)[1])
```

第4行代码表示获取工作表第1列的全部单元格对象，第5行代码表示获取工作表第2行的全部单元格对象。

代码执行结果：

```
(<Cell '上海中部营收'.A1>, <Cell '上海中部营收'.A2>, <Cell '上海中部营收'.A3>, <Cell '上海中部营收'.A4>, <Cell '上海中部营收'.A5>, <Cell '上海中部营收'.A6>, <Cell '上海中部营收'.A7>, <Cell '上海中部营收'.A8>, <Cell '上海中部营收'.A9>, <Cell '上海中部营收'.A10>, <Cell '上海中部营收'.A11>, <Cell '上海中部营收'.A12>, <Cell '上海中部营收'.A13>, <Cell '上海中部营收'.A14>, <Cell '上海中部营收'.A15>, <Cell '上海中部营收'.A16>, <Cell '上海中部营收'.A17>, <Cell '上海中部营收'.A18>, <Cell '上海中部营收'.A19>, <Cell '上海中部营收'.A20>, <Cell '上海中部营收'.A21>, <Cell '上海中部营收'.A22>, <Cell '上海中部营收'.A23>, <Cell '上海中部营收'.A24>, <Cell '上海中部营收'.A25>, <Cell '上海中部营收'.A26>, <Cell '上海中部营收'.A27>, <Cell '上海中部营收'.A28>, <Cell '上海中部营收'.A29>, <Cell '上海中部营收'.A30>, <Cell '上海中部营收'.A31>)
(<Cell '上海中部营收'.A2>, <Cell '上海中部营收'.B2>, <Cell '上海中部营收'.C2>, <Cell '上海中部营收'.D2>)
```

第3种，如果需要通过遍历来获取指定区域单元格，可使用iter_rows()和iter_cols()方法返回一个可迭代对象（可以作为循环内容）。iter_cols()与iter_rows()的使用形式基本相同，iter_rows()的使用形式如下：

```
iter_rows(min_row=None, max_row=None, min_col=None, max_col=None, values_only=False)
```

参数min_row：选择指定区域单元格的最小行号，其数据类型为整数类型。

参数max_row：选择指定区域单元格的最大行号，其数据类型为整数类型。

参数min_col：选择指定区域单元格的最小列号，其数据类型为整数类型。

参数max_col：选择指定区域单元格的最大列号，其数据类型为整数类型。

参数values_only：值为False时返回单元格对象，值为True时返回单元格内容。

示例代码：

```
01 import openpyxl
02 wb = openpyxl.load_workbook('2002年1月公司营收.xlsx')
03 wb_sheet = wb['北京总部营收']
04 print(wb_sheet.iter_rows(1,3,1,3))
05 for a in wb_sheet.iter_rows(1,3,1,3):
06     print(a)
07 for a in wb_sheet.iter_rows(1,3,1,3,values_only=True):
08     print(a)
```

第4行代码中的iter_rows(1,3,1,3)表示获取从第1行到第3行与第1列到第3列的区域单元格，并输出该方法的返回值。

第5、6行代码使用了for循环语句，其中iter_rows(1,3,1,3)会返回一个从第1行到第3行与第1列到第3列的区域可迭代对象，并将此区域的每一行内容复制给变量a（iter_cols()将每一列内容复制给变量a），因此变量a是行对象，并不是单元格对象，还可以继续对a变量进行遍历。

第7、8行代码设置参数values_only为True，执行代码后会返回该区域单元格的内容。

代码执行结果：

```
<generator object Worksheet._cells_by_row at 0x00000201DBB060C8>
(<Cell '北京总部营收'.A1>, <Cell '北京总部营收'.B1>, <Cell '北京总部营收'.C1>)
(<Cell '北京总部营收'.A2>, <Cell '北京总部营收'.B2>, <Cell '北京总部营收'.C2>)
(<Cell '北京总部营收'.A3>, <Cell '北京总部营收'.B3>, <Cell '北京总部营收'.C3>)
('日期', '芯片', '手机')
('1日', 434.1796083869654, 8993.600989204195)
('2日', 625.8319234855455, 4472.48720665497)
```

在该结果中，第1行内容是iter_rows()方法返回的可迭代对象，第2～4行内容是返回的该区域内的单元格对象，第5～7行内容是返回的该区域内单元格的值。

10.3.4 工作表中存储数据的行数和列数

当一个工作表中存储了部分数据，可以使用以下形式获取工作表中已存储数据的行数和列数。

```
工作表对象.min_row        #有数据的行的最小行号
工作表对象.min_column     #有数据的列的最小列号
工作表对象.max_row        #有数据的行的最大行号
工作表对象.max_column     #有数据的列的最大列号
```

示例代码：

```
01 import openpyxl
02 wb = openpyxl.load_workbook('2002年2月公司营收.xlsx')
03 wb_sheet = wb['北京总部营收']
04 print(wb_sheet.min_row,wb_sheet.min_column,wb_sheet.max_column,wb_sheet.max_row)
```

执行代码后的输出结果为`1 5 6 6`，表明数据存储的单元格范围是从第1行第5列到第6行第6列。打开文件“2002年2月公司营收.xlsx”的工作表“北京总部营收”，显示的数据范围正在此位置，如图10-14所示。

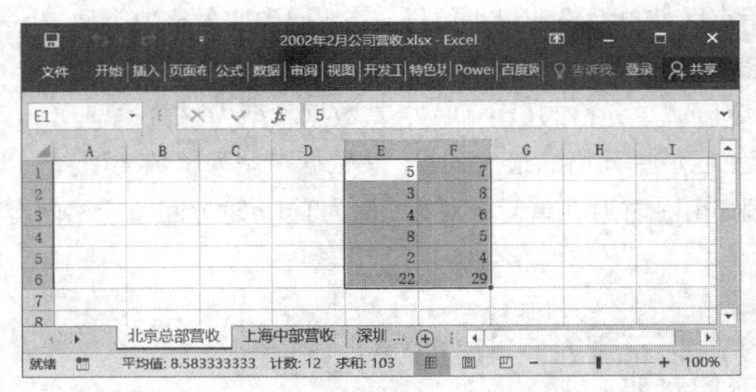

图 10-14

10.3.5 向单元格中写入数据

向单元格中写入数据可以使用以下两种方法。

第1种，使用`工作表对象.cell()`方法向单元格中写入数据。其使用形式如下：

```
工作表对象.cell(row, column, value=None)
```

功能：获取指定位置的单元格。

参数row：指定行号，其数据类型为整数类型。

参数column：指定列号，其数据类型为整数类型。

参数value：表示写入单元格的内容。

示例代码：

```
01 import openpyxl
02 wb = openpyxl.load_workbook('2002年1月公司营收.xlsx')
03 wb_sheet = wb['北京总部营收']
04 wb_sheet.cell(3,4,'Python')
05 print(wb_sheet['D3'].value)
```

第4行代码使用cell()方法将字符串'Python'写入第3行第4列单元格，第5行代码返回第3行第4列单元格的值。

代码执行结果：

```
Python
```

第2种，使用append()方法一次性批量向多个单元格中写入内容。其使用形式如下：

```
工作表对象.append(iterable)
```

功能：在工作表已有的数据后面追加内容。

参数iterable：该参数值是可迭代对象数据，例如列表、字符串、字典等可以直接作为for循环内容的数据。如果该参数值是列表类型数据，则追加的内容从已有数据下一行的第1列开始填入。如果该参数值是字典类型数据，则追加的内容从已有数据的下一行开始填入，且字典中键为列号，对应列中需填入对应键的值。

示例代码：

```
01 import openpyxl
02 wb = openpyxl.load_workbook('2002年1月公司营收.xlsx')
03 wb_sheet = wb['北京总部营收']
04 wb_sheet.append(['This is A1', 'This is B1', 'This is C1'])
05 wb.save('2002年1月公司营收.xlsx')
```

第4行代码向工作表中追加了列表类型数据['This is A1', 'This is B1', 'This is C1']，第5行代码保存此内容到“2002年1月公司营收”工作薄中。执行代码后重新打开工作簿后的显示状态如图10-15所示。

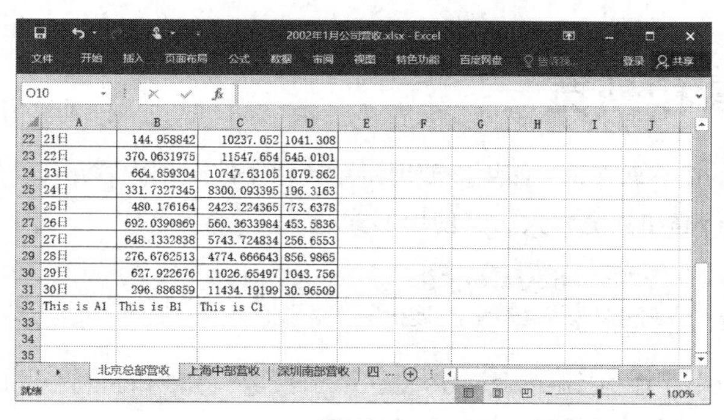

	A	B	C	D
22	21日	144.958842	10237.052	1041.308
23	22日	370.0631975	11547.654	545.0101
24	23日	664.859304	10747.63105	1079.862
25	24日	331.7327345	8300.093395	196.3163
26	25日	480.176164	2423.224365	773.6378
27	26日	692.0390869	560.3633984	453.5836
28	27日	648.1332838	5743.724834	256.6553
29	28日	276.6762513	4774.666643	856.9865
30	29日	627.922676	11026.65497	1043.756
31	30日	296.886859	11434.19199	30.96509
32	This is A1	This is B1	This is C1	

图 10-15

10.3.6 插入或删除行、列

如果需要在工作表中插入一行或一列新的单元格，可以使用insert_rows()和insert_cols()方法实现。如果需要删除行或列，则可以使用delete_rows()和delete_cols()方法实现。这些方法的使用形式分别如下：

```
insert_rows(idx, amount=1)      #在idx行位置前插入amount行
insert_cols(idx, amount=1)      #在idx列位置前插入amount列
delete_rows(idx, amount=1)      #在idx行位置向后删除amount行
delete_cols(idx, amount=1)      #在idx列位置向后删除amount列
```

参数idx：表示位置，即行或列的位置，其数据类型为整数类型。

参数amount：表示数量，即删除或插入多少行或列，其数据类型为整数类型。

示例代码：

```
01 import openpyxl
02 wb = openpyxl.load_workbook('2002年2月公司营收.xlsx')
03 wb_sheet = wb['北京总部营收']
04 wb_sheet.insert_rows(3)
05 wb_sheet.delete_cols(7,3)
06 wb.save('新2002年2月公司营收.xlsx')
```

第4行代码表示在工作表第3行前插入新的一行，参数amount没有填入具体数值，默认为1。

第5行代码表示删除工作表第7列后的3列内容。

执行代码后读者可以打开“2002年2月公司营收.xlsx”和“新2002年2月公司营收.xlsx”文件观察工作表的数据变化，如图10-16和图10-17所示。

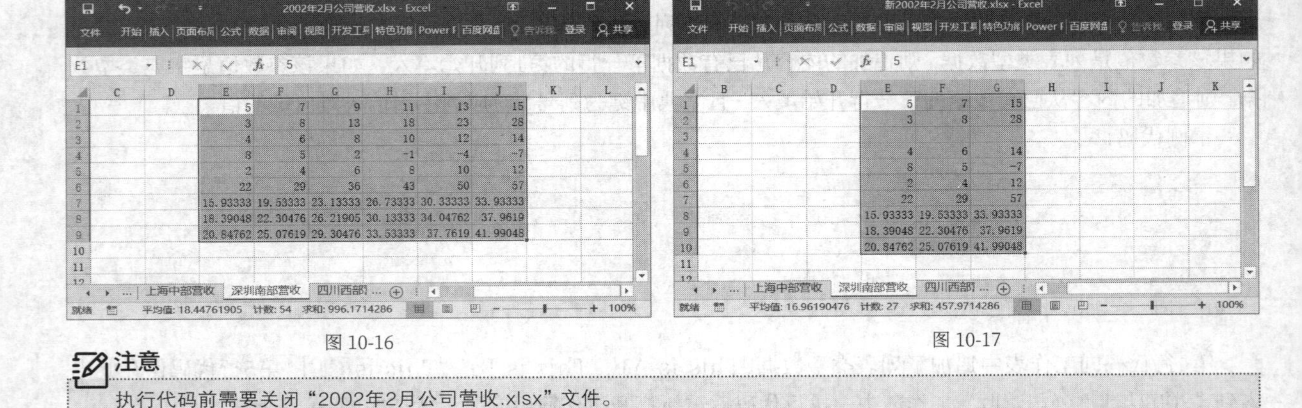

图 10-16　　图 10-17

注意

执行代码前需要关闭“2002年2月公司营收.xlsx”文件。

10.3.7 设置行高和列宽

当某行或某列单元格中的内容较多时，如果需要展示单元格中的全部内容，可以分别使用row_dimensions和column_dimensions将行高和列宽增大。其使用形式如下：

```
工作表对象.row_dimensions[行号].height = 高度值
工作表对象.column_dimensions[列号].width = 宽度值
```

row_dimensions和column_dimensions分别用于获取行和列的边界大小（例如高度和宽度），其中height用于设置行高，width用于设置列宽，单位默认为磅。

示例代码：

```
01 import openpyxl
02 wb = openpyxl.load_workbook('2002年2月公司营收.xlsx')
03 wb_sheet = wb['北京总部营收']
04 wb_sheet.row_dimensions[8].height = 80
05 wb_sheet.column_dimensions['C'].width = 50
06 wb.save('新2002年2月深圳南部营收.xlsx')
```

第4行代码表示将工作表中第8行的行高设置为80磅（1厘米≈28.4磅）。

第5行代码表示将工作表中第3列（C列）的列宽设置为50磅。

代码执行结束后，打开文件“新2002年1月公司营收.xlsx”，其显示效果如图10-18所示，可以看到第8行的高度和第3列的宽度均变大了。

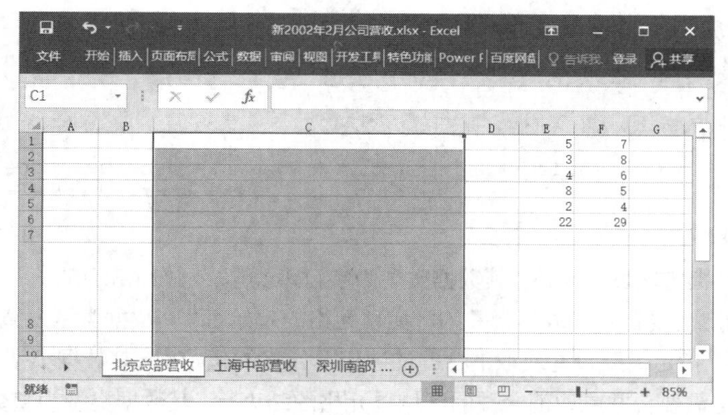

图 10-18

10.3.8 移动指定区域单元格

在工作表中如果需要移动指定区域的单元格，可以使用move_range()方法。其使用形式如下：

```
工作表对象.move_range(cell_range, rows=0, cols=0 , translate=False)
```

参数cell_range：指定需要移动的区域单元格，其数据类型为字符串类型，例如'A3:B5'。

参数rows：当rows>0时，表示向下移动rows个单元格；当rows<0时，表示向上移动rows个单元格。

参数cols：当cols>0时，表示向右移动cols个单元格；当cols<0时，表示向左移动cols个单元格。

参数translate：表明公式和引用会不会随位置移动而自动更新，默认值为False，值为True时会自动更新。

示例代码：

```
01 import openpyxl
02 wb = openpyxl.load_workbook('2002年2月公司营收.xlsx')
03 wb_sheet = wb['北京总部营收']
04 wb_sheet.move_range('E3:F4',rows=10,cols=5)
05 wb.save('新2002年1月公司营收.xlsx')
```

第4行代码将工作表中A3到D3范围内的单元格向下移动10个单元格，再向右移动5个单元格。

执行代码后打开“新2002年1月公司营收.xlsx”文件，观察单元格数据的变化，如图10-19所示。

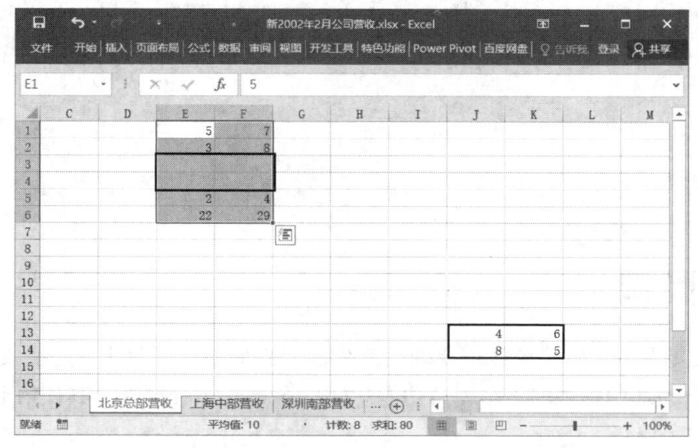

图 10-19

10.3.9 合并单元格与取消合并

如果需要将多个单元格进行合并，可以使用merge_cells()方法；如果需要将合并后的单元格取消合并，可以使用unmerge_cells()方法。其使用形式如下：

```
工作表对象.merge_cells(range_string=None,start_row=None,start_column=None,end_row=None, end_column=None)
#将指定区域的单元格进行合并
工作表对象.unmerge_cells(range_string=None,start_row=None,start_column=None,end_row=None, end_column=None)
#将合并后的单元格取消合并
```

参数range_string：指定区域单元格，其数据类型为字符串类型，例如'A3:D5'。

参数start_row：指定需要合并或取消合并的区域单元格的起始行，其数据类型为整数类型。

参数start_column：指定需要合并或取消合并的区域单元格的起始列，其数据类型为整数类型。

参数end_row：指定需要合并或取消合并的区域单元格的结束行，其数据类型为整数类型。

参数end_column：指定需要合并或取消合并的区域单元格的结束列，其数据类型为整数类型。

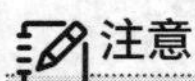
注意

如果range_string已经指定了区域单元格，后面的start_row、start_column、end_row、end_column将无须指定区域单元格。若所有的参数都指定了区域单元格，则默认使用range_string指定的区域单元格。

示例代码：

```
01 import openpyxl
02 wb = openpyxl.load_workbook('2002年2月公司营收.xlsx')
03 wb_sheet = wb['北京总部营收']
04 wb_sheet.merge_cells(start_row=2,end_row=4,start_column=5,end_column=6)
05 wb_sheet.unmerge_cells('E2:F4')
06 wb.save('新2002年2月公司营收.xlsx')
```

第4行代码将工作表第2行到第4行和第5列到第6列的区域单元格（即E2到F4区域）合并为一个单元格。合并后的单元格默认使用第1个单元格的值（即E2单元格的值）。

第5行代码取消合并E2到F4区域的单元格，即取消第4行代码合并的单元格。

打开“新2002年2月公司营收.xlsx”文件进行观察，执行第4行代码后的效果如图10-20所示，执行第5行代码后的效果如图10-21所示。

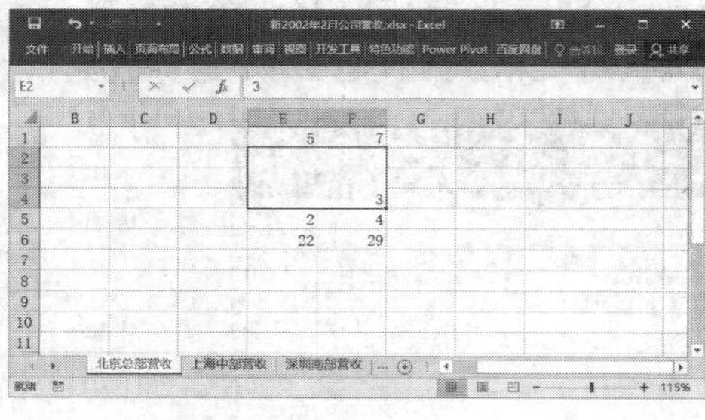

图 10-20

图 10-21

10.3.10 冻结窗口

当工作表中有很多行或列时，如果要让重要的行或列能一直展示在屏幕中，且不会因为鼠标滚轮滚动而上下移动，可以使用openpyxl库中提供的冻结窗口功能，即freeze_panes属性。其使用形式如下：

```
工作表对象.freeze_panes = '单元格编号'
```

功能：用于冻结单元格编号所指单元格的上一行和左边一列。

示例代码：

```
01 import openpyxl
02 ex_file = openpyxl.load_workbook('2002年1月公司营收.xlsx')
03 sheet_1 = ex_file['北京总部营收']
04 sheet_1.freeze_panes = 'B2'
05 ex_file.save('新2002年1月公司营收.xlsx')
```

第4行代码中的单元格编号为B2，表示冻结B2单元格的上一行（即第1行），冻结B2单元格的左边一列（即第A列）。

读者执行代码后可以实现如图10-22所示的效果。当用鼠标上下滚动工作表时，第1行的内容会一直显示在工作表上方而不会移动。当用鼠标左右滑动工作表时，A列的内容会一直显示在屏幕上而不会被移动，因此可以看到A列的右边为D列的数据内容。

图 10-22

10.3.11 插入图片

要向工作表中插入图片，可以使用add_image()方法。其使用形式如下：

```
工作表对象.add_image(img, anchor=None)
```

参数img：指定需要插入的图片数据对象，可以使用openpyxl.drawing.image中的类Image创建一个图片数据对象，其使用形式为`Image('图片地址')`。

参数anchor：指定图片插入的单元格位置，例如'B4'表示将图片插入B4单元格，图片的左上角与B4单元格的左上角对齐。

示例代码：

```
01 import openpyxl
02 from openpyxl.drawing.image import Image
03 wb = openpyxl.load_workbook('2002年2月公司营收.xlsx')
04 wb_sheet = wb['北京总部营收']
05 img=Image('Excel图标.png')
06 img.width,img.height = 80,80
07 wb_sheet.add_image(img,'D4')
08 wb.save('新2002年2月公司营收.xlsx')
```

第2行代码导入了Image类。第5行代码使用Image类读取“Excel图标.png”图片并创建图片对象。第6行代码设置图片对象的宽和高都为80磅。第7行代码将图片对象插入D4单元格。

执行代码后打开“新2002年1月公司营收.xlsx”文件，观察图片效果，如图10-23所示。

图 10-23

Worksheet类中还有很多的方法，读者可进入10.5节、10.6节、10.7节继续学习关于图表、排序和筛选、创建表格的内容。

10.4 操作单元格

本节从Excel文件的单元格出发来介绍单元格的操作方法，包含单元格的获取、单元格的设置等。单元格对象可以使用`工作表对象['列号行号']`或`工作表对象.cell(列字母,行号)`形式来获取。

10.4.1 读取和写入单元格值

- **读取单元格值**

从单元格中获取值即获取单元格中的信息（不包含字体颜色、字号等信息）。其使用形式如下：

```
单元格对象.value
```

返回的结果依赖于单元格的数据类型，可以返回的数据的类型有整数类型、浮点数类型、字符串类型、时间类型（datetime）。如果单元格中的内容是文本，则会返回字符串类型数据；如果单元格中的内容是小数，则会返回浮点数类型数据。

示例代码：

```
01 import openpyxl
02 wb = openpyxl.load_workbook('2002年1月公司营收.xlsx')
03 wb_sheet = wb.active
04 print(wb_sheet['F1'].value,type(wb_sheet['F1'].value))
```

第4行代码输出工作表中F1单元格的内容和数据类型。若要将单元格F1中的数据设为小数，且值为3.1415926，可以在Excel软件的“设置单元格格式”对话框中进行设置，如图10-24所示。

代码执行结果：

```
3.1415926 <class 'float'>
```

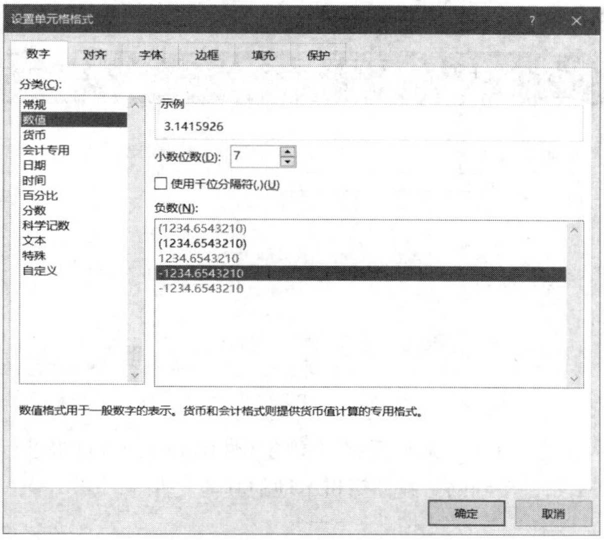

图 10-24

如果需要获取某区域的单元格值，可以使用for循环遍历的方法。

示例代码：

```
01 import openpyxl
02 wb = openpyxl.load_workbook('2002年1月公司营收.xlsx')
03 wb_sheet = wb.active
04 for line in wb_sheet['B2':'C4']:
05     for one_cell in line:
06         print(one_cell.value)
```

第4～6行代码使用了for循环嵌套，在内层中输出单元格的值。外层的for循环会将B2到C4单元格范围的值一行一行地赋值给变量line，因此变量line在每次循环后获取到的内容是一行单元格对象，而不是一个单元格对象。继续对line变量进行循环，经过内层的循环后，变量one_cell将获得一个单元格值，由此即可实现循环输出B2到C4单元格范围内的每一个单元格的值。

- **写入单元格值**

向单元格中写入值可以使用10.3.5小节中的方法，也可以使用以下形式：

```
单元格对象 = 值
```

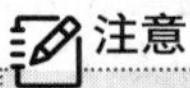

注意

该方法与向字典中写入键值的方法相似，其中单元格的位置类似于字典的键，单元格中的值类似于字典的值。

示例代码：

```
01 import openpyxl
02 wb = openpyxl.load_workbook('2002年1月公司营收.xlsx')
03 wb_sheet = wb['北京总部营收']
04 wb_sheet['E2'] = 'Python'
05 wb_sheet['F2'] = 3.1415
06 wb_sheet['G2'] = '3.1415926'
07 wb.save('新2002年1月公司营收.xlsx')
```

第4～6行代码分别向单元格E2、F2、G2中写入信息，写入单元格的内容不包含数据类型的格式。例如单元格F2中的内容为数值类型的，而单元格G2中的内容为字符串类型的数字，在Excel软件中显示为文本。

执行代码后打开文件“新2002年1月公司营收.xlsx”，显示效果如图10-25所示。

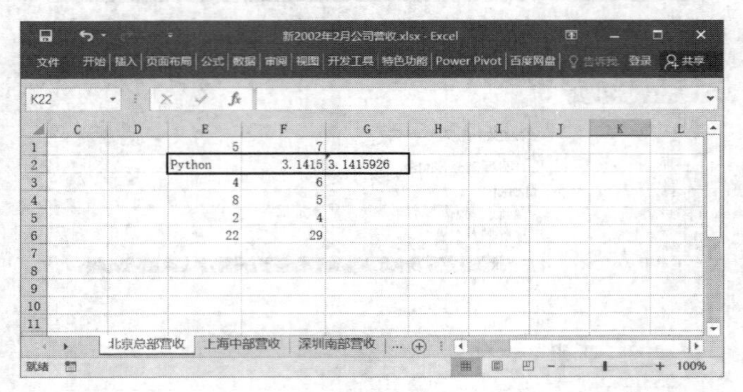

图 10-25

除了向单元格中直接写入信息，还可以对单元格对象的属性hyperlink直接进行赋值，以实现单元格的超链接功能，即链接到其他信息，例如链接到网站或计算机本地的其他文件等。

示例代码：

```
01 import openpyxl
02 wb = openpyxl.load_workbook('2002年1月公司营收.xlsx')
03 wb_sheet = wb['北京总部营收']
04 wb_sheet['G2'] = '3.1415926'
05 wb_sheet['G2'].hyperlink = 'https://www.ptpress.com.cn/'
06 wb.save('新2002年1月公司营收.xlsx')
```

第5行代码在G2单元格中设置超链接，链接到人民邮电出版社官方网站。由于第4行代码已经对G2单元格赋了值，因此G2单元格将显示第4行代码中的值。当单击G2单元格时，系统会自动打开浏览器并进入人民邮电出版社官方网站。读者可以尝试执行代码并观察执行后的效果。

10.4.2 设置字体

只需要对单元格对象的font属性进行赋值即可设置单元格中的字体。其使用形式如下：

```
单元格对象.font = Font()    #类Font用于创建字体对象
```

Font是一个用于创建字体对象的类，读者可以在openpyxl\styles\fonts.py中找到此类。通过类Font的初始化创建字体对象，初始化包含的参数较多，具体如下：

```
Font(name=None, sz=None, b=None, i=None, charset=None, u=None, strike=None, color=None, scheme=None, family=None, size=None, bold=None, italic=None, strikethrough=None, underline=None, vertAlign=None, outline=None, shadow=None, condense=None, extend=None)
```

参数name：表示字体名，例如宋体、黑体等，其数据类型为字符串类型。由于字体可以自由安装，因此在Excel软件中，显示在“开始”选项卡中的字体均可使用，如图10-26所示。

参数sz：表示字体大小，其数据类型为整数类型。

参数b：表示字体格式是否为加粗，值为None时不加粗；值为True时加粗，例如b=True。此参数与bold参数相同。

参数i：表示字体是否为斜体，值为None时表示非斜体；值为True时表示斜体，此参数与italic参数相同。

参数charset：表示字符集、字符编码方式。

参数u：表示下画线，其值可以为single（单下画线）、double（双下画线）（此参数与underline参数相同），还可以为会计用singleAccounting（单下画线）、doubleAccounting（会计用双下画线）。

参数strike：表示删除线，值为None时无删除线；值为True时添加删除线（此参数与strikethrough参数相同）。

参数color：设置字体颜色，其值通常为RGB值（用红色、绿色和蓝色的十六进制值表示），RGB值的十进制值可以在Excel的“颜色”对话框中获取，如图10-27所示，还可以参阅本书附录中的“常见颜色码对照表”。

参数scheme：表示当前配色方案中的索引，值可以为"major"或"minor"。

参数vertAlign：表示上、下标，值为superscript时表示上标，值为subscript时表示下标，值为baseline时表示设置指定上标或下标字符的基准线偏移。

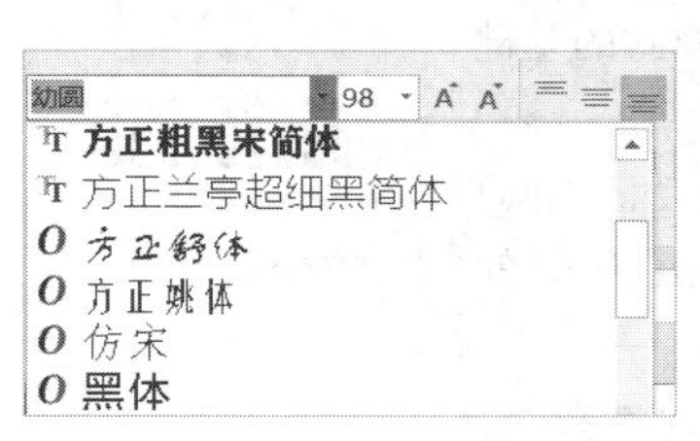

图 10-26

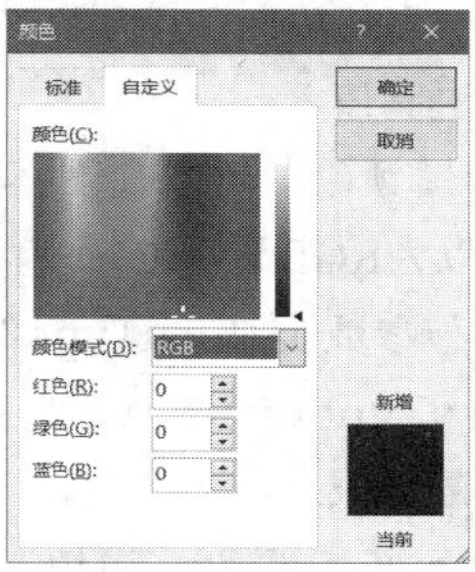

图 10-27

示例代码：

```
01 import openpyxl
02 from openpyxl.styles import Font
03 wb = openpyxl.load_workbook('2002年2月公司营收.xlsx')
04 wb_sheet = wb['北京总部营收']
05 wb_sheet['E2'] = '学习'
06 wb_sheet['E2'].font = Font(name='幼圆',sz=18,b=True,color='8A2BE2')
07 wb.save('新2002年2月公司营收.xlsx')
```

第2行代码导入了类Font。

注意

导入Font类时并没有直接导入fonts.py模块，这是因为在styles模块中已经加载了fonts.py模块。

第6行代码设置E2单元格中文字的字体为幼圆，字体大小为18磅并加粗，字体颜色为8A2BE2。

执行代码后读者可打开“新2002年2月公司营收.xlsx”文件观察数据显示效果，如图10-28所示。

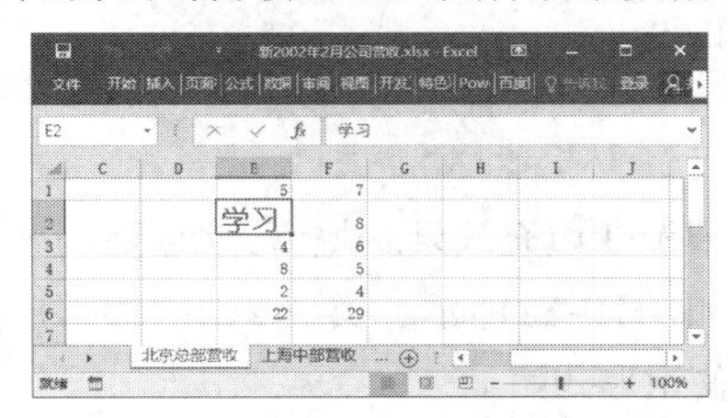

图 10-28

10.4.3 设置单元格填充效果

单元格的背景颜色填充有两种方法，分别是使用类PatternFill和使用类GradientFill。

• 类 PatternFill

类PatternFill用于创建一个填充样式对象，该对象可向单元格指定填充内容。类PatternFill需要从openpyxl库的styles模块下的fills模块中导入。其使用形式如下：

```
PatternFill(patternType=None, fgColor=Color(), bgColor=Color(), fill_type=None, start_color=None, end_color=None)
```

参数patternType：表示图案样式，与Excel“设置单元格格式”中的填充图案样式相似，如图10-29所示。其值可以为'none'、'solid'、'darkDown'、'darkGray'、'darkGrid'、'darkHorizontal'、'darkTrellis'、'darkUp'、'darkVertical'、'gray0625'、'gray125'、'lightDown'、'lightGray'、'lightGrid'、'lightHorizontal'、'lightTrellis'、'lightUp'、'lightVertical'、'mediumGray'等，参数值设定的样式与Excel中设定的样式不一定一一匹配，读者可以尝试填入这些参数并观察样式的显示效果。

参数fgColor：表示前景颜色。当不需要用图案样式或纯色背景颜色填充单元格时，可使用fgColor参数设置前景颜色，参数值可以为RGB十六进制值。

参数bgColor：表示背景颜色。可以在图案样式的基础上填充背景颜色，参数值可以为RGB十六进制值。

参数fill_type：该参数与参数patternType的功能相同，如果同时填入了参数patternType和fill_type，fill_type的效果将会覆盖patternType的效果。

参数start_color：表示开始颜色。当填入此参数时，start_color效果将会覆盖fgColor效果。

参数end_color：表示结束颜色。当填入此参数时，end_color效果将会覆盖bgColor效果。

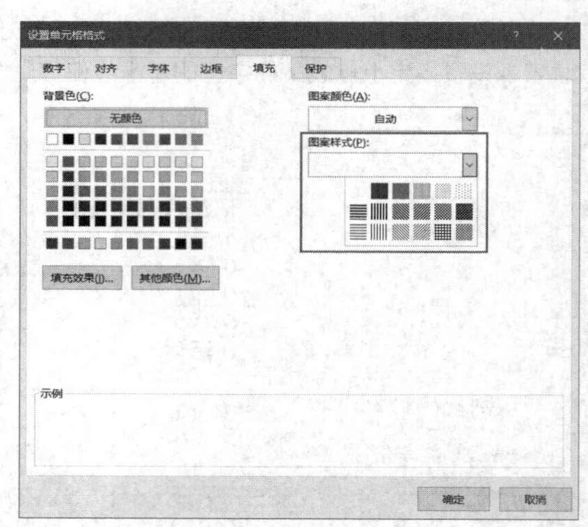

图 10-29

示例代码：

```
01 import openpyxl
02 from openpyxl.styles import PatternFill
03 wb = openpyxl.load_workbook('2002年1月公司营收.xlsx')
04 wb_sheet = wb['北京总部营收']
05 wb_sheet['E2'].fill = PatternFill('darkGray',bgColor="FFDDDD")
06 wb.save('新2002年2月公司营收.xlsx')
```

第2行代码导入了类PatternFill，此类会创建一个填充对象。第5行代码为工作表中的E2单元格赋值了一个填充对象，即让单元格获取填充信息。填充的图案样式为'darkGray'，背景颜色为"FFDDDD"。执行代码后可观察单元格的显示效果，如图10-30所示。

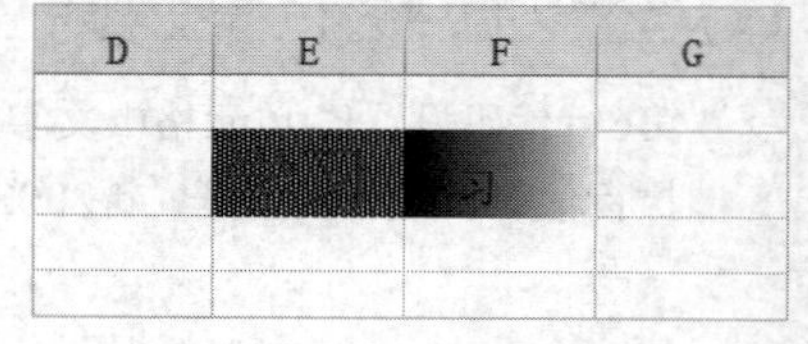

图 10-30

- **类 GradientFill**

类GradientFill用于给单元格设置渐变填充效果，执行后会创建一个填充对象，其效果与在Excel软件“设置单元格格式”中的填充效果相似，如图10-31所示。类GradientFill需要从openpyxl库的styles模块下的fills模块中导入。类GradientFill的使用形式如下：

```
GradientFill(type="linear", degree=0, left=0, right=0, top=0, bottom=0, stop=())
```

参数type：表示渐变类型，值可以是'linear'或'path'。'linear'表示线性渐变，默认按从左到右的方向渐变，可以使用参数修改渐变度degree或渐变路径。'path'表示从区域单元格的每个边开始线性渐变，可以使用参数left、right、top、bottom指定各个边的渐变度，例如top=0.2表示填充单元格的顶部渐变度为20%。

参数degree：表示渐变度，其值可以是小数。

参数left：表示左边渐变度，其值可以是小数。

参数right：表示右边渐变度，其值可以是小数。

参数top：表示顶部渐变度，其值可以是小数。

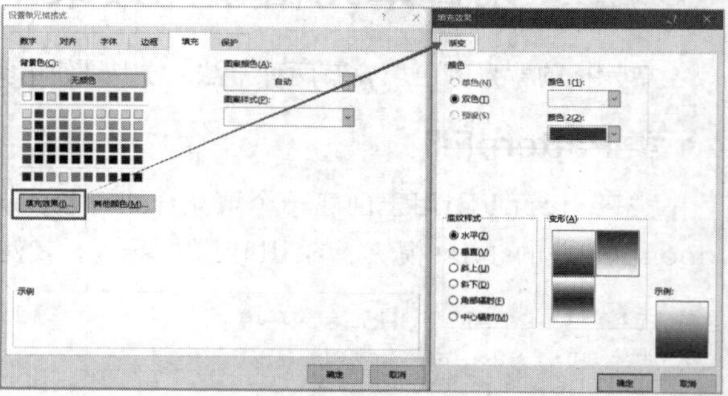

图 10-31

参数bottom：表示底部渐变度，其值可以是小数。

参数stop：指定渐变的两种颜色，即从颜色1到颜色2的渐变，例如stop=("000000","FFFFFF")。

示例代码：

```
01 import openpyxl
02 from openpyxl.styles import GradientFill
03 wb = openpyxl.load_workbook('2002年1月公司营收.xlsx')
04 wb_sheet = wb['北京总部营收']
05 wb_sheet['F2'].fill = GradientFill(stop=("000000", "FFFFFF"))
06 wb.save('新2002年2月公司营收.xlsx')
```

第2行代码导入了类GradientFill。第5行代码创建了一个默认为线性的渐变对象，其颜色值为"000000"到"FFFFFF"，并将该对象赋值给工作表中的F2单元格。执行代码后的效果如图10-30所示的F2单元格效果。

10.4.4 设置单元格边框

当需要对单元格的边框进行设置时，可以在Excel软件的“设置单元格格式”对话框中进行设置，如图10-32所示，还可以在代码中使用openpyxl库中的类Border设置单元格的边框，类Border需要从openpyxl库的styles模块下的borders模块中导入。其使用形式如下：

```
单元格对象.border = Border(参数)
```

类Border的参数较多，具体如下：

```
Border(left=None, right=None, top=None, bottom=None, diagonal=None, vertical=None, horizontal=None, diagonalUp=False, diagonalDown=False, outline=True, start=None, end=None)
```

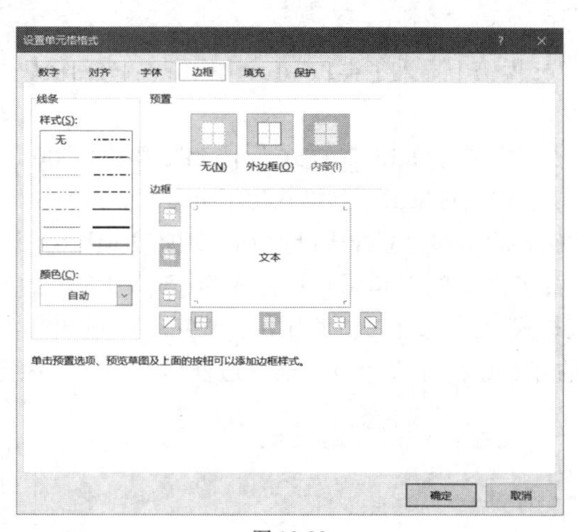

图 10-32

参数left：表示单元格的左边框，其值为类Side创建的对象。

参数right：表示单元格的右边框，其值为类Side创建的对象。

参数top：表示单元格的顶部边框，其值为类Side创建的对象。

参数bottom：表示单元格的底部边框，其值为类Side创建的对象。

参数diagonal：表示单元格的对角线，其值为类Side创建的对象。

参数vertical：表示单元格的垂直（内部）边框，其值为类Side创建的对象。

参数horizontal：表示单元格的水平（内部）边框，其值为类Side创建的对象。

参数diagonalUp：表示向上对角线，其数据类型为布尔值类型，值为True时显示向上对角线。

参数diagonalDown：表示向下对角线，其数据类型为布尔值类型，值为True时显示向下对角线。

参数outline：表示大纲边框，其数据类型为布尔值类型，默认值为True，值为False时表示取消所有边框。

参数start：表示开始（领先）边框，其值为类Side创建的对象。

参数end：表示结束（尾随边缘）边框，其值为类Side创建的对象。

其中大部分参数的值都为类Side创建的对象，类Side是在样式中使用的边框选项，该类需要从openpyxl库的styles模块下的borders模块中导入。其使用形式如下：

```
Side(style=None, color=None, border_style=None)
```

参数style：表示边框的样式，其值可以为'dashDot'、'dashDotDot'、'dashed'、'dotted'、'double'、'hair'、'medium'、'mediumDashDot'、'mediumDashDotDot'、'mediumDashed'、'slantDashDot'、'thick'、'thin'等。

参数color：表示边框的颜色，使用RGB颜色的十六进制数值，具体可参阅附录中的“常见颜色码对照表”。

参数border_style：与参数style的功能相同，如果同时填入参数border_style和style，默认使用参数border_style的值。

示例代码：

```
01 import openpyxl
02 from openpyxl.styles import Border,Side
03 wb = openpyxl.load_workbook('2002年1月公司营收.xlsx')
04 wb_sheet = wb['北京总部营收']
05 th = Side(style="thin", color="000000")
06 db = Side(style="double", color="ff0000")
07 wb_sheet['G3'].border = Border(top=db)
08 wb_sheet['G5'].border = Border(diagonalDown=True,diagonal=db, left=th)
09 wb_sheet['G7'].border = Border(start=db,end=th)
10 wb.save('新2002年1月公司营收.xlsx')
```

第2行代码从openpyxl.styles模块中导入了类Border、Side，styles模块中对类Border、Side进行了初始化，因此可以直接导入。

第5行代码创建了一个Side边框样式对象th，其样式为"thin"，颜色为"000000"。

第6行代码创建了一个Side边框样式对象db，其样式为"double"，颜色为"ff0000"。

第7行代码将工作表中单元格G3的顶部边框样式设置为db，即"double"，颜色为"ff0000"。

第8行代码对单元格G5设置了向下的对角线，其样式为db，即向下的对角线样式为double，颜色为"ff0000"，且G5单元格的左边框样式为th，其样式为"thin"，颜色为"000000"。

第9行代码设置G7单元格的开始边框样式为db，结束边框样式为th。执行代码后的单元格显示效果如图10-33所示。

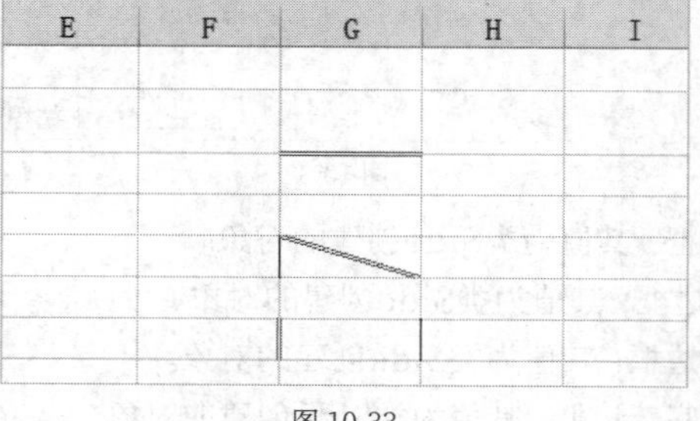

图 10-33

如果需要取消边框效果可以使用以下代码，即将单元格G6的边框取消显示。读者可将以下代码加入上面的代码中，观察执行代码后的单元格显示效果。

```
wb_sheet['G6'].border = Border(outline=False)
```

例如现需要使用代码实现如图10-34所示的边框效果，其中第1行使用了填充效果，因此在编写代码时需要使用10.4.3小节中的类PatternFill。

	A	B	C	D	E
1					
2					
3					
4					
5					
6					
7					

图 10-34

示例代码：

```
01 import openpyxl
02 from openpyxl.styles import Border,Side,PatternFill
03 wb = openpyxl.load_workbook('2002年2月公司营收.xlsx')
04 wb_sheet = wb['北京总部营收']
05 th = Side(style="thin", color="000000")
06 db = Side(style="thick", color="000000")    #thick表示粗线
07 line_num = 1
08 for line in wb_sheet['A1':'D6']:
09     for cell in line:
10         if line_num == 1 :
11             cell.fill = PatternFill('solid',fgColor="00CDCD")
12             cell.border = Border(left=th, right=th, top=th,bottom=db)
13         else :
14             cell.border = Border(left=th, right=th, top=th, bottom=th)
15     line_num += 1
16 wb.save('新2002年2月公司营收.xlsx')
```

第2行代码分别导入了类Border、Side、PatternFill，便于在后续代码中使用。

第5、6行代码创建了边框样式对象th和db，其样式分别为thin和thick，颜色相同。

第7行代码中的line_num用于后期判断当前单元格是否为第1行的单元格，如果是则执行第11行和第12行的代码，即使用PatternFill向单元格中填充颜色，并设置单元格的左边框样式为th、右边框样式为th、顶部边框样式为th、底部边框样式为db。如果不是第1行的单元格则将左右边框和顶部、底部边框的样式都设置为th。

执行代码后打开文件“新2002年2月公司营收.xlsx”，显示效果如图10-35所示。

图 10-35

10.4.5 设置单元格对齐方式

在Excel中可以利用“设置单元格格式”对话框中的“对齐”选项卡来设置单元格的对齐方式，如图10-36所示。在openpyxl中则可以使用类Alignment来设置单元格的对齐方式。其使用形式如下：

```
单元格对象.alignment = Alignment(参数)
```

当使用Alignment设置单元格的对齐方式时，需要从openpyxl库的styles模块下的alignment中导入类Alignment。类Alignment的参数较多，具体如下：

```
Alignment(horizontal=None, vertical=None,textRotation=0, wrapText=None, shrinkToFit=None, indent=0, relativeIndent=0, justifyLastLine=None, readingOrder=0)
```

参数horizontal：表示水平对齐方式，参数值可以为'general'、'left'、'center'、'right'、'fill'、'justify'、'centerContinuous'、'distributed'等。

参数vertical：表示垂直对齐方式，参数值可以为'top'、'center'、'bottom'、'justify'、'distributed'等。

参数textRotation：表示单元格中的文本旋转，旋转弧的大小以度表示，值的范围为0～180，默认以文本的第1个字母为弧的中心点。

参数wrapText：表示自动换行，其数据类型为布尔值类型。值为True表示使用自动换行功能。

参数shrinkToFit：表示缩小字体填充，即收缩文本以适应单元格宽度，其数据类型为布尔值类型。值为True表示使用缩小字体填充功能。

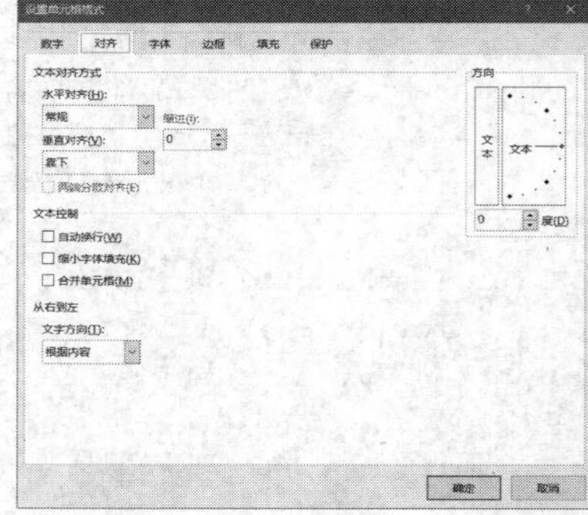

图 10-36

参数indent：表示缩进量，其数据类型为整数类型。

参数relativeIndent：表示相对缩进量。其数据类型为整数类型。

参数justifyLastLine：表示最后一行设置分布式对齐（这是东亚语言中常使用的较为典型的对齐方式，特定版本Excel具备此功能），其数据类型为布尔值类型。值为True表示使用最后一行设置分布式对齐功能。

参数readingOrder：表示阅读顺序，单元格的阅读顺序有从左到右和从右到左这两种，其数据类型为整数类型。值为0时表示更具内容的方向，值为1时表示从左到右的方向，值为2时表示从右到左的方向。

示例代码：

```
01 import openpyxl
02 from openpyxl.styles import Alignment
03 wb = openpyxl.load_workbook('2002年1月公司营收.xlsx')
04 wb_sheet = wb['北京总部营收']
05 wb_sheet['G3'].alignment = Alignment(horizontal='general',textRotation=20)
06 wb.save('2002年1月公司营收.xlsx')
```

第2行代码导入类Alignment。第5行代码对单元格G3赋值一个Alignment（对齐）对象。其中对齐方式为水平对齐'general'，文本旋转角度为20度，执行代码后打开“2002年1月公司营收.xlsx”文件，效果如图10-37所示。

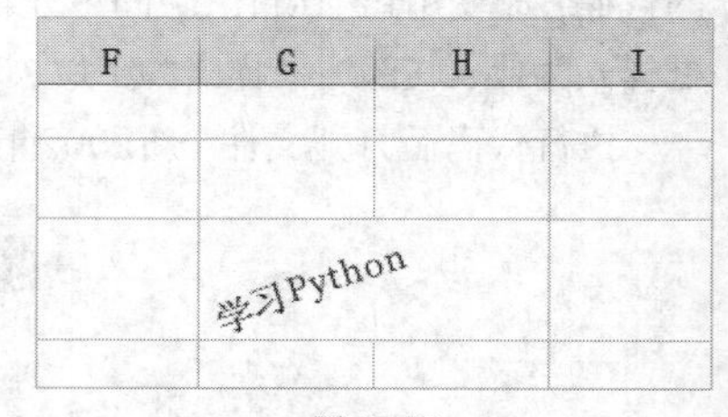

图 10-37

10.4.6 解析 Excel 公式

在openpyxl库中使用公式的方法很简单，将公式以字符串的形式赋值给单元格对象即可。其使用形式如下：

```
单元格对象 = '公式'
```

其中公式的书写形式与Excel中公式的书写形式基本一致。

示例代码：

```
01 import openpyxl
02 wb = openpyxl.load_workbook('2002年2月公司营收.xlsx')
03 wb_sheet = wb['北京总部营收']
04 wb_sheet['E6'] = '=SUM(E1:E5)'
05 wb.save('2002年2月公司营收.xlsx')
```

第4行代码实现了将单元格E1到E5中的值进行累加，并将累加之后的结果存储到单元格E6中。

执行代码后打开“2002年2月公司营收.xlsx”文件，显示效果如图10-38所示。编辑栏中显示了公式内容，单元格E6中显示了累加后的数据结果。在图10-39中，F6单元格计算F1到F5单元格的内容之和，其公式为“=SUM(F1:F5)”。

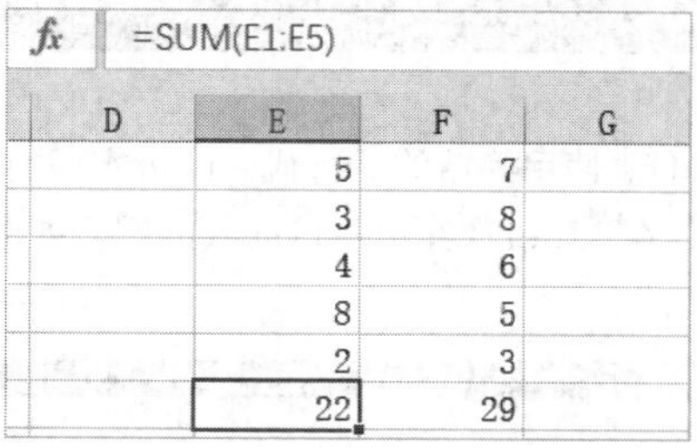

fx =SUM(E1:E5)

D	E	F	G
	5	7	
	3	8	
	4	6	
	8	5	
	2	3	
	22	29	

图 10-38

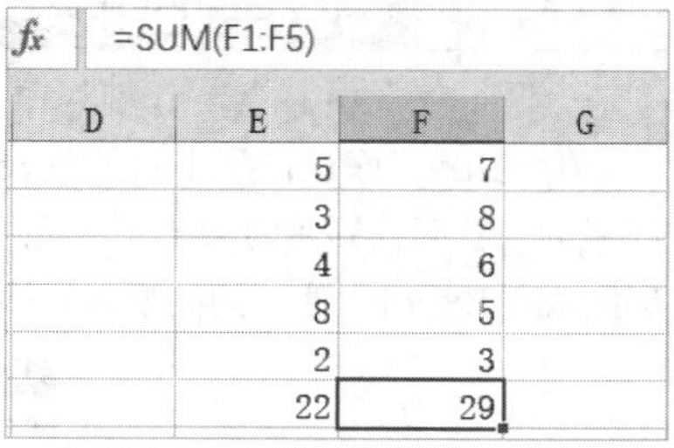

fx =SUM(F1:F5)

D	E	F	G
	5	7	
	3	8	
	4	6	
	8	5	
	2	3	
	22	29	

图 10-39

示例代码（读取单元格内容）：

```
01 import openpyxl
02 wb = openpyxl.load_workbook('2002年2月公司营收.xlsx')
03 wb_sheet = wb['北京总部营收']
04 print(wb_sheet['F6'].value)
```

第4行代码表示获取单元格F6的内容，执行代码后的输出结果为`=SUM(F1:F5)`，而不是单元格中公式计算后的结果。若需要获取单元格中公式计算后的结果，需要在load_workbook()中设置参数data_only=True，表明获取工作簿上次保存后的单元格结果。修改后的代码如下，且执行代码后的输出结果为29。

```
import openpyxl
wb = openpyxl.load_workbook('2002年2月公司营收.xlsx',data_only = True)
wb_sheet = wb['北京总部营收']
print(wb_sheet['F6'].value)
```

注意

若单元格中的公式是使用代码写入的，那么在下一次获取该单元格的计算结果之前，需要手动使用Excel打开该文件并保存。Excel在保存文件时会将公式进行计算，并将结果保存在单元格中，以便于下一次使用代码读取该单元格时能直接获取到值。如果仅通过代码写入公式，是无法直接获取该单元格的计算结果的。

通常情况下Excel中的公式可以直接使用Python语法来处理。

示例代码（计算单元格E1到E5的数据之和）：

```
01 import openpyxl
02 wb = openpyxl.load_workbook('2002年2月公司营收.xlsx',data_only = True)
03 wb_sheet = wb['北京总部营收']
04 i = 0
05 for line in wb_sheet['E1:E5']:
06     for cell in line:
07         i += cell.value
08 wb_sheet['E6'] = i
09 wb.save('新2002年2月公司营收.xlsx')
```

第5～7行代码使用循环依次读取E1到E5单元格内的数据，并将其累加的结果赋值给变量i。

第8行代码将计算结果i写入单元格E6。执行代码后可以实现与公式计算结果相同的效果。

运用此方法有以下3点优势。

第1点，在代码中可以直接获取计算后的结果。

第2点，可以实现不同Excel文件甚至其他类型文件的数据之间的计算。

第3点，Excel提供的公式有限，而Python可以实现各种数据间的计算，这是因为Python提供了大量的数据处理库，例如math、numpy、pandas等。

10.5 创建图表

openpyxl库提供了丰富的图表功能，使用简单的几行代码即可实现创建图表。图表是以工作表对象为基础创建的，它不是具体的某一个单元格。在Excel软件中可以插入的图表如图10-40所示，本节将介绍如何使用代码实现与Excel软件相同的插入图表功能。

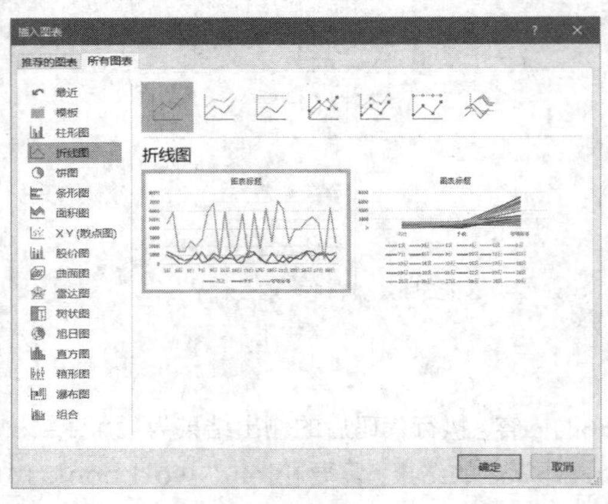

图 10-40

10.5.1 图表的使用方法

openpyxl库中提供了九大类型的图表，这九大类型图表的定义位于openpyxl库的chart模块中。表10-1展示的是这九大类型图表的图表名和相应的类名。

表 10-1

图表类型	图表名	图表类名
面积型	2D 面积图	AreaChart
	3D 面积图	AreaChart3D
柱型	柱形图	BarChart
	3D 柱形图	BarChart3D
气泡型	气泡图	BubbleChart
折线型	折线图	LineChart
	3D 折线图	LineChart3D
饼型	饼图	PieChart
	3D 饼图	PieChart3D
	圆环图	DoughnutChart
	投影饼图	ProjectedPieChart
散点型	散点图	ScatterChart
雷达型	雷达图	RadarChart
股票型	股票图	StockChart
曲面型	曲面图	SurfaceChart
	3D 曲面图	SurfaceChart3D

九大类型图表中一共有16种图表，openpyxl库中所有图表的类都继承于基础图表类ChartBase，类ChartBase的定义位于openpyxl库的chart模块下的_chart.py文件中。

工作表对象中的add_chart()方法可用于将图表插入工作表。其使用形式如下：

```
工作表对象.add_chart(chart, anchor=None)
```

参数chart：表示添加的图表对象，需要使用表10-1中的图表类名来创建相应的图表，例如将在10.5.2小节中介绍的创建面积图。

参数anchor：表示插入图表的位置，例如anchor='B3'，表示在B3单元格的顶部和左边平齐的位置处插入图表。

10.5.2 创建面积图

如果确定好需要创建的图表类型，例如使用类AreaChart创建面积图，则在使用前需要从openpyxl.chart模块中导入类AreaChart。其使用形式如下：

```
chart = AreaChart()
chart.add_data(数据内容)
```

在该形式中，第1行内容表示通过类AreaChart创建一个面积图对象并赋值给变量chart。第2行内容表示使用add_data()方法向面积图chart中添加数据（图表中展示的数据）。add_data()的使用形式如下：

```
add_data(data, from_rows=False, titles_from_data=False)
```

参数data：表明数据来源于哪个工作表及数据范围，通常使用类Reference创建一个数据范围对象。

参数from_rows：值为False（默认情况）时表示将选择的数据范围中的每一列作为一个图表中的数据系列。值为True时表示将选择的数据范围中的每一行作为一个图表中的数据系列。

参数titles_from_data：表示图例是否从data中选择，若titles_from_rows的值为False，表示将第1行的元素作为图例；若titles_from_rows的值为True，则表示将第1列的元素作为图例。

类Reference（位于openpyxl\chart\reference.py）可用于创建数据范围对象。其使用形式如下：

```
Reference(worksheet=None,min_col=None,min_row=None, max_col=None, max_row=None,)
```

参数worksheet：表明数据属于哪一个工作表，其值为工作表对象。

参数min_col：指数据范围的最小列，其数据类型为整数类型。

参数min_row：指数据范围的最小行，其数据类型为整数类型。

参数max_col：指数据范围的最大列，其数据类型为整数类型。

参数max_row：指数据范围的最大行，其数据类型为整数类型。

示例代码（创建面积图）：

```
01 import openpyxl
02 from openpyxl.chart import AreaChart,Reference
03 wb = openpyxl.load_workbook('2002年1月公司营收.xlsx')
04 wb_sheet = wb['深圳南部营收']
05 values = Reference(wb_sheet,min_row=1,min_col=1,max_row=31,max_col=4)
06 chart = AreaChart()
07 chart.add_data(values)
08 wb_sheet.add_chart(chart,'F3')
09 wb.save('新2002年1月公司营收.xlsx')
```

第2行代码导入了类AreaChart和类Reference，分别用于创建面积图和指明数据范围的对象。第5行代码使用类Reference创建了一个数据范围对象values，其数据范围为工作表“深圳南部营收”的第1行到第31行的第1列到第4列。第6行代码创建了一个面积图对象chart。第7行代码使用add_data()方法向面积图对象chart中添加数据，且默认将每一列作为一个数据系列。第8行代码将面积图对象添加到工作表“深圳南部营收”中的F3单元格。

执行代码后打开“2002年1月公司营收.xlsx”文件，效果如图10-41所示，由于没有具体设置图表的图例，因此默认图例为系列1、系列2、系列3、系列4，表明一共有4个数据系列，正好对应代码中选择的数据范围。其中每一列为一个数据系列，每个数据系列均有专属的颜色。

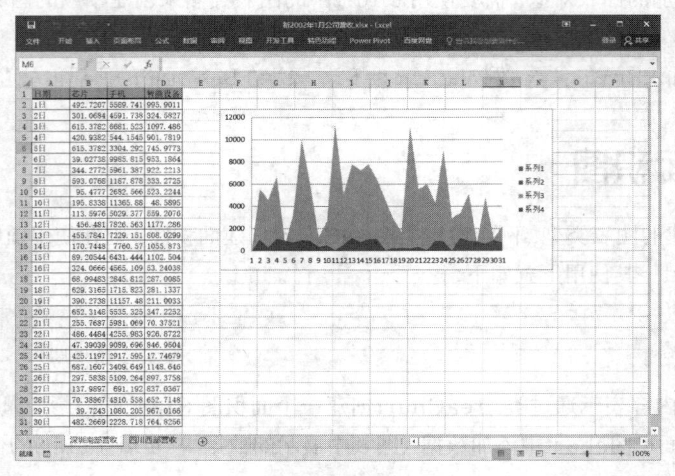

图 10-41

如果需要以选择的数据范围中的每一行为一个数据系列，且将工作表第1列的元素作为图例，可以设置from_rows的值为True，表示将每一行数据作为一个数据系列；设置titles_from_data的值为True，表示将第1列的元素作为图例，代码如下：

```
01 import openpyxl
02 from openpyxl.chart import AreaChart,Reference
03 wb = openpyxl.load_workbook('2002年1月公司营收.xlsx')
04 wb_sheet = wb['深圳南部营收']
05 values = Reference(wb_sheet,min_row=1,min_col=1,max_row=31,max_col=4)
06 chart = AreaChart()
07 chart.add_data(values,from_rows=True,titles_from_data=True)
08 wb_sheet.add_chart(chart,'F3')
09 wb.save('新2002年1月公司营收.xlsx')
```

执行代码后打开“新2002年1月公司营收.xlsx”文件中的“深圳南部营收”工作表，图表效果如图10-42所示。可以看到该图表是以日期、1日、2日……30日为图例（图表空间有限无法显示全部图例信息，读者在操作时可拉长图表获取全部内容）。

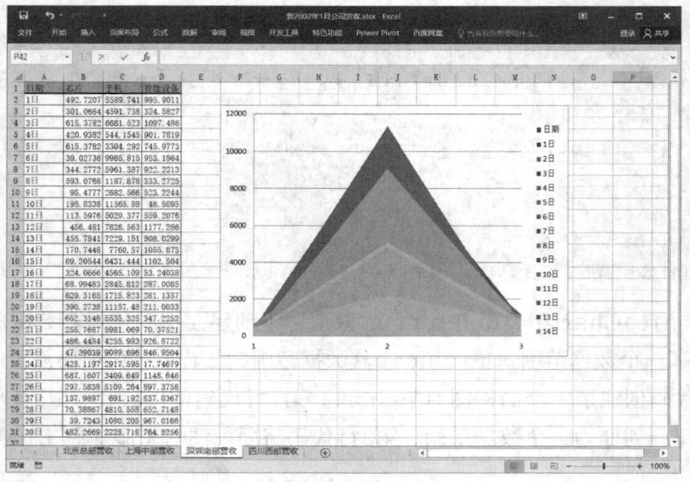

图 10-42

10.5.3 设置图表 *x* 轴的参数

通过以上代码获取的图表均无法设置*x*轴的参数，例如图10-42并未对*x*轴设定内容，因此其*x*轴的参数分别为1、2、3，如果需要设定*x*轴的参数，可以使用set_categories()方法来实现。其使用形式如下：

```
图表对象.set_categories()
```

set_categories()方法是在图表对象的基础上实现的。其具体使用形式如下：

```
set_categories(labels)
```

参数labels：指*x*轴上的值对象，其值为类Reference创建的对象（通常为一个系列数据）。

示例代码（设置图表的*x*轴参数）：

```
01 import openpyxl
02 from openpyxl.chart import BarChart ,Reference
03 wb = openpyxl.load_workbook('2002年1月公司营收.xlsx')
04 wb_sheet = wb['深圳南部营收']
05 bc_chart = BarChart()
06 values = Reference(wb_sheet,min_row=1,min_col=2,max_row=31,max_col=4)
07 x = Reference(wb_sheet,min_row=2,min_col=1,max_row=31,max_col=1)
08 bc_chart.add_data(values,titles_from_data=True)
09 bc_chart.set_categories(x)
10 wb_sheet.add_chart(bc_chart,'F3')
11 wb.save('新2002年1月公司营收.xlsx')
```

第5行代码创建了一个柱形图。第6行代码使用Reference创建了一个用于指明图表数据范围的数据范围对象。第7行代码再次使用Reference创建了一个作为*x*轴的值的数据范围对象，将工作表第1列中的第2行到第31行的元素作为*x*轴的值。第8行代码将数据填充到柱形图中，且图例从数据中选择。第9行代码使用set_categories()方法将*x*轴的值数据范围填充到图表中。

执行代码后打开“2002年1月公司营收.xlsx”文件，图表的显示效果如图10-43所示，其中图表*x*轴显示的内容为1日、2日……30日（图表空间有限无法显示全部图例信息，读者在操作时可拉长图表获取全部内容）。

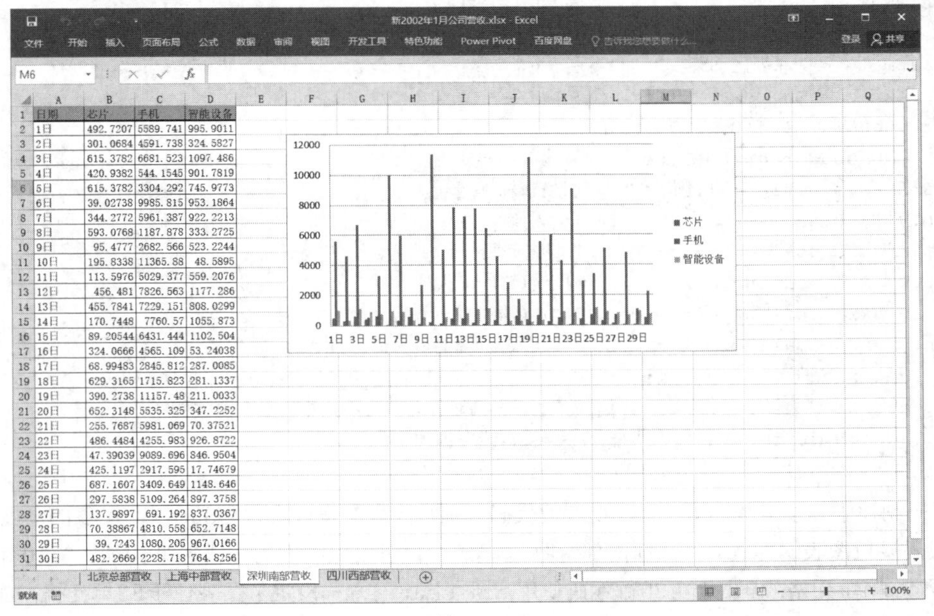

日期	芯片	手机	智能设备
1日	492.7207	5589.741	995.9011
2日	301.0684	4591.738	324.5827
3日	615.3782	6681.523	1097.486
4日	420.9382	544.1545	901.7819
5日	615.3782	3304.292	745.9773
6日	39.02738	9985.815	953.1864
7日	344.2772	5961.387	922.2213
8日	593.0768	1187.878	333.2725
9日	95.4777	2682.566	523.2244
10日	195.8338	11365.88	48.5895
11日	113.5976	5029.377	559.2076
12日	456.481	7826.563	1177.286
13日	455.7841	7229.151	808.0299
14日	170.7448	7760.57	1055.873
15日	89.20544	6431.444	1102.504
16日	324.0666	4565.109	53.24038
17日	68.99483	2845.812	287.0085
18日	629.3165	1715.823	281.1337
19日	390.2738	11157.48	211.0033
20日	652.3148	5535.325	347.2252
21日	255.7687	5981.069	70.37521
22日	486.4484	4255.983	926.8722
23日	47.39039	9089.696	846.9504
24日	425.1197	2917.595	17.74679
25日	687.1607	3409.649	1148.646
26日	297.5838	5109.264	897.3758
27日	137.9897	691.192	837.0367
28日	70.38867	4810.558	652.7148
29日	39.7243	1080.205	967.0166
30日	482.2669	2228.718	764.8256

图 10-43

10.5.4 设置图表参数

openpyxl库为图表提供了丰富的参数来设置图表样式、图表标题、图表大小等。接下来将介绍几种常见的图表参数设置，如表10-2所示。如果需要深度设置图表参数，更多的内容读者可打开openpyxl库的chart模块下的_chart.py文件进行查阅。

表 10-2

参数的使用形式	说明
图表对象 .width	设置图表宽度，其数据类型为浮点数类型，单位为厘米，默认为 15 厘米
图表对象 .height	设置图表高度，其数据类型为浮点数类型，单位为厘米，默认为 7.5 厘米
图表对象 .title	设置图表标题，其数据类型为字符串类型
图表对象 .anchor	设置图表位置，其数据类型为字符串类型
图表对象 .style	设置图表样式，其数据类型为整数类型。图表样式一共有 48 种，通常会在 1 ～ 48 中选取一个值，并与图表设计中的图表样式相匹配
图表对象 .roundedCorners	设置图表使用圆角样式，其数据类型为布尔值类型，默认值为 False，表示图表使用直角样式
图表对象 .x_axis.title	设置 *x* 轴的标题，其数据类型为字符串类型
图表对象 .y_axis.title	设置 *y* 轴的标题，其数据类型为字符串类型
图表对象 .x_axis.scaling.min	限定 *x* 轴的最小值，其数据类型为整数类型
图表对象 .x_axis.scaling.max	限定 *x* 轴的最大值，其数据类型为整数类型
图表对象 .y_axis.scaling.min	限定 *y* 轴的最小值，其数据类型为整数类型
图表对象 .y_axis.scaling.max	限定 *y* 轴的最大值，其数据类型为整数类型

示例代码（设置图表参数）：

```
01 import openpyxl
02 from openpyxl.chart import LineChart ,Reference
03 wb = openpyxl.load_workbook('2002年1月公司营收.xlsx')
04 wb_sheet = wb['深圳南部营收']
05 lc_chart = LineChart()
06 lc_chart.width = 30        #设置图表宽度
07 lc_chart.height = 15       #设置图表高度
08 lc_chart.title = '深圳南部营收' #设置图表标题
09 lc_chart.style = 10          #值可为1～48
10 lc_chart.anchor = 'F4'       #设置图表位置
11 lc_chart.roundedCorners = True  #设置为圆角样式
12 lc_chart.x_axis.title = '日期'       #设置x轴标题
13 lc_chart.y_axis.title = '金额'       #设置y轴标题
14 lc_chart.x_axis.scaling.min = 0     #限定x轴的最小值为0
15 lc_chart.x_axis.scaling.max = 32    #限定x轴的最大值为32
16 lc_chart.y_axis.scaling.min = 0     #限定y轴的最小值为0
17 lc_chart.y_axis.scaling.max = 10000    #限定y轴的最大值为10000
18 values = Reference(wb_sheet,min_row=1,min_col=2,max_row=31,max_col=4)
19 lc_chart.add_data(values,titles_from_data=True)      #将数据添加到折线图中
20 wb_sheet.add_chart(bc_chart,'F3')       #将折线图添加到F3单元格
21 wb.save('新2002年1月公司营收.xlsx')
```

第5行代码创建了一个折线图对象。第6、7行代码分别将图表的宽度设置为30厘米，图表的高度设置为15厘米。第8行代码设置图表的标题为“深圳南部营收”。第9行代码设置图表的样式为第10种。第10行代码设置图表的存放位置为F4单元格，但由于第20行代码使用add_chart()方法设定了图表位于F3单元格，因此在执行后面的代码时，图表位置设置将会覆盖前面的设置，即图表最终的位置在F3单元格。第11行代码设置图表的4个

角为圆角。第12、13行代码将图表中x轴的标题设置为“日期”，将y轴的标题设置为“金额”。第14、15行代码将图表中x轴的参数范围设置为0～32。第16、17行代码将图表y轴的参数范围设置为0～10000。

执行代码后打开“2002年1月公司营收.xlsx”文件，图表效果如图10-44所示。

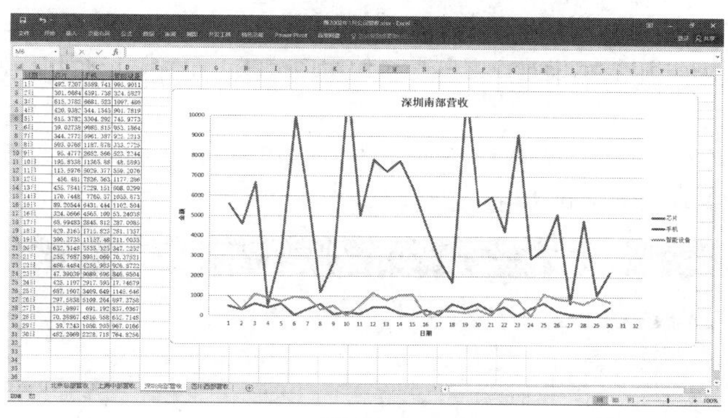

图 10-44

10.5.5 散点图

BubbleChart和ScatterChart创建图表的过程会与以上类略微不同，主要体现在BubbleChart和ScatterChart创建的图表对象不能使用add_data()方法来添加数据，而需要使用append()方法来实现向图表中添加数据。其使用形式如下：

```
图表对象.append(value)
```

参数value：表示一个数据系列对象，该对象需要使用类Series创建。

类Series的使用形式如下：

```
Series(values, xvalues=None, title_from_data=False)
```

功能：创建一个数据系列对象。

参数values：指明图表y轴中的值，其值为数据范围，需要使用类Reference创建。

参数xvalues：指明图表x轴中的值，其值为数据范围，需要使用类Reference创建。

参数title_from_data：表示图例是否从values中选择，若title_from_data的值为False，则默认将“系列1”作为图例；若title_from_data的值为True，则将values的第1个元素内容作为图例。

示例代码：

```
01 import openpyxl
02 from openpyxl.chart import ScatterChart,Reference,Series
03 wb = openpyxl.load_workbook('2002年1月公司营收.xlsx')
04 wb_sheet = wb['深圳南部营收']
05 sc_chart = ScatterChart()
06 x_data = Reference(wb_sheet,min_row=2,min_col=1,max_row=31,max_col=1)
07 y1 = Reference(wb_sheet,min_row=1,min_col=2,max_row=31,max_col=2)
08 y2 = Reference(wb_sheet,min_row=1,min_col=3,max_row=31,max_col=3)
09 s_1 = Series(y1, xvalues=x_data,title_from_data=True)
10 s_2 = Series(y2, xvalues=x_data,title_from_data=True)
11 s_2.marker.symbol = "circle"                                  #设置每个点为圆形
12 s_2.marker.graphicalProperties.solidFill = "000000"          #点的内部填充颜色
13 s_2.graphicalProperties.line.noFill = True                    #点之间不使用连接线
14 sc_chart.append(s_1)
15 sc_chart.append(s_2)
16 wb_sheet.add_chart(sc_chart,'F3')
17 wb.save('新2002年1月公司营收.xlsx')
```

第5行代码创建了一个散点图对象sc_chart。第6～8行代码分别创建了指定范围的数据对象x_data、y1、y2。第9、10行代码分别创建了芯片和手机的系列数据，此系列数据包含x轴和y轴的数据，合起来即每个点的坐标，分别对应日期和芯片、手机的数据。第11行使用Series中的marker.symbol表示设置y2的数据点为圆形点。第12行使用Series中的marker.graphicalProperties.solidFill表示向圆形点内填充颜色，第13行使用Series中的graphicalProperties.line.noFill表示设置点之间是否使用连接线。第14、15行代码使用append()方法分别将这两个系列数据添加到图表中。

执行代码后打开“新2002年1月公司营收.xlsx”文件，图表的显示效果如图10-45所示。其中手机系列的数据均为点，而芯片系列的数据默认点之间使用连接线。

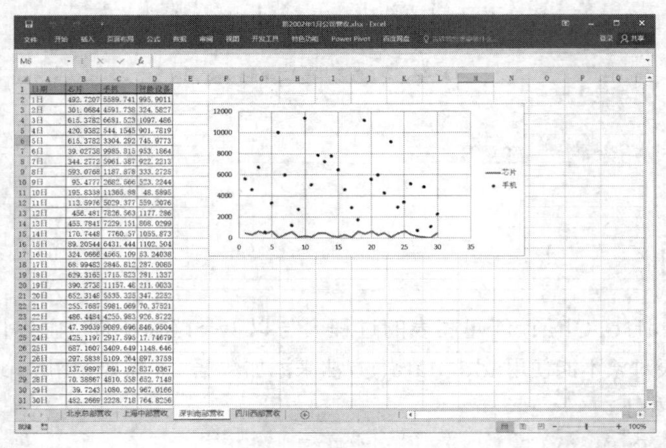

图 10-45

10.5.6 获取图表

如果一个工作表中已经存在了图表，可以使用_charts属性获取工作表中的所有图表，最终将以列表的形式返回图表对象，返回的图表对象中还将包含大量与图表相关的属性信息。其使用形式如下：

```
工作表对象._charts
```

以10.5.5小节示例代码生成的散点图为例，现通过_chart属性继续获取该散点图并在该散点图中增加新内容，代码如下：

```
01 import openpyxl
02 wb = openpyxl.load_workbook('2002年1月公司营收.xlsx')
03 wb_sheet = wb['深圳南部营收']
04 print(wb_sheet._charts,len(wb_sheet._charts))
05 sc_char = wb_sheet._charts[0]
06 sc_char.x_axis.title = '1月份'
07 wb.save('新2002年1月公司营收.xlsx')
```

第4行代码输出工作表“深圳南部营收”中的所有图表对象，图表对象是以列表（包含图表的信息）的形式保存的，由于列表中的信息内容较多，因此可以通过len()检测列表中图表对象的个数。

第5行代码获取该工作表中的第1个图表对象并将其赋值给sc_char，接下来就可以对图表对象进行添加参数、添加数据等操作。

第6行代码表示在图表中添加x轴的标题为“7月份”。

执行代码后打开“新2002年1月公司营收.xlsx”文件，图表显示效果如图10-46所示，图表x轴增加了一个名为“7月份”的标题。

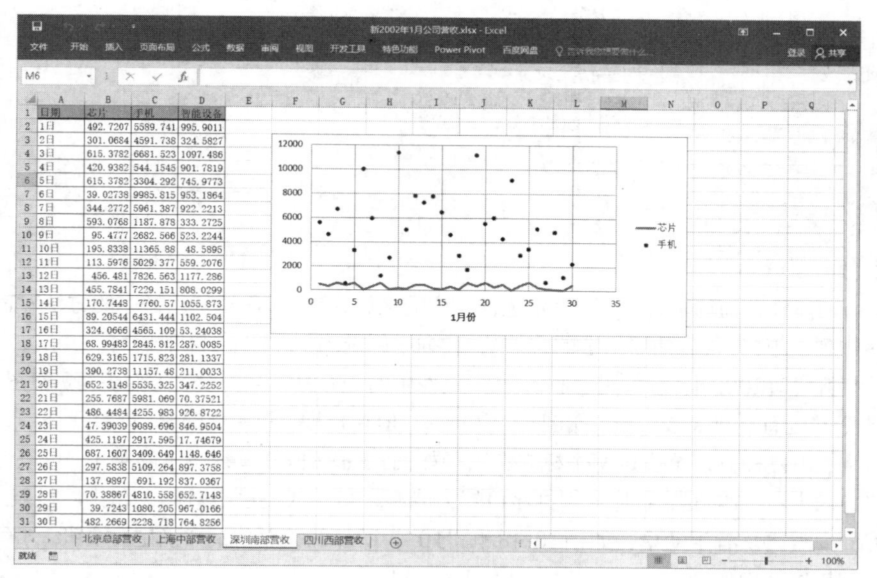

日期	芯片	手机	智能设备
1日	492.7207	5589.741	995.9011
2日	301.0684	4591.738	324.5827
3日	615.3782	6681.523	1097.486
4日	420.9382	544.1545	901.7819
5日	615.3782	3304.292	745.9773
6日	39.02738	9985.815	953.1864
7日	344.2772	5961.387	922.2213
8日	593.0768	1187.878	333.2725
9日	95.4777	2682.566	523.2244
10日	195.8338	11365.88	48.5895
11日	113.5976	5029.377	559.2076
12日	456.481	7826.563	1177.286
13日	455.7841	7229.151	808.0299
14日	170.7448	7760.57	1055.873
15日	89.20544	6431.444	1102.504
16日	324.0666	4565.109	53.24038
17日	68.99483	2845.812	287.0085
18日	629.3165	1715.823	281.1337
19日	390.2738	11157.48	211.0033
20日	652.3148	5535.325	347.2252
21日	255.7687	5981.069	70.37521
22日	486.4484	4255.983	926.8722
23日	47.39039	9089.696	846.9504
24日	425.1197	2917.595	17.74679
25日	687.1607	3409.649	1148.646
26日	297.5838	5109.264	897.3758
27日	137.9897	691.192	837.0367
28日	70.38867	4810.558	652.7148
29日	39.7243	1080.205	967.0166
30日	482.2669	2228.718	764.8256

图 10-46

10.6 排序和筛选

openpyxl库中提供了对工作表中的内容进行排序和筛选的autoFilter()方法，该方法关联到类AutoFilter，类AutoFilter中的add_filter_column()和add_sort_condition()方法可用于实现筛选和排序。

类AutoFilter的简洁定义：

```
class AutoFilter(Serialisable):     #位于库openpyxl\worksheet\filter.py中，继承父类Serialisable
    def add_filter_column(self, col_id, vals, blank=False): ...#筛选
    def add_sort_condition(self, ref, descending=False): ...    #排序
```

add_filter_column()方法的使用形式如下：

```
工作表对象.auto_filter.add_filter_column(参数)
```

其中auto_filter为工作表自带的属性，add_filter_column()方法的具体使用形式如下：

```
add_filter_column(col_id, vals, blank=False)
```

参数col_id：对指定列设置筛选条件，其数据类型为整数类型，当col_id=0表示筛选区域中第1列。

参数vals：表示筛选内容，其数据类型为列表类型，对应列的选择内容。

参数blank：表明是否设置空白行，默认不设置空白行，值为True时设置空白行。

add_sort_condition()方法的使用形式如下：

```
工作表对象.auto_filter.add_sort_condition(参数)
```

其中add_sort_condition()方法的具体使用形式如下：

```
add_sort_condition(ref, descending=False)
```

参数ref：选择需要排序的区域，其数据类型为字符串类型，例如'A2:A150'。

参数descending：选择升序排序或降序排序，其数据类型为布尔值类型，默认值False表示升序排序。

示例代码（实现排序和筛选）：

```
01 import openpyxl
02 wb = openpyxl.load_workbook('2002年1月公司营收.xlsx')
03 wb_sheet = wb['上海中部营收']
04 wb_sheet.auto_filter.ref = 'A1:D31'
05 wb_sheet.auto_filter.add_sort_condition("B2:B31",descending = True)
06 wb_sheet.auto_filter.add_filter_column(0, ['11日','12日'])
07 wb.save('2002年1月公司营收.xlsx')
```

第4行代码将ref属性赋值为'A1:D31'，表示选择排序的区域。第5行代码使用排序的方法对B2到B31单元格的内容进行降序排列。第6行代码使用筛选的方法从第1列中筛选出'9日'和'12日'的内容。

执行代码后打开“新2002年1月公司营收.xlsx”文件中的“上海中部营收”工作表，观察图表的显示效果，会发现对应的数据并没有被排序或筛选，如图10-47所示。但在日期、芯片列的第1行单元格中分别出现了已经筛选和排序的标志，用鼠标分别单击这两个标志会出现如图10-48和图10-49所示的菜单，可以看到日期一列筛选设置选择了“11日”和“12日”，芯片一列排序设置为降序。虽然代码已经对筛选和排序设置了条件，但并不能直接执行出结果，需要读者手动单击如图10-48和图10-49所示的菜单中的“确定”按钮，才可以实现对工作表内容进行筛选和排序的操作。

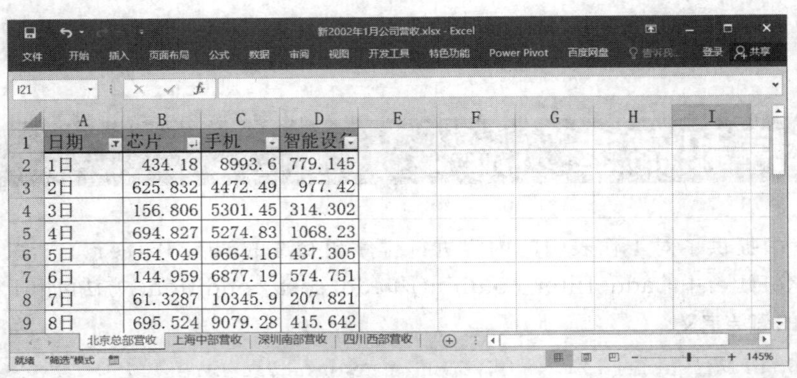

图 10-47

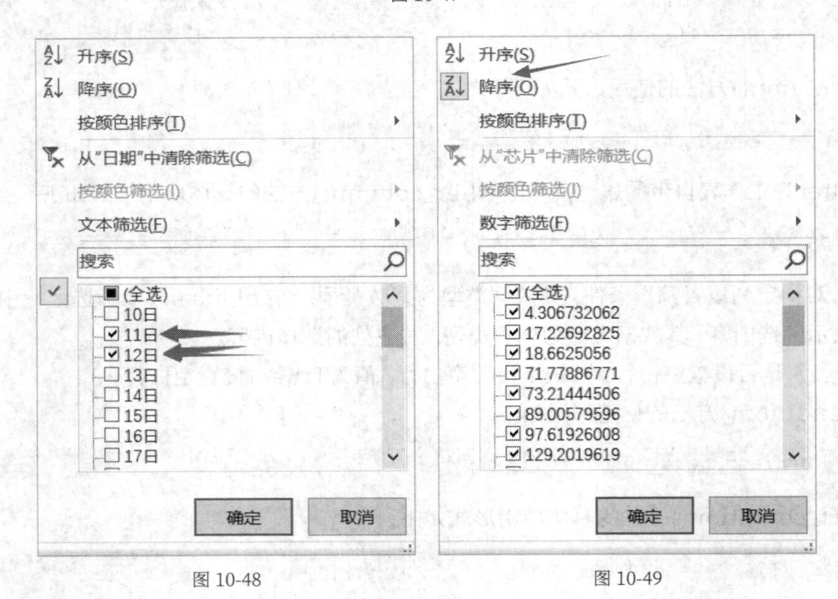

图 10-48　　　　图 10-49

10.7 创建表格

在Excel软件中可以将指定区域单元格中的数据创建为一个表格，例如图10-50所示，要将工作表“上海中部营收”中A1到D31区域单元格的数据创建为一个表格，可以直接使用菜单栏中“插入”菜单下的“表格”。

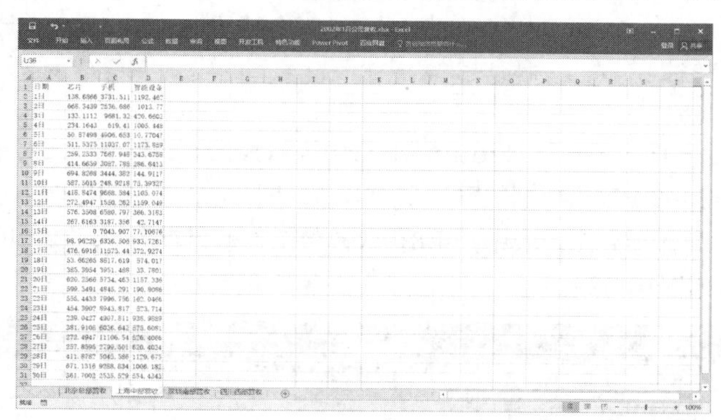

图 10-50

openpyxl库中提供了可以实现将指定区域单元格的数据创建为表格的方法。其使用形式如下：

```
工作表对象.add_table(tab)
```

参数tab：表示要添加的表格对象，需要使用类Table来进行创建。类Table的使用形式如下：

```
Table(displayName = None,ref=None,tableStyleInfo = None)
```

Table中的参数还有很多，读者可以进入openpyxl库的worksheet模块下的table.py文件中查阅。

参数displayName：表示表格名称，其数据类型为字符串类型。一张工作表中如果存在多个表格，表格的名称必须要不相同，否则会引起冲突。

参数ref：表示表格数据的位置，即需要创建为表格的数据区域，其数据类型为字符串类型，例如'A1:D31'。

参数tableStyleInfo：表示插入表格的样式（与Excel中的表格样式相同，如图10-51所示），其值为表格样式对象，需要由类TableStyleInfo创建。类TableStyleInfo的使用形式如下：

```
TableStyleInfo(name=None,showFirstColumn=None,showLastColumn=None, showRowStripes=None,
showColumnStripes=None)
```

参数name：表示样式名称。表格样式一共分为三大类，即中等深浅（PivotStyleMedium）、浅色（PivotStyleLight）和深色（PivotStyleDark）。每一大类各有29种样式，其数据类型皆为字符串类型，范围是PivotStyleMedium0到PivotStyleMedium29、PivotStyleLight0到PivotStyleLight29、PivotStyleDark0到PivotStyleDark29。

参数showFirstColumn：开头一列样式展示，其数据类型为布尔值类型

参数showLastColumn：最后一列样式展示，其数据类型为布尔值类型。

参数showRowStripes：隔行样式展示，其数据类型为布尔值类型。

参数showColumnStripes：隔列样式展示，其数据类型为布尔值类型。

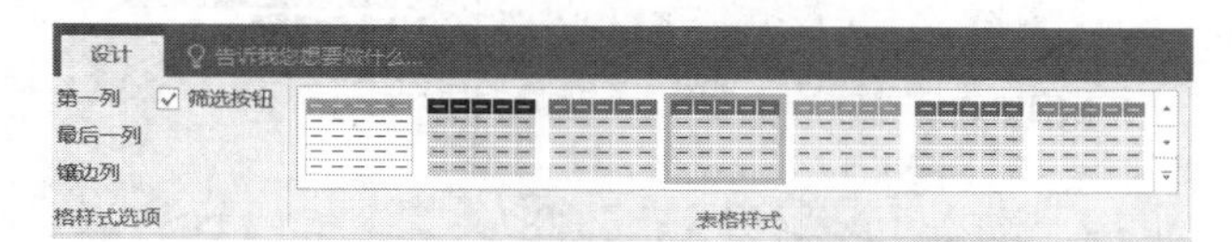

图 10-51

示例代码（创建表格）：

```
01 import openpyxl
02 from openpyxl.worksheet.table import Table, TableStyleInfo
03 wb = openpyxl.load_workbook('2002年1月公司营收.xlsx')
04 wb_sheet = wb['上海中部营收']
05 style = TableStyleInfo(name = "TableStyleMedium10")
06 tab = Table(displayName = 'Table9',ref = "A1:D31",tableStyleInfo = style)
07 wb_sheet.add_table(tab)
08 wb.save("新2002年1月公司营收.xlsx")
```

第5行代码创建了样式为"TableStyleMedium10"（中等深浅10）的表格样式对象。第6行代码创建了一个表格对象tab，其名称为'Table9'，表格数据位置为A1到D31范围，并将第5行代码创建的表格样式运用到表格对象中。第7行代码将表格对象添加到工作表中。第8行代码将工作簿另存为"实验2.xlsx"。执行代码后打开“实验2.xlsx”文件，显示效果如图10-52所示。

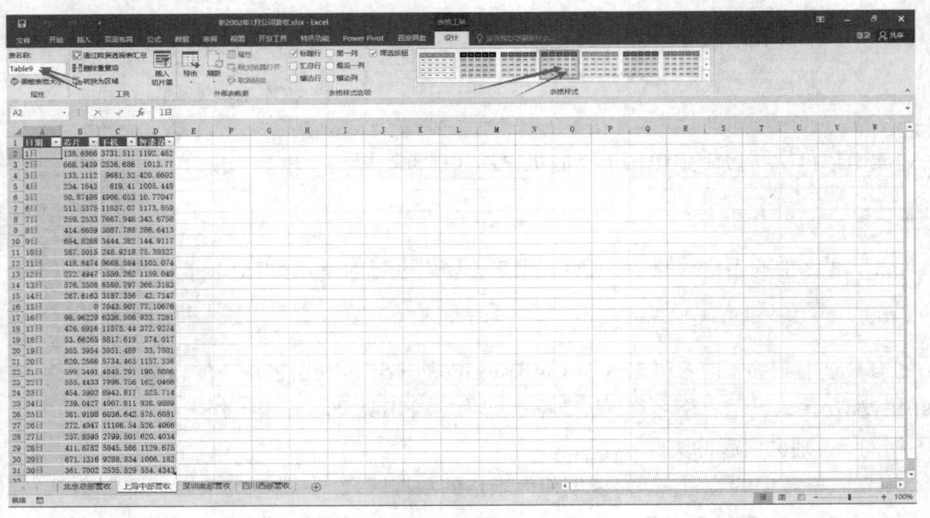

图 10-52

10.8 文件保护

Excel文件保护分为工作簿的保护和工作表的保护。一旦给文件设定了密码保护，将无法修改文件内容或框架。在Excel中可以在菜单栏的“审阅”菜单下设置“保护工作簿”和“保护工作表”，如图10-53和图10-54所示。

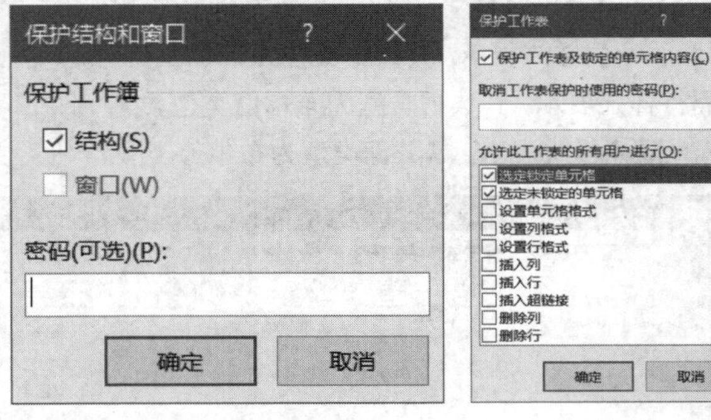

图 10-53　　图 10-54

10.8.1 保护工作簿

openpyxl库中的security可用于实现对工作簿的保护。其使用形式如下:

```
工作簿对象.security = WorkbookProtection对象
```

其中WorkbookProtection对象需要由类WorkbookProtection创建，该类位于openpyxl库的workbook模块下的protection.py文件中。其使用形式如下:

```
WorkbookProtection(workbookPassword=None, lockStructure=None, lockWindows=None)
```

参数workbookPassword：表示保护工作簿的密码，其数据类型为字符串类型。

参数lockStructure：表示工作簿结构是否锁定，与图10-53中的“结构”选项作用相同。其数据类型为布尔值类型，一旦值为True，将不能对工作簿进行删除、移动、隐藏、取消隐藏、重命名或插入工作表等操作。

参数lockWindows：表示工作簿窗口是否锁定，与图10-53中的“窗口”选项作用相同。其数据类型为布尔值类型，一旦值为True，将不能对工作簿窗口进行移动、隐藏或关闭等操作。

示例代码（实现保护工作簿）：

```
01 import openpyxl
02 from openpyxl.workbook.protection import WorkbookProtection
03 wb = openpyxl.load_workbook('2002年1月公司营收.xlsx')
04 wb.security = WorkbookProtection(workbookPassword='123456',lockStructure = True,lockWindows
= True)
05 wb.save('新2002年1月公司营收.xlsx')
```

第4行代码为工作簿“新2002年1月公司营收.xlsx”创建了保护密码“123456”，且将工作簿的结构和窗口都进行了锁定。执行代码后打开“2002年1月公司营收.xlsx”文件，会发现无法对工作表进行移动或删除等操作。需要注意的是，某些版本的Excel软件是无法实现窗口锁定功能的。

10.8.2 保护工作表

openpyxl库中的protection可用于实现对工作表的保护。其使用形式如下:

```
工作表对象.protection = SheetProtection对象
```

其中SheetProtection对象需要由类SheetProtection创建，该类位于openpyxl库的worksheet模块下的protection.py文件中。其使用形式如下:

```
SheetProtection(sheet=False,objects=False,scenarios=False,formatCells=True,formatRows=True
,formatColumns=True,insertColumns=True,insertRows=True,insertHyperlinks=True,deleteColumns
=True,deleteRows=True,selectLockedCells=False,selectUnlockedCells=False,sort=True,autoFilt
er=True,pivotTables=True,password=None,algorithmName=None, saltValue=None, spinCount=None,
hashValue=None)
```

参数password：设置工作表的保护密码，其数据类型为字符串类型。

其余参数均对应图10-54中的选项。读者可以打开Excel软件中的“保护工作表”对话框进行对比，参数值为True时表示勾选对应选项，为False时表示不勾选。类SheetProtection中大部分参数的默认值都是True。

示例代码:

```
01 import openpyxl
02 from openpyxl.worksheet.protection import  SheetProtection
03 wb = openpyxl.load_workbook('2002年1月公司营收.xlsx')
```

```
04 wb_sheet = wb['上海中部营收']
05 wb_sheet.protection = SheetProtection(password = '123456789')
06 wb.save('新2002年1月公司营收.xlsx')
```

第5行代码对工作表“上海中部营收”创建了工作表保护，其密码为“123456789”，其他参数均使用默认值。执行代码后打开“新2002年1月公司营收.xlsx”文件中的“上海中部营收”工作表，当对工作表中的单元格进行操作时，会弹出如图10-55所示的警告对话框，表明该工作表处于保护状态。

图 10-55

10.9 操作 .xls 格式文件

在Python的第三方库中存在xlrd库和xlwt库，可用于Excel文件内容的读取和写入，这两种库在用于操作.xlsx格式文件时会存在诸多问题，在用于操作.xls格式文件时却相对友好，因此当读者需要处理的表格文件的格式是.xls格式时，可以尝试使用本节介绍的方法。

10.9.1 xlrd 库和 xlwt 库的安装

xlrd库和xlwt库是第三方库，需要下载并安装后才可以使用，下载和安装第三方库的方法可以查阅8.5节，这里直接提供以下两条在命令提示符窗口中的参考命令：

```
pip install xlrd
pip install xlwt
```

安装完毕可以通过命令`pip show xlrd`和命令`pip show xlwt`分别查看这两个库的详细信息，包含库的官网、依赖库、版本号、安装地址等信息，如图10-56所示。

```
C:\Users\Administrator>pip show xlrd
Name: xlrd
Version: 2.0.1
Summary: Library for developers to extract data from Microsoft Excel (tm) .xls spreadsheet files
Home-page: http://www.python-excel.org/
Author: Chris Withers
Author-email: chris@withers.org
License: BSD
Location: c:\users\administrator\appdata\local\programs\python\python37\lib\site-packages
Requires:
Required-by: xlutils, python-office

C:\Users\Administrator>pip show xlwt
Name: xlwt
Version: 1.3.0
Summary: Library to create spreadsheet files compatible with MS Excel 97/2000/XP/2003 XLS files, on any platform, with Python 2.6, 2.7, 3.3+
Home-page: http://www.python-excel.org/
Author: John Machin
Author-email: sjmachin@lexicon.net
License: BSD
Location: c:\users\administrator\appdata\local\programs\python\python37\lib\site-packages
Requires:
Required-by: xlutils, python-office

C:\Users\Administrator>
```

图 10-56

如果要在Excel软件中创建一个.xls格式的Excel文件，打开Excel软件之后通过菜单栏中的“文件”和“导出”即可将文件保存为.xls格式，如图10-57所示。

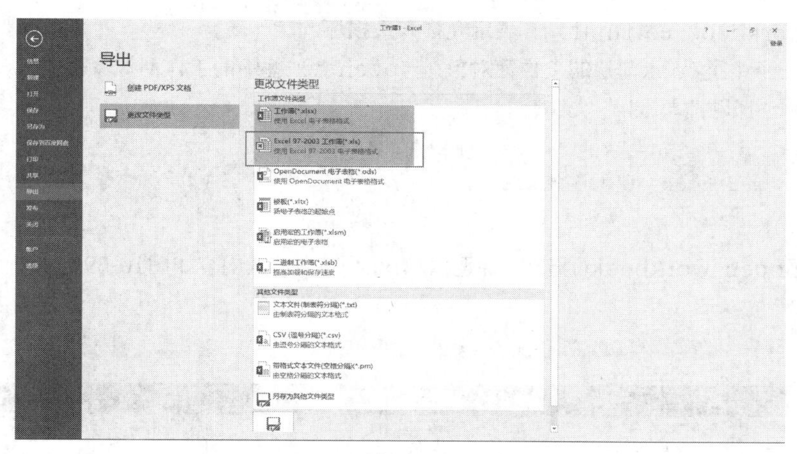

图 10-57

注意

如果在.xlsx格式文件基础之上进行“另存为”可能会导致.xls格式文件自动进入保护状态。

例如直接将10.8节中的“2002年1月公司营收.xlsx”文件另存为.xls格式，由于兼容性问题会使得.xls格式文件处于保护状态，从而导致代码程序无法读取该.xls格式文件，如图10-58所示。

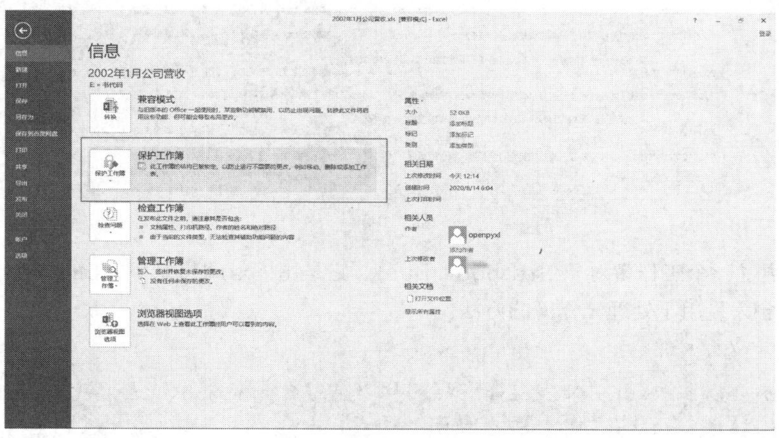

图 10-58

10.9.2 读取 .xls 格式文件

在xlrd库中使用open_workbook()函数即可实现打开.xls格式文件，打开后的文件为一个文件对象，与使用open()函数打开文件的效果相似。open_workbook()函数的使用形式如下：

```
open_workbook(filename=None, logfile=sys.stdout, verbosity=0,encoding_override=None,
formatting_info=False, on_demand=False, ragged_rows=False, ignore_workbook_corruption=False):
```

参数filename：指明需要打开的.xls格式文件的路径。

参数logfile：表示将输出信息保存到日志文件中。

参数verbosity：表示增加写入日志文件的跟踪消息内容。

参数encoding_override：用于解决旧版本文件中代码页信息缺失或错误的问题。

参数formatting_info：表示是否将具有格式信息但没有数据的单元格进行压缩，从而节省内存。

参数on_demand：表示是否加载全部工作表。

参数ragged_rows：表示用空单元格填充所有行。

参数ignore_workbook_corruption：表示允许读取损坏的工作簿。

返回值：返回一个由类Book创建的工作簿对象（与openpyxl库中的工作簿对象相似）。

示例代码（读取“课题清单.xls”文件）：

```
01 import xlrd
02 wd = xlrd.open_workbook('课题清单.xls')
03 print(wd)
```

第2行代码使用open_workbook()打开“课题清单.xls”文件，其内容如图10-59所示。

代码执行结果：

```
<xlrd.book.Book object at 0x000001895E325208>
```

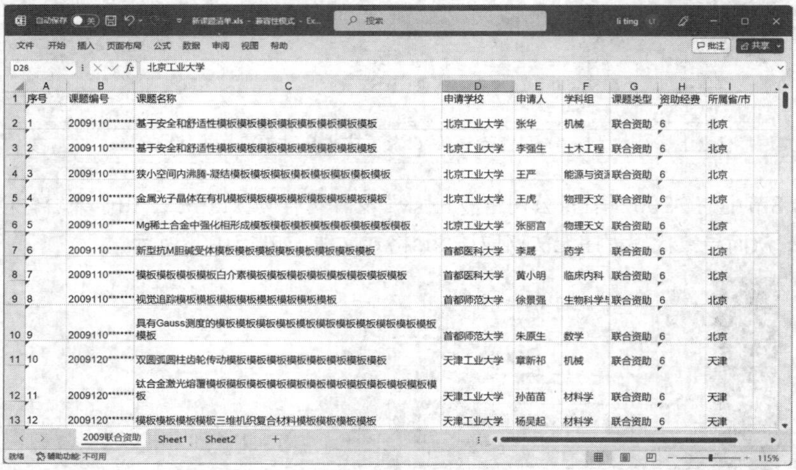

序号	课题编号	课题名称	申请学校	申请人	学科组	课题类型	资助经费	所属省/市
1	2009110*******	基于安全和舒适性模板模板模板模板模板模板模板模板	北京工业大学	张华	机械	联合资助	6	北京
2	2009110*******	基于安全和舒适性模板模板模板模板模板模板模板模板	北京工业大学	李强生	土木工程	联合资助	6	北京
3	2009110*******	狭小空间内沸腾-凝结模板模板模板模板模板模板模板模板	北京工业大学	王严	能源与资源	联合资助	6	北京
4	2009110*******	金属光子晶体在有机模板模板模板模板模板模板模板模板	北京工业大学	王虎	物理天文	联合资助	6	北京
5	2009110*******	Mg稀土合金中强化相形成模板模板模板模板模板模板模板模板模板	北京工业大学	张丽宫	物理天文	联合资助	6	北京
6	2009110*******	新型抗M胆碱受体模板模板模板模板模板模板模板模板	首都医科大学	李晟	药学	联合资助	6	北京
7	2009110*******	模板模板模板模板白介素模板模板模板模板模板模板模板模板	首都医科大学	黄小明	临床内科	联合资助	6	北京
8	2009110*******	视觉追踪模板模板模板模板模板模板模板模板	首都师范大学	徐景强	生物科学与	联合资助	6	北京
9	2009110*******	具有Gauss测度的模板模板模板模板模板模板模板模板模板模板模板模板模板	首都师范大学	朱原生	数学	联合资助	6	北京
10	2009120*******	双圆弧圆柱齿轮传动模板模板模板模板模板模板模板模板	天津工业大学	章新祁	机械	联合资助	6	天津
11	2009120*******	钛合金激光熔覆模板模板模板模板模板模板模板模板模板模板模板模板模板	天津工业大学	孙苗苗	材料学	联合资助	6	天津
12	2009120*******	模板模板模板模板三维机织复合材料模板模板模板模板	天津工业大学	杨昊起	材料学	联合资助	6	天津

图 10-59

执行代码后返回了一个工作簿对象xlrd.book.Book，它是由库xlrd目录下的book.py文件中的类Book创建的，类Book中包含大量用于处理工作簿的方法。

类Book的简洁定义：

```
class Book(BaseObject):      #位于库xlrd\book.py中，继承了父类BaseObject
    def sheets(self): ...#获取工作簿中所有的工作表列表
    def sheet_by_index(self, sheetx): ...#获取工作簿中的索引号为sheetx的工作表
    def sheet_by_name(self, sheet_name): ...#获取工作簿中的名为sheet_name的工作表
    def sheet_names(self): ...#获取工作簿文件中所有工作表的名称列表
    def sheet_loaded(self, sheet_name_or_index): ...#指定的工作表是否被读入
    def unload_sheet(self, sheet_name_or_index): ...#将内存中打开的工作表对象删除
    def release_resources(self): ...#释放内存的资源
```

.xls格式文件的操作与.xlsx格式文件的操作相似，也分为三大结构层次，分别为工作簿、工作表和单元格，接下来将会从这三大结构层次依次进行讲解。

10.9.3 读取工作表

由10.9.2小节中的类Book可知，读取工作簿中的工作表有3种方法，具体如下。

- **sheets() 方法**

sheets()方法用于获取工作簿中的全部工作表对象，并以列表的形式返回。

示例代码：

```
01 import xlrd
02 wd = xlrd.open_workbook('课题清单.xls')
03 print(wd.sheets())
04 print(wd.sheets()[0])
```

第3行代码获取“课题清单.xls”文件中的全部工作表对象，第4行代码获取其中索引号为0的工作表对象。

代码执行结果：

```
[Sheet  0:<2009联合资助>, Sheet  1:<Sheet1>, Sheet  2:<Sheet2>]
Sheet  0:<2009联合资助>
```

该结果的第1行内容表示工作簿中一共包含3个工作表，第2行内容表示获取到了第1个工作表。

• sheet_by_index() 方法

sheet_by_index(sheetx)中的参数sheetx为指定工作表的索引号，执行后将返回一个工作表对象。

示例代码：

```
01 import xlrd
02 wd = xlrd.open_workbook('课题清单.xls')
03 print(wd.sheet_by_index(0))
```

代码执行结果：

```
Sheet  0:<2009联合资助>
```

该结果表示获取到了第1个工作表对象。

• sheet_by_name() 方法

sheet_by_name(sheet_name)用于获取名为sheet_name的工作表对象。

示例代码：

```
01 import xlrd
02 wd = xlrd.open_workbook('课题清单.xls')
03 print(wd.sheet_by_name('2009联合资助'))
```

代码执行结果：

```
Sheet  0:<2009联合资助>
```

该结果表示获取到了第1个工作表对象。

获取的工作表对象是由类Sheet创建的，类Sheet中包含大量的操作工作表的方法。

类Sheet的简洁定义：

```
class Sheet(BaseObject):     #位于库xlrd\sheet.py中，继承了父类BaseObject
    def cell(self, rowx, colx): ...#获取给定位置的单元格对象
    def cell_value(self, rowx, colx): ...#获取给定位置的单元格值
    def cell_type(self, rowx, colx): ...#获取给定位置的单元格的类型
    def cell_xf_index(self, rowx, colx): ...#获取给定行和列中单元格的索引
    def row_len(self, rowx): ...#返回给定行中的有效单元格数
    def row(self, rowx): ...#返回行对象列表
    def get_rows(self): ...#返回一个可遍历的数据，用于遍历每一行
    def row_types(self, rowx, start_colx=0, end_colx=None): ...#返回给定行中单元格类型的切片
    def row_values(self, rowx, start_colx=0, end_colx=None): ...#返回给定行中单元格值的切片
    def row_slice(self, rowx, start_colx=0, end_colx=None):...#返回给定行中单元格对象的切片
```

```
    def col_slice(self, colx, start_rowx=0, end_rowx=None): ...#返回给定列中单元格对象的切片
    def col_values(self, colx, start_rowx=0, end_rowx=None): ...#返回给定列中单元格值的切片
    def col_types(self, colx, start_rowx=0, end_rowx=None): ...#返回给定列中单元格类型的切片
```

10.9.4 读取单元格

根据类Sheet的定义可知cell()、cell_value()、cell_type()、row()、col_values()可以获取单元格的内容。

cell()的使用形式如下：

```
cell(rowx, colx)
```

功能：获取第rowx行第colx列的单元格对象。

参数rowx和colx：分别表示获取工作表中的第rowx行和第colx列的单元格，索引号从0开始。

cell_value()的使用形式如下：

```
cell_value(rowx, colx)
```

功能：获取第rowx行第colx列的单元格的值。

参数rowx和colx：分别表示获取工作表中的第rowx行和第colx列的单元格，索引号从0开始。

cell_type()的使用形式如下：

```
cell_type(rowx, colx)
```

功能：获取第rowx行第colx列的单元格的类型。.xls格式文件中单元格的数据类型如表10-3所示。

参数rowx和colx：分别表示获取工作表中的第rowx行和第colx列的单元格，索引号从0开始。

表 10-3

类型表示	类型值	描述（对应 Python 中的数据类型）
XL_CELL_EMPTY	0	单元格为空字符串
XL_CELL_TEXT	1	单元格的类型为字符串类型
XL_CELL_NUMBER	2	单元格的类型为浮点数类型
XL_CELL_DATE	3	单元格的类型为浮点数类型
XL_CELL_BOOLEAN	4	单元格的类型为布尔值类型，0 表示 False、1 表示 True
XL_CELL_ERROR	5	若是整数类型则表示 Excel 内部代码，如果是字符串类型则需要参考 error_text_from_code（在 xlrd 库中 biffh.py 文件中）
XL_CELL_BLANK	6	单元格为空字符串

row()的使用形式如下：

```
row(rowx)
```

功能：获取指定行的单元格对象。

参数rowx：表示获取第rowx行的单元格对象，并以列表的形式返回。

col_values()的使用形式如下：

```
col_values(colx, start_rowx=0, end_rowx=None)
```

功能：获取指定列的内容。

参数colx：表示获取第colx列的内容。

参数start_row和end_rowx：表示获取从start_row行到end_rowx行的内容。

返回值：获取第colx列中从start_row行到end_rowx行的单元格，并以列表的形式返回。

示例代码（读取单元格）：

```
01 import xlrd
02 wd = xlrd.open_workbook('课题清单.xls')
03 sheet = wd.sheet_by_name('2009联合资助')
04 print(sheet.cell(1,1))
05 print(sheet.cell_value(1,1))
06 print(sheet.cell_type(1,1))
07 print(sheet.row(1))
08 print(sheet.col_values(1,1,5))
```

第2、3行代码用于打开工作簿“课题清单.xls”并读取工作表“2009联合资助”。

第4～8行代码分别读取工作表中的B2单元格对象、B2单元格的值、B2单元格的数据类型（参考表10-3所示内容）、第2行的单元格对象、第2列中从第2行到第6行（不包含第6行）的单元格对象。

代码执行结果：

```
text:'20091103110004'
20091103110004
1
[text:'1', text:'20091103110004', text:'渗氢涂层结构材料力学性能劣化超声无损检测技术研究', text:'北京工业大学', text:'张华', text:'机械', text:'联合资助', text:'6', text:'北京']
['20091103110004', '20091103110008', '20091103110010', '20091103110012']
```

该结果第3行的内容为1，表示单元格的数据类型为XL_CELL_TEXT，即字符串类型。

通过工作表中的类Sheet可以获取到指定的单元格对象，其中的单元格对象是由类Cell创建的。由于库xlrd仅用于读取.xls格式文件，因此并未设置对单元格进行修改的方法。

10.9.5 写入 .xls 格式文件

xlwt库提供了用于写入.xls格式文件的方法，其中类Workbook用于创建工作簿对象。其使用形式如下：

```
Workbook(encoding='ascii', style_compression=0)
```

参数encoding：指定.xls格式文件中信息的编码方式。

参数style_compression：样式的简洁表示，默认值为0。

示例代码：

```
01 import xlwt
02 workbook = xlwt.Workbook(encoding = 'utf-8')
03 worksheet = workbook.add_sheet('项目明细')
04 workbook.save('新创建.xls')
```

第2行代码使用类Workbook创建了一个新的工作簿对象，并设置编码方式为UTF-8。

第3行代码在工作簿对象中使用add_sheet()方法添加了一个名为“项目明细”的工作表。

第4行代码使用save()方法将工作簿对象保存在相对路径中，文件名为“新创建.xls”。

执行代码后打开工作簿“新创建.xls”，显示效果如图10-60所示。

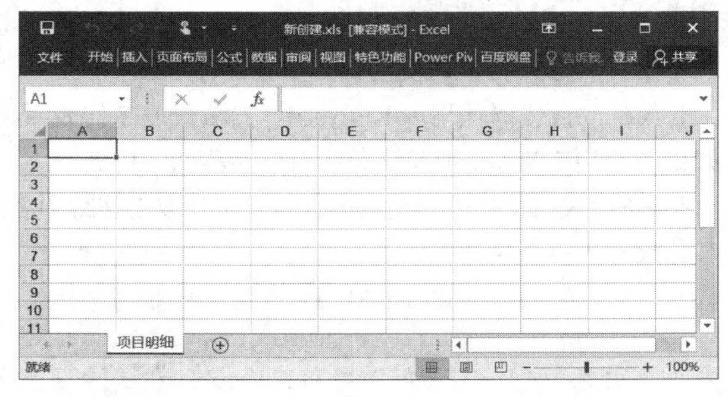

图 10-60

除了使用类Workbook实现创建工作簿对象，还可以使用类Workbook中的方法对工作簿对象进行操作。

类Workbook的简洁定义：

```
class Workbook(object):     #位于库xlwt\Workbook.py中
    def get_style_stats(self): ...#获取样式状态
    def set_owner(self, value): ...#设置文件拥有者
    def get_owner(self): ...#获取文件拥有者信息
    def set_country_code(self, value): ...#设置文件的编码方式
    def get_country_code(self): ...#获取文件的编码方式
    def set_protect(self, value): ...#设置文件保护
    def get_protect(self): ...#获取文件的保护信息
    def set_backup_on_save(self, value): ...#保存备份
    def get_backup_on_save(self): ...#获取备份
    def set_active_sheet(self, value): ...#设置激活工作表对象
    def get_active_sheet(self): ...#获取激活的工作表对象
    def get_default_style(self): ...#获取默认样式
    def add_style(self, style): ...#添加样式
    def add_font(self, font): ...#添加字体设置
    def add_sheet(self, sheetname, cell_overwrite_ok=False): ...#向工作簿中添加工作表
    def get_sheet(self, sheet): ...#获取工作表
    def sheet_index(self, sheetname): ...#获取名为sheetname的工作表的索引号
    def add_sheet_reference(self, formula): ...#添加引用
    def save(self, filename_or_stream): ...#保存工作簿
```

类Workbook中的add_sheet()方法可用于在工作簿中创建一个新的工作表。其使用形式如下：

```
add_sheet(sheetname, cell_overwrite_ok=False)
```

参数sheetname：指在工作簿中创建的工作表的名称。

参数cell_overwrite_ok：该参数的数据类型为布尔值类型，值为True时表示在添加的工作表的单元格中多次写入内容时，代码程序不会出现异常。

类Workbook中的get_sheet()方法可用于获取工作表对象。其使用形式如下：

```
get_sheet(sheet)
```

参数sheet：表示工作表名称或工作表的索引号。

示例代码（创建两个工作表并获取工作表对象）：

```
01 import xlwt
02 workbook = xlwt.Workbook(encoding = 'utf-8')
03 worksheet = workbook.add_sheet('项目明细')
04 print(worksheet)
05 worksheet = workbook.add_sheet('项目明细1')
06 print(workbook.get_sheet(1))
07 print(workbook.get_sheet('项目明细'))
08 print(workbook.sheet_index('项目明细1'))
09 workbook.save('新创建.xls')
```

第3行和第5行代码使用add_sheet()方法添加了两个工作表，第4行代码输出添加的工作表对象。

第6、7行代码使用get_sheet()方法获取工作表对象，如果参数为数值，则默认获取对应索引号的工作表；如果参数为字符串，则默认获取对应名称的工作表。

第8行代码使用sheet_index()方法获取工作簿中名为“项目明细1”的工作表的索引号。

代码执行结果：

```
<xlwt.Worksheet.Worksheet object at 0x000001AFCE22CFC8>
<xlwt.Worksheet.Worksheet object at 0x000001AFCD095A48>
<xlwt.Worksheet.Worksheet object at 0x000001AFCE22CFC8>
1
```

10.9.6 操作已存在的 .xls 格式文件

xlrd库可用于读取和操作.xls格式文件，但xlwt库无法直接读取已经存在的.xls格式文件，只能直接创建一个新的.xls格式文件。如果需要对一个已经存在的.xls格式文件进行修改，需要借助xlutils库。

xlutils库中的copy()函数可以将xlrd库读取的.xls格式文件对象Book转换为xlwt库可以识别的Workbook对象，从而实现使用xlrd库读取已存在的.xls格式文件并继续修改此文件。

示例代码：

```
01 from xlutils.copy import copy
02 import xlrd ,xlwt
03 wbr = xlrd.open_workbook('课题清单.xls')
04 print(wbr)
05 wb = copy(wbr)
06 print(wb)
07 ws = wb.get_sheet(0)
08 print(ws)
09 wb.add_sheet("Sheet3")
10 wb.save('课题清单.xls')
```

第3行代码使用xlrd库中的open_workbook()方法打开“课题清单.xls”文件。

第4行代码输出该文件对象（该文件对象由类Book创建）。

第5行代码使用xlutils库中的copy()函数将类Book创建的对象转换为xlwt库可识别的Workbook类对象。

第7行代码获取工作簿中的第1个工作表对象。

第9行代码在工作簿中添加一个名为“Sheet3”的新工作表。

代码执行结果：

```
<xlrd.book.Book object at 0x000001BB72F8B708>
<xlwt.Workbook.Workbook object at 0x000001BB7C894608>
<xlwt.Worksheet.Worksheet object at 0x000001BB7C894A08>
```

执行代码后打开“课题清单.xls”文件，工作簿的显示效果如图10-61所示。

图 10-61

10.9.7 操作工作表

xlwt库中的类Workbook含有多种可用于获取工作表对象的方法，工作表对象由类Worksheet创建，类Worksheet中包含大量关于操作工作表的方法。

类Worksheet的简洁定义：

```
class Worksheet(object):        #位于库xlwt\Worksheet.py文件中
    def set_name(self, value): ...#设置工作表的名称
    def get_name(self): ...#获取工作表的名称
    def get_rows(self): ...#获取工作表的行对象，以列表的形式返回
    def get_cols(self): ...#获取工作表的列对象，以列表的形式返回
    def set_show_formulas(self, value): ...#设置显示公式
    def get_show_formulas(self): ...#获取工作表是否显示公式
    def set_show_outline(self, value): ...#设置显示轮廓
    def get_show_outline(self): ...#获取工作表是否显示轮廓
    def set_sheet_visible(self, value): ...#设置工作表隐藏
    def get_sheet_visible(self): ...#获取工作表是否被设置为隐藏
    def set_grid_colour(self, value): ...#设置网格颜色
    def get_grid_colour(self): ...#获取网格的颜色
    def set_left_margin(self, value): ...#设置左边距的大小
    def get_left_margin(self): ...#获取左边距的大小
    def set_protect(self, value): ...#设置工作表保护
    def get_protect(self): ...#获取工作表是否被设置为保护
    def set_password(self, value): ...#设置工作表密码
    def write(self, r, c, label="", style=Style.default_style): ...#向单元格中写入内容
    def write_rich_text(self, r, c, rich_text_list, style=Style.default_style): ...
    #向单元格中写入富文本
    def merge(self, r1, r2, c1, c2, style=Style.default_style): ...#合并单元格
    def col(self, index): ...#获取指定列，返回列表
    def row(self, index): ...#获取指定行，返回列表
    def row_height(self, row): ...#获取指定行的行高
    def col_width(self, col): ...#获取指定列的列宽
```

对于已经存在的工作簿，可以使用set_name()方法设置工作表名称，或使用get_name()方法获取工作表名称。其使用形式分别如下：

```
get_name()
set_name(value)
```

参数value：表示工作表名称，其数据类型为字符串类型。

示例代码（修改已存在的工作表名称）：

```
01 from xlutils.copy import copy
02 import xlrd
03 wbr = xlrd.open_workbook('课题清单.xls')
04 wb = copy(wbr)
05 ws = wb.get_sheet(1)
06 print(ws.get_name())
07 ws.set_name('新表格')
08 print(ws.get_name())
09 wb.save('课题清单1.xls')
```

第3行代码使用xlrd库中的open_workbook()方法读取工作簿“课题清单.xls”。

第4行代码使用xlutils库中的copy()函数将工作簿转换为xlwt库可识别的数据对象。

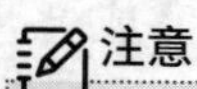

注意

由于xlutils库已经关联了xlwt库，因此在使用xlwt库中的方法时无须导入xlwt库。

第5行代码使用xlwt库中的get_sheet()方法获取第2个工作表对象。

第6行代码使用get_name()方法获取工作表的名称，并输出该名称。

第7～8行代码使用set_name()方法修改工作表的名称，并输出修改后的工作表名称。

代码执行结果：

```
Sheet1
新表格
```

打开最终的“课题清单1.xls”文件，其显示效果如图10-62所示。

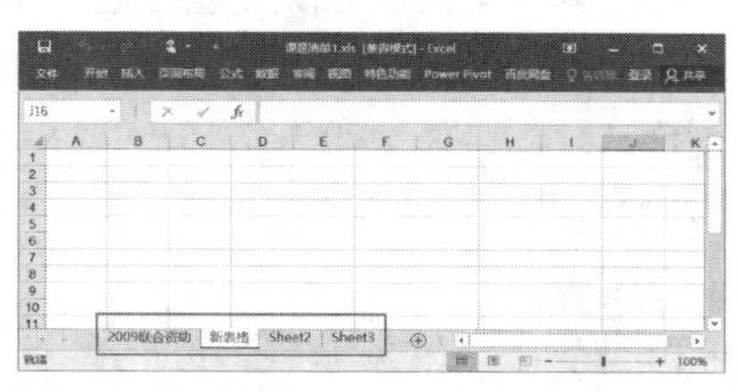

图 10-62

10.9.8 写入单元格

如果要向单元格中写入内容，可以使用Worksheet中的write()方法和write_merge()方法。

- **write() 方法**

write()方法用于向指定单元格中写入内容。其使用形式如下：

```
def write(r,c,label = "", style = Style.default_style):
```

参数r：表示单元格的行号，其数据类型为整数类型，默认行号从0开始。

参数c：表示单元格的列号，其数据类型为整数类型，默认列号从0开始。

参数label：表示要写入单元格的内容，其数据类型可以为整数类型、浮点数类型、字符串类型、时间类型、布尔值类型等。

参数style：表示写入单元格的数据样式。

示例代码：

```
01 from xlutils.copy import copy
02 import xlrd
03 wbr = xlrd.open_workbook('课题清单.xls')
04 wb = copy(wbr)
05 ws = wb.get_sheet(1)
06 ws.write(1,3,'杭州气温')
07 ws.write(1,4,23.4)
08 wb.save('课题清单1.xls')
```

第6、7行代码使用write()方法向Sheet1工作表的第2行第4列单元格中写入字符串'杭州气温'，向第1行第5列单元格中写入浮点数23.4。

执行代码后打开文件“课题清单1.xls”，其显示效果如图10-63所示。

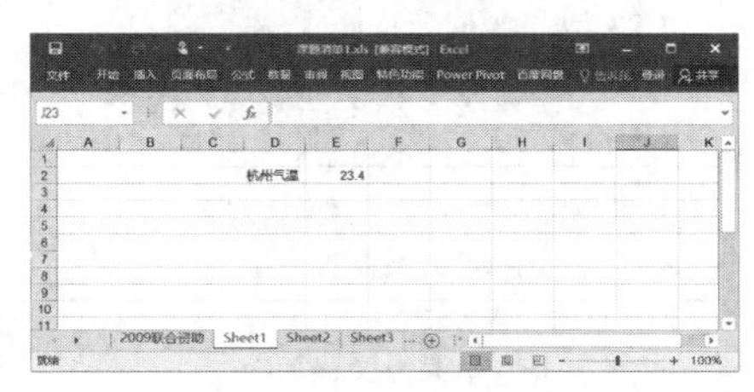

图 10-63

- **write_merge() 方法**

write_merge()方法用于将多个单元格合并之后再将内容写入单元格。其使用形式如下：

```
def write_merge(r1, r2, c1, c2, label = "", style = Style.default_style):
```

参数r1、r2：表示需要合并的单元格的行，r1为开始行，r2为结束行（行号为从0开始的整数）。

参数c1、c2：表示需要合并的单元格的列，c1为开始列，c2为结束列（列号为从0开始的整数）。

参数label：表示要写入单元格的内容，其数据类型可以为整数类型、浮点数类型、字符串类型、时间类型、布尔值类型等。

参数style：表示写入单元格的数据样式。

示例代码（将A1:D4之间的所有单元格合并之后再写入内容）：

```
01 from xlutils.copy import copy
02 import xlrd
03 wbr = xlrd.open_workbook('课题清单.xls')
04 wb = copy(wbr)
05 ws = wb.get_sheet(1)
06 ws.write_merge(0,3,0,3,'合并单元格')
07 wb.save('课题清单1.xls')
```

第6行代码将工作表Sheet1中第1行到第4行的第1列到第4列的单元格（即A1:D4单元格）进行合并，并向合并后的单元格中写入“合并单元格”。

执行代码后打开文件“课题清单1.xls”，显示效果如图10-64所示。

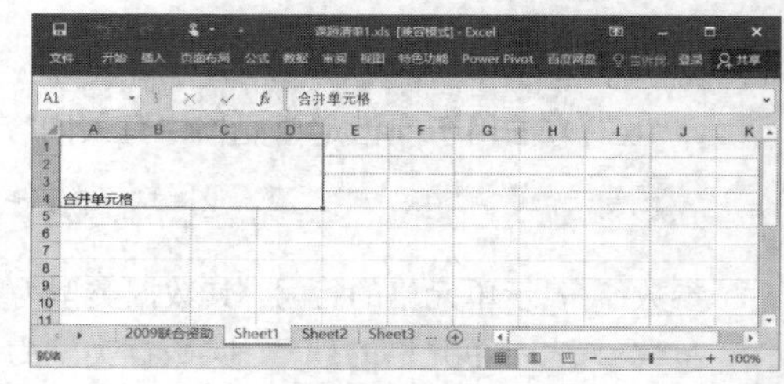

图 10-64

10.9.9 样式设置

在10.9.8小节中使用到的write()方法和write_merge()方法中均存在数据样式的设置，默认值都为Style.default_style，且默认值关联了类XFStyle。类XFStyle中包含很多用于设置样式的方法，有字体设置、对齐方式设置、边框设置、图案设置及保护设置等的相关方法，每个样式设置方法均关联了对应的类。

类XFStyle的定义：

```
default_style = XFStyle()      #默认值关联了类XFStyle
class XFStyle(object):          #位于库xlwt\Style.py中
    def __init__(self):
        self.num_format_str  = 'General'
        self.font            = Formatting.Font()            #字体设置，关联了类Font
        self.alignment       = Formatting.Alignment()       #对齐方式设置，关联了类Alignment
        self.borders         = Formatting.Borders()         #边框设置，关联了类Borders
        self.pattern         = Formatting.Pattern()         #图案设置，关联了类Pattern
        self.protection      = Formatting.Protection()      #保护设置，关联了类Protection
class Font(object):     #位于库xlwt\Formatting.py中，字体设置
    def __init__(self):
        self.height = 0x00C8            #字体高度默认为200Twips
        self.italic = False             #字体默认不是斜体
        self.struck_out = False         #字体默认不设置删除线
        self.outline = False            #字体默认不设置外边框
        self.shadow = False             #字体默认不设置阴影
        self.colour_index = 0x7FFF      #字体颜色
        self.bold = False               #字体默认不设置加粗
        self._weight = 0x0190                  #粗体字体的宽度
```

```
        self.escapement = self.ESCAPEMENT_NONE
        self.underline = self.UNDERLINE_NONE          #字体默认不设置下画线
        self.family = self.FAMILY_NONE
        self.charset = self.CHARSET_SYS_DEFAULT       #默认字符集
        self.name = 'Arial'                           #字体名默认为'Arial'
class Alignment(object):    #位于库xlwt\Formatting.py中，对齐方式设置
    def __init__(self):
        self.horz = self.HORZ_GENERAL                 #设置水平对齐方式
        self.vert = self.VERT_BOTTOM                  #设置垂直对齐方式
        self.dire = self.DIRECTION_GENERAL            #设置方向
        self.orie = self.ORIENTATION_NOT_ROTATED      #设置旋转
        self.rota = self.ROTATION_0_ANGLE             #设置旋转角度
        self.wrap = self.NOT_WRAP_AT_RIGHT            #设置环绕方向
        self.shri = self.NOT_SHRINK_TO_FIT
        self.inde = 0
        self.merg = 0
class Borders(object):    #位于库xlwt\Formatting.py中，边框设置
    def __init__(self):
        self.left   = self.NO_LINE                #设置左边框
        self.right  = self.NO_LINE                #设置右边框
        self.top    = self.NO_LINE                #设置顶部边框
        self.bottom = self.NO_LINE                #设置底部边框
        self.diag   = self.NO_LINE                #设置对角线
        self.left_colour   = 0x40                 #设置左边框的颜色
        self.right_colour  = 0x40                 #设置右边框的颜色
        self.top_colour    = 0x40                 #设置顶部边框的颜色
        self.bottom_colour = 0x40                 #设置底部边框的颜色
        self.diag_colour   = 0x40                 #设置对角线的颜色
        self.need_diag1 = self.NO_NEED_DIAG1          #对角线1
        self.need_diag2 = self.NO_NEED_DIAG2          #对角线2
class Pattern(object):    #位于库xlwt\Formatting.py中，图案设置
    def __init__(self):
        self.pattern = self.NO_PATTERN                #图案设置，默认为不使用
        self.pattern_fore_colour = 0x40               #单元格前景颜色
        self.pattern_back_colour = 0x41               #单元格背景颜色
class Protection(object):    #位于库xlwt\Formatting.py中，保护设置
    def __init__(self):
        self.cell_locked = 1                      #单元格锁
        self.formula_hidden = 0                   #隐藏公式
```

示例代码（设置单元格内容的字体为斜体，且单元格前景颜色为红色）：

```
01 from xlutils.copy import copy
02 import xlrd, xlwt
03 wbr = xlrd.open_workbook('课题清单.xls')
04 wb = copy(wbr)
05 ws = wb.get_sheet(1)
06 style_1 = xlwt.Style.XFStyle()
07 style_2 = xlwt.Style.XFStyle()
08 style_1.font.italic  = True
09 style_2.pattern.pattern = xlwt.Formatting.Pattern.SOLID_PATTERN
10 style_2.pattern.pattern_fore_colour = 0x4B0082
11 ws.write(1,3,'杭州气温',style = style_1)
12 ws.write(1,4,'23.5',style = style_2)
13 wb.save('课题清单1.xls')
```

第3～5行代码分别使用xlrd库打开工作簿对象，并使用xlutils库中的copy()函数将工作簿转换为xlwt库可识别的对象，并获取其中的第2个工作表。

第6～7行代码使用类XFStyle创建样式对象style_1和style_2。

第8行代码设置样式对象style_1的字体为斜体。

第9～10行代码分别设置样式对象style_2的图案为SOLID_PATTERN（可填充），设置前景颜色为0x4B0082。类Pattern中还存在NO_PATTERN=0x00(不使用图案填充）和SOLID_PATTERN=0x01(使用图案填充）

执行代码后打开文件“课题清单1.xls”，其单元格样式效果如图10-65所示。

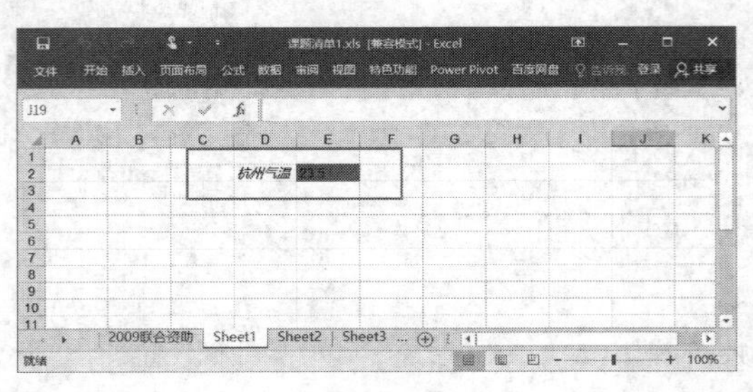

图 10-65

示例代码（设置单元格内容格式为居中对齐，且单元格具有对角线）：

```
01 from xlutils.copy import copy
02 import xlrd,xlwt
03 wbr = xlrd.open_workbook('课题清单.xls')
04 wb = copy(wbr)
05 ws = wb.get_sheet(1)
06 style_1 = xlwt.Style.XFStyle()
07 style_2 = xlwt.Style.XFStyle()
08 style_1.alignment.horz = xlwt.Formatting.Alignment.HORZ_CENTER
09 style_2.borders.need_diag1 = xlwt.Formatting.Borders.NEED_DIAG1
10 style_2.borders.diag = xlwt.Formatting.Borders.MEDIUM
11 ws.write(1,3,'杭州气温',style = style_1)
12 ws.write(1,4,'23.5',style = style_2)
13 wb.save('课题清单1.xls')
```

第3～5行代码首先使用xlrd库打开工作簿对象，接着使用xlutils库中的copy()将其赋值为xlwt库可识别的工作簿对象，最后获取该工作簿对象中的第2个工作表。

第6～7行代码使用类XFStyle创建样式对象style_1和样式对象style_2。

第8行代码对样式对象style_1设置单元格内容对齐方式为水平居中对齐（HORZ_CENTER）。还可对水平对齐方式进行设置，例如通用对齐（HORZ_GENERAL=0x00）、水平左对齐（HORZ_LEFT=0x01)、水平居中对齐（HORZ_CENTER=0x02）、水平右对齐（HORZ_RIGHT=0x03）、水平填充对齐（HORZ_FILLED=0x04）、水平自动调整（HORZ_JUSTIFIED=0x05）、中心交叉选择（HORZ_CENTER_ACROSS_SEL=0x06）、水平分散对齐（HORZ_DISTRIBUTED=0x07）等。读者可进入库xlwt\Formatting.py的类Alignment中查看更多的对齐方式。

第9行代码对样式对象style_2设置了对角线NEED_DIAG1。类Borders中提供了两种对角线，其状态可以分为允许使用对角线1(NEED_DIAG1=0x01)、允许使用对角线2(NEED_DIAG2=0x01)、不允许使用对角线1(NO_NEED_DIAG1=0x00)、不允许使用对角线2(NO_NEED_DIAG2=0x00)。

第10行代码设置样式对象style_2的对角线样式为MEDIUM，表示中等线。库xlwt中提供了无线（NO_LINE=0x00）、细线（THIN=0x01）、中等线（MEDIUM=0x02）、虚线（DASHED=0x03）、点线（DOTTED=0x04）、粗线（THICK=0x05）、双线（DOUBLE=0x06）、细线（HAIR=0x07）。更多的线条设置可以进入库xlwt\Formatting.py的类Borders中查看。

执行代码后打开文件“课题清单1.xls”，其显示效果如图10-66所示。

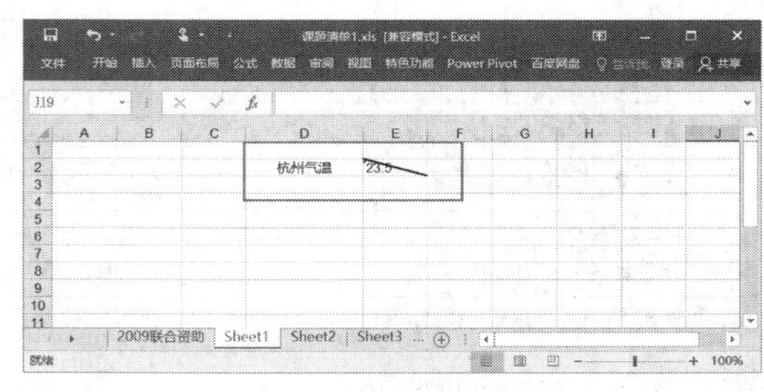

图 10-66

10.9.10 获取行和列

在类Worksheet中可以通过row()和col()方法获取工作表中的行对象和列对象。其使用形式如下：

```
def row(index)
def col(index)
```

参数index：表示需要获取的index行或列对象。

示例代码：

```
01 from xlutils.copy import copy
02 import xlrd,xlwt
03 wbr = xlrd.open_workbook('课题清单.xls')
04 wb = copy(wbr)
05 ws = wb.get_sheet(0)
06 print(ws.row(1))
07 print(ws.col(1))
```

第6～7行代码分别获取工作表的第2行和第2列。

代码执行结果：

```
<xlwt.Row.Row object at 0x000002143CEE4BF8>
<xlwt.Column.Column object at 0x000002143BFF5908>
```

返回的对象为类Row和类Column创建的行对象和列对象，类Row和类Column中有大量关于行和列的设置方法。

类Row的简洁定义：

```
class Row(object):                  #位于库xlwt\Row.py中
    def get_height_in_pixels(self): ...       #获取行高
    def set_style(self, style):  ...  #设置样式
    def get_xf_index(self):  ...      #获取样式编号
    def get_cells_count(self):  ...   #获取行中存在数据的单元格数
    def get_min_col(self):  ...       #获取最小列数
    def get_max_col(self):  ...       #获取最大列数
    def get_row_biff_data(self):  ... #获取行信息
    def insert_cell(self, col_index, cell_obj): ...#插入一个单元格
    def insert_mulcells(self, colx1, colx2, cell_obj): ...#插入多个单元格
    def get_cells_biff_data(self):  ...#获取单元格数据
    def get_index(self):  ...#获取索引号
    def set_cell_text(self, colx, value, style=Style.default_style):  ...  #设置单元格文本信息
    def set_cell_blank(self, colx, style=Style.default_style):  ...        #设置空白单元格
    def set_cell_mulblanks(self, first_colx, last_colx, style=Style.default_style):  ...
    #设置多个空白单元格
    def set_cell_number(self, colx, number, style=Style.default_style):  ...#设置单元格数字
    def set_cell_date(self, colx, datetime_obj, style=Style.default_style):  ...
    #设置单元格时间信息
    def set_cell_formula(self, colx, formula, style=Style.default_style, calc_flags=0):  ...
```

```
    #设置单元格公式
    def set_cell_boolean(self, colx, value, style=Style.default_style):  ...#设置单元格布尔值数据
    def set_cell_error(self, colx, error_string_or_code, style=Style.default_style): ...
    #设置单元格错误信息
    def write(self, col, label, style=Style.default_style):  ...#设置单元格内容
    def set_cell_rich_text(self, col, rich_text_list, style=Style.default_style):  ...
    #设置单元格富文本
```

类Column的简洁定义：

```
class Column(object):    #位于库xlwt\Column.py中
    def set_width(self, width):  ...#获取列宽，单位为Twips
    def get_width(self):  ...#获取列宽
    def set_style(self, style):  ...#设置样式
    def width_in_pixels(self):  ...#获取列宽，单位为像素
    def get_biff_record(self):  ...#获取单元格记录
```

若要向指定行的单元格中写入文本信息，可使用set_cell_text()方法。其使用形式如下：

```
set_cell_text(colx, value, style=Style.default_style)
```

参数colx：指定本行中的某列。

参数value：表示需要写入单元格的信息。

参数style：表示单元格的样式。

示例代码（获取行和列）：

```
01 from xlutils.copy import copy
02 import xlrd
03 wbr = xlrd.open_workbook('课题清单.xls')
04 wb = copy(wbr)
05 ws = wb.get_sheet(0)
06 print(ws.row(1))
07 print(ws.row(1).get_cells_count())
08 ws.row(1).set_cell_blank(1)
09 ws.row(1).set_cell_text(2,'新修改')
10 wb.save('课题清单1.xls')
```

第6行代码使用row()方法获取第2行，并输出该行的行对象。

第7行代码使用get_cells_count()方法获取第2行中存在数据的单元格的个数。

第8行代码使用set_cell_blank()方法设置第2行中第2列的单元格为空白单元格。

第9行代码使用set_cell_text()方法设置第2行中第3列的单元格内容为“新修改”。

代码执行结果：

```
<xlwt.Row.Row object at 0x000002BA87B94B48>
9
```

输出结果的第2行信息返回为9，表明工作表第2行一共有9个数据。执行代码后打开文件“课题清单1.xls”，显示效果如图10-67所示。

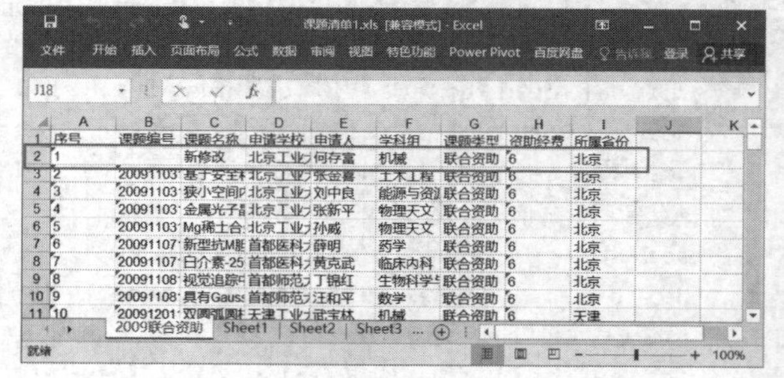

图 10-67

在类Row和类Column中还存在许多方法，由于本书篇幅有限，因此不具体介绍。读者可在xlwt库的源代码中进行查阅，并参考以上代码的编写形式自行实践。

项目案例 实现在 10 分钟内设计 1008 张表格

项目描述

某公司有252份Excel文件（.xlsx格式），这些文件统计了公司从2002年到2022年的全部营收，每个Excel文件中都包含4个工作表，分别为北京总部营收、上海中部营收、深圳南部营收、四川西部营收，一共1008张工作表，如图10-68和图10-69所示。

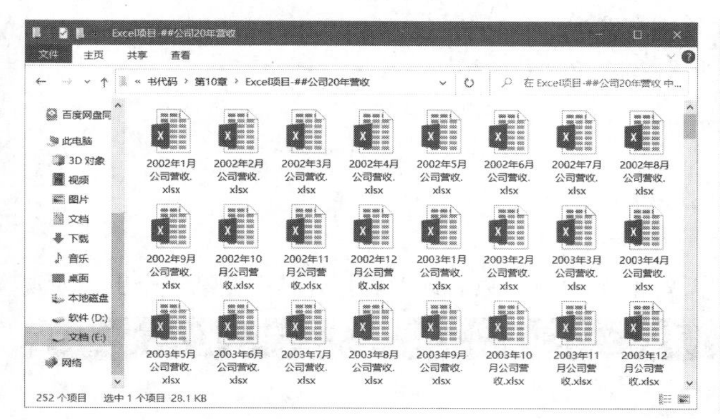

图 10-68

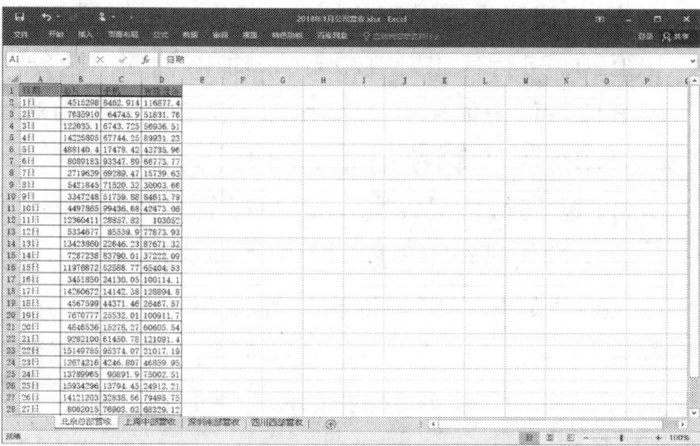

图 10-69

项目任务

现要求分别在这1008张工作表中各创建一个位于E5单元格的柱形图。图表内容为单元格A1到D31之间的数据，并将日期列数据作为x轴的信息。图表的标题由工作簿名称和工作表名称组成，x轴的标题为“日期”，y轴的标题为“营收额”。

项目实现步骤

步骤1，读取252份Excel文件。将全部252个Excel文件整理到同一个文件夹内，以便于使用os库获取该文件夹中的所有Excel文件。

步骤2，同时处理252份Excel文件。设计for循环与os.listdir()遍历文件夹中的所有文件。

步骤3，处理每一份Excel文件中的4个工作表。设计嵌套for循环遍历每个工作簿中的工作表。

步骤4，使用类BarChart创建图表。

项目实现代码

```
01 import openpyxl
02 from openpyxl.chart import BarChart,Reference
03 import os
04 for file_name in os.listdir('./Excel项目-##公司20年营收'):
05     ex_file_name = './Excel项目-##公司20年营收/'+file_name
06     wb = openpyxl.load_workbook(ex_file_name)   #读取工作簿
07     for wb_sheet in wb:        #获取每一个工作簿对象
08         bc = BarChart()        #创建柱形图
09         bc.title = file_name+wb_sheet.title   #设置标题为工作簿名+工作表名
10         bc.x_axis.title = '日期'
11         bc.y_axis.title = '营收额'
12         data = Reference(wb_sheet, min_col=2, min_row=1, max_col=4, max_row=31)
13         bc.add_data(data,titles_from_data=True)
14         x_lables = Reference(wb_sheet,min_col=1,min_row=2,max_row=31)
15         bc.set_categories(x_lables)
16         wb_sheet.add_chart(bc,'E5')
17         wb.save(ex_file_name)
```

第4行代码使用for循环和os.listdir()遍历整个文件夹'./Excel项目-##公司20年营收'中的工作簿文件。后续代码全部都是属于for循环的语句。

第5行代码将文件夹名称和工作簿名称连接在一起组成完整的文件路径，便于后期将文件写入此文件夹下。

第6行代码使用openpyxl库中的load_workbook()打开当前正在被遍历的Excel文件。

第7行代码中的嵌套for循环依次遍历每个工作簿中的所有工作表。每个工作簿中有4个工作表，因此内层嵌套的for循环需要遍历4次。

第8行代码使用类BarChart创建了柱形图对象。

第9行代码设置图表的标题，标题由工作簿名和工作表名组成。

第10、11行代码设置图表的x轴和y轴的标题分别为“日期”和“营收额”。

第12行代码使用类Reference创建数据范围对象。

第13行代码将数据添加到图表中。

第14、15行代码设置x轴的数据范围并将数据添加到图表中。

第16行代码将图表添加到工作表的E5单元格处。

执行代码后程序将依次处理文件夹中的所有工作簿，代码执行结束后读者可打开其中任意一个工作簿观察显示效果，工作簿“2021年9月公司营收.xlsx”经处理后的显示效果如图10-70所示。

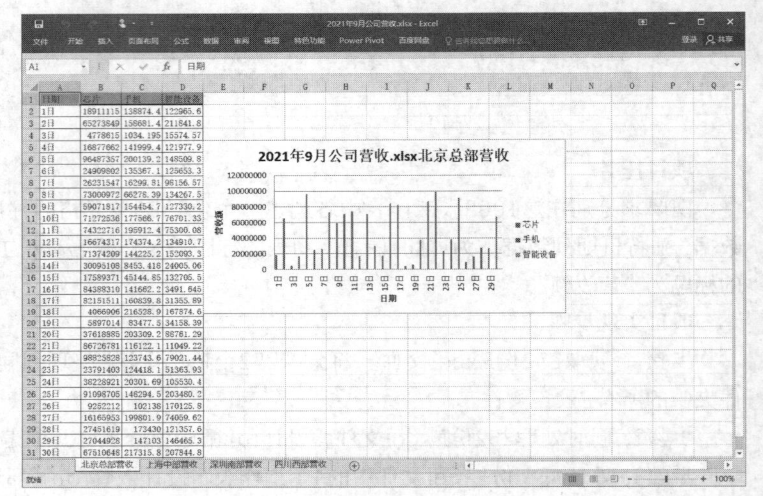

图 10-70

该项目实现代码仅有17行，但足以实现批量处理252份工作簿文件及其中的1008份工作表，如果手动处理，至少需要两天的时间才能完成。以上代码可以作为一个模板，当需要给工作表添加图表时，只需要将Excel文件移动到“Excel项目-##公司20年营收”文件夹中即可自动添加图表。当需要处理的文件内容足够多时，采用以上方法更能体会到办公自动化带来的乐趣。

总结

本章首先介绍了如何使用openpyxl库中的方法操作Excel文件，分别从.xlsx格式文件的工作簿、工作表、单元格这三大结构层次的操作来进行具体讲解。然后介绍了创建图表和表格、排序和筛选、文件保护等知识点。最后介绍了如何使用xlrd库中的方法读取.xls格式文件，如何使用xlwt库中的方法操作.xls格式文件，以及如何借助xlutils库操作已存在的.xls格式文件。

读者可结合本章的项目案例来灵活处理工作中遇到的办公问题，当办公过程中遇到机械化、重复性较强的操作时可以使用代码来实现。每一个具体的项目可能不是用一个库能处理完成的，读者需要灵活掌握本章中的内容。在当前的大数据时代下，需要处理的数据会越来越多，灵活使用代码处理数据能够大大提高办公效率。

openpyxl库中还有很多用于操作.xlsx格式文件的方法，但由于篇幅有限，本章仅将常用的方法进行了介绍与操作演示，读者可在掌握好常用方法的基础上，再去详细阅读openpyxl库中的源代码，进一步掌握用于操作.xlsx格式文件的全部方法，实现更精细化地处理Excel文件。

第 11 章

操作 Word 文件

在工作中，如果读者经常需要处理文字信息就难免要与Word文件打交道，而在遇到批量操作Word文件的工作时，例如修改大量的论文格式、创建内容格式相似但内容不同的Word文件等都需要花费大量时间。对此，本章将基于Python代码的灵活性、可重复性、操作简易等优点，介绍如何使用Python代码来操作Word文件，以轻松满足以上工作需求，提高办公效率。

本章从Word文件开始进行介绍，根据Word文件的特性选择了Python的第三方库python-docx库来操作Word文件。接着根据python-docx库的层次结构开始介绍库的使用方法，从文档的run语句到段落，再到整个文档的操作，均介绍常用方法。同时介绍文档中的样式操作，即如何使用代码快速设置文档内容格式。本章的项目案例是实现批量创建40份Word文件，并根据要求对文件内容进行相应操作。

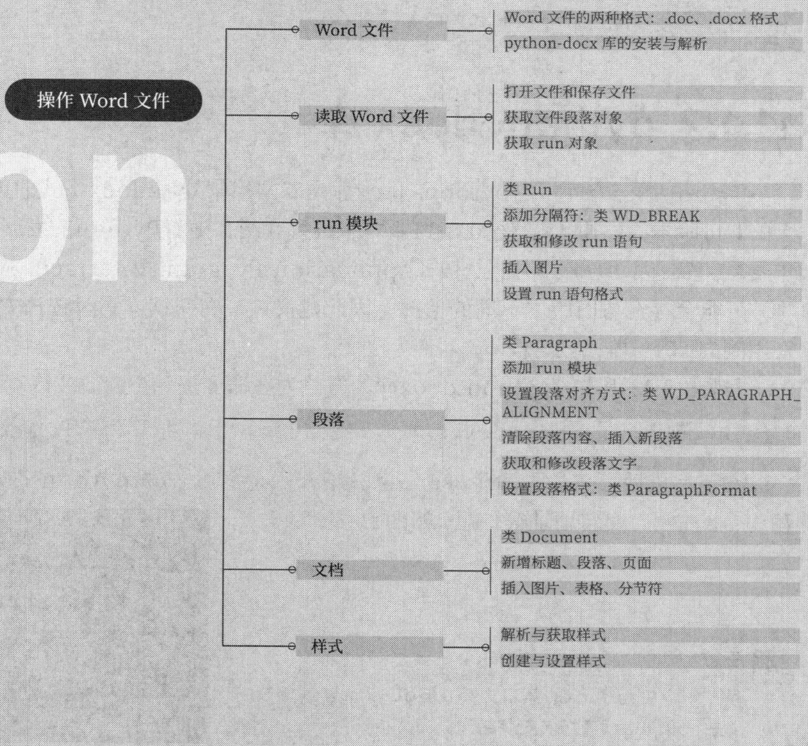

操作 Word 文件

- Word 文件
  - Word 文件的两种格式：.doc、.docx 格式
  - python-docx 库的安装与解析
- 读取 Word 文件
  - 打开文件和保存文件
  - 获取文件段落对象
  - 获取 run 对象
- run 模块
  - 类 Run
  - 添加分隔符：类 WD_BREAK
  - 获取和修改 run 语句
  - 插入图片
  - 设置 run 语句格式
- 段落
  - 类 Paragraph
  - 添加 run 模块
  - 设置段落对齐方式：类 WD_PARAGRAPH_ALIGNMENT
  - 清除段落内容、插入新段落
  - 获取和修改段落文字
  - 设置段落格式：类 ParagraphFormat
- 文档
  - 类 Document
  - 新增标题、段落、页面
  - 插入图片、表格、分节符
- 样式
  - 解析与获取样式
  - 创建与设置样式

Python

11.1 Word 文件

本节内容主要分为3个方面，分别为Word文件的介绍、python-docx库的介绍和安装，以及python-docx库的解析。

11.1.1 Word 文件的介绍

Word（Microsoft Office Word）是微软公司的一个文字处理器应用程序，为用户提供了用于创建专业、优雅、美观的文档/文件的工具，可帮助用户节省时间、提高工作效率。用Word 2003创建的文档/文件扩展名为.doc，用2003以上版本的Word创建的文档/文件扩展名为.docx，.docx也是目前更为主流的文档/文件扩展名。图11-1和图11-2所示为Word 2016的界面和保存文件后的文件格式图标（默认保存的文件扩展名为.docx）。

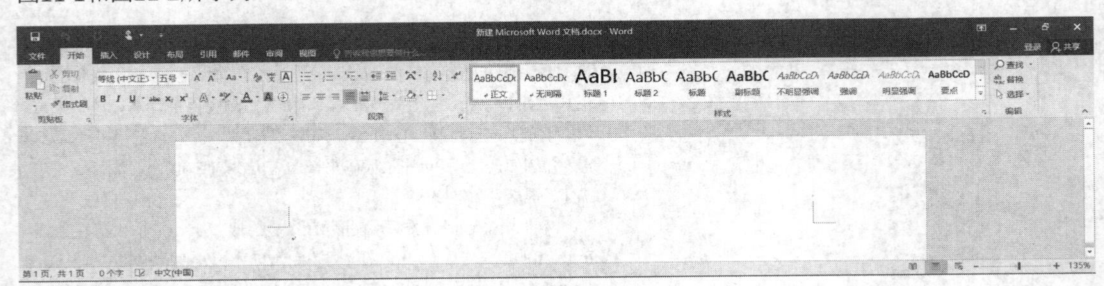

图 11-1

图 11-2

由于.doc格式目前的使用率较低，因此接下来操作的Word文件以.docx格式为主。

注意

.docx格式的Word文件也可以用WPS软件打开和操作，WPS具有强大的兼容性，因此读者在跟着本书操作时可以使用WPS软件，无须强制安装Word软件。

11.1.2 python-docx 库

Python第三方库中的python-docx库是专门用来处理.docx格式的Word文件的，截至完稿时该库已更新至0.8.11版本，本书也将基于0.8.11版本来进行介绍。随着Python的发展，python-docx库也会逐渐向更新版本发展，而通常更新版本中的API（Application Program Interface，应用程序接口，即定义的函数或方法名称）可能会存在与旧版本不同的情况。因此建议读者在阅读本书时选择安装指定版本0.8.11，这样才能让将要使用到的API与本书内容同步。

安装0.8.11版本的python-docx库的方法为在命令提示符窗口或终端中执行如下命令：

```
pip install python-docx==0.8.11
```

安装完毕后可以通过命令`pip show python-docx`查看python-docx库的详细信息，包含库的官网、依赖库、版本号、安装地址等信息，如图11-3所示。

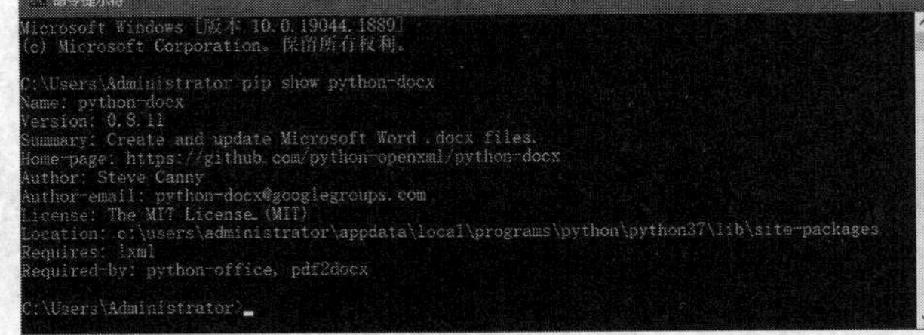

图 11-3

注意

存在一个名为docx的第三方库，但docx库与python-docx库并无关联，读者切勿安装错误。

11.1.3 python-docx 库的解析

python-docx库在处理文档时会将文档从大到小划分为3个层次，首先是从整个文档（Document）的大框架进行操作，再从文档的每个段落（Paragraph）进行操作，最后从每个段落中的最小单元run（相同样式的内容）进行操作。具体来讲，python-docx库针对整个文档可以处理页面/页脚、添加图片、添加表格等；针对段落可以增删句子、设置对齐方式、设置段落格式等；针对run语句可以设置字体颜色、字体大小等。

在使用python-docx库时需要先使用`import docx`导入库而不能使用`import python-docx`，这是因为python-docx库在下载、安装之后，其所在文件夹的名称为docx，如图11-4所示，文件路径末尾显示的是docx。

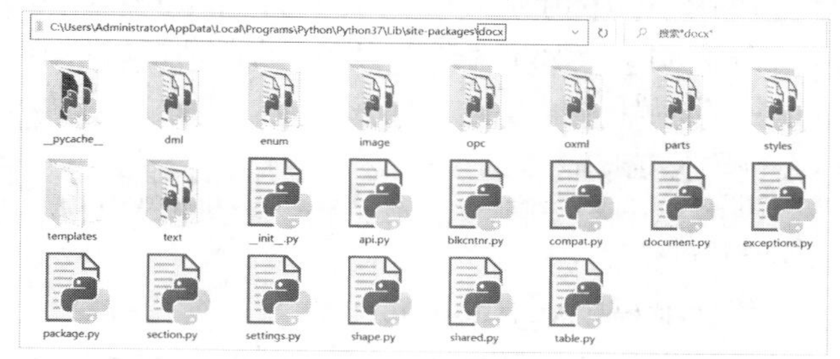

图 11-4

在python-docx库的dml文件夹中包含用于绘制颜色的源代码。enum文件夹中包含Word文件中各种类型元素名的枚举，例如表格格式的定义、插入形状的定义、文本格式的定义等，这些定义后的元素在代码中可直接调用出相应的元素效果，例如'CENTER'表示居中对齐。image文件夹中包含图像处理的源代码。styles文件夹中包含设置文件样式的源代码。text文件夹中包含关于文本处理的源代码。

更多关于python-docx库的内容，读者可以在浏览器中搜索“python-docx官方文档”进行查阅。

11.2 读取 Word 文件

本节开始介绍使用代码操作Word文件的方法。以图11-5所示的名为“第1章初识Python.docx”的Word文件为例来读取其中的内容，其文件内容包含标题在内一共有24个段落。

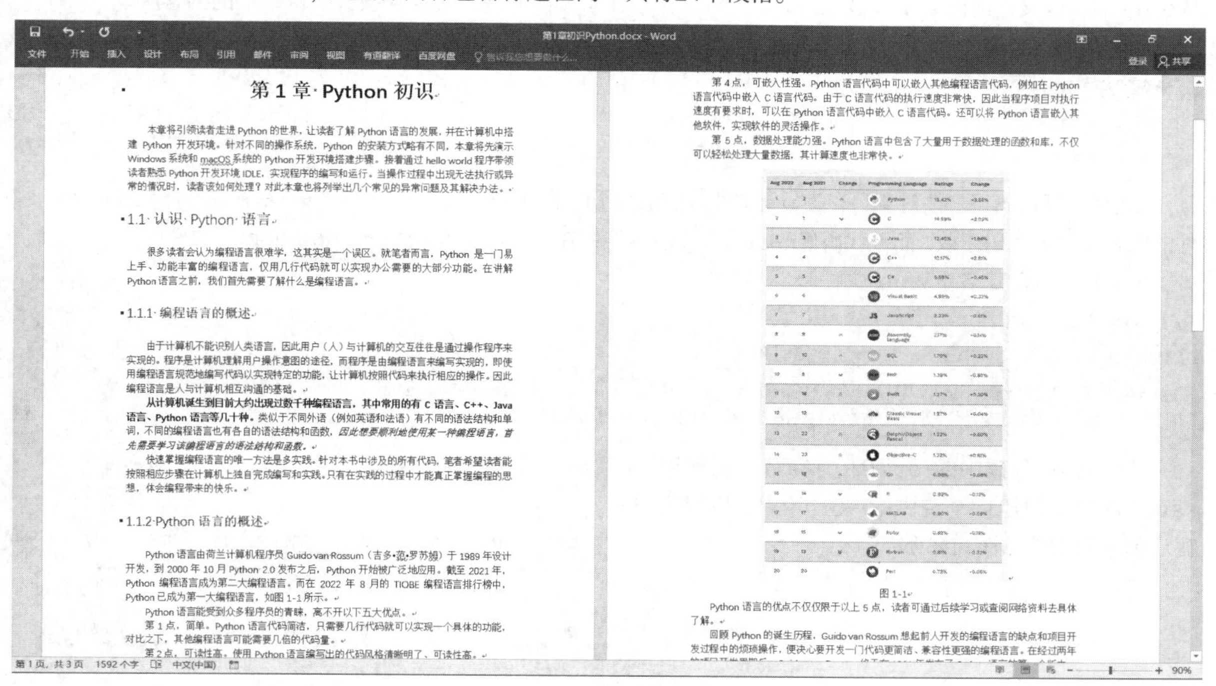

图 11-5

11.2.1 打开文件和保存文件

python-docx库中的类Document可用于打开文件对象。其使用形式如下：

```
Document('path')
```

功能：读取path指定的文件，返回一个文件对象，与open()函数的功能相似。

参数path：表示需要打开的Word文件的路径和文件名。

示例代码：

```
01 import docx
02 docD = docx.Document('第1章初识Python.docx')
03 print(docD)
```

第1行代码导入python-docx库。

第2行代码使用类Document获取“第1章初识Python.docx”文件，并返回一个文件对象。

代码执行结果：

```
<docx.document.Document object at 0x0000014E85880F98>
```

如果需要将打开的文件对象保存下来，可以使用文件对象中的save()方法来实现“保存”或“另存为”的功能。其使用形式如下：

```
文件对象.save(path)
```

参数path：指定保存的文件路径和文件名，数据类型为字符串类型。

在使用save()方法时通常会遇到以下3种情况。

第1种情况，通过类Document打开一个空的文件对象后，再使用save()方法将会创建一个新的文件。

第2种情况，如果save()的参数path和类Document打开的文件的路径相同，则表示保存path指定的文件，中间对文件进行的操作都会被保存下来。

第3种情况，如果save()的参数path和类Document打开的文件的路径不相同，则会将文件另存为一个新的Word文件，原文件的内容不会被代码修改，新文件会在原文件的基础上保存被代码修改了的内容。

示例代码（实现文件“另存为”功能）：

```
01 import docx
02 docD = docx.Document('第1章初识Python.docx')
03 docD.save('新第1章初识Python.docx')
```

由于第3行代码将文件对象另存为了新文件“新第1章初识Python.docx”，因此“第1章初识Python.docx”文件的内容不会被代码修改，而被代码修改后的文件内容将保存在“新第1章初识Python.docx”文件中。

示例代码（创建多个Word文件）：

```
01 import docx
02 docD = docx.Document() #创建文件对象
03 for i in range(1,18):
04     docD.save(r'.\数据1\第{}个文档.docx'.format(i))
```

结合第3行代码中的for循环，第4行代码使用save()函数将创建17个空白的Word文件，执行代码后创建的文件如图11-6所示。

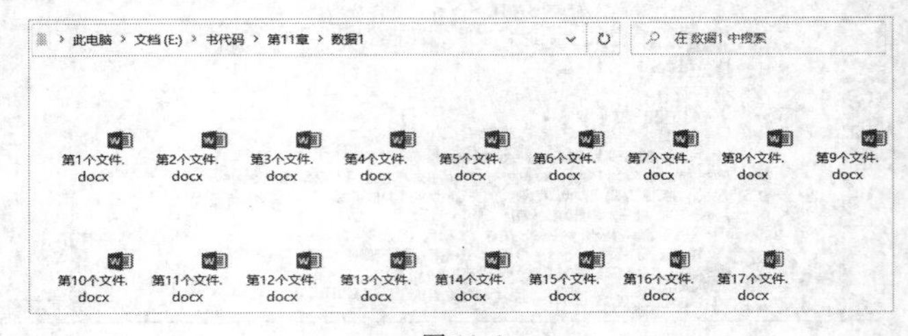

图 11-6

11.2.2 获取文件段落对象

要获取文件中的段落对象，可以使用文件对象中的paragraphs属性。其使用形式如下：

```
文件对象.paragraphs
```

返回值：以列表的形式返回文件对象中的全部段落对象。

示例代码（读取“第1章初识Python.docx”文件）：

```
01 import docx
02 docD = docx.Document('第1章初识Python.docx')
03 print(docD.paragraphs,len(docD.paragraphs))
```

第2行代码打开文件并将获取到的文件对象赋值给变量docD。

第3行代码获取文件的段落对象并检测段落对象的个数。

代码执行结果：

```
[<docx.text.paragraph.Paragraph object at 0x0000020B8C746108>, <docx.text.paragraph.Paragraph
object at 0x0000020B8C746388>, <docx.text.paragraph.Paragraph object at 0x0000020B8C746248>,
..., <docx.text.paragraph.Paragraph object at 0x0000020B8C734F88>] 23
```

列表中的每一个元素都为一个段落对象，段落对象中包含数据类型信息docx.text.paragraph.Paragraph，且标记了每个段落对象的位置，便于后期找到对应段落，例如0x0000020B8C746248。最后输出的23表明“第1章初识Python.docx”文件中一共有23个段落。

在段落对象中使用text属性可以获取该段落的内容。其使用形式如下：

```
文件对象.段落对象[i].text
```

参数i：指定文件中的段落，数据类型为整数类型，起始值为0表示第1段。

示例代码：

```
01 import docx
02 docD = docx.Document('第1章初识Python.docx')
03 print(docD.paragraphs[9].text)
```

第3行代码获取了第10段的内容，因此执行代码后将输出第10段的文本信息。

代码执行结果：

python语言由荷兰计算机程序员Guido van Rossum（吉多· 范· 罗苏姆）于1989年设计开发，到2000年10月python 2.0发布之后，python开始被广泛地应用。

11.2.3 获取 run 对象

run是段落中的最小单位，当段落中的内容有多个样式时，相同样式的文字为一个run。例如在图11-5所示的文档中，1.1.1小节的第2段内容一共包含3个样式，其中开头部分的内容“从计算机诞生到目前一共出现过600多种编程语言，但常常被使用的编程语言有C语言、C++、Java语言、Python语言等几十种。”的字体格式为加粗，中间部分的内容为正文样式，最后部分的内容“因此想要顺利地使用某一种编程语言，首先需要学习该编程语言的语法结构及函数。”的字体格式为倾斜。因此该段落会被划分为3个run，由于数字、汉字和字符会被区分为不同的样式，导致最终的run个数会大于3。当获取到run对象时即可对各个run对象的信息进行独立操作。

获取run对象的使用形式如下：

```
文件对象.段落对象[i].runs
```

runs表示获取整个段落中的全部run对象并以列表的形式返回。

示例代码：

```
01 import docx
02 docD = docx.Document('第1章初识Python.docx')
03 print(docD.paragraphs[6].runs)
```

第3行代码将获取第7段中的所有run对象。

代码执行结果：

```
[<docx.text.run.Run object at 0x000001D6942652C8>, <docx.text.run.Run object at 0x000001D694265448>, <docx.text.run.Run object at 0x000001D694265388>, <docx.text.run.Run object at 0x000001D694265588>, <docx.text.run.Run object at 0x000001D694265788>, <docx.text.run.Run object at 0x000001D6942653C8>]
```

一共包含6个run对象，表明第7段的内容被划分为了6个不同的样式。其中每一个run对象中都包含数据类型信息docx.text.run.Run，且标记了run对象的位置。

当需要获取某个run对象中的信息时，可以使用text属性。其使用形式如下：

```
文件对象.段落对象[i].runs[j].text
```

其中j表示runs列表中的第j+1个run对象。

示例代码：

```
01 import docx
02 docD = docx.Document('第1章初识Python.docx')
03 print(docD.paragraphs[6].runs[0].text)
```

第3行代码将获取第7段中的第1个run对象中的信息，执行代码后会输出此部分的文本内容。

代码执行结果：

```
从计算机诞生到目前大约出现过数千种编程语言，其中常用的有
```

python-docx库在解析Word文件时，是按从大到小的顺序将文件划分为3个层次来进行解析的，即文档、段落、run。本书接下来将按照从最小单元run模块到段落，再到文档的顺序依次进行介绍。

11.3 run 模块

python-docx库的text模块下的run.py文件中存在一个类Run，它包含run模块中的所有可操作方法，本节将介绍其中常用的几种方法。

类Run的简洁定义：

```
class Run(Parented):      #位于库docx\text\run.py中，继承了父类Parented
    def add_break(self, break_type=WD_BREAK.LINE): ...#在run模块中添加一个分隔符
    def add_picture(self, image_path_or_stream, width=None, height=None): ...
    #在run模块中添加一张图片
    def add_tab(self): ...#在run模块中添加一个制表符，即按一次Tab键
    def add_text(self, text): ...#在run模块中添加新的文本内容
    def bold(self): ...#设置run模块中的字体是否加粗
    def bold(self, value): ...#设置run模块中的字体加粗
    def clear(self): ...#删除run模块中的内容
    def font(self): ...#获取run模块中的字符格式属性
    def italic(self): ...#获取run模块的倾斜值
    def italic(self, value): ...#设置run模块的字体倾斜
    def style(self): ...#返回run模块的样式
    def style(self, style_or_name): ...#设置run模块的样式
```

```
    def text(self): ...#获取run模板的文本信息
    def text(self, text): ...#设置run模板的文本信息
    def underline(self): ...#设置run模块是否具有下画线
    def underline(self, value): ... #设置下画线
```

11.3.1 添加分隔符

在Word软件中，可以通过菜单栏“布局”菜单下的“分隔符”实现插入分页符、分节符等，如图11-7所示。

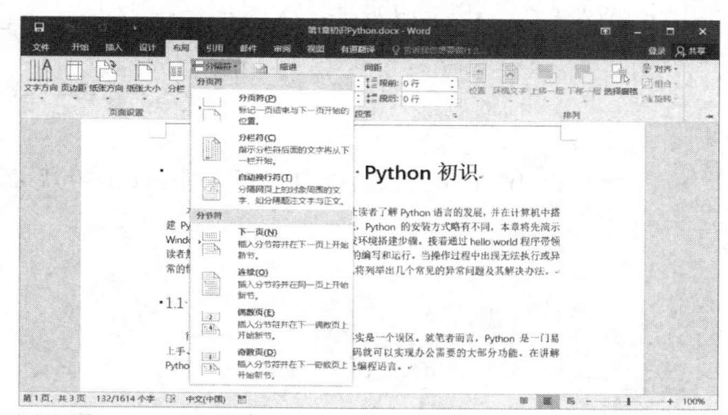

图 11-7

在python-docx库中也存在提供类似功能的方法，例如类Run中的add_break()方法可用于在run语句后面添加分隔符。其使用形式如下：

```
add_break(break_type=WD_BREAK.LINE)
```

参数break_type：表示添加在run语句后面的分隔符类型，默认值为WD_BREAK.LINE，表示换行符，参数的值被定义在库docx\enum\text.py文件的类WD_BREAK中。

类WD_BREAK的简洁定义：

```
class WD_BREAK_TYPE(object):     #位于库docx\enum\text.py中
    COLUMN = 8                   #插入点处的分栏符
    LINE = 6                     #换行符
    LINE_CLEAR_LEFT = 9          #换行符
    LINE_CLEAR_RIGHT = 10        #换行符
    LINE_CLEAR_ALL = 11          #换行符
    PAGE = 7                     #插入点处的分页符
    SECTION_CONTINUOUS = 3       #新节不包含相应分页符
    SECTION_EVEN_PAGE = 4        #从下一偶数页插入分节符
    SECTION_NEXT_PAGE = 2        #分节符在下一页
    SECTION_ODD_PAGE = 5         #从下一奇数页插入分节符
    TEXT_WRAPPING = 11           #结束当前行，并强制文字在图片、表格或其他项目的下方继续衔接
WD_BREAK = WD_BREAK_TYPE         #赋予类WD_BREAK_TYPE一个别名为WD_BREAK
```

在参数中输入值之前需要通过import导入类WD_BREAK（类WD_BREAK_TYPE的别名）。

示例代码（在Word文件中插入换行符、分页符和分栏符）：

```
01 import docx
02 from docx.enum.text import WD_BREAK
03 docD = docx.Document('第1章初识Python.docx')
04 docD.paragraphs[6].runs[0].add_break(break_type=WD_BREAK.LINE)
05 docD.paragraphs[6].runs[1].add_break(break_type=WD_BREAK.PAGE)
06 docD.paragraphs[6].runs[2].add_break(break_type=WD_BREAK.COLUMN)
07 docD.save('新第1章初识Python.docx')
```

第4～6行代码分别在第7段的第1个run语句后面添加了一个换行符，在第2个run语句后面添加了一个分页符，在第3个run语句后面添加一个分栏符。

执行代码后打开“新第1章初识Python.docx”文件，其文档显示效果如图11-8所示。为了便于观察插入的分隔符，读者可以在Word中打开“显示编辑标记”功能（单击图中标注框里的按钮）。

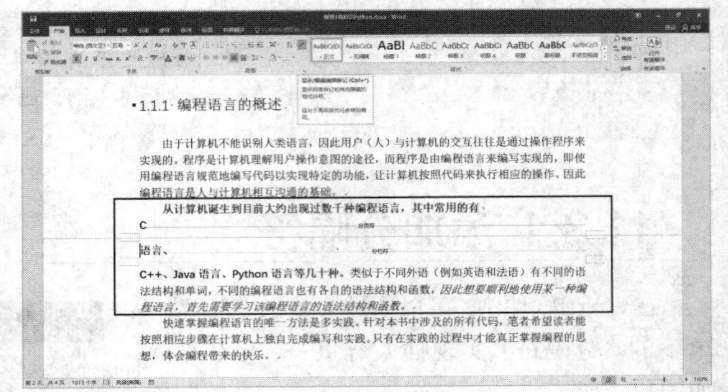

图 11-8

在run模块中使用add_tab()方法即可实现在run语句后面添加一个制表符。

示例代码：

```
01 import docx
02 docD = docx.Document('第1章初识Python.docx')
03 docD.paragraphs[6].runs[0].add_tab()
04 docD.save('新第1章初识Python.docx')
```

第3行代码在第7段的第1个run语句后添加了制表符，执行代码后打开“新第1章初识Python.docx”文件，其文档显示效果如图11-9所示。

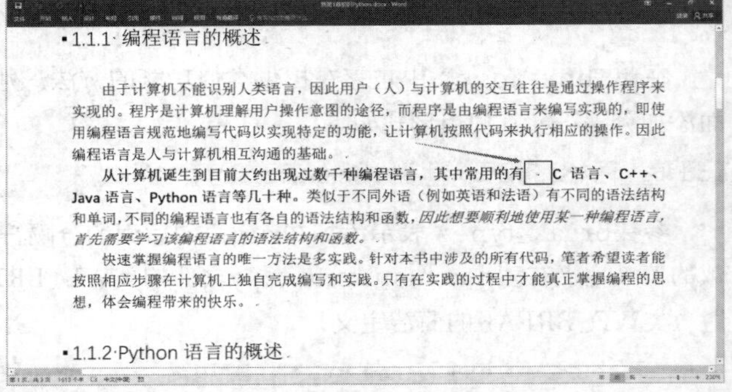

图 11-9

11.3.2 获取和修改 run 语句

类Run中的text()、add_text()和clear()方法可用于在run模块中获取信息、添加信息和清除信息。

• text() 方法

text()方法可用于获取run语句中的文字信息和修改文字。其使用形式如下：

```
run对象.text()
```

示例代码：

```
01 import docx
02 docD = docx.Document('第1章初识Python.docx')
03 a = docD.paragraphs[6].runs[0].text
04 print(a)
05 docD.paragraphs[6].runs[0].text = '替换为新的内容'
06 docD.save('新第1章初识Python.docx')
```

第3行代码获取第7段中第1个run语句的内容，并通过第4行代码输出。

第5行代码将第7段中第1个run语句的内容修改为“替换为新的内容”。

代码执行结果：

```
从计算机诞生到目前大约出现过数千种编程语言，其中常用的有
```

此时“新第1章初识Python.docx”文件中被修改的内容如图11-10的②处所示。

- **add_text() 方法**

add_text()方法用于在某run语句中追加新内容。其使用形式如下：

```
run对象.add_text(text)
```

参数text：表示需要追加的新内容，数据类型为字符串类型。

示例代码：

```
01 import docx
02 docD = docx.Document('新第1章初识Python.docx')
03 docD.paragraphs[6].runs[5].add_text('重点内容')
04 docD.save('新第1章初识Python.docx')
```

第3行代码用于在“新第1章初识Python.docx”文件中第7段的第6个run语句后面追加文字“重点内容”。执行代码后读者可打开“新第1章初识Python.docx”文件，修改后的效果如图11-10的③处所示。

- **clear() 方法**

clear()方法用于实现删除run语句。其使用形式如下：

```
run对象.clear()
```

示例代码：

```
01 import docx
02 docD = docx.Document('新第1章初识Python.docx')
03 docD.paragraphs[2].runs[0].clear()
04 docD.save('新第1章初识Python.docx')
```

第3行代码将文档第3段的第1个run语句删除，执行代码后打开“新第1章初识Python.docx”文件，删除后的效果如图11-10的①处所示。

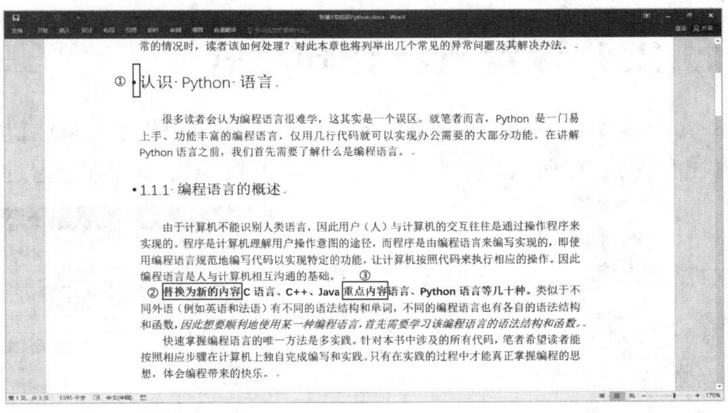

图 11-10

11.3.3 插入图片

在run语句的末尾插入图片可以使用add_picture()方法来实现。其使用形式如下：

```
run对象.add_picture(image_path_or_stream, width=None, height=None)
```

参数image_path_or_stream：表示图片的path，包含路径和文件名，其数据类型为字符串类型。

参数width：指定图片的宽度值，数据类型为数值类型（整数类型或浮点数类型皆可）。

参数height：指定图片的高度值，数据类型为数值类型（整数类型或浮点数类型皆可）。

当width和height都没有填入参数时，默认使用图片的原始大小。当只填入了其中一个参数时，另一个参数会按给定的尺寸比例自动缩放。参数值的单位为Emu（English Metric Unit，英语公制单位），转换为Cm（厘米）即1Cm=360000Emu，如果需要修改长度单位，可以参考11.3.4小节中的长度单位。

示例代码：

```
01 import docx
02 docD = docx.Document('第1章初识Python.docx')
03 docD.paragraphs[2].runs[0].add_picture('Excel图标.png',width=360000)
04 docD.save('新第1章初识Python.docx')
```

第3行代码在文档第3段的第1个run语句后面插入图片'Excel图标.png'（读者可插入自己计算机中的任意一张图片，注意相对路径和绝对路径的区别），并设置图片的宽度为360000Emu（即1Cm）。

执行代码后打开“新第1章初识Python.docx”文件即可观察到插入图片的效果，如图11-11所示。

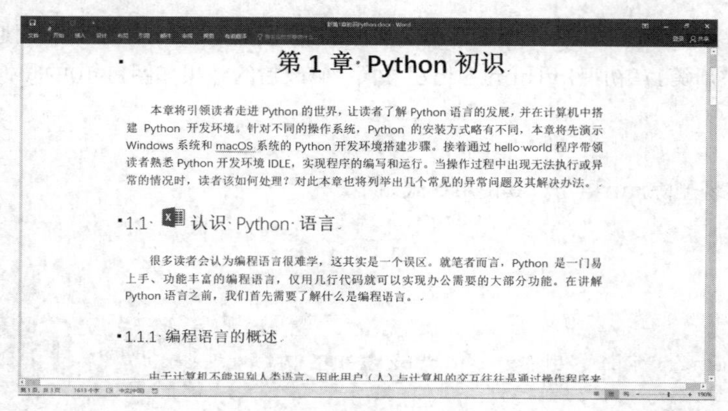
第 1 章 Python 初识

本章将引领读者走进 Python 的世界，让读者了解 Python 语言的发展，并在计算机中搭建 Python 开发环境。针对不同的操作系统，Python 的安装方式略有不同，本章将先演示 Windows 系统和 macOS 系统的 Python 开发环境搭建步骤。接着通过 hello world 程序带领读者熟悉 Python 开发环境 IDLE，实现程序的编写和运行。当操作过程中出现无法执行或异常的情况时，读者该如何处理？对此本章也将列举出几个常见的异常问题及其解决办法。

1.1 认识 Python 语言

很多读者会认为编程语言很难学，这其实是一个误区。就笔者而言，Python 是一门易上手、功能丰富的编程语言，仅用几行代码就可以实现办公需要的大部分功能。在讲解 Python 语言之前，我们首先需要了解什么是编程语言。

1.1.1 编程语言的概述

图 11-11

11.3.4 设置 run 语句格式

本小节主要介绍如何使用代码设置run语句的格式，读者也可以在Word的“字体”对话框中设置字体格式，如图11-12所示，这两种方法的效果基本一致，读者在学习过程中可以与Word软件中的字体设置相对照。

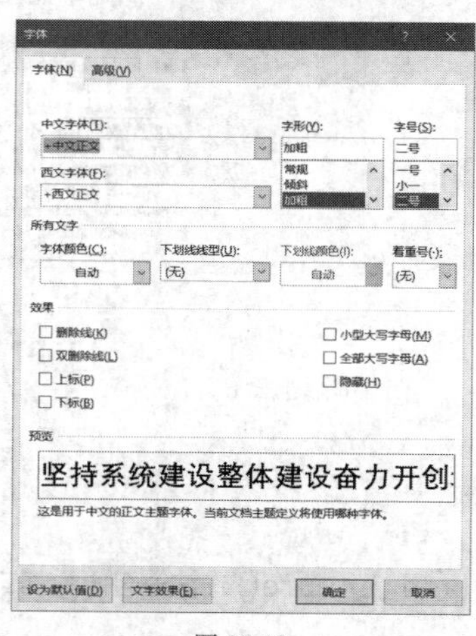

图 11-12

类Run中的bold、italic、underline用于设置run语句的格式为加粗、倾斜、具有下画线。其使用形式如下：

```
run对象.bold = 布尔值
```

值为True时，设置run语句加粗；值为False时，设置run语句不加粗。

```
run对象.italic = 布尔值
```

值为True时，设置run语句倾斜；值为False时，设置run语句不倾斜。

```
run对象.underline = 布尔值
```

值为True时，设置run语句具有下画线；值为False时，设置run语句不添加下画线。

示例代码：

```
01 import docx
02 docD = docx.Document('第1章初识python-docx.docx')
03 docD.paragraphs[6].runs[0].bold = False
04 docD.paragraphs[6].runs[0].italic = True
05 docD.paragraphs[6].runs[0].underline = True
06 docD.save('新第1章初识python-docx.docx')
```

第3～5行代码分别对文档第7段的第1个run语句进行了取消加粗、字体倾斜和添加下画线的设置。

执行代码后打开“新第1章初识python-docx.docx”文件，其文档显示效果如图11-13所示。

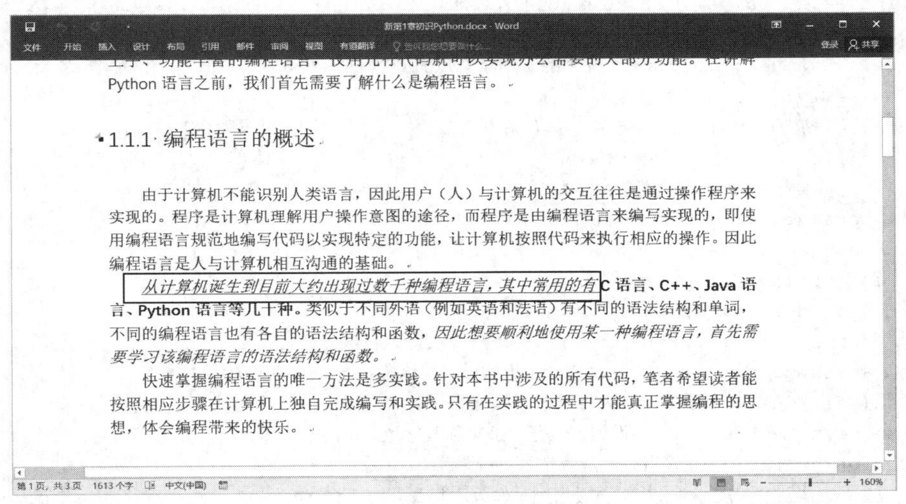

图 11-13

当需要对run语句中的字体进行进一步的设置时，可以使用类Run中的font()方法，font()方法关联了类Font，而类Font中含有大量与字体设置相关的方法，因此可以通过font()方法直接调用类Font中的所有方法。

类Font的简洁定义：

```
class Font(ElementProxy):      #位于库docx\text\font.py中，继承了父类ElementProxy
    def all_caps(self): ...#设置字母是否以大写形式显示
    def all_caps(self, value): ...#设置字母以大写形式显示
    def bold(self): ...#设置字体是否加粗
    def bold(self, value): ...#设置字体加粗
    def color(self): ...#设置字体颜色ColorFormat对象，类ColorFormat位于库docx\dml\color.py中
    def complex_script(self): ...#设置run中的字符是否被视为复杂的脚本
    def complex_script(self, value): ...#设置run中的字符被视为复杂的脚本
    def cs_bold(self): ...#设置run中复杂的脚本字符是否以粗体显示
    def cs_bold(self, value): ...#设置run中复杂的脚本字符以粗体显示
    def cs_italic(self): ...#设置run中的复杂脚本字符是否以斜体显示
    def cs_italic(self, value): ...#设置run中的复杂脚本字符以斜体显示
    def double_strike(self): ...#设置run中的文本是否有双删除线
    def double_strike(self, value): ...#设置run中的文本有双删除线
    def emboss(self): ...#设置字体是否为浮雕
```

```
    def emboss(self, value): ...#设置字体为浮雕
    def hidden(self): ...#设置文本是否隐藏
    def hidden(self, value): ...#设置文本隐藏
    def highlight_color(self): ...#设置文本是否高亮
    def highlight_color(self, value): ...#设置文本高亮
    def italic(self): ...#设置字体是否为斜体
    def italic(self, value): ...#设置字体为斜体
    def imprint(self): ...#设置run中的文本是否具有印记
    def imprint(self, value): ...#设置run中的文本具有印记
    def math(self): ...#获取是否为公式
    def math(self, value): ...#设置是否为公式
    def name(self): ...#获取字体名
    def name(self, value): ...#设置字体名
    def no_proof(self): ...#设置是否具有语法报错
    def no_proof(self, value): ...#设置具有语法报错
    def outline(self): ...#获取run的外边框
    def outline(self, value): ...#设置run的外边框
    def rtl(self): ...#设置是否使运行中的文本具有从右到左的特征
    def rtl(self, value): ...#设置运行中的文本具有从右到左的特征
    def shadow(self): ...#设置字体是否有阴影
    def shadow(self, value): ...#设置字体有阴影
    def size(self):    ...#获取字体的大小
    def size(self, emu): ...#设置字体的大小
    def small_caps(self): ...#设置是否将小写字母显示为大写字母
    def small_caps(self, value): ...#设置将小写字母显示为大写字母
    def snap_to_grid(self): ...#设置是否对齐网格
    def snap_to_grid(self, value): ...#设置对齐网格
    def spec_vanish(self): ...#设置run是否应该始终表现为隐藏的
    def spec_vanish(self, value):      ...#设置run应该始终表现为隐藏的
    def strike(self): ...#设置run是否有一条删除线穿过run的中心
    def strike(self, value): ...#设置run有一条删除线穿过run的中心
    def subscript(self): ...#设置run是否作为下标显示
    def subscript(self, value): ...#设置run作为下标显示
    def superscript(self): ...#设置run是否作为上标显示
    def superscript(self, value): ...#设置run作为上标显示
    def underline(self): ...#设置run文本是否有下画线
    def underline(self, value): ...#设置run文本有下画线
    def web_hidden(self): ...#设置run是否为隐蔽网络
    def web_hidden(self, value): ...#设置run为隐蔽网络
```

类Font中的bold()、italic()、underline()方法与类Run中相应方法的效果相同。接下来介绍类Font中常用的几种字体设置方法，更多内容可以查阅python-docx库的text模块下的font.py文件。

- **设置字母大小写**

类Font中的all_caps()或small_caps()方法可实现设置字母的大小写，其中all_caps()方法的使用形式如下：

```
run对象.all_caps = 布尔值
```

当值为True时设置run语句中的字母为大写，当值为False时则不设置run语句中的字母为大写。small_caps()方法的使用形式与all_caps()方法相似，读者可以自行尝试。

注意

run语句的开头必须为字母，如果为汉字或其他符号，代码将不生效。

示例代码（设置字母的大小写）：

```
01 import docx
02 docD = docx.Document('第1章初识Python.docx')
03 run2 = docD.paragraphs[6].runs[5]
04 run2.font.all_caps = True
05 docD.save('新第1章初识Python.docx')
```

第4行代码将文档第7段的第4个run语句的字母设置为大写，执行代码后的显示效果如图11-14的标注框处所示，分别将Java、Python转换为了大写的JAVA和PYTHON。

图 11-14

- **设置上下标**

类Font中的superscript()和subscript()用于设置上标或下标，其中superscript()的使用形式如下：

```
run对象.superscript = 布尔值
```

当值为True时设置run语句中的文字为上标状态，当值为False时则不设置run语句中的文字为上标状态。subscript()方法的使用形式与superscript()方法相似，读者可自行尝试。

示例代码（设置上标与下标）：

```
01 import docx
02 docD = docx.Document('第1章初识python-docx.docx')
03 docD.paragraphs[6].runs[0].font.subscript = True
04 docD.paragraphs[6].runs[1].font.superscript = True
05 docD.save('新第1章初识python-docx.docx')
```

第3、4行代码分别使用subscript()和superscript()方法设置文档第7段的第1个run语句格式为下标，第7段的第2个run语句格式为上标。

执行代码后打开“新第1章初识python-docx.docx”文件，其文档显示效果如图11-15所示的标注框处。

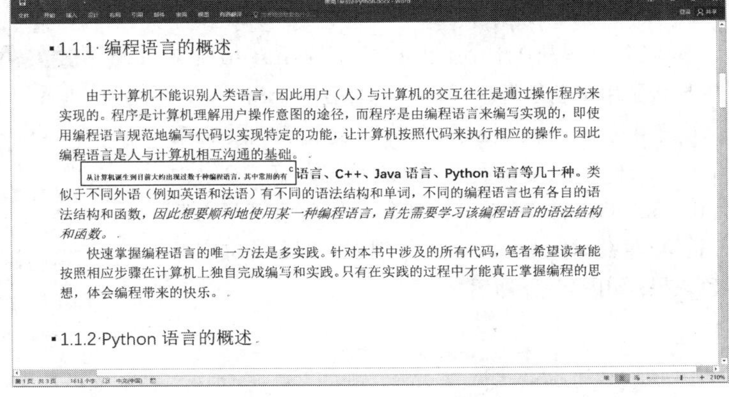

图 11-15

- **设置字体颜色**

如果需要对run语句中的文字进行字体颜色设置，可以使用类Font中的color()方法，color()方法关联了用于创建颜色格式对象的类ColorFormat。

类ColorFormat的简洁定义：

```
class ColorFormat(ElementProxy):    #位于库docx\dml\color.py中，继承了父类ElementProxy
    def rgb(self): ...#获取RGB颜色
    def rgb(self, value): ...#设置RGB颜色
    def theme_color(self): ...#获取主题颜色
    def theme_color(self, value): ...#设置主题颜色
    def type(self): ...#获取颜色的定义方式
```

类ColorFormat中有3种方法可用于创建颜色对象，分别是rgb、theme、auto，这与Word软件中的字体颜色设置基本一致，如图11-16所示。本书主要演示rgb的使用方法，关于其他颜色使用方法的详细内容，读者可以在python-docx库的dml模块下的color.py文件中进行查阅。

rgb的使用形式如下：

```
run对象.color.rgb = 颜色对象
```

颜色对象：由于color使用rgb()方法，因此还需要用到RGB颜色对象。RGB颜色对象需要从python-docx库下的shared模块中导入RGBColor类来创建。其使用形式如下：

```
RGBColor(r,g,b)
```

参数r：表示红色值，数据类型为整数类型。

参数g：表示绿色值，数据类型为整数类型。

参数b：表示蓝色值，数据类型为整数类型。

参数r、g、b的设置与Word软件中的颜色自定义设置相同，在Word软件中选择图11-16所示的“其他颜色”即可进入图11-17所示的“颜色”对话框。更多关于颜色值的信息，读者可参考本书附录中的“常见颜色码对照表”。

图 11-16

图 11-17

示例代码（设置字体颜色）：

```
01 import docx
02 from docx.shared import RGBColor
03 docD = docx.Document('第1章初识Python.docx')
04 docD.paragraphs[6].runs[0].font.color.rgb = RGBColor(255,25,112)
05 docD.save('新第1章初识Python.docx')
```

第2行代码从Python-docx库下的shared模块中导入了用于创建颜色对象的类RGBColor。

第4行代码使用rgb方法对文档第7段的第1个run模块内容进行字体颜色设置，RGB值为(R:255, G:25, B:112)。执行代码后可打开文件“新第1章初识Python.docx”观察此部分的文字颜色效果，如图11-18所示。

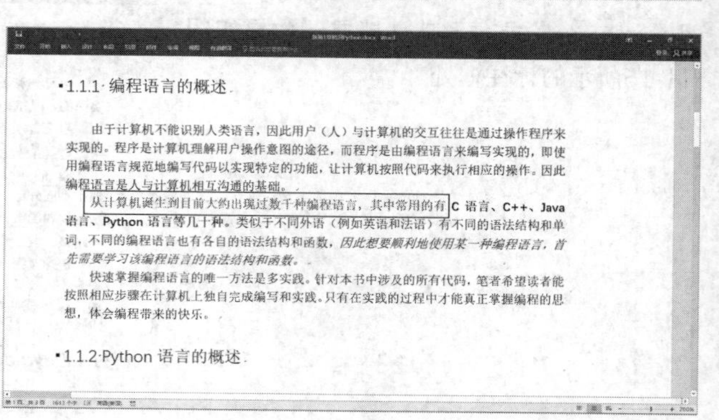
1.1.1 编程语言的概述

由于计算机不能识别人类语言，因此用户（人）与计算机的交互往往是通过操作程序来实现的。程序是计算机理解用户操作意图的途径，而程序是由编程语言来编写实现的，即使用编程语言规范地编写代码以实现特定的功能，让计算机按照代码来执行相应的操作。因此编程语言是人与计算机相互沟通的基础。

从计算机诞生到目前大约出现过数千种编程语言，其中常用的有C 语言、C++、Java 语言、Python 语言等几十种。类似于不同外语（例如英语和法语）有不同的语法结构和单词，不同的编程语言也有各自的语法结构和函数，因此想要顺利地使用某一种编程语言，首先需要学习该编程语言的语法结构和函数。

快速掌握编程语言的唯一方法是多实践。针对本书中涉及的所有代码，笔者希望读者能按照相应步骤在计算机上独自完成编写和实践。只有在实践的过程中才能真正掌握编程的思想，体会编程带来的快乐。

1.1.2 Python 语言的概述

图 11-18

- **添加删除线**

删除线包含单删除线和双删除线，当需要给run语句中的文字添加删除线时，可以使用strike（单删除线）或double_strike（双删除线）方法。其使用形式如下：

```
run对象.font.strike = bool
run对象.font.double_strike = bool
```

当值为True时，表示添加删除线。当值为False时，表示不添加删除线。

示例代码（添加删除线）：

```
01 import docx
02 docD = docx.Document('第1章初识Python.docx')
03 docD.paragraphs[6].runs[0].font.strike = True
04 docD.paragraphs[6].runs[3].font.double_strike = True
05 docD.save('新第1章初识Python.docx')
```

第3行代码为文档第7段的第1个run语句添加了单删除线。

第4行代码为文档第7段的第4个run语句添加了双删除线。

执行代码后打开“新第1章初识Python.docx”文件可观察删除线效果，如图11-19所示。

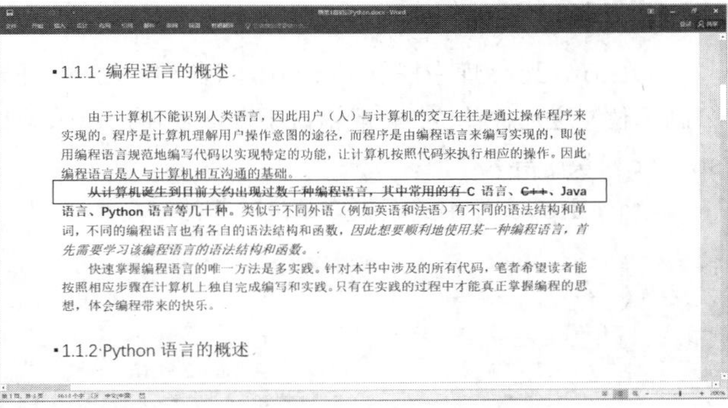

图 11-19

- **隐藏 run 语句内容**

在类Font中使用hidden方法可以实现隐藏run语句内容。其使用形式如下：

```
run对象.font.hidden = bool
```

当值为True时，表示隐藏run语句内容。当值为False时，表示显示run语句内容。

示例代码：

```
01 import docx
02 docD = docx.Document('第1章初识Python.docx')
03 docD.paragraphs[6].runs[3].font.hidden = True
04 docD.save('新第1章初识Python.docx')
```

第3行代码将文档第7段的第4个run语句内容设置为隐藏。

执行代码后打开“新第1章初识Python.docx”文件可以观察文档显示效果，如图11-20所示，“C++”被隐藏了。因此当读者遇到打印出来的文件中出现了电子版文件中没有显示过的信息时，可以检查是否设置了隐藏。

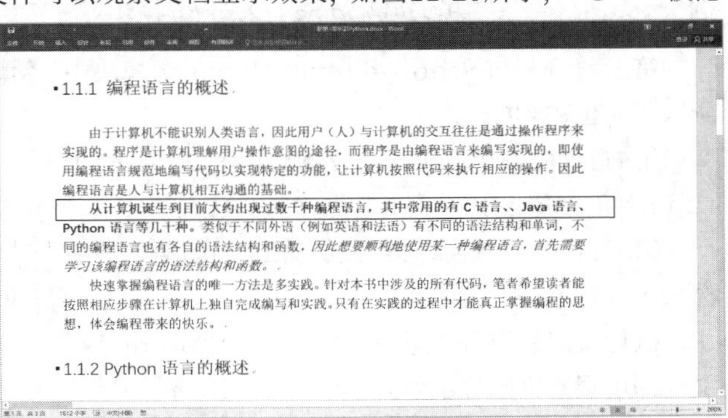

图 11-20

- **设置字体大小**

当需要给不同run语句中的字体设置不同大小时，可以使用size来实现。其使用形式如下：

```
run对象.font.size = 长度对象
```

长度对象的单位默认为Emu。

示例代码：

```
01 import docx
02 docD = docx.Document('第1章初识Python.docx')
03 docD.paragraphs[2].runs[0].font.size = 360000
04 docD.save('新第1章初识Python.docx')
```

第3行代码设置第3段中的第1个run语句的字体大小为1Cm。执行代码后打开“新第1章初识Python.docx”文件可以观察效果。

- **设置长度单位**

python-docx库中提供了Inches（英寸）、Cm（厘米）、Mm（毫米）、Pt（磅）、Twips（缇）、Emu（英语公制单位）这几种单位，一般情况下默认使用Emu单位，如果需要使用其他单位可以从Python-docx库下的shared模块中导入。

shared.py文件中关于长度单位的简洁定义：

```
class Length(int):      #位于库docx\shared.py中
    _EMUS_PER_INCH = 914400    #1Inch=914400Emu
    _EMUS_PER_CM = 360000      #1Cm=360000Emu
    _EMUS_PER_MM = 36000       #1Mm=36000Emu
    _EMUS_PER_PT = 12700       #1Pt=12700Emu
    _EMUS_PER_TWIP = 635       #1Twip=635Emu
class Cm(Length):...           #厘米
class Emu(Length):...          #英语公制单位
class Inches(Length):...       #英寸
class Mm(Length):...           #毫米
class Pt(Length):...           #磅
class Twips(Length):...        #缇
```

示例代码（设置字体的长度单位）：

```
01 import docx
02 from docx.shared import Pt,Cm
03 docD = docx.Document('第1章初识Python.docx')
04 docD.paragraphs[6].runs[0].font.size = Pt(18)
05 docD.paragraphs[6].runs[1].font.size = Cm(2)
06 docD.save('新第1章初识Python.docx')
```

第2行代码从Python-docx库的shared模块中导入了单位Pt和Cm。

第4行代码使用size方法设置文档第7段的第1个run语句的字体大小为18Pt。

第5行代码设置文档第7段的第2个run语句的字体大小为2Cm。

执行代码后打开“新第1章初识Python.docx”文件即可观察文档显示效果，如图11-21所示。

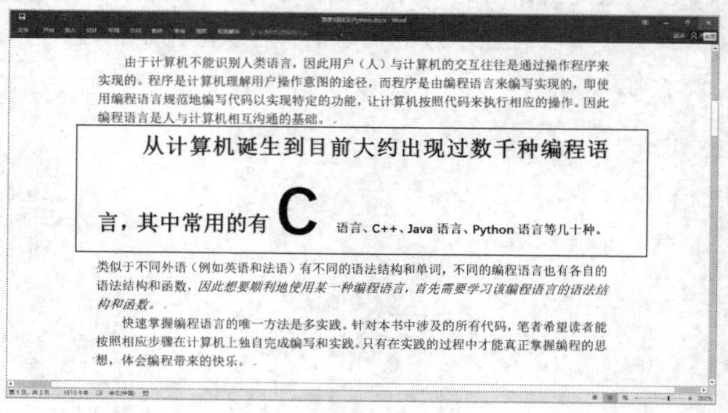

由于计算机不能识别人类语言，因此用户（人）与计算机的交互往往是通过操作程序来实现的。程序是计算机理解用户操作意图的途径，而程序是由编程语言来编写实现的，即使用编程语言规范地编写代码以实现特定的功能，让计算机按照代码来执行相应的操作。因此编程语言是人与计算机相互沟通的基础。

从计算机诞生到目前大约出现过数千种编程语言，其中常用的有 C 语言、C++、Java 语言、Python 语言等几十种。

类似于不同外语（例如英语和法语）有不同的语法结构和单词，不同的编程语言也有各自的语法结构和函数，*因此想要顺利地使用某一种编程语言，首先需要学习该编程语言的语法结构和函数*。

快速掌握编程语言的唯一方法是多实践。针对本书中涉及的所有代码，笔者希望读者能按照相应步骤在计算机上独自完成编写和实践。只有在实践的过程中才能真正掌握编程的思想，体会编程带来的快乐。

图 11-21

• 设置字体名

类Font中的name用于设置字体名。其使用形式如下：

```
run对象.font.name = 字体名
```

字体名为西文字体的名称，例如Times New Roman。由于python-docx库并没有直接考虑到其他国家和地区的编码字体，所以字体名不能直接输入中文，但可以通过以下形式对字体名进行设置：

```
run对象._element.rPr.rFonts.set(qn('w:eastAsia'), '中文字体名')
```

在参数'中文字体名'处可填入中文的字体名，例如'幼圆'、'宋体'等。run支持的中文字体与Word软件中支持的中文字体基本一致，如图11-22所示。

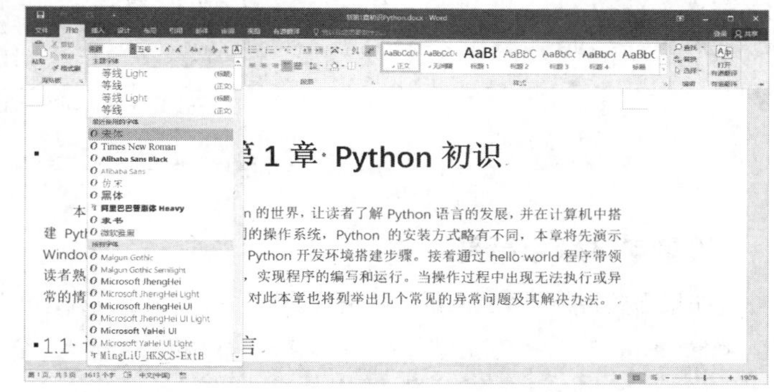

图 11-22

示例代码（给文字设置不同的字体）：

```
01 import docx
02 from docx.oxml.ns import qn
03 docD = docx.Document('第1章初识Python.docx')
04 docD.paragraphs[2].runs[0].font.name = 'Times New Roman'
05 docD.paragraphs[6].runs[0]._element.rPr.rFonts.set(qn('w:eastAsia'), '黑体')
06 docD.save('新第1章初识Python.docx')
```

第4行代码设置第3段的第1个run语句的字体为'Times New Roman'。

第5行代码设置第7段的第3个run语句的字体为黑体。其中可选择的字体名与Word中提供的字体名完全相同，即Word的“字体”下拉菜单中包含的字体名均可使用（但要注意需要区分中文和西文字体）。

执行代码后打开“新第1章初识Python.docx”文件，其显示效果如图11-23所示。

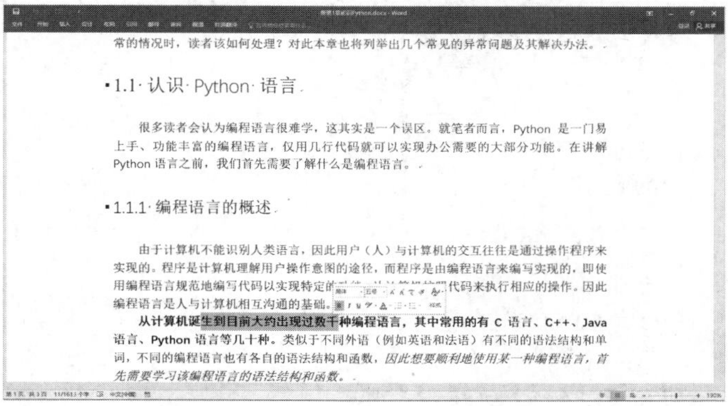

图 11-23

• 设置字体外边框

为每个字符增加一个外边框并镂空字符，会使显示的字符看起来像是有轮廓，类Font中提供的outline可实现此效果。其使用形式如下：

```
run对象.font.outline = bool
```

当值为True时表示设置字体外边框，当值为False时表示取消字体外边框。

示例代码：

```
01 import docx
02 docD = docx.Document('第1章初识Python.docx')
03 docD.paragraphs[6].runs[0].font.outline = True
04 docD.save('新第1章初识Python.docx')
```

第3行代码对第7段的第1个run语句设置了字体外边框。执行代码后打开“新第1章初识Python.docx”文件即可观察字体外边框的显示效果，如图11-24所示。

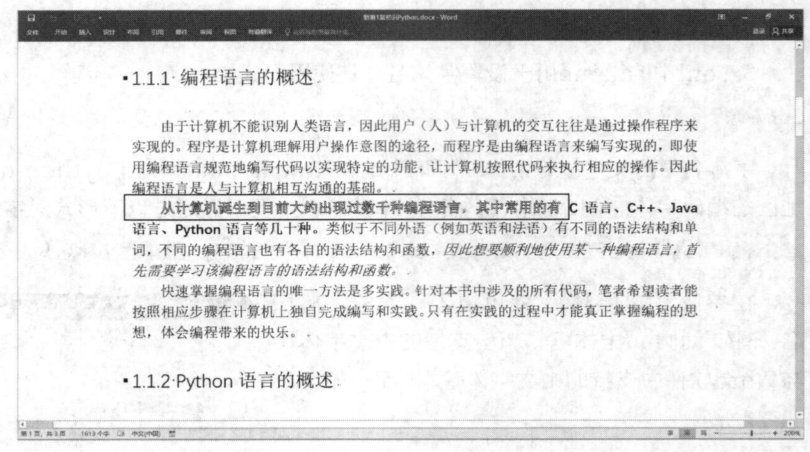

图 11-24

- **设置字体颜色高亮**

如果需要将某一个run语句的格式设置为字体颜色高亮，可以使用highlight_color方法。其使用形式如下：

```
run对象.font.highlight_color = 高亮颜色值对象
```

高亮颜色值对象由类WD_COLOR_INDEX创建，需要从docx\enum\text.py中导入类WD_COLOR_INDEX，该类中枚举了所有高亮颜色的值。

类WD_COLOR_INDEX的简洁定义：

```
class WD_COLOR_INDEX(XmlEnumeration):位于库docx\enum\text.py中，继承了父类XmlEnumeration
    AUTO                #自动配色，默认值通常为黑色
    BLACK               #黑色
    BLUE                #蓝色
    BRIGHT_GREEN        #鲜绿色
    DARK_BLUE           #深蓝色
    DARK_RED            #深红色
    DARK_YELLOW         #深黄色
    GRAY_25             #25%灰色底纹
    GRAY_50             #50%灰色底纹
    GREEN               #绿色
    PINK                #粉红色
    RED                 #红色
    TEAL                #青色
    TURQUOISE           #青绿色
    VIOLET              #紫色
    WHITE               #白色
    YELLOW              #黄色
```

示例代码（设置run语句内容的字体颜色高亮）：

```
01 import docx
02 from docx.enum.text import WD_COLOR_INDEX
03 docD = docx.Document('第1章初识Python.docx')
04 docD.paragraphs[6].runs[0].font.highlight_color = WD_COLOR_INDEX.GREEN
05 docD.save('新第1章初识Python.docx')
```

第2行代码导入了类WD_COLOR_INDEX。

第4行代码对第7段的第1个run语句设置了字体颜色高亮，高亮颜色值对象为GREEN（可替换为以上简洁定义的任何一个值）。

执行代码后打开“新第1章初识Python.docx”文件即可观察其显示效果，如图11-25所示。

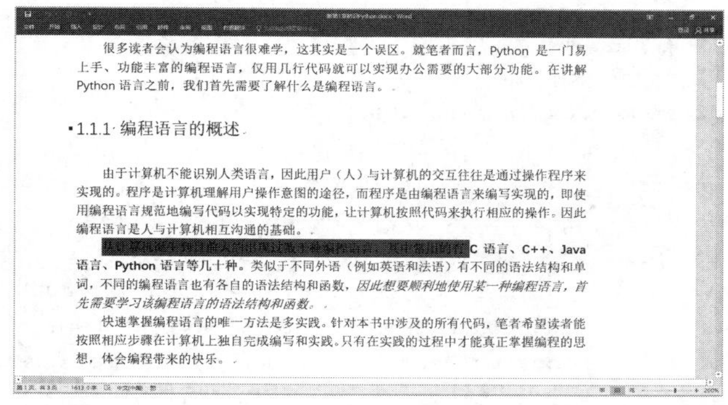

图 11-25

- **设置 run 语句内容为公式**

如果需要将run语句中的内容设置为公式，可以使用math方法。其使用形式如下：

```
run对象.font.math = bool
```

当值为True时表示设置当前run语句的内容为公式，当值为False时表示不设置内容为公式。

示例代码：

```
01 import docx
02 docD = docx.Document('第1章初识Python.docx')
03 docD.paragraphs[6].runs[1].add_text('+(9*8)+3-2*7')
04 docD.paragraphs[6].runs[1].font.math = True
05 docD.save('新第1章初识Python.docx')
```

第3行代码向文档第7段的第2个run语句末尾添加字符串信息'+(9*8)+3-2*7'。

第4行代码设置文档第7段的第2个run语句的内容为公式，默认将'+(9*8)+3-2*7'转换为公式。

执行代码后打开“新第1章初识Python.docx”文件，其文档显示效果如图11-26所示。

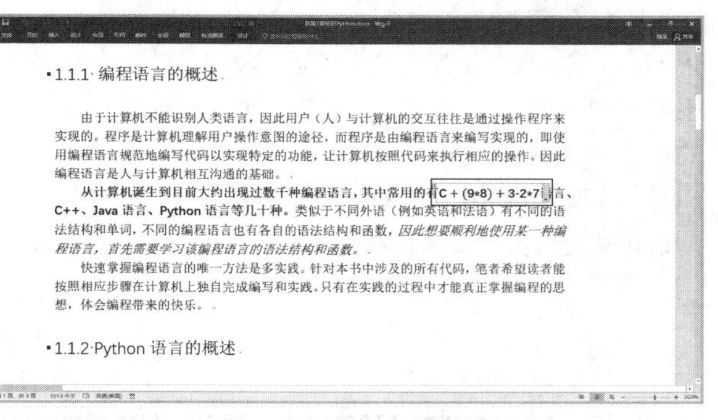

图 11-26

11.3.5 小项目案例：实现设置 run 语句格式

项目任务

设置“第1章初识Python.docx”文件的run语句格式，并将文件另存为“新第1章初识Python.docx”。

任务1：将全文的英文字母设置为Times New Roman字体，中文设置为宋体且字体大小为14Pt(即四号)。

任务2：当run语句的文字中出现“强”时，将此run语句设置为字体颜色高亮，颜色为50%灰色底纹。

项目实现步骤

步骤1，使用docx.Document()打开文件“第1章初识Python.docx”。

步骤2，使用for循环遍历文档段落，再嵌套for循环遍历run模块，同时使用len()函数检测run语句中的字符个数，使用if语句判断run语句中是否存在“强”。

项目实现代码

```
01 import docx
02 from docx.oxml.ns import qn
03 from docx.shared import Pt
04 from docx.enum.text import WD_COLOR_INDEX
05 doc = docx.Document('第1章初识Python.docx')
06 for i in range(len(doc.paragraphs)):
07     for j in range(len(doc.paragraphs[i].runs)):
08         doc.paragraphs[i].runs[j].font.name = 'Times New Roman'
09         doc.paragraphs[i].runs[j]._element.rPr.rFonts.set(qn('w:eastAsia'),'宋体')
10         doc.paragraphs[i].runs[j].font.size = Pt(14)
11         if '强' in doc.paragraphs[i].runs[j].text:
12             doc.paragraphs[i].runs[j].font.highlight_color = WD_COLOR_INDEX.GRAY_50
13 doc.save('新第1章初识Python.docx')
```

第6行代码使用for循环依次遍历文档中的段落，遍历的次数由len()函数检测出的文档中段落的个数决定。

第7行代码使用嵌套for循环依次遍历每个段落中的run模块，循环的次数由每个段落的run模块个数决定。

第8、9、10行代码对所有的run语句进行格式设置，即设置英文字母字体为'Times New Roman'，中文字体为宋体且字体大小为14Pt。

第11行代码使用if语句判断run语句中是否存在“强”，如果存在则执行第12行代码，设置该run语句的内容为字体颜色高亮，颜色为50%灰色底纹。

执行代码后打开“新第1章初识Python.docx”文件，其文档显示效果如图11-27所示。可以看到，文档中的中文字体被设置成了宋体且字号为四号（等效为14磅），正文中存在“强”的语句被设置为字体颜色高亮。

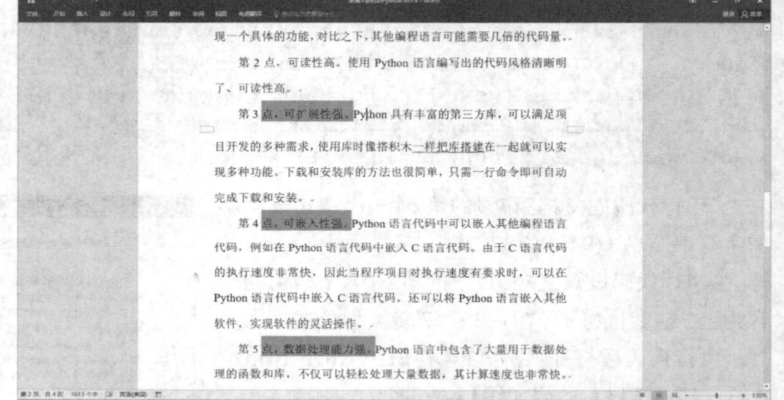

图 11-27

11.4 段落

本节开始对Word文件中段落层次的内容进行讲解。针对段落的设置方法可以在库docx\text\paragraph.py文件下的类Paragraph中获取。接下来将详细介绍其中几种常用方法，更多内容读者可以进入该文件进行阅读。本节介绍的内容与Word软件中的段落格式设置相对应，如图11-28所示，读者可以在学习过程中与Word软件中的段落格式设置进行一一对照。

类Paragraph的简洁定义：

```
class Paragraph(Parented):     #位于库docx\text\paragraph.py中，继承了父类Parented
    def add_run(self, text=None, style=None): ...#添加一个run模块
    def alignment(self): ...#获取段落对齐方式
    def alignment(self, value): ...#设置段落对齐方式
    def clear(self): ...#清除段落内容
    def insert_paragraph_before(self, text=None, style=None): ...#在段落前插入一个新段落
    def paragraph_format(self): ...#设置段落格式
```

```
def runs(self): ...#获取段落中的run模块集合并以列表的形式返回
def style(self): ...#获取段落的样式
def style(self, style_or_name): ...#设置段落的样式
def text(self): ...#获取段落的文本内容
def text(self, text): ...#设置段落的文本内容
```

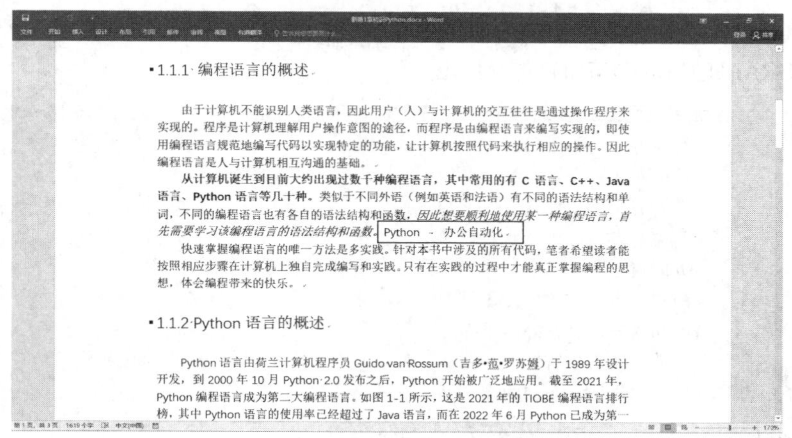

1.1.1 编程语言的概述

由于计算机不能识别人类语言，因此用户（人）与计算机的交互往往是通过操作程序来实现的。程序是计算机理解用户操作意图的途径，而程序是由编程语言来编写实现的，即使用编程语言规范地编写代码以实现特定的功能，让计算机按照代码来执行相应的操作。因此编程语言是人与计算机相互沟通的基础。

从计算机诞生到目前大约出现过数千种编程语言，其中常用的有 C 语言、C++、Java 语言、Python 语言等几十种。类似于不同外语（例如英语和法语）有不同的语法结构和单词，不同的编程语言也有各自的语法结构和函数，*因此想要顺利地使用某一种编程语言，首先需要学习该编程语言的语法结构和函数。*Python　办公自动化

快速掌握编程语言的唯一方法是多实践。针对本书中涉及的所有代码，笔者希望读者能按照相应步骤在计算机上独自完成编写和实践。只有在实践的过程中才能真正掌握编程的思想，体会编程带来的快乐。

1.1.2 Python 语言的概述

Python 语言由荷兰计算机程序员 Guido van Rossum（吉多•范•罗苏姆）于 1989 年设计开发，到 2000 年 10 月 Python 2.0 发布之后，Python 开始被广泛地应用。截至 2021 年，Python 编程语言成为第二大编程语言。如图 1-1 所示，这是 2021 年的 TIOBE 编程语言排行榜，其中 Python 语言的使用率已经超过了 Java 语言，而在 2022 年 6 月 Python 已成为第一

图 11-28

11.4.1 添加 run 模块

paragraph.py文件中的类Paragraph包含用于添加run模块的add_run()方法。其使用形式如下：

```
段落对象.add_run(text=None, style=None)
```

参数text：表示添加的run模块的内容，数据类型为字符串类型。

参数style：表示设置run模块的样式，值为样式对象（详见11.6节）。

示例代码：

```
01 import docx
02 docD = docx.Document('第1章初识Python.docx')
03 docD.paragraphs[6].add_run('Python\t办公自动化')
04 docD.save('新第1章初识Python.docx')
```

第3行代码用于在第7段中添加一个run模块，默认添加在段落中最后一个run模块后，其内容为'Python\t办公自动化'，字符串中的转义字符将会显示为一个制表符。执行代码后读者可观察到图11-29所示的效果。

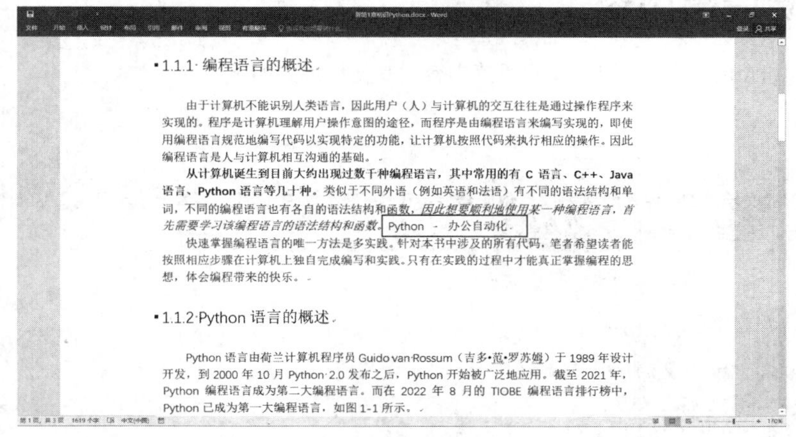

1.1.1 编程语言的概述

由于计算机不能识别人类语言，因此用户（人）与计算机的交互往往是通过操作程序来实现的。程序是计算机理解用户操作意图的途径，而程序是由编程语言来编写实现的，即使用编程语言规范地编写代码以实现特定的功能，让计算机按照代码来执行相应的操作。因此编程语言是人与计算机相互沟通的基础。

从计算机诞生到目前大约出现过数千种编程语言，其中常用的有 C 语言、C++、Java 语言、Python 语言等几十种。类似于不同外语（例如英语和法语）有不同的语法结构和单词，不同的编程语言也有各自的语法结构和函数，*因此想要顺利地使用某一种编程语言，首先需要学习该编程语言的语法结构和函数。*Python　办公自动化

快速掌握编程语言的唯一方法是多实践。针对本书中涉及的所有代码，笔者希望读者能按照相应步骤在计算机上独自完成编写和实践。只有在实践的过程中才能真正掌握编程的思想，体会编程带来的快乐。

1.1.2 Python 语言的概述

Python 语言由荷兰计算机程序员 Guido van Rossum（吉多•范•罗苏姆）于 1989 年设计开发，到 2000 年 10 月 Python 2.0 发布之后，Python 开始被广泛地应用。截至 2021 年，Python 编程语言成为第二大编程语言。而在 2022 年 8 月的 TIOBE 编程语言排行榜中，Python 已成为第一大编程语言，如图 1-1 所示。

图 11-29

11.4.2 设置段落对齐方式

设置段落对齐方式的方法为alignment。其使用形式如下：

```
段落对象.alignment = 对齐对象
```

对齐对象需要通过类WD_PARAGRAPH_ALIGNMENT创建，该类位于docx\enum\text.py中。

类WD_PARAGRAPH_ALIGNMENT的简洁定义：

```
class WD_PARAGRAPH_ALIGNMENT(XmlEnumeration):      #位于库docx\enum\text.py中
    LEFT ...            #左对齐
    CENTER ...          #居中对齐
    RIGHT ...           #右对齐
    JUSTIFY ...         #两端对齐
    DISTRIBUTE ...      #分散对齐
    JUSTIFY_MED ...     #两端对齐，字符中度压缩
    JUSTIFY_HI ...      #两端对齐，字符高度压缩
    JUSTIFY_LOW ...     #两端对齐，字符轻微压缩
    THAI_JUSTIFY ...    #按照泰语格式布局两端对齐
```

示例代码（设置某文档中第4段内容的段落对齐方式为居中对齐）：

```
01 import docx
02 from docx.enum.text import WD_PARAGRAPH_ALIGNMENT
03 docD = docx.Document('第1章初识Python.docx')
04 docD.paragraphs[3].alignment = WD_PARAGRAPH_ALIGNMENT.CENTER
05 docD.save('新第1章初识Python.docx')
```

第4行代码将第4段内容设置为居中对齐，执行代码后打开“新第1章初识Python.docx”文件后可以观察到整个段落都以居中对齐的方式显示，如图11-30所示。

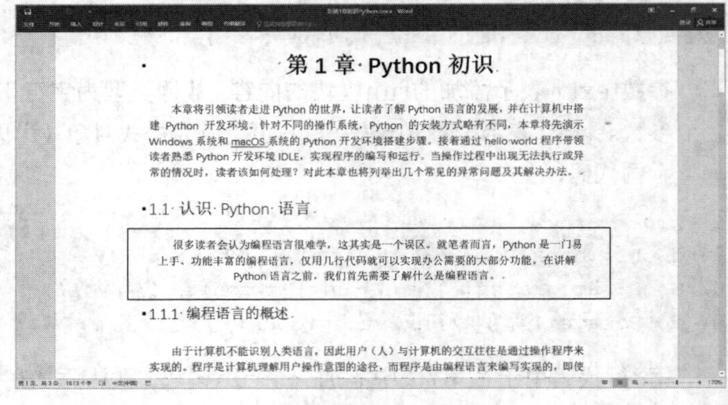

图 11-30

11.4.3 清除段落内容

类Paragraph中的clear()方法用于清除段落内容。其使用形式如下：

```
段落对象.clear()
```

注意

该方法仅清除段落的文字信息，段落的格式信息依旧会保存下来，例如对齐方式、字体大小等信息。因此使用此方法后Word文件中会出现一个空白行，且空白行保留原段落的格式。

示例代码：

```
01 import docx
02 docD = docx.Document('第1章初识Python.docx')
03 docD.paragraphs[3].clear()
04 docD.save('新第1章初识Python.docx')
```

由于第3行代码清除了文档第4段的内容，因此读者在执行代码后打开“新第1章初识Python.docx”文件，就可以看到文件中被清除的段落格式行，如图11-31所示。

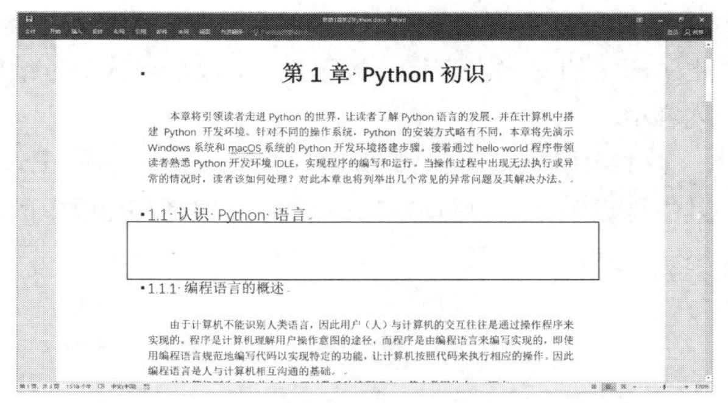

图 11-31

11.4.4 插入新段落

如果需要插入一个新段落可使用类Paragraph中的insert_paragraph_before()方法。其使用形式如下:

```
段落对象.insert_paragraph_before(text=None, style=None)
```

功能：在当前段落之前插入一个新创建的段落。

参数text：表示新段落的内容，数据类型为字符串类型。

参数style：表示新段落的样式，值为样式对象。

示例代码:

```
01 import docx
02 docD = docx.Document('第1章初识Python.docx')
03 docD.paragraphs[0].insert_paragraph_before(text='时间:2022年9月1日\t来源：人民邮电出版社')
04 docD.save('新第1章初识Python.docx')
```

第3行代码将实现在文档第1段前插入一个新的段落，插入的新段落内容为'时间:2022年9月1日\t来源：人民邮电出版社'，其中转义字符\t会在文档中自动显示为制表符，其他转义字符均有对应效果。

执行代码后打开“新第1章初识Python.docx”文件，其文档显示效果如图11-32所示。

图 11-32

11.4.5 获取和修改段落文字

在段落中可以使用text方法来获取段落文字信息及修改段落文字信息。其使用形式如下:

```
段落对象.text = 新内容
```

如果不为text赋值新内容，将直接返回段落中的文本内容。如果为text赋值新内容，则会将段落原来的文本内容删除并将新内容添加至段落中。

示例代码:

```
01 import docx
02 docD = docx.Document('第1章初识Python.docx')
03 docD.paragraphs[2].text = 'Python办公自动化'
04 docD.save('新第1章初识Python.docx')
```

第3行代码将第3段中的内容设置为'Python办公自动化'，原来的文本内容将会被删除，但段落格式会延续到新内容中。

执行代码后打开“新第1章初识Python.docx”文件，其文档显示效果如图11-33所示，可以看到第3段中的内容格式仍然为“标题2”。

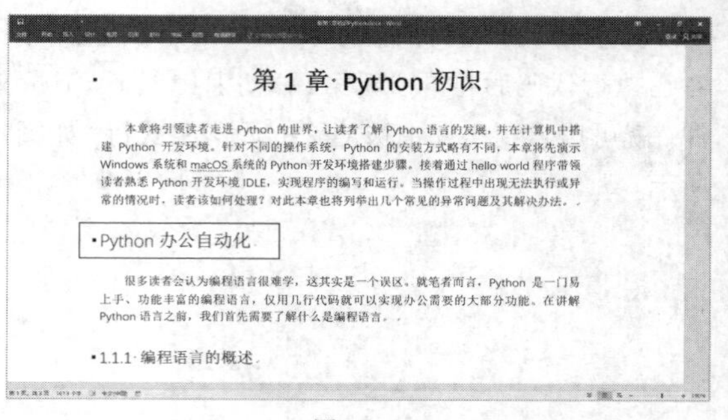

图 11-33

11.4.6 设置段落格式

段落中的paragraph_format方法关联了类ParagraphFormat，类ParagraphFormat包含大量的用于设置段落格式的方法，例如设置行间距、缩进、对齐方式等的方法。本小节讲解类ParagraphFormat中的部分方法。

类ParagraphFormat的简洁定义：

```
class ParagraphFormat(ElementProxy):        #位于库docx\text\parfmt.py中，继承了父类ElementProxy
    def alignment(self): ...          #获取段落对齐方式
    def alignment(self, value): ...   #设置段落对齐方式
    def first_line_indent(self): ...  #获取首行缩进
    def first_line_indent(self, value): ...     #设置首行缩进
    def keep_together(self): ...                #获取文档是否呈现时不跨越页面边界
    def keep_together(self, value): ...         #设置文档呈现时不跨越页面边界
    def keep_with_next(self): ...               #获取该段与下一段是否在同一页
    def keep_with_next(self, value): ...        #设置该段与下一段应当在同一页
    def left_indent(self): ...                  #获取段落的左侧缩进距离
    def left_indent(self, value): ...           #设置段落的左侧缩进距离
    def line_spacing(self): ...                 #获取行间距
    def line_spacing(self, value): ...          #设置行间距
    def line_spacing_rule(self): ...            #获取行间距的参数
    def line_spacing_rule(self, value): ...     #使用固定值设置行间距
    def page_break_before(self): ...            #获取段前分页
    def page_break_before(self, value): ...     #设置段前分页
    def right_indent(self): ...                 #获取段落的右侧缩进距离
    def right_indent(self, value): ...          #设置段落的右侧缩进距离
    def space_after(self): ...                  #获取段后间距
    def space_after(self, value): ...           #设置段后间距
    def space_before(self): ...                 #获取段前间距
    def space_before(self, value): ...          #设置段前间距
    def tab_stops(self): ...                    #提供对为该段落格式定义的制表符的访问
    def widow_control(self): ...                #获取段落的首行和末行是否与该段的其余行保持在同一页上
    def widow_control(self, value): ...         #设置段落的首行和末行与该段的其余行保持在同一页上
```

- **首行缩进**

在类ParagraphFormat中使用first_line_indent()方法可以实现段落的首行缩进。其使用形式如下：

```
段落对象.paragraph_format.first_line_indent = 长度对象
```

当长度对象的值为正数时表示首行缩进，当值为负数时表示悬挂缩进，当值为None时表示从样式（详见11.6节）结构继承首行的缩进。长度对象可以使用例如Pt、Cm等，使用前需从Python-docx库下的shared模块中导入（详见11.3.4小节中的长度单位）。

示例代码：

```
01 import docx
02 from docx.shared import Pt
03 docD = docx.Document('第1章初识Python.docx')
04 docD.paragraphs[6].paragraph_format.first_line_indent = Pt(70)
05 docD.save('新第1章初识Python.docx')
```

第4行代码设置第7段的段落格式为首行缩进，缩进的长度为70Pt。

执行代码后打开“新第1章初识Python.docx”文件，其文档显示效果如图11-34所示。

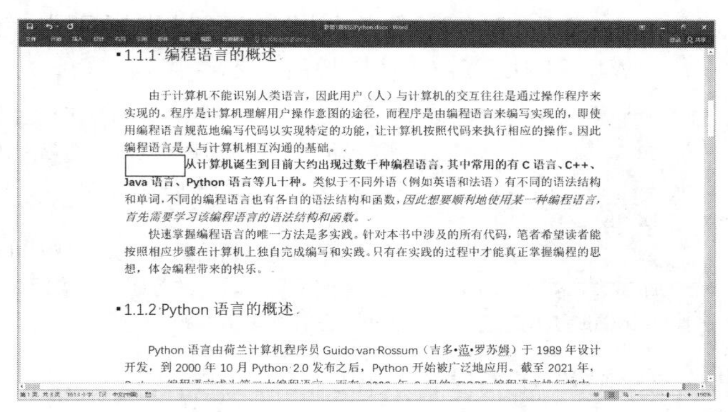

图 11-34

- **左侧、右侧缩进**

当需要设置整个段落的格式为向左侧或向右侧缩进时，可以使用left_indent()方法和right_indent()方法。其使用形式如下：

```
段落对象.paragraph_format.left_indent = 长度对象
段落对象.paragraph_format.right_indent = 长度对象
```

第1行设置段落左侧缩进距离，第2行设置段落右侧缩进距离。长度对象可以使用例如Pt、Cm等，使用前需从Python-docx库下的shared模块中导入。

示例代码：

```
01 import docx
02 from docx.shared import Pt,Cm
03 docD = docx.Document('第1章初识Python.docx')
04 docD.paragraphs[5].paragraph_format.right_indent = Pt(70)
05 docD.paragraphs[6].paragraph_format.left_indent = Cm(2)
06 docD.save('新第1章初识Python.docx')
```

第4、5行代码分别设置第6个段落的格式为向右侧缩进70Pt，设置第7个段落的格式为向左侧缩进2Cm。

执行代码后打开“新第1章初识Python.docx”文件，其文档显示效果如图11-35所示。

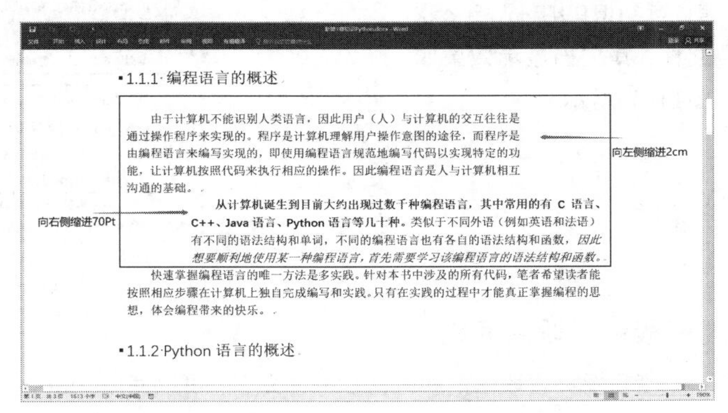

图 11-35

- **行间距**

当需要设置段落的每一行内容之间的间距时，可以使用line_spacing()和line_spacing_rule()方法。

line_spacing()方法的使用形式如下：

```
段落对象.line_spacing = 长度对象
```

当长度对象使用长度单位时，例如Pt(17)，表示设置行间距为一个固定的高度。当长度对象为浮点数时，例如2.0，表示设置行间距为行高的倍数，2.0表示2倍行距。当长度对象为None时，表示行间距是从样式层次结构继承的。

line_spacing_rule()方法的使用形式如下：

```
段落对象.line_spacing_rule = WD_LINE_SPACING值
```

WD_LINE_SPACING值表示已设定好可使用的行间距固定值，这些固定值被定义在WD_LINE_SPACING类中。

类WD_LINE_SPACING的简洁定义：

```
class WD_LINE_SPACING(XmlEnumeration):      #位于库docx\enum\text.py中，继承了父类XmlEnumeration
    ONE_POINT_FIVE ... #1.5倍行距，该行距相当于当前字号加6Pt
    AT_LEAST ...       #行距至少为一个指定值（最小值），该值需要单独指定
    DOUBLE ...         #2倍行距
    EXACTLY ...        #行距只能是所需的最大行距（最大值）
    MULTIPLE ...       #由指定的行数确定的行距（多倍行距）
    SINGLE ...         #单次空行（单倍行距）
```

示例代码（设置段落行间距）：

```
01 import docx
02 from docx.shared import Pt
03 from docx.enum.text import WD_LINE_SPACING
04 docD = docx.Document('第1章初识Python.docx')
05 docD.paragraphs[4].paragraph_format.line_spacing = Pt(70)
06 docD.paragraphs[5].paragraph_format.line_spacing = 3
07 docD.paragraphs[6].paragraph_format.line_spacing_rule = WD_LINE_SPACING.ONE_POINT_FIVE
08 docD.save('新第1章初识Python.docx')
```

第5～7行代码分别设置文档第5段内容的行间距为70Pt，设置第6段内容的行间距为3倍行距，设置第7段内容的行间距为1.5倍行距。

执行代码后打开“新第1章初识Python.docx”文件，其文档显示效果如图11-36所示。

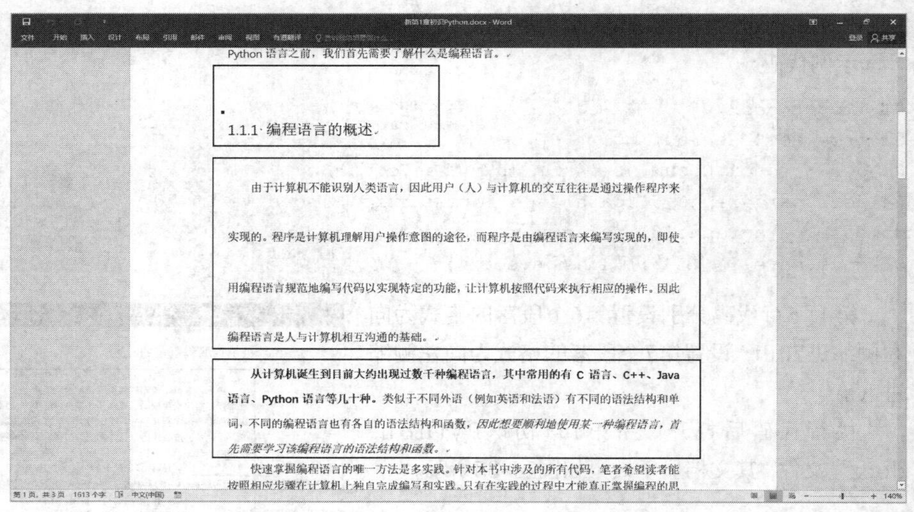

图 11-36

- **段前、段后间距**

当需要设置段落前和段落后的间距时，可以使用space_before()和space_after()方法。其使用形式如下：

```
段落对象.paragraph_format.space_before = 长度对象
段落对象.paragraph_format.space_after = 长度对象
```

当长度对象使用长度单位时，例如Pt(17)，表示设置段前、段后间距为一个固定高度。当长度对象为None时，表示从样式层次结构继承段前、段后间距。

示例代码：

```
01 import docx
02 from docx.shared import Pt
03 docD = docx.Document('第1章初识Python.docx')
04 docD.paragraphs[2].paragraph_format.space_after = Pt(70)
05 docD.paragraphs[4].paragraph_format.space_before = Pt(40)
06 docD.save('新第1章初识Python.docx')
```

第4行代码设置第3段内容的段后间距为70Pt。第5行代码设置第5段内容的段前间距为40Pt。

执行代码后打开“新第1章初识Python.docx”文件，其显示效果如图11-37所示。

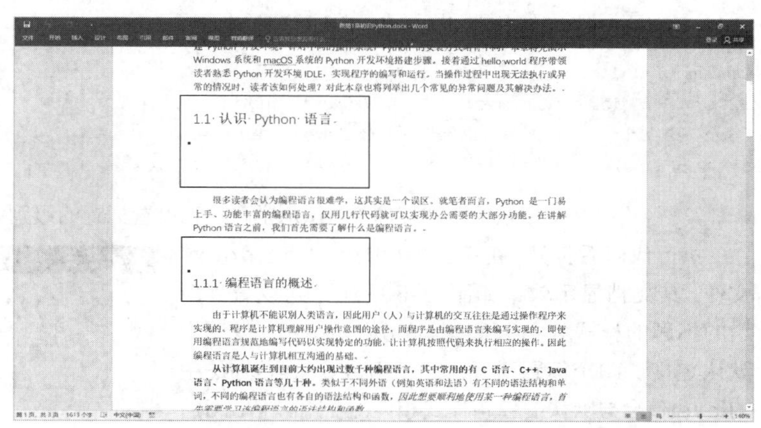

图 11-37

11.5 文档

本节开始介绍Word文件的文档层次的操作。文档层次的操作通常需要使用到类Document中的方法，读者可以从docx库的document.py文件中获取相关方法。接下来将会对类Document中一些常见的操作方法进行介绍，更多详细内容读者可以进入document.py文件阅读源代码。

类Document的简洁定义：

```
class Document(ElementProxy):     #位于库docx\document.py中，继承父类ElementProxy
    def add_heading(self, text="", level=1): ...#在文档末尾添加一个标题段落
    def add_page_break(self): ...#添加一个新的页面
    def add_paragraph(self, text='', style=None): ...#添加一个段落
    def add_picture(self, image_path_or_stream, width=None, height=None): ...#添加一张图片
    def add_section(self, start_type=WD_SECTION.NEW_PAGE): ...#添加一个节对象
    def add_table(self, rows, cols, style=None): ... #添加一个表格对象
    def core_properties(self): ...#文档核心属性的读/写访问
    def inline_shapes(self): ...#获取文档内嵌形状
    def paragraphs(self): ...#获取段落对象列表
    def part(self): ...#获取正文外的部分
    def save(self, path_or_stream): ...#保存文档
    def sections(self): ...    #提供对文档中每个节的访问
    def settings(self): ...    #提供对文档设置的访问
    def styles(self): ...      #获取文档样式
    def tables(self): ...      #获取文档中的表格对象
```

11.5.1 新增标题

当需要向文档中新增内容和相应标题时，可以使用文档对象中的add_heading()方法。其使用形式如下：

```
文档对象.add_heading(text="", level=1)
```

参数text：表明添加的标题内容，数据类型为字符串类型。

参数level：表明标题的大纲级别，默认标题有0～9级，数据类型为整数类型。

示例代码（在文档中新增一个级别为1的标题）：

```
01 import docx
02 docD = docx.Document('第1章初识Python.docx')
03 docD.add_heading(text='Python学习',level=1)
04 docD.save('新第1章初识Python.docx')
```

第3行代码在文章末尾添加标题'Python学习'，且设置标题的级别为1。

执行代码后打开“新第1章初识Python.docx”文件，其文档显示效果如图11-38所示，可以看到新增的标题的样式为“标题1”。在python-docx库中默认定义了10个标题样式，add_heading()方法中的level值会与默认的标题样式相匹配。打开Word后会在“样式”组中看到默认的“标题1”“标题2”等样式，这些样式已经设置好了字体大小、行间距等。因此选择不同的标题级别后会自动生成该级别标题对应的样式效果。

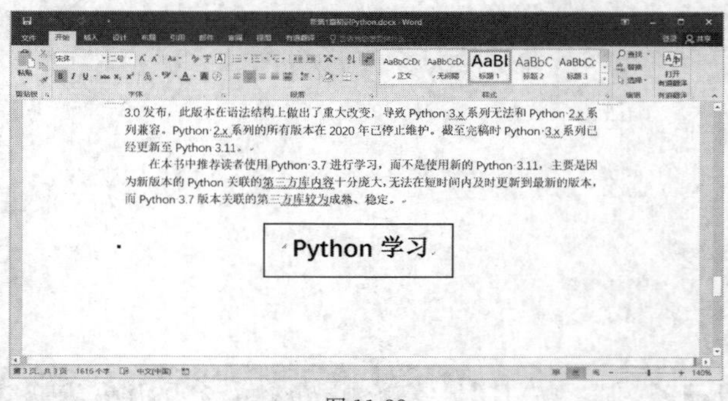

图 11-38

11.5.2 新增段落

如果要在文档中添加一个新的段落，可以使用文档对象中的add_paragraph()方法来实现。其使用形式如下：

```
文档对象.add_paragraph(text='', style=None)
```

功能：将一个新段落添加到文档末尾。

参数text：表示新段落的内容，可以包含制表符、换行符或回车符。

参数style：表示段落的样式，值为段落样式对象（详见11.6节）。

示例代码（在文档中添加新段落）：

```
01 import docx
02 docD = docx.Document('第1章初识Python.docx')
03 docD.add_paragraph('Python办公自动化学习中')
04 docD.save('新第1章初识Python.docx')
```

第3行代码在文档末尾添加了一个新的段落，其内容为“Python办公自动化学习中”。由于没有设置新添加段落的样式，默认继承该文档的正文样式。

执行代码后打开“新第1章初识Python.docx”文件，其显示效果如图11-39所示。

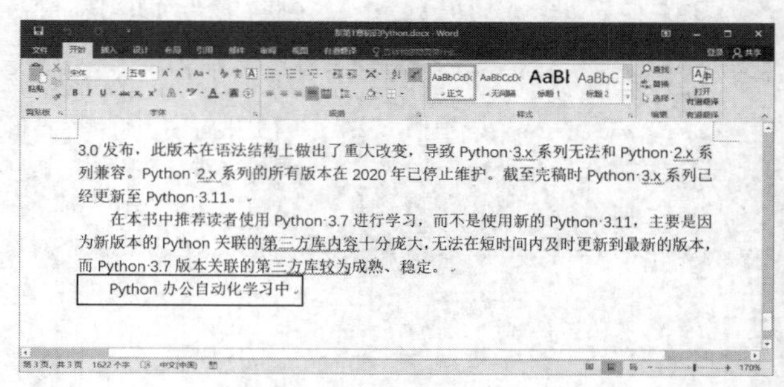

图 11-39

11.5.3 新增页面

如果需要在文档末尾新增一个页面，可以使用文档对象中的add_page_break()方法。其使用形式如下：

```
文档对象.add_page_break()
```

add_page_break()方法的定义：

```
def add_page_break(self):
    paragraph = self.add_paragraph()
    paragraph.add_run().add_break(WD_BREAK.PAGE)
    return paragraph
```

通过以上代码可以知道在文档末尾新增一个页面，要先在文档末尾增加一个空白段落，然后在该段落中添加一个新的空白run模块，接着使用run模块中的add_break()方法实现添加一个分页符。

该方法的定义位于python-docx库的源代码中，与其他方法相比，add_page_break()方法的代码更为简单和易读。在学习过程中，读者需要锻炼自主分析源代码文件中的方法及程序实现原理的能力，这种能力有助于读者学习其他第三方库，并掌握第三方库的核心知识点。

11.5.4 插入图片

如果需要在文档末尾的段落中添加图片，可以使用文档对象中的add_picture()方法。其使用形式如下：

```
文档对象.add_picture(image_path_or_stream, width=None, height=None)
```

功能：在文档末尾新增一个空白段落，并在该段落中插入图片。

参数image_path_or_stream：表示图片的path，包含路径和文件名，数据类型为字符串类型。

参数width：指定图片的宽度值，数据类型为数值类型（整数类型或浮点数类型皆可）。

参数height：指定图片的高度值，数据类型为数值类型（整数类型或浮点数类型皆可）。

当width和height都没有填入参数值时，默认使用图片的原始大小。当只填入了其中一个参数的值时，另一个参数的值会按给定的尺寸比例自动缩放。width和height参数值的单位为Emu，Emu与Cm的转换公式为1Cm=360000Emu。

示例代码：

```
01 import docx
02 from docx.enum.text import WD_PARAGRAPH_ALIGNMENT
03 docD = docx.Document('第1章初识Python.docx')
04 docD.add_picture('Excel图标.png',width=360000)
05 docD.paragraphs[-1].alignment = WD_PARAGRAPH_ALIGNMENT.CENTER
06 docD.save('新第1章初识Python.docx')
```

第4行代码用于实现在文档末尾添加一个相对路径中的文件名为“Excel图标.png”的图片，且其宽度为1厘米。

第5行代码用于将最后一个段落的格式设置为居中对齐（即插入的图片也将以居中对齐的格式显现）。

执行代码后打开“新第1章初识Python.docx”文件，其显示效果如图11-40所示。

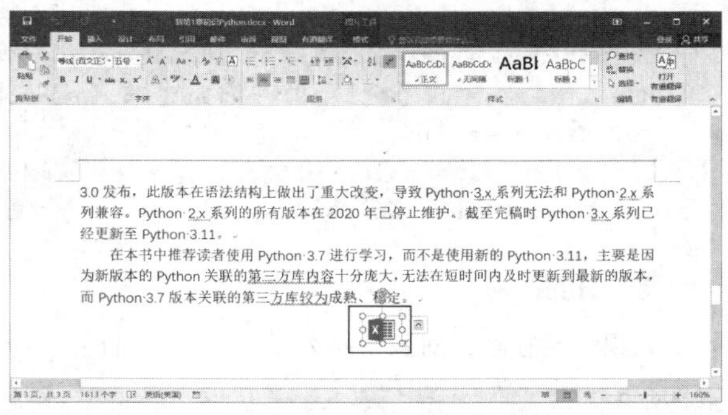

图 11-40

11.5.5 插入表格

文档对象中的add_table()方法可用于在文档中插入一个表格。其使用形式如下:

```
文档对象.add_table(rows, cols, style=None)
```

参数rows：表示插入的表格行数，数据类型为整数类型。

参数cols：表示插入的表格列数，数据类型为整数类型。

参数style：设置插入的表格的样式，如果值为None，表示将继承文档的默认表格样式，值为表格样式对象（详见11.6节）。

示例代码：

```
01 import docx
02 docD = docx.Document('第1章初识Python.docx')
03 new_table = docD.add_table(3,4)
04 docD.save('新第1章初识Python.docx')
```

第3行代码使用add_table()方法在文档末尾插入了一个行数为3、列数为4的表格，执行该方法后会返回一个表格对象给变量new_table。

执行代码后打开“新第1章初识Python.docx”文件即可观察到表格的显示效果，如图11-41所示。

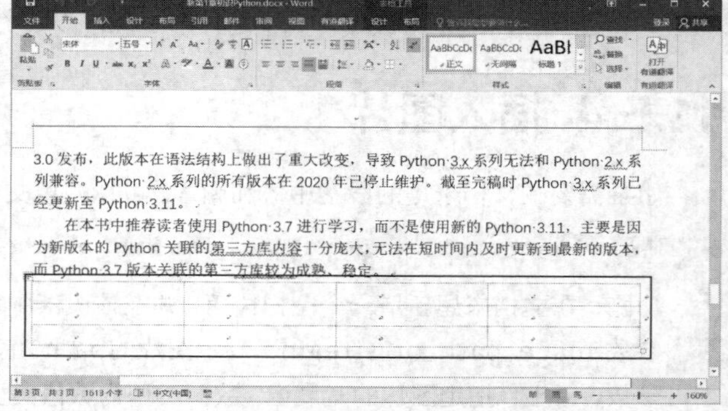

图 11-41

插入表格后将返回一个表格对象，也可以使用文档对象中的tables()方法来获取全部表格对象，并以列表的形式返回。当需要向表格中添加内容时，可以对表格对象进行操作，相应的方法可查阅库docx\table.py中的类Table。

类Table的简洁定义:

```
class Table(Parented):     #位于库docx\table.py中，继承了父类Parented
    def add_column(self, width):...    #在表格中添加一列
    def add_row(self): ...             #在表格中添加一行
    def alignment(self): ...           #获取表格与页面之间的页边距
    def alignment(self, value): ...    #设置表格与页面之间的页边距
    def autofit(self): ...             #获取是否启用自动调整列宽
    def autofit(self, value): ...      #设置启用自动调整列宽
    def cell(self, row_idx, col_idx): ...#获取行为row_idx,列为col_idx的单元格
    def column_cells(self, column_idx): ...#获取表格中column_idx列的单元格列表
    def columns(self): ...             #获取表格中的列列表
    def row_cells(self, row_idx): ... #获取row_idx行的单元格列表
    def rows(self): ...                #获取表格中的行列表
    def style(self): ...               #获取表格样式
    def style(self, style_or_name): ...#设置表格样式
    def table(self): ...               #获取表格对象
    def table_direction(self): ...     #获取表格中单元格的排列方向
    def table_direction(self, value): ...#设置表格中单元格的排列方向
```

- **插入行或列**

如果需要在表格对象中插入新的行或列可使用add_row()或add_column()方法。其使用形式如下:

```
表格对象.add_row()
```

默认在表格对象中插入一个新的行，且行的高度与原表格的行高保持一致。

```
表格对象.add_column(width)
```

参数width：表示插入的新列的宽度，单位为Emu。

示例代码（在表格中分别插入一个新的列和行）：

```
01 import docx
02 docD = docx.Document('第1章初识Python.docx')
03 new_table = docD.tables
04 new_table[0].add_column(360000)
05 new_table[0].add_row()
06 docD.save('新第1章初识Python.docx')
```

第3行代码获取整个文档中的全部表格对象，并以列表的形式返回给变量new_table。

第4行代码向第1个表格对象中插入一列，且列宽为1Cm（1Cm=360000Emu）。

第5行代码向第1个表格对象中插入一行。

执行代码后打开“新第1章初识Python.docx”文件即可观察到表格的新变化，如图11-42所示。

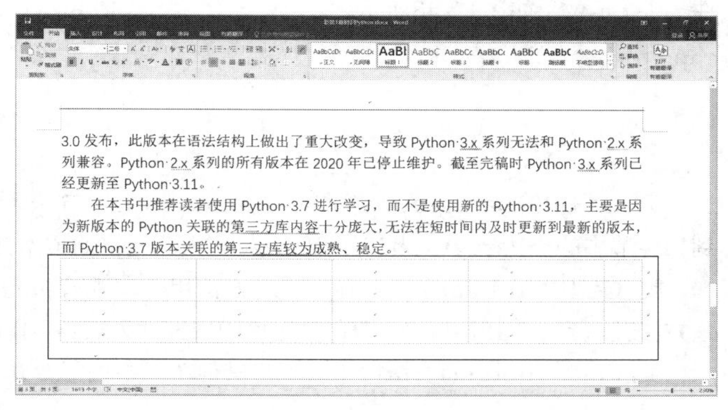

图 11-42

- **操作单元格**

表格中的每一个单元格为一个cell空间，获取表格中的cell空间可以使用cell()方法。其使用形式如下：

```
表格对象.cell(row_idx, col_idx)
```

参数row_idx：表示cell所在的行数，默认从0开始，数据类型为整数类型。

参数col_idx：表示cell所在的列数，默认从0开始，数据类型为整数类型。

cell()方法将会获取表格中的指定cell空间，该空间将以_Cell对象的形式返回（详见table.py文件中的类_Cell）。类_Cell中的add_paragraph()方法用于实现在表格的cell中添加一个段落，add_table()方法用于实现在表格的cell中添加一个表格，merge()方法用于实现与表格中的其他cell进行合并，text()方法用于实现获取cell内容或向cell中写入内容。

类_Cell的简洁定义：

```
class _Cell(BlockItemContainer):     #位于库docx\table.py中，继承了父类BlockItemContainer
    def add_paragraph(self, text='', style=None):... #在cell中添加一个段落
    def add_table(self, rows, cols): ...             #在cell中添加一个子表格
    def merge(self, other_cell): ...  #合并cell
    def paragraphs(self): ...         #获取cell中的段落
    def tables(self): ...             #读取cell中的表格列表
    def text(self): ...               #读取cell中的文本内容
    def text(self, text): ...         #设置cell中的文本内容
    def vertical_alignment(self): ... #获取cell垂直对齐方式
    def vertical_alignment(self, value): ... #设置cell垂直对齐方式
    def width(self): ...        #获取cell的宽度，单位为Emu
    def width(self, value): ...#设置cell的宽度
```

示例代码（在指定表格的cell空间中写入信息）：

```
01 import docx
02 docD = docx.Document('新第1章初识Python.docx')
```

```
03 new_table = docD.tables[0]
04 new_table.cell(1,1).text = 'Python'
05 new_table.cell(1,2).text = 'Java'
06 new_table.cell(2,2).add_table(2,2)
07 docD.save('新第1章初识Python.docx')
```

第4、5行代码分别向表格第2行第2列和第2行第3列的cell空间中写入信息'Python'和'Java'。

第6行代码向表格第3行第3列的cell空间中插入一个子表格，子表格为2行2列的。

执行代码后打开“新第1章初识Python.docx”文件，其显示效果如图11-43所示。

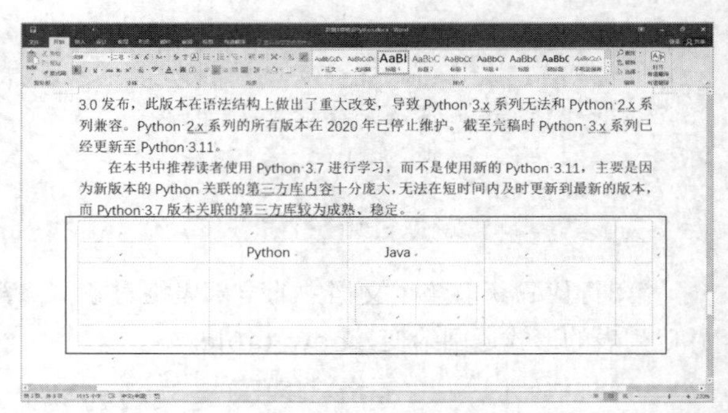

图 11-43

类_Cell中的paragraphs()和add_paragraph()方法用于实现获取单元格中的段落对象，这两个方法关联到11.4节中的类Paragraph，表明可以将写入单元格的文本信息作为段落对象来进行处理。

类_Cell中add_table()和tables()方法用于实现向单元格中插入一个子表格和获取单元格中的表格对象，该方法关联到类Table自身，即在单元格中嵌套插入表格，其操作方法与一般的表格是一样的。

类_Cell中merge()方法用于实现与其他单元格进行合并，也可间接用于删除单元格。

11.5.6 插入分节符

分节符的作用是将Word文件的文档内容分成不同的节，在文档中的某个位置插入一个分节符即表示一个节在此结束，分节符之后为新的一节。分节符包含节的格式设置元素，如页边距、页面的方向、页眉和页脚。分节符是用一条横贯页面的双虚线表示的，在Word的“大纲视图”模式下即可看到一条横贯页面的双虚线。

• 添加分节符

python-docx库中的类Document提供了用于实现添加分节符的add_section()方法。其使用形式如下：

```
文档对象.add_section(start_type=WD_SECTION.NEW_PAGE)
```

参数start_type：表示分节符插入的位置，值位于库docx\enum\section.py中的WD_SECTION_START（别名为WD_SECTION）类中，包括CONTINUOUS（连续）、NEW_COLUMN（下一列）、NEW_PAGE（下一页）、EVEN_PAGE（偶数页）及ODD_PAGE（奇数页），返回值为分节符对象。

示例代码（在文档末尾添加分节符）：

```
01 import docx
02 from docx.enum.section import WD_SECTION
03 docD = docx.Document('第1章初识Python.docx')
04 section_1 = docD.add_section(start_type=WD_SECTION.ODD_PAGE)
05 print(section_1.start_type)
06 docD.save('新第1章初识Python.docx')
```

第4行代码使用add_section()方法在文档的奇数页添加分节符，并返回该分节符对象。分节符对象中包含多种方法，可在python-docx库的section.py文件中查阅相关方法。第5行代码输出该分节符的类型。

代码执行结果：

```
ODD_PAGE (4)
```

此时打开“新第1章初识Python.docx”文件，其分节符显示效果如图11-44所示。

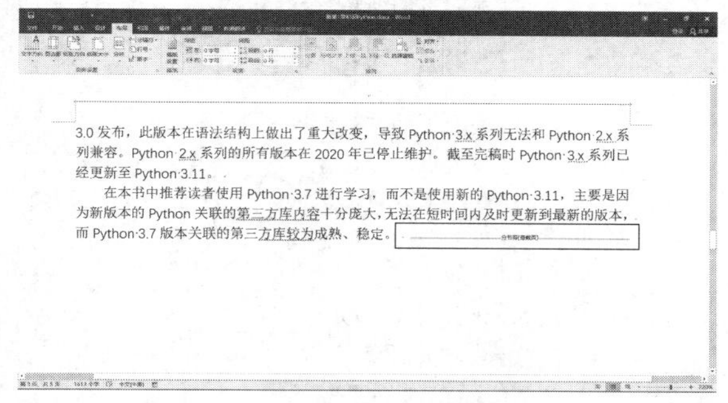

图 11-44

- **节对象**

获取文档中的全部节对象可以使用文档对象中的sections属性。其使用形式如下：

```
文档对象.sections
```

返回值为节对象集合，可以使用遍历方式依次获取每一个节对象。

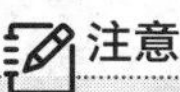
注意

如果文档中没有插入分节符，默认整个文档为一个节对象。

示例代码：

```
01 import docx
02 docD = docx.Document('新第1章初识Python.docx')
03 for i in docD.sections:
04     print(i)
```

第3、4行代码使用for循环遍历文档中的全部节对象。

注意

在文档中插入一个分节符，会将文档划分为两个部分，从而产生两个节对象。

代码执行结果：

```
<docx.section.Section object at 0x0000025D68E5CEC8>
<docx.section.Section object at 0x0000025D68E5CF08>
```

类Document中的sections（节的集合，通过索引的方式可以获取指定的节对象）或add_section()方法可用于获取节对象。每一个节对象都是通过类Section创建的，可以使用类Section中的所有方法。

类Section的简洁定义：

```
class Section(object):     #位于库docx\section.py中
    def bottom_margin(self): ...#获取节内所有页面的底部边距
    def bottom_margin(self, value): ...#设置节内所有页面的底部边距
    def different_first_page_header_footer(self): ...#判断节内是否设置不同的页眉和页脚
    def different_first_page_header_footer(self, value): ...#设置节内不同的页眉和页脚
    even_page_footer(self): ...#设置节内是否设置偶数页页脚
    def even_page_header(self): ...#设置节内是否设置偶数页页眉
    def first_page_footer(self): ...#获取节内首页页脚
    def first_page_header(self): ...#设置节内首页页眉
    def footer(self): ...#获取页脚
    def footer_distance(self): ...#获取页脚距离
    def footer_distance(self, value): ...#设置页脚距离
    def gutter(self): ...#获取页边槽大小
```

```
    def gutter(self, value): ...       #设置页边槽大小
    def header(self): ...              #获取页眉对象
    def header_distance(self): ...     #获取页眉距离
    def header_distance(self, value): ...#设置页眉距离
    def left_margin(self): ...         #获取页面左边距
    def left_margin(self, value): ...#设置页面左边距
    def orientation(self): ...         #获取节内页面方向
    def orientation(self, value): ...#设置节内页面方向
    def page_height(self): ...         #获取页面高度
    def page_height(self, value): ...#设置页面高度
    def page_width(self): ...          #获取页面宽度
    def page_width(self, value): ...  #设置页面宽度
    def right_margin(self): ...        #获取页面右边距
    def right_margin(self, value): ...#设置页面右边距
    def start_type(self): ...          #获取节的初始中断行为
    def start_type(self, value): ...  #设置节的初始中断行为
    def top_margin(self): ...          #获取页面顶部边距
    def top_margin(self, value): ...  #设置页面顶部边距
```

- **设置节内页边距**

在节对象所在的范围内可以使用bottom_margin方法设置页面底部边距，使用top_margin方法设置页面顶部边距，使用left_margin方法设置页面左边距，使用right_margin方法设置页面右边距，使用page_height方法设置页面高度，使用page_width方法设置页面宽度。这些方法的使用形式如下：

```
节对象.bottom_margin = 长度对象
节对象.top_margin = 长度对象
节对象.left_margin = 长度对象
节对象.right_margin = 长度对象
节对象.page_height = 长度对象
节对象.page_width = 长度对象
```

示例代码：

```
01 import docx
02 from docx.shared import Cm
03 docD = docx.Document('新第1章初识Python.docx')
04 docD.sections[0].bottom_margin = Cm(0.5)
05 docD.save('新第1章初识Python.docx')
```

第4行代码将第1个节所在页面的底部边距设置为0.5Cm。执行代码后打开“新第1章初识Python.docx”文件，其节内页边距显示效果如图11-45所示。

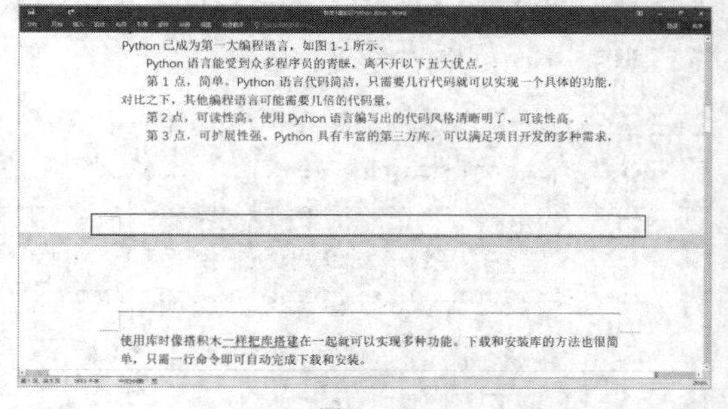

图11-45

- **创建页眉、页脚**

在节对象中可以通过header和footer方法分别创建页眉和页脚。header关联了类_Header，类_Header继承了类_BaseHeaderFooter，类_BaseHeaderFooter继承了类BlockItemContainer。footer关联了类_Footer，类_Footer继承了类_BaseHeaderFooter，类_BaseHeaderFooter继承了类BlockItemContainer。因此页眉和页脚都继承了类BlockItemContainer，类BlockItemContainer中包含add_paragraph方法()、add_table方法()、paragraphs方法()、tables方法()，这表明可以将页眉和页脚当成段落或表格来进行添加或删除操作。

示例代码：

```
01 import docx
02 docD = docx.Document('新第1章初识Python.docx')
03 docD.sections[0].header.paragraphs[0].text = '这是第1个页眉!!!'
04 docD.sections[0].footer.paragraphs[0].text = '这是第1个页脚!!!'
05 docD.save('新第1章初识Python.docx')
```

第3行代码设置第1个节的页眉内容为'这是第1个页眉!!!'。第4行代码设置第1个节的页脚内容为'这是第1个页脚!!!'。执行代码后打开“新第1章初识Python.docx”文件，其页眉和页脚的显示效果如图11-46所示。

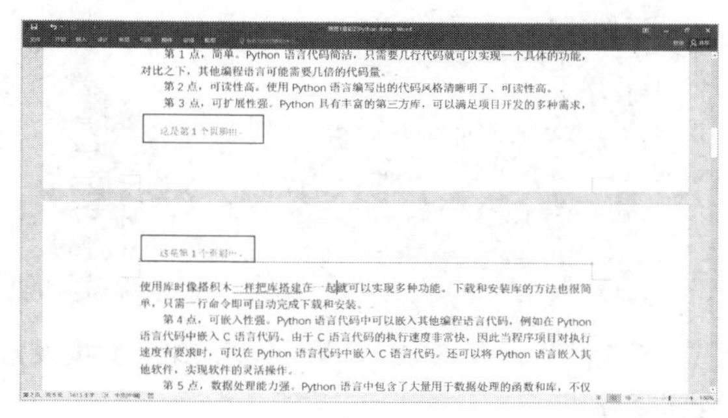

图 11-46

如果需要对页眉、页脚的格式进行设置，可以直接通过段落的方法来实现。

示例代码（设置页眉内容格式为居中对齐）：

```
doc.sections[0].header.paragraphs[0].alignment = WD_ALIGN_PARAGRAPH.CENTER
```

更多段落设置方法可以参考11.4节的内容。

- **页眉、页脚关联**

如果在设置某一节的页眉和页脚时，不希望与上一节的页眉和页脚关联，可以使用is_linked_to_previous方法。其使用形式如下：

```
节对象.header.is_linked_to_previous = bool
节对象.footer.is_linked_to_previous = bool
```

当值为False时表示不关联到上一节的页眉或页脚，即本节所输入的页眉或页脚内容将不会自动出现在上一节的页眉或页脚中。

示例代码：

```
01 import docx
02 docD = docx.Document('新第1章初识Python.docx')
03 docD.sections[0].header.paragraphs[0].text = '这是第1个页眉!!!'
04 docD.sections[1].header.is_linked_to_previous = False
05 docD.sections[1].header.paragraphs[0].text = '这是第2个页眉'
06 docD.save('新第1章初识Python.docx')
```

第3行代码设置第1个节所在页面的页眉内容为'这是第1个页眉!!!'。

第5行代码设置第2个节所在页面的页眉内容为'这是第2个页眉!!!'。

为了避免第2个节的页眉内容覆盖第1个节的页眉内容，第4行代码设置了第2个节的页眉不关联到前一个节的页眉。

执行代码后打开“新第1章初识Python.docx”文件，其显示效果如图11-47所示。

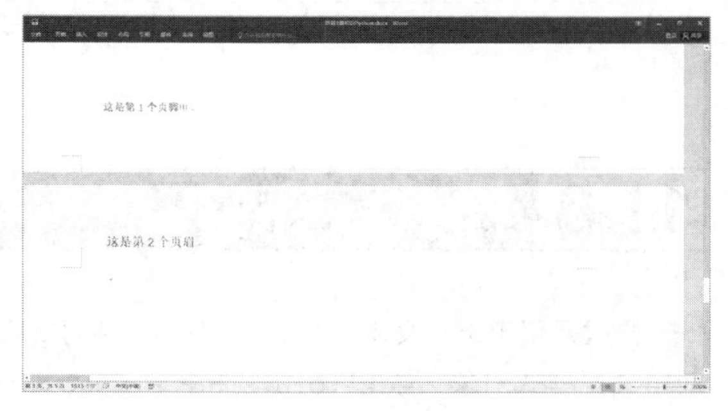

图 11-47

- **设置纸张大小**

在节对象中可以使用page_height和page_width方法来设置节中的纸张大小。其使用形式如下：

```
节对象.page_height = 长度对象
节对象.page_width = 长度对象
```

值为长度对象，例如Cm()、Pt()等，与11.3.4小节中长度单位的使用方法一致。

示例代码（设置纸张的大小）：

```
01 import docx
02 from docx.shared import Cm
03 docD = docx.Document('新第1章初识Python.docx')
04 docD.sections[0].page_width = Cm(10)
05 docD.sections[0].page_height = Cm(30)
06 docD.save('新第1章初识Python.docx')
```

第4、5行代码将文档中第1个节的纸张宽度设置为10Cm，高度设置为30Cm。

**注意**

若文档没有分节，则默认整个文档为一个节。

执行代码后打开“新第1章初识Python.docx”文件，其文档显示效果如图11-48所示。

图 11-48

11.6 样式

样式是用于给纯文本设置颜色、字体、字号等多种效果的集合。样式对象是独立于文本之外的对象，可以提前定义好样式对象，与在Word软件中给正文、标题1、标题2等提前设置样式的原理相同，如图11-49所示。使用样式的优点是可以快速给多个内容设置相同的样式，从而大大提高办公效率。

AaBbCcD 正文　AaBbCcD 无间隔　AaBl 标题 1　AaBbC 标题 2　AaBbCcI 标题 3
AaBbCc 标题 4　AaBbCc 标题 5　AaBbCcI 标题3　AaBbC 副标题　AaBbCcL 不明显强调
AaBbCcL 强调　AaBbCcL 明显强调　AaBbCcI 要点　AaBbCcL 引用　AaBbCcL 明显引用
AaBbCcD 不明显参考　AaBbCcI 明显参考　AaBbCcL 书籍标题　AaBbCcD 列出段落
创建样式(S)
清除格式(C)
应用样式(A)...

图 11-49

11.6.1 样式的解析

在python-docx库中定义了4种样式，分别为字符样式、段落样式、表格样式及序列样式。字符样式是针对字符设置的样式，例如字体颜色、大小等。段落样式是针对段落设置的样式，例如对齐方式、行间距等。表格样式是针对表格设置的样式。序列样式是针对序列编号设置的样式。

在python-docx库的styles模块下存在两个文件，即styles.py文件和style.py文件。styles.py文件中的方法用于添加样式和获取样式等。style.py文件中的方法用于对样式进行具体设置，例如设置字体大小、字号、段落对齐方式等。style.py中根据信息的类型分别定义了类BaseStyle（基础样式）、类_CharacterStyle（字符样式）、类_ParagraphStyle（段落样式）、类_TableStyle（表格样式）、类_NumberingStyle（序列样式）5个类。

styles.py中关于样式的简洁定义：

```
class Styles(ElementProxy):    #位于库docx\styles\styles.py中，继承了父类ElementProxy
    def add_style(self, name, style_type, builtin=False):...#添加一个新的样式
    def default(self, style_type): ...                     #获取一个默认样式
    def get_by_id(self, style_id, style_type): ...         #通过样式id和type获取样式
    def get_style_id(self, style_or_name, style_type): ... #通过样式name和type获取样式的id
    def latent_styles(self): ...                           #提供了对潜在样式的默认行为的访问
```

style.py中关于样式的简洁定义：

```
class BaseStyle(ElementProxy):          #位于库docx\style\style.py中，继承了父类ElementProxy
    def builtin(self): ...              #该样式为内置样式
    def delete(self): ...               #从文档中删除样式定义
    def hidden(self): ...               #获取在样式库和推荐样式列表中是否显示此样式被禁止
    def hidden(self, value): ...        #设置在样式库和推荐样式列表中显示此样式被禁止
    def locked(self): ...               #获取是否锁定样式
    def locked(self, value): ...        #设置锁定样式
    def name(self): ...                 #获取样式名称
    def name(self, value): ...          #设置样式名称
    def priority(self): ...             #获取控制样式的显示序列
    def priority(self, value): ...      #设置控制样式的显示序列
    def quick_style(self): ...          #设置是否显示样式
    def quick_style(self, value): ...   #设置显示样式
    def style_id(self): ...             #获取样式的id
    def style_id(self, value): ...      #设置样式的id
    def type(self): ...                 #获取样式的类型
```

```
    def unhide_when_used(self): ...   #设置样式是否不会自动取消隐藏
    def unhide_when_used(self, value): ...#设置为样式不会自动取消隐藏
class _CharacterStyle(BaseStyle):     #位于库docx\style\style.py中，继承了父类BaseStyle
    def base_style(self): ...         #判断是否基于基础样式
    def base_style(self, style): ...  #设置基于基础样式
    def font(self): ...               #获取样式的字符格式
class _ParagraphStyle(_CharacterStyle):     #位于库docx\style\style.py中，继承了父类_CharacterStyle
    def next_paragraph_style(self): ...             #获取下一个段落样式
    def next_paragraph_style(self, style): ...      #设置下一个段落样式
    def paragraph_format(self): ...#设置段落样式
class _TableStyle(_ParagraphStyle): ...#表格样式
class _NumberingStyle(BaseStyle): ...#序列样式
```

其中类_CharacterStyle继承了类BaseStyle，类_ParagraphStyle继承了类_CharacterStyle，类_TableStyle继承了类_ParagraphStyle，类_NumberingStyle继承了类BaseStyle，即后面4种类型的样式都继承了类BaseStyle，可使用类BaseStyle中的所有方法进行样式设置。类BaseStyle的方法主要涉及样式的基础内容，例如样式大纲级别、样式名称等。类_CharacterStyle在类BaseStyle的基础上增加了用于设置字体的大小、字号等的方法。类_ParagraphStyle用于对整个段落设置样式，可以使用类_CharacterStyle中的方法设置段落中的字体，也可以使用类BaseStyle对样式进行基础设置。实际上类_TableStyle中并没有提供具体的对表格样式进行设置的方法，类_NumberingStyle中也并没有提供具体的对序列样式进行设置的方法。

一个样式由3部分组成，分别为样式类型、样式名称、样式id。样式名称可以使用默认样式名称或用户自定义的名称。样式id由系统自动分配，且每个样式的id都是独一无二的。

11.6.2 获取样式

获取文档中的全部样式可以使用文档对象中的styles方法，其返回值包含所有的样式，可以通过循环或字典的形式访问这些样式。

示例代码：

```
01 import docx
02 docD = docx.Document('第1章初识Python.docx')
03 print(docD.styles['Normal Table'])
04 for i in docD.styles:
05     print(i)
```

第3行代码以字典的形式输出文档中名为“Normal Table”的样式，第4行代码使用循环的方法输出每一个样式对象。

实现获取某一段落中的样式还可以使用段落对象中的style方法，其返回值为样式对象。

示例代码：

```
01 import docx
02 docD = docx.Document('第1章初识Python.docx')
03 print(docD.paragraphs[0].style)
```

第3行代码获取文档中第1个段落的样式。

代码执行结果：

```
_ParagraphStyle('Heading 1') id: 2171857783304
```

表明该样式类型为段落样式，样式名称为标题1，样式id为2171857783304。

11.6.3 创建新样式

在文档中创建一个新的样式，可以使用类Styles中的add_style()方法。其使用形式如下：

```
文档对象.styles.add_style(name, style_type, builtin=False)
```

参数name：表示样式名称，数据类型为字符串类型。

参数style_type：表示样式类型，值可以为类WD_STYLE_TYPE（位于docx\enum\style.py）中的CHARACTER、PARAGRAPH、TABLE、LIST，分别表示字符样式、段落样式、表格样式、序列样式。

参数builtin：表示使用默认样式，当值为False时表示不使用默认样式，当值为True时将匹配类WD_BUILTIN_STYLE（位于docx\enum\style.py）中所枚举的名称。

示例代码：

```
01 import docx
02 from docx.enum.style import WD_STYLE_TYPE
03 docD = docx.Document('第1章初识Python.docx')
04 new_style=docD.styles.add_style('自创样式4', style_type=WD_STYLE_TYPE.PARAGRAPH)
05 print(new_style)
```

第4行代码创建了一个名为“自创样式4”的段落样式，并返回一个段落样式对象给变量new_style。接下来只需对new_style设置需要的样式效果，设置完毕即可将该样式用于段落格式设置。

代码执行结果：

```
_ParagraphStyle('自创样式4') id: 1510841039048
```

11.6.4 设置样式

11.6.3小节中的变量new_style是一个段落样式对象，因此可以直接使用段落样式类_ParagraphStyle、字符样式类_CharacterStyle及基础样式类BaseStyle中的所有方法对其进行设置。

在类_ParagraphStyle中非常常用的方法为paragraph_format，此方法关联了类ParagraphFormat（详见11.4.6小节）。在类_CharacterStyle中非常常用的方法为font，此方法关联了类Font（详见11.3.4小节）。

示例代码：

```
01 import docx
02 from docx.shared import Cm,Pt
03 from docx.enum.style import WD_STYLE_TYPE
04 docD = docx.Document('第1章初识Python.docx')
05 new_style = docD.styles.add_style('自创样式4',style_type = WD_STYLE_TYPE.PARAGRAPH)
06 new_style.font.size = Pt(18)
07 new_style.paragraph_format.first_line_indent = Cm(1)
08 docD.paragraphs[4].style = new_style
09 docD.save('新第1章初识Python.docx')
```

第5行代码创建了段落样式对象new_style。第6行代码设置段落样式对象中的字体大小为18Pt。第7行代码设置段落样式对象中的缩进格式为首行缩进1Cm。第8行代码将文档第5段的内容格式设置为new_style段落样式。执行代码后，文档第5段的内容会被自动设置字体大小为18Pt（小二号）、首行缩进1Cm。

执行代码后打开“新第1章初识Python.docx”文件，可以看到在样式列表中出现了“自创样式4”，文档第5段运用了该样式，如图11-50所示。

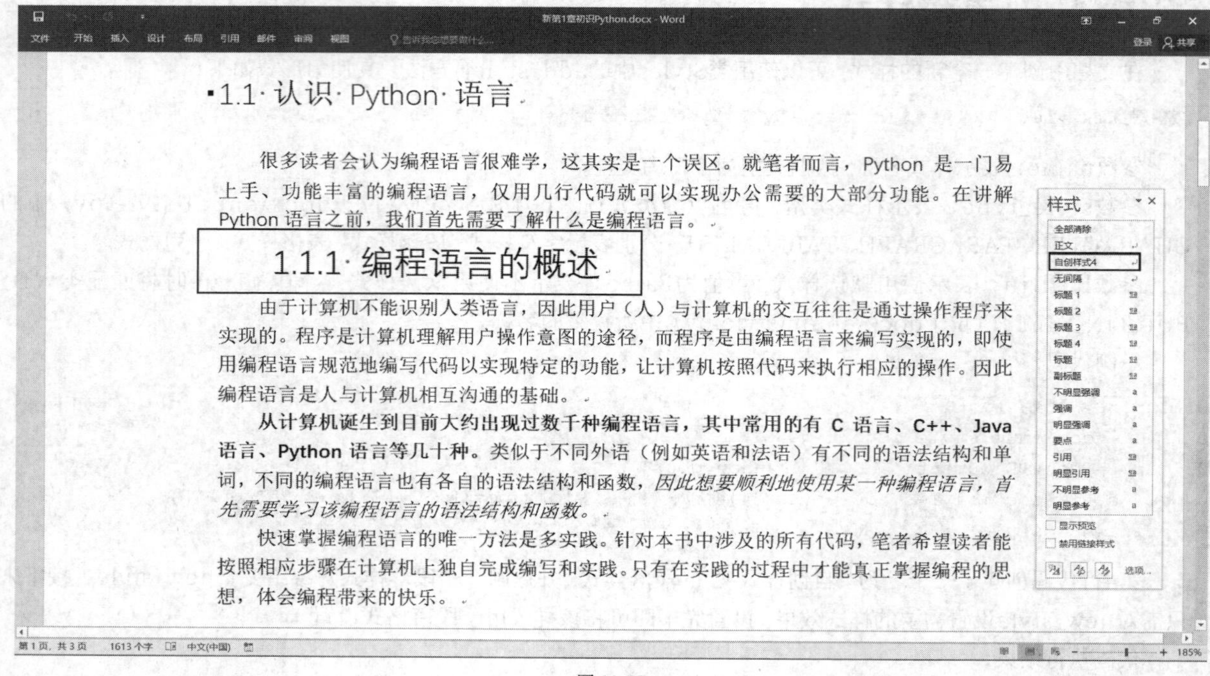

▪1.1 认识 Python 语言

很多读者会认为编程语言很难学，这其实是一个误区。就笔者而言，Python 是一门易上手、功能丰富的编程语言，仅用几行代码就可以实现办公需要的大部分功能。在讲解 Python 语言之前，我们首先需要了解什么是编程语言。

1.1.1 编程语言的概述

由于计算机不能识别人类语言，因此用户（人）与计算机的交互往往是通过操作程序来实现的。程序是计算机理解用户操作意图的途径，而程序是由编程语言来编写实现的，即使用编程语言规范地编写代码以实现特定的功能，让计算机按照代码来执行相应的操作。因此编程语言是人与计算机相互沟通的基础。

从计算机诞生到目前大约出现过数千种编程语言，其中常用的有 C 语言、C++、Java 语言、Python 语言等几十种。类似于不同外语（例如英语和法语）有不同的语法结构和单词，不同的编程语言也有各自的语法结构和函数，*因此想要顺利地使用某一种编程语言，首先需要学习该编程语言的语法结构和函数。*

快速掌握编程语言的唯一方法是多实践。针对本书中涉及的所有代码，笔者希望读者能按照相应步骤在计算机上独自完成编写和实践。只有在实践的过程中才能真正掌握编程的思想，体会编程带来的快乐。

图 11-50

项目案例 实现操作汽车说明书文档

项目描述

某汽车4S店销售人员已经将销售的车辆信息记录到Excel表格中，如图11-51所示，工作表第1列为客户姓名，第2列为客户购买的汽车类型，一共40名客户。现提供了一份汽车用户手册模板，如图11-52所示。

	A	B
1	王强强	C200
2	伟泽	E300
3	越彬	C260
4	靖琪	GLC260
5	明辉	GLC300
6	伟诚	GLB200
7	明轩	GLC260
8	绍辉	GLC300
9	健柏	GLB200
10	雨泽	C300
11	楷瑞	GLC260
12	建辉	GLC300

图 11-51

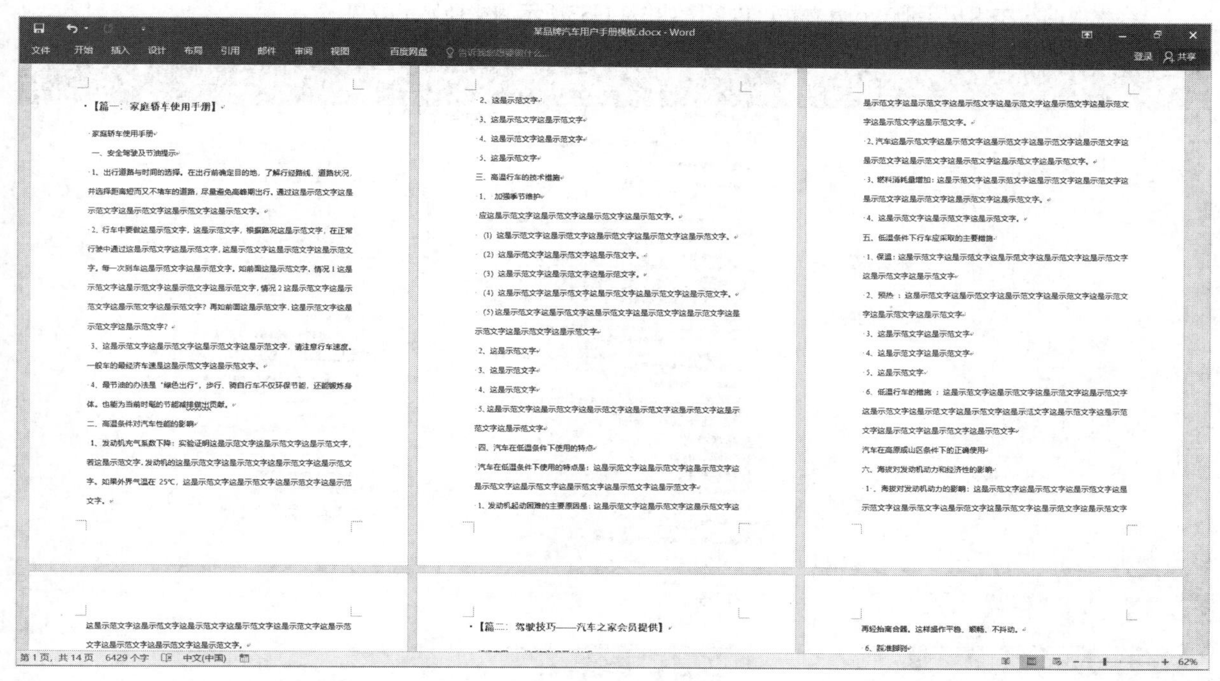

图 11-52

项目任务

根据Excel表格信息自动生成40份汽车用户手册Word文件，并根据客户的姓名和汽车的型号修改汽车用户手册Word文件内容。

项目实现步骤

步骤1，设计一个封面，包含标题1的内容“汽车用户手册”和表格内容，表格中填写客户的信息。

步骤2，设置标题1的段落对齐方式为居中对齐，中文字体为宋体，字号为36Pt，字形为加粗。

步骤3，表格的第1列内容格式为右对齐，第2列内容格式为左对齐，中文字体为宋体，西文字体为Times New Roman，字号为18Pt，字形为加粗。

步骤4，汽车用户手册包含三个篇章，将篇一、篇二、篇三的标题内容设置为标题2样式，对齐方式为左对齐，字号为18Pt，字形为加粗，中文字体为宋体，西文字体为Times New Roman。

步骤5，正文的对齐方式为两端对齐，字号为18Pt，字形为加粗，中文字体为宋体，西文字体为Times New Roman。

步骤6，将各篇的标题名加入页眉，并且首页不加入页眉，在各自的节中显示对应的标题内容。

步骤7，生成的Word文件名形式为“某品牌汽车用户手册-客户名先生-汽车车型.docx”，例如“某品牌汽车用户手册-越彬先生-C260.docx”。

最终生成的汽车用户手册Word文件可以参考如图11-53所示的文档显示效果。

图 11-53

项目实现代码

```
01 import openpyxl
02 import docx
03 from docx.enum.style import WD_STYLE_TYPE
04 from docx.shared import Pt
05 from docx.oxml.ns import qn
06 from docx.enum.text import WD_PARAGRAPH_ALIGNMENT
07 def style_design(name,alig,size,bold = True):
08     '''样式设计'''
09     table_style = doc_user.styles.add_style(name, WD_STYLE_TYPE.PARAGRAPH)
10     table_style.paragraph_format.alignment = alig
11     table_style.font.size = Pt(size)
12     table_style.font.bold = bold
13     table_style.font.name = 'Times New Roman'
14     table_style.font._element.rPr.rFonts.set(qn('w:eastAsia'), '宋体')
15 def fengmian(doc_user,chezhu,chexing):
16     '''封面设计'''
17     style_design('标题1',WD_PARAGRAPH_ALIGNMENT.CENTER,36)
18     doc_user.add_paragraph(text='汽车用户手册', style='标题1')
19     doc_user.add_paragraph('\n\n\n\n\n\n\n\n\n\n\n\n\n\n\n\n\n\n\n\n\n')
20     user_info = doc_user.add_table(2, 2)
21     style_design('表格样式1', WD_PARAGRAPH_ALIGNMENT.RIGHT, 18)
22     style_design('表格样式2', WD_PARAGRAPH_ALIGNMENT.LEFT, 18)
23     user_info.cell(0, 0).add_paragraph('汽车车主:', style='表格样式1')
24     user_info.cell(0, 1).add_paragraph(chezhu, style='表格样式2')
25     user_info.cell(1, 0).add_paragraph('汽车车型:', style='表格样式1')
```

```
26      user_info.cell(1, 1).add_paragraph(chexing, style='表格样式2')
27 def zhengwen(doc_template,doc_user):
28      '''正文设计'''
29      style_design('标题2',WD_PARAGRAPH_ALIGNMENT.LEFT,18)
30      style_design('正文1', WD_PARAGRAPH_ALIGNMENT.JUSTIFY,12,bold=False)
31      for parg in doc_template.paragraphs[:]:
32          if '篇' in parg.text:
33              new_section = doc_user.add_section()
34              new_section.header.is_linked_to_previous = False
35              new_section.header.paragraphs[0].text = parg.text
36              new_section.header.paragraphs[0].alignment = WD_PARAGRAPH_ALIGNMENT.CENTER
37              doc_user.add_paragraph(parg.text,'标题2')
38              continue
39          doc_user.add_paragraph(parg.text,'正文1')
40 '''代码开始执行处'''
41 doc_template = docx.Document('Word项目-汽车用户手册\某品牌汽车用户手册模板.docx')
42 ex_file = openpyxl.load_workbook('Word项目-汽车用户手册\客户信息.xlsx')
43 sheet_1 = ex_file.get_sheet_by_name('Sheet1')
44 for line in sheet_1['A1':'B40']:
45     doc_user = docx.Document()
46     fengmian(doc_user,line[0].value,line[1].value)
47     zhengwen(doc_template,doc_user)
48      info = 'Word项目-汽车用户手册\某品牌汽车用户手册-' + line[0].value+'先生-'+line[1].value+'.
docx'
49     doc_user.save(info)
```

在该代码中，定义了样式设计函数style_design()、封面设计函数fengmian()及正文设计函数zhengwen()。

第7～14行中的函数style_design()用于创建段落样式。段落样式的名称、对齐方式、字体大小、字体是否加粗均可通过参数进行设置。在该函数下的代码块中，第1行代码实现在文档中创建一个样式，第2行代码设置样式的对齐方式，第3行代码设置样式的字体大小，第4行代码设置样式的字体是否加粗，第5行代码设置样式的西文字体为Times New Roman，第6行代码设置样式的中文字体为宋体。该段落样式一旦创建后便会被自动添加到文档中。

第15～26行中的函数fengmian()用于设计文档的封面。在该函数下的代码块中，第1行代码调用了style_design()函数创建标题1样式；第2行代码在文档中添加了一个段落，内容为“汽车用户手册”，且其样式为标题1样式，第3行代码添加了多个空白段落；第4行代码创建了一个2行2列的表格；第5、6行代码分别创建了两个样式，即表格样式1和表格样式2；第7～10行代码在表格的单元格中添加内容。

第27～39行中的函数zhengwen()用于将模板的内容一一复制到新文档中。在该函数下的代码块中，第1、2行代码设计了标题2样式和正文1样式；第3行代码使用for循环依次遍历模板内容；第4行代码表明如果遇到段落内容中有“篇”字，说明获取到了篇一、篇二、篇三的内容；第5行代码表明添加分节符；第6行代码取消将页眉关联到上一个节；第7行代码设置页眉内容为有“篇”字的段落内容；第8行代码设置页眉内容的对齐方式为居中对齐；第9行代码在文档中增加一个段落，且其内容为有“篇”字的段落内容，并设置其样式为标题2；第11行代码将模板中的正文（不带“篇”字的段落）添加到文档中。

主代码程序用于实现读取模板文件，并根据Excel文件中的数据创建新的文件，同时调用以上函数以实现将模板内容一一写入新的文件。

该代码在执行过程中会根据Excel文件中的信息自动创建所有的Word文件，代码执行完毕后，生成的40份汽车用户手册Word文件如图11-54所示。

名称	修改日期	类型	大小
某品牌汽车用户手册-皓轩先生-C260.do...	2021/2/25 16:11	Microsoft Word ...	48 KB
某品牌汽车用户手册-鹤轩先生-C260.do...	2021/2/25 16:11	Microsoft Word ...	48 KB
某品牌汽车用户手册-弘文先生-GLB200....	2021/2/25 16:11	Microsoft Word ...	48 KB
某品牌汽车用户手册-嘉懿先生-E300.docx	2021/2/25 16:11	Microsoft Word ...	48 KB
某品牌汽车用户手册-建辉 先生-GLC300...	2021/2/25 16:11	Microsoft Word ...	48 KB
某品牌汽车用户手册-健柏先生-GLB200....	2021/2/25 16:11	Microsoft Word ...	48 KB
某品牌汽车用户手册-瑾瑜先生-E300.docx	2021/2/25 16:11	Microsoft Word ...	48 KB
某品牌汽车用户手册-晋鹏先生-GLB200....	2021/2/25 16:11	Microsoft Word ...	48 KB
某品牌汽车用户手册-靖琪 先生-GLC260...	2021/2/25 16:11	Microsoft Word ...	48 KB
某品牌汽车用户手册-君昊先生-E300.docx	2021/2/25 16:11	Microsoft Word ...	48 KB
某品牌汽车用户手册-峻熙先生-C260.do...	2021/2/25 16:11	Microsoft Word ...	48 KB
某品牌汽车用户手册-楷瑞先生-GLC260....	2021/2/25 16:11	Microsoft Word ...	48 KB
某品牌汽车用户手册-明辉先生-GLC300....	2021/2/25 16:11	Microsoft Word ...	48 KB
某品牌汽车用户手册-明轩先生-GLC260....	2021/2/25 16:11	Microsoft Word ...	48 KB
某品牌汽车用户手册模板.docx	2020/9/14 11:08	Microsoft Word ...	23 KB
某品牌汽车用户手册-鹏涛先生-E300.docx	2021/2/25 16:11	Microsoft Word ...	48 KB
某品牌汽车用户手册-鹏煊先生-C200.do...	2021/2/25 16:11	Microsoft Word ...	48 KB
某品牌汽车用户手册-擎苍先生-C260.do...	2021/2/25 16:11	Microsoft Word ...	48 KB
某品牌汽车用户手册-荣轩先生-GLC260....	2021/2/25 16:11	Microsoft Word ...	48 KB
某品牌汽车用户手册-绍辉先生-C260.do...	2021/2/25 16:11	Microsoft Word ...	48 KB
某品牌汽车用户手册-绍辉先生-GLC300....	2021/2/25 16:11	Microsoft Word ...	48 KB
某品牌汽车用户手册-天磊先生-E300.docx	2021/2/25 16:11	Microsoft Word ...	48 KB
某品牌汽车用户手册-王强强先生-C200....	2021/2/25 16:11	Microsoft Word ...	48 KB

图 11-54

总结

本章根据python-docx库的层次结构介绍了操作Word文件的常见方法。首先介绍了run模块的操作方法，接着介绍了段落（一个段落中包含0个或多个run模块）的操作方法，然后介绍了文档的操作方法。还介绍了样式的使用方法，样式可以很方便地为每一个run模块、段落、表格、序列快速设置格式。最后介绍了一个批量创建Word文件的项目案例来帮助读者巩固本章的知识点。

读者需要掌握Word文件的常用操作方法。Python-docx库的更新速度比较快，因此可能会存在新版本中某些方法和类的名称与本书中的不同，不过通常官方会在源代码中给出英文提示信息，以便于用户快速掌握类和方法的使用。读者可进入python-docx库阅读源代码，慢慢培养阅读源代码的能力。

希望读者能够学以致用，例如将Word文件、Excel文件及其他文件相结合使用。Python办公自动化与VBA的最大区别在于VBA只能用于Office办公软件的自动化操作，无法结合操作系统本身的功能，也无法结合Python丰富的第三方库功能。总体来说，Python的办公自动化功能更强大，用于办公的方法更灵活。

第 12 章

操作 PPT 文件

在办公过程中读者如果经常和PPT文件打交道，那么可能需要批量操作大量的PPT文件，例如批量修改PPT文件的设置、创建大量模板相同但内容不同的PPT文件等，可以尝试使用本章介绍的方法来解决问题。

本章从PPT文件开始介绍，根据PPT文件的特性选择合适的第三方库python-pptx。然后从python-pptx库的层次结构开始介绍库的使用方法，首先从整个PPT文件的操作开始，再到每一张幻灯片的操作，最后到幻灯片中每一个形状的操作。本章的项目案例要求在Excel文件与PPT文件相结合的情况下，实现批量创建多份PPT文件，且要求根据.xlsx格式文件中的信息在每一份PPT文件中创建对应的图表。

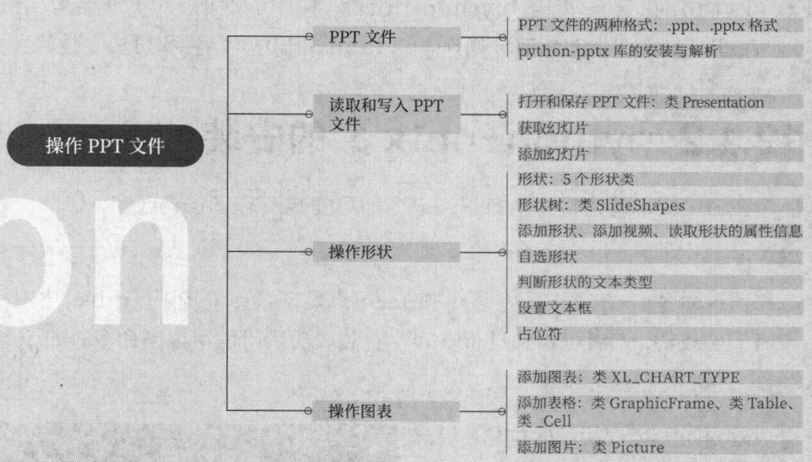

操作 PPT 文件

- PPT 文件
  - PPT 文件的两种格式：.ppt、.pptx 格式
  - python-pptx 库的安装与解析
- 读取和写入 PPT 文件
  - 打开和保存 PPT 文件：类 Presentation
  - 获取幻灯片
  - 添加幻灯片
- 操作形状
  - 形状：5 个形状类
  - 形状树：类 SlideShapes
  - 添加形状、添加视频、读取形状的属性信息
  - 自选形状
  - 判断形状的文本类型
  - 设置文本框
  - 占位符
- 操作图表
  - 添加图表：类 XL_CHART_TYPE
  - 添加表格：类 GraphicFrame、类 Table、类 _Cell
  - 添加图片：类 Picture

Python

12.1 PPT 文件

本节主要介绍PPT文件的构成、用于处理PPT文件的第三方库python-pptx的安装，以及对该库的解析。

12.1.1 PPT 文件的介绍

PPT（Microsoft Office PowerPoint）是由微软公司开发的一款用于处理演示文稿的软件。该软件创建的文件有.ppt和.pptx两种格式，其中.ppt格式文件是由Office PowerPoint 2003及以下的版本创建的，而.pptx格式文件是由Office PowerPoint 2007及以上的版本创建的。由于.pptx格式文件具备更多的图形和动画效果，因此.pptx格式也是目前更为主流的PPT文件格式。

图12-1所示的内容为使用Office PowerPoint 2016软件创建的PPT文件，其文件名为“test.pptx”，该软件提供了大量用于设计PPT文件的功能，可以满足用户对信息的展示需求。

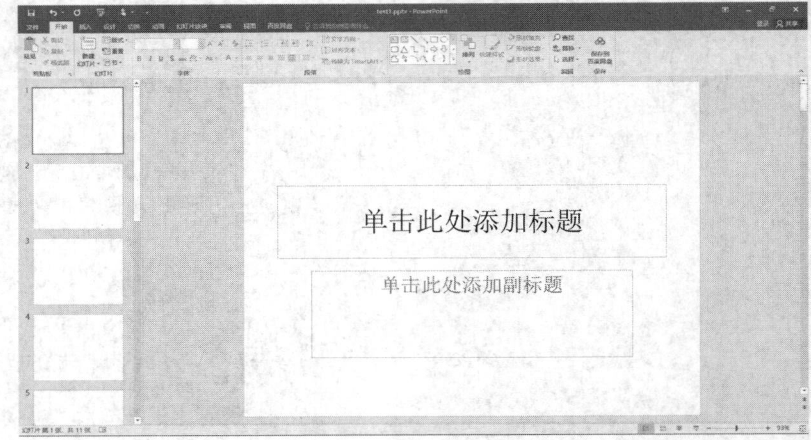

图 12-1

Python第三方库中的python-pptx库不仅可以实现对扩展名为.pptx的PPT文件进行操作，还可以实现PowerPoint软件上的大部分操作。Python代码的灵活性和可重复性等特点能大大提高制作PPT文件的效率。

12.1.2 python-pptx 库的安装

在命令提示符窗口中执行以下命令即可安装python-pptx库：

```
pip install python-pptx
```

通过命令`pip show python-pptx`可以发现该库依赖于lxml库、Pillow库和XlsxWriter库。如果这3个库没有安装成功，读者可单独进行安装。安装成功后可使用以下命令查看python-pptx库的信息：

```
pip show python-pptx
```

返回如图12-2所示的信息，包含当前安装的python-pptx库的版本、官方地址及安装目录等信息。

```
命令提示符
Microsoft Windows [版本 10.0.19044.1889]
(c) Microsoft Corporation。保留所有权利。

C:\Users\Administrator>pip show python-pptx
Name: python-pptx
Version: 0.6.19
Summary: Generate and manipulate Open XML PowerPoint (.pptx) files
Home-page: http://github.com/scanny/python-pptx
Author: Steve Canny
Author-email: python-pptx@googlegroups.com
License: The MIT License (MIT)
Location: c:\users\administrator\appdata\local\programs\python\python37\lib\site-packages
Requires: lxml, Pillow, XlsxWriter
Required-by: python-office

C:\Users\Administrator>
```

图 12-2

12.1.3 python-pptx 库的解析

python-pptx库中具备了大量类的方法和属性，读者无须全部记忆，在使用时只需要在命令提示符窗口中执行命令`pip show python-pptx`找到对应库的安装地址即可，如图12-2所示。参考命令提示符窗口中提供的安装目录地址，在计算机中进入此目录，如图12-3所示，即可找到python-pptx库的所有源代码。

python-pptx库的每个文件夹中都包含对PPT文件进行操作的功能。例如文件夹chart中是关于PPT文件中图表的操作，文件夹enum中定义了PPT文件中需要使用到的所有元素，文件夹shapes中是PPT文件中所有的形状操作，文件夹templates中是关于模板的操作，文件夹text中是关于文本内容的操作。

C:\Users\Administrator\AppData\Local\Programs\Python\Python37\Lib\site-packages\pptx

名称	修改日期	类型	大小
__pycache__	2021/6/24 20:00	文件夹	
chart	2021/6/24 20:00	文件夹	
compat	2021/6/24 20:00	文件夹	
dml	2021/6/24 20:00	文件夹	
enum	2021/6/24 20:00	文件夹	
opc	2021/6/24 20:00	文件夹	
oxml	2021/6/24 20:00	文件夹	
parts	2021/6/24 20:00	文件夹	
shapes	2021/6/24 20:00	文件夹	
templates	2021/6/24 20:00	文件夹	
text	2021/6/24 20:00	文件夹	
__init__.py	2021/5/18 6:32	Python File	2 KB
action.py	2019/5/3 8:34	Python File	9 KB
api.py	2019/5/3 8:34	Python File	2 KB
exc.py	2014/9/14 14:01	Python File	1 KB
media.py	2019/5/3 8:34	Python File	11 KB
package.py	2019/5/3 8:34	Python File	9 KB
presentation.py	2019/5/3 8:34	Python File	4 KB
shared.py	2019/5/3 8:34	Python File	3 KB
slide.py	2019/5/3 8:34	Python File	18 KB
spec.py	2021/5/18 6:31	Python File	24 KB
table.py	2019/5/3 8:34	Python File	16 KB
util.py	2019/5/3 8:34	Python File	4 KB

图 12-3

12.2 读取和写入 PPT 文件

本节开始正式学习python-pptx库的代码。导入python-pptx库的方法为`import pptx`，这里的pptx即表示python-pptx库，需要注意的是不能将其写为`import python-pptx`，因为在安装目录中，下载好的python-pptx库的文件夹名为“pptx”，如图12-3所示。

在python-pptx库中，PPT文件结构被划分为3个层次。首先进入的层次为整个PPT文件，然后进入的层次是文件中的一张幻灯片，也为一个slide对象。例如图12-4所示的PPT文件中包含5张幻灯片（即包含5个slide对象）。最后的层次为幻灯片中的形状。

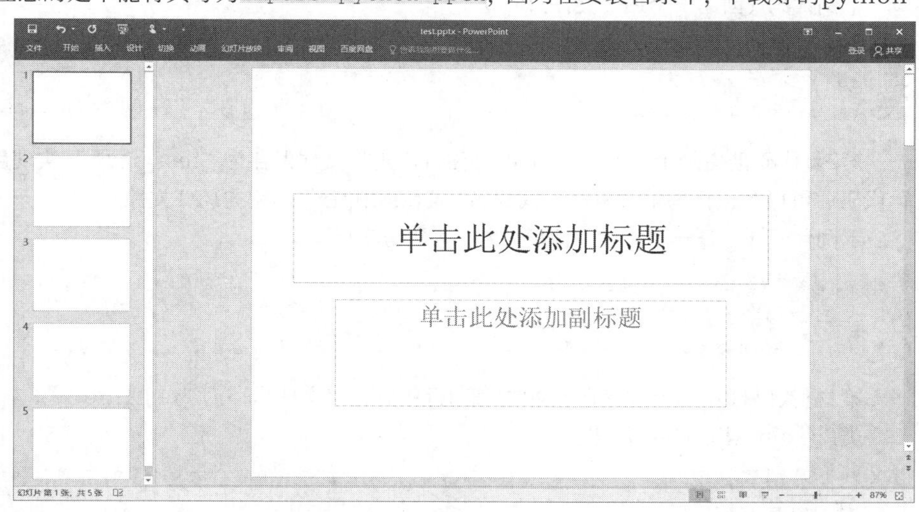

图 12-4

12.2.1 打开和保存 PPT 文件

在库中使用类Presentation可以打开PPT文件。其使用形式如下：

```
Presentation(path)
```

参数path：指明需要打开的PPT文件的路径及文件名，当没有填入参数path时，则默认创建一个新的PPT文件对象，数据类型为字符串类型。

返回值：返回一个PPT文件对象，与open()函数打开文件后返回的对象相似。

示例代码：

```
01 from pptx import Presentation
02 prs = Presentation()
03 print(prs)
```

第1行代码从python-pptx库中导入了类Presentation。

第2行代码使用类Presentation创建一个新的PPT文件对象并赋值给变量prs。

第3行代码输出创建的PPT文件对象（后可简称文件对象）的信息。

代码执行结果：

```
<pptx.presentation.Presentation object at 0x00000128792F1368>
```

当需要将打开的文件对象保存下来时，可以使用文件对象中的save()方法来实现“保存”或“另存为”的功能。其使用形式如下：

```
文件对象.save(path)
```

参数path：指定保存的文件的路径和文件名，数据类型为字符串类型。

使用save()方法时可能会遇到以下3种情况。

第1种情况，如果使用类Presentation创建了新的文件对象，接着使用save()方法将创建一个新的文件。

第2种情况，如果save()的参数path和类Presentation打开的文件path相同，则表示保存path所指的文件，这之间对文件所进行的操作都会被保存下来。

第3种情况，如果save()的参数path和类Presentation打开的文件path不相同，则使用save()方法会将文件另存为一个新的PPT文件，原PPT文件的内容不会被代码修改，新PPT文件会在原PPT文件的基础上保留被代码修改的部分。

示例代码（创建一个PPT文件）：

```
01 from pptx import Presentation
02 prs = Presentation()
03 prs.save('test.pptx')
```

第2行代码创建一个空的文件对象，第3行代码将文件保存为“test.pptx”，实现创建一个新的PPT文件，执行代码后可以在该代码相对路径下找到名为“test.pptx”的空白PPT文件。

示例代码（打开一个文件并使用“另存为”功能）：

```
from pptx import Presentation
prs = Presentation('test.pptx')
prs.save('test1.pptx')
```

第2行代码打开“test.pptx”文件，第3行代码将该文件另存为“test1.pptx”。

类Presentation的简洁定义：

```
class Presentation(PartElementProxy):       #位于库pptx\presentation.py中，继承了父类
PartElementProxy
    def core_properties(self): ...
    def notes_master(self): ...#获取PPT文件中的备注母版
    def save(self, file): ...#保存文件到本地
    def slide_height(self): ...                #获取幻灯片的高度
    def slide_height(self, height): ...        #设置幻灯片的高度
    def slide_layouts(self): ...               #返回幻灯片的版式布局
    def slide_master(self): ...                #返回第1张幻灯片的母版
```

```
    def slide_masters(self): ...                #返回所有幻灯片的母版
    def slide_width(self): ...                  #获取幻灯片的宽度
    def slide_width(self, width): ... #设置幻灯片的宽度
    def slides(self): ...                 #获取PPT文件中的所有slide对象
```

12.2.2 获取幻灯片

使用slides属性可以获取文件对象中的所有幻灯片（slide对象）。其使用形式如下：

```
文件对象.slides
```

返回值：返回所有幻灯片的集合对象slides。slides对象中包含多个slide对象，可以使用列表索引的形式获取其中某一个slide对象，也可以使用遍历方式获取每一个slide对象。集合对象slides是由python-pptx库的slide.py文件中的类Slides创建的，其中包含多种方法。

类Slides的简洁定义：

```
class Slides(ParentedElementProxy):     #位于库pptx\slide.py中，继承父类ParentedElementProxy
    def add_slide(self, slide_layout): ...                #添加一张新的幻灯片
    def get(self, slide_id, default=None): ...            #返回PPT文件中索引号为slide_id的幻灯片
    def index(self, slide): ...                           #将其他slide映射到索引号为0的位置处
```

示例代码（获取“test.pptx”文件中的所有slide对象）：

```
01 from pptx import Presentation
02 prs = Presentation('test.pptx')
03 print(prs.slides)
04 print(prs.slides[1])
05 for i in prs.slides:
06     print(i)
```

第3行代码输出文件对象中的slides，即slide的集合对象。

第4行代码输出集合对象slides中的第2个slide，表明可以使用索引的方式获取其中的某一个slide。

第5、6行代码使用for循环遍历集合对象slides。

代码执行结果：

```
<pptx.slide.Slides object at 0x0000022B18F66098>
<pptx.slide.Slide object at 0x0000022B18F5AE08>
<pptx.slide.Slide object at 0x0000022B18F5AEA8>
<pptx.slide.Slide object at 0x0000022B18F5AE08>
<pptx.slide.Slide object at 0x0000022B18F5AF98>
<pptx.slide.Slide object at 0x0000022B18F5AEF8>
<pptx.slide.Slide object at 0x0000022B18F5AF48>
```

结果表明该文件中一共包含5个slide。

12.2.3 添加幻灯片

在PPT文件中添加一张新的幻灯片的方法为add_slide()。其使用形式如下：

```
slides对象.add_slide(slide_layout)
```

功能：添加一张版式布局为slide_layout的幻灯片。

参数slide_layout：设置slide的版式布局，与PowerPoint软件中的“版式”设置功能相同，如图12-5所示。其数据类型为SlideLayout，该数据类型可以通过文件对象中的slide_layouts方法创建（详见12.2.1小节中类Presentation的简洁定义）。slide_layouts关联了类SlideMasters（类SlideMasters中定义了11种幻灯片版式布局方式），并且slide_layouts是一个集合对象，可使用以下形式获取版式布局：

```
文件对象.slide_layouts[i]
```

参数i：表示选择第几个版式，该版式与PowerPoint软件中的相应“版式”基本一致，如图12-5所示。

示例代码：

```
01 from pptx import Presentation
02 prs = Presentation('test.pptx')
03 slide = prs.slides.add_slide(prs.slide_layouts[2])
04 print(len(prs.slides))
05 prs.save('test.pptx')
```

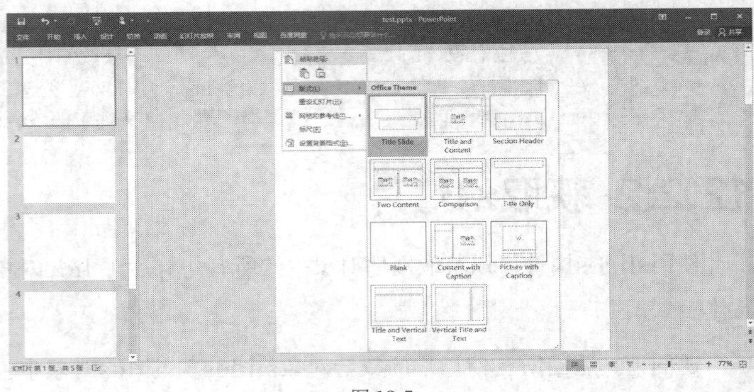

图 12-5

第3行代码实现了增加一个新的slide，且slide的版式索引号为2(索引号从0开始，2表示Section Header版式，可参考如图12-5所示的版式的英文名称)。

第4行代码使用len()函数测量文件对象中包含的幻灯片个数。

执行代码后打开“test.pptx”文件可以观察到幻灯片末尾新增了一张幻灯片，如图12-6所示，并且在Shell界面中输出6，表明当前PPT文件中一共包含6张幻灯片。

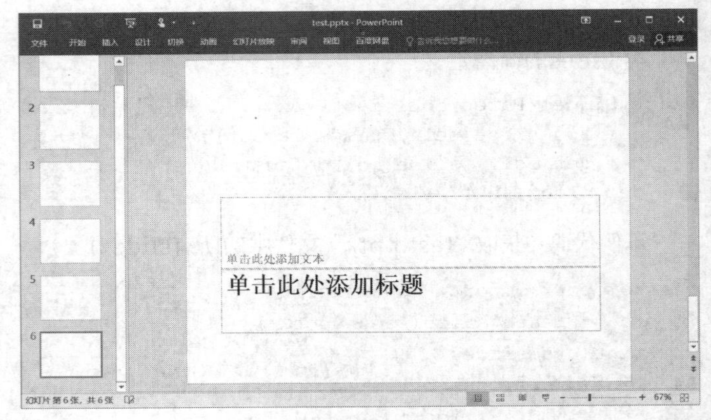

图 12-6

在PPT文件中可以给不同的幻灯片创建不同的版式。例如要实现批量创建9张幻灯片，且每张幻灯片的版式各不相同，代码如下：

```
01 from pptx import Presentation
02 prs = Presentation()
03 i = 0
04 for a in range(9):
05     slide = prs.slides.add_slide(prs.slide_layouts[i])
06     i += 1
07 prs.save('test2.pptx')
```

该代码中加入了for循环，用于实现在PPT文件中逐次添加不同版式的幻灯片。执行代码后读者可打开“test2.pptx”文件观察显示效果。

add_slide()方法在执行后会返回一个slide对象，slide对象是由python-pptx库的slide.py文件中的类Slide创建的，其中包含多种方法。

类Slide的简洁定义：

```
class Slide(_BaseSlide):     #位于pptx\slide.py文件中，继承父类_BaseSlide
    def background(self): ...#返回幻灯片的背景对象
    def follow_master_background(self): ...#判断幻灯片是否继承了幻灯片主背景
    def has_notes_slide(self): ...#判断是否包含NotesSlide对象
    def notes_slide(self): ...#获取NotesSlide对象
    def placeholders(self): ...#获取幻灯片中的占位符对象
    def shapes(self): ...#获取幻灯片中的shapes对象
    def slide_id(self): ...#在当前PPT文件中唯一标识此幻灯片的索引号
    def slide_layout(self): ...#获取幻灯片中的版式对象
```

12.3 操作形状

一张幻灯片中包含一个形状树（shapes）对象，一个shapes中包含多个形状（shape）对象，根据12.2.3小节中类Slide的简洁定义可知，通过shapes()方法即可获取幻灯片中的shapes对象。

12.3.1 形状

一张幻灯片中存在多个形状（即幻灯片中存在的最小独立单元），与PowerPoint软件中“插入”菜单下的“形状”元素基本相同，如图12-7所示。

图 12-7

在python-pptx库的enum模块下的shapes.py文件中包含python-pptx库所支持的所有形状。该文件中包含5个类，分别为类MSO_AUTO_SHAPE_TYPE、类MSO_CONNECTOR_TYPE、类MSO_SHAPE_TYPE、类PP_MEDIA_TYPE、类PP_PLACEHOLDER_TYPE，每个类中都包含多个形状。

类MSO_AUTO_SHAPE_TYPE：

```
class MSO_AUTO_SHAPE_TYPE(XmlEnumeration): ...#自选形状
    "ACTION_BUTTON_BACK_OR_PREVIOUS",            #“上一步”按钮
    "ACTION_BUTTON_BEGINNING",                   #操作开始按钮
    "ACTION_BUTTON_DOCUMENT",           #文档按钮
    "ACTION_BUTTON_END",                #结束按钮
    "ACTION_BUTTON_FORWARD_OR_NEXT", #“前进”或“下一步”按钮
    "ACTION_BUTTON_HELP",       #帮助按钮
    "ACTION_BUTTON_HOME",       #主页按钮
    "ACTION_BUTTON_MOVIE",      #视频播放按钮
    "BENT_ARROW", #沿90度曲线方向的方块箭头
    "CLOUD", #云
    "CURVED_DOWN_ARROW",                #阻挡向下弯曲的箭头
    "DOWN_ARROW_CALLOUT",               #箭头指向下的标注
    "FLOWCHART_ALTERNATE_PROCESS",      #交替过程流程图符号
    "FLOWCHART_CONNECTOR",              #流程图符号连接器
    "U_TURN_ARROW",                     #U形块箭头
    ...
```

类MSO_AUTO_SHAPE_TYPE的内容较多，这里不一一列举，读者可进入pptx\enum\shapes.py文件中查看类MSO_AUTO_SHAPE_TYPE的源代码。其中每一个形状对应的中文翻译可以参考微软官方提供的技术文档（直接在浏览器中搜索类名即可）。

类MSO_CONNECTOR_TYPE：

```
class MSO_CONNECTOR_TYPE(XmlEnumeration): ...#连接形状
    "CURVE",   #弯曲连接
    "STRAIGHT",#直线连接
    ...
```

其中每一个形状对应的中文翻译可以参考微软官方提供的技术文档。

类MSO_SHAPE_TYPE：

```
class MSO_SHAPE_TYPE(Enumeration): ...#基础形状
    "CHART",    #图表
    "COMMENT", #批注
    "MIXED",    #混合形状
    ...
```

其中每一个形状对应的中文翻译可以参考微软官方提供的技术文档。

类PP_MEDIA_TYPE：

```
class PP_MEDIA_TYPE(Enumeration): ...#媒体形状
    "MOVIE",    #视频媒体
    "OTHER",    #其他媒体
    "SOUND",    #音频媒体
```

其中每一个形状对应的中文翻译可以参考微软官方提供的技术文档。

类PP_PLACEHOLDER_TYPE：

```
class PP_PLACEHOLDER_TYPE(XmlEnumeration): ...#占位符形状
    "ORG_CHART",        #SmartArt插图占位符
    "FOOTER",           #页脚
    "HEADER",           #页眉
    "OBJECT",           #对象
    ...
```

其中每一个形状对应的中文翻译可以参考微软官方提供的技术文档。

注意

占位符是一种可以将内容放入其中的预格式化容器，可以放入文字、图片等内容。例如新建的幻灯片为Title Slide版式，默认存在两个占位符可用于填入内容。在python-pptx库中使用placeholders属性可获取一个slide中的全部占位符。占位符的用途是设计一套PPT模板，模板中提供固定格式的占位符，可以通过程序代码批量写入内容，实现批量开发演示文稿。占位符也有不同的类型，读者可以进入python-pptx库的enum模块下的shapes.py中查阅PP_PLACEHOLDER_TYPE类。更多关于占位符的信息和使用方法详见12.3.9小节。

示例代码（获取一张幻灯片中的全部shape对象）：

```
01 from pptx import Presentation
02 prs = Presentation('test.pptx')
03 slide = prs.slides[1]
04 print(slide.shapes,len(slide.shapes),slide.shapes[2])
```

第4行代码分别输出3个数据，第1个数据为当前幻灯片slide中的shapes对象（shapes是多个shape的集合对象，也称为形状树对象），第2个数据为当前slide中所包含的shape的个数，第3个数据为第3个shape对象。

代码执行结果：

```
<pptx.shapes.shapetree.SlideShapes object at 0x00000200BCD35188> 6 <pptx.shapes.placeholder.SlidePlaceholder object at 0x00000200BCD360C8>
```

结果表明该幻灯片中一共包含6个shape，第3个shape是一个占位符对象。

示例代码（获取一张幻灯片中的全部占位符对象）：

```
01 from pptx import Presentation
02 prs = Presentation('test.pptx')
03 slide = prs.slides[1]
04 print(slide.placeholders,len(slide.placeholders),slide.placeholders[1])
```

第4行代码输出了3个数据，第1个数据为占位符集合，即由多个占位符对象集合在一起的数据对象，第2个数据为占位符个数，第3个数据为第2个占位符对象。

代码执行结果：

```
<pptx.shapes.shapetree.SlidePlaceholders object at 0x0000017A09DD6348> 3 <pptx.shapes.
placeholder.PlaceholderPicture object at 0x0000017A09DD6E48>
```

该结果表明该幻灯片中一共包含3个占位符，其中第2个占位符为图片。

12.3.2 形状树

shapes对象由类SlideShapes创建而成。

类SlideShapes的简洁定义：

```
class SlideShapes(_BaseGroupShapes):
#位于库pptx\shapes\shapetree.py文件中，继承父类_BaseGroupShapes
    def add _ movie(self, movie _ file, left, top, width, height, poster _ frame _ image=None,
                mime _ type=CT.VIDEO,): ...#返回新增的视频形状
    def add_table(self, rows, cols, left, top, width, height): ...  #添加表格形状
    def clone_layout_placeholders(self, slide_layout): ...  #添加占位符形状
    def placeholders(self): ...#表示包含该幻灯片中所有占位符形状的序列
    def title(self): ...#幻灯片上的标题占位符形状
class _BaseGroupShapes(_BaseShapes):
#位于库pptx\shapes\shapetree.py文件中，继承父类_BaseShapes
    def add_chart(self, chart_type, x, y, cx, cy, chart_data): ...  #在形状树中添加图表形状
    def add_connector(self, connector_type, begin_x, begin_y, end_x, end_y): ...
    #在形状树中添加连接器形状
    def add_group_shape(self, shapes=[]): ...#在形状树中添加一组形状
    def add_ole_object(self, object_file, prog_id, left, top, width=None, height=None,
                    icon_file=None): ...#返回新创建的图形框架形状
    def add_picture(self, image_file, left, top, width=None, height=None): ...
    #在形状树中添加图片形状，其路径由参数image_file指定
    def add_shape(self, autoshape_type_id, left, top, width, height): ...#在形状树中添加一个形状
    def add_textbox(self, left, top, width, height): ...#在形状树中添加文本框形状
    def build_freeform(self, start_x=0, start_y=0, scale=1.0): ...#创建自由形状
    def index(self, shape): ...#返回参数shape所指形状在形状树中的索引
```

shape对象由类SlideShapes创建，类SlideShapes继承了类_BaseGroupShapes，类_BaseGroupShapes继承了类_BaseShapes（可进入库pptx\shapes\shapetree.py文件中查看），类_BaseShapes继承了类ParentedElementProxy（可进入库pptx\shared.py中查看），而类ParentedElementProxy继承了类ElementProxy（可进入库pptx\shared.py中查看），因此shape对象具有以上类中的所有方法。

12.3.3 添加形状

在形状树中添加一个新的形状可以使用add_shape()方法。其使用形式如下：

```
shapes对象.add_shape(autoshape_type_id, left, top, width, height)
```

参数autoshape_type_id：设置形状的类型，数据类型是类MSO_AUTO_SHAPE_TYPE中的成员，需要从库python-pptx的enum模块下的shapes.py中导入类MSO_SHAPE（MSO_AUTO_SHAPE_TYPE的别名，详见12.3.1小节中类MSO_AUTO_SHAPE_TYPE的定义），可设置的形状类型与PowerPoint软件中“插入”菜单

下的“形状”元素基本相同，如图12-8所示。

参数left：表示形状与幻灯片的左边距，值为长度对象（详见11.3.4小节中的长度单位），长度单位位于python-pptx库的util.py文件中，包含Inches、Emu、Cm、Mm、Pt等单位。

参数top：表示形状与幻灯片的顶部边距，值为长度对象，与上相同。

参数width：表示形状的宽度，值为长度对象，与上相同。

参数height：表示形状的高度，值为长度对象，与上相同。

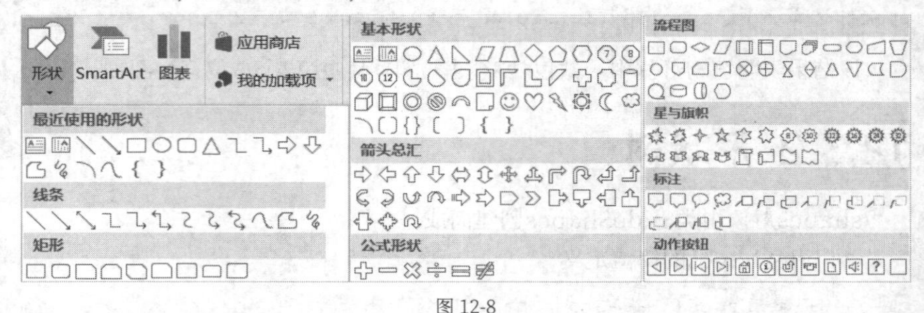

图 12-8

示例代码：

```
01 from pptx import Presentation
02 from pptx.enum.shapes import MSO_SHAPE
03 from pptx.util import Inches
04 prs = Presentation('test.pptx')
05 slide = prs.slides[4]
06 left = top =  Inches(1)
07 width = height = Inches(3)
08 shape = slide.shapes.add_shape(MSO_SHAPE.ROUNDED_RECTANGLE, left, top, width, height)
09 prs.save('test1.pptx')
```

第5行代码获取第5张幻灯片，将在此幻灯片中添加形状。

第6、7行代码定义了长度尺寸，便于后续代码中函数的使用。

第8行代码添加圆角矩形到幻灯片中，且圆角矩形的左边和幻灯片的左边之间的距离为1Inches，圆角矩形的顶边和幻灯片的顶边之间的距离为1Inches，圆角矩形的宽度和高度都为3Inches。

执行代码后打开“test1.pptx”文件，其展示效果如图12-9所示的蓝色圆角矩形，其余内容为版式中存在的两个占位符。

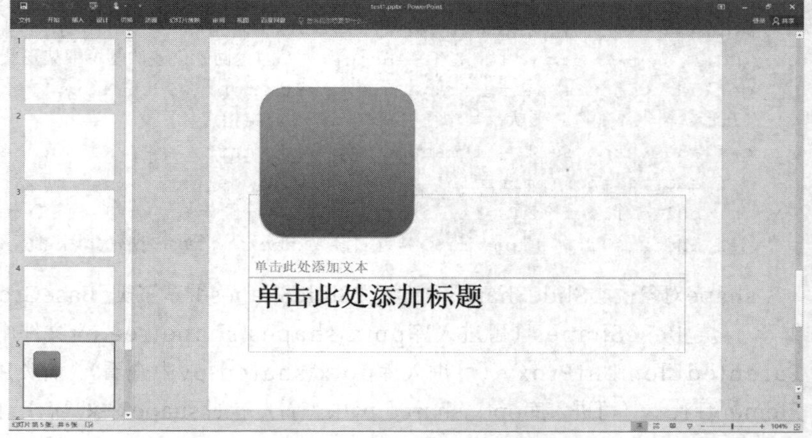

图 12-9

12.3.4 添加视频

形状树中可以添加视频、图片、表格、占位符、标题等，本小节主要讲解如何使用add_movie()方法在形状树中添加视频。其使用形式如下：

```
Shapes对象.add_movie(movie_file, left, top, width, height)
```

参数movie_file：表示视频的路径和文件名，数据类型为字符串类型。

参数left、top、width、height：表示视频形状的位置，与12.3.3小节中add_shape()的参数作用相同。

示例代码：

```
01 from pptx import Presentation
02 from pptx.util import Inches
03 prs = Presentation('test1.pptx')
04 slide = prs.slides[3]
05 top = height = Inches(2)
06 left = width = Inches(3)
07 slide.shapes.add_movie('转场.mp4', left, top, width, height)
08 prs.save('test1.pptx')
```

第7行代码在第4张幻灯片中添加一个视频形状。

执行代码后打开“test1.pptx”文件可以观察到如图12-10所示的效果。

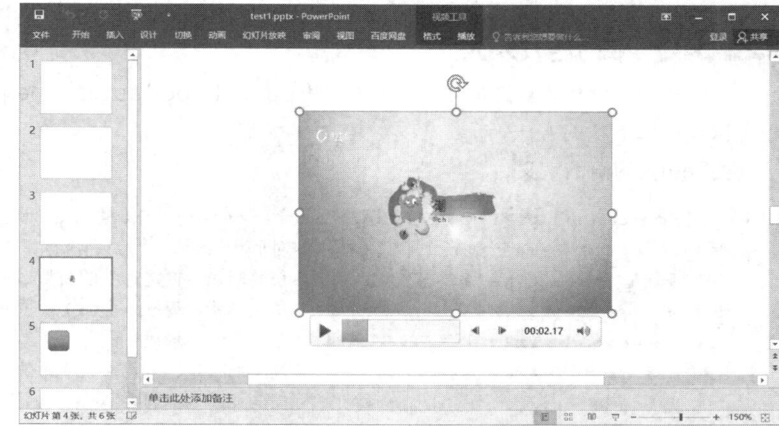

图 12-10

12.3.5 读取形状的属性信息

在读取幻灯片中的形状时，如果需要读取该形状的属性信息，例如大小和所在位置，可以使用以下形式：

```
shape对象.shape_type     #获取形状的类型
shape对象.left           #获取形状到幻灯片的左边距
shape对象.top            #获取形状到幻灯片的顶部边距
shape对象.width          #获取形状的宽度
shape对象.height         #获取形状的高度
```

示例代码：

```
01 from pptx import Presentation
02 prs = Presentation('test1.pptx')
03 slide = prs.slides[4]
04 for shape in slide.shapes:
05     print(shape.shape_type,end='\t')
06     print(shape.left.cm,end='\t')
07     print(shape.top.cm,end='\t')
08     print(shape.width.cm,end='\t')
09     print(shape.height.cm)
```

第4行代码使用for循环语句分别输出第5张幻灯片中的每个形状的属性，包含形状的类型、形状的left和top、形状的width和height，在left后面使用cm表示将数据的单位转换为Cm，默认为Emu。

执行代码后，将会读取“test1.pptx”文件中的第5张幻灯片中的形状信息。

代码执行结果：

```
PLACEHOLDER (14)     2.006425     12.241388888888888     21.59    3.783541666666667
PLACEHOLDER (14)     2.006425     8.074202777777778      21.59    4.1671861111111115
AUTO_SHAPE (1) 2.54     2.54     7.62     7.62
```

在该结果中，第1、2行的内容表示占位符对象（通过版式创建的两个形状），第3行内容表示自选形状，且分别列出了每个形状的类型、大小和在幻灯片中的位置。

针对不同类型的形状，python-pptx库中提供了不同的操作方法，分别位于自选形状（autoshape.py）、基础形状（base.py，所有形状都继承自基础形状）、连接形状（connector.py）、图片形状（picture.py）、占位符形状（placeholder.py）、组形状（group.py，创建的形状可以包含其他形状）等文件中，如图12-11所示。

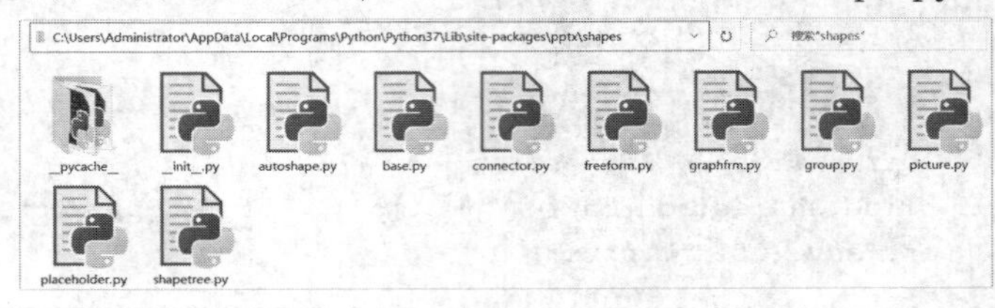

图 12-11

12.3.6 自选形状

如果获取的形状为自选形状，则可以使用pptx\shapes\autoshape.py文件中的类Shape，该类中提供了专用于操作自选形状的方法。

类Shape的简洁定义：

```
class Shape(BaseShape):     #位于库pptx\shapes\autoshape.py中，基于基础类BaseShape(详见12.4.2小节)
    def adjustments(self): ...          #对形状只读
    def auto_shape_type(self): ...      #获取标识此自选形状的类型
    def fill(self): ...                 #填充形状，返回由类FillFormat创建的对象，包含形状填充设置
    def get_or_add_ln(self): ...        #返回包含线形属性的元素
    def has_text_frame(self): ...       #判断形状是否为可输入文本的形状
    def line(self): ...         #返回由类LineFormat创建的对象（为线形对象，可以对线性形状进行操作）
    def ln(self): ...           #获取线条格式属性
    def shape_type(self): ...   #获取形状的类型标识
    def text(self): ...         #获取形状中的文本内容
    def text(self, text): ...   #设置形状中的文本内容
    def text_frame(self): ...   #返回形状中的文本框架，是由类TextFrame创建的对象，包含对文本的操作方法
```

接下来介绍其中的fill()方法，fill()方法可用于填充形状（仅对自选形状有效）。fill()方法关联了类FillFormat，因此可以使用类FillFormat中的solid()、fore_color()、background()等方法对形状进行设置。

类FillFormat的简洁定义：

```
class FillFormat(object):     #位于pptx\dml\fill.py中
    def from_fill_parent(cls, eg_fillProperties_parent): ...#返回填充格式对象
    def back_color(self): ...#返回背景颜色对象
    def background(self): ...#设置背景的填充类型
    def fore_color(self): ...#获取填充的前景颜色
    def gradient(self): ...#设置填充类型为渐变
    def gradient_angle(self): ...#获取线性梯度线的浮动角度
    def gradient_angle(self, value): ...#设置线性梯度线的浮动角度
    def gradient_stops(self): ...#停止渐变
    def pattern(self): ...#获取当前填充模式
    def pattern(self, pattern_type): ...#设置填充模式
    def patterned(self): ...#允许对前景颜色和背景颜色进行后续赋值
    def solid(self): ...#设置填充类型为纯色
    def type(self): ...#返回填充类型
```

形状的文字填充可以在shape对象中使用text()方法实现，形状的外边框设置可以在shape对象中使用line()方法实现。

示例代码（对12.3.3小节中生成的形状进行设置）：

```
01 from pptx import Presentation
02 from pptx.dml.color import RGBColor
```

```
03 from pptx.util import Pt
04 prs = Presentation('test1.pptx')
05 slide = prs.slides[4]
06 shape_3 = slide.shapes[2]
07 shape_3.text = '接下来开始设置颜色'
08 shape_3.fill.solid()
09 shape_3.fill.fore_color.rgb = RGBColor(255, 0, 0)
10 shape_3.line.color.rgb = RGBColor(255, 255, 0)
11 shape_3.line.width = Pt(2.5)
12 prs.save('test1.pptx')
```

第7行代码直接对形状3添加文字内容'接下来开始设置颜色'。

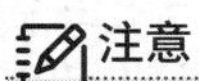注意

并不是所有形状都可以添加文字内容，只有同时具备占位符的形状才可以添加文字内容。

第8行代码设置形状3填充为纯色，solid()方法用于将填充类型设置为纯色，但调用此方法不会设置颜色，它只是允许后续的设置颜色操作。

第9行代码将形状3的前景颜色设置为红色，其中颜色对象使用RGBColor()方法实现（需要从python-pptx库的dml模块下的color.py文件中导入类RGBColor）。第10行代码设置形状3的外边框颜色。

第11行代码设置形状3的外边框宽度为2.5Pt。

读者在执行代码后可以打开"test1.pptx"文件观察幻灯片5中的显示效果，如图12-12所示。

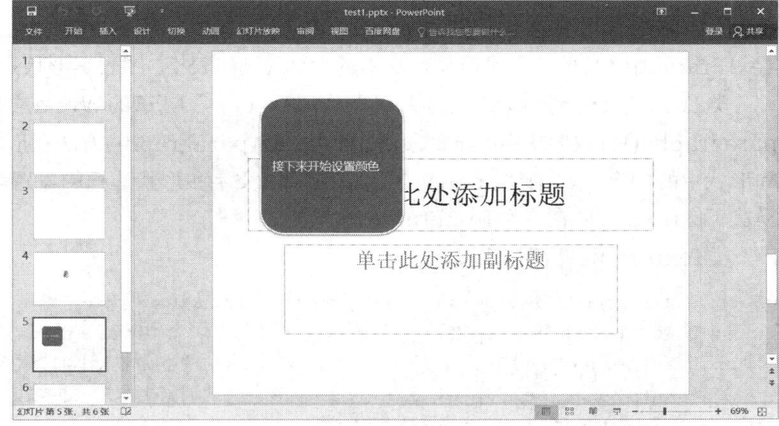

图 12-12

类FillFormat中的line()方法将会返回由类LineFormat创建的线形对象，类LineFormat中的方法可用于对线性形状进行操作。

类LineFormat的简洁定义：

```
class LineFormat(object):     #位于库pptx\dml\line.py中，用于对线进行操作
    def color(self): ...#设置线的颜色
    def dash_style(self): ...#返回指示行样式的值
    def dash_style(self, dash_style): ...#设置指示行样式
    def fill(self): ...#设置线的填充对象
    def width(self): ...#获取线的长度
    def width(self, emu): ...#设置线的长度
```

12.3.7 判断形状的文本类型

在自选形状中使用has_text_frame属性可用于判断形状是否为可输入文本形状。其使用形式如下：

```
shape对象.has_text_frame
```

当返回结果为True时，表示shape对象具有输入文本的功能，否则不能在形状中输入文件。

示例代码：

```
01 from pptx import Presentation
02 prs = Presentation('test1.pptx')
```

```
03 slide = prs.slides[1]
04 for shape in slide.shapes:
05     if shape.has_text_frame:
06         print(shape.name,'可以输入文本',shape.shape_id)
07         shape.text = '内容'
08         shape.text_frame.clear()
09 prs.save('test1.pptx')
```

第4行代码遍历幻灯片2中的所有形状。

第5行代码用于判断当前形状是否能填入内容。如果能，则第6行代码输出该形状的名称和id。

第7行代码向形状中填入的内容为“内容”。

第8行代码使用text_frame()方法中的clear()删除形状中的内容。text_frame()方法会返回一个由类TextFrame创建的对象（详见12.3.8小节）。

12.3.8 设置文本框

在自选形状中存在text_frame()方法，其关联了类TextFrame。形状中关于文本的操作都集中在类TextFrame中，其他几大类可操作文本的形状（例如表格、图表等形状）均关联了类TextFrame。

类TextFrame将形状中的文本当作段落（与第11章的Word文件中的段落相似）来处理。例如使用paragraphs()获取形状中的全部段落，使用add_paragraph()方法在形状中添加一个段落，使用clear()方法删除形状中的内容，使用fit_text()方法修改字体、文字和形状边框的设置等。读者可进入python-pptx库的text模块下的text.py中查看类TextFrame。

类TextFrame的简洁定义：

```
class TextFrame(Subshape):      #位于库pptx\text\text.py中，继承了父类Subshape
    def add_paragraph(self): ...#在文本框中添加一个类_Paragraph创建的对象，用于设置段落
    def auto_size(self): ...            #获取自动调整文本大小的类型
    def auto_size(self, value): ...     #设置自动调整文本大小的类型
    def clear(self): ...#删除所有段落
    def fit_text(self,font_family="Calibri", max_size=18, bold=False, italic=False, font_
file=None,): ...#设置文本中的文字格式
    def margin_bottom(self): ...        #获取底部到文本框的距离
    def margin_bottom(self, emu): ...   #设置底部到文本框的距离
    def margin_left(self): ...          #获取左边到文本框的距离
    def margin_left(self, emu): ...     #设置左边到文本框的距离
    def margin_right(self): ...         #获取右边到文本框的距离
    def margin_right(self, emu): ...    #设置右边到文本框的距离
    def margin_top(self): ...           #获取顶部到文本框的距离
    def margin_top(self, emu): ...      #设置顶部到文本框的距离
    def paragraphs(self): ...#获取文本框中的段落
    def text(self): ...         #获取文本框中的文本内容
    def text(self, text): ... #设置文本框中的文本内容
    def vertical_anchor(self): ...      #获取文本框中的文本是否垂直对齐
    def vertical_anchor(self, value): ...#设置文本框中的文本垂直对齐
    def word_wrap(self): ...            #获取此形状中的文本行是否被换行以适应形状的宽度
    def word_wrap(self, value): ...     #读写设置，确定此形状中的文本行是否被换行以适应形状的宽度
```

类TextFrame中部分常见方法的使用形式如下：

```
slide对象.text_frame.paragraphs
```

表示获取形状中的文本框的全部段落，并以段落对象的形式返回，段落对象由类_Paragraph创建，类_Paragraph中包含对段落的处理方法。该类中部分方法的使用形式如下：

```
slide对象.text_frame.paragraphs[i].add_line_break()
```

表示在形状中的第i+段末尾添加换行符。

```
slide对象.text_frame.paragraphs[i].add_run()
```

表示在形状中的第i+段中添加一个run模块。

```
slide对象.text_frame.paragraphs[i].alignment
```

表示设置形状中第i+段的对齐方式。

```
slide对象.text_frame.paragraphs[i].clear
```

表示清除形状中第i+段的内容。

```
slide对象.text_frame.paragraphs[i].font
```

表示设置形状中第i+段的字体格式。

注意

其中font方法关联了类Font，类Font位于python-pptx库的text模块下的text.py中，其中包含大量的字体设置方法，例如bold（加粗）、color（字体颜色）、fill（填充）、italic（斜体）、name（字体名）、size（字体大小）、underline（下画线）等，其使用方法详见11.3.4小节。读者可查阅python-pptx库中font方法的源代码并将其与python-docx库中的font方法进行对比。

```
slide对象.text_frame.paragraphs[i].line_spacing
```

表示设置形状中第i+段的行间距。

```
slide对象.text_frame.paragraphs[i].text
```

表示获取和设置形状中第i+段的内容。

```
slide对象.text_frame.add_paragraph()
```

表示在形状中增加一个新的段落。

```
slide对象.text_frame.auto_size
```

表示当文本超出形状边界时，可自动调整文本框的大小，以使文本适应形状的边框。其值可以是None、"MSO_AUTO_SIZE.None"、"MSO_AUTO_SIZE.SHAPE_TO_FIT_TEXT"、"MSO_AUTO_SIZE.TEXT_TO_FIT_SHAPE"。

```
slide对象.text_frame.clear
```

表示删除形状中的所有段落内容。

```
slide对象.text_frame.fit_text(font_family="Calibri",max_size=18, bold=False, italic=False, font_file=None,)
```

表示设置形状中全部内容的格式。

```
slide对象.text_frame.text
```

表示获取形状中的全部内容。

示例代码：

```
01 from pptx import Presentation
02 from pptx.enum.text import PP_PARAGRAPH_ALIGNMENT
03 prs = Presentation('test1.pptx') #打开“test1.pptx”文件
04 shape_1 = prs.slides[5].shapes[1] #获取第6张幻灯片中的第2个形状
05 print(prs.slides[5].shapes[1].shape_type) #输出形状的类型
06 print(prs.slides[5].shapes[1].text) #输出形状中的全部内容
```

```
07 print(shape_1.text_frame.paragraphs[0]) #输出形状中第1个段落对象
08 print(shape_1.text_frame.paragraphs[0].text) #输出第1个段落对象的内容
09 new_run = shape_1.text_frame.paragraphs[0].add_run() #在段落中添加run
10 new_run.text  = '附加一个新内容' #在run中添加内容
11 new_par = shape_1.text_frame.add_paragraph() #在形状中添加一个段落
12 new_par.text = '我是新添加的段落' #设置新添加的段落内容
13 new_par.alignment = PP_PARAGRAPH_ALIGNMENT.RIGHT #设置段落右对齐
14 prs.save('test1.pptx')
```

代码执行结果：

```
PLACEHOLDER (14)
你好,Python
你好，我是Java
<pptx.text.text._Paragraph object at 0x00000247851FA108>
你好,Python
```

代码执行前后的幻灯片内容如图12-13和图12-14所示。

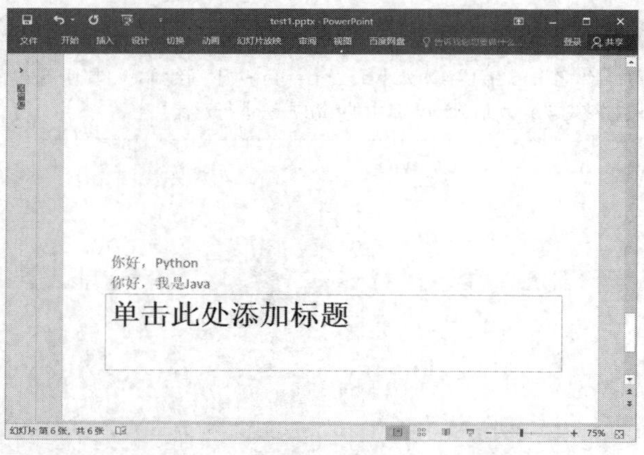

图 12-13

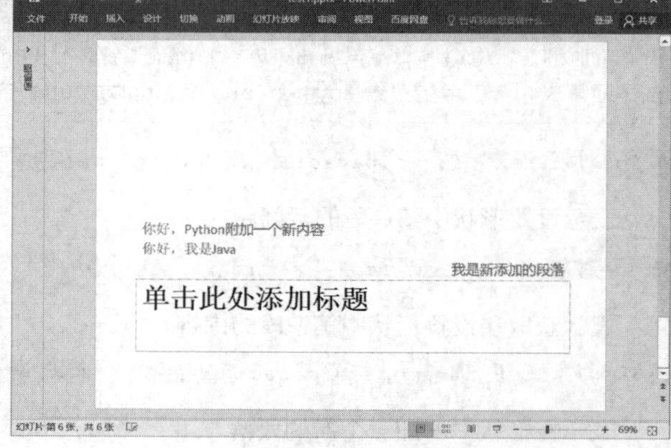

图 12-14

12.3.9 占位符

• 占位符的介绍

在形状树中包含placeholders（占位符），在PowerPoint软件中的“视图”菜单下的“幻灯片母版”“讲义母版”“备注母版”中都可以启动占位符，如图12-15所示。

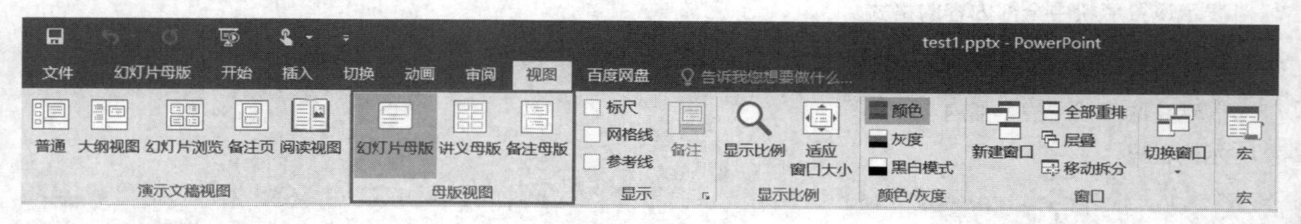

图 12-15

占位符功能是指提供一个空间模板，在空间中可以插入指定类型的信息或媒体。分别单击图12-15所示的“幻灯片母版”“讲义母版”“备注母版”即可查看相应的可使用的占位符元素。图12-16～图12-18所示的标注框里的内容分别为“幻灯片母版”“讲义母版”“备注母版”中占位符的可插入元素类型。

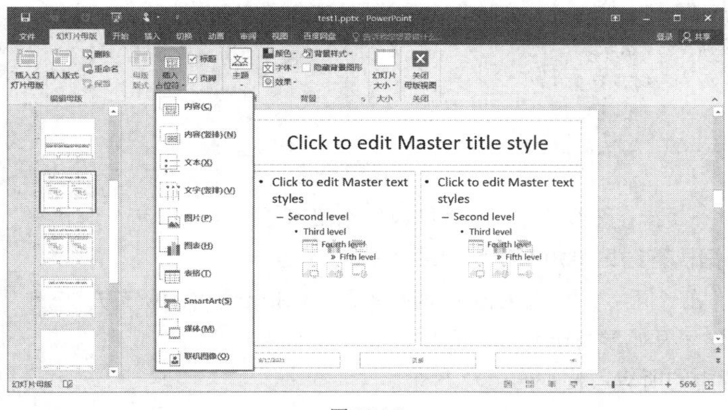

图 12-16

图 12-17

图 12-18

在PPT文件中使用占位符非常契合办公自动化的需求，其原理为在设计代码程序之前，先设计一套精美的PPT模板文件，再通过代码实现在PPT文件的所有占位符元素中填充对应的信息或媒体，如此即可实现批量生成模板相同但内容不同的PPT文件。

- **占位符的使用**

python-pptx库中提供了多种类型的占位符，具体内容可以在python-pptx库的enum模块下的shapes.py中查阅类PP_PLACEHOLDER_TYPE的源代码（也可参考12.3.1小节）。库pptx\shapes\placeholder.py中定义了12个类，具体如下：

```
class _InheritsDimensions(object): ...#不同种占位符的混合类，例如占位符的宽度、高度等
class _BaseSlidePlaceholder(_InheritsDimensions, Shape): ...#占位符的基础类，继承父类_InheritsDimensions和自选形状中的类Shape
class BasePlaceholder(Shape): ...#占位符的基础类，继承父类Shape
class LayoutPlaceholder(_InheritsDimensions, Shape): ...
#布局占位符形状，继承父类_InheritsDimensions
class MasterPlaceholder(BasePlaceholder): ...#幻灯片母版上的占位符形状，继承父类BasePlaceholder
class NotesSlidePlaceholder(_InheritsDimensions, Shape): ...
#备注母版上的占位符形状，继承父类_InheritsDimensions
class SlidePlaceholder(_BaseSlidePlaceholder): ...#基础占位符形状，继承父类_BaseSlidePlaceholder
class ChartPlaceholder(_BaseSlidePlaceholder): ...
#只能接受图表的占位符形状，继承父类_BaseSlidePlaceholder
class PicturePlaceholder(_BaseSlidePlaceholder): ...#只能接受图片的占位符形状，继承父类_BaseSlidePlaceholder
class PlaceholderGraphicFrame(GraphicFrame): ...
#表格、图表或SmartArt填充的占位符形状，继承父类GraphicFrame
class PlaceholderPicture(_InheritsDimensions, Picture): ...
#图片填充的占位符形状，继承父类_InheritsDimensions
class TablePlaceholder(_BaseSlidePlaceholder): ...
#只能接受图片的占位符形状，继承父类_BaseSlidePlaceholder
```

以上每个类中都包含多个方法，内容量较大，书中并未一一列举，读者可进入placeholder.py文件中查阅。针对不同类型的占位符类有不同的操作方法，例如图片、视频、固定格式的文本等。这12个类中较为基础的是类_BaseSlidePlaceholder，该类继承了父类_InheritsDimensions和自选形状中的类Shape，因此自选形状可操作的所有方法在占位符中均可使用。

示例代码（在图12-19所示的第1张幻灯片的形状中增加内容）：

```
01 from pptx import Presentation
02 prs = Presentation("test1.pptx") #创建演示文稿对象
03 slide = prs.slides[0]
04 print(len(slide.shapes))
05 for i in range(len(slide.shapes)):
```

```
06     print(slide.shapes[i].shape_type,)
07 slide.placeholders[0].text = "你好，同学！" #占位符
08 slide.placeholders[1].text = "这里开始学习python-pptx!"
09 for p in slide.placeholders:
10     print('id:',p.placeholder_format.idx, '名字:',p.name)
11 prs.save('test1.pptx')
```

第4行代码通过len()函数检测当前幻灯片中一共存在多少个形状，根据执行结果可知一共包含两个形状。

第5、6行代码循环输出两个形状的类型，根据执行结果可知形状均为占位符。

第7行代码将第1个占位符中的内容设置为"你好，同学！"，因为占位符继承了父类Shape中的所有方法。

第8行代码将第2个占位符中的内容设置为"这里开始学习python-pptx！"。

第9、10行代码使用for循环输出当前幻灯片中的所有占位符的id及名称。

代码执行结果：

```
2
PLACEHOLDER (14)
PLACEHOLDER (14)
id: 0 名字：标题 3
id: 1 名字：文本占位符 4
```

增加内容后的幻灯片效果如图12-20所示。

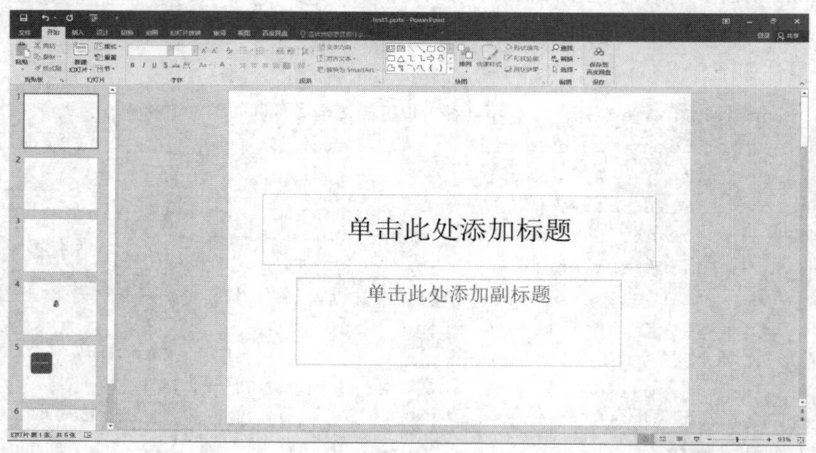

图 12-19

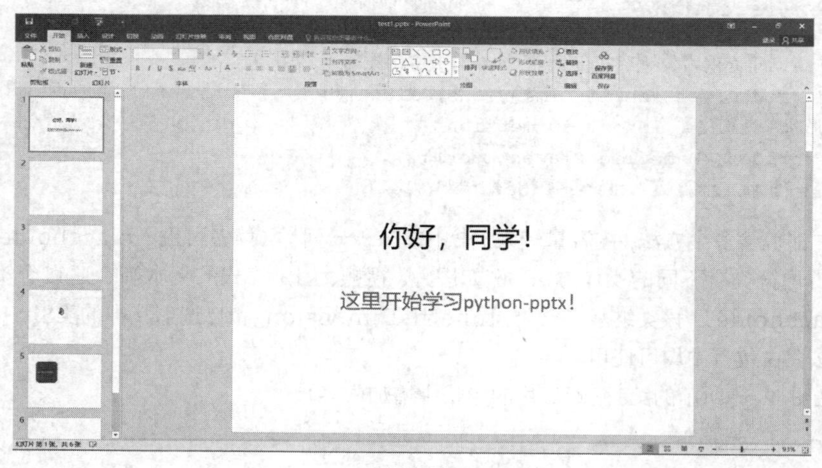

图 12-20

12.4 操作图表

本节主要介绍如何使用代码在PPT文件中进行添加图表、表格、图片等操作。

12.4.1 添加图表

根据12.3.2小节中类_BaseGroupShapes的定义可知，可以使用add_chart()方法在shapes对象中添加图表。其使用形式如下：

```
add_chart(chart_type, x, y, cx, cy, chart_data)
```

参数chart_type：表示图表的类型，例如饼图、条形图等。图表类型的定义位于python-pptx库的enum模块下的chart.py文件中的类XL_CHART_TYPE中。

参数x：表示图表与幻灯片的左边距，值为长度对象。

参数y：表示图表与幻灯片的顶部边距，值为长度对象。

参数cx：表示图表的宽度，值为长度对象。

参数cy：表示图表的高度，值为长度对象。

参数chart_data：参数值为图表数据对象（由类CategoryChartData创建）。

类CategoryChartData位于python-pptx库的chart模块下的data.py文件中，该类中提供了用于插入数据的方法，例如以下两个方法形式：

```
图表数据对象.categories(category_labels)
```

参数category_labels：添加到图表*x*轴上的数据，数据为序列(可遍历的数据，例如列表、字符串)。

```
图表数据对象.add_series(name, values=(), number_format=None)
```

参数name：表示需要添加的数据的名称，数据类型为字符串类型。

参数values：表示添加一组数据，数据类型为元组类型。

参数number_format：指定序列值的显示方式，可以是字符串，例如与Excel数字格式相对应的"#, ##0"。

类XL_CHART_TYPE的简洁定义（仅列出常见图表类型）：

```
class XL_CHART_TYPE(Enumeration):     #位于库pptx\enum\chart.py中
    THREE_D_AREA ...              #3D面积图
    THREE_D_AREA_STACKED ...      #3D堆积面积图
    THREE_D_BAR_CLUSTERED ...     #3D簇状条形图
    THREE_D_COLUMN ...            #3D柱形图
    AREA ...                      #面积图
    BUBBLE ...                    #气泡图
    BUBBLE_THREE_D_EFFECT ...     #三维气泡图
    COLUMN_CLUSTERED ...          #簇状柱形图
    COLUMN_STACKED ...            #堆积柱形图
    CONE_BAR_CLUSTERED ...        #簇状条形圆锥图
    CONE_COL_STACKED ...          #堆积柱形圆锥图
    DOUGHNUT ...                  #圆环图
    LINE ...               #直线图
    LINE_MARKERS ...       #数据点折线图
    PIE ...                #饼图
    PIE_EXPLODED ...       #分离型饼图
    PIE_OF_PIE ...         #复合饼图
    RADAR ...              #雷达图
    STOCK_HLC ...          #股票图
    SURFACE ...            #3D曲面图
    SURFACE_TOP_VIEW ...#曲面图（俯视图）
    SURFACE_TOP_VIEW_WIREFRAME ...#曲面图（俯视框图）
```

```
    XY_SCATTER ...#散点图
    XY_SCATTER_LINES ...#折线散点图
```

类CategoryChartData的简洁定义：

```
class CategoryChartData(_BaseChartData):     #位于库pptx\chart\data.py中，提供了插入数据的方法
    def add_category(self, label): ...#返回一个新创建的数据，并追加到此图表集合的末尾
    def add_series(self, name, values=(), number_format=None): ...#添加一个系列数据
    def categories(self): ...#提供了对该图表数据对象的层次结构的访问
    def categories(self, category_labels): ...#添加类别
    def categories_ref(self): ...#Excel工作表引用此图表的类别（不包括列标题）
    def values_ref(self, series): ...#Excel工作表引用series的值（不包括列标题）
class _BaseChartData(Sequence):    #位于库pptx\chart\data.py中，图表数据的基础类
    def append(self, series): ...#添加一个series数据
    def data_point_offset(self, series): ...#出现在该序列中series之前的数据点的总数
    def number_format(self): ...#格式化模板字符串
    def series_index(self, series): ...#返回序列中series的整数索引
    def series_name_ref(self, series): ...#返回包含series名称的单元格的Excel工作表引用
    def x_values_ref(self, series): ...#Excel工作表引用series的x值（不包括列标签）
    def xlsx_blob(self): ...#返回一个，包含填充了图表数据对象内容的工作簿文件
    def xml_bytes(self, chart_type):  ...#
    def y_values_ref(self, series):  ...#Excel工作表引用series的y值
```

示例代码（创建一个堆积柱形图）：

```
01 from pptx import Presentation
02 from pptx.chart.data import CategoryChartData
03 from pptx.enum.chart import XL_CHART_TYPE
04 from pptx.util import Inches
05 prs = Presentation('test.pptx')
06 blank = prs.slide_layouts[6] #设置一个幻灯片版式
07 slide = prs.slides.add_slide(blank) #添加幻灯片
08 chart_data = CategoryChartData() #创建一个图表数据对象
09 chart_data.categories = ['哈密瓜', '樱桃', '草莓','火龙果','荔枝','榴梿'] #在图表数据对象中添加x轴的内容
10 chart_data.add_series('年度水果生产值',(41816668,33236921,20989164,7197662,6897392,4080146))
11 #添加数据
12 x, y, cx, cy = Inches(0.5), Inches(0), Inches(9), Inches(7)
13 slide.shapes.add_chart(XL_CHART_TYPE.COLUMN_STACKED,x,y,cx,cy,chart_data)
14 prs.save('test.pptx')
```

第6行代码使用slide_layouts[6]在文件对象中创建一个幻灯片版式，版式为空白版式。

第7行代码使用add_slide()方法添加一个新的幻灯片，且其版式为空白版式。

第8行代码创建一个图表数据对象chart_data。

第9行代码向图表数据对象中插入x轴的内容，分别为6种水果的名称。

第10行代码向图表数据对象中插入一组数据，其中数据名称为“年度水果生产值”。

第11～13行代码向幻灯片中添加了一个图表，确定了图表的大小，并将数据对象插入了图表中。

执行代码后打开“test.pptx”文件会看到一张新的幻灯片，且该幻灯片中存在一个柱形图，展示了某公司年度水果生产数据，如图12-21所示。

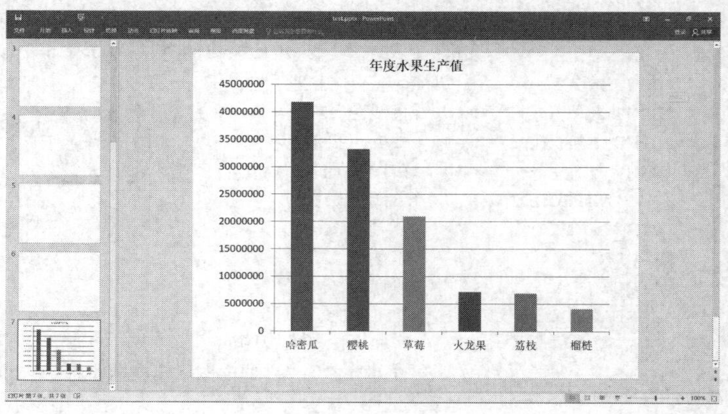

图 12-21

12.4.2 添加表格

根据12.3.2小节中类_BaseGroupShapes的定义可知，可以使用add_table()方法在shapes对象中添加表格。其使用形式如下：

```
add_table(rows, cols, left, top, width, height)
```

参数rows：指定表格的行数，数据类型为整数类型。

参数cols：指定表格的列数，数据类型为整数类型。

参数left、top：指定表格的位置，值为长度对象。

参数width、height：指定表格的宽度和高度，且分别均匀地分布在每一个行和列中，值为长度对象。

示例代码：

```
01 from pptx import Presentation
02 from pptx.util import Inches
03 prs = Presentation('test.pptx')
04 slide = prs.slides.add_slide(prs.slide_layouts[6])
05 x, y, cx, cy = Inches(0.4), Inches(0.3), Inches(9), Inches(7)
06 shape = slide.shapes.add_table(15, 5, x, y, cx, cy) #添加一个表格框架
07 prs.save('test.pptx')
```

第6行代码向幻灯片中添加了一个15行5列的表格框架。

执行代码后读者可打开“test.pptx”文件观察新增幻灯片中的表格显示效果，如图12-22所示。

创建好表格框架，接下来开始设置表格的内容。前面使用add_table()方法创建表格后返回了一个表格形状，为类GraphicFrame创建的形状，类GraphicFrame用于创建表格、图表、SmartArt和媒体对象的形状，因此shape可以使用类GraphicFrame中的所有方法。

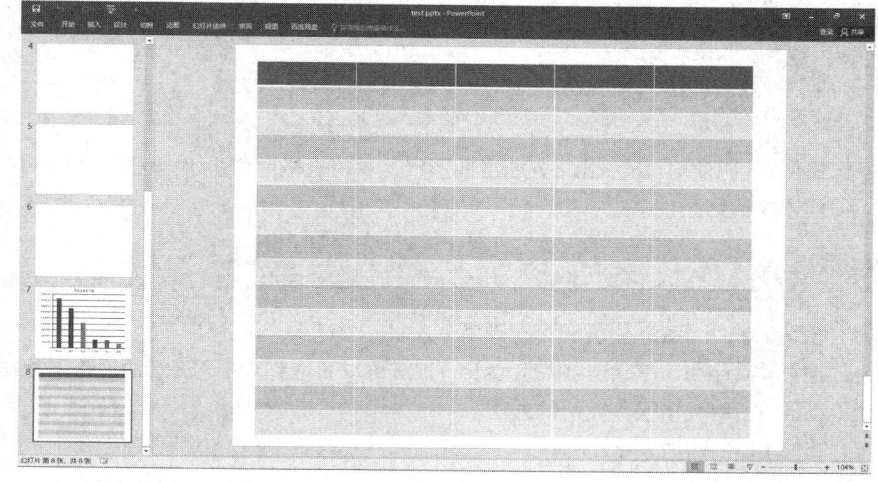

图 12-22

类GraphicFrame的简洁定义：

```
class GraphicFrame(BaseShape):     #位于库pptx\shapes\graphfrm.py中，继承父类BaseShape
    def chart(self):    ...     #获取GraphicFrame形状中包含的图表形状
    def chart_part(self): ... #获取GraphicFrame形状中包含的chart_part对象
    def has_chart(self): ...  #判断GraphicFrame形状中是否有图表
    def has_table(self): ...  #判断GraphicFrame形状中是否有表格
    def ole_format(self): ... #获取GraphicFrame形状中包含的Optional _OleFormat对象
    def shadow(self): ...       #访问GraphicFrame形状的阴影效果
    def shape_type(self): ... #返回GraphicFrame形状包含的形状类型
    def table(self): ...        #获取GraphicFrame形状中包含的表格形状
class BaseShape(object):     #位于库pptx\shapes\base.py中，是形状的基础类
    def click_action(self): ...#提供对单击行为的访问
    def element(self): ...      #获取shape中的lxml元素
    def has_chart(self): ...    #是否有图表形状
```

```
    def has_table(self): ...  #是否有表格形状
    def has_text_frame(self): ...#是否包含文本框架
    def height(self): ...              #获取形状的高度
    def height(self, value): ...       #设置形状的高度
    def is_placeholder(self): ...      #判断是否为占位符形状
    def left(self): ...                #获取形状的左边到幻灯片左侧的距离
    def left(self, value): ...         #设置形状的左边到幻灯片左侧的距离
    def name(self): ...                #获取形状的名字
    def name(self, value): ...         #设置形状的名字
    def part(self): ...                #获取包含形状的集合
    def placeholder_format(self): ...#获取占位符的格式
    def rotation(self): ...            #获取形状旋转的角度
    def rotation(self, value): ...#设置形状旋转的角度
    def shadow(self): ...      #获取形状的阴影
    def shape_id(self): ...    #获取形状的id
    def shape_type(self): ... #获取形状的类型
    def top(self): ...         #获取形状顶部到幻灯片顶部的距离
    def top(self, value): ... #设置形状顶部到幻灯片顶部的距离
    def width(self): ...       #获取形状的宽度
    def width(self, value): ...#设置形状的宽度
```

前面通过add_table()方法创建的表格为GraphicFrame对象，而非表格对象，因此还需要通过类GraphicFrame中的table()方法获取表格对象。

示例代码：

```
01 from pptx import Presentation
02 prs = Presentation('test.pptx')
03 shape = prs.slides[6].shapes[0]
04 print(shape.has_table)
05 print(shape.table)
```

第4行代码使用has_table判断当前形状是否有表格，第5行代码获取形状中的表格对象。

代码执行结果：

```
True
<pptx.table.Table object at 0x000002C31B5EBBC8>
```

该结果表明shape中确实存在表格。

通过类GraphicFrame中的table()方法可以获取到表格对象，而表格对象由类Table创建，因此可以使用类Table中所有关于操作表格的方法。

类Table的简洁定义：

```
class Table(object):     #位于库pptx\table.py中，与表格有关的操作类
    def cell(self, row_idx, col_idx): ...#获取表格中指定的单元格
    def columns(self): ...#读取表格中的列
    def first_col(self): ...     #获取第1列的格式
    def first_col(self, value): ... #当参数值为True时，表示第1列的格式应该和其他列不同，如表最左边的标题列
    def first_row(self): ...     #获取第1行的格式
    def first_row(self, value): ...#当参数值为True时，表示第1行的格式应该和其他列不同，例如列标题
    def horz_banding(self): ...               #表示表格的行交替出现阴影
    def horz_banding(self, value): ...        #设置表格的行交替出现阴影
    def iter_cells(self): ...#为表格中的每个单元格生成_Cell对象
    def last_col(self): ...    #表示最后一列的格式
    def last_col(self, value): ...#设置最后一列的格式
    def last_row(self): ...    #表示最后一行的格式
    def last_row(self, value): ...#设置最后一行的格式
    def notify_height_changed(self): ...#当行高改变时，由行调用，触发图形框架重新计算表格总高度
    def notify_width_changed(self): ...#当列宽改变时，由列调用，触发图形框架重新计算表格总宽度
    def part(self): ...#包含该表格的集合
```

```
    def rows(self): ...#读取表格的行元素
    def vert_banding(self): ...                #表示表格的列交替出现阴影
    def vert_banding(self, value): ...         #设置表格的列交替出现阴影
```

以上定义中包含对表格的行、列及单元格进行获取的方法，其返回的数据仍然是一个数据对象。例如用于获取单元格的cell()方法。其使用形式如下：

```
cell(row_idx, col_idx):
```

功能：获取表格中指定的单元格。

参数row_idx：表示单元格在表格中的行号。

参数col_idx：表示单元格在表格中的列号。

返回值：返回一个由类_Cell创建的对象。

类_Cell的简洁定义：

```
class _Cell(Subshape):     #位于库pptx\table.py中，与表格中单元格有关的操作类，继承父类Subshape
    def fill(self): ...#获取单元格的FillFormat对象，用于填充操作
    def is_merge_origin(self): ...#判断此单元格是否为与左上角单元格合并的单元格
    def is_spanned(self): ...#判断是否为跨越的合并单元格
    def margin_left(self): ...                   #获取单元格左边距的值
    def margin_left(self, margin_left): ...     #设置单元格左边距的值
    def margin_right(self): ...                  #获取单元格右边距的值
    def margin_right(self, margin_right): ...#设置单元格右边距的值
    def margin_top(self): ...                    #获取单元格顶部边距的值
    def margin_top(self, margin_top): ...        #设置单元格顶部边距的值
    def margin_bottom(self): ...                 #获取单元格底部边距的值
    def margin_bottom(self, margin_bottom): ...#设置单元格底部边距的值
    def merge(self, other_cell): ...#与参数other_cell指定的单元格合并
    def span_height(self): ...#单元格在行上跨的行数
    def span_width(self): ...#单元格在列上跨的列数
    def split(self): ...#删除合并单元格
    def text(self): ...          #获取单元格内容
    def text(self, text): ... #设置单元格的内容
    def text_frame(self): ... #获取单元格的文本TextFrame对象（与12.3.8小节中的TextFrame相同）
    def vertical_anchor(self): ...#获取单元格的垂直对齐
    def vertical_anchor(self, mso_anchor_idx): ...#设置单元格的垂直对齐
```

注意

单元格的行号和列号均从0开始，例如cell(0,0)表示第1行第1列的单元格。

示例代码（在表格的单元格中写入内容）：

```
01 from pptx import Presentation
02 prs = Presentation('test.pptx')
03 shape = prs.slides[6].shapes[0]
04 for i in range(15):
05     for j in range(5):
06         shape.table.cell(i,j).text = '我是第{}行第{}列'.format(i+1,j+1)
07 prs.save('test.pptx')
```

第4、5行代码使用嵌套for循环，外层循环15次，表示表格的行，内层循环5次，表示表格的列。

第6行代码使用shape.table先获取形状中的表格对象，然后获取单元格，单元格中的值为format()格式化产生的字符串信息。

执行代码后打开test.pptx文件，可以看到第7张幻灯片的表格中增加了信息，如图12-23所示。

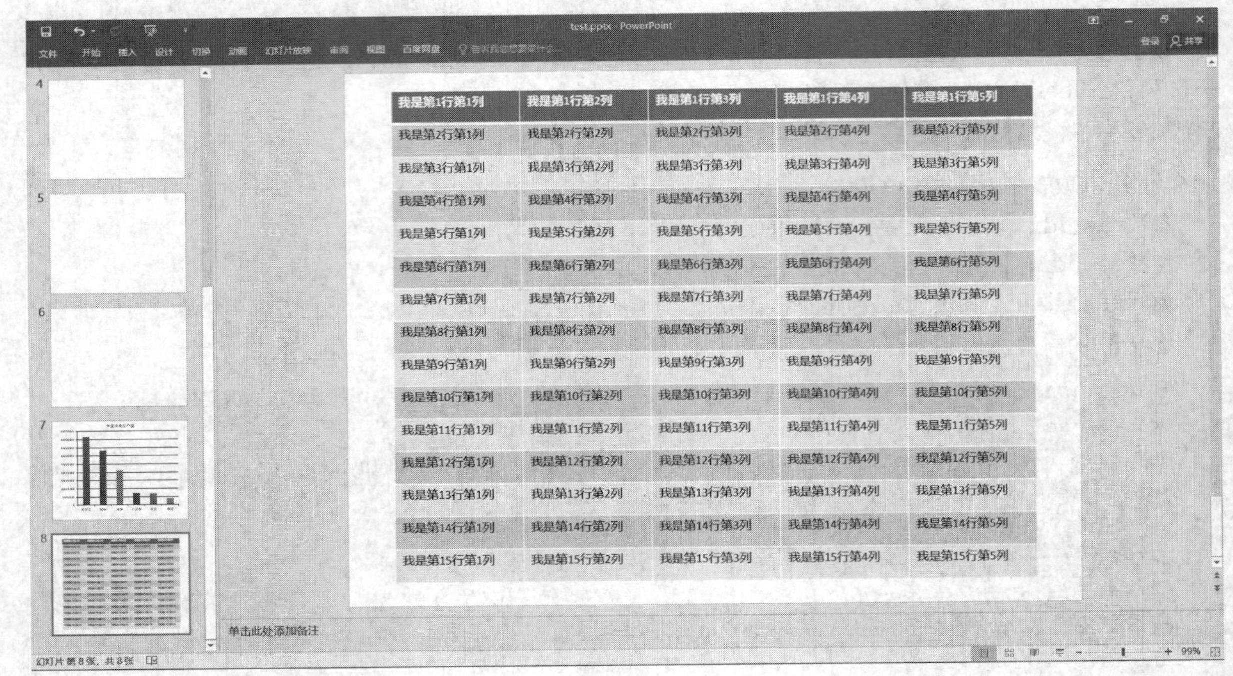

我是第1行第1列	我是第1行第2列	我是第1行第3列	我是第1行第4列	我是第1行第5列
我是第2行第1列	我是第2行第2列	我是第2行第3列	我是第2行第4列	我是第2行第5列
我是第3行第1列	我是第3行第2列	我是第3行第3列	我是第3行第4列	我是第3行第5列
我是第4行第1列	我是第4行第2列	我是第4行第3列	我是第4行第4列	我是第4行第5列
我是第5行第1列	我是第5行第2列	我是第5行第3列	我是第5行第4列	我是第5行第5列
我是第6行第1列	我是第6行第2列	我是第6行第3列	我是第6行第4列	我是第6行第5列
我是第7行第1列	我是第7行第2列	我是第7行第3列	我是第7行第4列	我是第7行第5列
我是第8行第1列	我是第8行第2列	我是第8行第3列	我是第8行第4列	我是第8行第5列
我是第9行第1列	我是第9行第2列	我是第9行第3列	我是第9行第4列	我是第9行第5列
我是第10行第1列	我是第10行第2列	我是第10行第3列	我是第10行第4列	我是第10行第5列
我是第11行第1列	我是第11行第2列	我是第11行第3列	我是第11行第4列	我是第11行第5列
我是第12行第1列	我是第12行第2列	我是第12行第3列	我是第12行第4列	我是第12行第5列
我是第13行第1列	我是第13行第2列	我是第13行第3列	我是第13行第4列	我是第13行第5列
我是第14行第1列	我是第14行第2列	我是第14行第3列	我是第14行第4列	我是第14行第5列
我是第15行第1列	我是第15行第2列	我是第15行第3列	我是第15行第4列	我是第15行第5列

图 12-23

12.4.3 添加图片

在幻灯片中插入图片可以使用12.3.2小节中类_BaseGroupShapes的add_picture()方法。由于类_BaseGroupShapes是形状树类SlideShapes的父类，因此在获取了幻灯片中的shapes对象后即可直接使用add_picture()方法插入图片。其使用形式如下：

```
add_picture(image_file, left, top, width=None, height=None):
```

功能：在形状树中添加一个由类Picture（类Picture中包含对图片进行处理的方法）创建的图片对象。

参数image_file：图片的路径。

参数left、top：分别表示图片左边与幻灯片左边的距离、图片顶部与幻灯片顶部的距离。

参数width、height：分别表示图片的宽度和高度。

示例代码（在幻灯片中添加两张图片）：

```
01 from pptx import Presentation
02 from pptx.util import Inches
03 prs = Presentation('test.pptx')
04 slide = prs.slides[4]
05 slide.shapes.add_picture(r'E:\书代码\Python书籍\3.jpg',Inches(1),Inches(2),width=Inches(3))
06 slide.shapes.add_picture(r'E:\书代码\Python书籍\7.jpg',Inches(5),Inches(2),width=Inches(3))
07 prs.save('test.pptx')
```

第5、6行代码分别在第5张幻灯片中插入了图片。

执行代码后打开“test.pptx”文件，其中第5张幻灯片的显示效果如图12-24所示。

图 12-24

类Picture的简洁定义：

```
class Picture(_BasePicture):     #位于库pptx\shapes\picture.py中，继承了父类_BasePicture
    def auto_shape_type(self): ...     #获取自选图形遮罩
    def auto_shape_type(self, member): ...#设置自选图形遮罩，使图片具备遮罩效果
    def image(self): ...               #提供对图片形状中图像的属性和字节的访问，是图片处理的重要方法
    def shape_type(self): ...          #获取形状的类型
class _BasePicture(BaseShape):     #位于库pptx\shapes\picture.py中，继承父类BaseShape
    def crop_bottom(self): ...         #获取从形状底部裁剪的相对部分
    def crop_bottom(self, value): ... #设置从形状底部裁剪的相对部分，0.25代表25%
    def crop_left(self): ...           #获取从形状左边裁剪的相对部分
    def crop_left(self, value): ...   #设置从形状左边裁剪的相对部分，1.0代表100%
    def crop_right(self): ...          #获取从形状右边裁剪的相对部分
    def crop_right(self, value): ...  #设置从形状右边裁剪的相对部分，1.0代表100%
    def crop_top(self): ...            #获取从形状顶部裁剪的相对部分
    def crop_top(self, value): ...    #设置从形状顶部裁剪的相对部分，1.0代表100%
    def get_or_add_ln(self): ...       #获取或添加线
    def line(self): ...                #提供对形状的轮廓属性的访问
    def ln(self): ...                  #获取线条格式属性
```

示例代码（为幻灯片中的所有图片形状添加红色外边框）：

```
01 from pptx import Presentation
02 from pptx.dml.color import  RGBColor
03 prs = Presentation('test.pptx')
04 shapes = prs.slides[4].shapes
05 for i in range(len(shapes)):
06     if 'Picture' in shapes[i].name:
07         shapes[i].line.color.rgb = RGBColor(255,0, 0)
08 prs.save('test.pptx')
```

第5行代码使用for循环，循环的次数为幻灯片中的所有形状个数。

第6行代码用于判断当前形状名字是否为'Picture'，即找出所有图片形状。

第7行代码使用图片类Picture的父类_BasePicture中的line方法对图片的轮廓进行设置，如图12-25所示。line方法返回由类LineFormat创建的对象，该对象为线形对象（详见12.3.6小节中类LineFormat的定义）。

图 12-25

项目案例 实现批量生成 PPT 文件

项目任务

从第10章项目案例所创建的252份.xlsx文件中提取每一个工作表的数据，并将其制作成图表保存到PPT文件中。每份.xlsx文件中都包含4个工作表，如图12-26所示，先将每个工作表中A1到D31范围内的数据存储为一个列表，然后将其生成为图表并分别保存到PPT文件中。

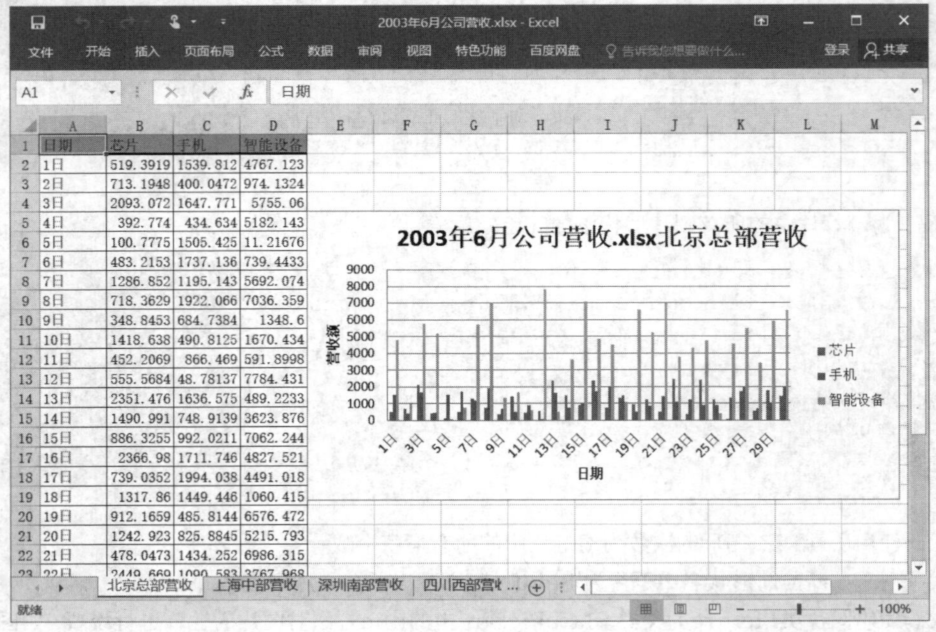

	A	B	C	D
1	日期	芯片	手机	智能设备
2	1日	519.3919	1539.812	4767.123
3	2日	713.1948	400.0472	974.1324
4	3日	2093.072	1647.771	5755.06
5	4日	392.774	434.634	5182.143
6	5日	100.7775	1505.425	11.21676
7	6日	483.2153	1737.136	739.4433
8	7日	1286.852	1195.143	5692.074
9	8日	718.3629	1922.066	7036.359
10	9日	348.8453	684.7384	1348.6
11	10日	1418.638	490.8125	1670.434
12	11日	452.2069	866.469	591.8998
13	12日	555.5684	48.78137	7784.431
14	13日	2351.476	1636.575	489.2233
15	14日	1490.991	748.9139	3623.876
16	15日	886.3255	992.0211	7062.244
17	16日	2366.98	1711.746	4827.521
18	17日	739.0352	1994.038	4491.018
19	18日	1317.86	1449.446	1060.415
20	19日	912.1659	485.8144	6576.472
21	20日	1242.923	825.8845	5215.793
22	21日	478.0473	1434.252	6986.315
23	22日	2449.669	1090.583	3767.968

图 12-26

项目实现步骤

步骤1，设置PPT文件名与.xlsx文件名相同（扩展名不同）。

步骤2，设置PPT文件中有4张幻灯片用于显示图表，图表数据来源于.xlsx文件中的4个工作表。

步骤3，设置图表的标题为.xlsx工作表名。设置图表的x轴为工作表中的日期，y轴展示芯片、手机、智能设备的数据信息。设置图表的宽度为5Inches，高度为10Inches。

步骤4，设置PPT文件中包含两张封面幻灯片（来源为“模板.pptx”文件），效果如图12-27所示。

图 12-27

步骤5，设置PPT文件的第1张封面幻灯片和模板中的第1张幻灯片相同，且需要增加两个标题。标题1展示当前数据的时间，即.xlsx文件的名称，标题2显示“北京+上海+深圳+四川”内容信息。

步骤6，设置PPT文件的第2张封面幻灯片和模板中的第2张幻灯片相同。

最终效果如图12-28所示的图表幻灯片内容，所有PPT文件的幻灯片样式如图12-29所示。

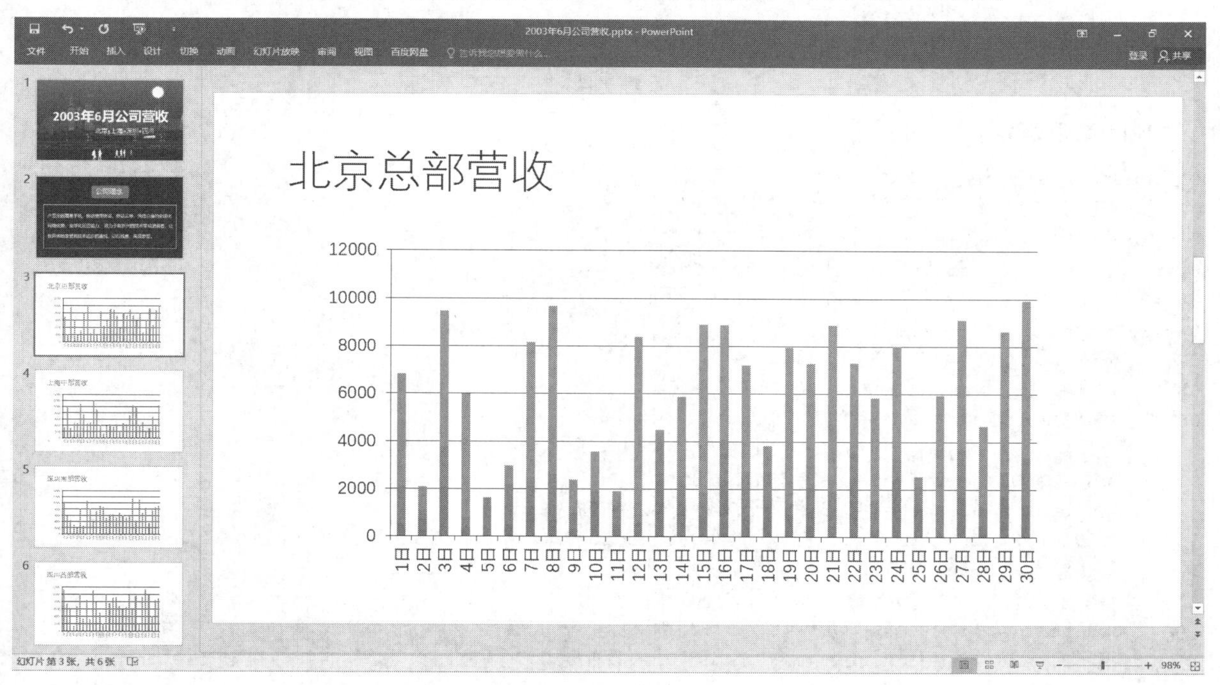

图 12-28

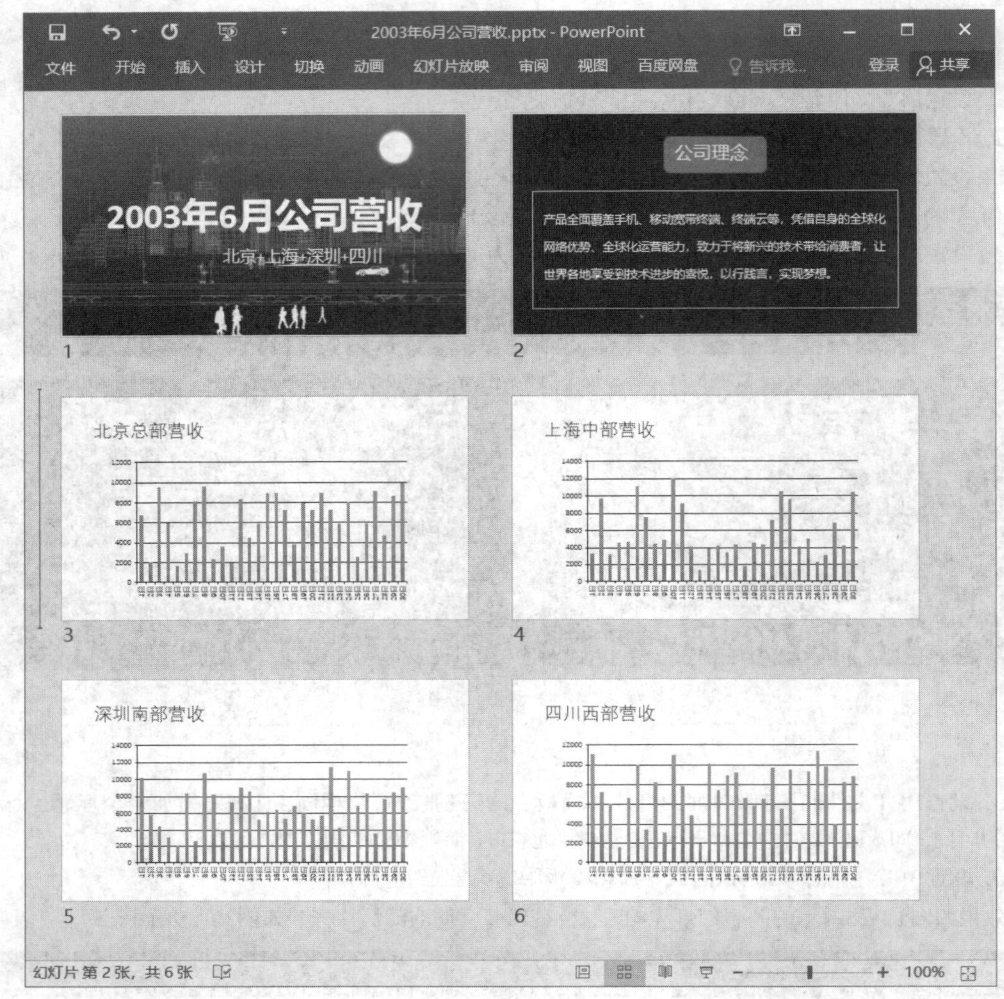

图 12-29

项目实现代码

```
01 import openpyxl
02 import os
03 from pptx import Presentation
04 from pptx.chart.data import CategoryChartData
05 from pptx.enum.chart import XL_CHART_TYPE
06 from pptx.util import Inches,Pt
07 ppt_dir = './PPT项目--公司营收统计/'
08 def slide_0_fit(s_0,file_name):
09     '''功能：第1张封面幻灯片的设置'''
10     s_01 = s_0.shapes[1]
11     ph = s_01.text_frame.paragraphs[0]
12     ph.text = file_name[0:-5] #写入文件名（丢弃扩展名.xlsx）
13     s_01.text_frame.fit_text(max_size=88, bold=True) #设置样式
14     s_02 = s_0.shapes[2]
15     ph = s_02.text_frame.paragraphs[0]
16     ph.text = '北京+上海+深圳+四川' #写入副标题
17     s_02.text_frame.fit_text(max_size=40) #设置样式
18 def get_data(sheet_file,start,end):
19     '''获取Excel文件中对应位置的数据并将其存为列表'''
```

```
20      data = []
21      for line in sheet_file[start:end]:
22          for cell in line:
23              data.append(cell.value)
24      return data
25  def slide_3_fit(s_3,sheet_file,sheet_name):
26      '''功能：第3、4、5、6张幻灯片的设置'''
27      s_3.shapes[0].text = sheet_name #设置图表标题名称
28      chart_data = CategoryChartData() #创建一个图表数据对象
29      riqi = get_data(sheet_file,'A2','A31')
30      xinpian = get_data(sheet_file,'B2','B31')
31      shouji = get_data(sheet_file,'C2','C31')
32      zhineng = get_data(sheet_file,'D2','D31')
33      chart_data.categories = riqi #在图表数据对象中添加x轴的内容
34      chart_data.add_series('芯片', tuple(xinpian)) #添加数据
35      chart_data.add_series('手机', tuple(shouji)) #添加数据
36      chart_data.add_series('智能设备', tuple(zhineng)) #添加数据
37      x, y, cx, cy = Inches(1.5), Inches(2), Inches(10), Inches(5)
38      s_3.shapes.add_chart(XL_CHART_TYPE.COLUMN_STACKED,x,y,cx,cy,chart_data)
39  def ppt_create(ex_file,file_name):
40      '''创建PPT文件'''
41      prs = Presentation('./PPT项目--公司营收统计/模板.pptx')
42      slide_0_fit(prs.slides[0],file_name) #设置幻灯片1
43      for sheet_name in ex_file.sheetnames:
44          '''第3、4、5、6张幻灯片的处理'''
45          slide_3 = prs.slides.add_slide(prs.slide_layouts[5])
46          slide_3_fit(slide_3,ex_file[sheet_name],sheet_name)
47      prs.save(ppt_dir+file_name[:-5]+'.pptx')
48  '''项目开始'''
49  for file_name in os.listdir('./Excel项目-##公司20年营收'):
50      print(file_name)
51      ex_file_name = './Excel项目-##公司20年营收/'+file_name
52      print(ex_file_name)
53      ex_file = openpyxl.load_workbook(ex_file_name) #打开excel_file_name文件
54      ppt_create(ex_file,file_name)
```

该代码共包含4个函数，分别为slide_0_fit()函数、get_data()函数、slide_3_fit()函数和ppt_create()函数。

第8～17行为slide_0_fit()函数，用于设置第1张封面幻灯片。第10行代码获取幻灯片中的形状2，第11、12行代码向形状中写入内容（内容为Excel文件的名称，但丢弃了扩展.xlsx)，第13行代码设置文本的字体格式为加粗，字号为88Pt，第14行代码获取幻灯片中的形状3，第15行代码获取形状中的第1个段落对象，第16行代码向形状3中写入文字内容，第17行代码设置形状3中的文字样式。

第18～24行为get_data()函数，用于获取Excel文件中对应位置的数据并将其存储为列表。函数内第1行代码创建一个空列表，第21、22行代码使用了嵌套for循环语句，以获取Excel文件中指定区域单元格的内容并将其添加到列表中。

第25～38行为slide_3_fit()函数，用于实现在PPT文件中添加图表。函数内第27行代码设置图表的标题名称，第28行代码创建一个图表数据对象，第29～32行代码调用get_data()函数分别获取日期列、芯片列、手机列、智能设备列的数据列表，第33行代码将日期信息添加到图表数据对象中，第34～36行代码将芯片、手机、智能设备信息添加到图表数据对象中，第37行代码设置图表的大小。第38行代码创建图表对象，并将数据对象添加到图表。

第39～47行为ppt_create()函数，用于创建一个新的PPT文件。函数内第41行代码读取模板文件，第42行

代码调用slide_0_fit()函数并创建PPT文件中的第1张幻灯片，第43行代码使用for循环遍历Excel文件中的工作表，第45行代码在PPT文件中添加幻灯片，第46行代码调用slide_3_fit()函数对当前幻灯片进行设置，即每遍历一个Excel工作表就会在PPT文件中创建一张幻灯片，第47行代码将PPT文件对象另存为一个新的文件，其名称为Excel文件名称。

第48～54为项目主程序（代码中'''项目开始'''处），其中第49行代码使用os库中的listdir()方法遍历文件夹中的所有Excel文件，第50行代码打印输出当前处理的Excel文件名，第51、52行代码获取并打印出当前处理的Excel文件路径，第53行代码打开对应路径的Excel文件，第54行代码调用ppt_create()函数开始创建PPT文件。

执行代码后程序开始自动处理文件夹中的所有文件，代码处理完毕后将会得到252份已经处理完毕的PPT文件，如图12-30所示（多出的一份文件为“模板.pptx”文件）。

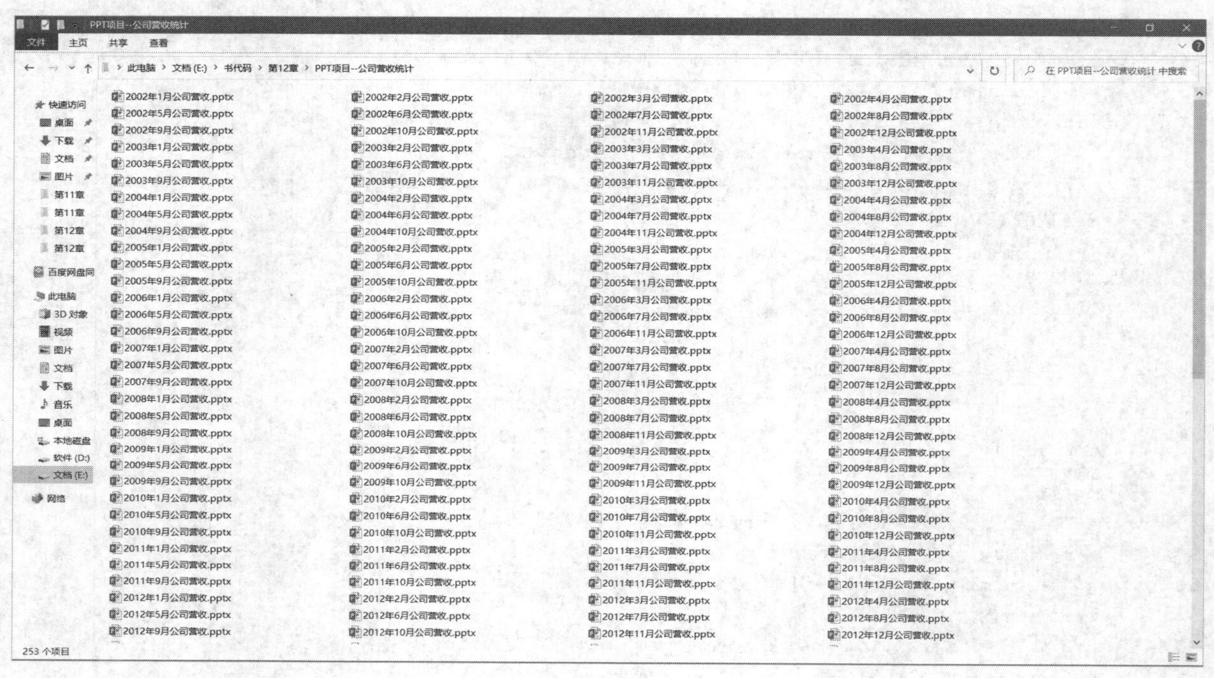

图 12-30

总结

本章主要介绍如何使用python-pptx库中的方法操作PPT文件。读者需要分清PPT文件内的层次关系，即从对整个PPT文件（Presentation对象）的操作到对PPT文件中的每一张幻灯片（slide对象）的操作，再到对幻灯片中每一个形状（shape对象）的操作。每种层次都包含大量的方法和属性，读者无须全部记忆，当要使用时，只需要在命令提示符窗口中使用命令`pip show python-pptx`找到对应库的安装地址查阅源代码即可。读者一定要多阅读源代码以适应不同版本的Pyhton的第三方库。

由于办公自动化的目的在于提高办公效率，因此读者需要从实际考虑当前项目是否适合使用代码来实现。PPT文件注重界面的设计，当在批量生成PPT文件时，需要提前制作PPT文件的模板以呈现界面设计的美感。读者不能一味地追求使用代码来操作文件，要在效果和效率之间找到平衡。

第 13 章

操作 PDF 文件

在办公领域中，我们经常会与PDF文件打交道。由于PDF文件具有不因打开软件的版本不同而导致编码异常、格式异常等问题的优点，且PDF文件阅读更方便、占用内存更小，因此在办公领域中，往往会将处理好的数据或文档保存为PDF文件。

本章将介绍如何使用代码操作PDF文件，如何利用Python代码的灵活性和可重复性优势，实现批量处理PDF文件以减少重复性操作、提高工作效率。Python提供了两个可用于实现操作PDF文件的第三方库，分别为PyPDF2库和pdfminer库。PyPDF2库主要用于操作PDF文件，例如提取PDF文件的属性信息、旋转PDF页面、合并PDF文件、拆分PDF文件、给PDF文件添加水印等。pdfminer库专门用于提取PDF文件中的文字、图片等信息。

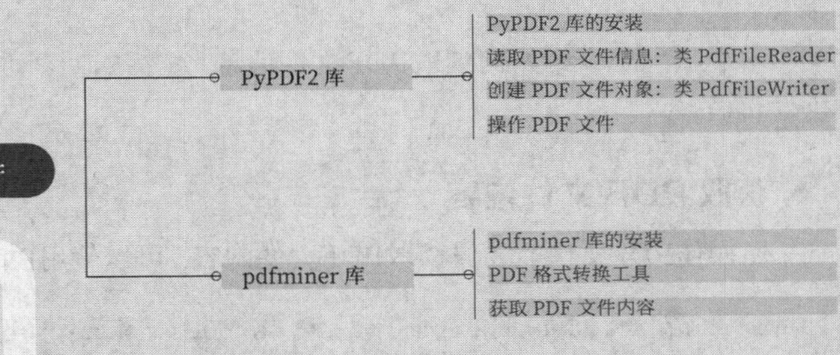

13.1 PyPDF2 库

PyPDF2库主要的优势在于PDF页面级的处理（即对PDF文件进行整体性的操作），在提取PDF文件内容方面效果远不如pdfminer库出色。本节开始介绍如何使用PyPDF2库处理PDF页面。

13.1.1 PyPDF2 库的安装

在命令提示符窗口或终端中执行以下命令：

```
pip install pypdf2
```

安装成功后可执行以下命令查看该库的信息：

```
pip show pypdf2
```

返回图13-1所示的PyPDF2库信息，包含当前安装的库的版本、官方地址及安装目录（在当前计算机中的绝对路径）等信息。

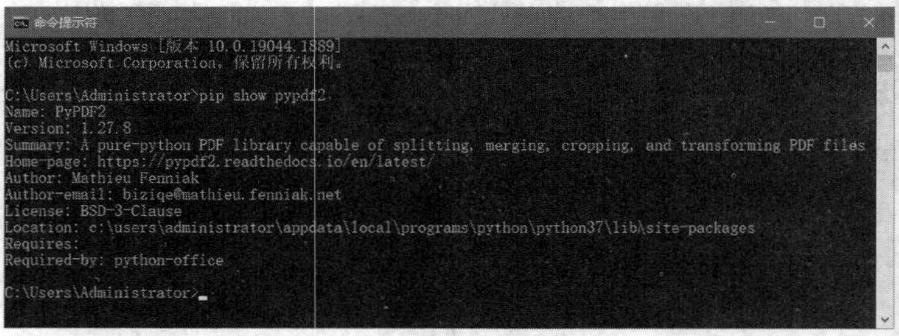

图 13-1

13.1.2 读取 PDF 文件信息

本小节主要介绍如何读取PDF文件信息，包括如何获取PDF文件内容、获取PDF文件属性信息及统计PDF文件页数。

- **获取 PDF 文件内容**

在操作PDF文件前要先读取PDF文件内容，可以使用PyPDF2库中的类PdfFileReader。其使用形式如下：

```
PdfFileReader(stream,strict=True,warndest=None,overwriteWarnings=True)
```

功能：初始化PdfFileReader对象。这个操作可能需要一些时间，因为PDF文件流的交叉引用表需要被读入内存中。

参数stream：表示文件对象或PDF文件路径，数据类型为字符串类型。

参数strict：表明是否需要警告用户所有问题，并让某些可纠正的问题成为“致命问题”，其数据类型为布尔值类型，默认值为True。

参数warndest：表示记录警告的地址，默认值为"sys.stderr"。

参数overwriteWarnings：表明是否使用自定义代码覆盖Python的warnings.py模块，默认值为True。

示例代码（打开PDF文件）：

```
01 from PyPDF2 import PdfFileReader
02 pdf_r = PdfFileReader('第1章.pdf')
03 print(pdf_r)
```

第2行代码读取了PDF文件，但此时的读取效果与open()函数的读取效果相同，仅为获取文件对象，并不是直接获取到所有的文件内容。

第3行代码输出PdfFileReader读取文件后返回的文件对象的数据类型。

代码执行结果:

```
<PyPDF2.pdf.PdfFileReader object at 0x00000211B82D6888>
```

类PdfFileReader的简洁定义:

```
class PdfFileReader(object):
    def getDocumentInfo(self): ...#检索PDF文件的文档信息字典
    def getXmpMetadata(self): ...#从PDF文件中检索XMP(可扩展元数据平台)数据根
    def getNumPages(self): ...#计算PDF文件的页数
    def getPage(self, pageNumber): ...#从PDF文件中获取pageNumber页对象
    def getFields(self, tree = None, retval = None, fileobj = None): ...#提取文件数据
    def getFormTextFields(self): ...#从PDF文件中检索带有文本数据的表单字段
    def getNamedDestinations(self, tree=None, retval=None): ...#获取文档中目标位置
    def getOutlines(self, node=None, outlines=None): ...#检索PDF文件中所显示的文档大纲
    def getPageNumber(self, page): ...#获取给定的page页数
    def getDestinationPageNumber(self, destination): ...#获取给定目标对象的页码
    def getPageLayout(self): ...#获取页面布局
    def getPageMode(self): ...#获取页面模式
    def decrypt(self, password): ...#解开PDF文件密钥
```

- **获取 PDF 文件属性信息**

如果需要进一步获取PDF文件的属性信息，可以使用类PdfFileReader中的方法getDocumentInfo()。其使用形式如下:

```
PDF文件对象.getDocumentInfo()
```

返回一个文件属性对象，数据类型为<pdf.DocumentInformation>，该数据类型中包含多个属性，例如title（标题）、author（作者）、subject（主题）、creator（创作者）、producer（制作人）。

示例代码:

```
01 from PyPDF2 import PdfFileReader
02 pdf_r = PdfFileReader('第1章.pdf')
03 information = pdf_r.getDocumentInfo()
04 print(information.title,information.author, information.subject, information.creator,
information.producer)
```

第3行代码使用getDocumentInfo()方法获取文件的属性，赋值给文件属性对象information。

第4行代码分别输出当前PDF文件的标题、作者、主题、创作者、制作人信息。

代码执行结果:

```
None China None Microsoft® Word 2016 Microsoft® Word 2016
```

- **统计 PDF 文件页数**

getNumPages()方法可用于统计当前PDF文件的页数。其使用形式如下:

```
PDF文件对象.getNumPages()
```

示例代码:

```
01 from PyPDF2 import PdfFileReader
02 pdf_r = PdfFileReader('第1章.pdf')
03 number_of_pages = pdf_r.getNumPages()
04 print(number_of_pages)
```

执行代码后的输出结果为3，表明“第1章.pdf”文件中一共包含6页。

13.1.3 创建 PDF 文件对象

在PyPDF2库中可使用类PdfFileWriter创建一个PDF文件对象。其使用形式如下：

```
PdfFileWriter()
```

创建一个PDF文件对象后，可以向PDF文件对象中写入内容，写入的内容需为PdfFileReader对象，即可以将一个PDF文件中的内容写入另一个PDF文件中。

类PdfFileWriter中提供了大量的方法，想深入研究的读者可进入PyPDF2库的pdf.py模块进行查阅。

类PdfFileWriter的简洁定义：

```
class PdfFileWriter(object):
    def getObject(self, ido): ...#获取对象
    def addPage(self, page): ...#将页面添加到此PDF文件中
    def insertPage(self, page, index=0): ...#在PDF文件中插入新页面
    def getPage(self, pageNumber): ...#从PDF文件中按数字检索页面
    def getNumPages(self): ...#获取PDF文件的页数
    def addBlankPage(self, width=None, height=None): ...#将空白页追加到PDF文件中
    def insertBlankPage(self, width=None, height=None, index=0): ...#在PDF文件中插入一个空白页
    def addJS(self, javascript): ...#添加JavaScript脚本，并且在打开PDF文件时启动此脚本
    def addAttachment(self, fname, fdata): ...#在PDF文件中嵌入文件
    def appendPagesFromReader(self, reader, after_page_append=None): ...
    #从reader复制页面到编辑器
    def updatePageFormFieldValues(self, page, fields): ...#更新表单文件的值
    def cloneReaderDocumentRoot(self, reader): ...#将reader文档根目录复制到编辑器文档
    def cloneDocumentFromReader(self, reader, after_page_append=None): ...
    #从PDF文件阅读器中创建一个副本
    def encrypt(self, user_pwd, owner_pwd = None, use_128bit = True): ...
    #使用PDF标准加密处理程序加密此PDF文件
    def write(self, stream): ...#将stream中的内容写入PDF文件
    def addMetadata(self, infos): ...#添加自定义元数据
    def getReference(self, obj): ...#获取参考信息
    def getOutlineRoot(self): ...#获取提纲
    def getNamedDestRoot(self): ...
    def addBookmarkDestination(self, dest, parent=None): ...
    def addBookmarkDict(self, bookmark, parent=None): ...
    def addBookmark(self, title, pagenum, parent=None, color=None, bold=False, italic=False,
                fit='/Fit', *args): ...#添加书签到PDF文件
    def addNamedDestinationObject(self, dest): ...
    def addNamedDestination(self, title, pagenum): ...
    def removeLinks(self): ...#删除链接和注释
    def removeImages(self, ignoreByteStringObject=False): ...#删除图片
    def removeText(self, ignoreByteStringObject=False): ...
    def addLink(self, pagenum, pagedest, rect, border=None, fit='/Fit', *args): ...
    def getPageLayout(self): ...#获取页面布局
    def setPageLayout(self, layout): ...#设置页面布局
    def getPageMode(self): ...#获取页面模式
    def setPageMode(self, mode): ...#设置页面模式
```

示例代码（将“第1章.pdf”文件的第1页写入新文件）：

```
01 from PyPDF2 import PdfFileReader,PdfFileWriter
02 pdf_r = PdfFileReader('第1章.pdf')
03 pdf_w = PdfFileWriter()
```

```
04 pdf_w.addPage(pdf_r.getPage(0))
05 f = open('新第1章.pdf','wb')
06 pdf_w.write(f)
07 f.close()
```

第2行代码用于读取“第1章.pdf”文件。

第3行代码使用类PdfFileWriter创建一个PDF文件对象pdf_w。

第4行代码对文件对象pdf_w使用了addPage()方法，并向创建的PDF文件对象中添加了一页内容。addPage()方法的使用形式如下:

```
PDF文件对象.addPage(page)
```

参数page：表示添加的PDF页面内容（需要从类PdfFileReader创建的实例对象中获取）。

第4行代码中的参数page传递的实参为pdf_r.getPage(0)，pdf_r是从类PdfFileReader实例化的对象，其中的getPage()方法用于从PDF文件中读取指定页对象。getPage()方法的使用形式如下:

```
PDF文件对象.getPage(pageNumber)
```

参数pageNumber：指定PDF文件中的页编码，数据类型为整数类型，值从0开始。

返回值：返回一个PDF页对象，数据类型为PageObject。

第5行代码使用open()函数打开一个名为“新第1章.pdf”的文件。

第6行代码使用类PdfFileWriter中的方法write()，将添加到pdf_w对象中的页面作为PDF文件内容写入文件对象f中。write()方法的使用形式如下:

```
PDF文件对象.write(stream)
```

参数stream：表示要写入的文件对象，可以使用open()函数打开一个PDF文件对象。

针对页对象PageObject，PyPDF2库中也提供了大量的方法。

PageObject的简洁定义:

```
class PageObject(DictionaryObject):
    def createBlankPage(pdf=None, width=None, height=None): ...#创建一个新的空白页
    def rotateClockwise(self, angle): ...#以90度的增量顺时针旋转页面
    def rotateCounterClockwise(self, angle): ...#以90度的增量逆时针旋转页面
    def getContents(self): ...#获取页面内容
    def mergePage(self, page2): ...#将两个页面的内容合并
    def mergeTransformedPage(self, page2, ctm, expand=False): ...#将两个页面的内容转置合并
    def mergeScaledPage(self, page2, scale, expand=False): ...#将两个页面的内容缩放合并
    def mergeRotatedPage(self, page2, rotation, expand=False): ...#将两个页面的内容旋转合并
    def mergeTranslatedPage(self, page2, tx, ty, expand=False): ...#将两个页面的内容翻转合并
    def mergeRotatedTranslatedPage(self, page2, rotation, tx, ty, expand=False): ...
    #将两个页面的内容翻转并旋转合并
    def mergeRotatedScaledPage(self, page2, rotation, scale, expand=False): ...
    #将两个页面的内容旋转并缩放合并
    def mergeScaledTranslatedPage(self, page2, scale, tx, ty, expand=False): ...
    #将两个页面的内容缩放并翻转合并
    def mergeRotatedScaledTranslatedPage(self, page2, rotation, scale, tx, ty, expand=False):
    ...#将两个页面的内容旋转缩放并翻转合并
    def addTransformation(self, ctm): ...#添加内容转置
    def scale(self, sx, sy): ...#根据sx和sy缩放页面的大小
    def scaleBy(self, factor): ...#根据参数factor缩放页面的大小,x和y轴按同比例缩放。
    def scaleTo(self, width, height): ...#根据width和height缩放页面的大小
    def compressContentStreams(self): ...#压缩页面
    def extractText(self): ...#提取文本
```

13.1.4 操作 PDF 文件

本小节主要介绍如何使用PyPDF2库对PDF文件进行操作（仅涉及操作文件，不涉及提取文件内容，提取文件内容详见13.2节）。

- **旋转 PDF 页面**

在PyPDF2库中针对页对象PageObject分别提供了rotateClockwise()方法和rotateCounterClockwise()方法，可用于实现PDF文件中的旋转页面操作。其使用形式如下：

```
PDF页对象.rotateClockwise(angle) #以90度为增量顺时针旋转页面
PDF页对象.rotateCounterClockwise(angle) #以90度增量逆时针旋转页面
```

参数angle：指定旋转页面的角度，必须是90度的增量，即90的倍数。

示例代码：

```
01 from PyPDF2 import PdfFileReader,PdfFileWriter
02 pdf_r = PdfFileReader('第1章.pdf')
03 pdf_w = PdfFileWriter()
04 page_1 = pdf_r.getPage(0).rotateClockwise(180)
05 pdf_w.addPage(page_1)
06 page_2 = pdf_r.getPage(1).rotateCounterClockwise(90)
07 pdf_w.addPage(page_2)
08 f = open('新第1章.pdf','wb')
09 pdf_w.write(f)
10 f.close()
```

第4行代码将文件中第1页的内容顺时针旋转180度。

第5行代码将转换后的页面添加到PDF文件对象中。

第6行代码将文件中第2页的内容逆时针旋转90度。

第7行代码将转换后的页面添加到PDF文件对象中。

第8行代码使用open()函数创建一个文件“新第1章.pdf”，并将其赋值给对象f。

第9行代码在文件对象中使用write(f)将添加内容后的数据写入PDF文件。

执行代码后打开“新第1章.pdf”文件，其显示效果如图13-2所示，其中第1个页面被顺时针旋转了180度，第2个页面被逆时针旋转了90度。

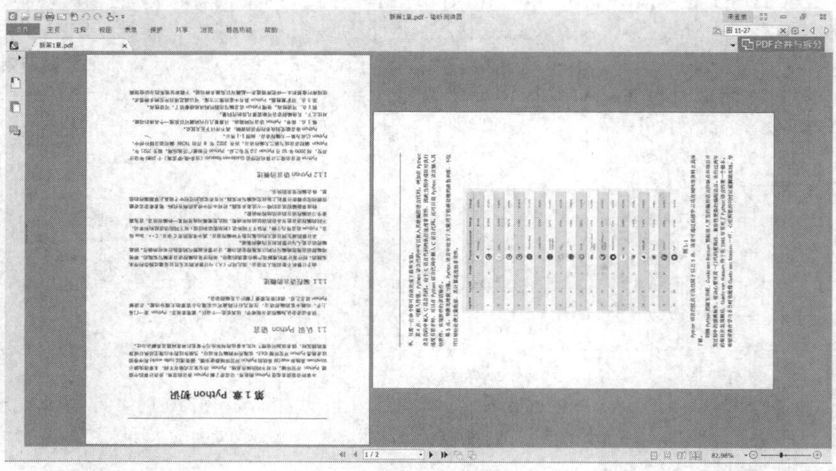

图 13-2

• 合并 PDF 文件

将多个PDF文件合并为一个PDF文件，可以使用类PdfFileWriter中的addPage()方法来实现。

示例代码：

```
01 from PyPDF2 import PdfFileReader,PdfFileWriter
02 pdf_w = PdfFileWriter()
03 file_paths = ['第1章.pdf','第3章.pdf']
04 for file_path in file_paths:
05     pdf_r = PdfFileReader(file_path)
06     for page in range(pdf_r.getNumPages()):
07         pdf_w.addPage(pdf_r.getPage(page))
08 f = open('组合.pdf','wb')
09 pdf_w.write(f)
10 f.close()
```

第2行代码创建一个PDF文件对象pdf_w。

第3行代码创建列表file_paths存储了需要合并的PDF文件的文件名，其文件内容如图13-3和图13-4所示。读者只需要将要合并的PDF文件的路径加入列表即可。

第4、5行代码使用for循环依次读取列表file_paths中的文件。

第6、7行代码使用嵌套for循环语句将每一个PDF文件中的每一页加入PDF文件对象pdf_w。

执行代码后读者可以在相对路径中找到"组合.pdf"文件，打开该文件会发现其内容是图13-3和图13-4所示的PDF文件的合并内容，如图13-5所示。

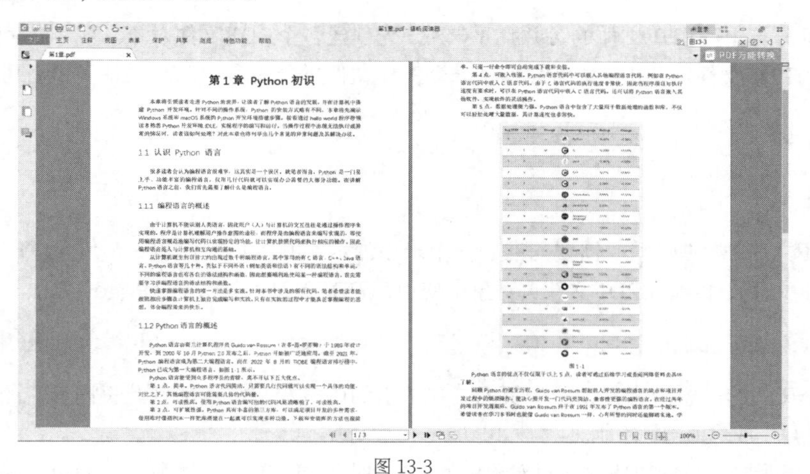

图 13-3

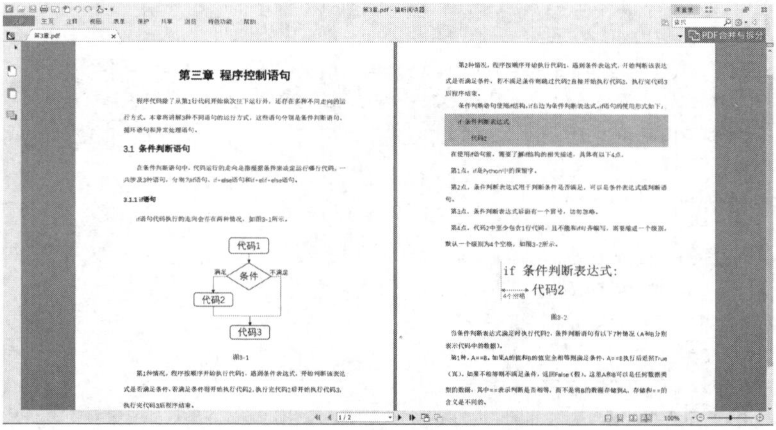

第三章 程序控制语句

图 13-4

图 13-5

PDF文件的拆分与上面PDF文件的合并几乎一致，先创建多个PDF文件对象，然后将读取的文件对象分别按页添加到不同的PDF文件对象中，从而实现将一个PDF文件拆分为多个PDF文件。读者可自行尝试，本小节将不赘述其方法。

- **添加水印**

要实现在PDF文件中添加水印，需要先准备一个未添加水印的PDF文件和一个包含水印的PDF文件（仅包含水印信息的PDF文件），接着在PDF文件页对象中使用PyPDF2库中的mergePage()方法。其使用形式如下：

```
PDF文件页对象.mergePage(page2)
```

功能：将两个页面的内容流合并为一个页面。参数页的内容流将被添加到此页内容流的末尾，这意味着水印将在该页的“末尾”或“顶部”绘制。

参数page2：表明要合并到PDF文件页对象中的页，即水印页，数据类型为PageObject<PageObject>。

示例代码：

```
01 from PyPDF2 import PdfFileReader,PdfFileWriter
02 file_paths = ['未添加水印文件.pdf','水印.pdf','添加水印文件.pdf']
03 shuiyin_file = PdfFileReader(file_paths[1])
04 shuiyin = shuiyin_file.getPage(0)
05 pdf_r = PdfFileReader(file_paths[0])
06 pdf_w = PdfFileWriter()
07 for page in range(pdf_r.getNumPages()):
08     page_r = pdf_r.getPage(page)
09     page_r.mergePage(shuiyin)
10     pdf_w.addPage(page_r)
11 f = open(file_paths[2],'wb')
12 pdf_w.write(f)
13 f.close()
```

第2行代码在列表file_paths中添加了3个PDF文件路径，分别是'未添加水印文件.pdf'、'水印.pdf'、'添加水印文件.pdf'。

第3～6行代码依次打开'水印.pdf'文件和'未添加水印文件.pdf'并创建一个PDF文件对象。

第7～10行代码将'未添加水印文件.pdf'按页数顺序依次添加水印，使用mergePage()方法将水印页添加到'未添加水印文件.pdf'的每一页中。

第11、12行代码将添加水印的页面都保存在'添加水印文件.pdf'中。

执行代码后读者可在相对路径下找到“添加水印文件.pdf”文件，但读者需要提前制作包含水印的文件，可以在网上查阅相关制作方法。笔者多次尝试添加水印后的文件效果都存在差异，部分内容缺失，因此读者在实践操作后需要仔细核对文件效果。

- **加密 PDF 文件**

在PDF文件对象中可使用encrypt()方法实现加密文件。其使用形式如下：

```
PDF文件对象.encrypt(user_pwd, owner_pwd = None, use_128bit = True)
```

功能：使用PDF标准加密处理程序加密此PDF文件。

参数user_pwd：指用户密码，允许在提供的限制下打开和读取PDF文件，其数据类型为字符串类型。

参数owner_pwd：指所有者密码，默认情况下所有者密码与用户密码相同，其数据类型为字符串类型。

参数use_128bit：表明是否使用128位加密的标志。默认使用128位加密，值为False时则使用40位加密（128位和40位与加密算法中的复杂度有关，而不是密码的长度）。

示例代码：

```
01 from PyPDF2 import PdfFileReader,PdfFileWriter
02 file_paths = ['未加密文件.pdf','加密文件.pdf']
03 pdf_r = PdfFileReader(file_paths[0])
04 pdf_w = PdfFileWriter()
05 for page in range(pdf_r.getNumPages()):
06     pdf_w.addPage(pdf_r.getPage(page))
07 pdf_w.encrypt(user_pwd='123456')
08 f = open(file_paths[1],'wb')
09 pdf_w.write(f)
10 f.close()
```

第2行代码创建了1个列表，包含'未加密文件.pdf'和'加密文件.pdf'的文件路径。

第3、4行代码读取'未加密文件.pdf'并创建1个新的PDF文件对象。

第5、6行代码使用for循环将'未加密文件.pdf'中的内容依次写入新的PDF文件对象中。

第7行代码使用encrypt()方法设置新的PDF文件密码为123456。

执行代码后，在相对路径中可以找到“加密文件.pdf”文件，双击打开该文件后会弹出“密码”对话框，如图13-6所示，只有输入正确密码123456才能成功读取文件内容。

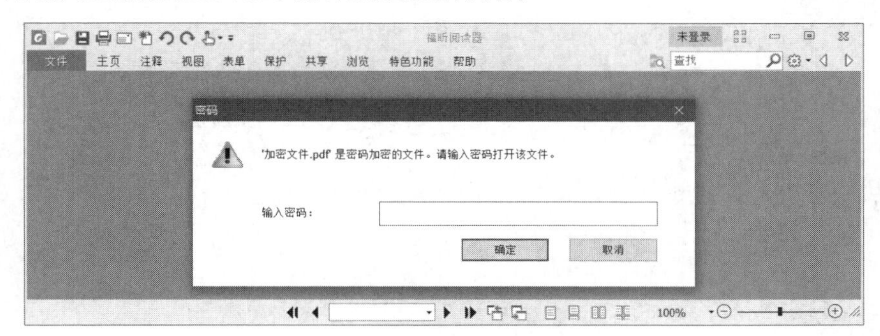

图 13-6

• 解密 PDF 文件

在PDF文件对象中可使用decrypt()方法实现解密文件。其使用形式如下：

```
PDF文件对象.decrypt(password)
```

功能：使用password解密文件对象，使得可以进行下一步的读取操作。

参数password：指用户密码，数据类型为字符串类型。

示例代码（解密上一示例代码生成的“加密文件.pdf”文件）：

```
01 from PyPDF2 import PdfFileReader
02 pdf_r = PdfFileReader('加密文件.pdf')
03 if pdf_r.isEncrypted:
04     print('有密码')
05     if pdf_r.decrypt('abcdef'):
06         print('解密成功')
07     else:
08         print('解密失败')
```

第3行代码使用文件对象中的isEncrypted属性判断文件对象是否有密码，当存在密码时输出“有密码”。

第5行代码使用文件对象下的decrypt()解密文件，如果解密成功则输出“解密成功”，否则输出“解密失败”。

• 获取 PDF 文件内容

在PDF文件的页对象PageObject中可使用extractText()方法实现读取PDF文件中的文本内容，但由于PyPDF2库对文本内容的解析能力较差，因此读者可自行尝试并观察解析效果。

示例代码（获取“第1章.pdf”文件的全部文本内容）：

```
01 from PyPDF2 import PdfFileReader
02 pdf_r = PdfFileReader('第1章.pdf')
03 for page in range(pdf_r.getNumPages()):
04     info =pdf_r.getPage(page).extractText()
05     print(info)
```

第4行代码通过getPage()获取文件对象的指定页，再使用extractText()获取页中的文本内容。

执行代码后的输出结果如图13-7所示，该结果表明并没有真正获取到PDF文件中的文本内容。读者如果需要正确提取PDF文件中的文本内容可以继续学习13.2节。

```
Python 3.7.9 Shell
File Edit Shell Debug Options Window Help
B+65 C€
P yth o n

AÜB+ 65

P y th o n
B.@0,´

AÑ ^]

P y th o n
J,
P y th o n
/j
W i n d o w s

ma c0 S
,
P y th o n
^]
!ŁPÖ -pFJ E÷
h el l o
Ln: 233 Col: 4
```

图 13-7

13.2 pdfminer 库

在通常情况下，如果要操作PDF文件，建议使用PyPDF2库。如果要提取PDF文件的内容，则建议使用pdfminer库，因为pdfminer库针对PDF文件内容的提取会更精准。

pdfminer库经过更新迭代衍生出了两个分支库，分别为pdfminer3k库和pdfminer.six库，这两个分支库都是基于pdfminer库开发的，因此其源代码的设计方法几乎一致。本节主要介绍pdfminer库，关于两个分支库读者可在学习完本节内容之后自行了解。

13.2.1 pdfminer 库的安装

pdfminer库的安装方法有以下两种。

第1种，使用pip命令安装。在命令提示符窗口或终端中执行以下命令：

```
pip install pdfminer
```

安装成功后可执行以下命令查看库的信息：

```
pip show pdfminer
```

返回图13-8所示的pdfminer库信息，包含当前安装的库的版本、官方地址及安装目录等。

```
Microsoft Windows [版本 10.0.19044.1889]
(c) Microsoft Corporation。保留所有权利。

C:\Users\Administrator>pip show pdfminer
Name: pdfminer
Version: 20191125
Summary: PDF parser and analyzer
Home-page: http://github.com/euske/pdfminer
Author: Yusuke Shinyama
Author-email: yusuke@shinyama.jp
License: MIT
Location: c:\users\administrator\appdata\local\programs\python\python37\lib\site-packages
Requires: pycryptodome
Required-by:

C:\Users\Administrator>
```

图 13-8

第2种，安装源文件。安装pdfminer库要求Python的版本不低于3.6，如果读者由于操作系统原因或其他原因无法使用Python 3.6或更高版本，可以选择手动安装源文件，即使用浏览器进入如图13-9所示的pdfminer库源代码官方下载网站，单击图中标注框处即可下载源文件，下载后的文件名为“pdfminer-20191016.tar.gz”（.gz是一种压缩文件格式）。

源文件下载完毕后，启动命令提示符窗口或终端开始安装源文件，其步骤如下。

步骤1，使用命令提示符窗口进入源文件目录。在命令提示符窗口或终端中输入图13-10所示的第1行命令并按Enter键，进入E盘（笔者事先将源文件存储在E盘的根目录中）。

步骤2，输入命令`pip install pdfminer-20191016.tar.gz`并按Enter键即可下载并安装pdfminer库，安装结果如图13-10所示，表示安装成功。

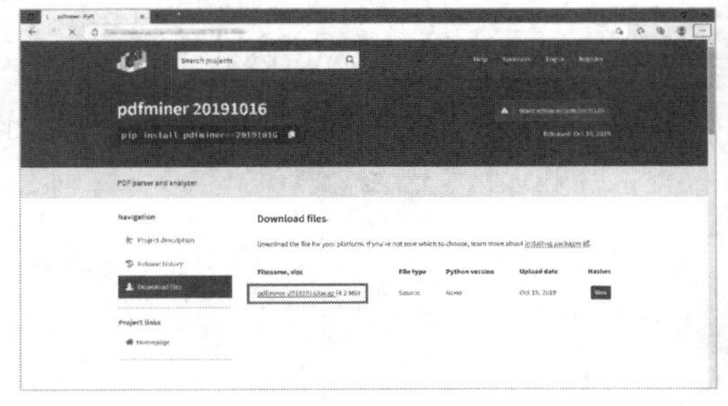

图 13-9

```
C:\Users\Administrator>E:

E:\>pip install pdfminer-20191016.tar.gz
Processing e:\pdfminer-20191016.tar.gz
Collecting pycryptodome
  Downloading pycryptodome-3.10.1-cp35-abi3-win32.whl (1.6 MB)
                                        1.6 MB 72 kB/s
Using legacy 'setup.py install' for pdfminer, since package 'wheel' is not installed.
Installing collected packages: pycryptodome, pdfminer
    Running setup.py install for pdfminer ... done
Successfully installed pdfminer-20191016 pycryptodome-3.10.1

E:\>
```

图 13-10

注意

在命令提示符窗口中输入cd 目录路径再按Enter键即可进入此目录路径。

13.2.2 PDF 格式转换工具

在pdfminer官网中提供了大量转换工具，可以直接通过命令的形式将PDF文件转换为其他格式的文件。其转换工具需要在官网中进行下载（如果使用源代码安装pdfminer库则无须下载），如图13-11所示，单击“pdfminer-20191125.tar.gz”即可下载转换工具。

下载后先解压文件（如果使用源代码安装pdfminer库则解压pdfminer-20191016.tar.gz文件），然后将文件夹中的tools文件夹移动到与pdfminer库相同的安装地址（图13-8所示的Location为pdfminer库的安装地址）下，完成后如图13-12所示。

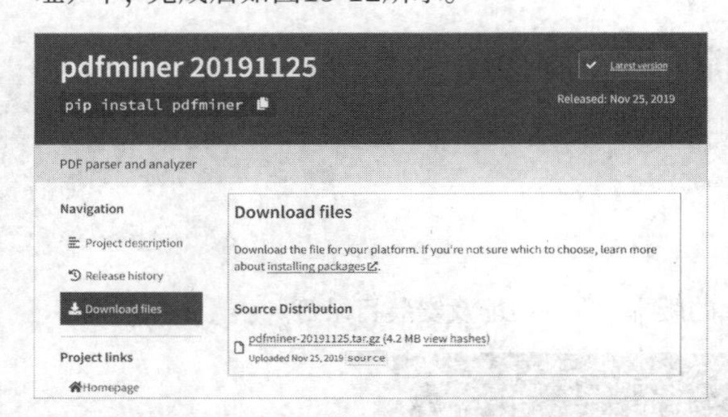

图 13-11

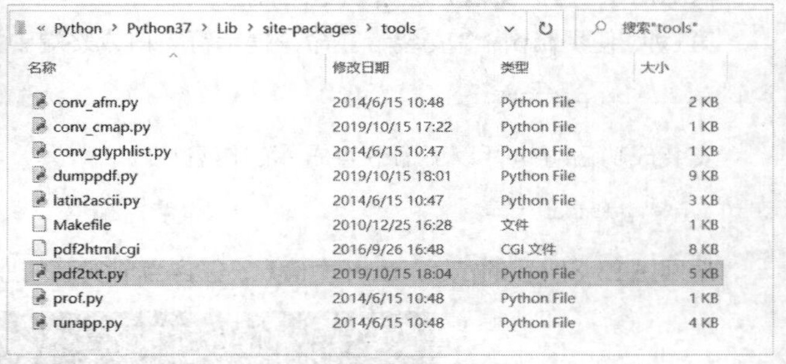

图 13-12

接下来开始使用官方提供的转换工具，图13-12中的pdf2txt.py文件（官方已经写好的程序代码）可用于将PDF文件转换为TXT文件。使用pdf2txt.py文件的步骤如下。

步骤1，进入命令提示符窗口或终端。

步骤2，进入pdf2txt.py文件所在路径。在命令提示符窗口输入图13-13所示的命令，其中cd表示进入路径所指文件夹，当输入完命令时按Enter键即可在命令提示符窗口进入路径所指文件夹，图13-13中返回的第2行中显示当前tools的路径地址。

图 13-13

步骤3，使用pdf2txt.py文件提供的工具。工具中含有多个参数，具体如下：

```
pdf2txt.py [-P password] [-o output] [-t text|html|xml|tag] [-O output_dir] [-c encoding] [-s scale] [-R rotation] [-Y normal|loose|exact] [-p pagenos] [-m maxpages] [-S] [-C] [-n] [-A] [-V] [-M char_margin] [-L line_margin] [-W word_margin] [-F boxes_flow] [-d] input.pdf
```

其中方括号表示参数为可选择的，空格用于将不同的参数分隔开，-×表示引导符（例如-P表示输入密码的引导符，以便于区分不同的参数值）。

参数-P password：表示PDF文件密码。

参数-o output：表示输出文件名，可以转换为.html格式。

参数-t text|html|xml|tag：表示输出类型（默认值从输出文件名自动推断）。

参数-O output_dir：表示提取图像的输出目录。

参数-c encoding：表示输出的编码方式（默认值为UTF-8）。

参数-s scale：表示输出比例。

参数-R rotation：表示以度为单位旋转页面。

参数-Y normal|loose|exact：表示指定布局模式（仅用于HTML输出）。

参数-p pagenos：表示仅处理某些页面。

参数-m maxpages：表示限制要处理的最大页面数。

参数-S：表示去除控制字符。

参数-C：表示禁用资源缓存。

参数-n：表示禁用布局分析。

参数-A：表示对包括文本在内的所有文本应用布局分析。

参数-V：表示自动检测垂直书写。

参数-M char_margin：表示指定字符的边距。

参数-L line_margin：表示专门说明行边距。

参数-W word_margin：表示修饰单词边距。

参数-F boxes_flow：表示具体说明一次处理的数据流量比。

参数-d：表示打开调试输出。

input.pdf：表示需要转换的PDF文件路径。

例如在命令提示符窗口中输入以下命令：

```
python pdf2txt.py -o 第1章.txt 第1章.pdf
```

命令最左边的python表示使用Python解释器执行pdf2txt.py文件。命令中的-o表示输出文件名，这里设置输出的文件名为“第1章.txt”。命令最右边的第1章.pdf表示从此PDF文件中解析文本内容。注意，要将此PDF文件放在与pdf2txt.py文件所在的相同文件夹内，否则还需指定完整的路径。

按Enter键后将会执行转换命令，即将“第1章.pdf”文件解析并转换为“第1章.txt”文件，读者可打开tools文件夹查看转换后的效果，图13-14所示的文件为被解析的PDF文件，图13-15所示的文件为被解析后的.txt格式文件。

第 1 章 Python 初识
1.1 认识 Python 语言
1.1.1 编程语言的概述

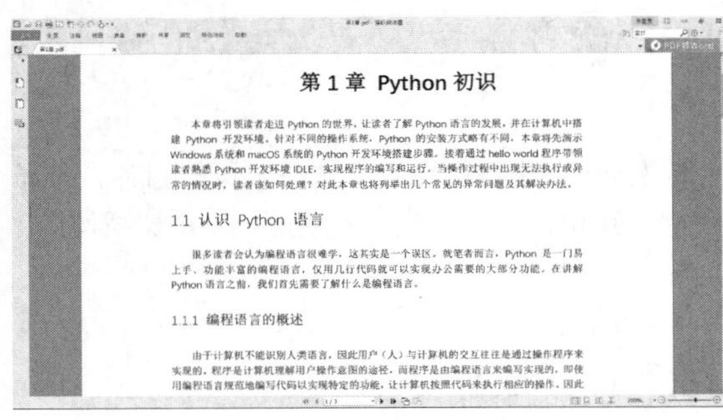

图 13-14

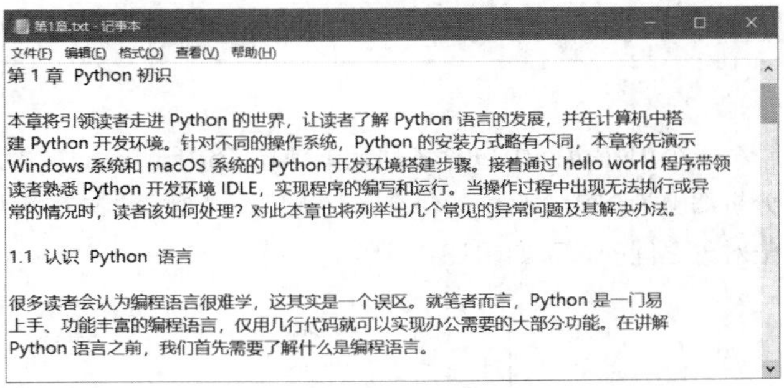

第1章.txt - 记事本
文件(F) 编辑(E) 格式(O) 查看(V) 帮助(H)
第 1 章 Python 初识
本章将引领读者走进 Python 的世界，让读者了解 Python 语言的发展，并在计算机中搭
建 Python 开发环境。针对不同的操作系统，Python 的安装方式略有不同，本章将先演示
Windows 系统和 macOS 系统的 Python 开发环境搭建步骤。接着通过 hello world 程序带领
读者熟悉 Python 开发环境 IDLE，实现程序的编写和运行。当操作过程中出现无法执行或异
常的情况时，读者该如何处理？对此本章也将列举出几个常见的异常问题及其解决办法。
1.1 认识 Python 语言
很多读者会认为编程语言很难学，这其实是一个误区。就笔者而言，Python 是一门易
上手、功能丰富的编程语言，仅用几行代码就可以实现办公需要的大部分功能。在讲解
Python 语言之前，我们首先需要了解什么是编程语言。

图 13-15

pdf2txt.py文件中还提供了其他可用于转换文件格式的命令，读者可结合前面提供的参数来进行设置与实际运用，下面展示其中两种常见命令。

第1种，将PDF文件的内容输出到屏幕中，例如以下命令：

```
python pdf2txt.py 第1章.pdf
```

表示使用pdf2txt.py将“第1章.pdf”解析后的文本内容直接输出到屏幕中，而不会保存在其他文件中。

第2种，将PDF文件转换为.html格式文件，例如以下命令：

```
python pdf2txt.py -o 办公自动化.html 第1章.pdf
```

表示使用pdf2txt.py将“第1章.pdf”解析后的内容写入.html格式文件中，且支持.text、.html、.xml、.tag格式。

13.2.3 获取 PDF 文件内容

PDF文件与Word文件或HTML文件的结构完全不同，PDF文件更像是一种图形表示，它将内容放置在显示器或页面上的确切位置。在大多数情况下，PDF文件中没有句子或段落等逻辑结构，并且无法在改变页面大小时进行自我调整，例如页面缩小不会使段落变长，而是缩小整个页面，且始终保持格式不变。pdfminer库解析PDF文件时尝试通过位置进行猜测来重建其中的一些结构，但不能保证一定准确。

- **pdfminer 解析流程**

由于PDF文件的结构庞大且复杂，因此将PDF文件作为一个整体进行解析非常耗时且耗内存。但是并非所有的PDF文件处理任务都需要解析每个部分，因此pdfminer采用了“惰性解析策略”，即仅在必要时才解析内容。如图13-16所示的内容为pdfminer库官方提供的PDF文件解析流程示意。在解析PDF文件时，至少需要使用两个类，即类PDFParser和类PDFDocument，这两个类相互关联。类PDFParser不仅需要从文件中获取数据并使用类PDFDocument进行存储，还需要使用类PDFPageInterpreter来处理页面内容，使用类PDFDevice将文件翻译成需要的任何内容。类PDFResourceManager用于存储共享资源，例如字体或图像。

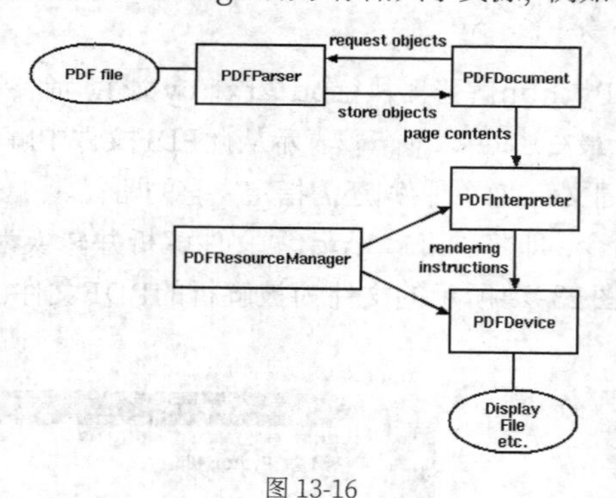

图 13-16

一个PDF页面中包含多种元素信息，pdfminer中提供了布局分析器来解析PDF文件每一页的内容。布局分析器会为PDF文件中的每个页面返回一个对象，该对象中包含页面内的子对象，它们共同形成一个树结构，这些对象之间的关系如图13-17所示。

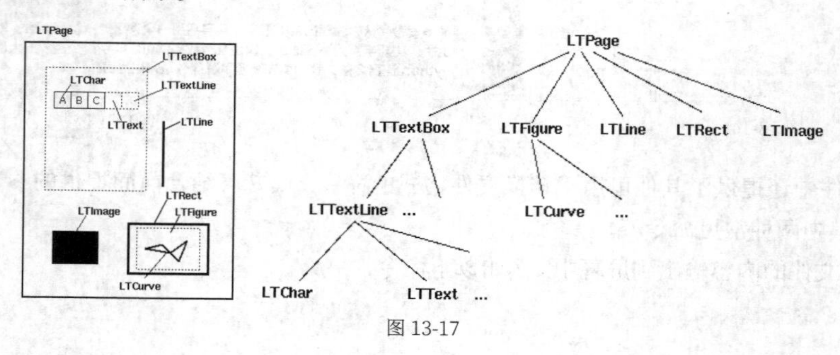

图 13-17

LTPage：表示整个页面。含有子对象LTTextBox、LTFigure、LTImage、LTRect、LTCurve和LTLine等。

LTTextBox：表示可以包含在矩形区域中的一组文本框。请注意，此文本框是通过几何分析创建的，并不一定代表文本的逻辑边界。该对象包含一个LTTextLine对象列表。

LTTextLine：包含文本行LTText的边框线。可获取字符水平或垂直对齐方式，具体取决于文本的书写模式。

LTText：表示单行文本内容。

LTChar：表示单个字符。

LTLine：表示一条直线，可用于分隔文本或图形。

LTImage：表示一个图像对象。嵌入的图像可以是.jpeg或其他格式，但目前pdfminer库对图像对象的处理效果不是很好。

LTRect：表示一个矩形，可用于构造一张图形。

LTFigure：表示PDF图表对象使用的区域。PDF图表可通过在页面中嵌入另一个PDF文件来呈现图形或图片。请注意，LTFigure对象可以递归出现，如果需要获取该对象的内容则需要循环读取。

LTCurve：表示通用的“贝塞尔曲线”（应用于二维图形应用程序的数学曲线，一般的矢量图形绘制软件都会通过它来精确地画出曲线）。

- **获取 PDF 文件内容**

前面介绍的pdfminer解析流程可用于理解在代码中使用pdfminer库获取PDF文件内容的原理。

示例代码：

```
01 from pdfminer.pdfparser import PDFParser
02 from pdfminer.pdfdocument import PDFDocument
03 from pdfminer.pdfpage import PDFPage
04 from pdfminer.pdfinterp import PDFResourceManager,PDFPageInterpreter
05 from pdfminer.layout import *
06 from pdfminer.converter import PDFPageAggregator
07 fp = open('第1章.pdf', 'rb')
08 parser = PDFParser(fp)
09 document = PDFDocument(parser)
10 rsrcmgr = PDFResourceManager()
11 device = PDFPageAggregator(rsrcmgr,laparams = LAParams())
12 interpreter = PDFPageInterpreter(rsrcmgr,device)
13 for page in PDFPage.create_pages(document):
14     interpreter.process_page(page)
15     layout=device.get_result()
16     for x in layout:
17         print(x)
```

第7行代码使用open()函数以二进制文件流形式打开'第1章.pdf'文件。

第8行代码使用类PDFParser创建了一个PDF解析器，类PDFParser可从文件流中获取PDF文件对象（类PDFParser位于pdfminer库的pdfparser.py文件中）。

第9行代码使用类PDFDocument创建了一个用于存储文档结构的PDF文件对象。由于PDF文件可能非常大，通常不会立即加载。因此，为了在处理过程中动态地导入数据，PDF文件必须与PDF解析器相互协作。

第10行代码使用类PDFResourceManager创建共享资源的存储库。类PDFResourceManager促进了共享资源（例如字体和图像）的重用，因此大型对象不会被多次分配。

第11行代码使用类PDFPageAggregator创建一个PDF页面聚合器对象，包含页面中的多个结构。

第12行代码使用类PDFPageInterpreter创建一个解释器对象，可以解析PDF文件内容，类似于Python解释器可以解释Python代码。

第13行代码使用for循环从PDF文件对象中提取每一页的内容。由于是按需提取PDF页面，而不是一次性将整个PDF文件内容进行解析，因此即便是处理大型PDF文件也是非常便捷的。

第14行代码使用解释器对象翻译每一页的内容。

第15行代码经过解释器处理每一页的内容后，在PDF页面聚合器对象中使用get_result()方法会自动获取页面中的所有内容，如图13-18中所示。

第16、17行代码使用循环语句输出当前页面中的所有内容。

代码执行结果：

```
<LTTextBoxHorizontal(0) 306.650,788.472,309.116,797.850 ' \n'>
<LTTextBoxHorizontal(1) 220.370,722.325,425.269,746.284 '第1章Python初识\n'>
<LTTextBoxHorizontal(2) 90.024.622.370.505.660.696.891 '本章将引领读者走进Python的世界，让读者了解Python语言的发展，并在计算机中搭\n建Python开发环境。针对不同的操作系统，Python的安装方式略有不同，本章将先演示\nWindows系统和macOS系统的Python开发环境搭建步骤。接着通过hello word程序带领\n读者熟悉Python开发环境IDLE，实现程序的编写和运行。当操作过程中出现无法执行或异\n常的情况时，读者该如何处理？对此本章也将列举出几个常见的异常问题及其解决办法。\n'>
<LTTextBoxHorizontal(3) 90.024,583.557,249.223,600.970 ' 1.1认识Python语言\n'>
```

数据的每一个内容为一个子对象，包含当前子对象的类型（例如LTTextBoxHorizontal中LT是Layout的缩写，TextBoxHorizontal表示水平方向的文本框）、位置、对象的数据。如果需要直接获取其数据内容，可以使用print(x.get_text())替代第17行代码，执行代码后将会直接输出子对象中的数据。

- **获取文字**

当PDF页面聚合器对象中存在图片时，无法使用x.get_text()方法直接获取子对象中的数据，因为图片对象是一个二进制文件，所以它没有文字字符，而pdfminer库对于图片的处理效果不佳。接下来介绍如何获取PDF文件中的文字信息，在介绍之前需要先了解一下isinstance()函数。isinstance()函数的使用形式如下：

```
isinstance(a,b)
```

该函数可用于判断变量a的数据类型是否为b。使用此形式可以方便地判断页面中的子对象是否为LTTextBoxHorizontal类型，如果为LTTextBoxHorizontal类型，则可以使用get_text()方法获取其中的文字内容。

示例代码：

```
01 from pdfminer.pdfparser import PDFParser
02 from pdfminer.pdfdocument import PDFDocument
03 from pdfminer.pdfpage import PDFPage
04 from pdfminer.pdfinterp import PDFResourceManager,PDFPageInterpreter
05 from pdfminer.layout import *
06 from pdfminer.converter import PDFPageAggregator
07 fp = open('第1章.pdf', 'rb')
08 parser = PDFParser(fp)
09 document = PDFDocument(parser)
10 rsrcmgr=PDFResourceManager()
11 device=PDFPageAggregator(rsrcmgr,laparams = LAParams())
12 interpreter=PDFPageInterpreter(rsrcmgr,device)
13 for page in PDFPage.create_pages(document):
14     interpreter.process_page(page)
15     layout=device.get_result()
16     for x in layout:
17         if isinstance(x, LTTextBox):
18             print(x.get_text())
19 fp.close()
```

第17行代码使用isinstance()函数判断x是否为LTTextBox类型，由于LTTextBoxHorizontal是LTTextBox的子类型，因此可以判断子对象是否为文本框对象。

第18行代码使用get_text()方法获取子对象中的文本内容并输出。

执行代码后将输出“第1章.pdf”文件中的所有文字，如图13-18所示。

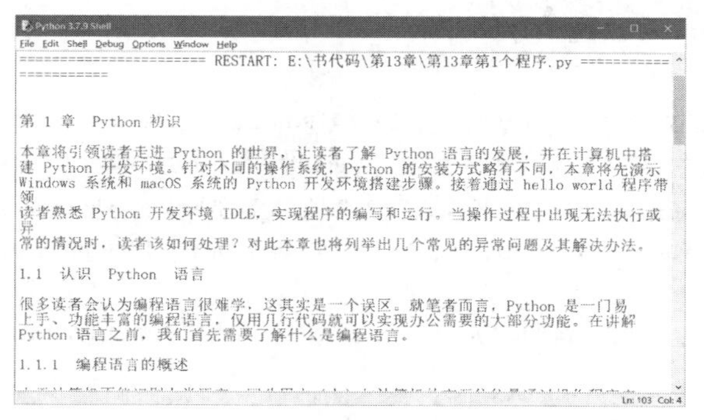

图 13-18

项目案例 实现将 PDF 文件转换为 Word 文件

项目任务

实现将一个PDF文件转换为Word文件，且只要求解析其中的文字内容。

项目实现代码

```
01 from pdfminer.pdfparser import PDFParser
02 from pdfminer.pdfdocument import PDFDocument
03 from pdfminer.pdfpage import PDFPage
04 from pdfminer.pdfinterp import PDFResourceManager,PDFPageInterpreter
05 from pdfminer.layout import *
06 from pdfminer.converter import PDFPageAggregator
07 import docx
08 fp = open('第1章.pdf', 'rb')
09 docD = docx.Document()
10 parser = PDFParser(fp)
11 document = PDFDocument(parser)
12 rsrcmgr=PDFResourceManager()
13 device=PDFPageAggregator(rsrcmgr,laparams = LAParams())
14 interpreter=PDFPageInterpreter(rsrcmgr,device)
15 for page in PDFPage.create_pages(document):
16     interpreter.process_page(page)
17     layout=device.get_result()
18     for x in layout:
19         if isinstance(x, LTTextBox):
20             docD.add_paragraph(x.get_text())
21 fp.close()
22 docD.save('PDF文件转Word文件.docx')
```

第9行代码使用Document创建一个空白的文件对象docD。

第10～19行代码均用于解析'第1章.pdf'文件，使用方法与13.2.3小节的方法相同。

第20行代码使用get_text()方法获取子对象中的数据，并将内容以段落的形式写入文件对象docD。

第22行代码将文件另存为'PDF文件转Word文件.docx'。

执行代码后读者可打开此文件查看转换后的显示效果，如图13-19所示。

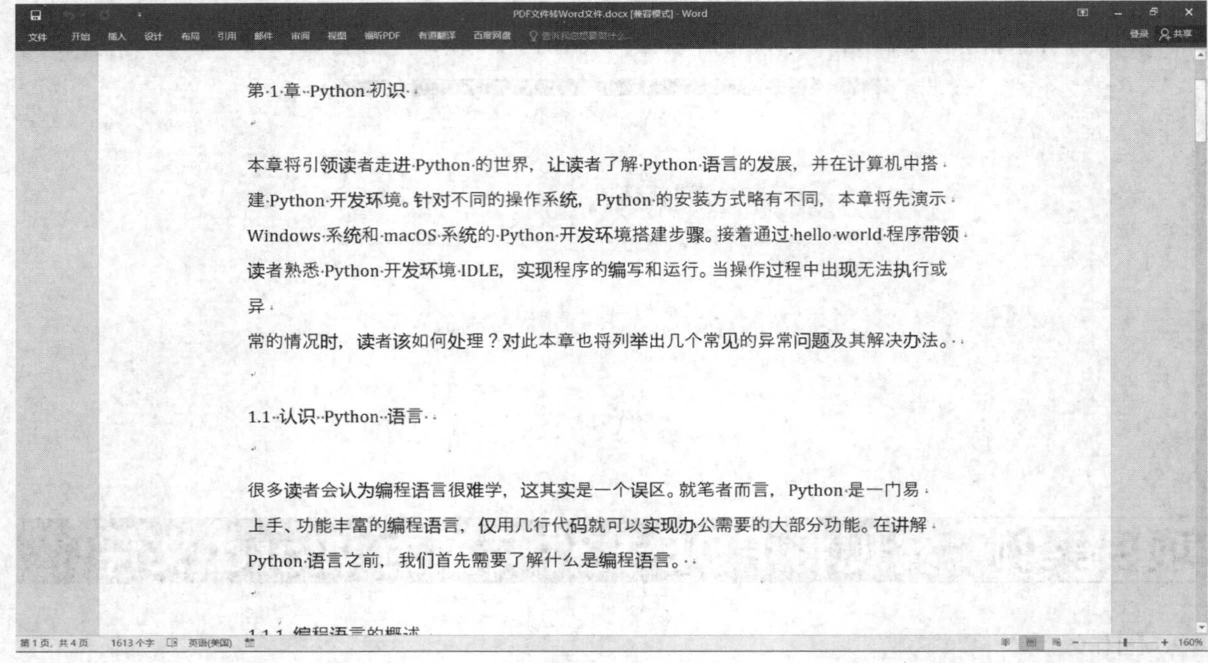

图 13-19

总结

本章主要介绍PDF文件的操作方法，针对PDF文件的页面操作及内容提取两个方面进行介绍。其中页面操作使用PyPDF2库实现，提取页面中的内容使用pdfminer库实现。

pdfminer库针对图片等内容的提取效果不佳，且pdfminer库已经停止维护，因此读者还可以继续学习pdfminer3k库和pdfminer.six库这两个分支库。随着Python官方对分支库的不断维护和更新，相信在后期分支库提取内容的能力会不断提升。

在使用pdminer库提取PDF文件的内容信息时，推荐结合使用转换工具中的pdf2txt.py，不仅可以大大减少编写代码的时间，还可以实现多种格式文件的转换，且可以使用os库中的命令直接驱动代码文件，或者使用open()函数读取执行命令后的文件内容。读者可以根据项目的具体需求灵活使用这些方法。

第 14 章

操作 HTML 网页

在办公领域有很多需要和网页打交道的场景，例如从网页中获取图片、音频、视频文件等，或者将本地的数据批量上传到网页中或从网页中批量获取数据信息等。实现以上功能需要先了解网页的构成。

本章主要介绍网页的构成，网页标签的使用，在网页中插入图片、音频、视频，网页的布局及从网页中获取资源的方法。本章的项目案例是设计一个简单的HTML网页。在掌握网页构成的基础上，读者还需掌握第15章的爬虫技术，才能实现灵活地使用代码与网页进行交互。

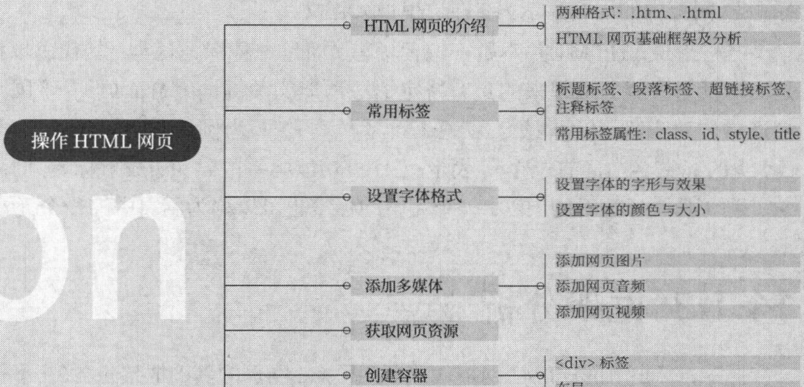

- 操作 HTML 网页
  - HTML 网页的介绍
    - 两种格式：.htm、.html
    - HTML 网页基础框架及分析
  - 常用标签
    - 标题标签、段落标签、超链接标签、注释标签
    - 常用标签属性：class、id、style、title
  - 设置字体格式
    - 设置字体的字形与效果
    - 设置字体的颜色与大小
  - 添加多媒体
    - 添加网页图片
    - 添加网页音频
    - 添加网页视频
  - 获取网页资源
  - 创建容器
    - <div> 标签
    - 布局
  - 创建表格
    - 表格标签
    - 添加表格表头与标题

Python

14.1 HTML网页的介绍

HTML（Hypertext Markup Language，超文本标记语言）是一种用于创建网页的标准标记语言，是一种与Python不同的编程语言。网页文件的扩展名通常为.html或.htm，这两种扩展名都可使用，并不会影响文件内容。

14.1.1 简单的HTML网页框架

每一个HTML网页都包含一个基础框架，其他的内容都是在基础框架内进行扩充的。

示例代码：

```
01 <!DOCTYPE html>
02 <html lang="en">
03 <head>
04     <meta charset="UTF-8">
05     <title>这里是标题</title>
06 </head>
07 <body>在这里填入正文</body>
08 </html>
```

这是一个较为基础的HTML网页代码框架，读者可以将此代码单独保存为一个文件，需要注意的是文件的扩展名为.html而不是.py，如图14-1所示。使用浏览器打开此文件将会显示图14-2所示的网页，网页标题名称显示为“这里是标题”，网页中的内容显示为“在这里填入正文”。

图 14-1

图 14-2

严格来说，HTML并不属于编程语言，而是一种标记语言，其代码以标签的形式来表示网页的内容。标签是由角括号（<>）括起来的具有特定语法功能的关键词组合而成的，例如以上示例代码中第5行的<title>。标签通常成对出现，以`<title>这里是标题</title>`为例，第1个<title>表明<title>功能标签的开始，第2个</title>的标签名前面有一个/，表示<title>功能标签的结束，成对标签之间的内容为标签的内容，即“这里是标题”是<title>标签对的内容，一个完整的标签也可以称为网页中的一个元素。

14.1.2 框架分析

据14.1.1小节的HTML网页代码框架可知，网页的基础框架包含6个标签，下面将分别介绍这些标签的含义。

<!DOCTYPE html>标签：用于声明此HTML网页为HTML5网页，此标签在整个网页中只需要一个。HTML存在多个版本，例如HTML 2.0、HTML 3.2、HTML 4.1等。此标签的作用是帮助浏览器快速识别当前网页中的标签使用的是哪个版本，不同版本的HTML在标签上有差别。

示例代码（HTML 4.01的声明）：

```
<!DOCTYPE HTML PUBLIC "-//W3C//DTD HTML 4.01 Transitional//EN" "
http://www.w3.org/TR/html4/loose.dtd">
```

<html lang="en">标签：表示HTML网页的根元素，此标签需要成对出现，第1个<html>标签表示HTML页面的开始，第2个</html>标签表示HTML网页的结束，标签之间是HTML网页的全部内容。此外标签中的属性lang是language的缩写，表示该网页使用哪种语言，en表示english，即该网页使用的是英文。如果是中文网页则使用lang="zh-CN"。

<head>标签：网页的头部标签，此标签需要成对出现。标签之间通常插入HTML网页的标题、样式、元数据等内容（此部分的内容并不是网页窗口中显示的内容）。

<meta charset="UTF-8">标签：其中的<meta>标签用于描述基本的元数据，此标签在整个网页中只需要一个，为单标签，通常用于表明网页的描述、关键词、字符编码方式等。charset="UTF-8"表示字符编码方式为UTF-8，浏览器获取到此标签信息会按照UTF-8编码方式翻译此网页内容。

示例代码：

```
<meta name="keywords" content="Python语言、办公自动化、网页">
```

该标签代码描述了网页的关键词为"Python语言、办公自动化、网页"，便于利用搜索引擎（例如百度）通过关键词搜索到此网页。在搜索引擎中输入一段中文时，首先使用分词功能（例如jieba库）将中文划分为单词，再将其与网页中的关键词相匹配，匹配概率最大的网页往往会被优先搜索到。

<title>标签：用于设置网页的标题，此标签需要成对出现，标签中的内容为网页标题。如图14-2所示的网页最顶端显示了网页的标题为“这里是标题”。

<body>标签：用于显示在网页窗口中的内容，即网页的正文，此标签需要成对出现，表示标签之间的内容都会显示在网页窗口中，例如图14-2所示的网页正文内容为“在这里填入正文”。<body>标签中的内容可以插入多个内容标签来充分地展示多元化的网页信息。

14.2 常用标签

本节主要介绍在HTML网页中的常用标签，例如标题标签、段落标签、超链接标签、注释标签等。

14.2.1 标题标签

在HTML网页中，可以使用标签<h1>～<h6>来表示网页中正文内容的标题（不同于网页的标题），不同标题的显示效果不同，<h1>标签的标题级别高于<h2>标签的标题级别，依次类推，<h6>标签的标题级别最低。

示例代码：

```
01    <body>
02        <h1>我是标题1</h1>
03        <h2>我是标题2</h2>
04        <h3>我是标题3</h3>
05        <h4>我是标题4</h4>
06        <h5>我是标题5</h5>
07        <h6>我是标题6</h6>
08    </body>
```

该代码仅编写了网页正文<body>部分，整体框架内容可参考14.1.1小节。使用浏览器打开该代码文件，会显示如图14-3所示的内容，其中<h1>标签对中的内容显示在网页的上方，且标签的内容显示效果（字体大小）为<h1>大于<h2>大于<h3>大于<h4>大于<h5>大于<h6>。

图 14-3

14.2.2 段落标签

在HTML网页中，可以使用<p>标签来表示一个段落的内容。

示例代码：

```
01    <body>
02        <h1>我是标题1</h1>
03        <p>这里可以写一个段落的文字信息</p>
04    </body>
```

第3行代码使用<p>标签对输入一段文字，用浏览器打开该代码文件后的网页显示效果如图14-4所示。

图 14-4

14.2.3 超链接标签

超链接标签<a>可用于实现在网页中单击某个信息链接后自动跳转到另一个网页。其使用形式如下：

```
<a href="链接的网址">链接的文字内容</a>
```

示例代码：

```
01    <body>
02        <h1>我是标题1</h1>
03        <p>这里可以写一个段落的文字信息</p>
04        <a href="https://www.ptpress.com.cn/periodical">链接到人民邮电出版社</a>
05    </body>
```

第4行代码中的超链接标签内容为“链接到人民邮电出版社”，链接的网址为https://www.ptpress.com.cn/periodical。其中href表示标签的属性（详见14.2.5小节），使用浏览器打开该代码文件后的网页显示效果如图14-5所示。

单击文字“链接到人民邮电出版社”时，网页会自动跳转到人民邮电出版社的官网，如图14-6所示。

图 14-5

图 14-6

14.2.4 注释标签

在HTML中也有和Python相同含义的注释功能，即当运行.html格式文件时，文件中的部分代码不会被执行，浏览器在读取标签时，也不会将此部分当成元素进行渲染。注释标签常用于开发人员对HTML网页的解释或备注中。注释标签由<!-- -->和<!-->构成。其使用形式如下：

```
<!-- 在此处写注释 ->
...内容
<!-->
```

注释标签中的两个横线之间（在此处写注释）可用于描述备注，由注释标签包括起来的内容将不会被执行。

示例代码：

```
01    <body>
02        <h1>我是标题1</h1>
03        <!--下面的<p>标签被注释了->
04            <p>这里可以写一个段落的文字信息</p>
05        <!-->
06        <h2>我是标题1</h2>
07    </body>
```

第3行～第5行代码使用了注释标签，因此第4行代码不会被执行，且第3行代码给这段被注释的代码的备注为“下面的<p>标签被注释了”。

将该代码文件保存并使用浏览器打开后的网页显示效果如图14-7所示，网页中没有显示<p>标签的内容。

图 14-7

14.2.5 标签属性

一个标签除了标签名、标签内容外，还可以包含标签属性。标签属性用于给标签设置附加功能，类似于Python语言中类的方法，当通过类创建出一个对象时，如果对象包含其他的属性和方法，该对象便具备更多的功能。同理当给标签赋予多种不同含义的属性后，标签也能具备更多的功能。

属性一般位于开始标签的标签名右边，且属性的值为字符串类型，需要用引号引起来。

示例代码：

```
<a href="https://www.ptpress.com.cn">链接到人民邮电出版社</a>
```

这是一个名为a的标签，其属性herf表示超链接，可以实现单击<a>标签的内容便能链接到其他网站、标签、图片等。该标签的属性值为人民邮电出版社官网网址，单击“链接到人民邮电出版社”即可自动跳转到该网址。

常用的标签属性有class、id、style和title。

class：为HTML网页元素定义一个或多个类名。

id：定义元素的唯一id，此id值在整个网页中是唯一的。

style：定义标签的行内样式。

title：设置标签的额外信息，当鼠标指针移到此标签上时会显示一段提示文本。

示例代码：

```
01    <body>
02        <h1>我是标题1</h1>
03        <p>这里可以写一个段落的文字信息</p>
04        <h3 id='python', title='我是提示信息', style="color: #799961;">Python办公自动化</h3>
05    </body>
```

第4行代码使用了<h3>，设置其属性id为'python'（在学习第15章的内容时会经常利用id的值来查找标签），以便获取标签内的信息。属性title的值为'我是提示信息'，当用户把鼠标指针放在<h3>标签的内容上时，网页会自动弹出提示信息，如图14-8所示。属性style="color: #799961;"表示定义此标签的样式，其中样式值为"color: #799961;"，即设置标签内容的颜色（颜色为十六进制符号，可参考本书附录中的“常见颜色码对照表”）。更多的style属性值会在14.3节中详细介绍。

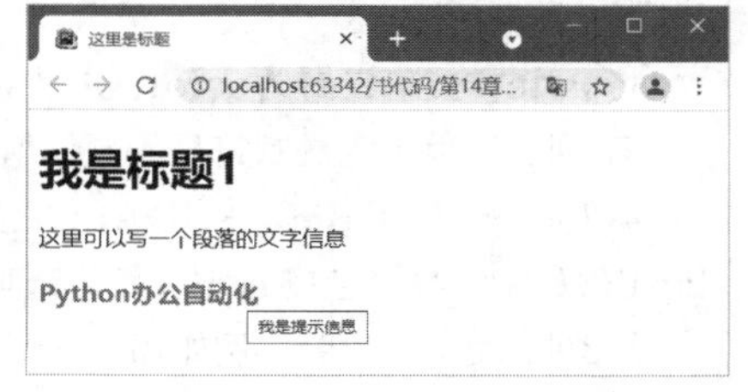

图 14-8

14.3 设置字体格式

HTML提供了大量的、不同样式的字体格式标签，将这些标签相互嵌套使用，可以使得网页正文内容显示不同的字体格式效果。

14.3.1 设置字体的字形与效果

给字体设置粗体格式使用<b>标签。

示例代码：

```
01      <body>
02          <h1>我是标题1</h1>
03          <p>这里可以写一个<b>段落</b>的文字信息</p>
04      </body>
```

第3行代码在段落标签中嵌套了一个粗体格式标签，使得“段落”两个字的字体被加粗，保存代码文件并使用浏览器打开后的网页显示效果如图14-9所示。

图 14-9

给字体设置斜体格式使用<i>标签，设置上标格式使用<sup>标签，设置下标格式使用<sub>标签，设置下画线格式使用<u>标签。

示例代码：

```
01      <body>
02      <h1><i>我是 </i><sup>标</sup><sub>题</sub>1</h1>
03          <p>这里可以写一个<b>段落</b>的<u>文字信息</u></p>
04      </body>
```

第2行代码在<h1>标签中嵌套使用斜体格式标签<i>将“我是”设置为斜体格式，嵌套使用上标格式标签<sup>将“标”设置为上标格式，嵌套使用下标格式标签<sub>将“题”设置为下标格式。

第3行代码在<p>标签中使用粗体格式标签<b>将“段落”加粗，嵌套使用下画线格式标签<u>将“文字信息”设置为下画线格式。

保存该代码文件并使用浏览器打开，打开后的网页显示效果如图14-10所示。

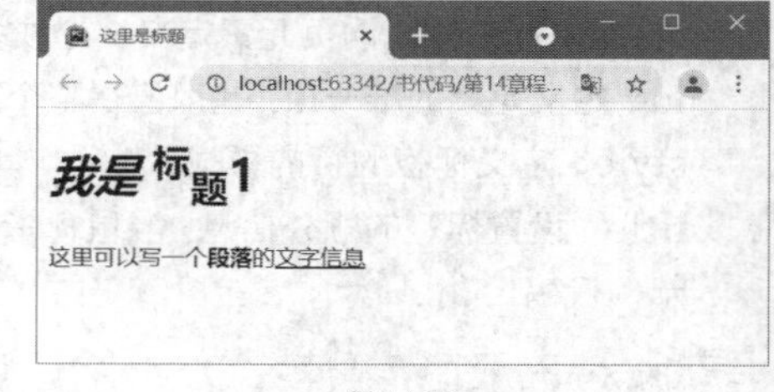

图 14-10

14.3.2 设置字体颜色

HTML颜色由红色、绿色和蓝色混合而成，字体颜色可以通过标签的属性style设置。其使用形式如下：

```
<标签名 style="color:颜色值">内容</标签名>
```

将style样式值设置为color，并且对color设定相应的颜色值，颜色值有以下3种使用方式。

第1种，使用十六进制符号。颜色值可参考本书附录中的“常见颜色码对照表”。

第2种，使用RGB值。RGB值由红色、绿色和蓝色的色值组成，每种颜色的色值范围是0～255，读者可以在Word软件中字体颜色的自定义颜色选项卡中查看，或者参考本书附录中的“常见颜色码对照表”。

第3种，使用颜色名。例如Blue表示蓝色、Black表示黑色（详情可参考本书附录中的“常见颜色码对照表”，不区分大小写）。

当style样式值为background时表示设置字体的背景颜色，background值的使用方式与上面3种颜色值的使用方式一致。

示例代码（实现不同的颜色效果）：

```
01      <body>
02      <h1 style="color:rgb(168,168,168)">我是标题1</h1>
03      <p style="color:#FF0000">这里写一个段落的文字信息</p>
04      <p style="color:blue">我是第二段内容</p>
05      <h2 style="background: LightSeaGreen ; color:blue">我是标题2</h2>
06      </body>
```

第2行代码使用RGB值设置标题1的颜色。

第3行代码使用十六进制符号设置段落的颜色。

第4行代码使用颜色名设置段落的颜色为蓝色。

第5行代码设置标题2的背景颜色为LightSeaGreen，字体颜色为蓝色。

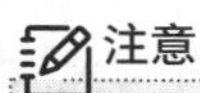注意

当style中存在多个值时，需要使用分号隔开，且style样式值为一个字符串。

保存代码文件并使用浏览器打开后的网页显示效果如图14-11所示。

图 14-11

14.3.3 设置字体大小

设置标签内容的字体大小可以通过给样式style赋予font-size的值来实现。其使用形式如下：

```
<标签名 style="font-size:38pt">我是标题1</标签名>
```

以上形式表示设置“我是标题1”标签的字体大小为38pt，其单位可以有多种形式，例如pt（磅）、cm（厘米）、inches（英寸）、mm（毫米）等。

示例代码：

```
01      <body>
02          <h1 style="font-size:38pt">我是标题1</h1>
03          <p style="font-size:1cm">我们一起学习Python办公自动化</p>>
04      </body>
```

第2行代码设置“我是标题1”的字体大小为38pt。

第3行代码设置段落标签的字体大小为1cm。

保存代码文件并使用浏览器打开后的网页显示效果如图14-12所示。读者可自行尝试使用其他单位设置字体大小。

图 14-12

14.4 添加多媒体

在HTML网页中可以轻松地使用标签来添加图片、音频、视频等多媒体，而这些多媒体并不需要读者获取到实际的文件或上传到网页中，只需要找到它们的网址（url）即可。

14.4.1 添加网页图片

在网页中插入图片可以使用<img>标签（<img>是单标签，即在整个网页中只需要1个<img>标签）来实

现。其使用形式如下：

```
<img src="网址" alt="文字" width="304px" height="228px">
```

<img>标签中存在多个属性，这里列举了常见的src、alt、width和height属性。

属性src：指必须填入的属性，表明插入的图片的url。

属性alt：指当src链接的图片url失效了或因其他原因无法显示图片时出现的提示性文字。

属性width和height：表示图片的宽度和高度，其单位为px，表示像素。当只填入一个参数时，默认按原尺寸比例自动缩放。

示例代码：

```
01      <body>
02          <h1 >我是标题1</h1>
03          <img src="https://cdn.ptpress.cn/uploadimg/Material/978-7-115-41773-2/72jpg/41773_
s300.jpg" alt="图片丢失了" width="200px">
04      </body>
```

第3行代码链接了人民邮电出版社官网中某一本书的封面图片，读者在实验时一定要找到图片的网络源地址（即url），图片的url一般带有图片的格式后缀，例如以上代码中图片网址的后缀为.jpg。获取图片url的方法可参考14.5节。属性width="200px"表示将图片的宽度设置为200像素，图片的高度会随着宽度值的变化而按原尺寸比例缩放。

保存代码文件并使用浏览器打开后的网页显示效果如图14-13所示。如果将第3行代码中图片的url修改为一个错误的url，图片将无法显示在网页中，而且会出现属性alt的内容“图片丢失了”，如图14-14所示，即当图片url错误或失效时都会显示“图片丢失了”。

图 14-13

图 14-14

14.4.2 添加网页音频

在HTML中可以使用<audio>标签实现在网页中插入音频。其使用形式如下：

```
<audio controls='controls' src="音频地址.mp3" type="音频类型">当浏览器不支持播放时的提示信息</audio>
```

属性controls：为网页音频播放提供控件，例如暂停、播放、音量调节等。

属性src：用于链接音频文件的地址。音频文件的地址一般以.mp3、.wav等为后缀。读者需要找到一个纯音频的网址，而不是网页中包含音频和其他元素信息的网址。

属性type：表示音频文件的类型。通常情况下.mp3格式为audio/mpeg，.ogg格式为audio/ogg，.wav格式为audio/wav。

<audio>标签中包含文字信息。某些浏览器不支持<audio>标签，因此当浏览器无法播放音频时，网页会显示文字“当浏览器不支持播放时的提示信息”。

示例代码：

```
01      <body>
02      <h1 >我是标题1</h1>
03      <audio controls="controls" src="音乐.mp3">音乐丢失了</audio>
04      </body>
```

第3行代码使用了<audio>标签，并通过属性controls设置在网页中显示播放控件，通过属性src链接音频

url。由于网址随时会更新，为避免网址被恶意更新导致进入非法网站的可能，本书暂不给出具体的音频网址，读者可以通过搜索引擎找到一个音频网址来进行实验，具体方法可参考14.5节。

保存代码文件并使用浏览器打开后的网页显示效果如图14-15所示。

图 14-15

14.4.3 添加网页视频

在HTML中可以使用<video>标签实现在网页中插入视频。其使用形式如下：

```
<video src="视频网址" controls="controls" width="宽度值" height="高度值"autoplay loop muted> </video>
```

属性src：需要播放的视频的url。视频文件的链接地址一般以.mp4为后缀。读者需要找到一个纯视频网址，而不是网页中包含视频和其他元素信息的网址。

属性controls：为网页视频播放提供控件，例如暂停、播放、音量调节等。

属性width和heigh：用于设置视频的宽度和高度，单位为px，即像素。

属性autoplay：表示一旦通过url链接到视频文件便会自动播放视频。

属性loop：设置视频循环播放。

属性muted：设置视频播放时默认静音。

示例代码：

```
01      <body>
02          <h1 >播放视频啦</h1>
03          <video src="https://视频网址.mp4" controls="controls" width="500"></video>
04      </body>
```

第3行代码中插入了视频标签，并通过属性controls设置在网页中显示播放控件。由于网址会更新，为避免网址更新导致进入恶意网站的可能，本书暂不给出具体的视频网址，读者可以通过搜索引擎找到一个纯视频网址来进行实验，具体方法可参考14.5节。

保存代码文件并使用浏览器打开后的网页显示效果如图14-16所示。

图 14-16

14.5 获取网页资源

有时候我们想要获取网页中的内容，往往会受限于网页所提供的控件而无法实现获取网页资源。但大部分网站上的内容例如图片、音频、视频等都是以url的形式存在的，因此只要能从网页中获取到url即可实现获取网页资源。获取网页资源的步骤如下。

步骤1，进入网页的源代码。

例如进入人民邮电出版社官网的图书页中，其url为https://www.ptpress.com.cn/shopping/index。网页内容如图14-17所示，网页中存在大量的图书封面图片，每一张图片都有一个url。

图 14-17

在浏览器中查看网页源代码的方法如图14-18所示，以Chrome浏览器为例，在网页空白处单击鼠标右键，在弹出来的快捷菜单中选择“检查”进入网页检查窗口，如图14-19所示。检查窗口将会自动获取渲染（该知识在第15章还会进一步介绍）后的全部网页的源代码。

图 14-18

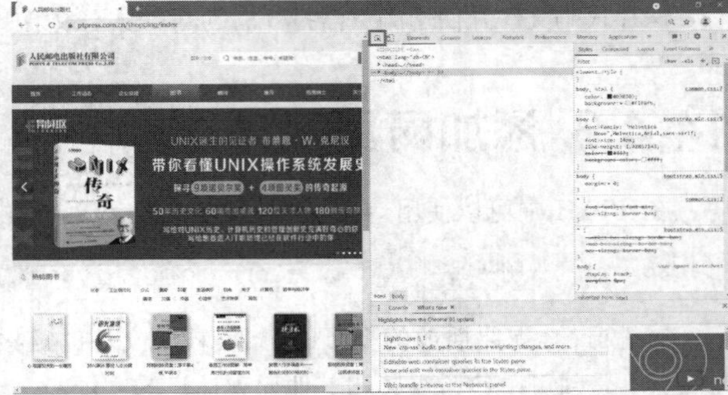

图 14-19

步骤2，找到资源对应的url。

检查窗口中提供了快速定位到图片url的方法，首先单击图14-19所示的标注框中的按钮（元素选择按钮），再单击左侧需要下载的图片，例如单击《即兴演讲 掌控人生关键时刻》的封面图，如图14-20所示，在检查窗口中即可自动获取《即兴演讲 掌控人生关键时刻》的封面图片url。

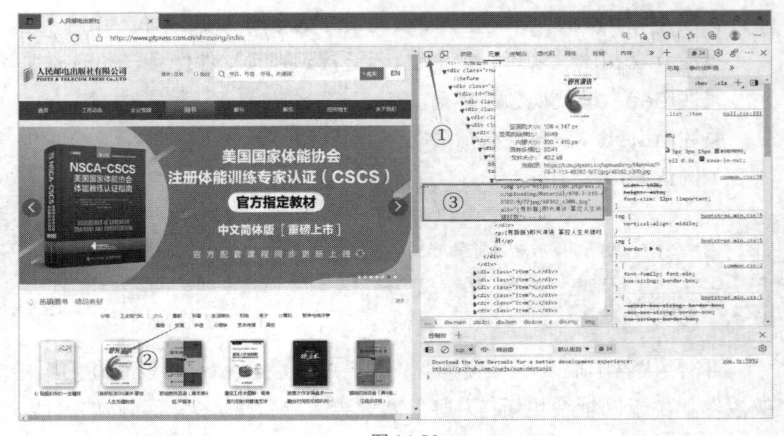

图 14-20

通常图片url的后缀为.jpg、.png、.gif等图片文件的扩展名，音频的url后缀为.mp3、.wav等音频文件的扩展名，视频的url后缀为.mp4、.avi、.flv等视频文件的扩展名。案例中获取的图片url如下：

```
https://cdn.ptpress.cn/uploadimg/Material/978-7-115-48382-9/72jpg/48382_s300.jpg
```

当读者使用以上方法仍然无法定位所需要的资源url时，还可以在检查窗口中使用快捷键Ctrl+F查询资源后缀，例如要寻找视频文件，输入mp4之后会自动获取整个网页中内容为mp4的结果。

步骤3，下载url对应的资源。

获取url之后即可通过浏览器完成资源的下载。首先在浏览器中打开一个新的标签页，然后将url复制到新标签页的网址文本框中，最后选中该图片并单击鼠标右键，在弹出来的快捷菜单中选择“图片另存为”即可将图片下载到本地，如图14-21所示。

图 14-21

其他格式资源的下载方法与此相同，读者可自行尝试。针对无法直接下载图片或视频的网站，这种方法通常是有效的，但切记要遵守《中华人民共和国网络安全法》等。

14.6 创建容器

为了让网页的布局更加美观，HTML提供了容器的概念，即在网页中占用一块区域，在此区域内可以添加多种标签，且这些标签只会在该区域内显示，使得标签有了各自的容器，能在各自的区域内显示内容。

14.6.1 <div> 标签

在HTML中使用<div>标签来建立一个容器。其使用形式如下：

```
<div>其他标签</div>
```

被<div>标签所包含的标签都隶属于同一个容器，当使用<div>标签设置属性样式（即style通用样式）时，整个容器都会显示此样式。

示例代码：

```
01      <body>
02      <h1 >我是标题1</h1>
03      <div style="background: antiquewhite">
04          <h2>我是标题2</h2>
05          <p>我这里可以输入一个段落</p>
06      </div>
07      </body>
```

第2行代码设置了标题标签，此标签并不在容器内，因此不受容器样式的影响。

第3行代码使用<div>标签创建了一个容器，并设置了背景颜色。

第4行和第5行代码分别创建了<h2>和<p>标签，这两个标签都包含在同一个容器中。

保存代码文件并使用浏览器打开后的网页显示效果如图14-22所示，容器中的内容都被填充了背景颜色。

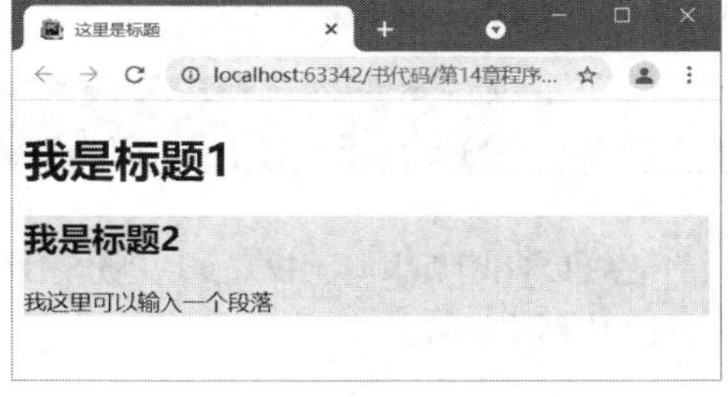

图 14-22

14.6.2 布局

当需要对网页页面进行布局时，需要设置<div>标签的相应属性。例如以下使用形式：

```
<div style="width:容器宽度; height:容器高度;float:容器位置"></div>
```

参数width和height：表示容器的宽度和高度，长度单位为px，即像素。

参数float：表示容器的位置，值可以为right（靠右侧）、left（靠左侧）、bottom（靠底部）、top（靠顶部）。

示例代码：

```
01      <body>
02          <h1 >我是标题1</h1>
03          <div style="background: antiquewhite; width: 500px;height: 400px" >
04              <h2>我是标题2</h2>
05              <div style="background: brown; width: 200px; height:300px;float: left">
06                  <p>我这里可以输入一个段落</p>
07                  <p>python <span style="color:blue">办公</span> 自动化</p>
08              </div>
```

```
09            <div style="background:darkcyan; width:300px;height:300px;float:right">
10                <h3>我是标题3</h3>
11            </div>
12            <p>最后一段内容</p>
13        </div>
14    </body>
```

该代码中包含3个<div>容器标签，其中第1个容器标签中包含另外两个容器标签。

第3行代码创建了第1个容器（容器1），并设置容器的宽度为500px，高度为400px，背景颜色为antiquewhite。

第5行代码创建了第2个容器（容器2），第9行代码创建了第3个容器（容器3），这两个容器都隶属于第1个容器。且容器2的宽度为200px，高度为300px，位置为靠左侧。容器3由于位置是靠右侧，因此会紧靠容器2。容器2的右边还剩余大量空间，因此容器3位于容器2的右边。若容器2右边剩余空间不够容纳容器3，则会换到容器2下面的位置，并且超出容器1的边界。

保存代码文件并使用浏览器打开后的网页显示效果如图14-23所示。如果需要在容器2中显示内容，只需将对应标签嵌套在容器2的标签内即可。

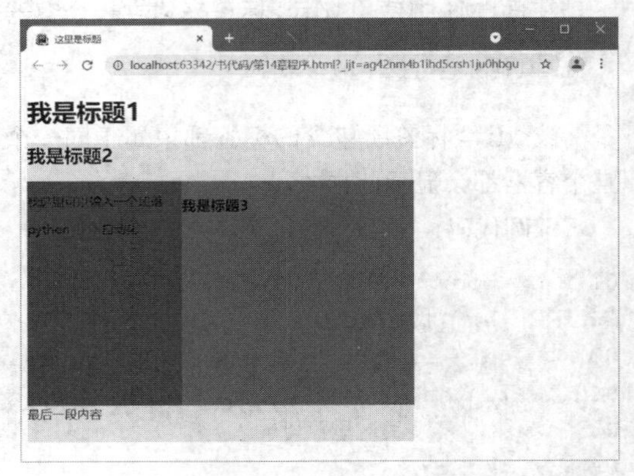

图 14-23

14.7 创建表格

在HTML网页中能比较方便地创建表格，通常来说表格也可以作为网页页面的布局。本节将主要介绍如何在网页中创建表格。

14.7.1 表格标签

在HTML中可以使用表格标签<table>创建表格，其中表格的行数由<tr>标签的个数决定，表格的列数由<tr>标签中<td>标签的个数决定。

示例代码：

```
01    <body>
02        <h1 >创建表格</h1>
03        <table border="2">
04            <tr>
05                <td>第1行中的第1格</td>
06                <td>第1行中的第2格</td>
07            </tr>
08            <tr>
09                <td>第2行中的第1格</td>
10                <td>第2行中的第2格</td>
11            </tr>
12        </table>
13    </body>
```

第3行代码使用<table>标签创建了表格，其中属性border表示表格的边框样式，其数据类型为数值类型。<table>标签中包含两个<tr>标签，表示表格一共有两行。在两个<tr>标签中都各自包含两个<td>标签，表示每一行有两个单元格。单元格中将显示<td>标签对之间的内容。

保存该代码文件并使用浏览器打开，打开后的网页显示效果如图14-24所示。

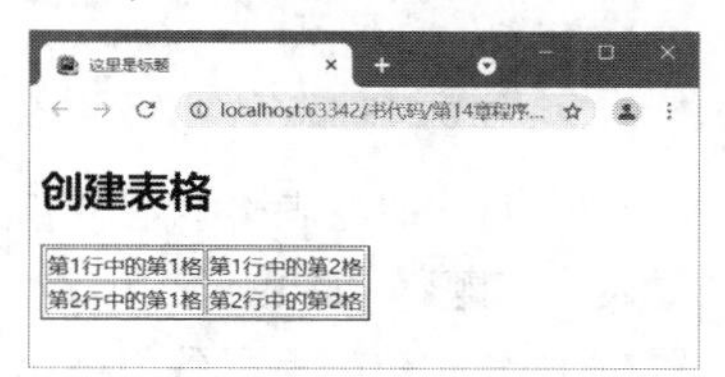

图 14-24

14.7.2 添加表格表头

如果需要在表格中插入表头，可以使用<th>标签来实现。其使用形式如下：

```
<th colspan='2'>表格表头内容</th>
```

属性colspan：表示表头单元格可横跨的列数。也可以使用rowspan属性，表示表头单元格可横跨的行数。

示例代码：

```
01      <body>
02      <h1 >我是标题1</h1>
03      <table border="2">
04          <th colspan="2">我是表格表头内容</th>
05          <tr>
06              <td>第1行中的第1格</td>
07              <td>第1行中的第2格</td>
08          </tr>
09          <tr>
10              <td>第2行中的第1格</td>
11              <td>第2行中的第2格</td>
12          </tr>
13      </table>
14      </body>
```

第4行代码设置表头的内容为“我是表格表头内容”，表头单元格可横跨的列数为2。保存代码文件并使用浏览器打开后的网页显示效果如图14-25所示。

图 14-25

14.7.3 添加表格标题

创建表格标题可以使用标签<caption>来实现。其使用形式如下：

```
<caption>标题内容</caption>
```

<caption>标签必须位于<table>标签内，且每个表格只能定义一个标题，默认标题位于表格的上方，且居中对齐。

示例代码：

```
01      <body>
02      <h1 >添加表格标题</h1>
03      <table border="2">
04          <caption>我是表格标题</caption>
05          <tr>
06              <td>第1行中的第1格</td>
07              <td>第1行中的第2格</td>
08          </tr>
09          <tr>
10              <td>第2行中的第1格</td>
11              <td>第2行中的第2格</td>
```

```
12          </tr>
13      </table>
14      </body>
```

第4行代码在表格中添加了表格标题标签<caption>，且其内容为“我是表格标题”。如果不使用表格标题标签，而是用文本标签实现将内容设置在表格的上方，会导致表格无法跟着文本标签内容的移动而移动。

保存该代码文件并使用浏览器打开，打开后的网页显示效果如图14-26所示。

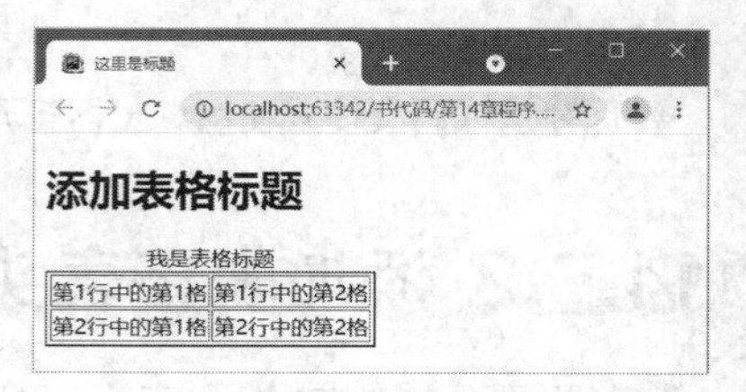

图 14-26

项目案例 实现搭建图书网站

项目任务

模拟设计一个名为“好书推荐网站”的图书网站，其网页中列举当前推荐图书目录，每行展示6本图书，每本图书包含封面和书名，并且通过书名可以链接到图书购买官网，例如图14-28所示。

项目实现步骤

步骤1，从人民邮电出版社官网的“图书”栏中获取图书的url，如图14-27所示，并将这些图书url分别写入设计的好书推荐网站中。

步骤2，在图书之间设置容器，使得每本图书之间互相对齐，对齐效果如图14-28所示。

图 14-27

图 14-28

项目实现代码

```
01 <!DOCTYPE html>
02 <html lang="zh-cn">
03     <head>
04         <meta charset="UTF-8">
05         <title>好书推荐网站</title>
06     </head>
07     <body>
08     <table >
09         <caption><h1 style="color: dodgerblue ;size: 38px">好书推荐网站</h1></caption>
10         <tr>
11             <td>
12                 <div style="background: cornsilk ;width: 200px;height: 300px;float: left">
13                     <img src="https://cdn.ptpress.cn/uploadimg/Material/978-7-115-53619-
8/72jpg/53619.jpg" width="200" height="250">
```

```
14                    <a href="https://www.ptpress.com.cn/shopping/buy?bookId=5e6fe0f3-6ee7-40c2-8c25-9cdf9b0c87e6">心 稻盛和夫的一生嘱托</a>
15            </td>
16            <td>
17                <div style="background: cornsilk ;width: 200px;height: 300px;float: left">
18                     <img src="https://cdn.ptpress.cn/uploadimg/Material/978-7-115-48382-9/72jpg/48382.jpg" width="200" height="250">
19                    <a href="https://www.ptpress.com.cn/shopping/buy?bookId=ebb3164d-06af-41f5-85bd-60f95a5e09cb">即兴演讲 掌控人生关键时刻</a>
20            </td>
21            <td>
22                <div style="background: cornsilk ;width: 200px;height: 300px;float: left">
23                     <img src="https://cdn.ptpress.cn/uploadimg/Material/978-7-115-41359-8/72jpg/41359.jpg" width="200" height="250">
24                    <a href="https://www.ptpress.com.cn/shopping/buy?bookId=25c373dc-e599-4036-8534-a102aad0a776">聪明的投资者（原本第4版，平装本）</a>
25            </td>
26            <td>
27                <div style="background: cornsilk ;width: 200px;height: 300px;float: left">
28                     <img src="https://cdn.ptpress.cn/uploadimg/Material/978-7-115-24669-1/72jpg/24669.jpg" width="200" height="250">
29                    <a href="https://www.ptpress.com.cn/shopping/buy?bookId=c44b8d45-6a91-4800-b91c-c3392379b208">番茄工作法图解：简单易行的时间管理方法</a>
30            </td>
31            <td>
32                <div style="background: cornsilk ;width: 200px;height: 300px;float: left">
33                     <img src="https://cdn.ptpress.cn/uploadimg/Material/978-7-115-29236-0/72jpg/29236.jpg" width="200" height="250">
34                    <a href="https://www.ptpress.com.cn/shopping/buy?bookId=f642f34c-9f46-4a6f-ad15-c9b9b2875004">股票大作手操盘术——融合时间和价格的利弗莫尔准则</a>
35            </td>
36            <td>
37                <div style="background: cornsilk ;width: 200px;height: 300px;float: left">
38                     <img src="https://cdn.ptpress.cn/uploadimg/Material/978-7-115-41358-1/72jpg/41358.jpg" width="200" height="250">
39                    <a href="https://www.ptpress.com.cn/shopping/buy?bookId=67e260c3-b0cb-41bb-b698-6f9dbd54a610">聪明的投资者（第4版，注疏点评版）</a>
40            </td>
41        </tr>
42
43        <tr>
44            <td>
45                <div style="background: cornsilk ;width: 200px;height: 300px;float: left">
46                     <img src="https://cdn.ptpress.cn/uploadimg/Material/978-7-115-37407-3/72jpg/37407.jpg" width="200" height="250">
47                    <a href="https://www.ptpress.com.cn/shopping/buy?bookId=4d1c7610-10d7-4d4b-a2f2-dd702983ff8d">极简主义 风靡欧美的工作与生活理念</a>
48            </td>
49            <td>
50                <div style="background: cornsilk ;width: 200px;height: 300px;float: left">
51                     <img src="https://cdn.ptpress.cn/uploadimg/Material/978-7-115-48908-1/72jpg/48908.jpg" width="200" height="250">
52                  /<a href="https://www.ptpress.com.cn/shopping/buy?bookId=3eee0747-bfd0-49b1-86b4-18d838480264">活好 我这样活到105岁</a>
```

```
53              </td>
54              <td>
55                  <div style="background: cornsilk ;width: 200px;height: 300px;float: left">
56                      <img src="https://cdn.ptpress.cn/uploadimg/Material/978-7-115-38808-
7/72jpg/38808.jpg" width="200" height="250">
57                      <a href="https://www.ptpress.com.cn/shopping/buy?bookId=ca2de4df-b928-
47a8-b8ce-5a725106df07">从零开始学炒股：股票入门与实战（全彩图解版）</a>
58              </td>
59              <td>
60                  <div style="background: cornsilk ;width: 200px;height: 300px;float: left">
61                      <img src="https://cdn.ptpress.cn/uploadimg/Material/978-7-115-51023-
5/72jpg/51023.jpg" width="200" height="250">
62                      <a href="https://www.ptpress.com.cn/shopping/buy?bookId=c7309aeb-a7bc-
45e4-9818-47bc4b5579f4">低风险创业</a>
63              </td>
64              <td>
65                  <div style="background: cornsilk ;width: 200px;height: 300px;float: left">
66                      <img src="https://cdn.ptpress.cn/uploadimg/Material/978-7-115-48388-
1/72jpg/48388.jpg" width="200" height="250">
67                      <a href="https://www.ptpress.com.cn/shopping/buy?bookId=6498a974-0db5-
4379-bb77-eaf098e57a28">政府会计制度详解与实务 条文解读 实务应用 案例讲解</a>
68              </td>
69              <td>
70                  <div style="background: cornsilk ;width: 200px;height: 300px;float: left">
71                      <img src="https://cdn.ptpress.cn/uploadimg/Material/978-7-115-54342-
4/72jpg/54342.jpg" width="200" height="250">
72                      <a href="https://www.ptpress.com.cn/shopping/buy?bookId=7a745ee7-4a02-
412f-942a-bf0131743346">认知觉醒：开启自我改变的原动力</a>
73              </td>
74          </tr>
75      </table>
76      </body>
77 </html>
```

第5行代码设置网页标题名为“好书推荐网站”。

第8行代码创建了一个2行6列的表格。

第9行代码设置表格的标题为“好书推荐网站”，并设置了字体颜色和字体大小。

第12行代码在第1个单元格中设置了布局，使得图书的封面和书名在同一个布局内，并且每一个单元格都使用了此布局方式。

保存代码文件并使用浏览器打开后的网页显示效果如图14-28所示。该代码设计虽然比较简单，但展示了网页的设计思路。读者如果对网页设计感兴趣可以继续购买网页设计相关图书进行详细学习。

总结

本章主要介绍HTML网页的设计，网页中的内容都是由不同的标签组合而成的，本章介绍了标题标签、段落标签、超链接标签、注释标签、表格标签等。在网页中还存在着大量的其他标签，这些标签使得网页的内容更加丰富多彩。

在办公自动化领域中不是要求读者能设计网页，而是要求读者认识网页的构成、了解网页的设计原理，以便实现自动提取或上传网页数据，从而提高办公效率。而自动化处理网页信息的过程将在第15章中进行介绍。

第 15 章

网络爬虫

本章主要介绍如何使用代码获取HTML网页信息（也称为爬虫的过程）并提取所需要的内容，以及如何向网页提交信息，如表单、图片、文件等。之所以需要学习网络爬虫，是因为在办公领域中存在许多需要提取网页信息或提交信息给网页的工作场景，掌握好网络爬虫技能有助于减少人工查找信息或频繁上传的操作。

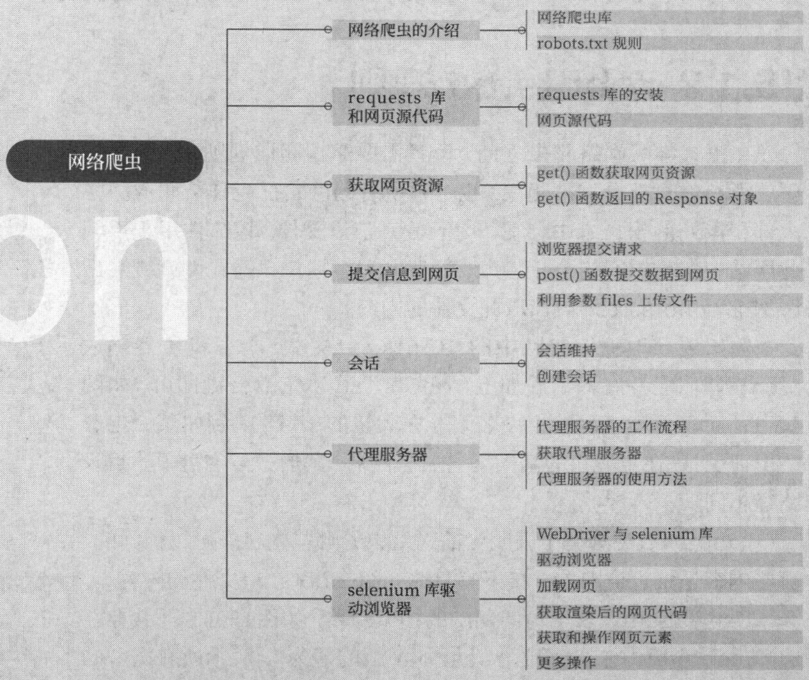

15.1 网络爬虫的介绍

本节主要介绍Python语言中支持网络爬虫的库，此外还将介绍如何获取网站的爬取规则，读者在学习和实践过程中一定要严格遵守网站提供的爬取规则。

15.1.1 网络爬虫库

网络爬虫通俗来讲就是使用代码将HTML网页的内容下载到本地的过程。爬取网页主要是为了获取网页中的关键信息，例如网页中的数据、图片、视频等。Python语言中提供了多个具有爬虫功能的库，下面将具体介绍。

urllib库：是Python自带的标准库，无须下载、安装即可直接使用。urllib库中包含大量的爬虫功能，但其代码编写略微复杂。

requests库：是Python的第三方库，需要下载、安装之后才能使用。由于requests库是在urllib库的基础上建立的，它包含urllib库的功能，这使得requests库中的函数和方法的使用更加友好，因此requests库使用起来更加简洁、方便。

scrapy库：是Python的第三方库，需要下载、安装之后才能使用。scrapy库是一个适用于专业应用程序开发的网络爬虫库。scrapy库集合了爬虫的框架，通过框架可创建一个专业爬虫系统。

selenium库：是Python的第三方库，需要下载、安装后才能使用。selenium库可用于驱动计算机中的浏览器执行相关命令，而无须用户手动操作。常用于自动驱动浏览器实现办公自动化和Web应用程序测试。

基于办公自动化的使用场景，本章主要介绍requests库和selenium库。而scrapy库是专业级爬虫库，如果读者对网络爬虫感兴趣，可以进入Python爬虫领域进行更深层次的学习。

15.1.2 robots.txt 规则

在正式学习网络爬虫之前，读者需要掌握爬取规则，不是网站中的所有信息都允许被爬取，也不是所有的网站都允许被爬取。在大部分网站的根目录中存在一个robots.txt文件，该文件用于声明此网站中禁止访问的url和可以访问的url。用户只需在网站域名后面加上/robots.txt即可读取此文件的内容。

例如要获取豆瓣官网中的robots.txt文件，打开浏览器输入豆瓣官网域名并在域名后加上/robots.txt，按Enter键即可，如图15-1所示。豆瓣官网的主域名下存在大量的子域名，例如某个电影的影评url是在主域名的基础上增加子目录，其形式与磁盘中的目录路径相同。

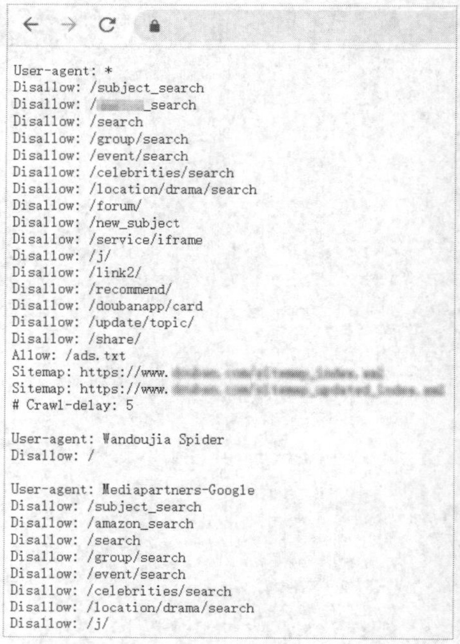

```
User-agent: *
Disallow: /subject_search
Disallow: /_search
Disallow: /search
Disallow: /group/search
Disallow: /event/search
Disallow: /celebrities/search
Disallow: /location/drama/search
Disallow: /forum/
Disallow: /new_subject
Disallow: /service/iframe
Disallow: /j/
Disallow: /link2/
Disallow: /recommend/
Disallow: /doubanapp/card
Disallow: /update/topic/
Disallow: /share/
Allow: /ads.txt
Sitemap: https://www.
Sitemap: https://www.
# Crawl-delay: 5

User-agent: Wandoujia Spider
Disallow: /

User-agent: Mediapartners-Google
Disallow: /subject_search
Disallow: /amazon_search
Disallow: /search
Disallow: /group/search
Disallow: /event/search
Disallow: /celebrities/search
Disallow: /location/drama/search
Disallow: /j/
```

图 15-1

robots.txt规则用于表明当前网站中的哪些内容是可以访问的，哪些内容是禁止访问的。接下来具体介绍robots.txt文件的内容。

User-agent：表示访问网站的搜索引擎，如图15-1中一共存在3个User-agent内容，第1个User-agent的值为*，表示所有类型的搜索引擎都需要遵守第2～21行的规则。第2个User-agent的值为Wandoujia Spider，表示Wandoujia Spider搜索引擎需要遵守的规则。第3个User-agent的值为Mediapartners-Google，表示

Mediapartners-Google搜索引擎需要遵守的规则。

Disallow：表明该搜索引擎不允许访问的url。例如图15-1中的/subject_search，表明豆瓣官网根目录下的/subject_search是不允许被访问的，读者可以尝试使用浏览器访问此url并观察结果。当Disallow的值为/时，表明不允许此搜索引擎访问网站的任何内容。例如图15-1所示的Wandoujia Spider搜索引擎就不能访问豆瓣官网中的任何信息。

Allow：表明允许该搜索引擎访问的url。例如图15-1中的/ads.txt是允许被任何搜索引擎访问的。

Sitemap：网站地图，用于提供网站中所有可以被爬取的url，方便搜索引擎能够快速爬取到对应网页。

#：表明注释，与Python中的注释概念相同。Crawl-delay: 5用于提醒用户在使用爬虫工具时，每次访问之间需要延迟5秒钟，这是为了避免因用户频繁访问而导致服务器拥挤，使得用户无法正常使用浏览器。每个网站在同一时间内有访问上限，超过上限将导致新用户无法访问，例如在"双十一"期间会有大量用户访问同一个购物网站，这时候如果使用爬虫工具频繁访问该网站，且爬虫工具是由代码实现的，访问速度将会非常快，就可能导致网站拥堵，使用户无法正常进入网站，还可能造成商家的经济损失。

因此读者在使用爬虫工具访问某网站时，需要先阅读网站的robots.txt规则并严格遵守此规则。但有些网站并没有设定robots.txt规则，例如访问人民邮电出版社官网的robots.txt规则的结果如图15-2所示。当网站中没有robots.txt规则时，一般默认允许用户使用爬虫工具访问，但仍然要遵守《中华人民共和国网络安全法》等。

图 15-2

15.2 requests 库和网页源代码

本节主要讲解requests库的安装及如何获取网页源代码。

15.2.1 requests 库的安装

在命令提示符窗口或终端中执行以下命令：

```
pip install requests
```

安装成功后可使用以下命令查看库的信息：

```
pip show requests
```

返回信息如图15-3所示，包含当前安装的requests库的版本信息、官方地址、安装目录等。

从返回信息可以看出requests的依赖库中存在urllib3，即urllib的第3个版本，表明requests是在urllib3的基础上开发出来的一个爬虫库，其函数使用方法更为友好。

```
选择 命令提示符
Microsoft Windows [版本 10.0.19044.1889]
(c) Microsoft Corporation。保留所有权利。

C:\Users\Administrator>pip show requests
Name: requests
Version: 2.25.1
Summary: Python HTTP for Humans.
Home-page: https://        readthedocs.io
Author: Kenneth Reitz
Author-email: me@kennethreitz.org
License: Apache 2.0
Location: c:\users\administrator\appdata\local\programs\python\python37\lib\site-packages
Requires: idna, certifi, chardet, urllib3
Required-by: wxpy, translate, pyxnat, moviepy, itchat, etelemetry, dingtalk-sdk

C:\Users\Administrator>
```

图 15-3

15.2.2 网页源代码

用户在使用浏览器访问网页时，往往会忽视网页的源代码，而获取网页中的信息需要从网页的源代码出发。

例如使用浏览器（本书使用的是Chrome浏览器）打开人民邮电出版社官网中的期刊页。在网页空白处单击鼠标右键，选择快捷菜单中的“查看页面源代码”即可打开当前网页的源代码信息页面，如图15-4和图15-5所示。

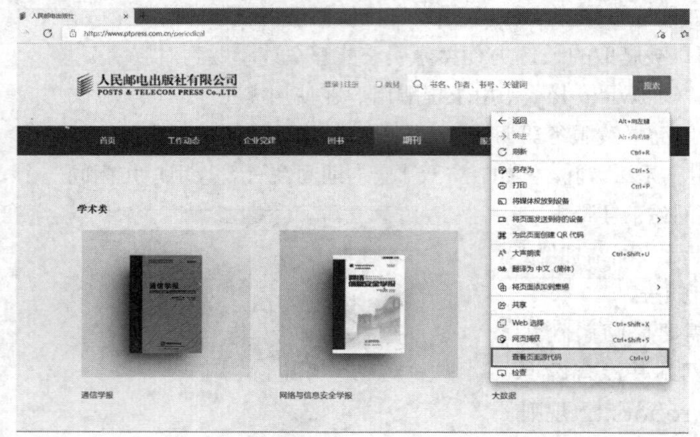

图 15-4

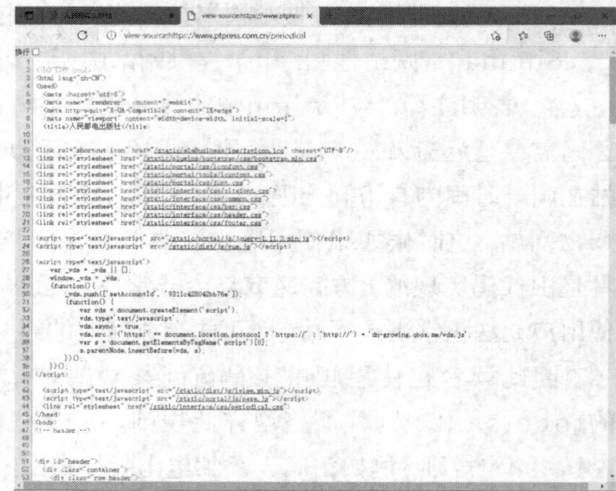

图 15-5

网页中的源代码形式与第14章的HTML代码形式基本相同，读者可尝试阅读网页中的源代码。通过源代码可以轻松地获取网页中的文字、图片、视频等信息，还可以获取图片或视频文件的url并将文件下载到本地。

而一个网页除了HTML代码还包含JavaScript脚本语言代码，JavaScript脚本语言代码使得浏览器可以解析和渲染网页源代码，使得用户可以阅览到图形化界面，而不是阅读纯文本代码。网页中有大量数据是包含在JavaScript脚本语言代码中的，而通过查看源代码的方式是无法获取这些数据的。例如图15-4中的图片信息在网页源代码中是无法找到的，但可以通过检查（在网页空白处单击鼠标右键，选择快捷菜单中的“检查”选项）窗口查看渲染后的网页内容，找到对应图片的url，如图15-6所示。

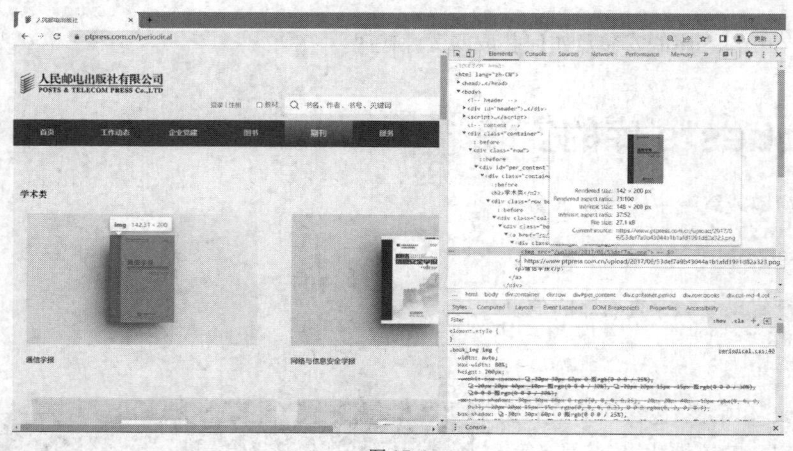

图 15-6

获取人民邮电出版社官网中期刊页的《通信学报》封面图片url的步骤如下。

步骤1，单击检查窗口中的元素选择按钮，如图15-6所示的标注框所在位置内的图标。

步骤2，单击网页中的图片位置，检查窗口将会自动跳转到该图片对应的源代码位置。

步骤3，浅蓝色部分的<img upload/2017/06/53def7a9b43044a1b1afd1991d82a323.png>为图片的源代码内容，其中upload/2017/06/53def7a9b43044a1b1afd1991d82a323.png为图片在网站服务器中的目录地址，完整的url只需要在前面加入网站主域名即可。

虽然网站中的内容是动态更新的，但读者只需按照上面介绍的方法执行即可获取大部分网站中的信息，包括文字、图片、音乐、视频等。

以上内容为如何使用浏览器获取网页中的信息，接下来将介绍使用代码获取网页中的指定信息。

15.3 获取网页资源

requests库具有获取网页内容和向网页中提交信息的功能，本节主要介绍如何获取网页内容及如何对获取的网页内容进行处理。

15.3.1 get() 函数

在requests库中获取HTML网页内容的方法是使用get()函数。其使用形式如下：

```
get(url, params=None, **kwargs)
```

参数url：表示需要获取的HTML网址（也称为url）。

参数params：表示可选参数，以字典的形式发送信息，当需要向网页中提交查询信息时使用。

参数**kwargs：表示请求采用的可选参数。

返回值：返回一个由类Response创建的对象。类Response位于requests库的models.py文件中。

示例代码：

```
01 import requests
02 r = requests.get('https://www.ptpress.com.cn/')
03 print(r.text)
```

第1行代码导入了requests库。

第2行使用requests库中的get()函数获取人民邮电出版社的官方网址，并返回一个Response对象给变量r。

第3行代码使用print()语句输出变量r的text方法，Response对象中的text方法用于获取相应的文本内容，即网页的源代码。

执行代码后的输出结果如图15-7所示，“Squeezed text(1019line).”表示获取的内容较多，IDLE会自动将内容收缩起来，可以用鼠标右键单击此处并选择“view”查看返回的完整信息，如图15-8所示。对比使用代码输出的信息和使用浏览器访问的网页源代码，它们的内容是相同的。

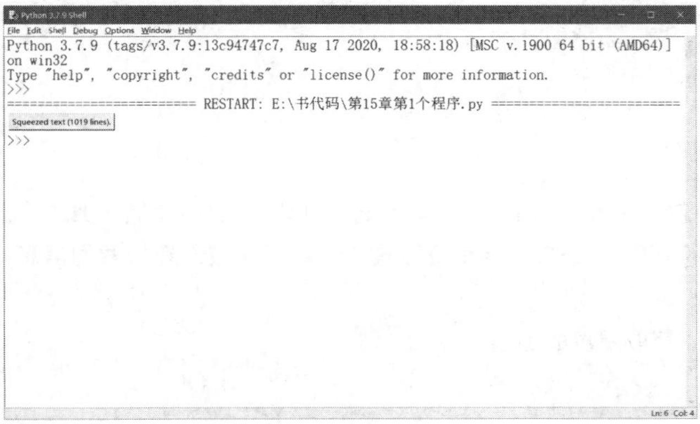

```
Python 3.7.9 (tags/v3.7.9:13c94747c7, Aug 17 2020, 18:58:18) [MSC v.1900 64 bit (AMD64)]
on win32
Type "help", "copyright", "credits" or "license()" for more information.
>>>
======================== RESTART: E:\书代码\第15章第1个程序.py ========================
Squeezed text (1019 lines).
>>>
```

图 15-7

图 15-8

- **get() 搜索信息**

当在网页中搜索人民邮电出版社中的某些指定信息时，可以在图15-9所示的搜索框中输入搜索信息，例如输入关键词“Excel”，搜索结果如图15-10所示。

图 15-9

图 15-10

从搜索结果网页中可以看到当前页面的网址为https://www.ptpress.com.cn/search?keyword=excel，其中https://www.ptpress.com.cn/为官网主页，search表示搜索，keyword表示搜索的关键词（这里值为excel，表示需要搜索的关键词为“excel”），“?”用于分隔search和keyword。

在其他网页中搜索也有与以上类似的效果，search或keyword可能会用其他字符表示，但基本形式是相同的。读者可在其他网页中进行尝试，例如使用百度的网址+s?wd=excel可以搜索到关键词为“excel”的内容，其中s为search的缩写，wd为word的缩写。

在requests库中可以充分利用以上方法实现获取网页中的资源。

示例代码：

```
01 import requests
02 r = requests.get('https://www.ptpress.com.cn/search?keyword=word')
03 print(r.text)
```

第2行代码用于实现在人民邮电出版社官网中搜索关键词为“word”的信息。

- **get() 添加信息**

get()函数中第2个参数params会以字典的形式在url后自动添加信息，需要提前将params定义为字典。

示例代码：

```
01 import requests
02 info = {'keyword':'Excel' }
03 r = requests.get('https://www.ptpress.com.cn/search',params=info)
04 print(r.url)
05 print(r.text)
```

第2行代码建立字典info，包含一个键值对。

第3行代码使用get()函数获取网页，由于get()中包含参数params，因此系统会自动在url后添加字典信息，形式为`https://www.ptpress.com.cn/search?keyword=excel`，该使用形式便于灵活设定需要搜索的信息，即可以添加或删除字典信息。

第4行代码输出返回的Response对象中的url，即获取网页的url。

执行代码后的输出结果如图15-11所示。

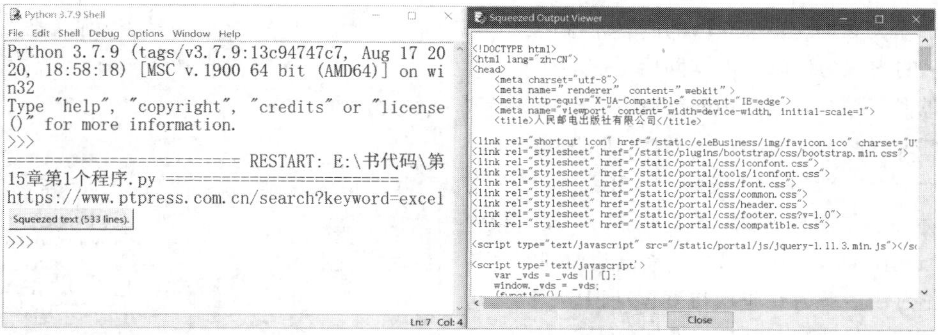

图 15-11

15.3.2 返回 Response 对象

通过get()函数获取HTML网页内容后，由于网页的多样性，通常还需要对网页返回的Response对象进行设置。本小节将主要讲解类Response中的方法。

- **Response 的属性**

Response包含的属性有status_code、headers、url、encoding、cookies等。

status_code（状态码）：当获取一个HTML网页时，网页所在的服务器会返回一个状态码，表明本次获取网页的状态。例如访问人民邮电出版社官网，当使用get()函数发出请求时，人民邮电出版社官网的服务器接收到请求信息后，会先判断请求信息是否合理，如果请求合理则返回状态码200和网页信息；如果请求不合理则返回一个异常状态码。

常见的HTTP（Hypertext Transfer Protocol，超文本传送协议）状态码有200（请求成功）、301（网页内容被永久转移到其他url）、404（请求的网页不存在）、500（内部服务器错误）等，更多状态码可以使用搜索引擎查询。

因此在使用get()函数请求访问网页时，为了确保获取正确的网页信息，需要判断服务器返回的状态码是否为200。Response对象中的status_code为服务器返回的状态码。

示例代码：

```
01 import requests
02 r = requests.get('https://www.ptpress.com.cn')
03 print(r.status_code)
04 if r.status_code == 200:
05     print(r.text)
06 else:
07     print('本次访问失败')
```

第3行代码输出Response对象返回的状态码。

第4行代码用于判断状态码是否为200，如果为200，则输出获取的网页内容，否则表明访问存在异常。

headers（响应头）：服务器返回的附加信息，主要包括服务器传递的数据类型、使用的压缩方法、语言、服务器的信息、响应该请求的时间等。

url：响应的最终url位置。

encoding：访问r.text时使用的编码。

cookies：服务器返回的文件。这是服务器为辨别用户身份，对用户操作进行会话跟踪而存储在用户本地终端上的数据（详见15.5节）。

- **设置编码**

当访问一个网页时，如果获取的内容是乱码，例如图15-12所示的内容为访问百度官网后返回的信息，其中存在大量的乱码信息。这是由网页读取编码错误导致的，可以通过设置requests.get(url)返回的`Response`对象的`encoding='utf-8'`来修改“Response对象.text”文本内容的编码方式。同时Response对象中提供了apparent_encoding()方法来自动识别网页的编码方式，不过由于此方法是由机器自动识别，因此可能会存在识别错误的情况（大部分情况下是可用的）。

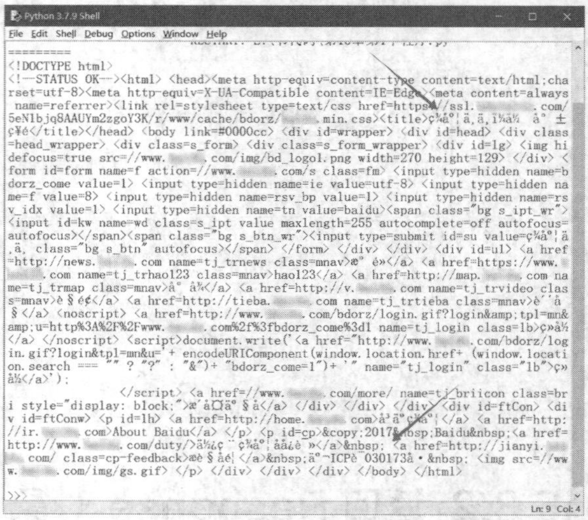

图 15-12

如果要设置自动识别网页的编码方式，可以使用以下形式：

```
Response对象.encoding=Response对象.apparent_encoding
```

示例代码：

```
01 import requests
02 r = requests.get('此处填入'百度官网地址'.com')
03 r.encoding = r.apparent_encoding
04 print(r.text)
```

第3行代码设置自动识别网页的编码方式，执行代码后的输出结果中将包含可识别的文字，而不再是乱码，如图15-13所示。当设置自动识别编码方式后依然出现内容乱码时，读者需要自行设置encoding编码方式。

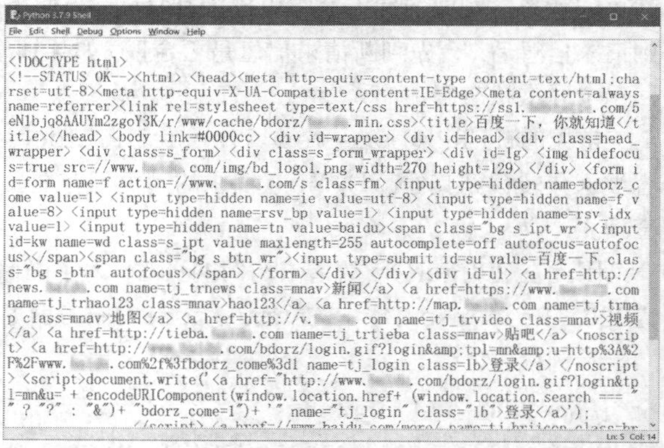

图 15-13

- **返回网页内容**

Response对象中返回网页内容有两种方法，分别是text()方法和content()方法，其中text()方法在前面的内容中有介绍，它是以字符串的形式返回网页内容。而content()方法是以二进制的形式返回网页内容，常用于直接保存网页中的媒体文件。

示例代码（下载人民邮电出版社官网中的图片）：

```
01 import requests
02 r = requests.get('https://cdn.ptpress.cn/uploadimg/Material/978-7-115-41359-8/72jpg/41359.jpg')
03 f2 = open('b.jpg','wb')
04 f2.write(r.content)
05 f2.close()
```

第2行代码使用get()方法访问了图片url。

第3行代码使用open()函数创建了一个'b.jpg'文件，并且设置以二进制写入的模式。

第4行代码将获取的url内容以二进制形式写入文件。

执行代码后将在相应文件夹中存储一张图片，如图15-14所示。

b.jpg

图 15-14

15.3.3 小项目案例：实现处理获取的网页信息

项目描述

使用get()函数获取HTML网页源代码的目的在于让获取的信息为用户所用。例如获取某购物网站新上架的商品信息，由于该网站每天都可能会上架商品，因此工作人员每天都需要进入网站观察并统计新商品信息。这些工作完全可以使用代码来完成，即通过requests库爬取网站信息，并自动识别网页中的所有新商品信息，从而实现自动化处理信息。

项目任务

“新书快递-人邮教育社区”网页中上架了新书，如图15-15所示，现需要使用requests库爬取当前网页中所有新书的书名。

图 15-15

项目实现步骤

步骤1，通过使用requests库获取“新书快递-人邮教育社区”网页的全部内容。

步骤2，从网页中寻找到图书名，为了确保获取正确的图书名，需要提前在网页源代码中寻找到图书名并观察它们的特点。其步骤为：首先进入网页的源代码页面，如图15-16所示；其次观察到所有新上架图书的书名都在标签<h4>中，且位于<h4>标签的<a>标签中，标签中还存在属性title。这些特点在整个HTML网页源代码中是独一无二的。最后设计正则表达式，过滤开头为title且结尾为</a></h4>的字符串内容。

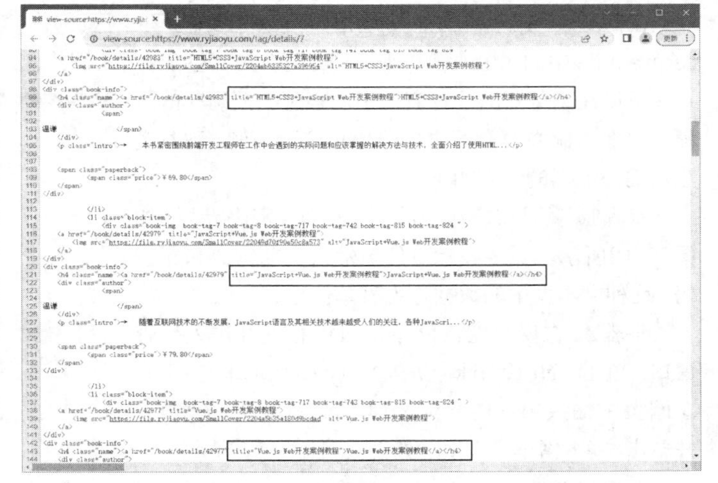

图 15-16

项目实现代码

```
01 import requests
02 import re
03 r = requests.get('https://www.ryjiaoyu.com/tag/details/7')
04 result = re.findall(r'title=(.+?)">(.+?)</a></h4>',r.text)
05 for i in range(len(result)):
06     print('第',i+1,'本书:',result[i][1])
```

第3行代码使用get()函数爬取“新书快递-人邮教育社区”网页。

第4行代码使用正则表达式对r.text（网页中的内容）进行查找，最终找出满足正则表达式条件的语句（正则表达式的使用见8.4节）。

执行代码后将会输出所有新上架图书的书名，如图15-17所示。

本小节主要使用正则表达式来提取网页中的内容，实际上提取网页信息的方法还有很多种，例如Python自带的html.parser模块、beautifulsoup4库和xpath-py库均可快捷地从网页中提取需要的信息。如果读者需要对网页信息进行精细化提取，可以深度学习这几个库。

```
Python 3.7.9 Shell
File Edit Shell Debug Options Window Help
>>>
====================== RESTART: E:\书代码\第15章\第15章第1个程序.py
======================
第 1 本书：    HTML5+CSS3+JavaScript Web开发案例教程
第 2 本书：    JavaScript+Vue.js Web开发案例教程
第 3 本书：    Vue.js Web开发案例教程
第 4 本书：    JavaScript+jQuery Web开发案例教程
第 5 本书：    计算机科学概论与计算思维
第 6 本书：    新时代劳动教育教程（微课版）
第 7 本书：    大学生心理健康教育（微课版）
第 8 本书：    税法（微课版 第2版）
第 9 本书：    商务沟通
第 10 本书：    金蝶K/3 Cloud 业财一体化案例教程
第 11 本书：    ERP项目实施与管理（慕课版）
第 12 本书：    网店运营：流量优化 内容营销 直播运营（慕课版）
>>>
                                                    Ln: 38 Col: 4
```

图 15-17

15.4 提交信息到网页

requests库除了可以从网页中获取资源，还可以将信息提交到网页中，本节将主要介绍如何使用post请求实现将信息上传到网站服务器中。

15.4.1 浏览器提交请求

在15.3节中介绍了如何通过requests库获取网页的内容，而当需要向网页中提交信息时，可以使用requests库中的post()函数来实现，提交内容包含表单、图片、文件等类型的数据。

可以在浏览器的检查窗口中观察到数据提交的过程。以在人邮教育社区中修改用户密码为例，观察浏览器提交数据的步骤如下。

步骤1，登录用户账户后，进入修改密码界面，如图15-18所示。需要在指定位置输入当前密码和新密码，这种文本框中的数据称为表单信息。

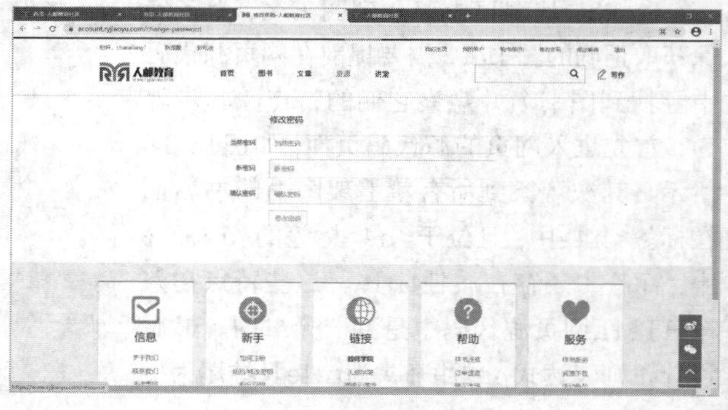

图 15-18

步骤2，在网页空白处单击鼠标右键并进入检查窗口，单击“Network”进入Network窗口，接下来在网页中输入用户的当前密码、新密码、确认密码，并单击“修改密码”按钮，如图15-19所示。

步骤3，提交信息后，在右边的Network窗口中将不断获取网页交互的信息，如图15-20所示。

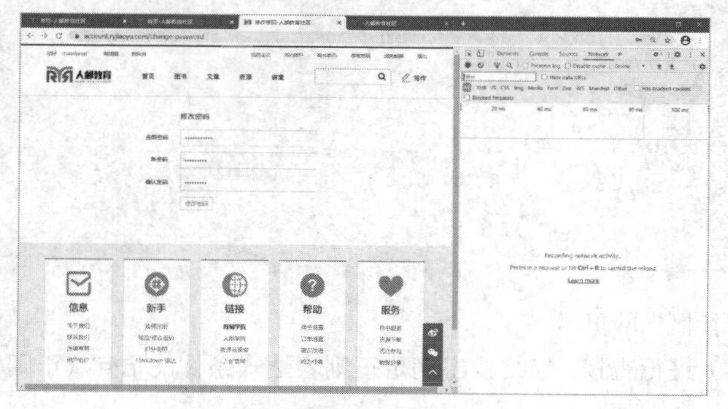

图 15-19

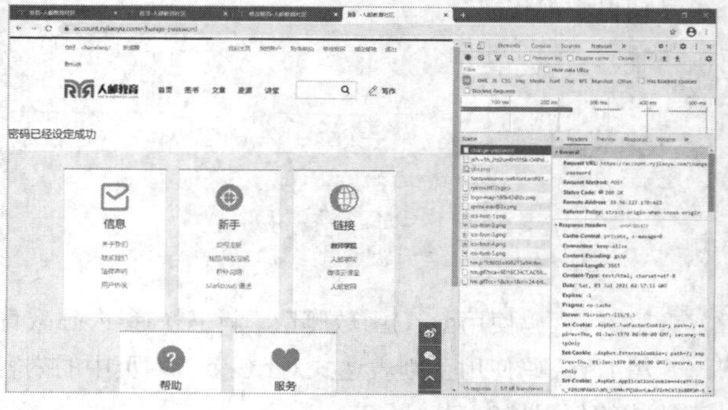

图 15-20

步骤4，找到提交密码的交互信息。在Name窗口中单击“change-password”，观察其“Hearders”选项卡下的信息，可以发现在“General”区域中的Request Method（表示请求网页的方法）值为POST，表明此信息是通过post请求来提交数据的，如图15-21所示。而在最下面的“Form Data”（表单数据）区域中显示了刚刚输入的密码，其中OldPassword对应网页中的当前密码，NewPassword对应网页中的新密码，ConfirmPassword对应网页中的确认密码，它们的值正好为用户刚刚输入的密码，如图15-22所示。由此可以确定Name窗口中的change-password是提交给服务器的信息。

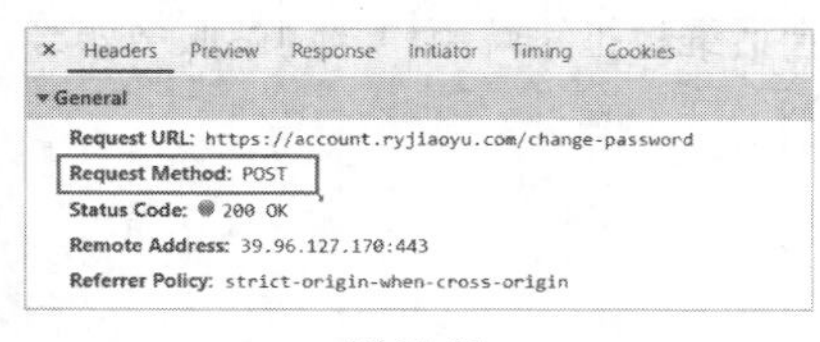

图 15-21

▾ Form Data view source view URL encoded

_RequestVerificationToken: Qd1ZedHIzRrsxkqF5ONGyqnzdEc-IiAmA8BS15bZR1UES97xKFSVwCFLOfdU_OlyOtot7mgi2Nn8MCWCINqcg2VAbX2Q4W6WegJhjqcGwubjD1pToWXpjgLgYJgFLs-dfZfde5i-FtxV2DxTQIxIGA2

OldPassword: 123456python

NewPassword: 123python

ConfirmPassword: 123python

图 15-22

以上内容是使用浏览器实现通过post请求提交数据的过程，接下来介绍使用requests库模拟浏览器提交请求，实现通过post请求将表单中的数据提交给服务器。

15.4.2 post() 函数

post()函数可用于向网站发送数据请求。其使用形式如下：

```
post(url, data=None, json=None, **kwargs)
```

参数url：表示网站url。

参数data：表示需要发送的数据对象，可以为字典、元组、列表、字节数据或文件。

参数json：表示需要发送的数据对象，该数据对象为JSON数据（具体内容见17.3节）。

参数**kwargs：表示请求采用的可选参数。

返回值：使用post()函数后返回一个Response对象。

示例代码：

```
01 import requests
02 d = {'OldPassword':'123456python','NewPassword':'123python','ConfirmPassword':'123python'}
03 r = requests.post('https://account.ryjiaoyu.com/change-password', data=d)
04 print(r.text)
```

第2行代码使用字典的形式保存了需要上传的数据。

第3行代码使用post()函数访问修改密码网页url，并提交修改密码数据。

执行此代码后本质上还无法完成使用代码修改密码，因为在修改密码前还需要登录账户，这里代码并没有实现账户的登录，此处仅展示上传表单数据的方法。

15.4.3 上传文件的方法

如果需要将文件上传到网页中，可以使用files参数，该参数的内容为文件对象。

示例代码：

```
01 import requests
02 fp = {"file":open('bitbug.ico','rb')} #上传的图片
03 r = requests.post('可上传图片的网址',files=fp)
04 print(r.text)
```

第2行代码创建了一个字典fp，其中键"file"对应的值为使用open()函数打开的图片对象。

第3行代码使用了post()函数上传这张图片，执行代码后会将此图片上传到网站服务器。

15.5 会话

实际上HTTP网络连接是无记忆的，每发起一次网络请求只能获取一次数据，在下一次访问时，不能获取上一次访问的状态。为了维持账户的登录状态，确保上一次访问提交过账户登录信息后，下一次访问仍能继续保持登录状态，需要设计一套会话维持机制来记录每次访问的状态。

会话是指终端用户（例如浏览器）与网站服务器进行通信的过程，而会话维持指终端用户与网站服务器维持通信的过程，即保持用户的登录状态。

15.5.1 会话维持

通过会话维持解决HTTP网络连接无记忆问题的方法是在客户端（浏览器）和服务器分别建立会话。当用户使用浏览器登录网站时，网站对应的服务器会在内存中建立一个Cookies文件，以保存客户端的信息和登录信息（登录时间、登录者的主机、登录的用户名、登录密钥等），Cookies建立完成后会返回相应的文件给浏览器，其中包含登录成功信息和密钥信息等。浏览器也会在本地创建一个Cookies文件来存储当前的登录状态和接收的密钥等信息。当用户再次访问服务器中的内容时，会将Cookies文件信息一同发送给服务器。服务器会根据Cookies文件的密钥等信息判断客户端是否在之前成功登录。如果Cookies文件显示客户端已经登录成功，则返回登录状态的网页内容，否则返回没有登录状态的网页内容。会话维持的创建过程如图15-23所示。

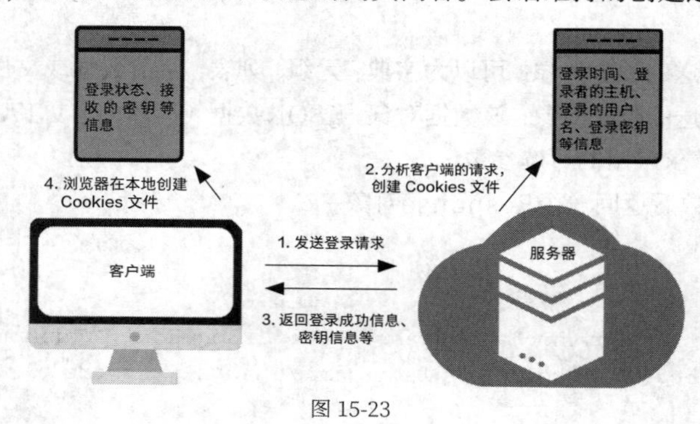

图 15-23

会话维持需要保证访问的客户端是同一个软件，即使用同一个浏览器访问，例如使用Chrome浏览器登录人民邮电出版社官网，之后继续访问网站内的其他信息，人民邮电出版社官网的服务器会创建Cookies文件以存储当前使用Chrome浏览器产生的请求信息，Chrome浏览器也会将人民邮电出版社官网服务器返回的信息存储到本地Cookies文件中。而此时如果启动一个新的浏览器程序，新的浏览器程序窗口并不在之前的同一个网页窗口中，此时新的浏览器程序中没有之前访问的Cookies文件，因此在新浏览器程序窗口进入人民邮电出版社官网时，仍然会显示未登录状态。

会话维持需要在同一个浏览器的同一段时间中进行。如果时间太长，服务器会清除Cookies文件信息，导致再次访问时仍需要重新登录。

15.5.2 创建会话

requests库的sessions.py文件中的类Session可用于实现自动维持会话、自动创建Cookies文件，并记录从服务器返回的信息，大大减少手动获取Cookies文件的麻烦。其使用形式如下：

```
r = requests.Session()
```

返回值为一个会话对象，该对象中包含多个方法，例如get()和post()方法。会话对象可以实现会话的维持。

示例代码（实现登录账户）：

```
01 import requests
02 s = requests.Session()
03 data = {'Email': '1212121','Password': '123python','RememberMe': 'true'}
04 r1  = s.post('https://account.ryjiaoyu.com/log-in?returnUrl=https%3a%2f%2fwww.ryjiaoyu.com%2f',data=data)
05 r2 = s.get('https://www.ryjiaoyu.com/user')
06 print(r1.text, r2.text)
```

第2行代码使用类Session创建一个会话对象s。

第4行和第5行代码分别基于s对象发出post和get请求。post请求实现模拟登录人邮教育社区账户（其中账户和密码都是虚拟的，读者在实际操作时需要自行创建），get请求实现获取登录后的用户账户信息。

15.6 代理服务器

在爬取某些网站的网页资源时，如果请求次数较少，一般能正常获取内容，但是一旦开始大规模且频繁地请求爬取资源，网站可能会弹出验证码对话框，或者跳转到登录认证页面，甚至可能会直接封禁客户端的IP（互联网协议，Internet Protocol）地址，导致用户在一定时间段内无法再次访问该网站。为避免此种情况，可以使用代理服务器获取网页资源。

15.6.1 代理服务器的工作流程

代理服务器是介于客户端和网站服务器之间的一台中转站服务器。代理服务器的工作流程是客户端向代理服务器发出url请求，代理服务器接收到请求后，向指定服务器发出url请求，并将获取的网页返回给客户端，而不是直接从客户端到服务器获取网页。

当客户端频繁爬取某个网站的信息时，由于中间使用了代理服务器，代理服务器会直接从服务器获取网页资源。代理服务器的工作流程如图15-24所示。

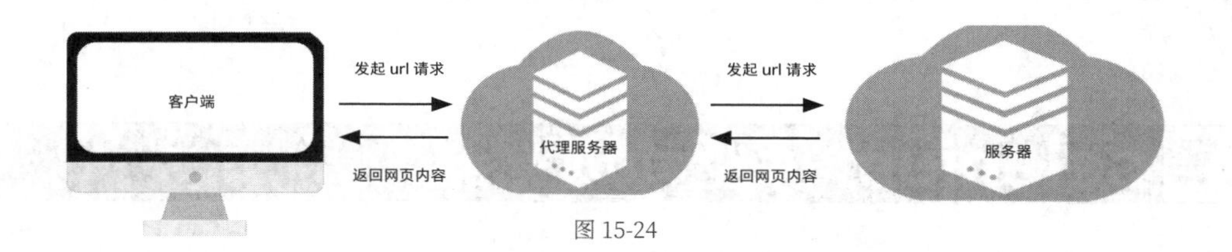

图 15-24

15.6.2 获取代理服务器

通过网络搜索即可查找到大量免费的或付费的代理服务器，免费的代理服务器不一定安全可靠，但可供学习使用，当读者需要将代理服务器用于项目开发时，则应尽量选择付费的、安全可靠的代理服务器。例如图15-25所示的内容为某网站提供的一些免费的代理服务器。代理服务器一般会提供一个IP地址，当客户端通过该IP地址连接到代理服务器后，就可以开始使用代理服务器的功能。

IP地址	PORT	匿名度	类型	位置	响应速度	最后验证时间
[illegible]	9999	高匿名	HTTP	中国 辽宁 鞍山 联通	3秒	2021-07-03 23:31:01
[illegible]	9999	高匿名	HTTP	中国 福建 漳州 电信	0.6秒	2021-07-03 22:31:01
[illegible]	9999	高匿名	HTTP	中国 山东 济南 电信	0.7秒	2021-07-03 21:31:01
[illegible]	3256	高匿名	HTTP	中国 宁夏 中卫 电信	1秒	2021-07-03 20:31:01
[illegible]	9999	高匿名	HTTP	中国 河北 秦皇岛 联通	0.4秒	2021-07-03 19:31:01
[illegible]	9999	高匿名	HTTP	中国 福建 宁德 电信	3秒	2021-07-03 18:31:01
[illegible]	9999	高匿名	HTTP	江西省宜春市 联通	1秒	2021-07-03 17:31:01
[illegible]	9999	高匿名	HTTP	山东省烟台市 电信	0.5秒	2021-07-03 16:31:01
[illegible]	9999	高匿名	HTTP	中国 福建 宁德 电信	0.5秒	2021-07-03 15:31:01
[illegible]	9999	高匿名	HTTP	中国 安徽 宣城 电信	0.4秒	2021-07-03 14:31:01
[illegible]	9999	高匿名	HTTP	中国 辽宁 营口 联通	2秒	2021-07-03 13:31:01
[illegible]	9999	高匿名	HTTP	福建省泉州市 联通	1秒	2021-07-03 12:31:01
[illegible]	9999	高匿名	HTTP	广东省汕尾市 联通	0.5秒	2021-07-03 11:31:01
[illegible]	9999	高匿名	HTTP	安徽省合肥市 电信	0.4秒	2021-07-03 10:31:01
[illegible]	3256	高匿名	HTTP	中国 安徽 宣城 电信	0.4秒	2021-07-03 09:31:01

图 15-25

15.6.3 代理服务器的使用方法

将get()、post()函数中的第3个参数设置为proxies，即表示使用代理服务器。

示例代码：

```
01 import requests
02 proxie = {'http':'代理服务器地址ip'}
03 r = requests.get('https://www.ryjiaoyu.com/',proxies = proxie)
04 print(r.text)
```

第2行代码创建了一个字典，字典中的键http对应的值表示一个免费的代理服务器。

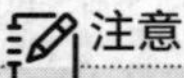

注意

大部分免费的代理服务器都有一定的时效性，因此读者可能无法使用此代理服务器。

第3行代码在get()函数中填入参数proxies，且其值为字典proxie，表示在访问人邮教育社区官网时，会通过IP地址为115.29.199.16:8118的代理服务器来间接访问。代理服务器获取到网页内容后，会将网页内容转发给客户端。

15.7 selenium库驱动浏览器

selenium库是一种用于Web应用程序测试的工具，它可以驱动浏览器执行特定操作，自动按照脚本代码做出单击、输入、打开、验证等操作，支持的浏览器包括IE、Firefox、Safari、Chrome、Opera等。而在办公领域中如果经常需要使用浏览器操作某些内容，就可以使用selenium库来实现，例如将大量数据上传到网页中，或者实现自动驱动浏览器进行操作。

与requests库不同的是，selenium库是基于浏览器的驱动程序来驱动浏览器执行操作的。且浏览器可以实现网页源代码的渲染，因此通过selenium库还可以轻松获取网页中渲染后的数据信息。

15.7.1 使用 selenium 库前的准备

• 了解 selenium 库驱动浏览器的原理

浏览器是在浏览器内核基础之上开发而成的，浏览器内核主要负责对网页语法进行解释并渲染（显示）网页。例如360浏览器和Chrome浏览器都使用Chrome内核，如图15-26和图15-27所示；而QQ浏览器使用IE内核，Safari浏览器使用Webkit内核。

图 15-26

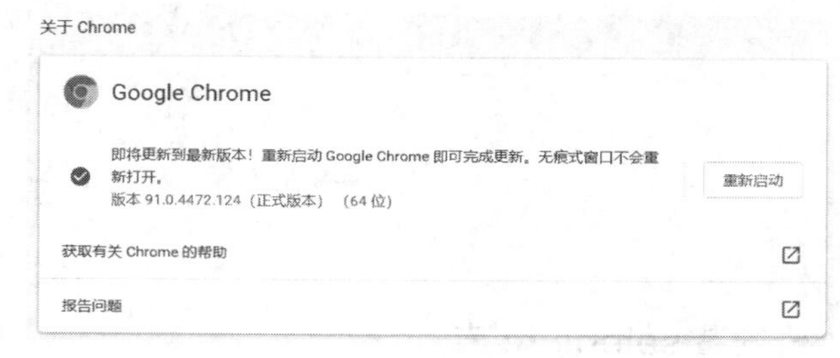

图 15-27

虽然浏览器内核可以被selenium库驱动，但还是需要安装对应版本的浏览器内核驱动程序，以便于控制Web浏览器的行为。每个浏览器都有一个特定的用于支持浏览器运行的WebDriver，被称为驱动程序（可以进入selenium库的官网进行下载，如果下载失败或无法匹配版本，还可以尝试下面介绍的相关方法）。

• 安装 WebDriver

这里以Chrome浏览器为例，开始介绍安装浏览器内核驱动程序WebDriver的方法。针对Chrome浏览器的WebDriver可以进入专用下载通道进行下载，如图15-28所示。根据图15-27可知Chrome浏览器的内核版本为91.0.4472.124，读者可能会找不到版本号完全相同的WebDriver，但也可以使用与浏览器版本最为接近的版本，例如本书中下载的WebDriver的版本为91.0.4472.101。

选择并单击“91.0.4472.101”后将进入如图15-29所示的驱动程序安装包页面，Linux操作系统选择“chromedriver_linux64.zip”，macOS操作系统选择“chromedriver_mac64.zip”，macOS操作系统（m1芯片）选择“chromedriver_mac64_m1.zip”，Windows操作系统选择“chromedriver_win32.zip”。

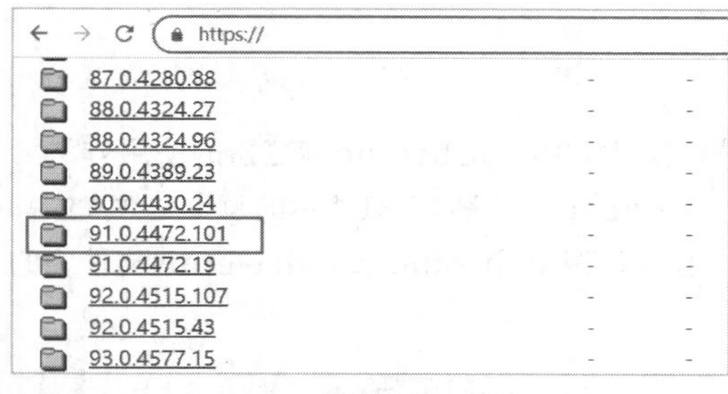

图 15-28

https://

Index of /91.0.4472.101/

Name	Last modified	Size	ETag
Parent Directory		-	
chromedriver_linux64.zip	2021-06-11 10:24:57	5.69MB	cc43ba0babbfff7f22b48165ec8e8c81
chromedriver_mac64.zip	2021-06-11 10:24:59	7.70MB	032eac2d797a0bdc2484cce1843334d1
chromedriver_mac64_m1.zip	2021-06-11 10:25:02	7.03MB	03f777064144a4a76221e5a6d15f9f11
chromedriver_win32.zip	2021-06-11 10:25:04	5.60MB	0300a26b734e93972552a80a6b716100
notes.txt	2021-06-11 10:25:09	0.00MB	371f90b6fc18478864154ec6e95350ac

图 15-29

下载完成后还需要解压相应文件，并将解压后的文件中的chromedriver.exe文件移动到Python安装目录路径下的Scripts文件夹中。Python安装目录路径的确定方法分为两种情况，对于Windows系统来说，在命令提示符窗口中输入命令`where python`并按Enter键即可获取Python的安装目录路径。对于macOS系统来说，在终端输入命令`which python3`并按Enter键即可获取Python安装目录路径。以Windows系统为例，最终结果如图15-30所示。至此即完成了所有关于WebDriver的配置。

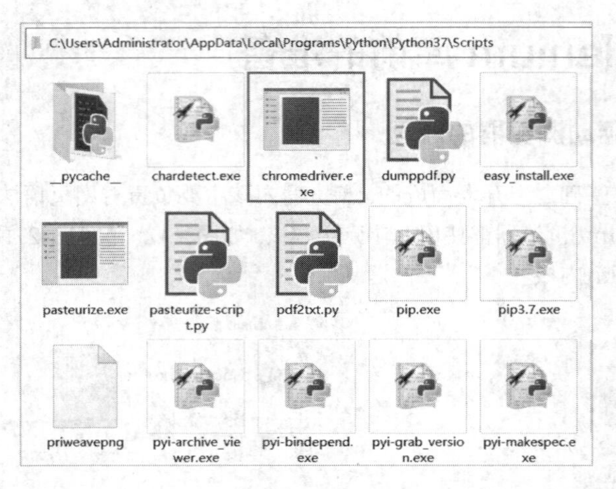

图 15-30

- **安装 selenium 库**

在命令提示符窗口或终端中执行以下命令：

```
pip install selenium
```

安装成功后可使用以下命令查看库的信息：

```
pip show selenium
```

完成了整个selenium库的安装及WebDriver的配置后，便可以开始使用selenium库中的方法调用WebDriver驱动浏览器执行相应操作。

15.7.2 驱动浏览器

selenium库支持的浏览器包括Chrome、IE 7～11、Firefox、Safari、Opera Edge、HtmlUnit、PhantomJS等，几乎覆盖了当前计算机端和手机端的所有类型的浏览器。在selenium库源代码文件下的webdriver中可查看所有支持的浏览器类型，如图15-31所示。

webdriver的使用形式如下：

```
webdriver.浏览器类型名()
```

浏览器类型名与图15-31中对应浏览器类型的文件夹名称相同。例如驱动Chrome浏览器的使用方法为webdriver.Chrome()，驱动Opera浏览器的使用方法为webdriver.opera()。图15-31所示的每个文件夹中都存在一个webdriver.py文件，当调用webdriver.Chrome()时，会默认调用chrome\webdriver.py文件中的类WebDriver。webdriver.Chrome()的使用形式如下：

```
webdriver.Chrome(executable_path = "chromedriver",  port = 0, options = None)
```

功能：创建一个新的Chrome浏览器驱动程序。

参数executable_path：表示浏览器的驱动路径，默认为环境变量中的path，通常计算机中可能存在多个浏览器软件，当没有在环境变量中设置浏览器path时，可以使用参数options。

参数port：表明希望服务运行的端口，如果保留为0，驱动程序将会找到一个空闲端口。

参数options：表示由类Options（位于selenium\webdriver\chrome\options.py）创建的对象，用于实现浏览器的绑定。

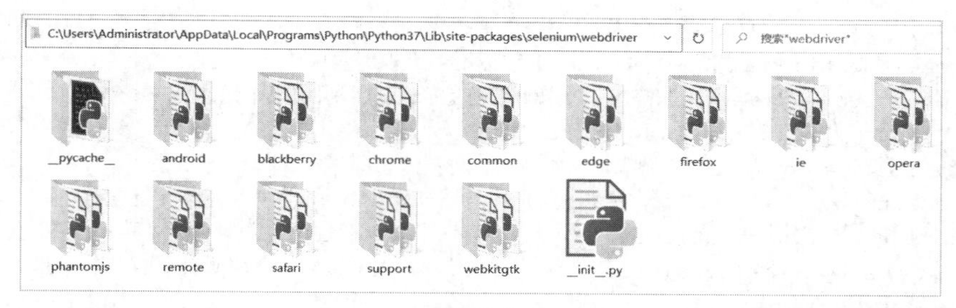

图 15-31

示例代码（驱动Chrome浏览器）：

```
01 from selenium import webdriver
02 from selenium.webdriver.chrome.options import Options
03 chrome_options = Options()
04 chrome_options.binary_location = r"C:\Program Files\Google\Chrome\Application\chrome.exe"
05 driver = webdriver.Chrome(options=chrome_options)
```

第3、4行代码使用类Options创建了一个对象chrome_options，使用binary_location()方法绑定了浏览器。第5行代码使用webdriver.Chrome()设置options参数值为绑定Chrome浏览器的对象chrome_options。执行代码后将会自动打开Chrome浏览器，实现驱动浏览器的第一步。

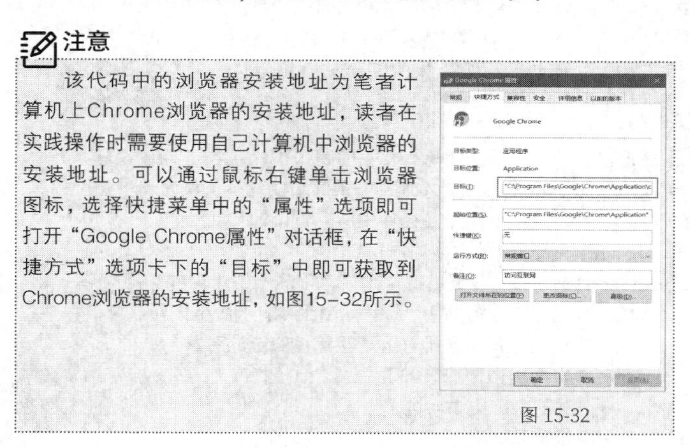

注意

该代码中的浏览器安装地址为笔者计算机上Chrome浏览器的安装地址，读者在实践操作时需要使用自己计算机中浏览器的安装地址。可以通过鼠标右键单击浏览器图标，选择快捷菜单中的“属性”选项即可打开“Google Chrome属性”对话框，在“快捷方式”选项卡下的“目标”中即可获取到Chrome浏览器的安装地址，如图15-32所示。

图 15-32

15.7.3 加载网页

使用类webdriver.Chrome创建的驱动浏览器对象中包含大量操作浏览器的方法，类webdriver.Chrome继承于基础类WebDriver，该类位于selenium库的webdriver\remote\webdriver.py文件中。

类WebDriver的简洁定义：

```
class WebDriver(object):
    def file_detector_context(self, file_detector_class, *args, **kwargs): ...
    #覆盖当前文件检测器，文件检测器由方法File_detector创建
    def name(self): ...#返回浏览器的名称
    def start_client(self): ...#启动客户端
    def stop_client(self): ...#关闭客户端
    def start_session(self, capabilities, browser_profile=None): ...
    #创建一个具有特定功能的新会话
    def create_web_element(self, element_id): ...#用指定的element_id创建一个Web元素
    def execute(self, driver_command, params=None): ...#执行JavaScript脚本程序
    def get(self, url): ...#在当前浏览器会话中加载网页
```

```
def title(self): ...#返回当前网页的标题
def find_element_by_id(self, id_): ...#通过标签id获取网页中的一个元素
def find_elements_by_id(self, id_): ...#通过标签id获取网页中多个元素
def find_element_by_xpath(self, xpath): ...
#通过xpath获取网页元素,xpath是与正则表达式类似的一种语法规则
def find_elements_by_xpath(self, xpath): ...#通过xpath获取网页中的多个元素
def find_element_by_link_text(self, link_text): ...#通过链接文本获取网页中的一个元素
def find_elements_by_link_text(self, text): ...#通过链接文本获取网页中的多个元素
def find_element_by_partial_link_text(self, link_text): ...
#通过元素链接文本的部分匹配来查找一个元素
def find_elements_by_partial_link_text(self, link_text): ...
#通过元素链接文本的部分匹配来查找多个元素
def find_element_by_name(self, name): ...#通过标签name获取网页中的一个元素
def find_elements_by_name(self, name): ...#通过标签name获取网页中的多个元素
def find_element_by_tag_name(self, name): ...#通过标签名获取网页中的一个元素
def find_elements_by_tag_name(self, name): ...#通过标签名获取网页中的多个元素
def find_element_by_class_name(self, name): ...#通过标签class获取网页中的一个元素
def find_elements_by_class_name(self, name): ...#通过标签class获取网页中的多个元素
def find_element_by_css_selector(self, css_selector): ...#通过CSS选择器获取网页中的一个元素
def find_elements_by_css_selector(self, css_selector): ...#通过CSS选择器获取网页中的多个元素
def execute_script(self, script, *args): ...#同步执行当前窗口/框架中的JavaScript脚本
def execute_async_script(self, script, *args): ...#异步执行当前窗口/框架中的JavaScript脚本
def current_url(self): ...#获取当前网页的url
def page_source(self): ...#获取当前网页的源代码
def close(self): ...#关闭当前窗口
def quit(self): ...#退出驱动程序并关闭所有相关的窗口
def current_window_handle(self): ...#返回当前窗口的句柄（浏览器中每个标签页为一个句柄）
def window_handles(self): ...#返回当前会话中所有窗口的句柄
def maximize_window(self): ...#最大化当前窗口
def fullscreen_window(self): ...#调用特定于窗口管理器的“全屏”操作
def minimize_window(self): ...#调用特定于窗口管理器的“最小化”操作
def switch_to(self): ...#返回一个包含所有可切换焦点的选项对象
def back(self): ...#在浏览器历史中倒退了一页
def forward(self): ...#在浏览器历史中前进了一页
def refresh(self): ...#刷新当前页面
def get_cookies(self): ...#返回一组字典，对应于当前会话中可见的Cookie
def get_cookie(self, name): ...#按名称获取单个Cookie
def delete_cookie(self, name): ...#删除指定名称的单个Cookie
def delete_all_cookies(self): ...#删除该会话范围内的所有Cookie
def add_cookie(self, cookie_dict): ...#将Cookie添加到当前会话中
def implicitly_wait(self, time_to_wait): ...#设置超时以隐式等待找到元素或完成命令
def set_script_timeout(self, time_to_wait): ...#设置脚本等待时间
def set_page_load_timeout(self, time_to_wait): ...#设置页面加载完成的时间
def find_element(self, by=By.ID, value=None): ...#查找一个元素
def find_elements(self, by=By.ID, value=None): ...#查找多个元素
def desired_capabilities(self): ...#返回正在使用的驱动程序当前所需的功能
def get_screenshot_as_file(self, filename): ...#将当前窗口的截图保存为.png格式图片
def save_screenshot(self, filename): ...#将当前窗口的截图保存为.png格式图片
def get_screenshot_as_png(self): ...#以二进制数据的形式获取当前窗口的截图
def get_screenshot_as_base64(self): ...#获取当前窗口的截图
def set_window_size(self, width, height, windowHandle='current'): ...
#设置当前窗口的宽度和高度
def get_window_size(self, windowHandle='current'): ...#获取当前窗口的宽度和高度
def set_window_position(self, x, y, windowHandle='current'): ...#设置当前窗口的(x,y)坐标位置
```

```
    def get_window_position(self, windowHandle='current'): ...#获取当前窗口的(x,y)坐标位置
    def get_window_rect(self): ...#获取窗口的(x,y)坐标位置和当前窗口的高度和宽度
    def set_window_rect(self, x=None, y=None, width=None, height=None): ...
    #设置当前窗口的(x,y)坐标位置和高度、宽度
    def file_detector(self, detector): ...#设置发送键盘输入数据时使用的文件检测器
    def orientation(self): ...#获取当前浏览器的方向
    def orientation(self, value): ...#设置浏览器的方向
    def application_cache(self): ...#返回一个与浏览器应用缓存交互的ApplicationCache对象
    def log_types(self): ...#获取可用日志类型的列表
    def get_log(self, log_type): ...#获得给定日志类型的日志
```

接下来介绍两种常用的加载浏览器网页的方法。

第1种，get()方法。get()方法用于打开指定的网页。其使用形式如下：

```
get(url)
```

功能：在当前浏览器会话中加载url指向的网页。

示例代码（加载人民邮电出版社官网中的期刊页）：

```
01 from selenium import webdriver
02 from selenium.webdriver.chrome.options import Options
03 chrome_options = Options()
04 chrome_options.binary_location = r"C:\Program Files\Google\Chrome\Application\chrome.exe"
05 driver = webdriver.Chrome(options=chrome_options)
06 driver.get('https://www.ptpress.com.cn//periodical')
```

第6行代码使用get()方法加载人民邮电出版社官网的期刊页，执行代码后将会自动启动Chrome浏览器并加载出相应网页，结果如图15-33所示。

第2种，execute_script()方法。execute_script()方法用于打开多个标签页，即在同一浏览器中打开多个网页。其使用形式如下：

```
execute_script(script, *args)
```

图 15-33

功能：打开标签页，同步执行当前页面中的JavaScript脚本。JavaScript是网页中的一种编程语言。

参数script：表示将要执行的脚本内容，数据类型为字符串类型。使用JavaScript语言实现打开一个新标签页的使用形式为`"window.open('网站url','_blank');"`。

示例代码（打开多个标签页）：

```
01 from selenium import webdriver
02 from selenium.webdriver.chrome.options import Options
03 chrome_options = Options()
04 chrome_options.binary_location = r"C:\Program Files\Google\Chrome\Application\chrome.exe"
05 driver = webdriver.Chrome(options=chrome_options)
06 driver.get('https://www.ptpress.com.cn/')
07 driver.execute_script("window.open('https://www.ptpress.com.cn/login','_blank');")
08 driver.execute_script("window.open('https://www.shuyishe.com/','_blank');")
09 driver.execute_script("window.open('https://www.shuyishe.com/course','_blank');")
```

第7～9行代码使用execute_script()方法执行括号中的JavaScript脚本，打开的新标签页分别为人民邮电出版社登录页面、数艺设的主页、数艺设的课程页面，如图15-34所示。

更多操作浏览器的方法详见15.7.7小节。

图 15-34

15.7.4 获取渲染后的网页代码

通过get()方法获取浏览器中的网页资源后，浏览器将自动渲染网页源代码内容，并生成渲染后的内容，这时使用page_source()方法即可获取渲染后的网页代码。

示例代码：

```
01 from selenium import webdriver
02 from selenium.webdriver.chrome.options import Options
03 chrome_options = Options()
04 chrome_options.binary_location = r"C:\Program Files\Google\Chrome\Application\chrome.exe"
05 driver = webdriver.Chrome(options=chrome_options)
06 driver.get('https://www.ptpress.com.cn/')
07 print(driver.page_source)
```

第7行代码使用driver对象中的page_source()方法获取被get()方法获取到的渲染后的网页源代码。执行代码后的输出结果如图15-35所示，图中标注框处的内容即网页中的图片url。

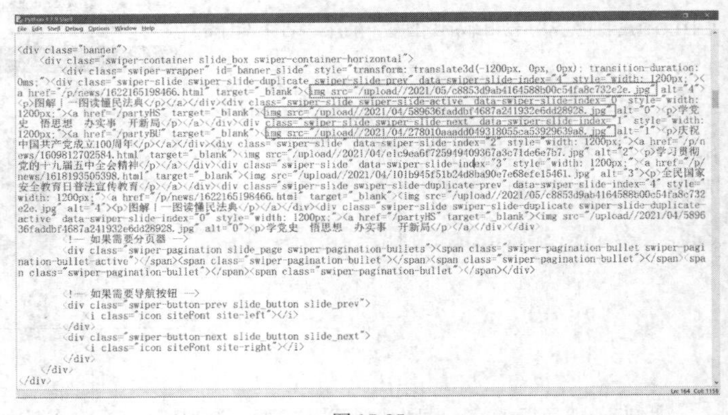

图 15-35

15.7.5 小项目案例：实现批量下载网页中的资源

根据15.3.2小节中的返回网页内容可知，用户只有获取了网页中的图片url才可以将图片下载到本地，而现在使用selenium库渲染网页后，可直接通过正则表达式过滤出指定的网页图片，从而实现批量下载网页图片，接下来以此为思路来实现一个小项目案例。

项目任务

实现批量下载人民邮电出版社官网中与Python相关的图书封面图片。

项目实现步骤

步骤1，获取人民邮电出版社官网中与Python相关的图书封面图片url。使用get()方法即可获取关键词为“python”的图书封面图片url。

步骤2，使用selenium库驱动浏览器渲染网页，并获取渲染后的网页代码。

步骤3，使用正则表达式过滤出图片的url。

步骤4，使用15.3.2小节的返回网页内容中的方法将对应url的图片下载到本地。

项目实现代码

```
01 from selenium import webdriver
02 from selenium.webdriver.chrome.options import Options
03 import requests
04 import re
05 chrome_options = Options()
06 chrome_options.binary_location = r"C:\Program Files\Google\Chrome\Application\chrome.exe"
07 driver = webdriver.Chrome(options=chrome_options)
08 driver.get('https://www.ptpress.com.cn/search?keyword=python')
09 a = re.findall('<img src="(.+?jpg)"></div>',driver.page_source)
10 i = 1
11 for url in a:
12     r = requests.get(url)
13     f2 = open('.\\Python图书\\'+str(i)+'.jpg','wb')
14     i += 1
15     f2.write(r.content)
16     f2.close()
```

第4～6行代码绑定了Chrome浏览器，并驱动浏览器。

第7行代码使用get()方法打开Python类图书的网页，如图15-36所示。

第8行代码使用正则表达式过滤driver.page_source（渲染后的网页代码）中的图片url。如图15-36所示，可以观察到所有图书封面图片的标签为<img>，图片格式为.jpg，且下一个标签为</div>。因此使用正则表达式设计的过滤规则为'<img src="(.+?jpg)"></div>'。过滤规则不是统一的，读者可以自行设计过滤规则。

第9～15行代码使用requests库中的get()方法将过滤出来的url分别保存到相对路径“\Python图书”下。

执行代码后将会自动下载网页中的图书封面图片到本地文件夹“\Python图书”中，如图15-37所示。

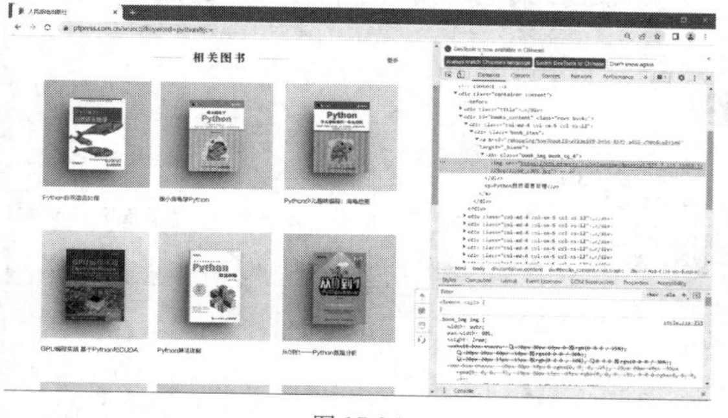

图 15-36

图 15-37

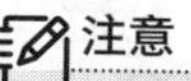

注意

此项目案例介绍了一个通用的下载网页资源的方法，读者掌握此方法后即可实现批量下载大部分网站中的图片、音乐、视频等资源文件。

15.7.6 获取和操作网页元素

- **获取网页中的指定元素**

15.7.5小节获取标签中的图片url使用了正则表达式的方式进行过滤，而WebDriver对象中也提供了大量用于获取网页指定元素的方法（详见15.7.3小节中基础类WebDriver）。

在获取了网页中的某个元素后，可以使用以下方法对此元素进行相应操作。

tag_name()方法：获取元素的名称。

text()方法：获取元素的文本内容。

click()方法：单击此元素。

submit()方法：提交表单。

send_keys()方法：模拟输入信息。

size()方法：获取元素的尺寸。

读者可进入selenium库文件夹下的webdriver\remote\webelement.py中查看更多的操作方法。下面将演示send_keys()方法的实现过程。

- **在元素中输入信息**

send_keys()方法可以实现在元素中输入信息，例如在窗口标签中输入信息。其使用形式如下：

```
send_keys(*value)
```

参数value：表示需要输入的字符串信息。

示例代码（在人民邮电出版社官网的搜索框中输入"Python"）：

```
01 from selenium import webdriver
02 from selenium.webdriver.chrome.options import Options
03 from selenium.webdriver.common.keys import Keys
04 chrome_options = Options()
05 chrome_options.binary_location = r"C:\Program Files\Google\Chrome\Application\chrome.exe"
06 driver = webdriver.Chrome(options=chrome_options)
07 driver.get('https://www.ptpress.com.cn/')
08 driver.find_element_by_tag_name("input").send_keys("Python")
```

第8行代码使用find_element_by_tag_name()方法找到标签名为input的元素（通过网页源代码可知搜索框的标签名为input）。获取到标签后使用send_keys()方法实现在搜索框内输入字符串"Python"。代码执行结束后的网页效果如图15-38所示。

图 15-38

注意

对于不同的搜索框标签，其标签名可能不同，读者需要提前在网页源代码中确定标签名。

获取元素的方法比较多，读者可按照不同的方法灵活实现。

实现在搜索框中输入信息的代码程序后，还可以模拟用户的按键操作，其使用方法为在字符串后面继续增加按键转义字符串信息。

示例代码：

```
01 from selenium import webdriver
02 from selenium.webdriver.chrome.options import Options
03 from selenium.webdriver.common.keys import Keys
04 chrome_options = Options()
05 chrome_options.binary_location = r"C:\Program Files\Google\Chrome\Application\chrome.exe"
06 driver = webdriver.Chrome(options=chrome_options)
07 driver.get('https://www.ptpress.com.cn/')
08 driver.find_element_by_tag_name("input").send_keys("Python"+ Keys.RETURN)
```

该示例代码在上一示例代码的基础上只对第8行代码做了修改。第8行代码在send_keys()方法中增加了Keys.RETURN，Keys.RETURN表示按Enter键。该值来源于第3行代码导入的类Keys，类Keys中定义了大部分按键的转义字符串。下面展示了Selenium库官方源代码中对类Keys的定义，根据定义可知Keys.RETURN的值为转义字符串'\ue006'，即send_keys()中写入的字符串信息为"Python\ue006"。

执行代码后将会自动在人民邮电出版社官网的搜索框输入Python，并按Enter键实现提交。执行代码后的效果如图15-39和图15-40所示。

图 15-39

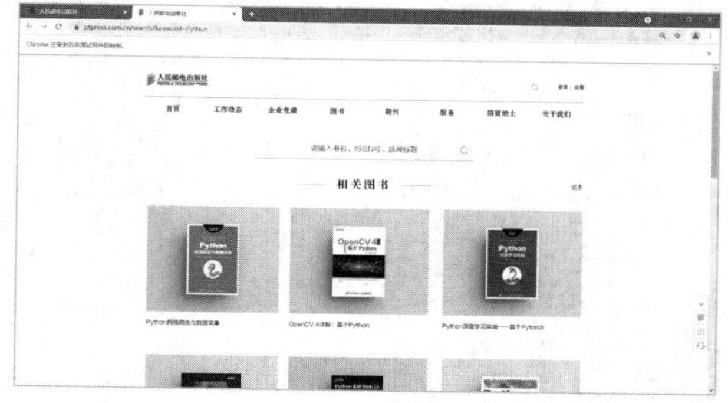

图 15-40

类Keys的定义：

```
class Keys(object):
    """
    Set of special keys codes.
    """
    NULL = '\ue000'
    CANCEL = '\ue001'   # ^控制键
    HELP = '\ue002'
    BACKSPACE = '\ue003'
    BACK_SPACE = BACKSPACE
    TAB = '\ue004'
    CLEAR = '\ue005'
    RETURN = '\ue006'
    ENTER = '\ue007'
    SHIFT = '\ue008'
    LEFT_SHIFT = SHIFT
    CONTROL = '\ue009'
    LEFT_CONTROL = CONTROL
    ALT = '\ue00a'
    LEFT_ALT = ALT
    PAUSE = '\ue00b'
    ESCAPE = '\ue00c'
    SPACE = '\ue00d'
    PAGE_UP = '\ue00e'
    PAGE_DOWN = '\ue00f'
    END = '\ue010'
    HOME = '\ue011'
    LEFT = '\ue012'
    ARROW_LEFT = LEFT
    UP = '\ue013'
    ARROW_UP = UP
    RIGHT = '\ue014'
    ARROW_RIGHT = RIGHT
    DOWN = '\ue015'
```

```
ARROW_DOWN = DOWN
INSERT = '\ue016'
DELETE = '\ue017'
SEMICOLON = '\ue018'
EQUALS = '\ue019'
NUMPAD0 = '\ue01a'  # 数字键
NUMPAD1 = '\ue01b'
NUMPAD2 = '\ue01c'
NUMPAD3 = '\ue01d'
NUMPAD4 = '\ue01e'
NUMPAD5 = '\ue01f'
NUMPAD6 = '\ue020'
NUMPAD7 = '\ue021'
NUMPAD8 = '\ue022'
NUMPAD9 = '\ue023'
MULTIPLY = '\ue024'
ADD = '\ue025'
SEPARATOR = '\ue026'
SUBTRACT = '\ue027'
DECIMAL = '\ue028'
DIVIDE = '\ue029'
F1 = '\ue031'  # 功能键
F2 = '\ue032'
F3 = '\ue033'
F4 = '\ue034'
F5 = '\ue035'
F6 = '\ue036'
F7 = '\ue037'
F8 = '\ue038'
F9 = '\ue039'
F10 = '\ue03a'
F11 = '\ue03b'
F12 = '\ue03c'
META = '\ue03d'
COMMAND = '\ue03d'
```

15.7.7 小项目案例：实现上传图片

项目描述

在百度识图官网中只需要上传一张照片即可实现自动识别图片中的内容，如图15-41所示。

图 15-41

项目任务

实现在百度识图官网中上传一张图片。

项目实现代码

```
01 from selenium import webdriver
02 from selenium.webdriver.chrome.options import Options
03 chrome_options = Options()
04 chrome_options.binary_location = r"C:\Program Files\Google\Chrome\Application\chrome.exe"
05 driver = webdriver.Chrome(options=chrome_options)
06 driver.get('百度识图主页的网址')
07 input_element = driver.find_element_by_name('file')
08 input_element.send_keys(r"E:\书代码\识图.jpg")
```

第7行代码使用find_element_by_name()方法找到标签名为file的元素。

第8行代码直接使用send_keys()方法将图片路径以字符串的形式写入标签名为file的元素中，至此即可实现上传图片。

执行代码后将自动打开百度识图官网，并将“E:\书代码\识图.jpg”图片上传到网页相关位置进行识别，结果如图15-42所示。

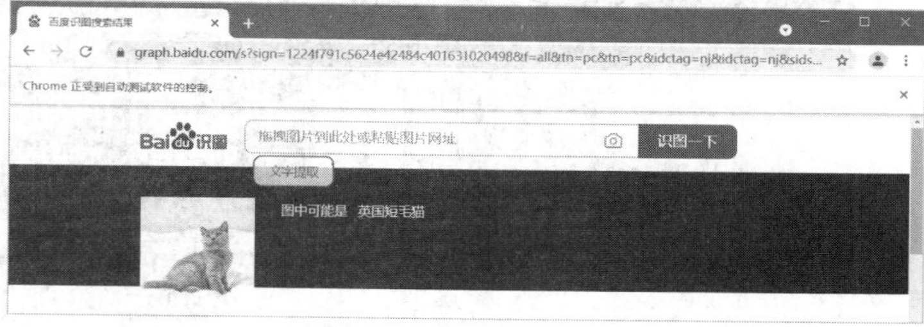

图 15-42

15.7.8 更多操作

在selenium库中还有很多的用于操作浏览器的方法，本小节将介绍其中的一些常用方法。

- **模拟单击**

获取网页元素后可以使用click()方法实现单击该元素，即模拟单击网页中的某个元素所在的位置。为了更方便且快速地自动进入需要访问的网页，接下来将使用代码来实现单击人民邮电出版社官网中的图书页，即单击图15-43所示的标注框处的“图书”。

图 15-43

示例代码（单击人民邮电出版社官网中的“图书”）：

```
01 from selenium import webdriver
02 from selenium.webdriver.chrome.options import Options
03 chrome_options = Options()
04 chrome_options.binary_location = r"C:\Program Files\Google\Chrome\Application\chrome.exe"
05 driver = webdriver.Chrome(options=chrome_options)
06 driver.get('https://www.ptpress.com.cn/periodical')
07 elments = driver.find_elements_by_class_name("item")
08 i = 0
09 for elment in elments:
10     print(i,'个',elment.text)
11     i += 1
12 elments[3].click()
```

第7行代码使用find_elements_by_class_name()找到所有class名为item的元素。通过分析网页源代码可知，要单击的位置处存在多个元素名称及class名称相同的元素，因此在使用find_elements_by_class_name()前要先获取class名称为item的所有元素。

第8～11行代码使用for循环分别遍历输出每个元素的内容，以便于找到需要的标签索引号。

第12行代码确定了“图书”在elments列表中的索引号为3，并执行click()方法实现单击。

执行代码后的效果如图15-44所示，成功实现单击网页中的“图书”。

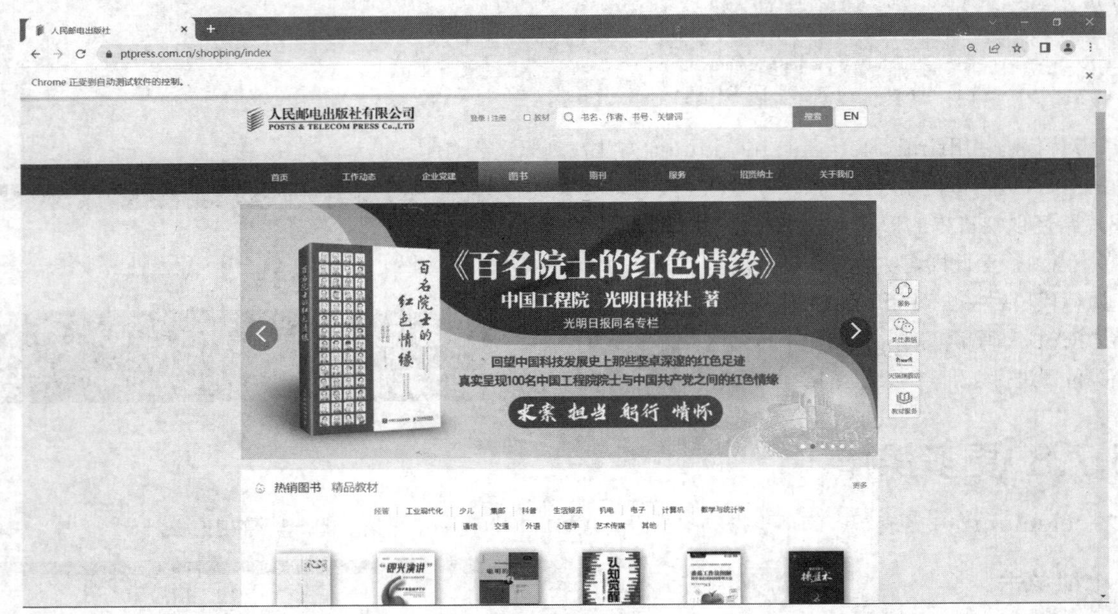

图 15-44

• WebDriver 对象中的方法

在WebDriver对象中有大量的对浏览器进行操作的方法，其中几种常见方法的使用形式如下：

```
back()
```

功能：返回到上一个页面。

```
forward()
```

功能：前进到下一个页面。

```
refresh()
```

功能：刷新当前页面。

```
quit()
```

功能：关闭当前浏览器。

```
close()
```

功能：关闭当前标签页（一个浏览器窗口中展示的每一个网页为一个标签页，当前标签页指当前正在显示的网页）。

示例代码（操作浏览器）：

```
01 from selenium import webdriver
02 from selenium.webdriver.chrome.options import Options
```

```
03 import time
04 chrome_options = Options()
05 chrome_options.binary_location = r"C:\Program Files\Google\Chrome\Application\chrome.exe"
06 driver = webdriver.Chrome(options=chrome_options)
07 driver.get('https://www.ptpress.com.cn/')
08 elments = driver.find_elements_by_class_name("item")
09 elments[3].click()
10 driver.back()
11 time.sleep(5)
12 driver.forward()
13 time.sleep(5)
14 driver.refresh()
15 time.sleep(5)
16 driver.quit()
```

第1～9行代码与上一示例代码基本相同，即打开人民邮电出版社官网，并单击“图书”进入图书页。

第10行代码使用back()方法实现返回上一个页面，即从图书页返回到官网主页。

第12行代码使用forward()方法再次从官网主页前进到图书页。

第14行代码使用refresh()方法实现刷新页面。

第16行代码使用quit()方法自动关闭当前的浏览器。

注意

该代码中增加了大量的sleep(5)函数，这是为了避免代码执行过快而加入的暂停操作，便于读者观察显示效果。

• 不启动浏览器也能获取网页资源

在通过代码获取网页中的资源时，往往并不需要启动浏览器，因为用户需要获取的是处理后的结果，而不是处理的过程。因此在驱动浏览器时，可以设置无窗口模式，即驱动浏览器后并不会打开浏览器窗口，而是将网页代码在内存中处理，类Options中的add_argument()方法即可实现在不启动浏览器的情况下获取网页资源。其使用形式如下（写入参数'--headless'即表明不启动浏览器窗口）:

```
Options().add_argument('--headless')
```

示例代码:

```
01 from selenium import webdriver
02 from selenium.webdriver.chrome.options import Options
03 chrome_options = Options()
04 chrome_options.add_argument('--headless')
05 chrome_options.binary_location = r"C:\Program Files\Google\Chrome\Application\chrome.exe"
06 driver = webdriver.Chrome(options=chrome_options)
07 driver.get('https://www.ptpress.com.cn/')
08 elements = driver.find_elements_by_tag_name("a")
09 for element in elements:
10     print(element.text)
```

第4行代码设置浏览器启动无窗口模式。因此执行代码后虽然不会显示浏览器，但浏览器仍然会在内存中进行数据处理。

第9～10行代码获取人民邮电出版社官网中所有标签名为a的文本内容。读者可自行实践操作并观察执行代码后的显示效果。

项目案例 实现获取图书数据

项目描述

在工作中我们常常需要获取某网站中某款商品的全部信息，例如销量、价格、店铺名称等，以便于分析该商品目前的市场情形。例如工作人员需要统计人民邮电出版社官网中与关键词“Excel”有关的全部图书，包含图书名、价格、作者名等信息，并将获取的信息写入“Excel图书汇总.txt”文件中。

项目实现步骤

步骤1，使用selenium库实现在人民邮电出版社官网中搜索关键词为“Excel”的图书，如图15-45所示。

步骤2，由于该网站存在多个页面，因此需要单击图15-45所示的标注框处的“更多”，单击后将会获取与关键词“Excel”有关的全部图书内容。

图 15-45

步骤3，在网页中使用元素查找方法确定与关键词“Excel”有关的图书信息的元素。这一步的难点在于如何确定元素，读者需要提前在网页源代码中查询需要获取的信息的元素特征，这是因为包含特征的元素更便于使用代码来进行查找。

步骤4，在每一页中获取完全部信息后，单击“下一页”，如图15-46所示。

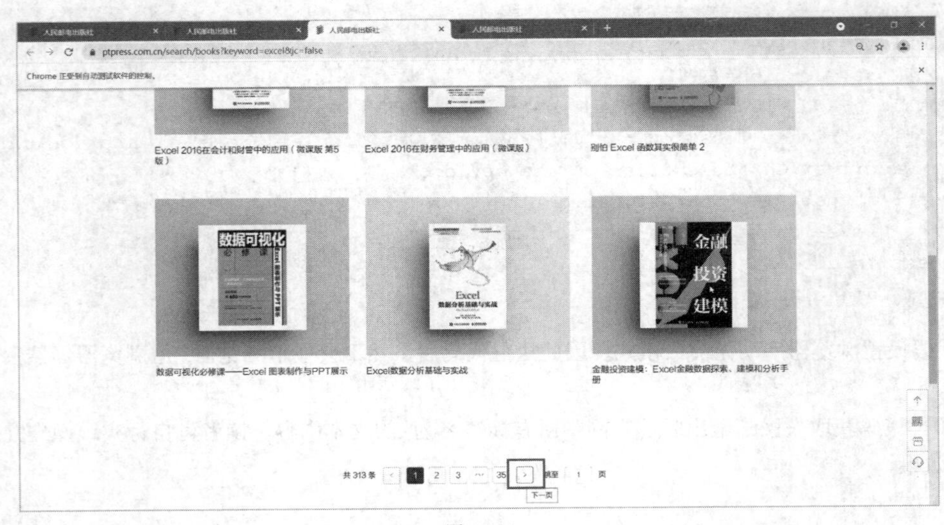

图 15-46

步骤5，在获取信息的同时使用open()函数依次将元素的内容写入TXT文件中。

项目实现代码

```
01 from selenium import webdriver
02 from selenium.webdriver.chrome.options import Options
03 from selenium.webdriver.common.keys import Keys
04 import time
05 def get_info(driver):
06     time.sleep(5)
07     eles_p = driver.find_elements_by_class_name('book_item')
08     for ele_p in eles_p:
09         ele_p.click()
10         handles = driver.window_handles #获取当前浏览器的所有标签页
11         driver.switch_to.window(handles[3]) #定位到第4个标签页
12         time.sleep(5)
13         name = driver.find_element_by_class_name('book-name').text
14         price = driver.find_element_by_class_name('price').text
15         author = driver.find_element_by_class_name('book-author').text
16         file.write('图书名:{}\t价格:{}\t作者名:{}\n'.format(name, price, author))
17         driver.close()
18         handles = driver.window_handles #获取当前浏览器的所有标签页
19         driver.switch_to.window(handles[2]) #定位到第3个标签页
20 file = open('Excel图书汇总.txt','w')
21 chrome_options = Options()
22 chrome_options.binary_location = r"C:\Program Files\Google\Chrome\Application\chrome.exe"
23 chrome_options.add_argument('--headless')
24 driver = webdriver.Chrome(options=chrome_options)
25 driver.get('https://www.ptpress.com.cn/')
26 elements = driver.find_elements_by_tag_name("input")
27 elements[1].send_keys("Excel"+ Keys.RETURN)
28 handles = driver.window_handles #获取当前浏览器的所有标签页
29 driver.switch_to.window(handles[1]) #定位到第2个标签页
30 driver.find_element_by_id("booksMore").click()
31 handles = driver.window_handles #获取当前浏览器的所有标签页
32 driver.switch_to.window(handles[2]) #定位到第3个标签页
33 get_info(driver)
34 while True:
35     driver.find_element_by_class_name('ivu-page-next').click()
36     get_info(driver)
37 file.close()
```

第5～19行代码定义了函数get_info()，其主要功能为分析每一页中与关键词“Excel”有关的图书信息。第10行代码中的window_handles()方法用于获取当前网页中的全部标签页（一个浏览器窗口中所展示的全部网页）并以列表的形式返回。第11行代码使用switch_to.window()方法（功能为切换标签页）进入对应标签页并获取指定的内容。

第20行代码用于创建一个文件“Excel图书汇总.txt”，此后会将所有获取的信息写入该文件。

第23行代码add_argument('--headless')方法用于设置浏览器打开模式为无窗口模式。当读者在开始设计代码时，为了便于观察操作网页的效果，建议不要设置无窗口模式。当整个程序设计结束后，验证结果无误，为了提高代码执行速度（无界面模式仅为不展示真实的窗口，其他操作仍然会真实地在内存中运行，可提高运行速度），可以设置浏览器打开模式为无窗口模式。

第25～27行代码用于获取人民邮电出版社官网中与关键词“Excel”有关的图书页面。

第30行代码用于单击网页中的“更多”按钮。

第33行代码调用函数get_info()获取单击“更多”按钮后出现的第1个网页中的图书信息。

第34～36行代码使用while循环获取单击“下一页”按钮之后出现的信息。

代码执行结束后将会获取到如图15-47所示的文件，其中保存了所有与关键词“Excel”有关的图书信息。

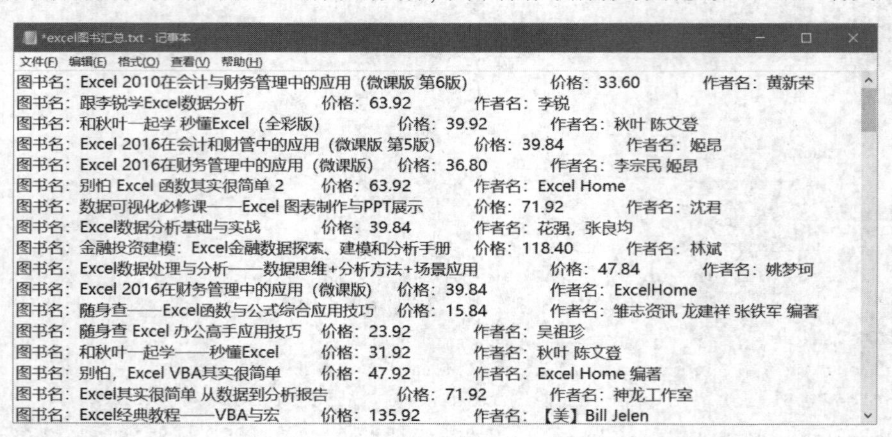

图 15-47

其他网站数据的获取方法与本项目案例的方法基本相同，读者可自行尝试设计一个代码程序，每天只需要启动该代码程序便能自动获取各大网站中某商品的销售数据。该方法能较为有效地提高数据统计人员的工作效率，从而实现真正的办公自动化。

总结

本章主要介绍了用于爬取HTML网页内容的requests库，以及用于提交信息至HTML网页服务器的selenium库。

当读者需要获取的网页信息不需要渲染即可获取时，可以使用requests库中的方法。当无法通过网页源代码获取数据时，可以使用selenium库实现渲染后再获取数据。

在实际需求中，如果读者需要将网页中的信息提取到其他文件中，例如从某购物网站中爬取某件商品的交易量并将其保存到Excel工作表中，则需要结合本章的内容、第8章的re库及第10章中操作Excel文件的知识点。如果读者需要将工作表的内容批量提交至网页中，例如财会人员需要将统计的数据从工作表中上传至公司财会数据系统（HTML网页）中，可以先使用第10章的知识点实现自动化处理数据，然后使用requests库中的post()函数或selenium库中的send_keys()方法将处理完的数据上传至HTML网页中，从而实现自动化处理数据，减少频繁的机械操作。

由于本书篇幅有限，不能将所有的细节知识点一一展示，为了更大程度地掌握知识点，读者需要在掌握了本书中列举的常用网络爬虫功能后，多阅读和分析库的源代码，多实践和验证源代码中给出的方法和函数。

爬虫有风险，读者切莫使用本章知识爬取非法网络资源、侵害网络安全秩序，请读者务必遵守《中华人民共和国网络安全法》等相关法律条文。

第 16 章 自动收发邮件

目前网络中提供的邮箱服务只能在同一时间对不同客户发送相同的文件或内容，如果公司客户较多，且需要对每个客户发送不同的文件和内容，则需要分别发送邮件，这将花费大量的时间。例如某公司的人力资源（Human Resources，HR）需要通过邮件向1000名员工发送各自的工资信息，或者某连锁超市总部需要向全球3000家超市发送季度结算清单（每家超市销售量不同，结算清单也不同）等。在这种情况下，传统的做法是手动单独发送邮件。考虑到这些局限，本章将介绍更为快捷、方便的解决办法。

本章主要讲解用代码实现邮件的发送和接收，并实现一次性读取全部邮箱的所有邮件。通过自定义邮件的关键内容，发送文本、图片、附件等信息邮件，并结合前几章的文件处理灵活实现批量发送不同内容的邮件给不同用户，从而大大提高办公效率，减少重复的机械工作。

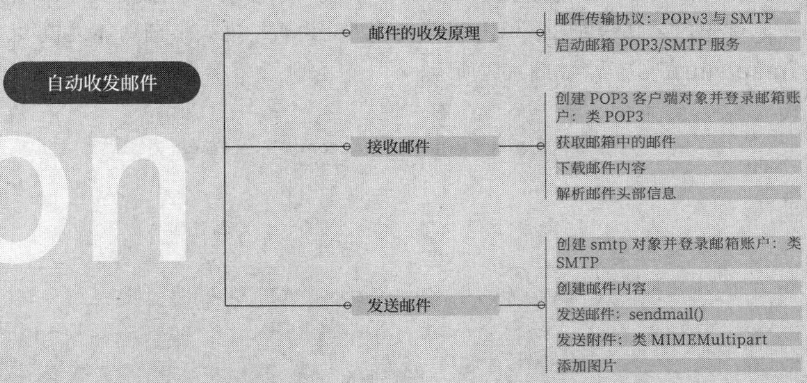

- 自动收发邮件
  - 邮件的收发原理
    - 邮件传输协议：POPv3 与 SMTP
    - 启动邮箱 POP3/SMTP 服务
  - 接收邮件
    - 创建 POP3 客户端对象并登录邮箱账户：类 POP3
    - 获取邮箱中的邮件
    - 下载邮件内容
    - 解析邮件头部信息
  - 发送邮件
    - 创建 smtp 对象并登录邮箱账户：类 SMTP
    - 创建邮件内容
    - 发送邮件：sendmail()
    - 发送附件：类 MIMEMultipart
    - 添加图片

Python

16.1 邮件的收发原理

本节主要介绍邮件的收发原理、邮件传输协议及使用代码实现邮件收发前的准备。

16.1.1 邮件传输协议

在使用邮件过程中分为发送邮件和接收邮件，而邮件本身是存储在邮箱服务器（例如新浪邮箱的服务器）中的，当用户通过客户端程序或网页登录账户后即可从邮箱服务器中接收到自己的邮件。当用户发送邮件给对方后，本质上是将此邮件先存储在邮箱服务器中，当对方登录邮箱后即可从邮箱服务器中获取存储的邮件。

若邮件发送方和接收方不使用同一个服务器，例如用户通过新浪邮箱发送邮件给腾讯邮箱的用户，其过程是新浪邮箱的用户将邮件上传到新浪邮箱服务器，新浪邮箱服务器再通过邮件传输协议找到腾讯邮箱服务器，并将此邮件传输给腾讯邮箱服务器，当腾讯邮箱的用户登录账户后即可接收到此邮件。邮件都是存储在服务器中的，当用户需要查看邮件信息时，只需登录个人邮箱账户，就可以从服务器中接收到所有邮件。

从本地接收服务器中的邮件或发送邮件到服务器需要用到两种邮件传输协议，分别为POPv3(Post Office Protocol Version 3，邮局协议第3版）和SMTP（Simple Mail Transfer Protocol，简单邮件传送协议），这是两种可靠且有效的电子邮件传输的协议。其中POPv3主要用于支持远程管理服务器中的电子邮件和实现邮件的接收，SMTP主要用于实现系统之间的邮件信息传递和实现邮件的发送。

在Python标准库中提供了可用于实现电子邮件收发的poplib库和smtplib库。

16.1.2 设置邮箱

在使用poplib库和smtplib库实现电子邮件的收发之前，需要将用户的邮箱设置为启动POP3/SMTP服务，否则将无法实现邮件的接收。本书以笔者的新浪邮箱为例（其他类型邮箱的启动方法均相似）。

首先登录邮箱账户，单击图16-1中的“设置”进入邮箱功能设置页，在功能设置页中单击“客户端pop/imap/smtp”选项，如图16-2所示。

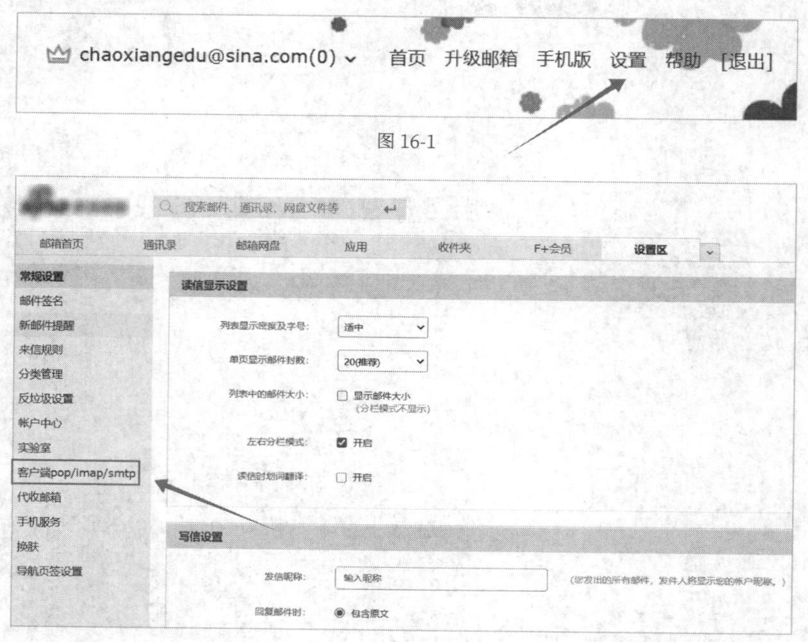

图 16-1

图 16-2

在“客户端pop/imap/smtp”选项卡的“POP3/SMTP服务”栏中设置“服务状态”为“开启”，设置“收取设置”为“收取全部邮件”，如图16-3所示。当开启POP3/SMTP服务时，会自动弹出对话框提示用户使用手机号验证并获取授权码，如图16-4所示。当通过手机号验证后，系统会自动分配一个授权码，如图16-5所示，授权码用于替代账户的密码，在后期代码中登录账户的密码均使用授权码来实现。经过以上操作后，账户对应的POP3/SMTP服务被启动，后期可利用代码通过POP3/SMTP服务实现邮件的收发。

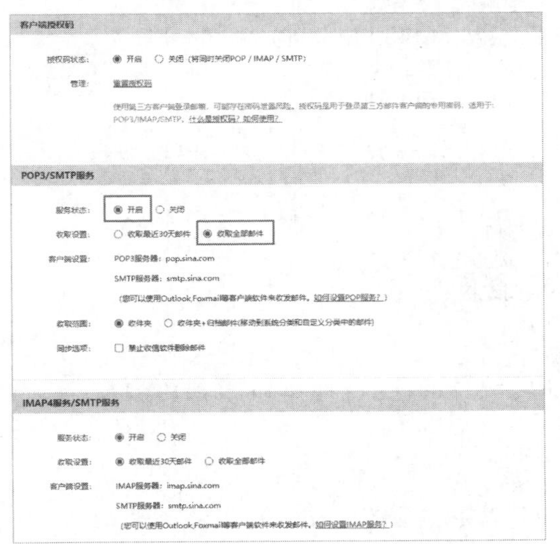

图 16-3

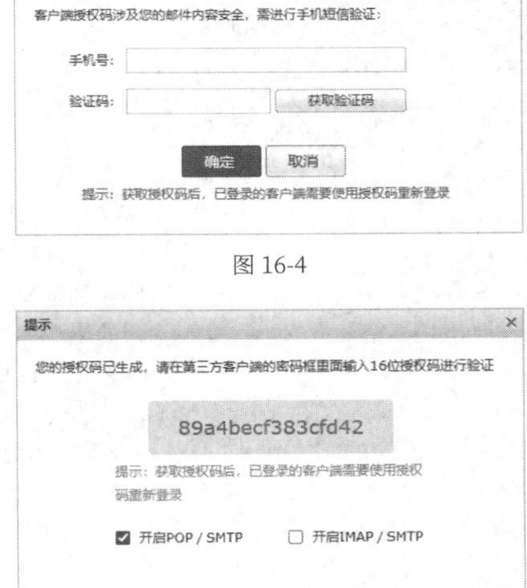

图 16-4

图 16-5

16.2 接收邮件

邮件的接收可使用poplib库来实现，poplib是Python中的一个标准库，无须下载、安装，可直接使用。poplib中包含两个类，分别为类POP3和类POP3_SSL，其中类POP3_SSL继承了类POP3。

16.2.1 登录邮箱账户

类POP3_SSL可用于创建一个POP3客户端对象（POP3客户端对象类似于邮箱的客户端，区别在于邮箱客户端通过界面操作，而POP3客户端对象是通过类POP3_SSL创建的实例化对象），POP3客户端对象具备类POP3_SSL中的功能，例如实现用户登录、邮件接收、邮件管理等。其使用形式如下：

```
POP3_SSL(hostname, port=995, keyfile=None, certfile=None, context=None)
```

参数hostname：表示邮箱服务器上pop3的主机名。根据如图16-3所示的“POP3/SMTP服务”栏的POP3服务器可知，新浪邮箱使用POPv3链接时的服务器地址为pop.sina.com。

参数port：表示端口号，默认值为995，不需要修改。端口号是为了区分服务器的不同应用程序而提出的一种编号。通过网址可以访问到服务器，但通常情况下服务器中往往需要运行多个应用程序，以供用户使用和满足用户的不同需求。例如80端口用于提供网页浏览服务，21端口用于文件传输。而995端口是POPv3专用的端口，因此在这里使用默认参数即可。

参数keyfile：指明包含私钥的.pem格式文件，用于加密验证，其参数值通常默认为None。

参数certfile：指明.pem格式的证书链文件。

参数context：表示一个ssl.SSLContext文件。

返回值：返回一个POP3客户端对象，后续的操作都是基于POP3客户端对象进行的。

类POP3的简洁定义：

```
class POP3:
    def __init__(self, host, port=POP3_PORT, timeout=socket._GLOBAL_DEFAULT_TIMEOUT): ...
    #初始化
    def user(self, user): ...#发送用户名，返回登录响应，还需账户对应的密码
    def pass_(self, pswd): ...#发送密码，返回登录响应，响应包括邮件计数、邮箱大小等
    def stat(self): ...#获取邮箱状态
    def list(self, which=None): ...#请求获取邮件列表，返回结果
    def retr(self, which): ...#获取指定编号的邮件内容
    def dele(self, which): ...#删除编号为which的邮件
    def noop(self): ...#无具体操作
    def rset(self): ...#取消标记为删除的所有消息的标记
    def quit(self): ...#提交服务器更改，解锁邮箱，关闭连接
    def close(self): ...#在不做任何假设的情况下关闭连接
    def rpop(self, user): ...#不确定的操作
    def apop(self, user, password): ...#授权
    def top(self, which, howmuch): ...#检索消息体中编号为which和howmuch的行的消息头
    def uidl(self, which=None): ...#返回消息摘要
    def utf8(self): ...#尝试进入UTF-8模式，返回服务器响应
    def capa(self): ...#以字典返回服务器功能
    def stls(self, context=None): ...#启动TLS(传输层安全协议) 会话
class POP3_SSL(POP3): ...#继承父类POP3
    def __init__(self, host, port = POP3_SSL_PORT, keyfile = None, certfile = None,
                timeout = socket._GLOBAL_DEFAULT_TIMEOUT , context=None): ...
    def _create_socket(self, timeout): ...#创建socket(套接字) 链接
    def stls(self, keyfile=None, certfile=None, context=None): ...#
```

创建好POP3客户端对象后即可开始尝试登录账户，需要在POP3客户端对象中使用user()和pass_()方法。

user()方法的使用形式：

```
POP3客户端对象.user(user)
```

功能：发送用户名，返回登录响应，需要账户对应的密码。

参数user：指账户名，数据类型为字符串类型。

pass_()方法的使用形式：

```
POP3客户端对象.pass_(pswd)
```

功能：发送密码，返回登录响应，响应包括邮件计数、邮箱大小等。

参数pswd：指密码，此处应为授权码，数据类型为字符串类型。

示例代码：

```
01 import poplib
02 mailpop = poplib.POP3_SSL(host='pop.sina.com')
03 a = mailpop.user(user='chaoxiangedu@sina.com')
04 b =mailpop.pass_(pswd='89a4becf383cfd42')
05 print(a,'\n',b,'\n',mailpop)
```

第2行代码创建了POP3客户端对象mailpop。

第3、4行代码提交账户名和授权码（以上账户名和授权码为笔者临时提供，读者需按照16.1.2小节中的方法获取账户名和授权码）。

第5行代码输出使用user()方法和pass_()方法返回的登录响应和POP3客户端对象。

代码执行结果：

```
b'+OK welcome to sina mail'
b'+OK 13 messages (1149848 octets)'
<poplib.POP3_SSL object at 0x0000028B6DD78248>
```

结果中第1行的OK表示响应成功进入新浪邮箱。第2行内容表示登录成功，并且检测到一共有13份邮件，共1149848字节的内容。第3行内容显示了POP3客户端对象的数据信息，表明该POP3客户端对象为poplib库中的POP3_SSL数据对象。

当邮箱账户登录成功后就可以对邮箱进行操作。

16.2.2 获取邮箱中的邮件

从邮箱中获取邮件内容需在POP3客户端对象中使用list()方法。其使用形式如下：

```
POP3客户端对象.list(which=None)
```

功能：请求获取邮件列表。

参数which：表示当which为None时，返回邮箱中的全部邮件对象，其内容包含全部邮件对象、邮件编号；当which为邮件编号时，返回指定编号的邮件对象。

示例代码：

```
01 import poplib
02 mailpop = poplib.POP3_SSL(host='pop.sina.com')
03 mailpop.user(user='chaoxiangedu@sina.com')
04 mailpop.pass_(pswd='89a4becf383cfd42')
05 a = mailpop.list()
06 print(a)
```

前4行代码用于登录账户。第5行代码使用list()方法获取全部邮件对象。第6行代码用于输出邮件对象。

代码执行结果：

```
(b'+OK 13 messages (1149848 octets)', [b'1 10695', b'2 2635', b'3 2634', b'4 2635', b'5
5464', b'6 32183', b'7 1713', b'8 1392', b'9 3249', b'10 7487', b'11 2047', b'12 5478', b'13
6794'], 853)
```

输出结果为元组的形式，第1个元素表示全部邮件对象，其中OK表示请求响应成功。13表示一共获取了13封邮件。第2个元素为一个列表，列表中包含13个元素，其中每一个列表元素中第1个数字为邮件的编号，类似于序列类型数据的索引号，可以通过编号获取指定邮件的内容。

获取邮件的内容还需要使用到POP3客户端对象中的retr()方法。其使用形式如下：

```
POP3客户端对象.retr(which)
```

功能：获取指定编号的邮件内容。

参数which：指获取邮件的编号，需要从list()结果中获取，例如上一代码执行结果中的数字1～13。

示例代码（读取编号为1的邮件）：

```
01 import poplib
02 mailpop = poplib.POP3_SSL(host='pop.sina.com')
03 mailpop.user(user='chaoxiangedu@sina.com')
04 mailpop.pass_(pswd='89a4becf383cfd42')
05 mail = mailpop.retr(which='1')
06 print(mail)
```

第5行代码在POP3客户端对象中使用retr()方法获取邮件编号为1的邮件内容。第6行代码输出邮件内容。代码执行结果如图16-6所示。

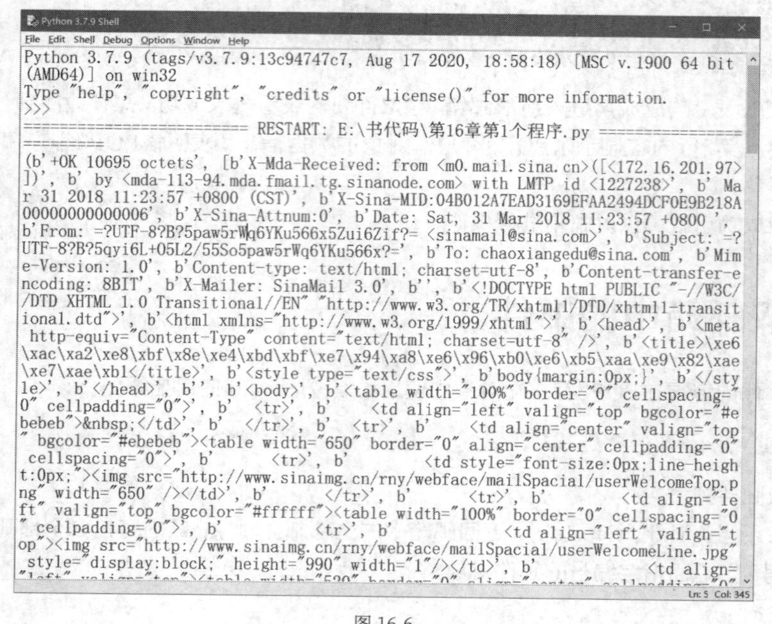

图 16-6

输出结果为一个元组，包含3部分数据内容。第1部分表示邮件对象获取成功，邮件内容的大小为10695字节，即图中的b'+OK 10695 octets'。第2部分为邮件信息，邮件信息为一个列表，其中又包含两部分，第1部分为邮件接收地址，包括邮箱服务器的MID（Mechanical Interface Drawing，邮件标识符）、邮件类型、内容类型、邮件摘要、邮件接收人和邮件发送人等信息；第2部分为邮件主体部分。第3部分为邮件内容的总字节数。

16.2.3 下载邮件内容

使用retr()方法获取邮件内容后，可以使用open()函数将邮件的内容保存为HTML网页。

示例代码：

```
01 import poplib
02 mailpop = poplib.POP3_SSL(host='pop.sina.com')
03 mailpop.user(user='chaoxiangedu@sina.com')
04 mailpop.pass_(pswd='89a4becf383cfd42')
05 mail = mailpop.retr(which='4')[1]
06 f= open('邮件.html','wb')
07 for line in mail:
08     f.write(line)
09 f.close()
```

第5行代码使用retr()方法获取第4封邮件的内容，并从返回的元组中获取索引号为1的内容。

第6行代码创建了一个'邮件.html'文件，邮件中可能存在图片等二进制文件内容，因此采用二进制写入模式。

第7行代码循环遍历邮件列表中的元素，并将其依次写入'邮件.html'文件。

执行代码后在相对路径中打开“邮件.html”文件，如图16-7所示。由于并未将邮件的头部信息剔除，因此“邮件.html”文件的开头显示了邮件的头部信息。

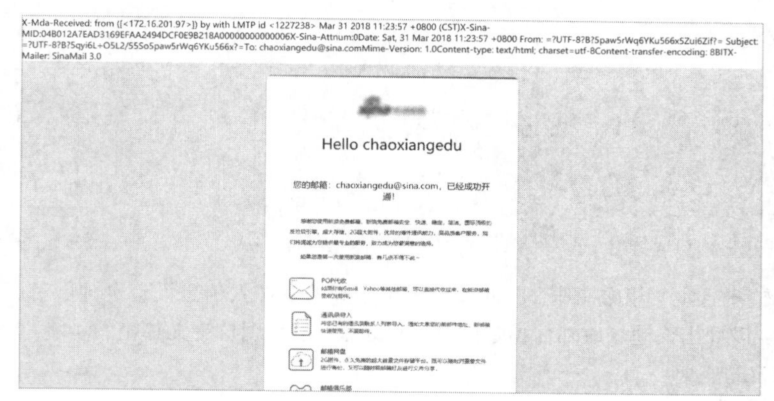

图 16-7

如果需要将邮箱中的邮件连续输出，可以使用for循环调用retr()方法，retr()中的参数which的作用是获取邮件的编号，读者可自行尝试实践。

16.2.4 解析邮件头部信息

从图16-7中可以看到读取邮件后总会存在一段头部信息，读者在使用网页或客户端访问邮件时，系统会自动解析头部信息，并显示出当前邮件的接收时间、发件人、邮件主题等信息。本小节将演示如何获取头部信息中的发件人信息，其他邮件头部信息的解析也可参考本小节中的方法。

以16.2.3小节中获取的邮件内容为例，要实现解析所有邮件头部信息中的发件人信息，可以将其分为字符串'X-Sender:'之后的发件人信息和'From:'之后的发件人信息，因此代码设计的核心问题为从头部信息中找到'X-Sender:'和'From:'并提取这两个字符串之后的发件人信息，可以使用re库中的方法以提取邮件头部信息中的'X-Sender:'和'From:'，代码如下：

```
01 import poplib
02 import re
03 mailpop = poplib.POP3_SSL(host='pop.sina.com')
04 mailpop.user(user='chaoxiangedu@sina.com')
05 mailpop.pass_(pswd='89a4becf383cfd42')
06 a = mailpop.list()
07 for i in range(1,len(a[1])+1):
08     mail = mailpop.retr(which=str(i))[1]
09     for line in mail:
10         if 'X-Sender:' in str(line):
11             print(re.findall('X-Sender: (.+)\'', str(line)))
12             break
13         if 'From:' in str(line):
14             print(re.findall('From: .+<(.+)>', str(line)))
15             break
```

第1～6行代码为导入库、登录邮箱和获取邮件列表。

第7行代码使用for循环确定邮件遍历的次数。len(a[1])用于获取当前邮件的数量。邮件的编号从1开始。

第8行代码使用retr()方法获取邮件内容。

第9行代码使用嵌套for循环遍历邮件的内容。

第10～12行代码使用if语句判断该行中是否存在'X-Sender:'字符串，若存在则使用re库的findall()方法获取'X-Sender:'字符串后的发件人信息。

第13～15行代码使用if语句判断该行中是否存在'From:'字符串，若存在则使用re库的findall()方法获取'From:'标识后的发件人信息。

代码执行结果：

```
['zhangsan@youxiang.com']
['lisi@youxiang.com']
...
['wangwu@mp.youxiang.com']
['zhaoliu@mp.youxiang.com']
```

由于发件人信息较多且本书篇幅有限，因此输出结果中间的发件人信息没有全部展示。读者还可尝试解析其他的邮件头部信息，设计出快速获取邮件指定内容的程序代码，实现自定义邮箱的功能，从而避免打开网页一个一个地获取邮件内容的麻烦。

16.3 发送邮件

实现邮件的发送需要使用smtplib库，smtplib库是Python中的标准库，无须下载、安装即可直接使用，该库可通过SMTP来实现系统之间的邮件信息传递。smtplib库中的类SMTP包含用于邮件发送的众多方法。

16.3.1 登录邮箱账户

使用smtplib库发送邮件有两个步骤。

步骤1，使用类SMTP创建一个smtp对象。

步骤2，通过smtp对象登录邮箱账户。

创建smtp对象的使用形式如下：

```
SMTP(host = '', port = 0, local_hostname = None)
```

参数host：指定将要连接到的远程主机的名称，即服务器主机地址（详情可查看16.1.2小节中图16-3所示的“POP/SMTP服务”栏的SMTP服务器，即smtp.sina.com），其数据类型为字符串类型。

参数port：指定要连接的端口。默认情况下使用25端口，25端口是SMTP专用的端口。

参数local_hostname：指用于helo/ehlo命令中FQDN（全限定域名，同时带有主机名和域名的名称）的主机名。

返回值：返回一个smtp对象。

类SMTP的简洁定义：

```
class SMTP:
    def __init__(self, host='', port=0, local_hostname=None): ...#类的初始化
    def set_debuglevel(self, debuglevel): ...#设置调试输出级别
    def connect(self, host='localhost', port=0, source_address=None): ...#连接到给定端口上的主机
    def send(self, s): ...#将参数s发送到服务器
    def putcmd(self, cmd, args=""): ...#向服务器发送命令
    def getreply(self): ...#从服务器获得一个回复
    def docmd(self, cmd, args=""): ...#发送一个命令，并返回它的响应代码
    def helo(self, name=''): ...#SMTP的helo命令
    def ehlo(self, name=''): ...#SMTP的ehlo命令
    def has_extn(self, opt): ...#判断服务器是否支持给定的SMTP服务扩展
    def help(self, args=''): ...#SMTP帮助命令
    def rset(self): ...#SMTP命令资源集
```

```
    def noop(self): ...
    def mail(self, sender, options=()): ...#用于开始邮件会话
    def rcpt(self, recip, options=()): ...#表示此邮件的一个收件人
    def data(self, msg): ...#向服务器发送消息数据
    def verify(self, address): ...#检查地址的有效性
    def expn(self, address): ...#扩展邮件列表
    def ehlo_or_helo_if_needed(self): ...#可以调用self.ehlo()或self.helo()
    def auth(self, mechanism, authobject, *, initial_response_ok=True): ...
    #认证命令，需要响应处理
    def auth_cram_md5(self, challenge=None): ...#使用CRAM-MD5(一种加密算法）验证登录
    def auth_plain(self, challenge=None): ...#使用普通身份验证登录
    def auth_login(self, challenge=None): ...#使用登录身份验证登录
    def login(self, user, password, *, initial_response_ok=True): ...
    #在需要身份验证的SMTP服务器上登录
    def starttls(self, keyfile=None, certfile=None, context=None): ...
    #与SMTP服务器的连接设置为TLS模式
    def sendmail(self, from_addr, to_addrs, msg, mail_options=(): ...#邮件发送
    def send_message(self, msg, from_addr=None, to_addrs=None, mail_options=(),
                     rcpt_options=()): ...#将消息转换为字节串并将其传递给sendmail()
    def close(self): ...#关闭与SMTP服务器的连接
    def quit(self): ...#终止SMTP会话
```

在smtp对象中可以使用login()方法登录账户。其使用形式如下:

```
smtp对象.login(user, password)
```

参数user：指用户名，数据类型为字符串类型。

参数password：指用户登录密码，此处应为授权码，数据类型为字符串类型。

示例代码:

```
01 import smtplib
02 mailsmtp = smtplib.SMTP('smtp.sina.com','25')
03 mailsmtp.login(user='chaoxiangedu@sina.com', password='89a4becf383cfd42')
04 print(mailsmtp)
```

第2行代码使用类SMTP创建了一个smtp对象，并设置服务器地址为'smtp.sina.com'，端口号为'25'。

第3行代码用于登录账户（此处为笔者建立的虚拟账户，读者需根据16.1.2小节中的方法自行设置）。

第4行代码表示登录成功后将输出smtp对象的内容。执行代码后如果没有输出异常信息，则表示登录成功。

代码执行结果:

```
<smtplib.SMTP object at 0x000001A69CBA1C88>
```

16.3.2 创建邮件内容

账户登录成功后则可以建立将要发送的邮件的内容，建立邮件内容需要使用email库（Python的标准库）中的方法。email库是用于管理电子邮件内容的库，支持MIME（Multipurpose Internet Mail Extensions，多用途互联网邮件扩展）格式和RFC 2822格式，这两种格式广泛应用于邮件内容中，本书将使用MIME格式。

MIME消息由邮件头、邮件体组成。其中邮件头包括发件人（from）、收件人（to）、邮件主题（subject）、接收日期（date）等信息。邮件体有text文本类型的plain（纯文本）和text文本类型的html（超文本）两种。邮件体还可以增加附件，附件的总大小不能超过服务器提供的最大容量。

email库中的类MIMEText用于生成文本类型的MIME文件对象。其使用形式如下:

```
MIMEText(_text, _subtype='plain', _charset=None)
```

参数_text：指要发送的消息内容，数据类型为字符串类型。

参数_subtype：指MIME子内容类型，默认值为plain，表示纯文本类型。

参数_charset：指添加到内容中的字符集参数，默认值为'us ascii'。

建立MIME文件对象后还可以继续添加主题和发件人。

示例代码：

```
01 MIME文件对象['Subject'] = 'Python办公自动化'
02 MIME文件对象['from'] = 'chaoxiangedu@sina.com'
```

第1行代码表示邮件的主题为'Python办公自动化'。第2行代码表示邮件的发件人为'chaoxiangedu@sina.com'。该代码将构建简单的邮件内容。

16.3.3 发送邮件

实现邮件发送可使用登录状态下的smtp对象中的sendmail()方法。其使用形式如下：

```
sendmail(from_addr, to_addrs, msg)
```

参数from_addr：指定发送此邮件的地址（发件人），数据类型为字符串类型。

参数to_addrs：指定此邮件将要发送到的地址（收件人）。

参数msg：指定要发送的消息。

示例代码：

```
01 import smtplib
02 from email.mime.text import MIMEText
03 mailsmtp = smtplib.SMTP('smtp.sina.com','25')
04 mailsmtp.login(user='chaoxiangedu@sina.com', password= '89a4becf383cfd42')
05 msg = MIMEText(_text='学习邮件发送', _subtype='plain', _charset= 'utf-8')
06 msg['Subject'] = 'Python办公自动化'
07 msg['from'] = 'chaoxiangedu@sina.com'
08 mailsmtp.sendmail(from_addr='chaoxiangedu@sina.com', to_addrs='******to@sina.cn', msg=msg.
as_string())
```

第1、2行代码导入了smtplib库，并从email库中导入了类MIMEText。

第3行代码创建了一个smtp对象，且设置端口号为25。

第4行代码使用login()方法登录账户，读者需使用自己的授权码。

第5～7行代码创建了邮件文本内容和邮件主题。

第8行代码将邮件发送给'******to@sina.cn'（此处为笔者编写的虚拟账户，读者在实践时可输入自己的邮箱地址），其中第3个参数msg.as_string()表示以字符串形式返回整个格式化消息。

执行此代码后，收件人的邮箱将会收到一份邮件。由于系统误判，这份邮件有可能会被系统归入垃圾邮件，可以在垃圾邮箱中找到。例如登录收件人账户后获取一份图16-8所示的邮件。通常发件人的邮箱中不会保存通过代码发送的邮件记录。

Python办公自动化
chaoxiangedu 于2021年9月4日 星期六 下午17:33 发送给
学习邮件发送

图 16-8

16.3.4 发送附件

如果要在邮件中发送附件，可以使用email库中的类MIMEMultipart来创建多类型对象。其使用形式如下：

```
多类型对象变量名= MIMEMultipart()
```

创建一个多类型对象后，可以使用对象中的attach()方法将需要的内容添加到对象中。其使用形式如下：

```
多类型对象.attach(内容对象)
```

类MIMEMultipart的简洁定义：

```
class MIMEMultipart(MIMEBase):    #位于email\mime\multipart.py文件中，类继承了MIMEBase
class MIMEBase(message.Message):    #位于email\mime\base.py文件中，类继承了message.Message
class Message:    #位于email\message.py文件中
    def as_string(self, unixfrom=False, maxheaderlen=0, policy=None): ...
    #以字符串形式返回整个格式化消息
    def as_bytes(self, unixfrom=False, policy=None): ...#以字节的形式返回整个格式化消息
    def is_multipart(self): ...#如果消息由多个部分组成则返回True
    def set_unixfrom(self, unixfrom): ...
    def get_unixfrom(self): ...
    def attach(self, payload): ...#添加附件
    def get_payload(self, i=None, decode=False): ...#返回有效的附件
    def set_payload(self, payload, charset=None): ...#设置附件
    def set_charset(self, charset): ...#给附件设置有效的字符集
    def get_charset(self): ...#获取字符集
    def keys(self): ...#返回所有消息头字段名的列表
    def values(self): ...#返回所有消息头值的列表
    def items(self): ...#获取所有消息的头字段和值
    def get(self, name, failobj=None): ...#获取标题值
    def set_raw(self, name, value): ...#将名称和值存储在模型中而不进行修改
    def raw_items(self): ...#返回名称和值
    def get_all(self, name, failobj=None): ...#返回指定字段的所有值的列表
    def add_header(self, _name, _value, **_params): ...#扩展标题设置
    def replace_header(self, _name, _value): ...#替换头部信息
    def get_content_type(self): ...#返回消息的内容类型
    def set_default_type(self, ctype): ...#返回“默认”内容类型
    def get_params(self, failobj=None, header='content-type', unquote=True): ...
    #以列表形式返回消息的Content-Type(内容类型）参数
    def get_param(self, param, failobj=None, header='content-type', unquote=True): ...
    #如果在Content-Type中找到参数值，则返回参数值
    def set_param(self, param, value, header='Content-Type', requote=True, charset=None,
                  language='', replace=False): ...#在Content-Type标题中设置参数
    def del_param(self, param, header='content-type', requote=True): ...
    #从Content-Type头中完全删除给定的参数
    def set_type(self, type, header='Content-Type', requote=True): ...
    #设置Content-Type标题的主类型和子类型
    def get_filename(self, failobj=None): ...#返回与有效附件关联的文件名
    def get_boundary(self, failobj=None): ...#返回与附件关联的边界
    def set_boundary(self, boundary): ...#将Content-Type中的边界参数设置为“boundary”
    def get_content_charset(self, failobj=None): ...#返回Content-Type头的字符集参数
    def get_charsets(self, failobj=None): ...#返回包含此消息中使用的字符集的列表
    def get_content_disposition(self): ...#返回消息的内容配置
```

示例代码（添加文本附件）：

```
01 import smtplib
02 from email.mime.text import MIMEText
03 from email.mime.multipart import MIMEMultipart
04 mailsmtp = smtplib.SMTP('smtp.sina.com', port='25')
```

```
05 mailsmtp.login(user='chaoxiangedu@sina.com', password= '89a4becf383cfd42')
06 meg = MIMEMultipart()
07 meg['From'] = 'chaoxiangedu@sina.com'
08 meg['Subject'] = 'Python办公自动化'
09 meg.attach(MIMEText(_text='正在学习邮件收发', _subtype='plain', _charset='utf-8'))
10 att1 = MIMEText(_text=open('a.txt', 'rb').read(),_subtype= 'plain', _charset='utf-8')
11 att1["Content-Disposition"] = 'attachment; filename="a.txt"'
12 meg.attach(att1)
13 mailsmtp.sendmail(from_addr='chaoxiangedu@sina.com', to_addrs= 'to@sina.cn', msg= meg.as_
string())
```

第4、5行代码设置了服务器主机地址及端口号，并使用smtp对象登录账户。

第6行代码使用类MIMEMultipart()创建一个名为meg的多类型对象。

第7、8行代码分别设置邮件的发件人和邮件的主题信息。

第9行代码在多类型对象meg中使用attach()方法添加了一个内容，内容为类MIMEText创建的正文。

第10行代码使用类MIMEText获取相对路径中的a.txt文件，并返回内容对象att1。

第11行代码用于设置att1内容在邮件中的显示方式。其中attachment表示以附件形式显示。filename表示在邮件中显示内容的名称（可以修改为任何其他名称，但该程序暂不能识别中文名称）。

第12行代码表示将att1内容添加到多类型对象meg中。

第13行代码表示将多类型对象发送到收件人邮箱，收件人邮箱需读者自行设置。

执行代码后可以在收件人邮箱中查看到新邮件，如图16-9所示，邮件包含主题、正文和附件。

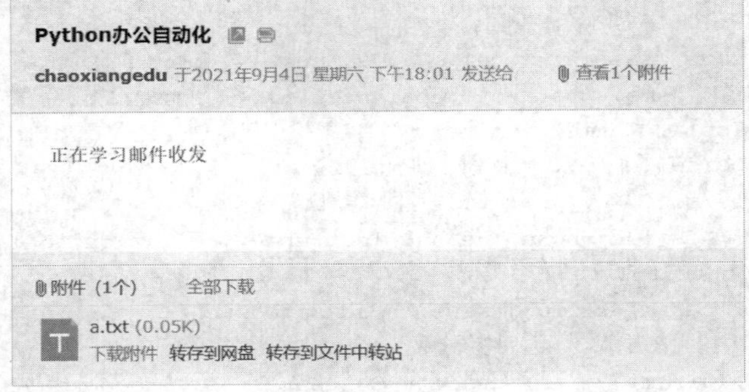

图 16-9

16.3.5 添加图片

在邮件的附件中添加图片，需要使用类MIMEImage来创建邮件中的图片内容，再将读取的图片对象添加到多类型对象中。其使用形式如下：

```
MIMEImage(_imagedata)
```

参数_imagedata：表示一个包含原始图像数据的字符串，可以使用文件对象中的read()函数读取字符串。

返回值：返回一个MIME文件的图像类型对象。

示例代码：

```
01 import smtplib
02 from email.mime.text import MIMEText
03 from email.mime.multipart import MIMEMultipart
04 from email.mime.image import MIMEImage
05 mailsmtp = smtplib.SMTP('smtp.sina.com', port='25')
```

```
06 mailsmtp.login(user='chaoxiangedu@sina.com', password= '89a4becf383cfd42')
07 meg = MIMEMultipart()
08 meg['From'] = 'chaoxiangedu@sina.com'
09 meg['Subject'] = 'Python办公自动化'
10 meg.attach(MIMEText(_text='正在学习邮件收发', _subtype= 'plain', _charset= 'utf-8'))
11 meg.attach(MIMEImage(_imagedata = open('python.png','rb').read()))
12 mailsmtp.sendmail(from_addr='chaoxiangedu@sina.com', to_addrs= 'to@sina.cn', msg= meg.as_
string())
```

与上一示例代码不同的是，该示例代码的第4行中导入了类MIMEImage，用于创建邮件中的图片内容。

第11行代码表示在多类型对象中添加一个内容，内容是使用MIMEImage()获取到的图片，图片为相对路径中的'python.png'。

执行代码后可以在收件人邮箱中查收到邮件，邮件包含主题、正文和附件，附件为图片，如图16-10所示。

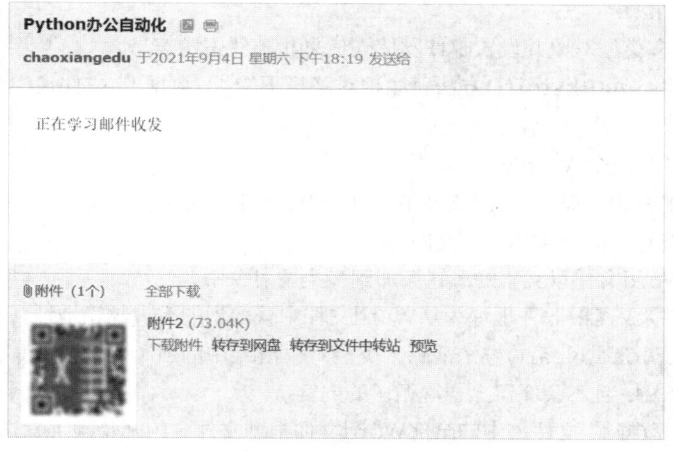

图 16-10

项目案例 1 实现发送不同文件给不同用户

项目任务

将某文件夹中的所有Word文件通过邮件发送给指定客户，每个Word文件都含有客户的邮箱地址，且都位于Word文件内容的第1段。

项目实现步骤

步骤1，需要设计代码遍历文件夹中所有的Word文件。

步骤2，读取Word文件中客户的邮箱地址。

步骤3，将Word文件发送给客户。

项目实现代码

```
01 import os
02 import docx
03 import re
04 import smtplib
05 from email.mime.text import MIMEText
06 from email.mime.multipart import MIMEMultipart
07 mailsmtp = smtplib.SMTP('smtp.sina.com','25')
```

```
08 mailsmtp.login('chaoxiangedu@sina.com', '89a4becf383cfd42')
09 meg = MIMEMultipart()
10 meg['From'] = 'chaoxiangedu@sina.com'
11 meg['Subject'] = 'Python办公自动化'
12 for file_name in os.listdir('./数据3'):
13     file_adr = './数据3/'+ file_name
14     docD = docx.Document(file_adr)
15     result = re.findall('地址:(.+)',docD.paragraphs[0].text)
16     meg.attach(MIMEText('请您查收汽车文档说明书', 'plain', 'utf-8'))
17     att = MIMEText(open(file_adr, 'rb').read(), 'base64', 'utf-8')
18     meg.attach(att)
19     mailsmtp.sendmail('chaoxiangedu@sina.com', result[0], meg.as_string())
20     meg._payload.clear()
```

第7、8行代码登录邮箱账户。

第9～11行代码创建多类型对象并设置邮件发件人信息和邮件主题信息。

第12、13行代码使用os库中listdir()方法获取相对路径下的"./数据3"文件夹中的全部文件，并获取其中每一个文件的路径信息。

第14行代码依次打开每一个Word文件。

第15行代码使用正则表达式提取Word文件第1段中的客户邮箱地址。

第16行代码在多类型对象meg中添加正文内容。

第17、18行代码将Word文件以文本的形式添加到多类型对象中。

第19行代码发送邮件及内容，收件地址为从Word文件中获取到的客户邮箱地址。

第20行代码使用_payload.clear()方法清除多类型对象meg中的所有内容，使得下一次的循环能重新添加正文和附件到多类型对象中，且不会保留上一次循环的内容。

执行代码后即可将"数据3"文件夹中的全部Word文件根据文件中的邮箱地址发送给对应客户。

项目案例 2 实现发送员工工资信息

项目描述

某公司人力资源部门需要每月分发员工工资，现已经通过Excel表格将公司各个部门的每位员工的工资统计完成，如图16-11所示的文件为各个部门统计完成后的所有Excel工作簿，这些工作簿保存在文件夹"./数据3/工资"（相对路径）下。如图16-12所示的工作表为技术部门统计完成后的员工工资明细，其中每个员工的信息包含姓名、邮箱地址及工资明细等。图16-11所示的每个工作簿的统计格式均与图16-12所示的"技术部门.xlsx"相似，且允许员工工资明细类目存在差异，例如销售部门有提成，研发部门有项目经费补贴等。

名称	修改日期	类型	大小
工程部门.xlsx	2021/9/4 20:50	Microsoft Excel ...	28 KB
技术部门.xlsx	2021/9/4 20:49	Microsoft Excel ...	10 KB
人资部门.xlsx	2021/9/4 20:52	Microsoft Excel ...	27 KB
销售部门.xlsx	2021/9/4 20:50	Microsoft Excel ...	28 KB
研发部门.xlsx	2021/9/4 20:52	Microsoft Excel ...	129 KB

图 16-11

	A	B	C	D	E	F	G	H
1	姓名	邮箱地址	出勤天数	基本工资	月奖金	交通补贴	餐补	合计
2	张三	@sina.cn	23	4500	600	200	500	5800
3	李四	@sina.cn	22	3800	500	200	500	5000
4	王五	@sina.cn	23	4500	600	200	500	5800
5	赵六	@sina.cn	23	3800	600	200	500	5100
6	朱老七	@sina.cn	22	5000	500	200	500	6200
7	钱八	@sina.cn	22	3800	500	200	500	5000
8	曹九	@sina.cn	22	3800	500	200	500	5000

图 16-12

项目任务

根据每个员工的邮箱地址设计一套程序，自动根据文件夹“./数据3/工资”中所有工作簿里的员工邮箱地址发送员工的工资信息邮件。邮件主题为“员工姓名本月的工资单”，最终输出的邮件内容的基本形式如下：

××您好：

这是本月的工资单明细：姓名为×× 出勤天数为×× 基本工资为×× 月奖金为×× 交通补贴为×× 餐补为××

项目实现步骤

步骤1，使用os库读取文件夹下的所有工作簿。

步骤2，使用openpyxl库读取工作表中每一位员工的邮箱地址、工资明细。

步骤3，使用smtplib库将工资明细根据工作表中提取到的邮箱地址发送出去。

项目实现代码

```
01 import os
02 import openpyxl
03 import smtplib
04 import time
05 from email.mime.text import MIMEText
06 for file_name in os.listdir('./数据3/工资'):
07     file_adr = './数据3/工资/'+ file_name
08     wb = openpyxl.load_workbook(file_adr)
09     wb_sheet = wb.active
10     for i in range(wb_sheet.min_row+1,wb_sheet.max_row+1):
11         sub = '{}本月的工资单'.format(wb_sheet['A'+str(i)].value)
12         info = '{}您好:\n这是本月的工资单明细:'.format(wb_sheet['A'+str(i)].value)
13         for j in range(wb_sheet.min_column,wb_sheet.max_column):
14             j = openpyxl.utils.get_column_letter(j)
15             if wb_sheet[j+'1'].value == '邮箱地址':
16                 addr = wb_sheet[j+str(i)].value
17                 continue
18             info += '{}为{}\t'.format(wb_sheet[j+'1'].value,wb_sheet[j+str(i)].value)
19         print(sub)
20         print(info)
21         print(addr)
22         mailsmtp = smtplib.SMTP('smtp.sina.com', '25')
23         mailsmtp.login('chaoxiangedu@sina.com', '89a4becf383cfd42')
24         msg = MIMEText(info, 'plain', 'utf-8')
25         msg['Subject'] = sub
26         msg['from'] = 'chaoxiangedu@sina.com'
27         mailsmtp.sendmail('chaoxiangedu@sina.com', addr, msg.as_string())
28         mailsmtp.close()
29         time.sleep(3)
30     wb.close()
```

第1～5行代码导入了多个库，其中os库用于获取文件夹'./数据3/工资'下的所有文件；openpyxl库用于解析Excel文件中的内容；smtplib库用于通过邮箱将工资信息发送给员工；time库用于在频繁发送邮件之间设置一定的缓冲时间，以防止因发送过快、过频繁而导致邮箱异常；email库中的MIMEText常用于创建邮件信息。

第6、7行代码开始遍历文件夹中的所有文件，并通过file_adr获取每个文件的相对路径。

第8、9行代码使用openpyxl库读取Excel文件，并且获取默认的工作表对象。

第10行代码用于遍历工作表中已存在数据的区域。由于工作表的第1行内容为表头信息，因此使用wb_sheet.min_row+1跳过第1行的内容。由于range()函数不包含其中第2个参数，为了读取到工作表的最后一行，因此要使用wb_sheet.max_row+1。

第11、12行代码分别创建邮件的主题信息和邮件的正文信息，由于正文信息暂不完整，因此还需要继续补充。

第13行代码开始遍历工作表的单元格，以获取工作表中存在数据的列。

第14行代码将j转换为了列的字母，便于后面获取单元格的内容。

第15～17行代码获取员工信息中的邮箱地址，并将新信息存储于变量addr中。

第18行代码依次遍历一行的每一个单元格信息，通过字符串连接补齐邮件正文的内容。

第22～27行代码将员工工资信息通过获取的邮箱地址、邮件正文、邮件主题发送给了员工。

第28行代码中的mailsmtp.close()表示关闭邮箱的链接，避免因过于频繁地发送邮件导致邮箱阻塞而报错。

第30行代码中的wb.close()表示关闭已打开的工作簿，如果打开的工作簿过多，需要及时关闭工作簿，以避免内存消耗过大而导致程序异常。

代码执行完毕后即可实现自动发送邮件给员工，邮件内容如图16-13所示，文件夹“./数据3/工资”的所有Excel工作簿中的员工都会收到属于自己的工资明细邮件。

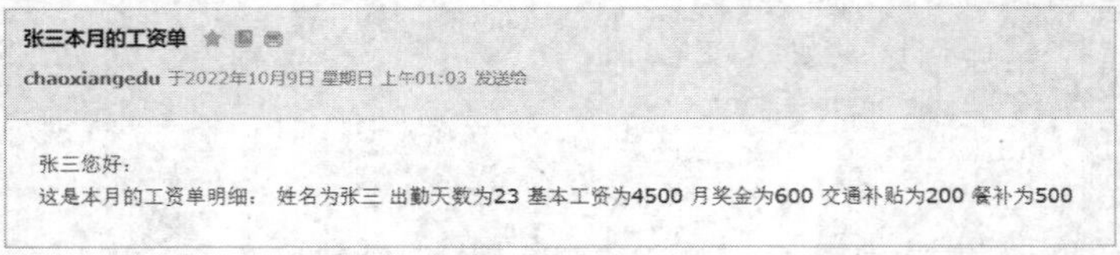

张三本月的工资单

chaoxiangedu 于2022年10月9日 星期日 上午01:03 发送给

张三您好：

这是本月的工资单明细： 姓名为张三 出勤天数为23 基本工资为4500 月奖金为600 交通补贴为200 餐补为500

图 16-13

总结

本章从邮件收发的两种传输协议开始介绍，POPv3用于管理邮箱，例如查看邮箱的邮件数、获取邮件内容等。SMTP用于将邮件发送给收件人。在poplib库和smtplib库实现邮件收发之前，需要将邮箱设置为可使用POP3/SMTP服务。设置完成后，即可使用poplib库中的类POP3_SSL及其方法实现登录邮箱和查看邮件。使用smtplib库中的类SMTP及其方法实现登录邮箱、发送邮件，以及添加附件。在办公自动化中，smtplib库的使用频率往往更高。

读者在使用代码实现邮箱的自动收发功能时，可以结合前几章的文件处理方法和本章的两个项目案例，实现自动从Excel工作簿、Word文件、PPT文件中提取信息或将这些文件以附件的形式发送给指定用户，从而实现更全面的办公自动化。

第 17 章

聊天机器人和二维码

在不同的聊天工具中，通常会使用到不同的聊天机器人，本章以微信聊天机器人和钉钉群机器人为例。由于微信官方限制使用聊天机器人，因此目前大部分微信聊天机器人存在一定的风险，读者要谨慎使用。而钉钉官方支持使用聊天机器人，因此本章将详细介绍如何创建钉钉群机器人，以实现自动发送消息到钉钉群，从而达到自动管理钉钉群的目的。

本章还将介绍如何使用代码创建二维码，包含普通二维码、图片二维码及动态二维码。二维码在生活中的使用较为广泛，在办公中我们可以充分利用二维码的功能。例如将档案的详细信息记录到二维码中，在后期查询时直接通过扫描二维码即可获取档案的详细信息，而不需要频繁地手动拆封档案袋。

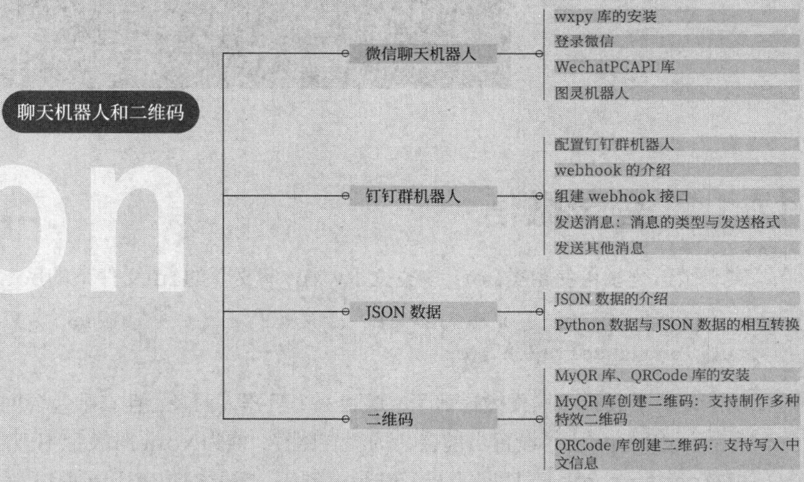

聊天机器人和二维码

- 微信聊天机器人
  - wxpy 库的安装
  - 登录微信
  - WechatPCAPI 库
  - 图灵机器人
- 钉钉群机器人
  - 配置钉钉群机器人
  - webhook 的介绍
  - 组建 webhook 接口
  - 发送消息：消息的类型与发送格式
  - 发送其他消息
- JSON 数据
  - JSON 数据的介绍
  - Python 数据与 JSON 数据的相互转换
- 二维码
  - MyQR 库、QRCode 库的安装
  - MyQR 库创建二维码：支持制作多种特效二维码
  - QRCode 库创建二维码：支持写入中文信息

Python

17.1 微信聊天机器人

使用代码创建微信聊天机器人可以使用wxpy、itchat和WechatPCAPI库。其中wxpy、itchat库都是基于微信网页版的接口实现的。wxpy库是在itchat库的基础上实现的，因此wxpy库函数的接口使用更加简洁。此外WechatPCAPI库是基于微信PC版程序的接口实现的。本章主要讲解wxpy库和WechatPCAPI库的使用。

17.1.1 wxpy 库的安装

由于wxpy和itchat库都是基于微信网页版的接口实现的，因此读者的微信账号若能成功登录网页版微信则可以实现微信聊天机器人的功能。但随着微信官方对网页登录的限制，大部分人都无法成功登录网页版微信，这导致wxpy库和itchat库难以实现微信聊天机器人的功能。

安装wxpy库可在命令提示符窗口或终端（macOS系统使用pip3命令）中使用以下命令：

```
pip install wxpy
```

安装成功后可使用以下命令查看库的信息：

```
pip show wxpy
```

返回如图17-1所示的requests库信息，其中包含当前安装的库的版本、官方地址及安装目录等。

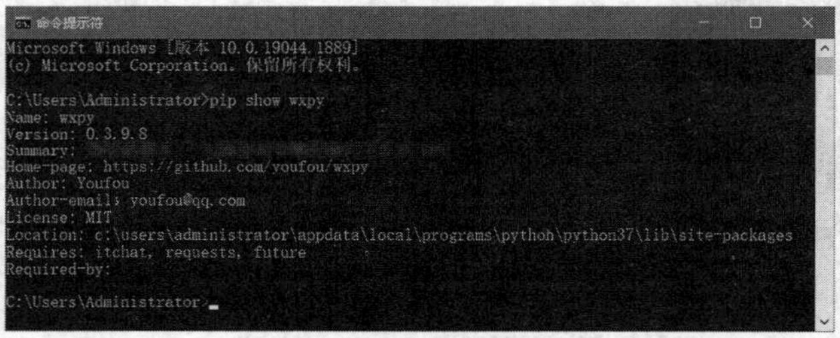

```
命令提示符
Microsoft Windows [版本 10.0.19044.1889]
(c) Microsoft Corporation。保留所有权利。

C:\Users\Administrator>pip show wxpy
Name: wxpy
Version: 0.3.9.8
Summary:
Home-page: https://github.com/youfou/wxpy
Author: Youfou
Author-email: youfou@qq.com
License: MIT
Location: c:\users\administrator\appdata\local\programs\python\python37\lib\site-packages
Requires: itchat, requests, future
Required-by:

C:\Users\Administrator>
```

图 17-1

17.1.2 登录微信

实现微信登录可使用类Bot，该类位于wxpy库文件的api文件下的bot.py文件中。其使用形式如下：

```
Bot(cache_path = None, console_qr = False, qr_path = None, qr_callback = None, login_callback
= None, logout_callback = None)
```

功能：用于登录和操作微信账号，返回一个机器人对象，且其中包含网页版微信的大部分功能。

参数cache_path：设置当前会话的缓存路径，值为None时表示不开启缓存功能。

参数console_qr：表明是否显示登录二维码，需要安装Pillow模块（安装命令为`pip3 install pillow`）。

参数qr_path：表示保存二维码的路径。

参数qr_callback：表示获得二维码后的回调，可接收的参数有uuid、status、qrcode。

参数login_callback：表示登录成功后的回调，若不指定将进行清屏操作，并删除二维码文件。

参数logout_callback：表示账号退出时的回调。

示例代码（实现登录微信）：

```
01 from wxpy import *
02 bot = Bot()
```

第2行代码用于创建一个机器人对象bot，执行代码后将会自动弹出一张包含二维码的图片（需要提前安装好Pillow库以支持操作图片，可通过命令`pip list`查看是否安装了Pillow库），接下来读者只需要通过使用手机微信App扫描该二维码并授权登录即可，但由于目前微信几乎禁止了对网页版微信的登录授权，因此读者扫码后通常会出现以下报错提示信息：

```
KeyError: 'pass_ticket'
```

关于wxpy库中更多方法的使用，读者可以进入wxpy库的官网进行查阅。

17.1.3 WechatPCAPI 库

WechatPCAPI库是通过PC版微信程序的接口开发而成的，目前支持的功能有微信多开，获取好友、群、公众号列表，接收消息（包括好友、群、公众号消息）及发送消息（支持文本、图片、链接、文件、名片等）等。

WechatPCAPI库需通过源代码的方式进行安装。读者可以进入WechatPCAPI库的官网，在图17-2所示的界面中下载WechatPCAPI库的安装包。安装包下载完毕后需要将文件解压至Python第三方库目录中。

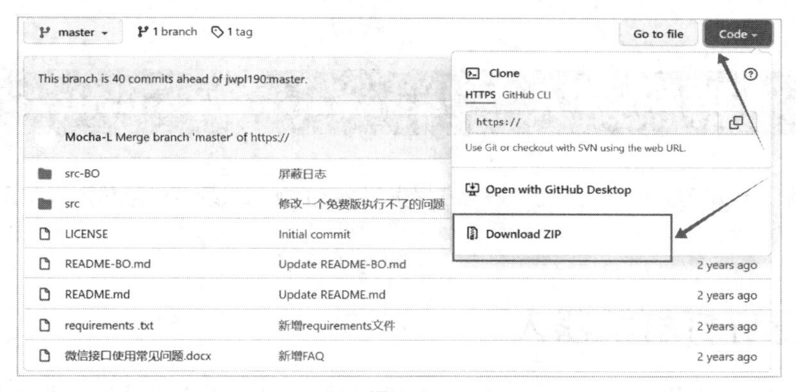

图 17-2

WechatPCAPI库仅支持Python 3.7，且必须提前在计算机中安装2.7.1.82版本的微信PC版客户端程序。

WechatPCAPI库中有详细的中文介绍和使用说明，读者可以查阅WechatPCAPI库文件中的“微信接口使用常见问题.docx”和“README.md”文件。

17.1.4 图灵机器人

图灵机器人是致力于理解人的语义的服务器应用程序，即通过分析人的语义并返回相应的语句，从而实现模拟人的交流。例如手机中的手机助手可以实现简单的聊天功能。

使用WechatPCAPI库可以实现微信消息接收和消息推送的功能，而要想实现机器人智能交流的功能，则需要使用图灵机器人服务器提供的API（使用API与调用函数类似，服务器通过HTTP方式提供函数接口，用户将函数的参数通过API传递给服务器，服务器经过处理后返回结果）。图灵机器人的消息收发流程如图17-3所示，服务器接收用户提交的微信消息后，开始对这些消息进行分析与处理，最后返回处理后的对话消息。

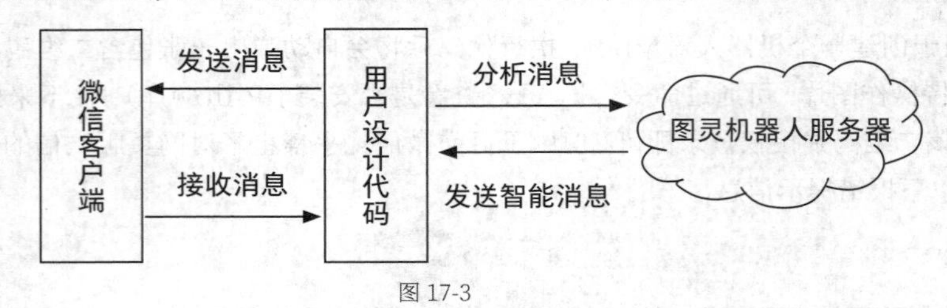

图 17-3

其中微信客户端指安装在计算机上的微信程序，用户设计代码属于中间层，即用户通过代码实现从微信客户端中接收和发送消息，而接收到的消息通过图灵机器人提供的API发送给图灵机器人服务器。图灵机器人服务器分析消息的语义，分析后将返回对应的语句，用户设计代码接收到语句后，将消息进行转换并发送到微信客户端，微信好友便能接收到该消息。

图灵机器人包含测试版本和专业版本，读者可使用测试版本的图灵机器人设计项目，当用户申请图灵机器人时，系统会自动分配给用户一个api-key作为密钥。图灵机器人提供了对外API，只需要简单地调用API并结合密钥即可使用功能（具体的使用方法可参考17.2节）。

17.2 钉钉群机器人

由于微信官方禁止使用聊天机器人，而钉钉官方提供了指定的API实现钉钉群机器人，因此本节将详细介绍钉钉群机器人的使用方法。

17.2.1 配置钉钉群机器人

钉钉提供了用代码实现群机器人发送消息的功能，但在使用代码前需要对群进行一系列设置，具体的设置步骤如下。

步骤1，需要建立一个钉钉群。例如本书中建立一个名为“Python办公自动化”的钉钉群。

步骤2，在群中启动自定义机器人。首先打开PC版钉钉群，在“群设置”中的“智能群助手”里单击“添加机器人”，将会出现10种类型的群机器人，如图17-4所示。然后选择“自定义”机器人，如图17-5所示。接着单击“添加”按钮，将会出现图17-6所示的用于设置自定义机器人的界面。本书将机器人的名字设置为“小助手”，默认自动将其添加到群“Python办公自动化”中。

图 17-4

图 17-5

图 17-6

注意

安全设置用于发送消息时的验证，验证方法有以下3种，选择其中1种即可。

第1种，自定义关键词。可以添加10个关键词，只有当发送的消息中包含关键词才能成功发送消息。例如添加“hello”，那么机器人发送的消息中必须包含“hello”才能使消息发送成功。

第2种，加签。发送消息时需要在API中加上签名来验证安全。签名包含时间戳和密钥，时间戳表示当前时间戳，单位是毫秒，与请求调用时间的时差不能超过1小时，否则将被认为是非法请求。密钥首先要使用HMAC-SHA256算法计算签名，然后转换为Base64编码，最后把签名参数进行URL编码才能得到最终的签名（需要使用UTF-8字符集）。17.2.2小节将介绍API加签的代码实现。

第3种，IP地址(段)。表示只有来自设定的IP地址范围内的请求才会被正常处理，否则将会拒绝请求。

步骤3，选择“加签”。如图17-7所示，在本书中以加签为例（也可以同时选择“自定义关键词”“加签”“IP地址(段)”）。在设置了“加签”项后，系统会自动弹出此群机器人的密钥（不同用户的不同群机器人的密钥都各不相同）。

步骤4，单击“完成”后自动弹出群机器人的webhook，即API，如图17-8所示（不同用户的不同群机器人的webhook都各不相同）。

图 17-7

图 17-8

步骤5，单击“完成”后即完成了群机器人的配置，如图17-9所示，表明群机器人配置成功。

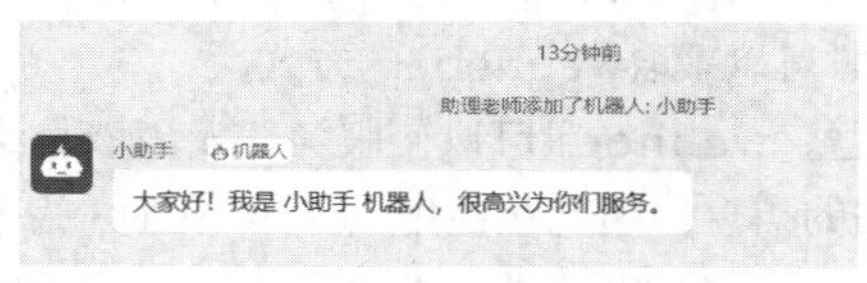

图 17-9

17.2.2 webhook 的介绍

webhook也被称为反向API，即由服务器推送消息给客户端，而不再需要客户端频繁获取服务器数据。接下来分别介绍传统的API和webhook的执行机制。

- **传统的 API**

API（Application Program Interface，应用程序接口）是一些预先定义的程序接口（例如函数、HTTP接口），在这里讨论的主要是HTTP接口，例如客户端调用服务器的程序，因此这类API往往是一个url。一个完整的程序系统被分为客户端和服务器，例如支付宝和阿里云服务器，我们常常使用的支付宝App为客户端，而每个用户的支付宝信息各不相同，例如用户的姓名、余额、账单等，这些数据往往保存在阿里云服务器中。以用户查询账单的过程为例，如图17-10所示。

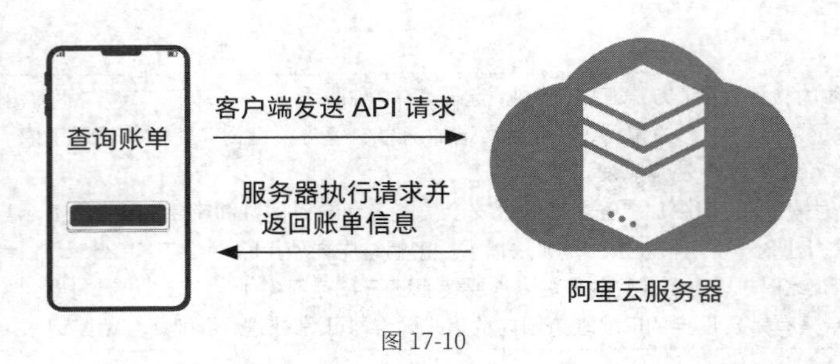

图 17-10

用户申请查询账单时，客户端将会发送API请求到服务器，服务器接收到API请求后便会执行查询账单的程序，并将账单的信息返回给客户端，客户端上便会显示用户的账单信息。整个过程是及时申请、及时处理的。

- **webhook**

webhook是由服务器推送消息给客户端，但整个过程并不是及时的。以用户使用客户端向银行转账的过程为例，如图17-11所示。

图 17-11

用户申请转账时，客户端将会发送webhook请求到阿里云服务器，阿里云服务器接收到请求后，由于需要将金钱转到银行，因此阿里云服务器还需要和银行系统的服务器建立连接，并且需要等待银行服务器处理完毕后，阿里云服务器才能接收到转账成功的消息。因此此过程耗费的时间通常比较长。

webhook的使用场景很多，例如上传文件到服务器中，上传成功后服务器会向客户端推送上传成功的消息。又例如在电商平台系统中，卖家发布优惠券到服务器，服务器会推送优惠券给买家。通常在对及时性要求不高且是由服务器发送消息给客户端时可以采取webhook的方式。

webhook存在一定的安全性问题。webhook可以使服务器发送消息给客户端，这导致了一些不法分子通过获取webhook的url去发送非法的信息。因此在使用webhook时，为了提高安全性，通常可以采取增加token机制、增加auth认证、只允许指定的IP地址请求及增加签名的方法，例如17.2.1小节中图17-6所示的钉钉群机器人的3种安全设置。

17.2.3 组建 webhook 接口

在17.2.1小节已经获取了钉钉群机器人的webhook（如图17-8所示），但由于在安全设置中设置了加签（如图17-7所示），因此要想成功实现发送消息到群内，还需在webhook后加入时间戳和密钥。其使用形式如下（所有信息均为字符串类型，+表示字符串的连接）：

```
webhook+&timestamp=时间戳&sign=密钥
```

图17-7中出现的密钥值还需要进一步使用加密算法计算并获取最终的有效密钥，以下代码是钉钉官方给出的加密算法代码：

```
01 import time
02 import hmac
03 import hashlib
04 import base64
```

```
05 import urllib.parse
06 timestamp = str(round(time.time() * 1000))
07 secret = '此处输入你的加签密钥，为SEC开头的信息'
08 secret_enc = secret.encode('utf-8')
09 string_to_sign = '{}\n{}'.format(timestamp, secret)
10 string_to_sign_enc = string_to_sign.encode('utf-8')
11 hmac_code = hmac.new(secret_enc, string_to_sign_enc, digestmod=hashlib.sha256).digest()
12 sign = urllib.parse.quote_plus(base64.b64encode(hmac_code))
13 print(timestamp)
14 print(sign)
15 url = 'webhook'+'&timestamp='+timestamp+'&sign='+sign
```

第6行代码使用time库获取当前时间戳，时间戳是自定义机器人webhook安全验证的一部分。

第7行代码输入加签密钥，即图17-7中加签的以SEC开头的原始密钥。这里读者需要将自己的自定义机器人的原始密钥复制到第7行代码中。

第8～12行代码使用哈希算法实现时间戳和原始密钥的加密计算，从而获取一个新的密钥值并将其存储在变量sign中。代码运行到这里即已获取webhook后需要添加的时间戳和密钥。

第15行代码通过字符串连接的方法实现了完整的自定义机器人webhook接口。

17.2.4 发送消息

获取自定义机器人webhook接口后，可以开始尝试发送消息。当前自定义机器人支持text（文本）、link（链接）、Markdown、ActionCard和FeedCard这5种消息类型。消息内容都是以字典的形式保存的，该形式也可以称为JSON格式（一种轻量级的文本数据交换格式，详见17.3节）。

text数据的发送格式：

```
{ "at": { "atMobiles":[ "180xxxxxx" ],
       "atUserIds":[ "user123" ],
       "isAtAll": False },
 "text": { "content":"我是Python办公自动化的一名学生" },
 "msgtype":"text"     }
```

其中各个参数的使用说明如表17-1所示。

表 17-1

参数	数据类型	是否为必填项	数据描述
at	字典	否	@ 某用户，可以通过参数 atMobiles 或 atUserIds 指定用户
atMobiles	列表	否	用户的手机号，可以写入多个手机号到列表中
atUserIds	列表	否	用户的钉钉号，可以写入多个钉钉号到列表中
text	字典	是	需要发送的信息，参数 content 的值表示发送的文本信息
content	字符串	是	发送的文本信息
msgtype	字符串	是	发送的消息类型，数据类型为文本类型，因此值为 'text'

示例代码（通过群机器人发送消息）：

```
01 import time
02 import hmac
03 import hashlib
04 import base64
05 import requests
06 import urllib.parse
07 import json
08 timestamp = str(round(time.time() * 1000))
```

```
09 secret = '此处输入你的加签密钥，为SEC开头的信息'
10 secret_enc = secret.encode('utf-8')
11 string_to_sign = '{}\n{}'.format(timestamp, secret)
12 string_to_sign_enc = string_to_sign.encode('utf-8')
13 hmac_code = hmac.new(secret_enc,string_to_sign_enc,digestmod=hashlib.sha256).digest()
14 sign = urllib.parse.quote_plus(base64.b64encode(hmac_code))
15 url = 'webhook'+'&timestamp='+timestamp+'&sign='+sign
16 a = { "at": {"atMobiles":["+86-151*******2" ], },
17       "text": {"content":"我是一名Python办公自动化学员"},
18       "msgtype":"text" }
19 header = { "Content-Type": "application/json",  "Charset": "UTF-8"  }
20 sendData = json.dumps(a)  #将字典数据转换为JSON数据
21 sendData = sendData.encode("utf-8")
22 request = requests.post(url=url, data=sendData, headers=header)
```

第1～15行代码与17.2.3小节中钉钉官方给出的加密算法代码相似，用于获取进行安全设置后的完整webhook。

第16～18行用于构建发送的数据内容，其中第16行表示在群内@手机号为+86-151*******2的用户。第17行表示发送的文本信息为“我是一名Python办公自动化学员”。第18行表示发送的消息类型为文本类型。

第19行代码为发送的头部信息。指明了发送数据为JSON数据，字符编码方式为UTF-8。

第20行代码将字典数据转换为JSON数据，JSON格式是网络传输中经常被使用的格式（详见17.3节），钉钉群消息传输过程也需要使用此格式。

第21行代码将数据内容设置为UTF-8字符编码方式。

第22行代码使用requests库中的post()方法将数据通过url发送出去，此时将会在钉钉群内接收到自定义机器人发送的消息，消息内容如图17-12所示。至此即实现了使用代码让群机器人发送消息。

图 17-12

17.2.5 发送其他消息

自定义机器人可以发送的数据的类型有text、link、Markdown、ActionCard、FeedCard等类型。发送不同类型数据的区别在于数据类型的构建，下面将介绍通过群机器人发送link类型的数据信息。

link数据的发送格式：

```
{   "msgtype": "link",
    "link": {   "text": "内容",
                " title ": "标题",
                "picUrl": "图片url",
                "messageUrl": "链接到一个网站"  } }
```

其中各个参数的使用说明如表17-2所示。

表 17-2

参数	数据类型	是否为必填项	数据描述
link	字典	是	包含链接的内容，由参数 text、title、picUrl、messageUrl 组成
text	字符串	是	链接的描述信息，如果信息过长则会只展示一部分
title	字符串	是	链接的标题
picUrl	字符串	否	显示链接时展示图片
messageUrl	字符串	是	链接到网站的 url

示例代码（通过群机器人发送link类型的数据信息）：

```
01 import time
02 import hmac
```

```
03 import hashlib
04 import base64
05 import requests
06 import urllib.parse
07 import json
08 timestamp = str(round(time.time() * 1000))
09 secret = '此处输入你的加签密钥，为SEC开头的信息'
10 secret_enc = secret.encode('utf-8')
11 string_to_sign = '{}\n{}'.format(timestamp, secret)
12 string_to_sign_enc = string_to_sign.encode('utf-8')
13 hmac_code = hmac.new(secret_enc,string_to_sign_enc,digestmod=hashlib.sha256).digest()
14 sign = urllib.parse.quote_plus(base64.b64encode(hmac_code))
15 url = 'webhook'+'&timestamp='+timestamp+'&sign='+sign
16 a ={"msgtype": "link",
17     "link": {
18         "text": "人民邮电出版社官方出版图书快速一览",
19         "title": "新书来啦",
20             "picUrl": "https://cdn.ptpress.cn/uploadimg/Material/978-7-115-39495-
8/72jpg/39495.jpg",
21         "messageUrl": "https://www.ptpress.com.cn/shopping/index" } }
22 header = { "Content-Type": "application/json", "Charset": "UTF-8"  }
23 sendData = json.dumps(a)
24 sendData = sendData.encode("utf-8")
25 request = requests.post(url=url, data=sendData, headers=header)
```

该代码与17.2.4小节中实现通过群机器人发送消息的代码基本一致，仅数据变量a的内容有所不同。a链接的文字信息为“人民邮电出版社官方出版图书快速一览”，标题为“新书来啦”，显示图片来源于人民邮电出版社的某一本书封面图片的url，因此picUrl链接到了人民邮电出版社的图书封面图片url。执行代码后自定义机器人将会发送一条链接消息，如图17-13所示，可以看到title标题内容、text描述信息、picUrl图片，单击此消息将自动跳转到人民邮电出版社的图书网站。读者可自行尝试执行代码并观察效果。

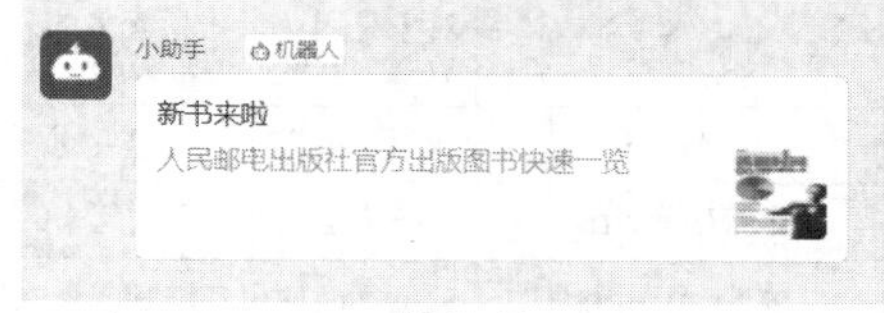

图 17-13

发送其他类型消息，例如Markdown、ActionCard和FeedCard等类型的消息的效果分别如图17-14至图17-16所示，不同类型消息的展现形式各有不同，读者可以根据消息的发送需求进行选择（相应数据消息的发送格式可以在钉钉官网中搜索和查阅），代码实现形式与以上示例代码的形式基本相同，关键在于读者要掌握原理和使用方法。

图 17-14

图 17-15

图 17-16

自定义机器人只能实现发送消息，无法获取群内的消息。如果需要获取钉钉群内的全部消息，就需要使用单聊机器人，其使用形式与前面的使用形式相似，钉钉官网中有相关的技术文档，读者可进入钉钉官网搜索和查阅。

17.3 JSON 数据

本节主要介绍网络传输中经常使用到的JSON数据格式，此外还将介绍如何把Python语言的数据格式转换为JSON数据格式。JSON数据格式是一种独立于编程语言的数据格式。

17.3.1 JSON 数据的介绍

JSON是一种轻量级的数据交换格式，其优点是易理解和易使用，同时也易于机器进行解析和生成。JSON虽然采用的是独立于编程语言的文本格式，但延续了使用类C语言（包括C、C++、C#、Java、JavaScript、Perl、Python等）的习惯。JSON的语法较为简洁，这使得JSON成为理想的数据交换格式。

JSON数据交换格式的应用场景十分广泛，例如在网络传输过程中使用JSON传输信息可以大大提高传输效率。通常在传输前要将信息转换为JSON数据格式，在接收方接收到信息后再将其数据类型转换为原来的数据类型，例如字典、结构体等。

JSON数据与Python语言中的大部分数据相似，JSON数据格式转换为Python数据格式所对应的表示形式如表17-3所示。

表 17-3

JSON 数据	JSON 数据描述	Python 数据
对象 object	对象是用花括号括起来的，每个数据包含名称和值，名称和值之间使用冒号分隔，每对数据之间使用逗号分隔	字典 dict
数组 array	数组是用方括号括起来的，每个数据之间使用逗号分隔	列表 list
字符串 string	字符串是由双引号引起来的任意数量字符的集合，反斜线表示转义字符	字符串 string
数值 number	数值不能使用八进制或十六进制格式	整数 int、浮点数 float
true、false、null	true 表示真，false 表示假，null 表示空	True、False、None

以下面的JSON数据为例，其形式看起来与Python语言中的数据基本一致，仅最后一行中的"excel"使用首字母小写的false表示假，而Python语言中使用首字母大写的False表示假。

```
{   "program ": {" language ": ["C", "C++", "Python", "Java"]},
    "Python": 35,
    "excel": false}
```

在数据传输过程中，字典类型的数据仅在Python语言环境中有效，但接收方（例如服务器）不一定是使用Python语言进行编写的，为了确保接收方能正确识别传输的数据，在传输数据前需要将数据转换为JSON格式后再发送给接收方，接收方接收到JSON格式数据后再将其转换为对应编程语言可识别的数据类型。该传输过程如图17-17所示。

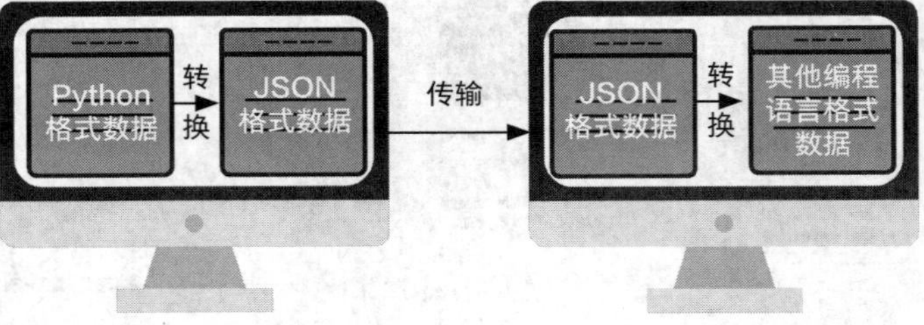

图 17-17

17.3.2 将 Python 数据转换为 JSON 数据

Python语言自带json库（标准库），可用于实现各类数据与JSON数据之间的转换。json库中用于将Python数据转换为JSON数据的函数有dumps()函数和dump()函数。

- **dumps() 函数**

dumps()函数的使用形式如下：

```
dumps(obj, skipkeys=False, ensure_ascii=True, check_circular=True, allow_nan=True, cls=None,
indent=None, separators=None, default=None, sort_keys=False, **kw)
```

功能：将Python语言中的数据转换为JSON数据。

参数obj：表示需要转换的数据对象，可以是Python语言中的任何数据对象。

参数skipkeys：当参数值为True时，表示字典中非基本数据类型（str、int、float、bool、None）的键都将被跳过，且不会引发TypeError（类型错误）。

参数ensure_ascii：当参数值为False时，表示返回值可以包含obj数据对象中的非ASCII字符，否则所有的非ASCII字符都将在JSON字符串中进行转义。

参数check_circular：当参数值为False时，表示代码在执行过程中将跳过对内容的数据类型的循环引用检查，而循环引用检查将导致OverflowError（溢出错误）。

参数allow_nan：当参数值为False时，表示序列化超出范围的浮点值（nan表示非数值，inf表示无穷大，-inf表示负无穷大）将引发ValueError，因此必须要严格遵守JSON规范。

参数indent：表示数据的缩进。若参数值是一个非负整数，那么JSON数据元素和对象成员将以该数值表示的缩进级别进行输出。缩进级别为0时会插入换行符，缩进级别为None时是最紧凑的JSON数据表示。

参数separators：用于消除数据对象中的空格，默认值为(',',':')，如果参数indent的值为None，要获得最紧凑的JSON数据表示，应该指定' '(',',':')' '以消除空白。

参数default：当参数值是一个函数时，表示将返回转换了格式的数据对象或引发类型错误，默认情况下返回TypeError。

参数sort_keys：值为Ture时表示输出的字典将按键排序。默认值为False，表示不进行排序。

示例代码（将Python字典数据转换为JSON数据）：

```
01 import json
02 a = { " program ": {" language ": ['C','C++','Python','Java']},
03      "Python" : 35,
04      'excel' : False}
05 data2 = json.dumps(a)
06 print(data2,type(data2))
```

第1行代码导入了json库，该库是Python标准库，无须下载、安装。

第2～4行代码定义了一个字典数据变量a。

第5行代码使用json库中的dumps()函数将数据a转换为JSON数据。

第6行代码输出转换后的JSON数据data2，并检测该数据的类型。

代码执行结果：

```
{" program ": {" language ": ["C", "C++", "Python", "Java"]}, "Python": 35, "excel": false}
<class 'str'>
```

从输出结果可以看出，通过type()函数检测的JSON数据的类型为字符串类型，所有的字符串都由双引号引起来了，且数据之间的空白被删除，False转换为了false。

- **dump() 函数**

dump()函数的使用形式如下：

```
dump(obj, fp, *, skipkeys=False, ensure_ascii=True, check_circular=True, allow_nan=True,
cls=None, indent=None, separators=None, default=None, sort_keys=False, **kw)
```

参数fp：表示将转换后的JSON数据写入fp中，fp为可写入的文件对象。dump()函数与dumps()函数的区别在于dump()函数可以直接将转换后的JSON数据写入文件。

其他参数的描述与dumps()函数中的参数的描述基本一致，读者可参考前面dumps()函数的参数描述。

示例代码（将JSON数据写入json.txt文件）：

```
01 import json
02 a = { " program ":   {" language ": ['C','C++','Python','Java']},
03      "Python": 35,
04      'excel': False}
05 f= open('json.txt','w')
06 data2 = json.dump(a,f,indent=4)
07 f.close()
```

第5行代码使用'w'模式创建一个文件json.txt，并将其赋值给文件对象f。

第6行代码将数据a转换为JSON格式，并将内容写入文件json.txt，且每个数据对象的名称和值之间的缩进值为4个空格。

执行代码后，在代码所在的文件夹中将会生成一个json.txt文件，打开该文件，其内容显示如图17-18所示，其中每个数据之间都换了一行，且缩进了4个空格，这与Python语句中的缩进效果相同。

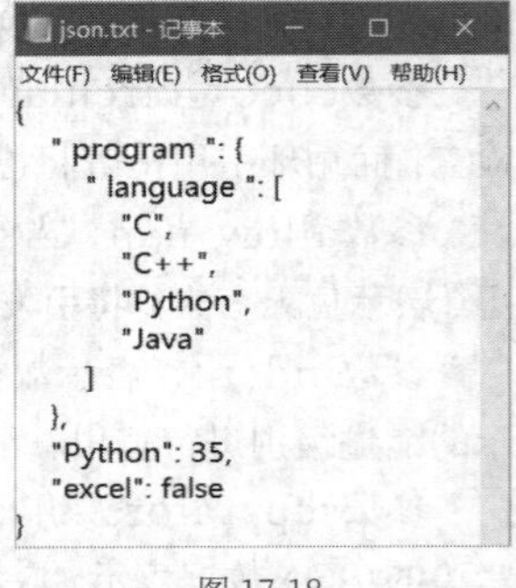

图 17-18

17.3.3 将 JSON 数据转换为 Python 数据

由于JSON数据为纯字符串，且存在部分数据与Python数据有差异。在json库中能够实现将JSON数据转换为Python数据的是loads()和load()函数。

- **loads() 函数**

loads()函数的使用形式如下：

```
loads(s, encoding = None, cls =None, object_hook =None, parse_float =None, parse_int =None,
parse_constant = None, object_pairs_hook = None, **kw)
```

参数s：表示需要转换的JSON数据。

参数encoding：表示字符编码方式。

参数object_hook：表明使用自定义解码器，即创建一个解码器函数，参数值为该函数名。默认值为None，表示不使用自定义解码器。

参数parse_float：若指定了值，则表示解码JSON数据中的浮点数字符串，相当于float(num_str)。

参数parse_int：若指定了值，则表示解码JSON格式中的整数字符串，相当于int(num_str)。

参数parse_constant：若指定了值，则表示将会对-inf、inf、nan进行调用。但是如果遇到无效的JSON数据，使用此方法会引发异常错误。

参数object_pairs_hook：表示用于实现自定义解码器。如果同时定义了参数object_hook，参数object_pairs_hook优先。

示例代码（将JSON数据转换为Python数据）：

```
01 import json
02 a = '{"program": {" language ": ["C", "C++", "Python", "Java"]}, "Python": 35, "excel": false}'
03 data2 = json.loads(a)
04 print(data2,type(data2),data2['Python'])
```

第2行代码为17.3.2小节中第1个示例代码输出的JSON数据，并且通过17.3.2小节中的type()函数已经确定了JSON数据为字符串，因此在使用前需要加入一个引号，表示该数据的类型为字符串类型。

第3行代码使用json库中的loads()函数将数据a转换为Python可识别的数据。

第4行代码输出转换后的数据data2和对应的数据类型，并获取数据的内容。

代码执行结果：

```
{'program': {' language ': ['C', 'C++', 'Python', 'Java']}, 'Python': 35, 'excel': False}
<class 'dict'> 35
```

输出结果为字典类型数据，且每个字符串使用单引号表示，布尔值使用False。data2['Python']获取的是字典中键为'Python'的值，输出结果为35，表明data2确实是一个Python可识别的数据。

• load() 函数

load()函数的使用形式如下：

```
load(fp, *, cls=None, object_hook=None, parse_float=None, parse_int=None, parse_constant=None, object_pairs_hook=None, **kw)
```

参数fp：指文件对象，包含JSON数据的文件，可使用open()函数打开获取的文件对象。load()与loads()函数的区别在于load()函数读取的数据为包含JSON数据的文件。

其他参数的描述与loads()函数的参数描述基本一致，读者可参考loads()函数的参数描述。

示例代码（将包含JSON数据的文件json.txt转换为Python数据）：

```
01 import json
02 a = open('json.txt','r')
03 data2 = json.load(a)
04 print(data2,type(data2),data2['Python'])
```

第2行代码使用open()函数打开json.txt文件，并将文件对象赋值给变量a。

第3行代码使用json库中的load()函数将文件对象a中的JSON数据内容转换为Python数据内容。

第4行代码分别输出转换后的数据data2、data2的数据类型及数据中'Python'的值。

代码执行结果：

```
{' program ': {' language ': ['C', 'C++', 'Python', 'Java']}, 'Python': 35, 'excel': False}
<class 'dict'> 35
```

输出结果与上一示例代码的输出结果相同，表明转换后的数据确实为Python语言可识别的数据。

17.4 二维码

随着智能手机的发展，二维码在生活中随处可见，例如某农产品生产商给每件蔬菜贴上二维码标签以实现蔬菜的溯源，顾客扫描二维码即可快速查询到该蔬菜的详细信息，例如生产地、是否有机、采摘时间等。

在办公领域的很多场景下经常需要批量生成二维码来保存信息，例如财务人员需要使用二维码保存不同的账单信息，律师需要使用二维码来区分不同的卷宗，医院的工作人员需要将每位病人的病例信息生成二维码等。

Python中提供了用于实现创建二维码的MyQR库和QRCode库。

17.4.1 库的安装

MyQR库是Python的第三方库，因此在使用前需要下载和安装。下载和安装MyQR库可在命令提示符窗口或终端（macOS系统使用pip3命令）中使用以下命令：

```
pip install MyQR
```

安装成功后可使用以下命令查看库的信息：

```
pip show MyQR
```

使用该命令将返回图17-19所示的MyQR库的信息，其中包含当前安装的MyQR库的版本信息、官方地址及安装目录等。由于二维码是以图片的形式存在的，因此在依赖库中有专门用于图片处理的imageio库和Pillow库。QRCode库的安装方法与此相似，在命令提示符窗口或终端使用命令`pip install qrcode`即可。

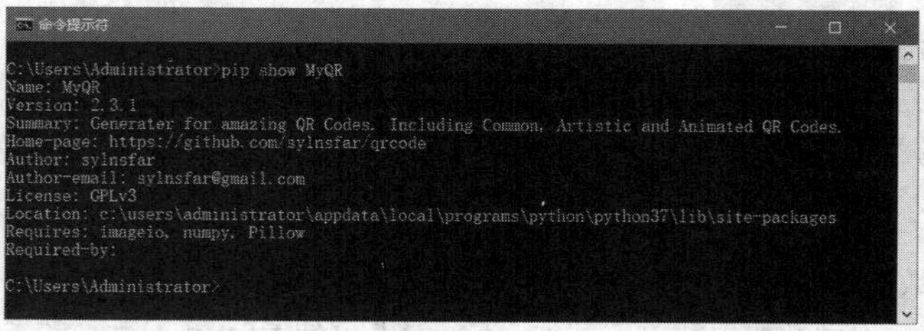

```
命令提示符
C:\Users\Administrator>pip show MyQR
Name: MyQR
Version: 2.3.1
Summary: Generater for amazing QR Codes. Including Common, Artistic and Animated QR Codes.
Home-page: https://github.com/sylnsfar/qrcode
Author: sylnsfar
Author-email: sylnsfar@gmail.com
License: GPLv3
Location: c:\users\administrator\appdata\local\programs\python\python37\lib\site-packages
Requires: imageio, numpy, Pillow
Required-by:

C:\Users\Administrator>
```

图 17-19

17.4.2 使用 MyQR 库创建二维码

MyQR库中极为核心的功能是myqr.py文件中的run()函数，该函数可用于创建二维码。其使用形式如下：

```
run(words, version=1, level='H', picture=None, colorized=False, contrast=1.0, brightness=1.0,
save_name=None, save_dir=os.getcwd())
```

参数words：指扫描二维码后显示的内容（可以是文本内容或者可自动跳转的url），数据类型为字符串类型。

参数version：指二维码的边长，数据类型为整数类型，值范围是1～40，数值越大表示二维码的尺寸越大。

参数level：指二维码纠错等级，数据类型为字符串类型，值可为L、M、Q、H（从左到右依次升高）。

参数picture：指在二维码中添加图片，数据类型为字符串类型，值为图片文件所在路径。

参数colorized：设置二维码的颜色，数据类型为布尔值类型，值为False时表示黑色，值为True时表示彩色。

参数contrast：设置图片的对比度，数据类型为浮点数类型，默认值为1.0，表示原始图片。当值小于1.0时表示更低的对比度，当值大于1.0时表示更高的对比度。

参数brightness：设置图片的亮度，数据类型为浮点数类型，用法与参数contrast的用法相同。

参数save_name：表示二维码名称，数据类型为字符串类型。

参数save_dir：表示二维码保存的路径，数据类型为字符串类型，默认为当前路径。

示例代码（创建一个简单的二维码）：

```
01 from MyQR import myqr
02 myqr.run(words = 'Python', save_name='Python.png')
```

第1行代码导入了MyQR库中的myqr模块。

第2行代码使用run()函数创建了一个二维码，二维码的内容为“Python”，名称为“Python.png”。

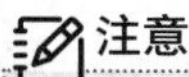
注意

参数words的值不能为中文，因为目前的MyQR库暂不支持中文，如需使用中文，可参考17.4.3小节的QRCode库。

执行代码后，在相对路径中可以找到名为“Python.png”的图片，如图17-20所示，读者可使用手机微信或其他扫码工具扫描查看二维码的内容，扫描后将会显示“Python”。

示例代码（创建一个带有url的二维码，且扫描生成的二维码会自动跳转到相应的url）：

```
01 from MyQR import myqr
02 myqr.run(words = 'https://www.ptpress.com.cn/', save_name='人民邮电出版社官网.png')
```

第2行代码在参数words中填入了人民邮电出版社的官方网址，并设置导出的二维码图片名为“人民邮电出版社官网.png”。执行代码后生成的二维码如图17-21所示，扫描该二维码后会自动跳转到人民邮电出版社官网。

图 17-20

图 17-21

17.4.3 使用 QRCode 库创建二维码

与MyQR库相比，QRCode库支持写入中文信息，且其代码的使用方法也相对简单一些。

示例代码（创建一个包含汉字的二维码）：

```
01 import qrcode
02 qr = qrcode.QRCode()
03 qr.add_data('Python办公自动化')
04 img = qr.make_image()
05 img.save('python.png')
```

第2行代码使用QRCode库中的类QRCode创建了一个二维码对象qr。

第3行代码使用add_data()函数向对象qr中添加数据，该数据中包含中文信息。

第4行代码使用make_image()函数制作二维码。

第5行代码使用save()函数将二维码保存为图片'python.png'。

执行代码后将会在代码所在文件夹中生成一张二维码图片，如图17-22所示。类QRCode中还包含很多具备其他功能的函数，读者可在类QRCode的文件中进行查阅。

图 17-22

示例代码（生成蔬菜产品信息二维码）：

```
01 import json
02 import qrcode
03 info = {}
04 name = input('请输入蔬菜名称：')
05 time_sta= input('请输入种植时间：')
06 time_end= input('请输入采摘时间：')
07 info['名称'] = name
08 info['种植时间'] = time_sta
09 info['采摘时间'] = time_end
10 info_json = json.dumps(info,ensure_ascii=False)
11 qr = qrcode.QRCode()
12 qr.add_data(info_json)
13 img = qr.make_image()
14 img.save('蔬菜二维码.png')
```

第3～9行代码用于输入蔬菜的信息，并将信息存储到字典info中。

第10行代码使用json库中的dumps()函数将信息info转换为JSON格式，便于扫码设备在检测到蔬菜二维码时，能通过JSON数据获取蔬菜的信息，再通过二维码实现信息的交互。参数ensure_ascii值为False，表示将中文转换为JSON数据。

第11～14行代码根据转换后的JSON数据信息info_json制作二维码，并将其保存为“蔬菜二维码.png”。

执行代码后会生成一张二维码图片，如图17-23所示，扫码后获得的信息如图17-24所示。

在实际使用中，蔬菜溯源码的信息是存储在服务器中的，创建二维码和扫码都需要联网，其目的是保护信息不会被随意篡改。

图 17-23

← 扫描结果

{"名称": "白菜", "种植时间": "2022,02,03", "采摘时间": "2022,05,25"}

图 17-24

17.4.4 创建图片二维码

MyQR库可用于制作多种特效二维码，例如要实现在二维码中添加图片或动态图片，只需对参数进行设置即可。

示例代码：

```
01 from MyQR import myqr
02 myqr.run(words = 'https://www.ptpress.com.cn/',
03     picture='excel图标.png',
04     colorized=True,
05     save_name='Excel.png')
```

第3行代码设置参数picture为本地目录下的一张图片，如图17-25所示。

第4行代码设置参数colorized为True，表示二维码的颜色为彩色。

执行代码后将会在代码所在的文件夹中生成一张名为“Excel.png”的图片，该图片的显示效果如图17-26所示。

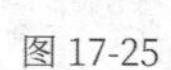

图 17-25

图 17-26

17.4.5 创建动态二维码

创建动态二维码需要提前准备一张动态图片（一般为.gif格式），其使用形式与创建图片二维码相同。

示例代码：

```
01 from MyQR import myqr
02 myqr.run(words = 'https://www.ptpress.com.cn/',
03     picture='maomi.gif',
04     colorized=True,
05     save_name='python.gif')
```

第3行代码中的参数picture为计算机本地目录下的一张名为“maomi.gif”的动态图片，读者在实践时需要注意添加的动态图片的格式为.gif格式。

第5行代码设置二维码的名称为'python.gif'，读者需要注意保存的二维码图片格式为.gif格式，如果为其他图片格式，将无法实现动态效果。

由于本书无法展示动态效果，读者可以自行寻找一张.gif格式的动态图片并修改参数picture，执行代码后即可观察二维码的显示效果。

项目案例 1 实现自动推送钉钉群消息

项目任务

自动获取当前人邮教育社区的最新新闻消息，并推送到钉钉群中供群里的学员学习。

项目实现步骤

步骤1，使用requests库爬取人邮教育社区的最新新闻。

步骤2，推送到钉钉群时@每位学员，推送的内容包含新闻标题、新闻简介和新闻url。

项目实现代码

```
01 import re
02 import time
03 import hmac
04 import hashlib
05 import base64
06 import requests
07 import urllib.parse
08 import json
09 r = requests.get('https://www.ryjiaoyu.com/tag/details/16')
10 result = re.findall('<a href="/article/(.+?)">(.+?)</a>',r.text)
11 timestamp = str(round(time.time() * 1000))
12 secret = '此处输入你的加签密钥，为SEC开头的信息'
13 secret_enc = secret.encode('utf-8')
14 string_to_sign = '{}\n{}'.format(timestamp, secret)
15 string_to_sign_enc = string_to_sign.encode('utf-8')
16 hmac_code=hmac.new(secret_enc,string_to_sign_enc,digestmod=hashlib.sha256).digest()
17 sign = urllib.parse.quote_plus(base64.b64encode(hmac_code))
18 url= 'webhook'+'&timestamp='+timestamp+'&sign='+sign
19 a ={"msgtype": "link",
20     "at": {"isAtAll":True},
21     "link": {
22         "text": result[1][1],
23         "title": "推送今日新闻，快来学习吧！",
24         "messageUrl": "https://www.ryjiaoyu.com/article/"+result[1][0]  }  }
25 header = { "Content-Type": "application/json",
```

```
26              "Charset": "UTF-8"   }
27 sendData = json.dumps(a)
28 sendData = sendData.encode("utf-8")
29 request = requests.post(url=url, data=sendData, headers=header)
```

第9行代码使用requests库中的get()方法获取人邮教育社区的官方新闻主页。

第10行代码使用正则表达式解析网页内容，并从中提取最新新闻的标题内容和url。

第11～18行代码获取钉钉群自定义机器人的API。

第19行代码构建发送信息。其中，msgtype设置发送消息的类型为link类型。isAtAll值为True，表示@所有人。text值为result[1][1]，表示获取消息的标题内容。messageUrl表示链接的url，由于第10行代码解析的url只是新闻url的后半部分，这里构建的是一个完整的新闻url。

第24～25行代码设置发送消息的格式。

第29行代码使用requests库中的post()方法将内容发送到钉钉群自定义机器人的API。

执行代码后，在钉钉群中将会接收到群机器人发送的消息，如图17-27所示。

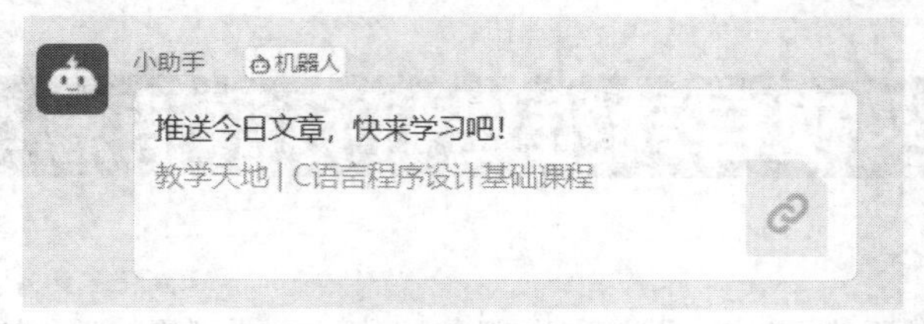

图 17-27

完成该项目后，还可设置一个每日启动后自动推送消息到钉钉群的程序，或者使用定时功能在固定时间推送消息到聊天群内，从而减少人员操作，实现办公自动化。

项目案例 2 实现批量生成二维码

项目描述

某大型公司需要给每名员工配置一个二维码，便于后期快速获取员工个人资料。图7-28所示为“员工信息”文件夹中的所有Excel文件，每个Excel文件中都包含大量人员的信息。工作表每一行为一个人员的信息，包括姓名、身份证号码、居住地（所有信息均为虚构），如图7-29所示。

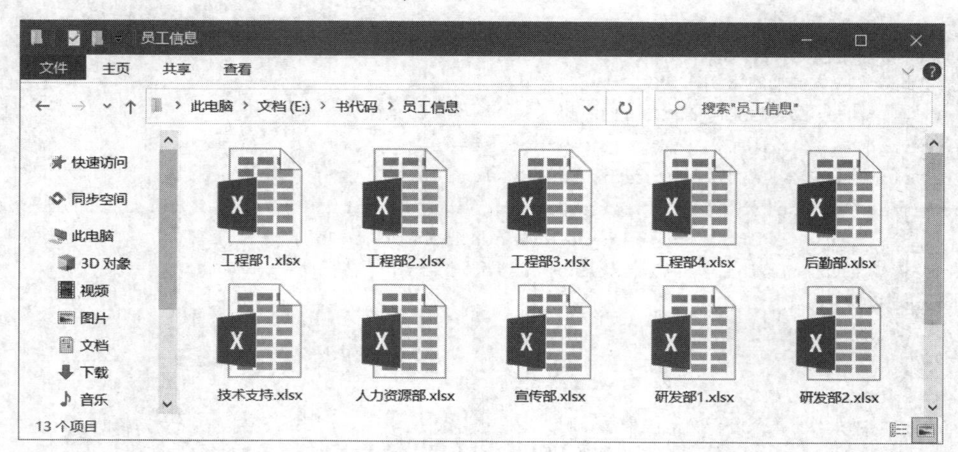

图 17-28

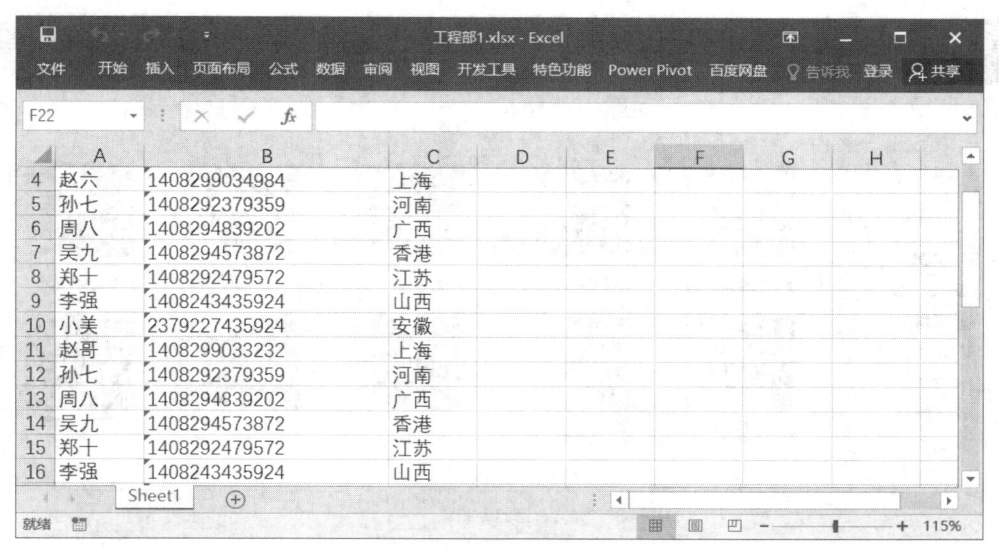

	A	B	C	D	E	F	G	H
4	赵六	1408299034984	上海					
5	孙七	1408292379359	河南					
6	周八	1408294839202	广西					
7	吴九	1408294573872	香港					
8	郑十	1408292479572	江苏					
9	李强	1408243435924	山西					
10	小美	2379227435924	安徽					
11	赵哥	1408299033232	上海					
12	孙七	1408292379359	河南					
13	周八	1408294839202	广西					
14	吴九	1408294573872	香港					
15	郑十	1408292479572	江苏					
16	李强	1408243435924	山西					

图 17-29

项目任务

根据“员工信息”文件夹里的所有Excel文件中的人员信息，为每位人员创建一张个人信息二维码图片，且每张图片的名称含有对应人员的姓名，并将最终输出的图片保存在“员工二维码”文件夹中。

项目实现代码

```
01 import openpyxl,json,qrcode,os
02 for file_name in os.listdir('./员工信息'):
03     ex_file_name = './员工信息/'+file_name     #构建每一个文件的名称
04     wb = openpyxl.load_workbook(ex_file_name)     #读取工作簿
05     for wb_sheet in wb:    #获取每一个工作表对象
06         for j in range(wb_sheet.min_row, wb_sheet.max_row):
07             info = {}
08             info['姓名']  = wb_sheet.cell(j,1).value
09             info['身份证'] = wb_sheet.cell(j,2).value
10             info['居住地'] = wb_sheet.cell(j,3).value
11             info_json = json.dumps(info,ensure_ascii=False)
12             qr = qrcode.QRCode()
13             qr.add_data(info_json)
14             img = qr.make_image()
15             img.save('./员工二维码/'+info['姓名']+'二维码.png')
```

第1行代码中分别导入了openpyxl库、json库、qrcode和os库。

第2行代码使用os库中的listdir()获取“员工信息”文件夹中的全部文件，并开始遍历每一个文件。

第3行代码获取对应文件的相对路径。

第4行代码使用openpyxl库中的load_workbook()读取对应的Excel文件，并返回对应文件的工作簿对象。

第5行代码使用循环遍历每个工作簿对象，其中wb_sheet为工作簿中的工作表对象。

第6行代码使用wb_sheet.min_row和wb_sheet.max_row获取工作表中已存在内容的开头行和结尾行。

第7～11行代码使用字典赋值的方式分别将每一行人员信息的姓名、身份证号码、居住地信息添加为JSON数据。

第12～14行代码使用qrcode库中的类QRCode创建二维码。

第15行代码将生成的二维码导出为图片，并设置图片的名称为对应人员的信息。

执行代码后将在“员工二维码”文件夹中生成图7-30所示的图片。

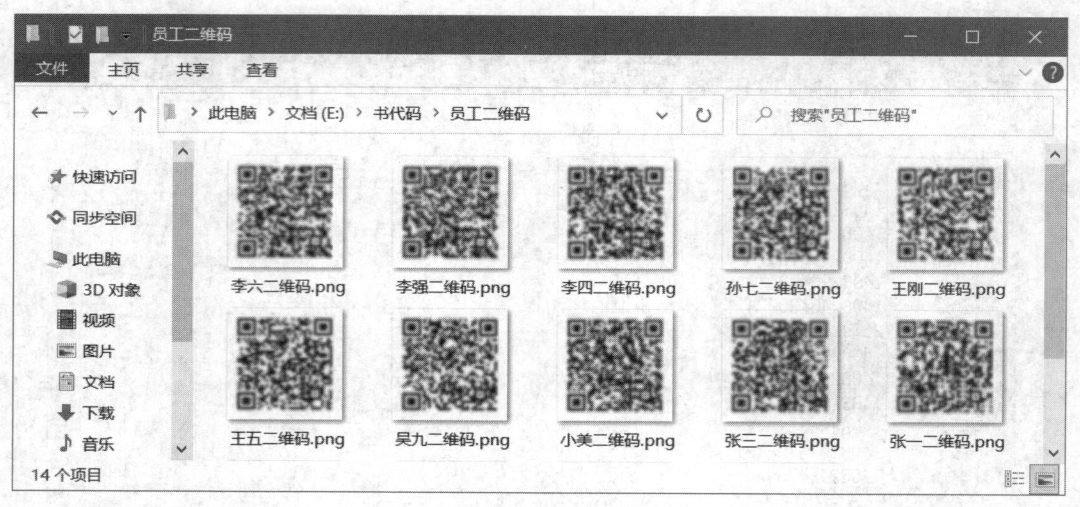

图 17-30

总结

本章主要讲解了如何创建聊天机器人和生成二维码。在办公领域中，如果读者需要频繁地发送消息，请谨慎使用微信聊天机器人，建议使用钉钉群的自定义机器人。如果需要实现用户或群的自动化交流，可以尝试开发企业内部机器人，企业内部机器人需要具备企业账号才可以使用，且需要提供企业服务器IP地址。读者如果感兴趣可以尝试深入研究。

二维码的生成较为简单，只需要一个run()函数即可实现，适用于需要批量生成大量二维码的场景，例如某律所保存有大量的档案资料，可以将档案资料内容的概要写入二维码，并将二维码打印后贴在档案袋封面上，这样在不打开档案袋的情况下，通过手机扫描二维码就可以获取档案袋中的资料信息，有助于提高查阅效率。

办公自动化以提高办公效率为前提，因此读者需要灵活使用本书提供的方法，切勿一味追求使用代码来进行工作而忽视了办公效率。

第 18 章

控制鼠标和键盘

在办公中通常需要频繁使用鼠标和键盘执行一些固定的操作。而操作的对象并非都是文件、网页或文档，例如将大量的数据填写到软件中，由于不同的软件有不同的操作步骤，因此无法使用代码来控制不同的软件。但从鼠标和键盘的角度来分析，软件操作基本都是在固定的位置输入内容或单击，因此如果使用代码来控制鼠标和键盘，就可以减少办公过程中频繁使用鼠标和键盘执行固定操作的麻烦。

本章主要介绍如何使用代码实现控制鼠标和键盘。鼠标通常包含3个按键（左键、右键和中间键）和一个滚轮。键盘的控制一般分为按下单个按键和同时按下组合键。使用代码控制鼠标和键盘可以实现模拟用户操作计算机的步骤，当用户在工作中遇到大量的机械性操作时，可以尝试使用本章的方法来进行处理。

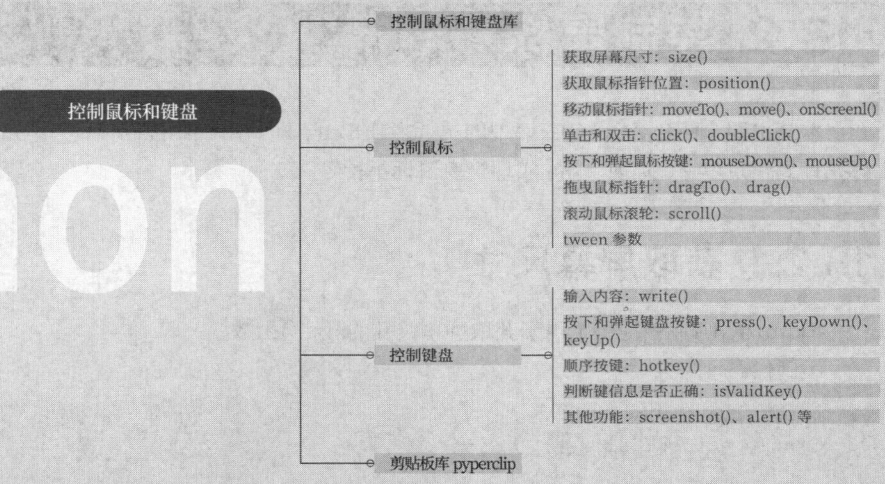

- 控制鼠标和键盘
  - 控制鼠标和键盘库
  - 控制鼠标
    - 获取屏幕尺寸：size()
    - 获取鼠标指针位置：position()
    - 移动鼠标指针：moveTo()、move()、onScreenl()
    - 单击和双击：click()、doubleClick()
    - 按下和弹起鼠标按键：mouseDown()、mouseUp()
    - 拖曳鼠标指针：dragTo()、drag()
    - 滚动鼠标滚轮：scroll()
    - tween 参数
  - 控制键盘
    - 输入内容：write()
    - 按下和弹起键盘按键：press()、keyDown()、keyUp()
    - 顺序按键：hotkey()
    - 判断键信息是否正确：isValidKey()
    - 其他功能：screenshot()、alert() 等
  - 剪贴板库 pyperclip

Python

18.1 控制鼠标和键盘库

Python第三方库中的PyAutoGUI库可以实现使用代码控制鼠标和键盘，并且自动实现与其他应用程序的交互。PyAutoGUI库适用于Windows、macOS和Linux操作系统。

安装PyAutoGUI库可在命令提示符窗口或终端（macOS系统使用pip3命令）中使用以下命令：

```
pip install PyAutoGUI
```

安装成功后可使用以下命令查看库的信息：

```
pip show PyAutoGUI
```

返回图18-1所示的PyAutoGUI库信息，其中包含当前安装的库的版本、官方地址及安装目录等。

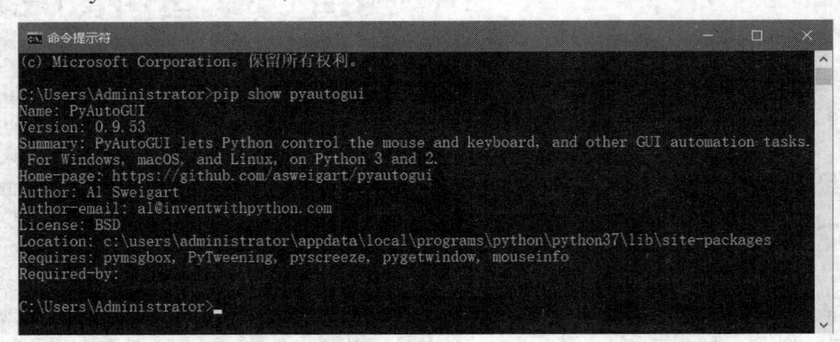

图 18-1

18.2 控制鼠标

本节主要介绍PyAutoGUI库中的鼠标操作部分，即使用代码控制鼠标，例如获取鼠标指针的位置、移动鼠标指针到指定位置、实现单击、实现拖曳鼠标指针等。

18.2.1 获取屏幕尺寸

PyAutoGUI库中提供了用于获取屏幕尺寸的size()函数。

示例代码：

```
01 import pyautogui
02 print(pyautogui.size())
```

代码执行结果：

```
Size(width=1920, height=1080)
```

执行代码后的输出结果为当前计算机屏幕的尺寸，单位为像素，该尺寸通常与计算机的分辨率相同。输出结果是元组的形式，其中width表示宽度值，height表示高度值。上述结果为笔者计算机在执行代码后的输出结果，表明笔者计算机屏幕的尺寸为1920px×1080px。

也可以采用将size()函数返回的信息分别赋值给变量的形式来获取宽度值和高度值。

示例代码：

```
01 import pyautogui
02 sWidth, sHeight = pyautogui.size()
03 print(sWidth,sHeight)
```

代码执行结果：

```
1920 1080
```

18.2.2 获取鼠标指针位置

PyAutoGUI库中的position()函数可用于获取当前鼠标指针所在位置，该位置是通过笛卡儿坐标给出的。如图18-2所示，例如屏幕分辨率为1920px×1080px，屏幕左上角的坐标为(0,0)，这也是坐标轴的原点，屏幕右下角的坐标为(1919,1079)。由于坐标轴是从(0,0)开始的，因此右下角的坐标不是(1920,1080)。

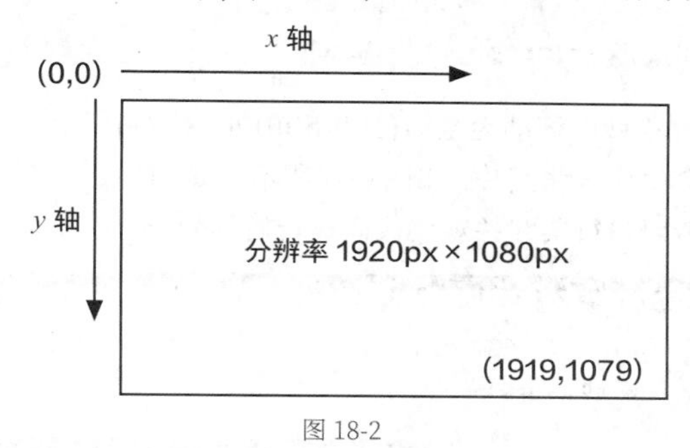

图 18-2

position()函数的使用形式如下：

```
position(x=None, y=None)
```

功能：获取当前鼠标指针在x轴和y轴的位置，并以元组的形式返回，且每个元素值为整数。

参数x：当值为None时表示获取当前鼠标指针在x轴的位置，当填入其他数值时，则返回该数值。

参数y：当值为None时表示获取当前鼠标指针在y轴的位置，当填入其他数值时，则返回该数值。

示例代码（获取当前鼠标指针所在位置）：

```
01 import pyautogui
02 print(pyautogui.position())
```

代码执行结果：

```
Point(x=914, y=418)
```

也可以采用将position()函数返回的信息分别赋值给变量的形式来获取当前鼠标指针在x轴和y轴的值。

18.2.3 移动鼠标指针

PyAutoGUI库中的moveTo()函数和move()函数可用于实现将鼠标指针移动到指定位置，onScreen()函数可用于判断当前设置的鼠标指针位置是否在屏幕范围内。

• moveTo() 函数

moveTo()函数的使用形式如下：

```
moveTo(x=None, y=None, duration=0.0, tween=linear, logScreenshot=False)
```

功能：将鼠标指针移动到(x,y)坐标位置处。如果超出屏幕边界，则鼠标指针移动至屏幕边缘。如果x和y的值都为None，则使用当前鼠标指针所在位置。

参数x：指明将鼠标指针移动到x轴的哪个位置。参数值的数据类型可以是整数类型或浮点数类型，如果是浮点数类型，需要将其进行四舍五入运算并取整数。

参数y：指明将鼠标指针移动到y轴的哪个位置。参数值的数据类型可以是整数类型或浮点数类型，如果是浮点数类型，需要将其进行四舍五入运算并取整数。

参数duration：指明将鼠标指针移动到坐标(x,y)所需要的时间。如果参数值为0.0，表示立即移动鼠标指针。

参数tween：指明将鼠标指针移动到坐标(x,y)时的移动模式。参数默认值为简单的线性linear（详见18.2.8小节），表示以直线匀速移动到坐标(x,y)处。

参数logScreenshot：表示记录鼠标指针移动过程的图片日志。当参数logScreenshot的值为True时，执行代码后将以截图的形式保存屏幕状态。

示例代码：

```
01 import pyautogui
02 pyautogui.moveTo(100,500,2,logScreenshot=True)
```

第2行代码表示将鼠标指针在2秒内移动至坐标(100,500)处，执行代码后可以观察鼠标指针的移动效果，并且在当前代码所在的文件夹中会生成一张图片，如图18-3所示，图片的文件名显示了截图时间、生成截图的函数名及鼠标指针移动的位置。读者可自行实践并观察代码执行后的效果。

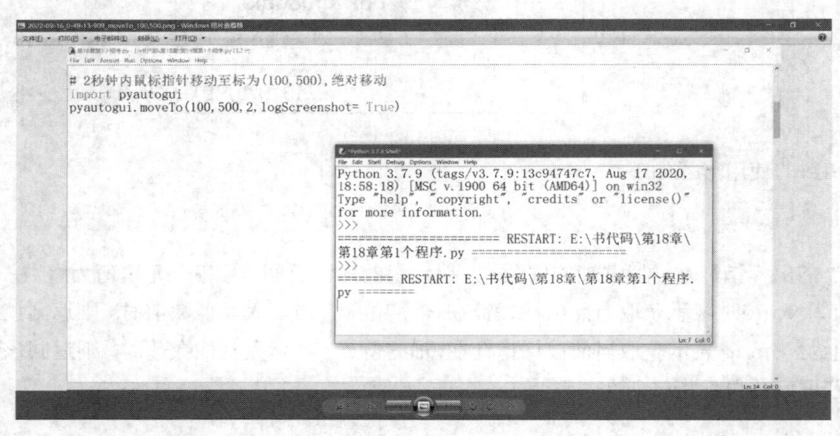

图 18-3

- **move() 函数**

move()函数的使用形式如下：

```
move(xOffset=None, yOffset=None, duration=0.0, tween=linear, logScreenshot=False)
```

功能：将鼠标指针在当前位置的基础上偏移xOffset和yOffset个像素位置。move()函数与moveTo()函数的区别在于move()函数是将鼠标指针在当前位置的基础上进行移动，而不是移动到指定的坐标位置。如果偏移量超出屏幕边界，则将鼠标指针移动至屏幕边缘。如果xOffset和yOffset的值都为None，则使用鼠标指针当前所在位置。

注意

move()是moveRel()的别名，它们的功能基本一致。

参数xOffset：值为正数时表示向右移动xOffset个像素，值为负数时表示向左移动xOffset个像素。

参数yOffset：值为正数时表示向下移动yOffset个像素，值为负数时表示向上移动yOffset个像素。

参数duration：表示将鼠标指针移动至相对位置所需要的时间。如果参数值为0.0，表示立即移动鼠标指针。

参数tween：指定将鼠标移动时的移动模式。参数默认值为简单的线性linear（详见18.2.8小节），表示以直线匀速移动到坐标(*x*,*y*)处。

参数logScreenshot：表示记录鼠标指针移动过程的图片日志。当参数logScreenshot的值为True时，执行代码后将以截图的形式保存屏幕状态。

示例代码：

```
01 import pyautogui
02 pyautogui.move(100,200,2)
```

第2行代码表示将鼠标指针从当前位置向右移动100个像素，向下移动200个像素，移动过程花费2秒钟。读者可自行实践并观察代码执行后的效果。

- **onScreen() 函数**

onScreen()函数的使用形式如下：

```
onScreen(x, y=None)
```

功能：判断(*x*,*y*)所在位置是否位于屏幕范围内。

返回值：如果(*x*,*y*)所在位置位于屏幕范围内，返回True，否则返回False。

示例代码：

```
01 import pyautogui
02 print(pyautogui.onScreen(1930,1000))
```

第2行代码判断(1930,1000)所在位置是否位于屏幕范围内，笔者的计算机分辨率为1920px×1080px，因此该位置超出了屏幕范围。执行代码后的输出结果为False。

通常情况下onScreen()函数用于判断设置的鼠标指针位置是否正确，但如果计算机设置了副屏幕（即多个屏幕），moveTo()、move()和onScreen()函数都是无法识别副屏幕的，它们只能用于操作主屏幕。

18.2.4 单击和双击

本小节将介绍PyAutoGUI库中用于实现单击和双击的click()函数和doubleClick()函数。

- **click() 函数**

click()函数的使用形式如下：

```
click(x=None, y=None, clicks=1, interval=0.0, button=PRIMARY, duration=0.0, tween=linear ,
logScreenshot=None)
```

功能：click()函数用于实现单击，即按下鼠标按键后立即释放。click()函数的返回值为None，当没有填入参数时，默认在当前位置单击鼠标主按钮。

参数x、y：设置在屏幕中单击的位置，位置用*x*和*y*的值表示。

参数clicks：表示单击的次数，数据类型为整数类型，默认值为1，表示单击一次。

参数interval：表示每次单击之间的间隔秒数，默认值为0.0，表示两次单击之间没有停顿。参数值的数据类型可以为整数类型或浮点数类型。

参数button：选择按下的鼠标按键，其值可以为LEFT、MIDDLE、RIGHT、PRIMARY和SECONDARY，分别表示鼠标的左键、中间键、右键、主按钮和副按钮。其中主按钮和副按钮是系统为习惯用左手的用户提供的设置选项，若系统没有这类设置，则默认为左键和右键。这些值在源代码中的定义如下，根据定义可以看出button参数可以直接输入值或对应的小写字符串。

```
LEFT = "left"
MIDDLE = "middle"
RIGHT = "right"
PRIMARY = "primary"
SECONDARY = "secondary"
```

参数duration：表示鼠标指针移动到坐标位置(x,y)的时间。参数默认值为0.0，表示立即移动鼠标指针。该参数的数据类型可以为整数类型或浮点数类型。

参数tween：指定鼠标指针移动到坐标位置(x,y)的移动模式。参数默认值为简单的线性linear（详见18.2.8小节），表示以直线移动至坐标位置(x,y)处。

参数logScreenshot：表示记录鼠标指针移动过程的图片日志。当参数logScreenshot的值为True时，执行代码后将以截图的形式保存屏幕状态。

示例代码（实现单击）：

```
01 import pyautogui
02 pyautogui.click(300, 200)
03 pyautogui.click(button='right')
04 pyautogui.click(button='left', clicks=2, interval=0.2)
```

第2行代码将鼠标指针移动到坐标位置(300,200)处并单击，默认单击左键。

第3行代码使用鼠标在当前位置单击右键。

第4行代码使用鼠标在当前位置单击右键两次，时间间隔为0.2秒。

在使用代码实现单击屏幕中的指定位置时，往往很难快速找到指定位置的x和y的值。例如需要通过双击实现打开“极简主义.jpg”图片，如图18-4所示。

获取“极简主义.jpg”图片在屏幕中所对应的x和y的值，可以通过以下步骤实现。

步骤1，通过全屏截图工具截图，例如使用键盘中的PrintScreen键（简写为PrtSc，位于键盘右上角）截取全屏或使用18.3.5小节中的截图代码实现截图。

步骤2，打开画图工具，在画图工具中粘贴截取的图片，如图18-5所示，在画图工具界面的左下角（标注框处）显示了x和y的值。

图 18-4

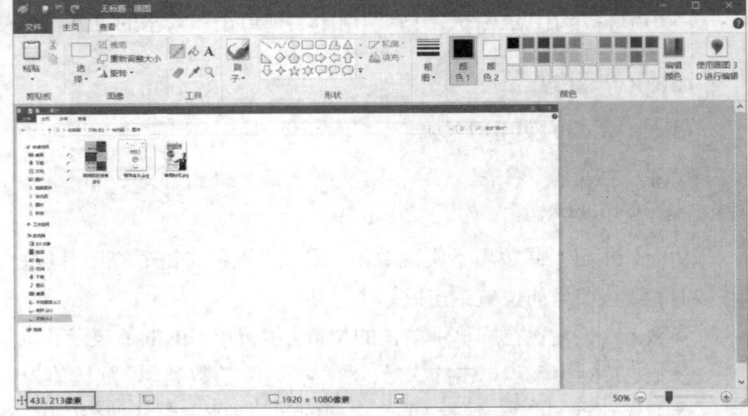

图 18-5

示例代码（打开“极简主义.jpg”图片）：

```
01 import time
02 import pyautogui
03 time.sleep(4)
04 pyautogui.click(x=433, y=213,clicks=2)
```

第3行代码使用了time库中的sleep()函数，这是为了给执行代码后切换到图片文件夹窗口预留时间，从而确保单击图片文件夹窗口中的位置。

第4行代码设置在(433,213)位置处单击两次。

执行代码后等待4秒，鼠标会自动在(433,213)位置处单击两次，从而实现打开对应位置的图片文件。读者可自行实践操作并观察执行代码后的效果。

在屏幕中准确地获取单击位置的*x*值和*y*值的方法较多，例如可以结合能实现用代码自动追踪位置的PIL库，但其代码难度相对较大，且存在定位不准确的问题。

- **doubleClick() 函数**

doubleClick()函数的使用形式如下：

```
doubleClick(x=None, y=None, interval=0.0, button=LEFT, duration=0.0, tween=linear, logScreenshot=None)
```

doubleClick()函数用于实现双击。由于doubleClick()函数本质上是由click()函数封装而成的，因此其参数的用法与click()函数的参数用法基本一致。

示例代码（实现双击）：

```
01 import time
02 import pyautogui
03 time.sleep(4)
04 pyautogui.doubleClick(x=433, y=213)
```

第4行代码设置在(433,213)位置处双击，执行代码后的效果与上一示例代码的效果基本相同。

18.2.5 按下和弹起鼠标按键

本小节将介绍PyAutoGUI库中用于实现按下和弹起鼠标按键的mouseDown()函数和mouseUp()函数。

- **mouseDown() 函数**

mouseDown()函数的使用形式如下：

```
mouseDown(x=None,y=None,button=PRIMARY,duration=0.0, tween=linear, logScreenshot=None)
```

功能：按下鼠标按键且不松开。

参数x、y：表示鼠标指针的位置，需要先将鼠标指针移动到(x,y)坐标位置再执行按下鼠标按键。

参数button：选择按下的鼠标按键，其值可以为LEFT、MIDDLE、RIGHT、PRIMARY和SECONDARY，分别表示鼠标的左键、中间键、右键、主按钮和副按钮。

参数duration：表示移动鼠标指针到(x,y)坐标位置的时间。参数默认为0.0，表示立即移动鼠标指针。参数数据类型可以为整数类型或浮点数类型。

参数tween：指定移动鼠标指针到(x,y)坐标位置的移动模式。参数默认值为简单的线性linear（详见18.2.8小节），表示以直线移动到(x,y)坐标位置处。

参数logScreenshot：表示记录鼠标指针移动过程的图片日志。当参数logScreenshot的值为True时，执行代码后会以截图的形式保存屏幕状态。

- **mouseUp() 函数**

mouseUp()函数的使用形式如下：

```
mouseUp(x=None, y=None, button=PRIMARY, duration=0.0, tween=linear, logScreenshot=None)
```

功能：移动鼠标指针到(x,y)坐标位置处并执行弹起鼠标按键操作。其参数的描述与mouseDown()参数的描述相同。

示例代码（mouseDown()函数和mouseUp()函数的组合使用）：

```
01 import pyautogui
02 pyautogui.mouseDown()
03 pyautogui.mouseUp()
04 pyautogui.mouseDown(button='right')
05 pyautogui.mouseUp(button='right', x=100, y=200)
```

第2行代码表示在当前位置按下鼠标左键并保持按下不松开。

第3行代码表示在当前位置弹起鼠标左键。即第2、3行代码组合起来实现了单击。

第4行代码表示在当前位置按下鼠标右键并保持不松开。

第5行代码表示将鼠标指针移动到坐标位置(100,200)处，并弹起鼠标右键。即第4、5行代码组合起来实现了拖曳鼠标指针。但此代码实现拖曳鼠标指针的效果较差，在18.2.6小节将介绍实现拖曳鼠标指针的方法。

示例代码（在画图工具中使用mouseDown()和mouseUp()函数绘制五角星）：

```
01 import time
02 import pyautogui
03 time.sleep(5)
04 location = [(555,280),(844,280),(610,447),(700,172),(790,446),(555,280)]
05 for i in range(len(location)-1):
06     pyautogui.mouseDown(location[i])
07     pyautogui.mouseUp(location[i+1])
```

第4行代码使用列表存储五角星每个顶点的坐标位置(x,y)。

第5～7行代码使用for循环依次控制鼠标按键在五角星各顶点位置处的按下和弹起操作。执行代码后切换到画图工具窗口，画图工具将会自动绘制图形，如图18-6所示。

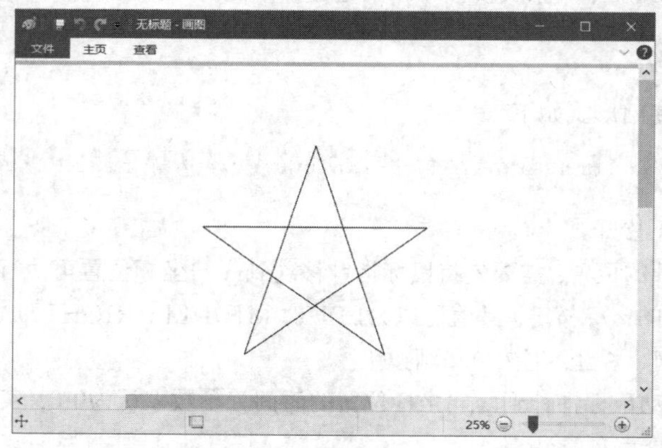

图 18-6

在PyAutoGUI库中还存在leftClick()、rightClick()、middleClick()和tripleClick()函数（均由click()函数封装而成，其参数的用法与click()函数参数的用法相同），可分别用于实现左击、右击、单击中间键和三连击。

18.2.6 拖曳鼠标指针

在PyAutoGUI库中的dragTo()函数和drag()函数可用于实现拖曳鼠标指针。dragTo()函数表示将鼠标指针拖曳到坐标轴绝对位置，drag()函数表示将鼠标指针拖曳到坐标轴相对位置。dragTo()函数的使用形式如下：

```
dragTo(x=None,y=None,duration=0.0,tween=linear,button=PRIMARY,logScreenshot=None,mouseDownUp=True)
```

参数x、y：指明鼠标指针被拖曳到的坐标位置(x,y)，其数据类型可以是整数类型或浮点数类型。

参数duration：指明将鼠标指针拖曳到绝对位置所需要的时间。如果参数值为0.0，表示立即拖曳鼠标指针（macOS操作系统不能立即拖曳鼠标指针）。

参数tween：指定将鼠标指针拖曳到(x,y)坐标位置的模式。默认值是简单的线性linear（详见18.2.8小节），表示以直线将鼠标指针拖曳到(x,y)坐标位置。

参数button：指明在进行拖曳前要按下的鼠标按键，其值可以为LEFT、MIDDLE、RIGHT、PRIMARY和SECONDARY，分别表示鼠标的左键、中间键、右键、主按钮和副按钮。

参数logScreenshot：表示记录拖曳鼠标指针过程的图片日志，值为True时表示将以截图的形式保存屏幕状态。

参数mouseDownUp：表明是否允许在拖曳鼠标的同时操作鼠标按键，默认值为True。

darg()函数的使用形式与dragTo()函数的使用形式相似，区别在于darg()函数是将鼠标指针拖曳到坐标轴相对位置。

示例代码（实现拖曳文件）：

```
01 import pyautogui
02 pyautogui.dragTo(300,200,duration=1.0,button="right")
```

第2行代码使用dragTo()函数在1秒内将鼠标指针从当前位置拖曳到绝对位置(300,200)，且在拖曳的同时按住鼠标右键。若当前鼠标指针位置处有文件，那么执行代码后该文件将被拖曳到(300,200)坐标位置处。

18.2.7 滚动鼠标滚轮

PyAutoGUI库中的scroll()函数可用于实现滚动鼠标滚轮。其使用形式如下：

```
scroll(clicks, x=None, y=None)
```

功能：滚动鼠标滚轮。使用垂直滚动还是水平滚动取决于底层操作系统，例如Windows系统使用垂直滚动，部分操作系统使用水平滚动。

参数clicks：指明滚动鼠标滚轮的数量，值大于0时鼠标向上滚动，值小于0时鼠标向下滚动。

参数x、y：选择滚动鼠标滚轮的位置。

示例代码：

```
01 import pyautogui
02 pyautogui.scroll(1000)
```

第2行代码表示将鼠标滚轮向上滚动1000个数量。

除了scroll()函数之外，PyAutoGUI库中的hscroll()函数和vscroll()函数也可用于实现滚动鼠标滚轮。hscroll()函数的功能是实现鼠标滚轮的水平滚动，vscroll()函数的功能是实现鼠标滚轮的垂直滚动。它们的参数与scroll()函数的参数相同，但hscroll()、vscroll()函数目前仅在Linux系统起作用。

18.2.8 tween 参数

在18.2.3～18.2.6小节的内容中均存在参数tween，其功能是设置鼠标指针移动的模式。其参数值默认为linear，表示鼠标指针以恒定的速度进行线性移动。

在PyAutoGUI库中还可以使用参数tween的其他值，参数tween所有的值（包含linear）都定义于PyTweening库（PyAutoGUI库的依赖库）中，例如easeInQuad表示鼠标指针的移动速度由缓慢到逐渐加快、easeOutQuad表示鼠标指针的移动速度由快速到逐渐减慢、easeInElastic表示鼠标指针由抖动移动到突然直线移动至目的位置。多样化的移动效果虽然具有趣味性，但其本质还是线性移动。更多关于参数tween的值的内容，读者可进入PyTweening库中查阅相关源代码。

示例代码（在画图工具中绘制鼠标指针由当前位置移动到(300,200)位置的线）：

```
01 import time
02 import pyautogui
03 import pytweening
04 time.sleep(5)
05 pyautogui.dragTo(300, 200,duration=2.0, button="left",tween = pytweening.easeInElastic)
```

第3行代码导入了PyTweening库。由于tween参数的默认值linear已经在PyAutoGUI库源代码中定义过了，因此在使用默认值linear时无须导入PyTweening库。但在使用PyTweening库中的其他参数值时仍然需要提前导入该库。

第5行代码使用拖曳函数dragTo()将鼠标指针由当前按下鼠标左键的位置移动到(300,200)位置，移动时间为2秒，鼠标指针移动的tween值为easeInElastic。

执行代码后切换到画图工具窗口，如图18-7所示，可以看到鼠标指针的移动轨迹仍然是一条直线，这是因为鼠标指针在抖动过程中的移动轨迹并不会被记录下来。读者可在执行代码的同时观察画图工具从开始到结束的绘制过程，鼠标指针会沿着直线方向左右抖动，最终沿直线快速移动到(300,200)位置。

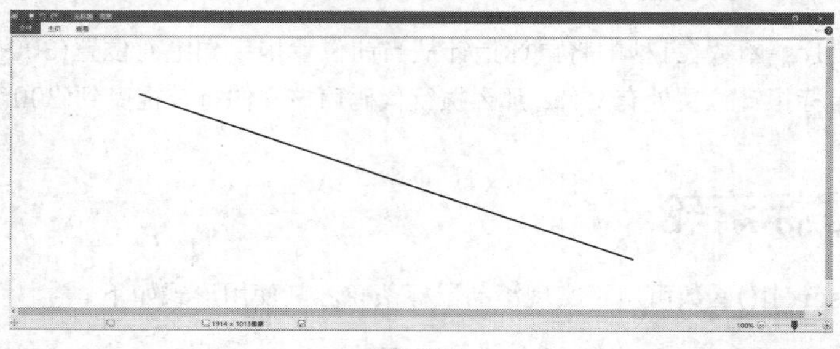

图 18-7

18.3 控制键盘

PyAutoGUI库中还提供了使用代码驱动键盘执行操作的方法，例如模拟用户使用键盘向计算机中输入信息、操作键盘按键、操作组合键等。

18.3.1 输入内容

PyAutoGUI库中的write()函数（别名为typewrite）可用于实现输入内容。其使用形式如下：

```
write(message, interval=0.0, logScreenshot=None)
```

参数message：表示需要输入的字符内容，模拟键盘输入内容。输入的内容不能为中文，否则会触发异常报错。实现输入中文的方法可参考18.4节。

参数interval：指明输入字符内容的时间间隔，默认值为0.0，即输入内容的时间间隔为0秒。

参数logScreenshot：当值为True时，表示执行代码后以截图的形式保存屏幕状态。

示例代码：

```
01 import pyautogui
02 pyautogui.write('Hello world')
```

第2行代码表示模拟用键盘向计算机中输入'Hello world'，在执行代码的过程中，Shell界面会自动输入该内容。

18.3.2 按下和弹起键盘按键

PyAutoGUI库中提供了模拟按下键盘按键和弹起键盘按键的方法，涉及press()函数、keyDown()函数和keyUp()函数。

• press() 函数和 keyDown() 函数

press()函数的使用形式如下：

```
press(keys, presses=1, interval=0.0, logScreenshot=None)
```

功能：按下键盘按键并释放。

参数keys：表示要按下的键，也可以指多个键的列表，其元素值为KEYBOARD_KEYS中列出的有效值（详见下方列表KEYBOARD_KEYS中包含的所有可用的键盘字符）。

参数presses：表示按下键的次数。默认值为1，表示按一次键。

参数interval：指明输入字符内容的时间间隔，默认值为0.0，即输入内容的时间间隔为0秒。

参数logScreenshot：当值为True时，表示执行代码后以截图的形式保存屏幕状态。

列表KEYBOARD_KEYS（KEY_NAMES的别名）中包含所有可用的键盘字符，这些字符被定义在PyAutoGUI库中的__init__.py文件里，具体如下：

```
KEY_NAMES = ['\t', '\n', '\r', ' ', '!', '"', '#', '$', '%', '&', "'", '(',')', '*', '+',
',', '-', '.', '/', '0', '1', '2', '3', '4', '5', '6', '7','8', '9', ':', ';', '<', '=', '>',
'?', '@', '[', '\\', ']', '^', '_', '`','a', 'b', 'c', 'd', 'e','f', 'g', 'h', 'i', 'j',
'k', 'l', 'm', 'n', 'o','p', 'q', 'r', 's', 't', 'u', 'v', 'w', 'x', 'y', 'z', '{', '|',
'}', '~','accept', 'add', 'alt', 'altleft', 'altright', 'apps', 'backspace','browserback',
'browserfavorites', 'browserforward', 'browserhome','browserrefresh', 'browsersearch',
'browserstop', 'capslock', 'clear','convert', 'ctrl', 'ctrlleft', 'ctrlright', 'decimal',
'del', 'delete','divide', 'down', 'end', 'enter', 'esc', 'escape', 'execute', 'f1',
'f10','f11', 'f12', 'f13', 'f14', 'f15', 'f16', 'f17', 'f18', 'f19', 'f2', 'f20','f21',
'f22', 'f23', 'f24', 'f3', 'f4', 'f5', 'f6', 'f7', 'f8', 'f9','final', 'fn', 'hanguel',
'hangul', 'hanja', 'help', 'home', 'insert', 'junja','kana', 'kanji', 'launchapp1',
'launchapp2', 'launchmail','launchmediaselect', 'left', 'modechange', 'multiply',
'nexttrack','nonconvert', 'num0', 'num1', 'num2', 'num3', 'num4', 'num5', 'num6','num7',
'num8', 'num9', 'numlock', 'pagedown', 'pageup', 'pause', 'pgdn','pgup', 'playpause',
'prevtrack', 'print', 'printscreen', 'prntscrn','prtsc', 'prtscr', 'return', 'right',
'scrolllock', 'select', 'separator','shift', 'shiftleft', 'shiftright', 'sleep', 'space',
'stop', 'subtract', 'tab','up', 'volumedown', 'volumemute', 'volumeup', 'win', 'winleft',
'winright', 'yen','command', 'option', 'optionleft', 'optionright']
```

keyDown()函数的使用形式如下：

```
keyDown(key , logScreenshot=None)
```

功能：按下键盘按键且不释放，使按键处于被按下状态。

参数key：指定需要按下的键，其元素值为列表KEYBOARD_KEYS中列出的有效值。

• keyUp() 函数

keyUp()函数的使用形式如下：

```
keyUp(key , logScreenshot=None)
```

功能：释放键盘按键。

参数key：指定需要释放的键，其元素值为列表KEYBOARD_KEYS中列出的有效值。

示例代码（实现复制快捷键，即常用的Ctrl+C组合键）：

```
01 import pyautogui
02 pyautogui.press('down',presses=3)
03 pyautogui.keyDown('ctrl')
04 pyautogui.press('c')
05 pyautogui.keyUp('ctrl')
```

第2行代码使用press()函数实现按下键盘中的Down键（上、下、左、右方向键中的下方向键）3次。

第3行代码使用keyDown()函数实现按下键盘中的Ctrl键，并保持按下不弹起。

第4行代码使用press()函数实现按下键盘中的C键。

第5行代码使用keyUp()函数实现弹起键盘中的Ctrl键。

第3～5行代码实现了快捷键Ctrl+C，即复制的功能。但使用这种方法实现快捷键比较麻烦，在18.3.3小节中将介绍更简单的使用方法。

18.3.3 顺序按键

PyAutoGUI库中的hotkey()函数可用于实现输入多个内容，输入这些内容时将按顺序依次按下按键，并按照相反顺序依次释放。hotkey()函数的使用形式如下：

```
hotkey(key, interval)
```

参数key：指定需要按下的按键。元素值为KEYBOARD_KEYS中列出的有效值。

参数interval：指定按下每个按键之间的间隔，其默认值为0.0，即0秒。

示例代码（实现组合键Ctrl+N，即IDLE中的新建文件快捷键）：

```
01 import pyautogui
02 pyautogui.hotkey('ctrl', 'n',interval=1)
```

第2行代码表示按先后顺序依次按下Ctrl键和N键，且按下按键之间的间隔为1秒，接着在按下按键之后依次弹起N键、Ctrl键。和keyUp()函数相比，hotkey()函数更适用于实现顺序按键（相当于快捷键）的操作。执行代码后将在Shell界面中新建一个代码文件。

18.3.4 判断键信息是否正确

PyAutoGUI库中的isValidKey()函数可用于判断输入的键信息是否正确，当输入正确的键信息时，函数将返回True，否则返回False。由于某些按键仅能在特定的操作系统中使用，例如Esc键几乎在所有操作系统都能使用，而Browserback键只能在Windows操作系统上使用。由于向PyAutoGUI库中的isValidKey()函数输入无效键信息是不会引发异常的，因此isValidKey()函数可用于提前判断键信息是否正确。

示例代码：

```
01 import pyautogui
02 print(pyautogui.isValidKey('nll'))
```

第2行代码用于判断'nll'是否为正确的键。由于KEYBOARD_KEYS中并没有定义Nll键，因此执行代码后的输出结果为False。

18.3.5 其他功能

在PyAutoGUI库中还有很多具有其他功能的函数，在这里介绍其中几个常用的函数。

screenshot()函数：用于实现截屏，与moveTo()函数中参数logScreenshot的功能一致。

示例代码（实现截屏并将截图保存为“python.png”）：

```
pyautogui.screenshot('python.png')
```

alert()函数：用于实现弹出对话框警告，执行相应代码后会将参数信息以对话框的形式输出。

示例代码：

```
01 import pyautogui
02 pyautogui.alert('报错：您输入的键不正确')
```

执行代码后的输出结果如图18-8所示，且提示信息为“报错：您输入的键不正确”。

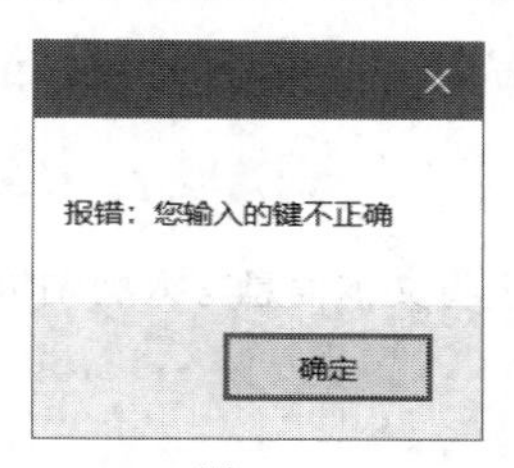

图 18-8

run()函数：用于实现执行多个鼠标、键盘操作的简化命令模式。其使用形式如下：

```
run(commandStr)
```

参数commandStr：指使用多个函数的简化符号，数据类型为字符串类型。下面是各个函数的简化符号。

click(button=PRIMARY)的简化符号：'c'，表示单击鼠标主按钮。

click(button=LEFT)的简化符号：'l'，表示单击鼠标左键。

click(button=MIDDLE)的简化符号：'m'，单击鼠标中间键。

click(button=RIGHT)的简化符号：'r'，表示单击鼠标右键。

scroll(1)的简化符号：'su'，表示向上滚动鼠标滚轮。

scroll(-1)的简化符号：'sd'，表示向下滚动鼠标滚轮。

screenshot('screenshot1.png')的简化符号：'ss'，表示截图，默认截图的名称为'screenshot1.png'，名称中的数字会根据截图次数依次增加。

moveTo(X,Y)的简化符号：'gX,Y'，表示将鼠标指针移动到(X,Y)位置处。

move(X,Y)的简化符号：'g+X,-Y'，表示鼠标指针偏移+X和-Y个像素，+和-表示鼠标指针移动的方向，与moveTo(X,Y)的简化模式相区分。

dragTo(X,Y)的简化符号：'dX,Y'，表示将鼠标指针拖曳到(X,Y)位置处。

drag(X,Y)的简化符号：'d+X,-Y'，表示将鼠标指针拖曳到相对(+X,-Y)位置处。

press('key')的简化符号：'k'key''，表示按下键盘中的key键。

write('text')的简化符号：'w'text''，表示输入'text'信息。

hotkey(*'key,key,key'.replace('','').split(','))的简化符号：'h'key,key,key''，表示组合键。

alert('hello')的简化符号：'a'hello''，表示实现弹出对话框警告。

sleep(N)的简化符号：'sN'，表示睡眠时间，N的数据类型可以是整数类型或浮点数类型。

PAUSE=N的简化符号：'pN'，表示暂停执行的时间，N的数据类型可以是整数类型或浮点数类型。

for i in range(N):run(commands)的简化符号：'fN(commands)'，表示多次循环执行run()函数。

示例代码：

```
01 import pyautogui
02 pyautogui.run('g300,670ll')
```

第2行代码使用run()将鼠标指针移动到(300,670)位置处并单击两次。run()适用于操作步骤较多的场景。

18.4 剪贴板库 pyperclip

PyAutoGUI库中的write()函数无法实现输入中文信息，但在办公领域中需要使用的信息往往都是中文，这时候便可以借助剪贴板库pyperclip来实现输入中文信息。Python中提供了多种剪贴板库，但pyperclip库支持跨平台操作，通用于不同的操作系统。

安装pyperclip库可在命令提示符窗口或终端（macOS系统使用pip3命令）中执行以下命令：

```
pip install pyperclip
```

pyperclip库中的copy()函数可用于实现将文本信息写入剪贴板，paste()函数可用于实现粘贴功能。

示例代码：

```
01 import pyperclip
02 pyperclip.copy('实现中文写入剪贴板')
03 print(pyperclip.paste())
```

第2行代码使用copy()函数将字符串信息'实现中文写入剪贴板'写入剪贴板。

第3行代码使用paste()函数将剪贴板中的信息粘贴出来，并使用print()输出该信息。

pyperclip库中的copy()函数与PyAutoGUI库中的hotkey()函数配合使用可将中文信息复制到指定位置。

示例代码（在Windows设置中寻找“更改鼠标设置”）：

```
01 import pyperclip
02 import pyautogui
03 import time
04 time.sleep(3)
05 pyperclip.copy('更改鼠标设置')
06 pyautogui.click(720,200)
07 pyautogui.hotkey('ctrl', 'v',interval=1)
08 pyautogui.click(720,250)
```

第5行代码将中文信息'更改鼠标设置'写入剪贴板。

第6行代码在(720,200)位置处单击。该位置是“Windows设置”的查找文本框，如图18-9所示。

第7行代码用于按下快捷键组合Ctrl+V，即实现粘贴的功能，执行后的效果如图18-10所示。

第8行代码在(720,250)位置处单击，该位置是执行完第7行代码后，在查找文本框下出现的选项。执行代码后的效果如图18-11所示。

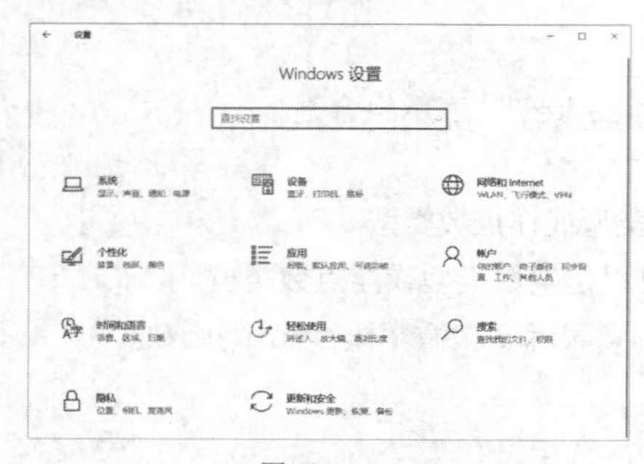

图 18-9

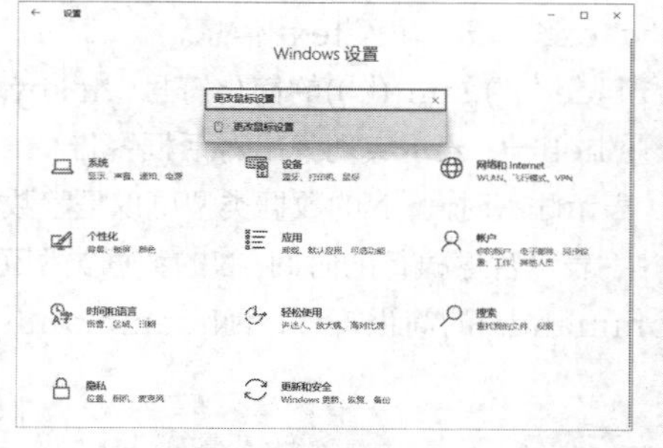

图 18-10

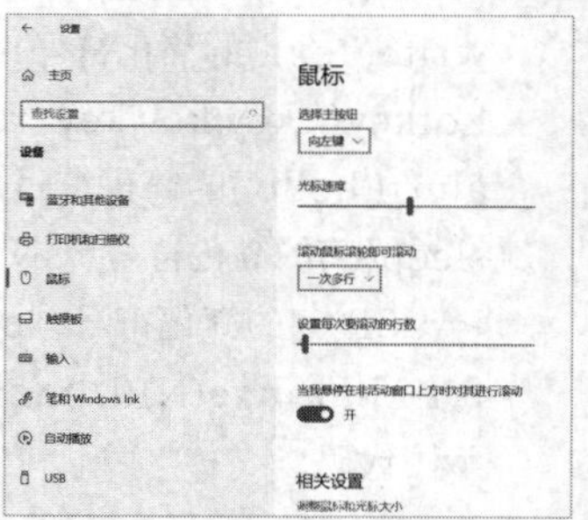

图 18-11

总的来说，借助pyperclip库即可实现通过键盘和鼠标将中文信息写入指定的位置。在pyperclip库中还存在其他具有更多功能的方法，读者如果感兴趣可以查阅pyperclip库的源代码文件。

项目案例 实现自动提交数据到应用程序

项目任务

使用代码将Excel表格中的学生成绩自动录入“学生成绩录入”应用程序。“学生成绩录入”应用程序界面如图18-12所示，一共包含4项内容，分别对应Excel表格中学生的姓名、学号、数学成绩及Python成绩。当输入这4项内容后，单击“提交”即可将学生成绩上传到学校服务器中，方便学生后期登录校园网查看成绩。

图 18-12

项目实现步骤

步骤1，使用openpyxl库读取Excel表格中的学生成绩信息。

步骤2，使用本章学习的PyAutoGUI库将表格中的数据提交到应用程序中。

步骤3，在上一个步骤思路的基础上，需要提前确定应用程序中各个文本框的位置，以及单击“提交”后需要等待的时间，以防止程序在提交信息还未完成的情况下就继续输入下一个内容。

项目实现代码

```
01 import pyperclip
02 import openpyxl
03 import pyautogui
04 import time
05 wb = openpyxl.load_workbook('2021级计算机学院成绩统计.xlsx')
06 wb_sheet = wb['成绩']
07 for student in wb_sheet['A2':'D50']:
08     i =0
09     y_addr = 400
10     for one_cell in student:
11         y_addr +=  i*50
12         pyautogui.click(950, y_addr)
13         pyperclip.copy(one_cell)
14         pyautogui.hotkey('ctrl', 'v',interval=0.5)
15         i += 1
16     pyautogui.click(950, 680)
17     time.sleep(5)
```

第5、6行代码打开'2021级计算机学院成绩统计.xlsx'工作簿，并获取工作簿中的'成绩'工作表。

第7行和第10行代码使用嵌套循环遍历工作表中指定区域单元格的元素内容。

第11行代码用于计算姓名、学号、数学、Python的文本框位置。具体来讲就是以截屏的形式在画图工具中进行分析，每个文本框之间的距离为50px（读者在设计项目时，要根据实际情况计算文本框之间的距离）。

第12行代码单击文本框的位置，确保下一步能将内容填入文本框。

第13～14行代码分别将单元格中的内容写入剪贴板，并使用快捷键将其粘贴到文本框中。

第15行代码将i的值加1，用于计算下一个输入框的*y*轴位置。

第16、17行代码用于实现单击“提交”按钮，并等待5秒（确保信息提交完成）再执行下一次循环。

至此即可实现将学生的信息自动提交到应用程序中，而不需要人员手动进行大量的复制和粘贴操作，大大提高了办公效率。当读者在以后的工作项目中遇到需要处理多个工作簿和工作表的情况时，便可以结合os库来批量地进行自动化处理。

总结

本章主要介绍了使用PyAutoGUI库操作鼠标和键盘。

在操作鼠标前可通过size()函数获取屏幕的尺寸，以确定鼠标操作的范围。鼠标指针的位置有绝对位置和相对位置两种，确定位置的方法可以通过画图工具实现。在确定了位置后，即可使用代码去实现鼠标的单击、双击、按下、弹起、拖曳、滚动等动作。

针对PyAutoGUI库的键盘操作，本章介绍了键盘的输入、按下、弹起、顺序按键等操作，在介绍将字符串信息输入计算机这部分内容时，特别讲解了如何实现中文信息的输入，即结合剪贴板pyperclip库中的copy()函数和键盘的快捷键，满足了用户对键盘操作的基本需求。

在使用计算机进行频繁的机械性操作时，往往需要用到PyAutoGUI库。但在对文件、文件夹、HTML网页等内容进行操作时，最好使用与之相匹配的库，因为在使用PyAutoGUI库进行大批量的机械性操作时，会出现定位不准、交互过程时间不确定等问题。当无法找到匹配的库来实现相应的操作时，可以考虑本章所介绍的方法。

第 19 章

批量处理视频

视频是信息的重要载体之一，它广泛存在于各大媒体平台中，处理视频文件也是办公中较为常见的工作。目前常见的用于处理视频的软件是由Adobe公司开发的Premiere Pro（简称Pr），该软件既能处理视频又能处理音频，但Premiere Pro只能对单个视频文件进行操作，不能自动化地批量处理多个视频文件。

本章主要介绍如何使用代码处理视频，由于代码具备可循环性和可机械操作的特点，因此当读者需要处理较多视频文件，且不需要给视频添加复杂特效时，就可以使用代码批量处理视频以提高办公效率。例如给多个视频自动添加水印Logo、将多个视频的视频格式转换为另一种视频格式、在多个视频文件中将指定的视频串联为一个视频等。

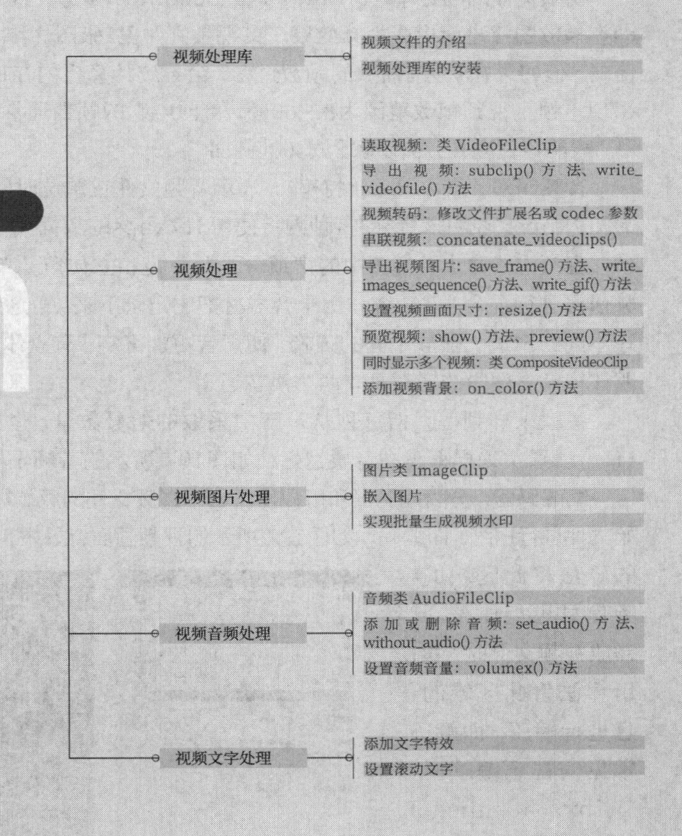

19.1 视频处理库

本节首先介绍视频文件的基本知识，包含视频码率、帧速率、音频码率、声道、音频采样率、编解码器等，接着介绍Python第三方库中用于处理视频文件的moviepy库的安装方法。

19.1.1 视频文件的介绍

在讲解使用代码操作视频文件前，读者需要简单了解一些关于视频文件中视频和音频的参数含义，以便于更好地理解后续的代码内容。

视频的宽度和高度（也称帧宽度和帧高度）：表示视频播放的最大尺寸，单位为像素。由图19-1所示的“Python语言的发展经历.mp4 属性”对话框可知，“Python语言的发展经历.mp4”视频的帧宽度和帧高度分别为1920和1080，表明该视频的宽度为1920像素，高度为1080像素。

视频码率（也称视频比特率）：表示视频文件在单位时间内需要使用的数据流量，通常是视频文件在1秒内所需要的数据流量。当视频播放的画面越清晰，码率就越高，但码率越高，视频文件占用的内存也就越大。一般情况下，视频文件的大小=时间×码率/8。如图19-1所示的视频的数据速率为3713kbps（这仅是视频的码率），总比特率为4030kbps（视频加音频的总码率）。该视频的时长为4分19秒（即259秒），其文件大小约为4030×259/8=130471kB。

视频文件的帧速率（Frames Per Second，FPS）：视频本质上是由多张图片组合在一起的文件，随着时间动态播放图片进而形成视频效果。在视频文件里1张图片称为1帧，通常在1秒内播放的帧数越多，视频播放就越流畅，但如果在1秒内播放的帧数过多，会导致计算机内存占用较大，从而消耗大量的CPU资源，使得视频播放出现卡顿。视频帧数范围为8～60帧，目前电影的帧数通常是24帧或30帧。如图19-1所示的帧速率为30.00帧/秒，表明该视频在1秒内能播放30帧画面。

音频码率（也称音频比特率）：表示音频文件在单位时间需要使用的数据流量。如图19-1所示的音频比特率为317kbps，表明该音频在1秒内将使用317kbps的数据流量。

音频中的声道：音频中的声道分为单声道和立体声。单声道只有一个声音的通道，它是先将所有方位的音频信号进行混合，然后统一用录音器材把它记录下来，再通过扬声器进行播放。立体声至少有两个声音的通道，在不同的声道上播放不同的声音，使声音更加真实，有立体环绕的效果。如图19-1所示的频道为2(立体声)，表明该视频文件中的音频具有两个声音通道。

音频采样频率：指每秒从声音中采取的信号数量，也指从模拟信号转换为数字信号的频率，单位为赫兹(Hz)。通常采样率越高音质越好。如图19-1所示的音频采样频率为48.000kHz。

编解码器：分为编码器和解码器。由于视频文件的原始数据较大，为了便于存储和传输，通常需要将视频的原始文件进行压缩，即编码。如图19-2所示的视频画面背景中存在大量的颜色一致的区域，而编解码器可以使用不同的算法将此区域的视频信息进行压缩。当播放视频文件时，再使用算法将此区域的信息进行解压，即解码。常见的视频编解码器有libx264、mpeg-4、png等，常见的音频编解码器有AAC、AC-3、MP3等。

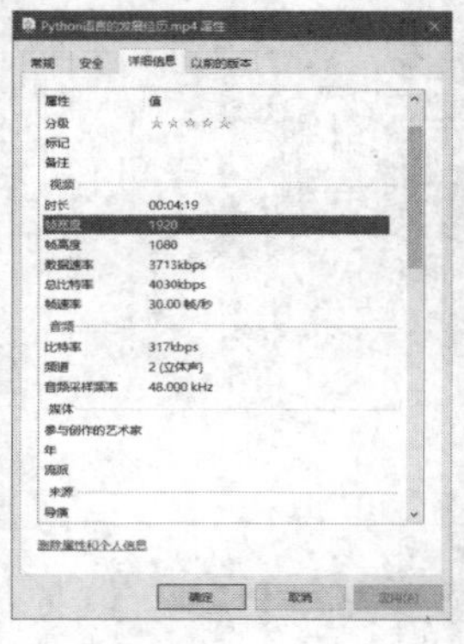

图 19-1

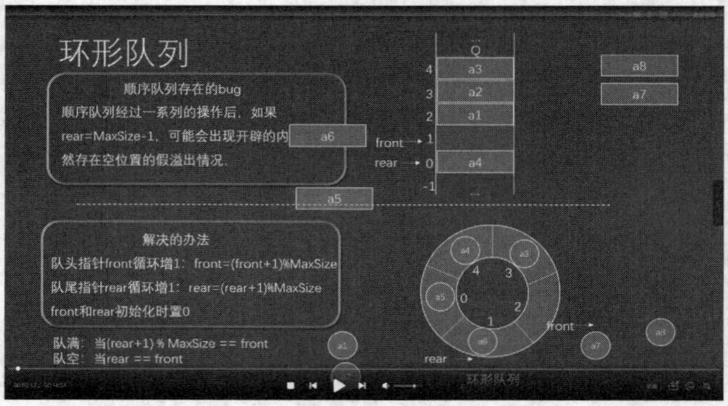

图 19-2

19.1.2 视频处理库的安装

Python第三方库中的moviepy库可用于处理视频文件，实现视频剪切、拼接、合成和音频处理等功能，且适用于大多数视频格式文件的处理，包括.gif格式文件。

moviepy库的安装方法是在命令提示符窗口或终端（macOS系统使用pip3命令）中执行以下命令：

```
pip install moviepy
```

安装成功后可使用以下命令查看moviepy库的信息：

```
pip show moviepy
```

返回图19-3所示的moviepy库信息，包含当前安装的库的版本、官方地址及安装目录等。

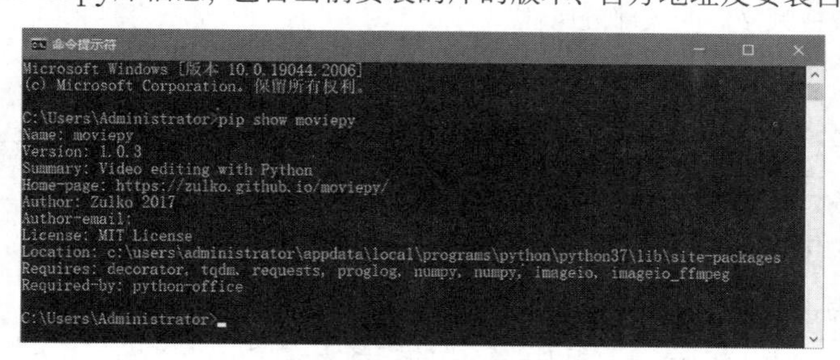

图 19-3

19.2 视频处理

本节主要介绍视频的基本操作，例如读取视频、导出视频、设置视频的画面尺寸、获取视频中的画面等。

19.2.1 读取视频

若需要读取某视频文件，可以使用moviepy库中的类VideoFileClip实现，类VideoFileClip位于moviepy库中的video文件夹下的io文件夹中的VideoFileClip.py文件里。其使用形式如下：

```
VideoFileClip(filename, has_mask=False, audio=True, audio_buffersize=200000, target_
resolution=None, resize_algorithm='bicubic', audio_fps=44100, audio_nbytes=2,
verbose=False,fps_source='tbr')
```

功能：读取视频文件，并返回一个剪辑对象。

参数filename：表示所读取视频文件的路径，其数据类型为字符串类型，包含文件地址、文件名称和扩展名，支持的扩展名有.ogv、.mp4、.mpeg、.avi、.mov等。

参数has_mask：表明是否给视频设置遮罩，其数据类型为布尔值类型，默认值为False。一般情况下视频文件很少包含遮罩，但某些视频编解码器支持该功能。

参数audio：表明视频中是否需要音频，其数据类型为布尔值类型，默认值为False，表示不需要音频。

参数audio_buffersize：指音频缓冲区大小，默认值为200000bytes。缓冲不是一次性加载全部文件内容，而是读取一部分内容后再读取下一部分内容，从而防止文件过大导致内存空间不足。

参数target_resolution：指视频的目标分辨率，值为None时表示使用视频原分辨率。

参数resize_algorithm：用于缩放视频图像的算法，通常有"bicubic"、"bilinear"和"fast_bilinear"。

参数audio_fps：用于设置音频采样率，默认值为44100Hz。

参数audio_nbytes：表示音频的采样位数（即声道数），默认值为2。

参数verbose：表明是否输出信息，其数据类型为布尔值类型。但经笔者测试，此参数并无真实意义，或许在新版本的moviepy库中会更新此功能。

参数fps_source：表示从原数据中收集的帧速率值。其值可以为'tbr'或'fps'，'tbr'表示基准帧速率，'fps'表示平均帧速率，通常情况下'tbr'和'fps'的值是相同的。

类VideoFileClip继承了父类VideoClip，类VideoClip中提供了大量用于视频设置的方法。而类VideoClip又继承了父类Clip，类Clip中提供了大量用于视频剪辑的方法，因此通过类VideoFileClip创建的对象本质上是由类Clip创建的剪辑对象。读者可进入moviepy库的Clip.py文件中阅读源代码。

类VideoFileClip中包含的参数较多，但在使用过程中大部分参数选择默认值即可。通过类VideoFileClip读取视频文件后可以获取视频文件的大部分属性。

示例代码：

```
01 from moviepy.editor import VideoFileClip
02 clip = VideoFileClip("Python表达式.mp4")
03 print(clip)
04 print(clip.duration,clip.end,clip.fps,clip.size,clip.rotation,clip.filename)
```

第1行代码从moviepy库的editor模块中导入了类VideoFileClip。

第2行代码使用类VideoFileClip读取相对路径中的视频文件"Python表达式.mp4"，执行后返回一个剪辑对象并赋值给变量clip。

第3行代码输出剪辑对象clip的信息，clip为数据对象。

第4行代码输出剪辑对象的属性，具体包含的属性如下。

属性duration：视频的时长，单位为秒。

属性end：视频的结束时间，单位为秒。

属性fps：视频的帧速率。

属性size：视频的尺寸。

属性rotation：视频的旋转角度。

属性filename：视频文件名称。

代码执行结果：

```
<moviepy.video.io.VideoFileClip.VideoFileClip object at 0x000002A8AEC64D88>
322.9 322.9 30.0 [1920, 1080] 0 Python表达式.mp4
```

结果表明该视频的时长为322.9秒，结束时间为322.9秒，帧速率为30帧/秒，尺寸为1920px×1080px，视频旋转角度为0度，视频文件名称为“Python表达式.mp4”。

类VideoFileClip中包含的方法：

```
class VideoFileClip(VideoClip):    #位于moviepy\video\io\VideoFileClip.py中，继承了父类VideoClip
    def __init__(self, filename, has_mask=False, audio=True, audio_buffersize=200000,
        target_resolution=None,resize_algorithm='bicubic', audio_fps=44100, audio_nbytes=2,
        verbose=False,fps_source='tbr'): ...#初始化
    def close(self): ...#关闭视频剪辑对象
```

19.2.2 导出视频

要实现导出视频中的部分片段，首先需要通过类VideoFileClip中的subclip()方法实现截取视频剪辑对象中的部分片段，再使用write_videofile()方法导出截取的视频剪辑对象。

示例代码（导出视频中的部分片段）：

```
01 from moviepy.editor import VideoFileClip
02 clip = VideoFileClip("Python表达式.mp4").subclip(100,120)
03 clip.write_videofile("Python表达式1.mp4")
```

第1行代码从moviepy库的editor模块中导入了类VideoFileClip。

第2行代码使用类VideoFileClip读取相对路径中的视频文件"Python表达式.mp4"，接着使用方法subclip()（位于父类Clip中）获取视频第100秒到第120秒的片段，返回一个剪辑对象并赋值给变量clip。

第3行代码使用方法write_videofile()（位于类VideoClip中）导出返回的剪辑对象clip，并设置其文件名为"Python表达式1.mp4"。

执行代码后的输出结果如图19-4所示，图中输出的信息是由第3行代码产生的，用于表明视频当前的导出进度。输出信息包含4部分，第1部分表明构建一个视频文件框架、第2部分构建音频文件、第3部分构建视频文件、第4部分表明构建视频和音频文件的组合。在导出视频的过程中，程序一般会默认输出视频的导出进度信息，且使视频自动回退到当前行显示进度。但由于IDLE的输出结果为纯文本信息，无法实现使视频回退到当前行显示进度，因此便会显示图19-4所示的大量进度信息，这会使得视频的导出进度非常缓慢。针对这一问题，后面在介绍write_videofile()方法中的参数时会有相应的解决方法。

代码执行完毕后，在代码文件的相对路径中打开剪辑前的视频和剪辑后的视频，剪辑前的视频时长为5分22秒，如图19-5所示；剪辑后的视频时长为20秒，如图19-6所示。

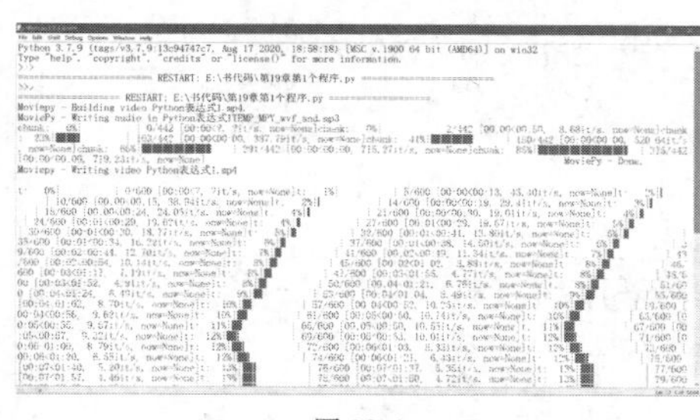
图 19-4

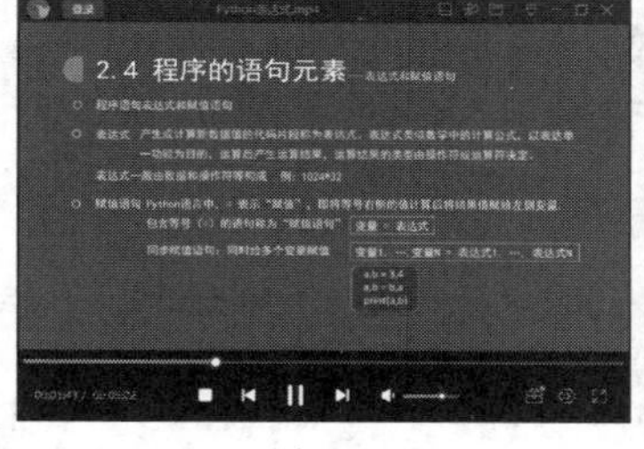

图 19-5

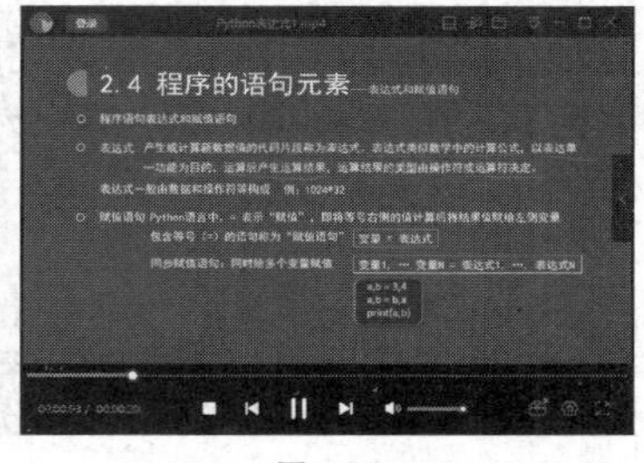

图 19-6

接下来介绍在以上示例代码中出现的subclip()方法和write_videofile()方法。

subclip()方法的使用形式如下：

```
剪辑对象.subclip(t_start=0, t_end=None)
```

功能：截取clip剪辑对象中t_start到t_end时间段的视频内容，并返回截取后的clip剪辑对象。

参数t_start：指定截取视频的开始时间，单位为秒。

参数t_end：指定截取视频的结束时间，单位为秒。

其中时间的表示形式有两种，例如'13.35'表示13.35秒，'01:03:05.35'表示1小时3分钟5秒35。

write_videofile()方法的使用形式如下：

```
clip剪辑对象.write_videofile(filename, fps=None, codec=None, bitrate=None, audio=True, audio_
fps=44100, preset="medium", audio_nbytes=4, audio_codec=None, audio_bitrate=None, audio_
bufsize=2000, temp_audiofile=None, remove_temp=True, write_logfile=False, threads=None, ffmpeg_
params=None, logger='bar')
```

参数filename：表示将要导出的视频文件的名称，文件名称的扩展名格式必须与参数codec所指的编解码器相匹配，或者使用适用于任何编解码器的.avi格式。

参数fps：表示视频每秒的帧数。当参数值为None且clip剪辑对象的视频具有fps属性时，使用原视频的帧速率。

参数codec：指定编解码器，例如libx264是.mp4格式视频的默认编解码器，而mpeg4是.mp4格式视频的其他编解码器，可替代libx264编解码器并在默认情况下生成更高质量的视频。rawvideo是.avi格式视频的编解码器，通常导出的视频文件较大。png是.avi格式视频的编解码器，导出的视频文件较小。

参数bitrate：表示视频码率，其大小与编解码器相关，值为"5000k"时表示会获取非常高质量的视频。

参数preset：用于优化压缩的时间，其值可以为ultrafast、superfast、veryfast、faster、fast、medium、slow、slower、veryslow和placebo。

参数audio_codec：指定音频编解码器，其值可以为用于.mp3格式的libmp3lame、用于.ogg格式的libvorbis、用于.m4a格式的libfdk_aac、用于16位.wav格式的pcm_s16le、用于32位.wav格式的pcm_s32le。参数默认值为"libmp3lame"，当视频扩展名为.ogv或.webm时，默认值为"libvorbis"。

参数audio_bitrate：表示音频比特率。

参数temp_audiofile：表示临时音频文件。

参数remove_temp：表示删除临时文件。

参数write_logfile：表示在音频、视频导出过程中所产生的日志文件，值为True时将产生两个.log格式文件。

参数threads：用于设置读取视频流的线程数，可以在多核计算机上加快视频的写入速度。

参数ffmpeg_params：传递额外的ffmpeg参数，例如列表['-option1','value1','-option2','value2']。

参数logger：表明是否输出视频的导出进度信息，默认值为'bar'，表示输出导出进度信息，如图19-4所示。当参数值为None时，则表示不输出导出进度信息。由于IDLE在使用print()输出信息时会消耗大量时间，因此为了实现快速导出视频，建议读者设置logger的参数值为None。

示例代码（关闭输出视频的导出进度信息）：

```
01 from moviepy.editor import VideoFileClip
02 clip = VideoFileClip("Python表达式.mp4").subclip(100,120)
03 clip.write_videofile("Python表达式1.mp4", logger = None)
```

注意

若视频播放器正在播放此视频，在执行代码之前必须关闭视频播放器，否则会出现以下报错信息。这是因为在执行代码时，系统会自动删除原视频文件，如果原视频正在被使用，程序将出现冲突。

```
OSError: [Errno 32] Broken pipe
MoviePy error: FFMPEG encountered the following error while writing file Python表达式1.mp4:
b'Python\xe8\xa1\xa8\xe8\xbe\xbe\xe5\xbc\x8f1.mp4: Permission denied\r\n'
```

类VideoFileClip的父类VideoClip包含的方法：

```
class VideoClip(Clip):     #位于moviepy\video\VideoClip.py中，继承了父类Clip
    def __init__(self,make_frame=None, ismask=False, duration=None, has_constant_size=True):
    ...#初始化
    def save_frame(self, filename, t=0, withmask=True): ...#将剪辑的帧保存到图像文件中
    def write_videofile(self, filename, fps=None, codec=None, bitrate=None, audio=True,
        audio_fps=44100, preset="medium",audio_nbytes=4, audio_codec=None,
        audio_bitrate=None, audio_bufsize=2000,temp_audiofile=None, rewrite_audio=True,
        remove_temp=True, write_logfile=False, verbose=True, threads=None,
        ffmpeg_params=None, logger='bar'): ...#将视频剪辑写入视频文件
    def write_images_sequence(self, nameformat, fps=None, verbose=True,
        withmask=True, logger='bar'): ...#将视频剪辑写入图像文件序列
    def write_gif(self, filename, fps=None, program='imageio', opt='nq',
        fuzz=1, verbose=True, loop=0, dispose=False, colors=None,
        tempfiles=False, logger='bar'): ...#将视频剪辑写入.gif格式文件
    def subfx(self, fx, ta=0, tb=None, **kwargs): ...#对剪辑的一部分应用转换
    def fl_image(self, image_func, apply_to=None): ...#修改剪辑的图像
    def blit_on(self, picture, t): ...
    def add_mask(self): ...#将遮罩视频剪辑添加到视频剪辑
```

```
    def on_color(self, size=None, color=(0, 0, 0), pos=None, col_opacity=None): ...
    #将剪辑放在彩色背景上
    def set_make_frame(self, mf): ...#改变由'get_frame'方法返回的剪辑对象
    def set_audio(self, audioclip): ...#将音频剪辑添加到视频中
    def set_mask(self, mask): ...#设置剪辑的遮罩
    def set_opacity(self, op): ...#设置剪辑的不透明度/透明度级别
    def set_position(self, pos, relative=False): ...#在组合中设置剪辑的位置
    def to_ImageClip(self, t=0, with_mask=True, duration=None): ...#返回图片剪辑
    def to_mask(self, canal=0): ...#返回由该剪辑制作的视频剪辑的遮罩
    def to_RGB(self): ...#返回没有遮罩的视频剪辑
    def without_audio(self): ...#删除剪辑的音频
    def afx(self, fun, *a, **k): ...#转换剪辑的音频
```

类VideoClip的父类Clip包含的方法：

```
class Clip:
    def __init__(self): ...#初始化
    def copy(self): ...#返回剪辑的浅复制
    def get_frame(self, t): ...#获取一个numpy数组，表示时间t时剪辑的RGB图像或声音剪辑的值
    def fl(self, fun, apply_to=None, keep_duration=True): ...#剪辑的通常处理
    def fl_time(self, t_func, apply_to=None, keep_duration=False): ...#带有修改过的时间轴的剪辑
    def fx(self, func, *args, **kwargs): ...#返回参数func的结果
    def set_start(self, t, change_end=True): ...#返回开始时间为t的副本
    def set_end(self, t): ...#返回结束时间为t的副本
    def set_duration(self, t, change_end=True): ...#返回一段持续t时间的剪辑
    def set_make_frame(self, make_frame): ...#为剪辑设置一个make_frame属性
    def set_fps(self, fps): ...#返回一个带有新的fps值的剪辑副本
    def set_ismask(self, ismask): ...#判断剪辑是否为遮罩
    def set_memoize(self, memoize): ...#设置剪辑是否应该将最后一帧读取并保存在内存中
    def is_playing(self, t): ...#如果t是时间，且t位于片段开始和结束之间则返回True
    def subclip(self, t_start=0, t_end=None): ...#返回在t_start和t_end之间的剪辑
    def cutout(self, ta, tb): ...#返回当前播放的剪辑内容的剪辑
    def iter_frames(self, fps=None, with_times=False, logger=None, dtype=None): ...
    #迭代剪辑的所有帧
    def close(self): ...#释放任何正在使用的资源
```

19.2.3 视频转码

视频转码只需要在write_videofile()方法中修改导出的视频的文件扩展名即可，或者将参数codec的值设置为相应格式的编解码器。

示例代码：

```
01 from moviepy.editor import VideoFileClip
02 clip = VideoFileClip("Python表达式.mp4",).subclip(100,120)
03 clip.write_videofile("Python表达式1.avi",codec = 'png',logger = None)
```

第3行代码在write_videofile()方法中将导出的视频的文件扩展名设置为.avi，并将编解码器的值设置为'png'，执行代码后将会导出一个新的.avi格式视频文件。

当在工作中需要将视频文件的格式转换为其他格式时，可以使用格式转换工具，读者直接在网络上就能找到许多具备此功能的软件。但如果需要将大量的视频文件的格式批量转换为其他格式，由于视频文件较多，依次将视频上传到格式转换工具中再进行转换会非常烦琐，在这种情况下使用代码来进行批量处理更为合适。

示例代码（将所有视频文件的格式转换为.avi格式）：

```
01 from moviepy.editor import VideoFileClip
02 import os
03 for file_name in os.listdir('./视频转码'):
04     ex_file_name = './视频转码/' + file_name
05     ex_file_name_new = ex_file_name.replace('mp4','avi')
06     clip = VideoFileClip(ex_file_name)
07     clip.write_videofile(ex_file_name_new,codec = 'png' ,logger = None)
```

第3行代码使用了os库中的listdir()函数获取文件夹“视频转码”中的全部视频文件（要提前将所有需要转码的视频文件存储在此文件夹中）。

第4行代码获取完整的视频文件路径，包含相对路径和文件名。

第5行代码用于获取新的视频文件名，并使用replace()方法将字符串'mp4'替换为'avi'。

第7行代码用于导出视频文件，执行代码后即可获取全部转码成功的.avi格式视频文件。

19.2.4 串联视频

本小节主要介绍如何使用代码将多个视频串联成一个视频，moviepy库中的concatenate_videoclips()函数可用于实现将多个视频剪辑对象串联在一起。该类位于moviepy\video\compositing文件夹下的concatenate.py文件中。其使用形式如下：

```
concatenate_videoclips(clips,method="chain",transition=None,bg_color=None, ismask=False,
padding = 0)
```

功能：将多个视频剪辑对象进行连接，并返回一个串联后的视频剪辑对象。串联后的视频是由原来的多个视频剪辑对象按顺序头尾相连组合而成的。

参数clips：表示视频剪辑对象列表，即将需要串联的视频剪辑对象以列表的形式传递给参数clips。

参数method：指定视频串联的方法，值包含"chain"或"compose"。当值为chain时，表示将视频剪辑对象进行简单的串联，不对视频的画面大小进行任何调整。当值为"compose"时，表示不同视频剪辑对象的画面大小不同时，程序将以视频剪辑对象列表中画面高度和宽度最大的视频剪辑对象为标准，其他尺寸小于该标准尺寸的视频剪辑对象都将居中显示。

参数transition：表示视频的转场，即用于每两个视频剪辑对象之间的转场，其值是一个视频剪辑对象。

参数bg_color：表示背景颜色。仅当参数method的值为"compose"时，参数bg_color才起作用。当bg_color值为None时，表示背景颜色为透明色。

参数ismask：当参数ismask=True时，视频边框的颜色为透明，当参数ismask=False时，边框的颜色将由参数bg_color指定。

参数padding：表示两个连续视频剪辑对象之间的转场时间，仅当参数method的值为"compose"时，参数padding才起作用。参数值默认为0，当参数值为负数时，表示淡入的转场效果（值为负数时其绝对值不能小于转场视频的时长的一半，例如转场视频剪辑对象的持续时间为3秒，那么padding的值不能小于-1.5，否则会引发报错）。当参数值为正数时，在转场的前后都会出现黑色空白画面，持续时间由参数值确定。

示例代码（实现简单的视频串联）：

```
01 from moviepy.editor import VideoFileClip,concatenate_videoclips
02 clip1 = VideoFileClip("Python表达式.mp4").subclip(100,120)
03 clip2 = VideoFileClip("Python语言的发展经历.mp4").subclip(200,230)
04 clip3 = VideoFileClip("Python考试介绍.mp4").subclip(50,130)
05 clip_all = concatenate_videoclips([clip1,clip2,clip3])
06 clip_all.write_videofile("Python表达式1.mp4", logger = None)
```

第1行代码从moviepy库的editor模块中导入了类VideoFileClip和concatenate_videoclips()。

第2～4行代码使用类VideoFileClip分别读取了3个视频文件，并使用subclip()方法分别截取需要剪辑的视频片段，返回3个视频剪辑对象clip1、clip2、clip3。

第5行代码使用concatenate_videoclips()将3个视频剪辑对象clip1、clip2、clip3串联在一起，返回的clip_all仍然是一个视频剪辑对象。

第6行代码使用write_videofile()方法导出串联好的视频，且不输出视频的导出进度信息。

执行代码后读者可在当前文件夹中获取一个新的视频文件，打开后可以看到该视频前20秒为第1个视频"Python表达式.mp4"的内容，如图19-7所示。视频第21～50秒为第2个视频"Python语言的发展经历.mp4"的内容，如图19-8所示。视频第51～130秒为第3个视频"Python考试介绍.mp4"的内容，如图19-9所示。

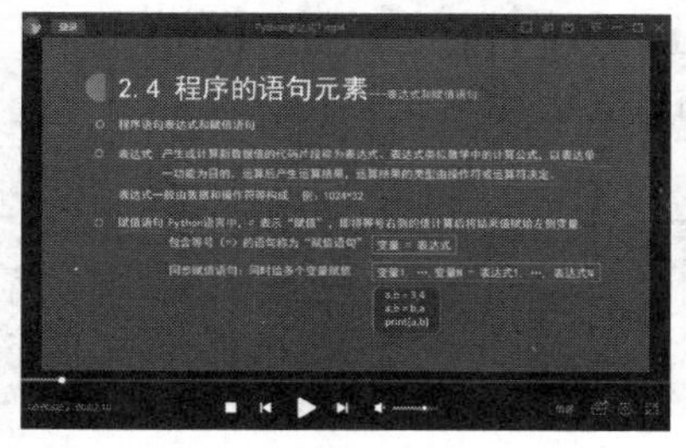

图 19-7

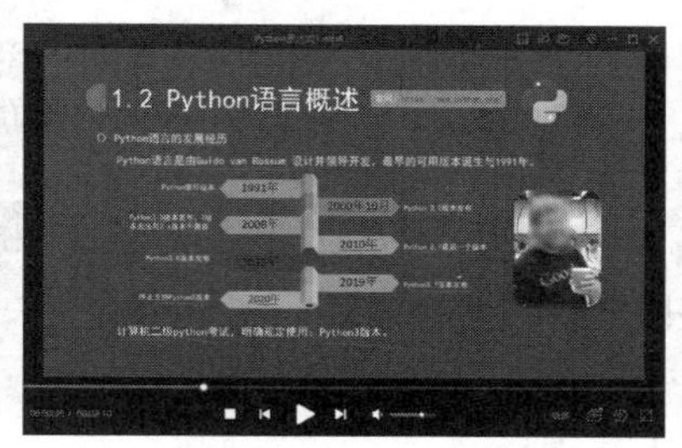

图 19-8

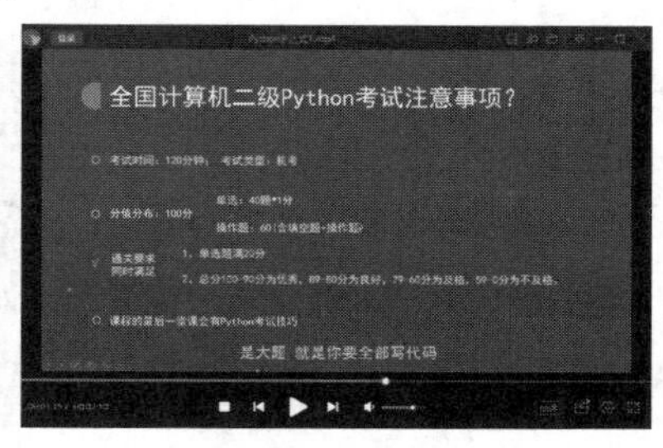

图 19-9

示例代码（实现视频串联与淡入转场效果）：

```
01 from moviepy.editor import VideoFileClip,concatenate_videoclips
02 clip1 = VideoFileClip("Python表达式.mp4").subclip(100,120)
03 clip2 = VideoFileClip("Python语言的发展经历.mp4").subclip(200,230)
04 clip3 = VideoFileClip("Python考试介绍.mp4").subclip(50,130)
05 clip4 = VideoFileClip("转场.mp4").subclip(0,2)
06 clip_all = concatenate_videoclips([clip1,clip2,clip3],method='compose', transition=clip4,
padding = -0.5)
07 clip_all.write_videofile("Python表达式2.mp4")
```

第2～5行代码分别创建了4个视频剪辑对象clip1、clip2、clip3、clip4，其中clip4用于转场，持续时间为2秒。

第6行代码使用concatenate_videoclips()将多个视频剪辑对象进行串联，并设置参数method为'compose'，transition为视频剪辑对象clip4，padding为-0.5。

执行代码后将导出一个名为“Python表达式2.mp4”的视频文件，打开后可以看到在该视频在播放到第19秒时会出现转场效果，如图19-10所示，后面的每个串联视频之间也都会出现转场效果，读者可自行实践并观察执行代码后的视频播放效果。

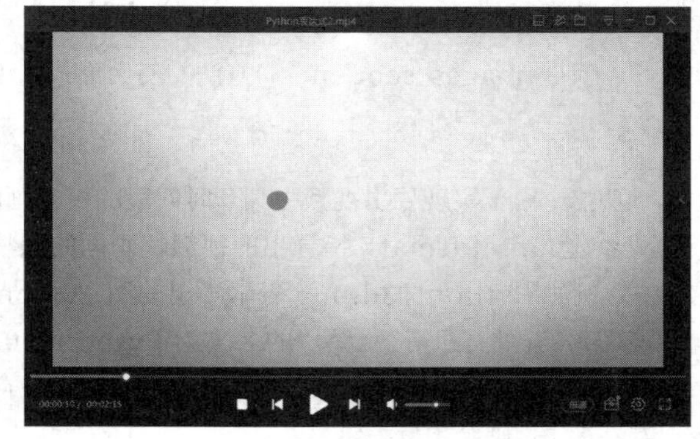

图 19-10

示例代码（多次串联视频并在指定串联处增加转场效果）：

```
01 from moviepy.editor import VideoFileClip,concatenate_videoclips
02 clip1 = VideoFileClip("Python表达式.mp4").subclip(100,120)
03 clip2 = VideoFileClip("Python语言的发展经历.mp4").subclip(200,230)
04 clip3 = VideoFileClip("Python考试介绍.mp4").subclip(50,130)
05 clip4 = VideoFileClip("转场.mp4").subclip(0,2)
06 clip12 = concatenate_videoclips([clip1,clip2], method='compose', transition=clip4, padding
= -0.5)
07 clip_all = concatenate_videoclips([clip12,clip3])
08 clip_all.write_videofile("Python表达式2.mp4")
```

第2～5行代码分别创建了4个视频剪辑对象clip1、clip2、clip3、clip4，其中clip4用于转场，持续时间为2秒。

第6行代码使用concatenate_videoclips()将视频剪辑对象clip1和clip2进行串联，并使用clip4实现转场效果。返回值为视频剪辑对象clip12。

第7行代码再次使用concatenate_videoclips()将视频剪辑对象clip12和clip3进行简单串联。至此即实现了视频的多次串联，并且只在clip1和clip2之间添加了转场效果。

19.2.5 导出视频图片

本小节主要介绍类VideoClip中的3种截取视频画面的方法，分别为save_frame()方法、write_images_sequence()方法和write_gif()方法，其中write_gif()方法用于将视频画面制作为.gif格式图片。

- **save_frame() 方法**

save_frame()方法的使用形式如下：

```
视频剪辑对象.save_frame(filename, t=0, withmask=True)
```

功能：用于实现导出视频中某一时间的帧画面。

参数filename：表示将要导出的图片的名称（通用的图片格式均可作为图片的扩展名）。

参数t：指视频的时间帧，即要导出的帧画面所在的时间。

参数withmask：值为True时表示有遮罩，遮罩保存在图片的alpha层（仅适用于.png格式）。

示例代码：

```
01 from moviepy.editor import VideoFileClip
02 clip1 = VideoFileClip("Python表达式.mp4").subclip(100,120)
03 clip1.save_frame("视频帧.png",t=10)
```

第3行代码使用save_frame()方法导出视频剪辑对象clip1中第10秒的帧画面，并将其保存为“视频帧.png”图片。

执行代码后将会在相对路径的文件夹中生成一张图片，读者可自行实践并观察执行代码后生成的图片的效果。

- **write_images_sequence() 方法**

write_images_sequence()方法的使用形式如下：

```
write_images_sequence(nameformat , fps=None, verbose=True, withmask=True, logger='bar')
```

功能：用于实现导出视频中某一时间段的多帧画面。

参数nameformat：指导出的视频帧画面的图片名称，由于需要导出多帧画面，因此图片名称是一种模板形式，例如'Python%3d.png'表示导出的图片为.png格式，图片名称开头为Python，Python后由3位数字组成，从000开始，即第1张图片的名称为'Python000.png'。还可以将图片保存到指定的文件夹中，例如'Out_picture/Python%3d.png'表示导出的图片将会保存到Out_picture文件夹中，但Out_picture文件夹必须是已存在的，否则会引发报错。

参数fps：表示每秒从视频剪辑对象中导出的帧画面张数，其数据类型可以是整数类型或空值（None）类型，当值为None时，表示默认使用视频的属性fps，即导出每一帧画面。

参数verbose：表示是否输出信息。

参数withmask：参数值为True时表示视频存在遮罩，将导出遮罩，但图片格式必须为.png。

参数logger：值为'bar'时输出帧画面的导出进度信息，值为None时则不输出帧画面的导出进度信息。

示例代码：

```
01 from moviepy.editor import VideoFileClip
02 cIip1 = VideoFileClip("Python表达式.mp4").subclip(100,110)
03 clip1.write_images_sequence('some_folder/frame%04d.jpeg',fps = 5 ,logger=None)
```

第2行代码使用类VideoFileClip获取视频文件“Python表达式.mp4”中第100～110秒的视频内容，并将返回的视频剪辑对象赋值给clip1。由于类VideoFileClip继承了父类VideoClip，因此在编写代码时可以直接使用类VideoClip中的所有方法。

第3行代码使用类VideoClip中的write_images_sequence()方法从clip1中导出图片，且每一秒输出5张图片。执行代码后即可在some_folder文件夹中看到导出的帧画面图片。

如图19-11所示的内容为导出的视频帧画面，一共50张图片，因为clip对象的视频时长为10秒，平均每秒钟导出5张帧画面图片，总共50张图片，且所有图片均按名称从“frame0000.jpeg”到“frame0049.jpeg”依次排列。

图 19-11

- **write_gif() 方法**

write_gif()方法的使用形式如下：

```
write_gif(filename, fps=None, program='imageio', opt='nq', fuzz=1, tempfiles=False, logger='bar')
```

功能：用于实现从视频中导出具有动画效果的.gif格式图片。

参数filename：表示导出的.gif格式图片的名称，其数据类型为字符串类型。

参数fps：表示每秒从视频剪辑对象中导出的帧画面张数，并将这些画面作为gif图片中的一部分。其数据类型可以是整数类型或空值类型。如果参数值为None，表示默认使用视频的属性fps，即导出每一帧画面。

参数program：表示使用哪种转换程序来将导出的图片转换为.gif格式图片。值可以为'imageio'、'ImageMagick'或'ffmpeg'，默认使用'imageio'。选用不同的转换程序会得到不同质量的.gif格式图片，无特殊要求选择默认值即可。

参数opt：表示转换图片格式时所选用的优化算法。当参数program值为'imageio'时，opt的值可以为'wu'（或'Wu'）或'nq'。当参数program值为'ImageMagick'时，opt的值可以为'optimizeplus'或'OptimizeTransparency'。如果无特殊要求，选择默认值即可。

参数fuzz：表示压缩图片时可接受的模糊度。

参数tempfiles：表示当计算机内存较小时，可以选择将每一帧写入一个文件，而不通过RAM（Random Access Memory，随机存储器）传递文件。只能在参数program值为'ImageMagick'或'ffmpeg'时使用。

参数logger：值为'bar'时输出图片的导出进度信息，值为None时则不输出图片的导出进度信息。

示例代码：

```
01 from moviepy.editor import VideoFileClip
02 clip1 = VideoFileClip("Python表达式.mp4").subclip(0,20)
03 clip1.write_gif('Python表达式.gif',fps = 1)
```

第2行代码使用类VideoFileClip获取视频文件“Python表达式.mp4”中第0～20秒的视频内容，并将返回的视频剪辑对象赋值给clip1。由于类VideoFileClip继承了父类VideoClip，因此在编写代码时可以直接使用类VideoClip中的所有方法。

第3行代码使用类VideoClip中的write_gif()方法从clip1中导出多张图片并组合成一张.gif动图。设置平均每一秒输出1帧画面，最终组合的动图名为“Python表达式.gif”。

由于本书无法展示动图的显示效果，读者可自行实践并观察执行代码后输出的.gif图片的效果。

动图将实时播放剪辑中的多张图片，如果需要改变.gif图片的播放速度，只能改变视频剪辑对象clip1的帧速率。改变视频帧速率可以使用speedx()方法，例如以下示例代码中的第3行代码，clip1.speedx(0.5)表示将视频剪辑对象clip1的帧速率减小一半。

示例代码：

```
01 from moviepy.editor import VideoFileClip
02 clip1 = VideoFileClip("Python表达式.mp4").subclip(0,20)
03 clip1.speedx(0.5).write_gif('Python表达式.gif',fps = 1)
```

19.2.6 设置视频画面尺寸

在视频剪辑对象中使用resize()方法可以实现设置视频的画面尺寸。其使用形式如下：

```
视频剪辑对象.resize()
```

其中参数值有以下3种形式。

第1种，参数为数值。例如当参数值为0.5时，表示视频画面尺寸为原视频画面尺寸的50%。

第2种，参数为width=数值。指定视频的宽度，对应高度按原视频尺寸比例自动调节。

第3种，参数为height=数值。指定视频的高度，对应宽度按原视频尺寸比例自动调节。

如果同时指定了width和height的值，则不能改变视频原来的尺寸比例。

示例代码：

```
01 from moviepy.editor import VideoFileClip
02 clip = VideoFileClip("Python表达式.mp4").subclip(100,110)
03 clip1 = clip.resize(width=480)
04 clip2 = clip.resize(0.5)
05 clip3 = clip.resize(height = 480)
06 clip1.write_videofile("Python表达式1.mp4")
07 clip2.write_videofile("Python表达式2.mp4")
08 clip3.write_videofile("Python表达式3.mp4")
```

第3行代码设置视频剪辑对象clip的宽度为480像素。由于resize()方法不能直接修改原clip的尺寸，而是以副本的形式返回，因此要将修改了尺寸的副本剪辑对象保存为变量clip1。

第4行代码设置视频宽度为原视频的0.5倍，返回的副本视频剪辑对象名为clip2。

第5行代码设置视频高度为480像素，返回的副本视频剪辑对象名为clip3。

第6～8行代码分别导出clip1、clip2、clip3视频剪辑对象。

执行代码后将会生成3个视频文件，读者可观察视频的画面宽度和高度，在Windows系统中可以先通过鼠标右键单击这3个视频，然后在相应属性对话框中查看视频的详细信息，如图19-12～图19-14所示。

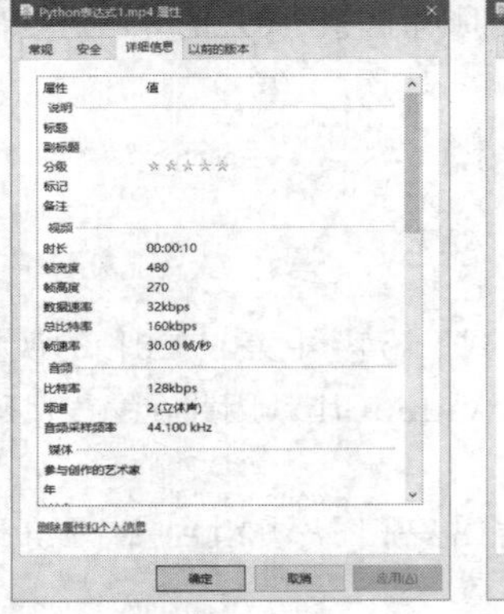

图 19-12

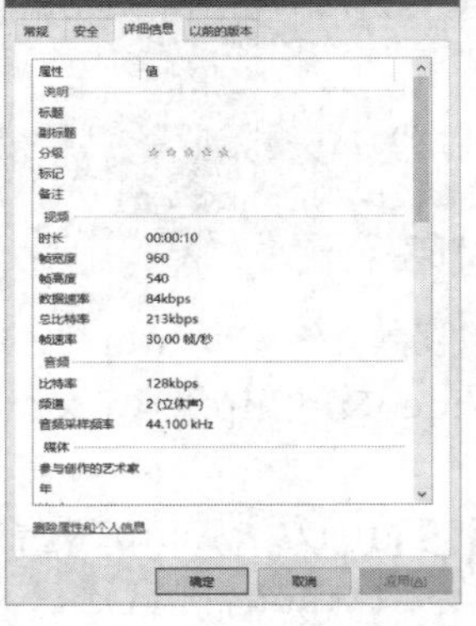

图 19-13

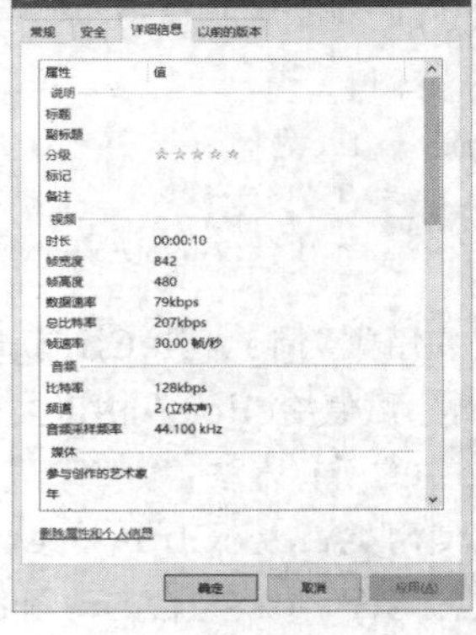

图 19-14

19.2.7 预览视频

moviepy库中为视频剪辑对象提供了show()和preview()方法以实现视频预览功能（视频预览功能依赖于pygame库，读者需要单独安装pygame库）。

show()方法用于在没有写入文件的情况下预览视频剪辑对象中的一帧。其使用形式如下：

```
视频剪辑对象.show(t, interactive = True)
```

参数t：指定需要显示的某一帧视频画面的时间。

参数interactive：表示以交互的形式显示某帧画面，当单击该画面中的任意位置时，将输出该位置的坐标和RGB颜色。按Esc键即可关闭视频预览窗口。

preview()方法用于实现视频预览。其使用形式如下：

```
视频剪辑对象.preview(fps=None, audio=False)
```

参数fps：设置视频播放的帧速率。

参数audio：表明是否播放音频。

preview()方法默认具有show()中参数interactive的效果，即单击视频画面中的某一位置时，会输出该位置的坐标和RGB颜色。

示例代码（实现视频预览）：

```
01 from moviepy.editor import VideoFileClip
02 clip = VideoFileClip("Python表达式.mp4").subclip(100,120)
03 clip.preview()
```

第3行代码使用preview()方法实现预览"Python表达式.mp4"中第100到120秒的内容。

代码执行结果：

```
time, position, color :  1.000, (1041, 305), [88 88 88]
time, position, color :  8.533, (341, 629), [125  77  73]
time, position, color :  12.467, (1139, 785), [102  93   0]
```

执行代码后将弹出图19-15所示的视频预览窗口并自动播放该视频。当用户单击视频画面中的某一位置时，会自动输出视频当前的播放时间、单击的位置及相应的RGB颜色。该输出结果为笔者实践操作后的结果，读者可根据自己的实际情况进行实践操作并观察输出结果。

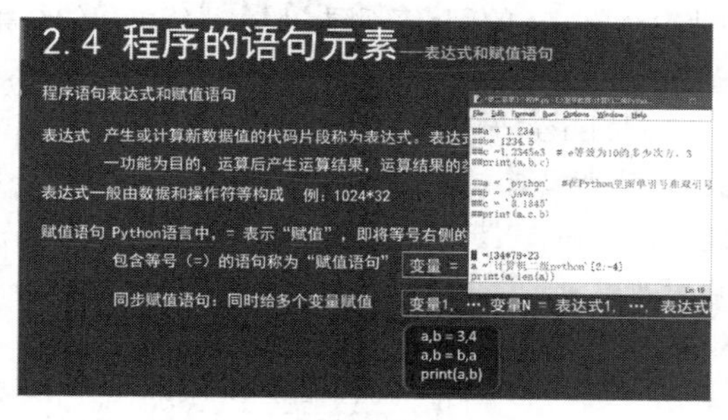

图 19-15

接下来介绍当视频预览出现错误时的处理方法。

示例代码（执行代码后出现的异常报错信息）：

```
[WinError 2] 系统找不到指定的文件。
This error can be due to the fact that ImageMagick is not installed on your computer, or (for
Windows users) that you didn't specify the path to the ImageMagick binary in file conf.py, or
that the path you specified is incorrect
```

出现这种错误的原因是视频预览功能的实现依赖于ImageMagick程序，ImageMagick用于创建、编辑、合成或转换数字图像。读者需要进入ImageMagick官网下载该程序，官网提供了多个版本的ImageMagick程序，如图19-16所示，其中Linux Binary Release表示Linux系统二进制发行版本、Mac OS X Binary Release表示macOS系统二进制发行版本、iOS Binary Release表示iOS系统二进制发行版本、Windows Binary Release表示Windows系统二进制发行版本。读者可根据自己计算机的操作系统选择对应的ImageMagick下载链接并进行后续的下载和安装。

如果读者的计算机使用Windows系统，还需要进行下一步的配置，配置步骤如下。其他操作系统在安装完moviepy库后会自动检测ImageMagick程序，因此无须进行下一步的配置。

步骤1，打开moviepy库安装目录中的moviepy/config_defaults.py文件（以文本文件的形式打开）。

步骤2，将文件的最后一行内容os.getenv('IMAGEMAGICK_BINARY','auto-detect')替换为ImageMagick的安装地址，例如"D:\\Program Files\\ImageMagick-7.1.0-Q16-HDRI\\magick.exe"（笔者计算机中ImageMagick的安装地址），保存文件之后即可完成ImageMagick的配置。

在确保pygame库和ImageMagick程序都安装好的情况下，读者即可再次运行代码并观察视频的预览效果。

图 19-16

19.2.8 同时显示多个视频

类CompositeVideoClip用于实现将多个视频剪辑对象共同显示在同一视频画面中。其使用形式如下：

```
CompositeVideoClip(clips, size=None, bg_color=None, use_bgclip=False)
```

参数clips：表示需要共同显示的视频剪辑对象clip列表，列表中最左边的视频剪辑对象在视频的底层，最右边的视频剪辑对象在视频的顶层。例如[clip1,clip2,clip3]，其中clip2的内容覆盖于clip1之上，clip3的内容覆盖于clip2之上。若不同视频剪辑对象clip的fps值不同，那么最终输出的视频的fps值为clips列表中视频的最高fps值。

参数size：指视频的最终尺寸，例如size=(1920,1080)。

参数bg_color：设置背景颜色（当背景有未填充的区域时）。

参数use_bgclip：当参数值为True时，表示将列表clips中的第1个视频剪辑对象作为所有视频剪辑对象的背景。当参数值为False时，不设置效果。

示例代码：

```
01 from moviepy.editor import VideoFileClip,CompositeVideoClip
02 clip = VideoFileClip("Python表达式.mp4").subclip(100,110).margin(10)
03 clip1 = clip.resize(0.7).set_position((50,250))
04 clip2 = clip.resize(width=780).set_position(("center","center"))
05 clip_all = CompositeVideoClip([clip,clip1,clip2])
06 clip_all.write_videofile("Python表达式1.mp4")
```

第2行代码使用margin()方法设置视频剪辑对象的边框，其中的参数为边框的宽度，单位为像素。这里为视频剪辑对象clip设置了一个宽度为10像素的边框。

第5行代码使用类CompositeVideoClip将视频剪辑对象clip、clip1、clip2分别组合在同一个视频画面中，且返回一个新的视频剪辑对象clip_all。

第6行代码导出视频剪辑对象clip_all的内容。

执行代码后的输出结果如图19-17所示，该视频中包含3个画面，这些画面都是原视频“Python表达式.mp4”中的内容。其中clip位于视频底层，整个视频的画面大小没有进行修改。clip1位于clip之上，且clip1的画面大小是原视频画面大小的0.7倍。clip2位于clip1之上，且clip2的画面宽度为780像素。

第3、4行代码都分别对视频剪辑对象clip1和clip2先后使用了resize()方法和set_position()方法。当数据对象后面存在多个方法时，需按照从左到右的顺序依次执行，并在前一个方法返回的数据的基础上再执行下一个方法。因此clip1先将视频的画面大小通过resize()方法设置为原视频画面大小的0.7倍，再对调整画面大小后的视频剪辑对象执行set_position()方法。set_position()方法用于设置画面的位置。其使用形式如下：

```
set_position(pos, relative=False)
```

功能：设置视频剪辑对象的位置，适用于类CompositeVideoClip将多个剪辑对象在同一画面中显示。

参数pos：设置组合中视频剪辑对象的位置，通常以元组(*x*,*y*)的形式表示。如图19-18所示，*x*表示从屏幕原点（左上角的顶点位置）向右移动的位置，*y*表示从屏幕原点向下移动的位置。

注意

参数pos的值有以下3种表示形式。

第1种，*x*和*y*为数值。例如(50,250)表示距离原点右移50个px，下移250个px的位置。

第2种，*x*和*y*的值在0和1之间。表示形式为百分比（小数），例如(0.4,0.7)表示位于相对于原视频宽度的0.4倍和高度的0.7倍位置处。需要注意的是只有当参数relative为True时，这种表示形式才会生效。

第3种，使用'center'、'left'、'right'、'top'、'bottom'分别表示居中、左对齐、右对齐、顶部对齐、底部对齐。例如('center','center')表示视频剪辑对象的对齐方式为水平居中对齐、垂直居中对齐。

参数relative：表示相对位置。

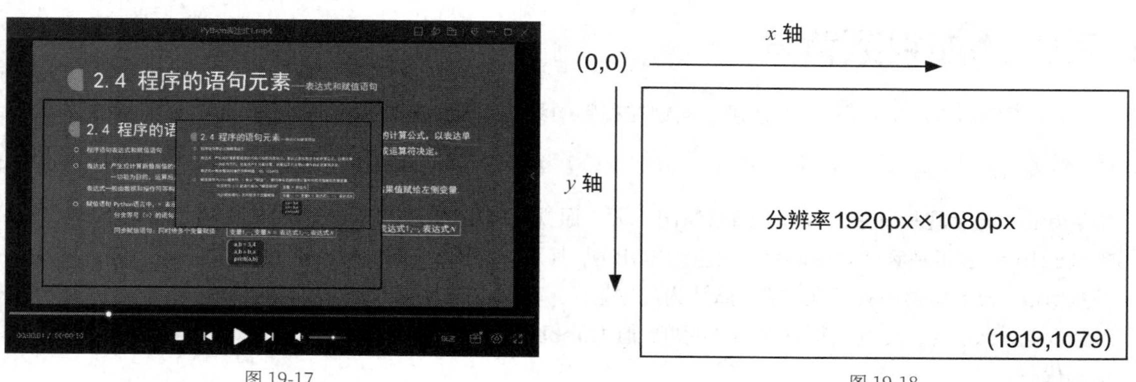

图 19-17　　图 19-18

画面在视频窗口中移动的效果可以利用关键字lambda实现，例如以下代码：

```
01 from moviepy.editor import VideoFileClip,CompositeVideoClip
02 clip = VideoFileClip("Python表达式.mp4").subclip(100,110).margin(10)
03 clip1 = clip.resize(0.7).set_position((0.3,0.3))
04 clip2 = clip.resize(width=780).set_position(lambda t: ('center', 100+20*t))
05 clip_all = CompositeVideoClip([clip,clip1,clip2])
06 clip_all.write_videofile("Python表达式1.mp4")
```

在第4行代码中，set_position()方法的参数使用了lambda语句（详见5.6节），lambda语句中的t表示时间，单位为秒，即每秒钟移动的位置为('center',100+20*t)，视频剪辑对象的时长为10秒钟，因此t的值为0～9，对应位置分别为('center',100)、('center',120)、('center',140)、('center',160)、('center',180)、('center',200)、('center',220)、('center',240)、('center',260)、('center',280)。图19-19～图19-22所示分别

为第0秒时clip2的位置、第4秒时clip2的位置、第6秒时clip2的位置及第8秒时clip2的位置。

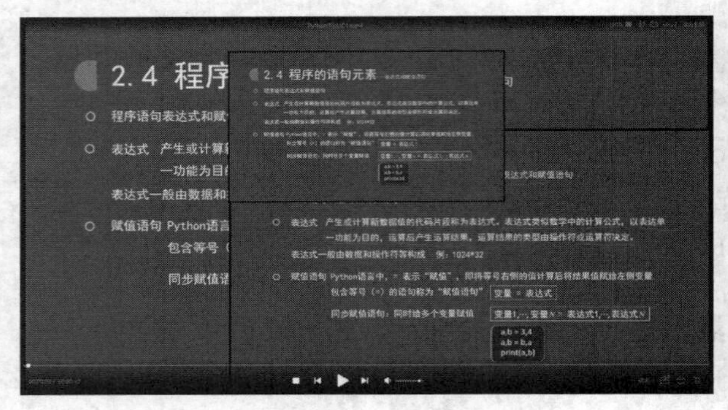

图 19-19

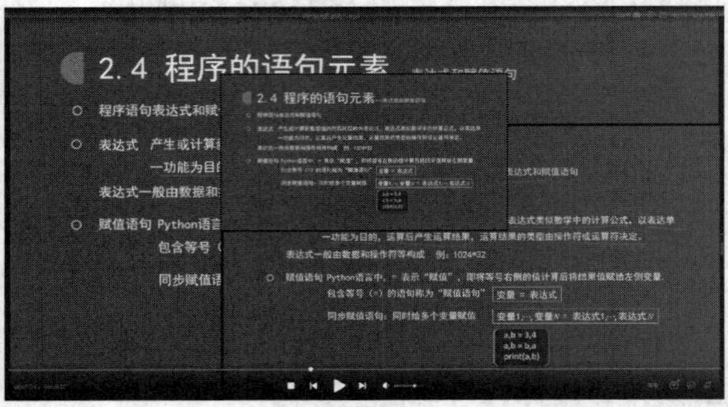

图 19-20

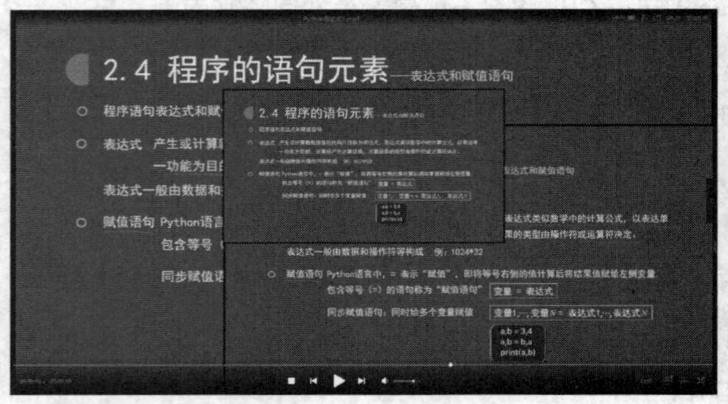

图 19-21

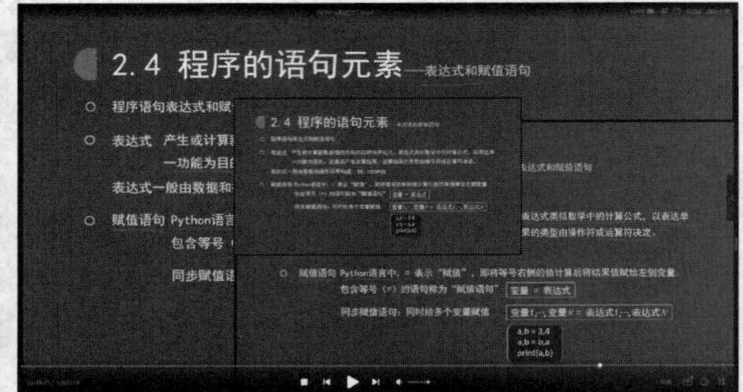

图 19-22

19.2.9 添加视频背景

类VideoClip中的on_color()方法用于实现在视频中添加背景。其使用形式如下：

```
视频剪辑对象.on_color(size=None, color=(0, 0, 0), pos=None, col_opacity=None))
```

参数size：表示视频背景的尺寸（通常情况下大于原视频背景的尺寸）。

参数color：表示视频背景的颜色，颜色为RGB值，其形式为由3位数值组成的元组。

参数pos：表示剪辑视频所在位置，默认为居中。

参数col_opacity：设置视频背景的透明度，值为0～1。

示例代码：

```
01 from moviepy.editor import VideoFileClip
02 clip1 = VideoFileClip("Python表达式.mp4").subclip(0,5)
03 clip1 = clip1.on_color(size=(1920,3500),color=(240,248,255),col_opacity=0.8)
04 clip1.write_videofile("Python表达式2.mp4")
```

第2行代码使用类VideoFileClip获取视频文件“Python表达式.mp4”中第0～5秒的视频内容，并将返回的视频剪辑对象赋值给clip1。由于类VideoFileClip继承了父类VideoClip，因此在clip1对象中可以直接使用类VideoClip中的所有方法。

第3行代码对视频剪辑对象clip1使用on_color()方法，实现给视频剪辑对象clip1增加背景颜色，且背景尺寸1920px×3500px。背景颜色的RGB值为（R:240，G:248，B:255），透明度为0.8。

第4行代码导出视频剪辑对象clip1，执行代码后的显示效果如图19-23所示，原视频位于正中心，此效果与抖音、快手等短视频平台通用的9∶16视频画面比例效果相似。

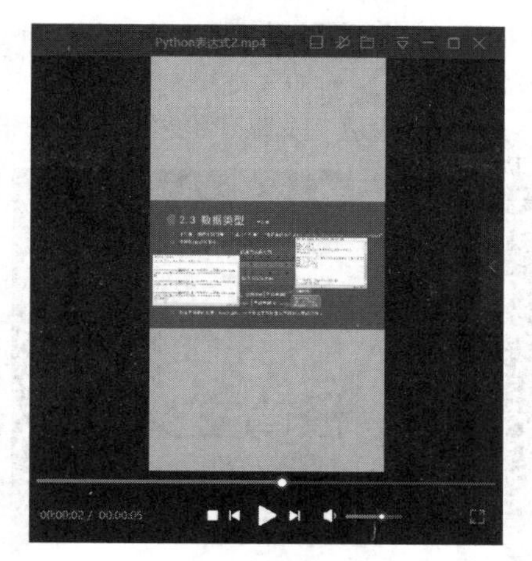

图 19-23

19.3 视频图片处理

本节主要介绍在视频中添加图片的方法。类ImageClip用于创建一个图片剪辑对象，可以将该对象插入视频中作为一个片段或作为视频画面中的一部分，从而实现制作电子相册、添加视频Logo、添加视频水印等。

19.3.1 图片类 ImageClip

类ImageClip继承于父类VideoClip，类VideoClip继承于父类Clip。因此由类ImageClip创建的对象的数据类型与由类VideoFileClip创建的对象的数据类型相同（类VideoClip和类Clip中的所有方法在图片剪辑对象中均可使用）。类ImageClip的使用形式如下：

```
ImageClip(img, duration=None)
```

功能：读取图片文件，并返回一个图片剪辑对象。

参数img：指图片文件，也可以是视频文件中的某一帧画面。文件格式可以为.png、.tiff、.jpeg等。

参数duration：表示图片持续显示的时间，单位为秒。

返回值：返回一个图片剪辑对象。

示例代码（将多张图片串联组合成电子相册）：

```
01 from moviepy.editor import ImageClip,concatenate_videoclips
02 img1 = ImageClip('聪明的投资者.jpg',duration=5)
03 img2 = ImageClip('极简主义.jpg',duration=5)
04 img3 = ImageClip('善用时间.jpg',duration=5)
05 clip_all = concatenate_videoclips([img1,img2,img3])
06 clip_all.write_videofile("Python表达式2.mp4",fps = 1,codec = 'mpeg4')
```

第2～4行代码使用类ImageClip读取了图片“聪明的投资者.jpg”、图片“极简主义.jpg”和图片“善用时间.jpg”，并且分别返回3个图片剪辑对象，每个剪辑对象的时长为5秒。

第5行代码使用concatenate_videoclips()将3个图片剪辑对象依次串联，并返回串联后的剪辑对象clip_all。

第6行代码导出由3张图片串联的视频文件“Python表达式2.mp4”。其中fps设置为1（每张图片固定播放5秒钟且无动画效果，因此fps值可以较小），编解码器使用'mpeg4'（使用默认编解码器时若出现“雪花”等异常，读者可尝试更换为其他编解码器）。

执行代码后打开“Python表达式2.mp4”视频文件，将会依次播放3张图片，如图19-24～图19-26所示。

图 19-24

图 19-25

图 19-26

示例代码（将图片剪辑对象与视频剪辑对象进行串联）：

```
01 from moviepy.editor import ImageClip,concatenate_videoclips,VideoFileClip
02 clip1 = VideoFileClip("Python表达式.mp4").subclip(0,5)
03 img1 = ImageClip('聪明的投资者.jpg',duration=5)
04 clip_all = concatenate_videoclips([clip1,img1])
05 clip_all.write_videofile("Python表达式2.mp4")
```

第2行代码获取的剪辑对象为视频文件的片段。

第3行代码获取图片剪辑对象，持续时间为5秒。

第4行代码将视频剪辑对象和图片剪辑对象串联为一个视频文件。

以上代码仅能实现简单的图片串联，通常电子相册还需要添加音乐、转场特效等，如果需要实现完整的电子相册功能，读者可以继续学习后面的内容。

19.3.2 嵌入图片

视频中还可以嵌入图片，例如给视频添加Logo图片、水印图片、动态跑马灯图片等。

示例代码（给视频添加Logo图片）：

```
01 from moviepy.editor import VideoFileClip,ImageClip,CompositeVideoClip
02 clip = VideoFileClip("Python表达式.mp4").subclip(100,120)
03 logo = ImageClip('Python图标.png',duration=clip.duration)
04 logo = logo.set_position((0, 30))
05 logo = logo.resize(width = 300)
06 clip_all = CompositeVideoClip([clip,logo])
07 clip_all.write_videofile("Python表达式1.mp4")
```

第2行代码使用类VideoFileClip创建一个剪辑对象clip，且截取其中第100秒到120秒的视频内容。

第3行代码使用类ImageClip创建一个图片剪辑对象，设置持续时间duration为剪辑对象clip的持续时间，即20秒。'Python图标.png'是Python的图标（图标通常为.png格式，其背景颜色为透明色，可通过“抠图”方式获取）。

第4行代码使用set_position()方法设置Logo图片的位置为(0,30)。由于类ImageClip继承于父类VideoClip，因此还具有类VideoClip中的set_position()方法。

第5行代码使用resize()方法修改Logo图片的宽度为300像素。

第6行代码使用类CompositeVideoClip将多个剪辑对象组合在了一起，但不是简单的串联，它使得图片和视频能在同一个画面中播放。

第7行代码将组合后的clip_all对象导出。执行代码后打开导出的视频文件，其播放效果如图19-27所示。

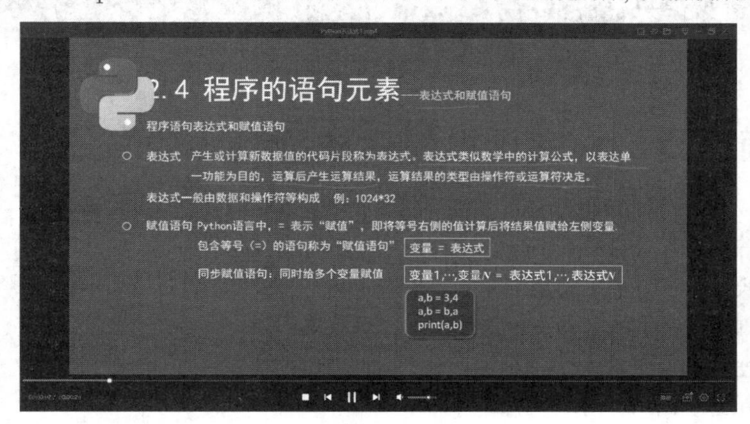

图 19-27

示例代码（实现动态移动图标效果）：

```
01 from moviepy.editor import VideoFileClip,ImageClip,CompositeVideoClip
02 clip = VideoFileClip("Python表达式.mp4").subclip(100,120)
03 logo = ImageClip('Python图标.png',duration=clip.duration)
04 logo = logo.resize(width = 300).set_position(lambda t: (96*t, 54*t))
05 clip_all = CompositeVideoClip([clip,logo])
06 clip_all.write_videofile("Python表达式1.mp4")
```

第4行代码中的set_position()方法使用lambda语句，以实现让图片剪辑对象在视频中按照时间移动，移动的轨迹为从左上角到右下角。读者可以自行通过算法设计图片剪辑对象的移动轨迹。

执行代码后打开导出的视频文件“Python表达式1.mp4”，其播放效果如图19-28～图19-31所示，分别为第0秒时图标的位置、第2秒时图标的位置、第7秒时图标的位置及第12秒时图标的位置。

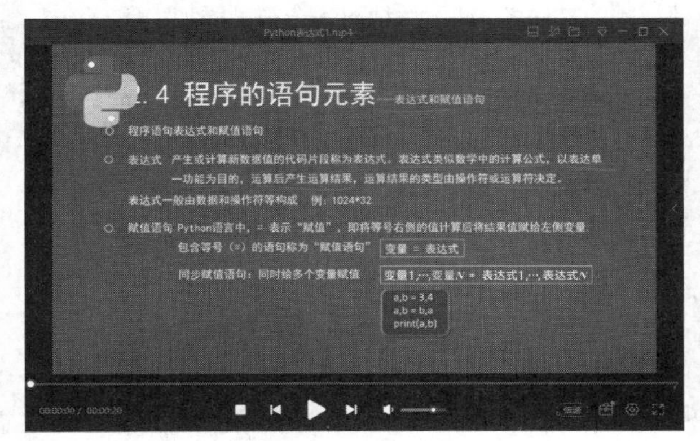

图 19-28

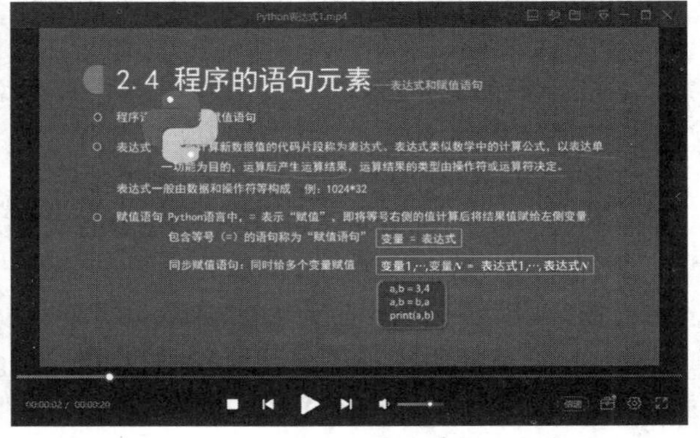

图 19-29

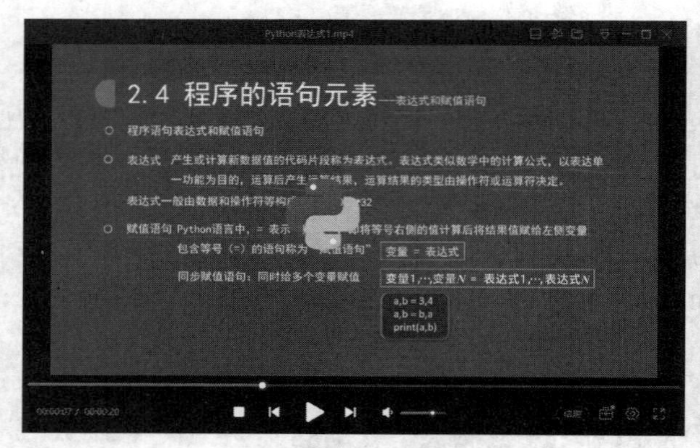
图 19-30

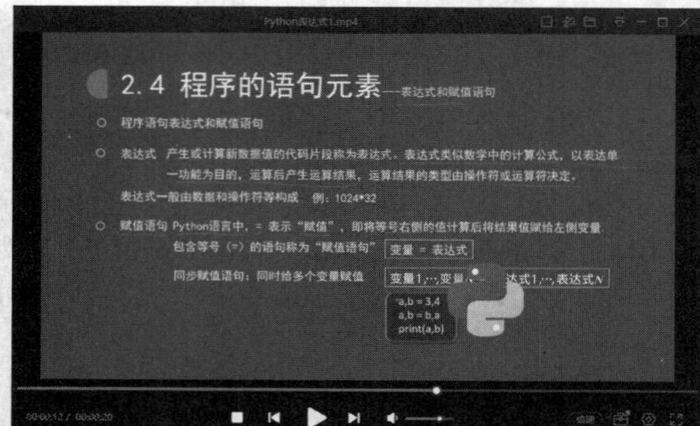
图 19-31

19.3.3 小项目案例：实现批量生成视频水印

项目任务

设计一个代码程序，实现自动给文件夹中的所有视频添加公司的水印。

项目实现步骤

步骤1，获取文件夹中全部视频的文件名。

步骤2，使用类VideoFileClip读取视频文件。

步骤3，使用类ImageClip读取水印图片。

步骤4，将视频与图片进行组合并导出视频文件。

项目实现代码

```
01 import os
02 from moviepy.editor import VideoFileClip , ImageClip, CompositeVideoClip
03 for file_name in os.listdir('./视频'):
04     file_adr = './视频/' + file_name
05     file_new_adr = './视频水印/' + file_name
06     clip = VideoFileClip(file_adr)
07     logo = ImageClip('水印图标.png',duration=clip.duration)
08     logo.set_pos((10, 30))
09     logo = logo.resize(width = 200)
10     clip_all = CompositeVideoClip([clip,logo])
11     clip_all.write_videofile(file_new_adr)
```

第3行代码使用os库中listdir()方法获取文件夹中全部视频的文件名，便于后续对每个视频添加水印。

第4行代码获取全部视频文件的完整path。

第5行代码创建添加水印后的文件保存path，即将添加水印后的视频保存到当前代码所在文件夹下的“视频水印”文件夹中。

第6行代码使用类VideoFileClip读取视频文件，返回视频剪辑对象clip。

第7行代码使用类ImageClip读取了水印图片文件，且设置持续时间为视频剪辑对象clip的持续时间。

第8行代码设置水印位置为(10,30)。

第9行代码设置水印的宽度为200像素。

第10行代码将视频剪辑对象clip和图片剪辑对象logo组合为一个剪辑对象clip_all。

第11行代码导出视频文件到file_new_adr所指向的路径。

执行代码后程序将自动为整个文件夹中的全部视频文件添加水印，实现办公自动化的效果，大大提高办公效率，读者可尝试执行代码，自动完成批量任务。

19.4 视频音频处理

本节主要介绍音频的处理，在19.2～19.3节对视频的处理过程中，所有的音频都默认使用与视频相同的处理方式。moviepy库中也有可单独用于处理音频文件的方法。

19.4.1 音频类 AudioFileClip

在moviepy库中可以使用类AudioFileClip实现读取音频文件或从视频文件中提取音频内容。其使用形式如下：

```
AudioFileClip(filename, buffersize=200000, nbytes=2, fps=44100)
```

参数filename：指音频文件名，可以是单纯的音频文件或带有音频的视频文件。

参数buffersize：指缓冲区大小，缓冲不是一次性加载全部内存，而是读取一部分内容后再读取下一部分内容。设置缓冲区大小有利于读取大型音频文件，避免内存消耗过多导致计算机卡顿。默认缓冲区大小为20000KB。

参数nbytes：指音频文件中每一帧的位数。

参数fps：指音频文件中每一秒的帧数

返回值：返回一个音频剪辑对象。

示例代码：

```
01 from moviepy.editor import AudioFileClip
02 audioclip1 = AudioFileClip("爱我中华.mp3")
03 audioclip2 = AudioFileClip("Python表达式.mp4")
04 audioclip1.preview()
05 audioclip2.preview()
```

第2行代码使用类AudioFileClip()方法读取音频文件“爱我中华.mp3”。

第3行代码使用类AudioFileClip()方法读取视频文件“Python表达式.mp4”中的音频内容，也可以通过类VideoFileClip读取视频文件后使用audio属性获取视频文件中的音频。

第4、5行代码分别预览音频文件，将会自动播放音频文件内容，而不会播放视频内容。

类AudioFileClip继承了父类AudioClip，而类AudioClip又继承了父类Clip，因此类AudioFileClip和类VideoFileClip（详见19.2.1小节）都继承自基础类Clip。几乎所有的可用于创建剪辑对象的类都继承了父类Clip，都拥有类Clip的所有方法，读者可查阅类Clip的源代码来详细了解。

19.4.2 添加或删除音频

类VideoFileClip中的set_audio()方法用于将音频内容添加到视频文件中，若视频文件中已存在音频内容，新添加的音频内容会覆盖原来的音频内容。类VideoFileClip中的without_audio()方法用于删除视频文件中的音频内容并以副本的形式返回。set_audio()方法和without_audio()方法的使用形式分别如下：

```
视频剪辑对象.set_audio(音频剪辑对象)
视频剪辑对象.without_audio()
```

示例代码：

```
01 from moviepy.editor import VideoFileClip,AudioFileClip
02 audioclip1 = AudioFileClip("爱我中华.mp3")
03 clip2 = VideoFileClip("Python表达式.mp4").subclip(100,120)
04 clip2 = clip2.set_audio(audioclip1)
05 clip2.preview()
```

第2行代码使用类AudioFileClip()读取音频文件"爱我中华.mp3"。

第3行代码使用类VideoFileClip()读取了视频文件"Python表达式.mp4"，并且获取100到120秒的片段。

第4行代码在视频剪辑对象clip2中使用set_audio()方法设置其音频内容为"爱我中华.mp3"。

由于本书无法展示音频信息，读者可执行代码后观察视频的播放效果。

19.4.3 设置音频音量

如果需要对音频的音量进行设置，可以使用音频剪辑对象中的volumex()方法。其使用形式如下：

```
音频剪辑对象.volumex(x)
```

参数x：指原音量的倍数，其数据类型为浮点数类型，例如volumex(0.5)表示设置音量为原音量的0.5倍。

返回值：以副本的形式返回设置好的新音频剪辑对象。

示例代码：

```
01 from moviepy.editor import AudioFileClip
02 audioclip1 = AudioFileClip("爱我中华.mp3")
03 audioclip1 = audioclip1.volumex(0.1)
04 audioclip1.preview()
```

第2行代码使用类AudioFileClip()读取音频文件"爱我中华.mp3"，并返回音频剪辑对象audioclip1。

第3行代码使用volumex()设置新的音频剪辑对象的音量为原音量的0.1倍。

由于本书无法展示音量的大小，读者可执行代码后感受音频音量的变化。

19.5 视频文字处理

本节主要介绍视频中的文字的处理方法。在视频中添加文字可以使用moviepy库中的类TextClip实现，其功能为创建一个文本剪辑对象。类TextClip继承了父类ImageClip，类ImageClip继承了父类VideoClip，类VideoClip继承了父类Clip。因此类TextClip拥有与图片剪辑对象、视频剪辑对象相同的方法。

19.5.1 添加文字特效

给视频中的文字添加特效需要用到类TextClip，给文字添加特效的本质是将文本内容以图片的形式进行处理。类TextClip的使用形式如下：

```
TextClip(txt=None, filename=None, size=None, color='black', bg_color='transparent',
fontsize=None, font='Courier', stroke_color=None, stroke_width=1, method='label',
kerning=None, align='center', transparent=True)
```

功能：创建一个文本剪辑对象。

参数txt：表示写入视频的文字内容，其数据类型为字符串类型。

参数filename：表示写入视频的文字内容可以直接从文件中读取，而不需使用参数txt。

参数size：表示文字的总体大小，其数据类型为字符串类型。

参数color：表示文字的颜色，默认为黑色。此处参数color的值为相应颜色的小写英文名称，具体的参数值可参考本书附录中的“常见颜色码对照表”。

参数bg_color：表示背景颜色，默认为透明色。

参数fontsize：表示字体大小，单位为像素。

参数font：表示字体，默认使用'Courier'字体。Windows系统用户可以在C:\Windows\Fonts路径中查看当前计算机中的所有可用字体。macOS系统用户进入“字体册”即可查看当前计算机中的所有可用字体。这里的参数font默认仅支持英文字体，如果要使用中文字体可参考本章最后的项目案例。

参数stroke_color：表示文字边框颜色。

参数stroke_width：表示文字边框的宽度。

参数method：指定文字处理方法，默认值为'label'，表示图片将自动调整文字大小。当值为'caption'时文本将被绘制在带有'size'参数的固定大小的图片中。

参数kerning：设置文字之间的间距。例如kerning=-1会使文字之间的间距比默认间距小1像素。

参数align：表示对齐方向，值可以为center、East、West、South、North。需要注意只有当参数method为'caption'时align才起作用。

参数transparent：值为True时表示文字为透明色的。

示例代码：

```
01 from moviepy.editor import VideoFileClip,TextClip,CompositeVideoClip
02 clip = VideoFileClip("Python表达式.mp4").subclip(100,110)
03 txtClip = TextClip(txt='Python learning', fontsize=100,color='white',bg_color='black',
font="Castellar",kerning=5)
04 txtClip = txtClip.set_position((200,210)).set_duration(10)
05 clip_all = CompositeVideoClip([clip,txtClip])
06 clip_all.write_videofile("Python表达式1.mp4")
```

第3行代码使用类TextClip创建了内容为'Python learning'的文字，且设置字体大小为100像素、字体颜色为白色、背景颜色为黑色、字体为"Castellar"、文字间距增大5像素。

第4行代码设置添加的文字在x轴的位置为200，在y轴的位置为210，持续显示的时间为10秒。

第5、6行代码将视频和文字进行组合并导出。执行代码后打开“Python表达式1.mp4”视频文件，其播放效果如图19-32所示。

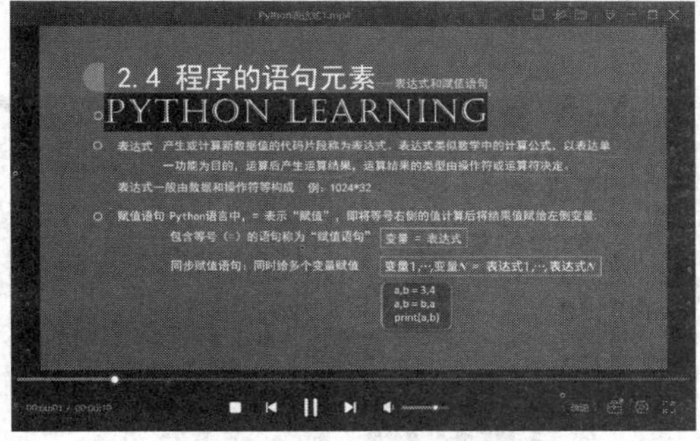

图 19-32

如果需要在指定的视频播放时间段内插入文字，可以使用类Clip中的set_start()方法和set_end()方法。其使用形式分别如下：

```
set_start(t, change_end=True)
```

参数t：表示剪辑对象的开始时间。

参数change_end：该参数的数据类型为布尔值类型，如果值为True且剪辑对象有duration属性值，则剪辑对象的结束时间为t+duration。如果值为False且剪辑对象有end属性值（可通过set_end()方法设置），则剪辑对象的持续时间duration的值为t-end。

```
set_end(t)
```

参数t：表示剪辑对象的结束时间。

示例代码：

```
01 from moviepy.editor import VideoFileClip,TextClip,CompositeVideoClip
02 clip = VideoFileClip("Python表达式.mp4").subclip(100,110)
03 txtClip = TextClip(txt='Python learning',fontsize=100,color='white',bg_color='black',font=
"Castellar",kerning = 5)
04 txtClip = txtClip.set_position((200,210)).set_start(t='00:00:01.850' ,change_end=False).
set_end(t='00:00:03.680')
05 clip_all = CompositeVideoClip([clip,txtClip])
06 clip_all.write_videofile("Python表达式1.mp4")
```

第4行代码设置txtClip文本剪辑对象的起始时间为'00:00:01.850'，结束时间为'00:00:03.680'，如此即可在该指定时间段内添加文字。读者可以思考一下如何使用代码将字幕文件自动添加到视频文件中（详见本章项目案例）。

19.5.2 设置滚动文字

滚动文字与弹幕的效果相同，可实现视频的顶部有文字按照从右向左的方向移动，其原理是设置文字剪辑对象的位置随时间而变化。

示例代码：

```
01 from moviepy.editor import VideoFileClip,TextClip,CompositeVideoClip
02 clip = VideoFileClip("Python表达式.mp4").subclip(100,110)
03 txtClip = TextClip(txt='Python learning', fontsize=50, color='white', kerning = 5)
04 txtClip = txtClip.set_start(t='00:00:01.150' ,change_end=False).set_end(t='00:00:07.980')
05 txtClip = txtClip.set_position(lambda t: (1920-300*t, 100))
06 clip_all = CompositeVideoClip([clip,txtClip])
07 clip_all.write_videofile("Python表达式1.mp4")
```

第5行代码在set_position()方法中使用lambda语句实现将文字剪辑对象动态移动，在第0秒时，位置为(1920,100)，第1秒时位置为(1620,100)，即随着时间的变化文字将依次从右向左每秒移动300像素。

执行代码后打开“Python表达式1.mp4”视频文件，显示效果如图19-33和图19-34所示，分别为第2秒时的字幕和第3秒时的字幕。

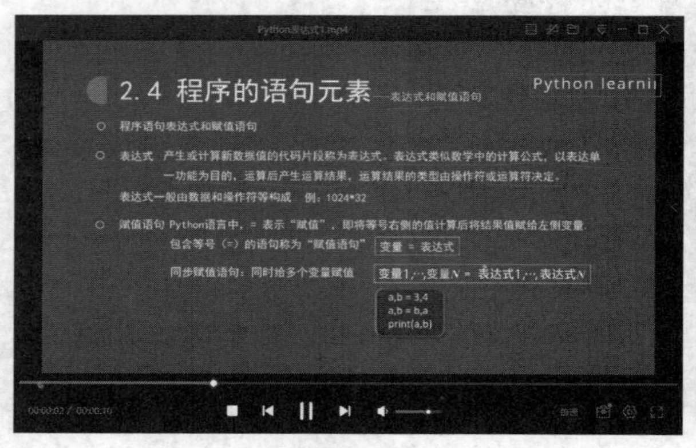

图 19-33

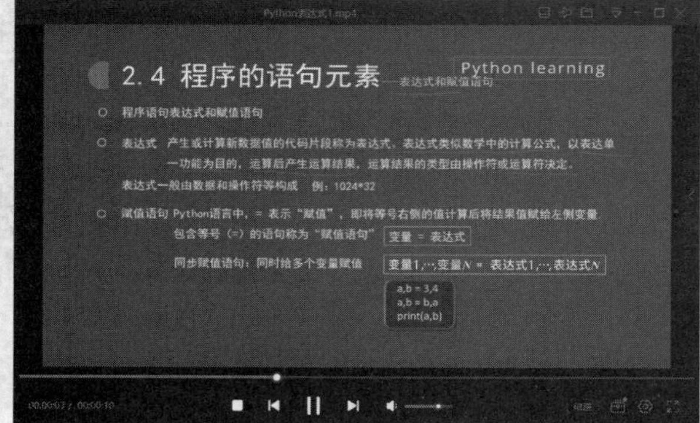

图 19-34

项目案例 实现自动添加视频字幕

项目任务

实现使用代码将字幕自动添加到视频文件中，无须人员手动在视频剪辑软件中进行操作。

项目实现步骤

根据19.5节的内容，要实现给视频文件自动添加字幕需要先解决以下两个问题。

问题1，如何识别字幕文件？

目前常见的字幕文件有.srt、.ssa、.ass等格式，均为纯文本格式文件。本书以.srt格式的字幕文件为例进行介绍，如图19-35所示的文件为“Python表达式.mp4”视频文件所配套的.srt格式字幕文件“程序的语句.srt”，由于.srt格式字幕文件为纯文本格式文件，因此可以使用记事本或写字板等工具打开它，打开后其内容如图19-36所示。

图 19-35

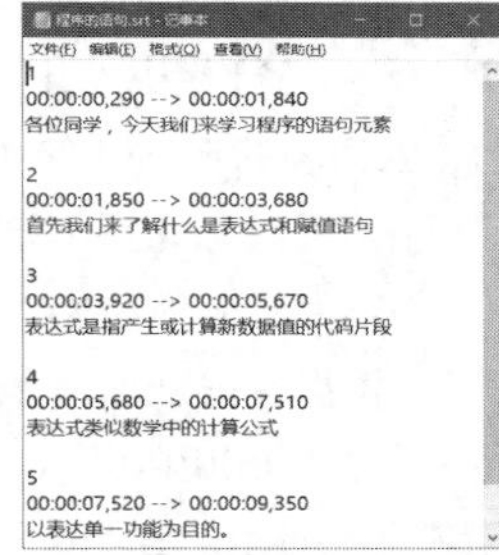

图 19-36

注意

目前市场上能够通过语音识别自动生成字幕文件的工具较多，例如ArcTime、科大讯飞听见字幕、网易见外等，可以大大提高生成字幕文件的效率。笔者用这些工具尝试过生成几组数据，其中科大讯飞听见字幕对语音识别的成功率最高，而网易见外目前是免费使用的，读者可以结合实际项目需求来选择合适的工具。

通过观察字幕文件的内容，可以看出每一个字幕信息都有编号，且从数字1开始。一个完整的字幕信息包含4行，第1行为字幕的编号、第2行为字幕的时间（但毫秒和秒之间使用逗号分隔）、第3行是字幕的内容信息、第4行是用于分隔两个字幕的空白行。

要将完整的字幕添加到视频文件中，需要提取字幕的时间（包含开始时间和结束时间）和字幕的内容，并将提取的内容创建为一个文字剪辑对象。

问题2，如何显示中文字体？

moviepy库默认是无法直接显示中文字体的，但可以通过以下方法解决此问题。

将字体库中的字体文件复制到当前代码所在的文件夹中，例如将“黑体 常规”字体文件复制到当前代码所在文件夹中后，复制过来的字体文件名称会自动显示为“simhei.ttf”，如图19-37和图19-38所示。在使用类TextClip时，设置其参数font的值为字体文件名即可，即font="simhei.ttf"。

图 19-37

图 19-38

项目实现代码

```
01 from moviepy.editor import VideoFileClip,TextClip,CompositeVideoClip
02 clip = VideoFileClip("Python表达式.mp4").subclip(0,10)
03 textclip_list = []
04 text = open('程序的语句.srt','r',encoding='utf-8')
05 d = text.readlines()
06 num = len(d)//4     #确定字幕的个数，一个字幕内容包含编号、时间、内容信息、空白行，共4行
07 for i in range(num):
08     time = d[i*4+1].replace(',','.').strip('\n').split(' -->')     #字幕的时间处理，利于后期处理
09     line_text = d[i*4+2].strip('\n')     #字幕的内容
10      textclip  =  TextClip(txt=line_text,  fontsize=50,  color='white',  font="simhei.ttf",
kerning=5)
11      textclip  =  textclip.set_position(('center',990)).set_start(t=time[0]  ,change_
end=False).set_end(t=time[1])
12     textclip_list.append(textclip)
13 clip_all = CompositeVideoClip([clip]+textclip_list)
14 clip_all.write_videofile("Python表达式1.mp4")
15 text.close()
```

第2行代码读取视频文件“Python表达式.mp4”中的0～10秒并返回剪辑对象clip（将在clip上添加字幕内容）。

第3行代码创建一个空的列表textclip_list，用于将后面的所有文字剪辑对象存储到列表中。

第4、5行代码使用open()函数读取字幕文件'程序的语句.srt'，并用readlines()方法读取字幕中的所有内容，以列表的形式存储（一行为列表中的一个元素）。

第6行代码计算字幕的个数，len(d)检测字幕的所有行数，除以4之后为字幕的个数。

第7行代码使用for循环，循环的次数为字幕的个数。

第8行代码获取每条字幕的时间，首先计算d[i*4+1]的结果，即获取字幕的时间内容，时间在每条字幕的第2行，例如'00:00:00,290 --> 00:00:01,840\n'。replace(',','.')将字幕时间中秒和毫秒之间的逗号替换为点，这是因为在set_start()和set_end()方法获取的时间的形式中，秒和毫秒之间是用点分隔的，例如'00:00:00.290 --> 00:00:01.840\n'。strip('\n')删除字幕时间内容的换行，例如'00:00:00.290 --> 00:00:01.840'。split(' -->')方法将字幕时间内容根据-->进行分隔，至此即获取到字幕内容的起始时间和结束时间，且将以列表的形式返回，例如['00:00:05.680', ' 00:00:07.510']。

第9行代码获取字幕的内容，计算d[i*4+2]的结果，即字幕的内容在每条字幕的第3行。strip('\n')方法删除字幕的换行。

第10行创建一个文本剪辑对象textclip，其中内容为line_text，即字幕的内容，字体大小为50像素、字体颜色为白色、字体为黑体、字符间距增大5像素。

第11行代码设置文本剪辑对象的位置及开始时间、结束时间。

第12行代码将每一个文本剪辑对象添加到列表textclip_list中。

第13行代码使用类CompositeVideoClip将视频剪辑对象和所有的文本剪辑对象组合在一起。

第14行代码导出视频文件“Python表达式1.mp4”。

执行代码后，打开视频文件“Python表达式1.mp4”后的字幕显示效果如图19-39和图19-40所示。

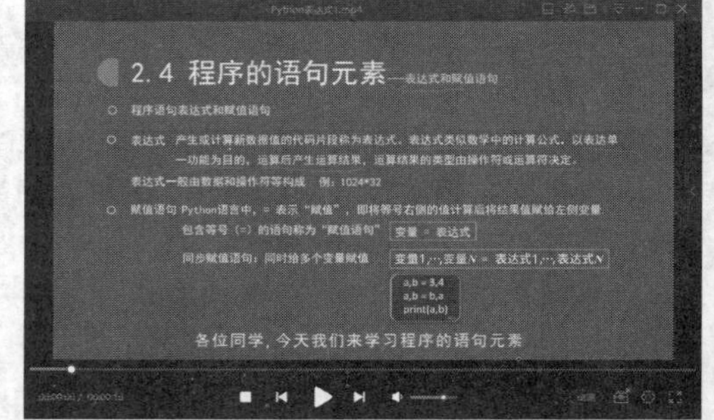

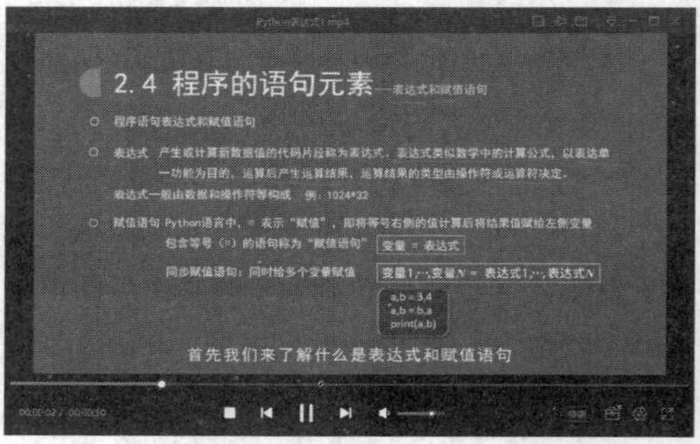

图 19-39

图 19-40

在moviepy中库也存在自动添加字幕的工具，文件夹tools中构建了一些较为高级的效果，例如对视频中的对象进行追踪、绘制简单的形状、设置颜色渐变、生成字幕和结束时的演职人员表等，读者可进入moviepy库的tools文件夹中进行查阅。

总结

本章主要讲解如何在代码中使用moviepy库处理视频。moviepy库中的类VideoClip（视频剪辑）、类VideoFileClip（视频文件剪辑）、类ImageClip（图片剪辑）、类TextClip（文字剪辑）、类ColorClip（颜色剪辑）、类AudioFileClip（音频文件剪辑）、类AudioClip（音频剪辑）都可用于处理视频，每个类中包含大量的方法。由于本书篇幅有限，因此不详细介绍，读者可进入相关源代码中查阅更多和更详细的方法。

在未来视频将与我们的生活息息相关，社会需要大量生产视频、处理视频的工作人员，学会处理视频可以增加将来的就业机会。读者可以思考如何将视频和自己所在的行业进行融合，也许会给自己带来不一样的思维方法。

附录

常见颜色码对照表

颜色	英文名称	颜色说明	十六进制值	RGB 值
	Black	纯黑	#000000	(R:0, G:0, B:0)
	Navy	海军蓝	#000080	(R:0, G:0, B:128)
	DarkBlue	深蓝色	#00008B	(R:0, G:0, B:139)
	MediumBlue	适中的蓝色	#0000CD	(R:0, G:0, B:205)
	Blue	纯蓝	#0000FF	(R:0, G:0, B:255)
	DarkGreen	深绿色	#006400	(R:0, G:100, B:0)
	Green	纯绿	#008000	(R:0, G:128, B:0)
	Teal	水鸭色	#008080	(R:0, G:128, B:128)
	DarkCyan	深青色	#008B8B	(R:0, G:139, B:139)
	DeepSkyBlue	深天蓝	#00BFFF	(R:0, G:191, B:255)
	DarkTurquoise	深绿宝石	#00CED1	(R:0, G:206, B:209)
	MediumAquamarine	适中的碧绿色	#00FA9A	(R:0, G:250, B:154)
	Lime	酸橙色	#00FF00	(R:0, G:255, B:0)
	MediumSpringGreen	适中的春天绿	#00FF7F	(R:0, G:255, B:127)
	Cyan	青色	#00FFFF	(R:0, G:255, B:255)
	MidnightBlue	午夜蓝	#191970	(R:25, G:25, B:112)
	DoderBlue	道奇蓝	#1E90FF	(R:30, G:144, B:255)
	LightSeaGreen	浅海洋绿	#20B2AA	(R:32, G:178, B:170)
	ForestGreen	森林绿	#228B22	(R:34, G:139, B:34)
	SeaGreen	海洋绿	#2E8B57	(R:46, G:139, B:87)
	DarkSlateGray	深石板灰	#2F4F4F	(R:47, G:79, B:79)
	LimeGreen	酸橙绿	#32CD32	(R:50, G:205, B:50)
	SpringGreen	春天绿	#3CB371	(R:60, G:179, B:113)
	Turquoise	绿宝石	#40E0D0	(R:64, G:224, B:208)
	RoyalBlue	皇家蓝	#4169E1	(R:65, G:105, B:225)
	SteelBlue	钢蓝	#4682B4	(R:70, G:130, B:180)
	DarkSlateBlue	深岩暗蓝灰	#483D8B	(R:72, G:61, B:139)
	MediumTurquoise	适中的绿宝石色	#48D1CC	(R:72, G:209, B:204)
	Indigo	靛青	#4B0082	(R:75, G:0, B:130)
	OliveDrab	橄榄土褐	#556B2F	(R:85, G:107, B:47)
	CadetBlue	军校蓝	#5F9EA0	(R:95, G:158, B:160)
	CornflowerBlue	矢车菊蓝	#6495ED	(R:100, G:149, B:237)
	DimGray	暗淡灰	#696969	(R:105, G:105, B:105)
	SlateBlue	板岩暗蓝灰	#6A5ACD	(R:106, G:90, B:205)
	SlateGray	石板灰	#708090	(R:112, G:128, B:144)
	LightSlateGray	浅石板灰	#778899	(R:119, G:136, B:153)

（续表）

颜色	英文名称	颜色说明	十六进制值	RGB 值
	MediumSlateBlue	适中的板岩暗蓝灰	#7B68EE	(R:123，G:104，B:238)
	LawnGreen	草坪绿	#7CFC00	(R:124，G:252，B:0)
	Chartreuse	查特酒绿	#7FFF00	(R:127，G:255，B:0)
	Auqamarin	绿玉 / 碧绿色	#7FFFAA	(R:127，G:255，B:170)
	Maroon	栗色	#800000	(R:128，G:0，B:0)
	Purple	紫色	#800080	(R:128，G:0，B:128)
	Olive	橄榄色	#808000	(R:128，G:128，B:0)
	Gray	灰色	#808080	(R:128，G:128，B:128)
	SkyBlue	天蓝色	#87CEEB	(R:135，G:206，B:235)
	LightSkyBlue	淡蓝色	#87CEFA	(R:135，G:206，B:250)
	BlueViolet	深紫罗兰蓝色	#8A2BE2	(R:138，G:43，B:226)
	DarkRed	深红色	#8B0000	(R:139，G:0，B:0)
	DarkMagenta	深洋红色	#8B008B	(R:139，G:0，B:139)
	SaddleBrown	马鞍棕色	#8B4513	(R:139，G:69，B:19)
	DarkSeaGreen	深海洋绿	#8FBC8F	(R:143，G:188，B:143)
	LightGreen	淡绿色	#90EE90	(R:144，G:238，B:144)
	MediumPurple	适中的紫色	#9370DB	(R:147，G:112，B:219)
	DarkVoilet	深紫罗兰色	#9400D3	(R:148，G:0，B:211)
	PaleGreen	苍白的绿色	#98FB98	(R:152，G:251，B:152)
	DarkOrchid	深兰花紫	#9932CC	(R:153，G:50，B:204)
	Sienna	黄土赭色	#A0522D	(R:160，G:82，B:45)
	Brown	棕色	#A52A2A	(R:165，G:42，B:42)
	DarkGray	深灰色	#A9A9A9	(R:169，G:169，B:169)
	LightBLue	淡蓝	#ADD8E6	(R:173，G:216，B:230)
	GreenYellow	绿黄色	#ADFF2F	(R:173，G:255，B:47)
	PaleTurquoise	苍白的绿宝石色	#AFEEEE	(R:175，G:238，B:238)
	LightSteelBlue	淡钢蓝	#B0C4DE	(R:176，G:196，B:222)
	PowDerBlue	火药蓝	#B0E0E6	(R:176，G:224，B:230)
	FireBrick	耐火砖	#B22222	(R:178，G:34，B:34)
	MediumOrchid	适中的兰花紫	#BA55D3	(R:186，G:85，B:211)
	RosyBrown	玫瑰棕色	#BC8F8F	(R:188，G:143，B:143)
	DarkKhaki	深卡其色	#BDB76B	(R:189，G:183，B:107)
	Silver	银白色	#C0C0C0	(R:192，G:192，B:192)
	MediumVioletRed	适中的紫罗兰红色	#C71585	(R:199，G:21，B:133)
	IndianRed	印度红	#CD5C5C	(R:205，G:92，B:92)
	Peru	秘鲁	#CD853F	(R:205，G:133，B:63)
	Chocolate	巧克力	#D2691E	(R:210，G:105，B:30)

颜色	英文名称	颜色说明	十六进制值	RGB 值
	Tan	棕黄色	#D2B48C	(R:210, G:180, B:140)
	LightGrey	浅灰色	#D3D3D3	(R:211, G:211, B:211)
	Aqua	水绿色	#D4F2E7	(R:212, G:242, B:231)
	Thistle	蓟	#D8BFD8	(R:216, G:191, B:216)
	Orchid	兰花紫	#DA70D6	(R:218, G:112, B:214)
	GoldEnrod	秋麒麟	#DAA520	(R:218, G:165, B:32)
	PaleVioletRed	苍白的紫罗兰红色	#DB7093	(R:219, G:112, B:147)
	Crimson	猩红	#DC143C	(R:220, G:20, B:60)
	Gainsboro	亮灰色	#DCDCDC	(R:220, G:220, B:220)
	plum	李子	#DDA0DD	(R:221, G:160, B:221)
	BrulyWood	结实的树	#DEB887	(R:222, G:184, B:135)
	LightCyan	淡青色	#E1FFFF	(R:225, G:255, B:255)
	Lavender	薰衣草花的淡紫色	#E6E6FA	(R:230, G:230, B:250)
	DarkSalmon	深鲜肉（鲑鱼）色	#E9967A	(R:233, G:150, B:122)
	Violet	紫罗兰	#EE82EE	(R:238, G:130, B:238)
	PaleGodenrod	灰秋麒麟	#EEE8AA	(R:238, G:232, B:170)
	LightCoral	淡珊瑚色	#F08080	(R:240, G:128, B:128)
	Khaki	卡其布	#F0E68C	(R:240, G:230, B:140)
	AliceBlue	爱丽丝蓝	#F0F8FF	(R:240, G:248, B:255)
	Honeydew	蜜色	#F0FFF0	(R:240, G:255, B:240)
	Azure	蔚蓝色	#F0FFFF	(R:240, G:255, B:255)
	SandyBrown	沙棕色	#F4A460	(R:244, G:164, B:96)
	Wheat	小麦色	#F5DEB3	(R:245, G:222, B:179)
	Beige	米色（浅褐色）	#F5F5DC	(R:245, G:245, B:220)
	WhiteSmoke	白烟	#F5F5F5	(R:245, G:245, B:245)
	MintCream	薄荷奶油	#F5FFFA	(R:245, G:255, B:250)
	GhostWhite	幽灵白	#F8F8FF	(R:248, G:248, B:255)
	Salmon	鲜肉（鲑鱼）色	#FA8072	(R:250, G:128, B:114)
	AntiqueWhite	复古白	#FAEBD7	(R:250, G:235, B:215)
	Linen	亚麻布	#FAF0E6	(R:250, G:240, B:230)
	LightGoldenrodYellow	浅秋麒麟黄	#FAFAD2	(R:250, G:250, B:210)
	OldLace	老饰带	#FDF5E6	(R:253, G:245, B:230)
	Red	纯红	#FF0000	(R:255, G:0, B:0)
	Fuchsia	灯笼海棠（紫红色）	#FF00FF	(R:255, G:0, B:255)
	DeepPink	深粉色	#FF1493	(R:255, G:20, B:147)
	OrangeRed	橙红色	#FF4500	(R:255, G:69, B:0)
	Tomato	番茄色	#FF6347	(R:255, G:99, B:71)

（续表）

颜色	英文名称	颜色说明	十六进制值	RGB 值
	HotPink	热情的粉红色	#FF69B4	（R:255，G:105，B:180）
	Coral	珊瑚	#FF7F50	（R:255，G:127，B:80）
	DarkOrange	深橙色	#FF8C00	（R:255，G:140，B:0）
	LightSalmon	浅鲜肉（鲑鱼）色	#FFA07A	（R:255，G:160，B:122）
	Orange	橙色	#FFA500	（R:255，G:165，B:0）
	LightPink	浅粉红	#FFB6C1	（R:255，G:182，B:193）
	Pink	粉红	#FFC0CB	（R:255，G:192，B:203）
	Gold	金	#FFD700	（R:255，G:215，B:0）
	PeachPuff	桃色	#FFDAB9	（R:255，G:218，B:185）
	NavajoWhite	纳瓦霍白	#FFDEAD	（R:255，G:222，B:173）
	Moccasin	鹿皮鞋	#FFE4B5	（R:255，G:228，B:181）
	Bisque	（浓汤）乳脂、番茄等	#FFE4C4	（R:255，G:228，B:196）
	MistyRose	薄雾玫瑰	#FFE4E1	（R:255，G:228，B:225）
	BlanchedAlmond	漂白的杏仁	#FFEBCD	（R:255，G:235，B:205）
	PapayaWhip	番木瓜	#FFEFD5	（R:255，G:239，B:213）
	LavenderBlush	脸红的淡紫色	#FFF0F5	（R:255，G:240，B:245）
	SeaShell	海贝壳	#FFF5EE	（R:255，G:245，B:238）
	Cornislk	玉米色	#FFF8DC	（R:255，G:248，B:220）
	LemonChiffon	柠檬薄纱	#FFFACD	（R:255，G:250，B:205）
	FloralWhite	花的白色	#FFFAF0	（R:255，G:250，B:240）
	Snow	雪	#FFFAFA	（R:255，G:250，B:250）
	Yellow	纯黄	#FFFF00	（R:255，G:255，B:0）
	LightYellow	浅黄色	#FFFFE0	（R:255，G:255，B:224）
	Ivory	象牙	#FFFFF0	（R:255，G:255，B:240）
	White	纯白	#FFFFFF	（R:255，G:255，B:255）